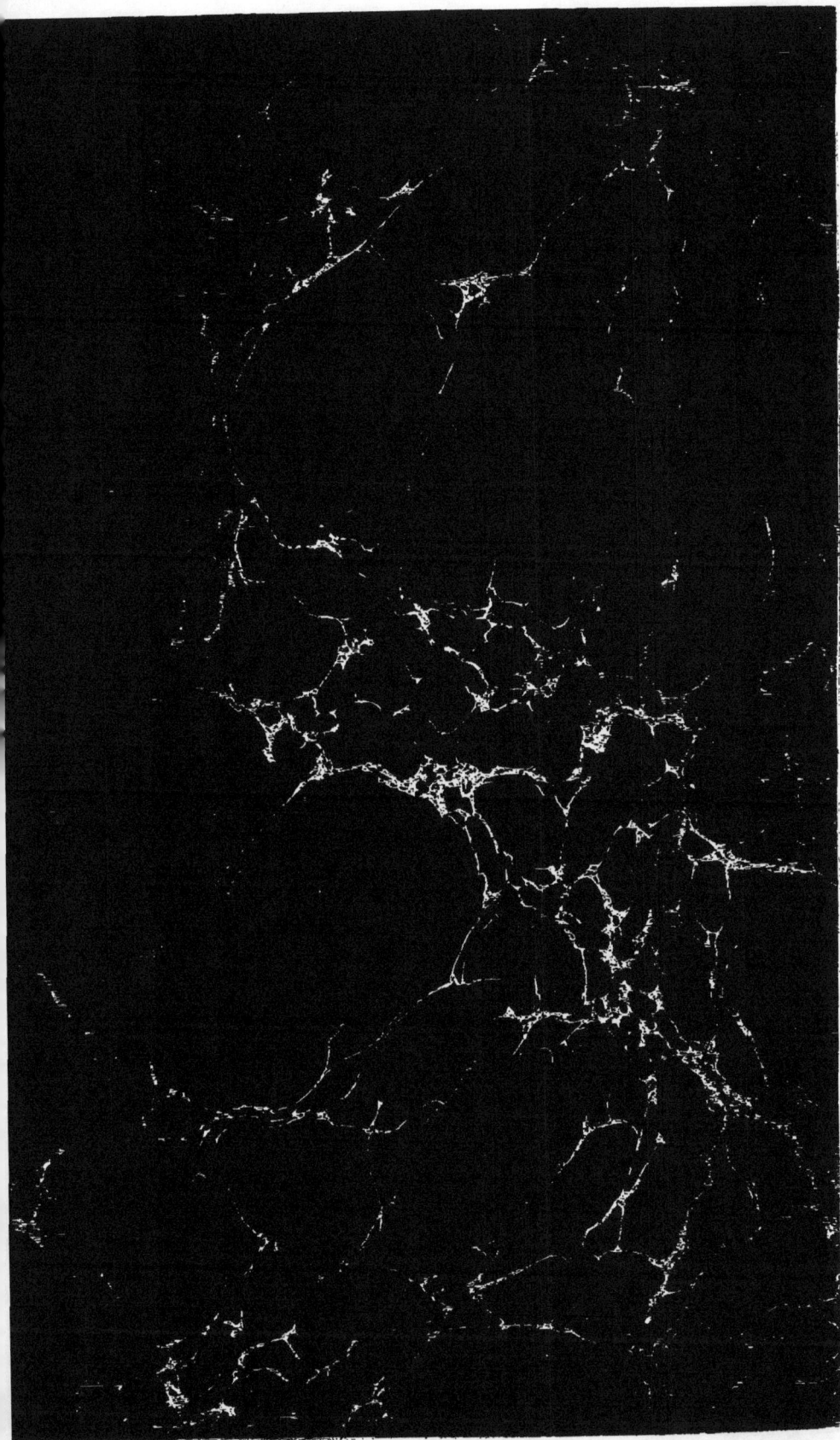

Série A. N° 15
N° D'ORDRE
356

THÈSES

PRÉSENTÉES

A LA FACULTÉ DES SCIENCES DE PARIS

POUR OBTENIR

LE GRADE DE DOCTEUR ÈS SCIENCES NATURELLES

PAR

E. OUSTALET

Licencié ès sciences naturelles, aide-naturaliste au Muséum,
membre de la Société philomatique, de la Société géologique et de la Société entomologique de France,
ancien élève de l'École des hautes études (section des sciences naturelles)

———

1re THÈSE. — RECHERCHES SUR LES INSECTES FOSSILES DES TERRAINS
TERTIAIRES DE LA FRANCE.
2e THÈSE. — PROPOSITIONS DONNÉES PAR LA FACULTÉ.

Soutenues le   juillet 1874 devant la Commission d'examen.

MM. MILNE EDWARDS   *Président ;*
DUCHARTRE
HÉBERT   *Examinateurs.*

PARIS

G. MASSON, ÉDITEUR

LIBRAIRE DE L'ACADÉMIE DE MÉDECINE

PLACE DE L'ÉCOLE-DE-MÉDECINE

1874

ACADÉMIE DE PARIS

FACULTÉ DES SCIENCES DE PARIS

Doyen . . . . MILNE EDWARDS, Professeur. Zoologie, Anatomie, Physiologie comparée.

Professeurs honoraires { DUMAS.
{ BALARD.

Professeurs . . . . . {

DELAFOSSE. . . . . Minéralogie.
CHASLES. . . . . Géométrie supérieure.
LE VERRIER. . . . . Astronomie.
P. DESAINS. . . . . Physique.
LIOUVILLE. . . . . Mécanique rationnelle.
PUISEUX. . . . . Astronomie.
HÉBERT. . . . . Géologie.
DUCHARTRE. . . . . Botanique.
JAMIN. . . . . Physique.
SERRET. . . . . Calcul différentiel et intégral.
H. SAINTE-CLAIRE DEVILLE. Chimie.
PASTEUR. . . . . Chimie.
DE LACAZE DUTHIERS . . . Anatomie, Physiologie comparée, Zoologie.
BERT. . . . . Physiologie.
HERMITE. . . . . Algèbre supérieure.
BRIOT . . . . Calcul des probabilités, Physique mathématique.
BOUQUET. . . . . Mécanique physique et expérimentale.

Agrégés . . . . {
BERTRAND. . . . . } Sciences mathématiques.
J. VIEILLE . . . . }
PELIGOT. . . . . Sciences physiques.

Secrétaire . . . . . . PHILIPPON.

A

M. MILNE EDWARDS

MEMBRE DE L'INSTITUT, DU CONSEIL SUPÉRIEUR DE L'INSTRUCTION PUBLIQUE,
DOYEN DE LA FACULTÉ DES SCIENCES DE PARIS,
PROFESSEUR-ADMINISTRATEUR AU MUSÉUM D'HISTOIRE NATURELLE,
COMMANDEUR DE LA LÉGION D'HONNEUR

Hommage de profond respect et témoignage de sincère gratitude.

RECHERCHES

SUR LES

INSECTES FOSSILES DES TERRAINS TERTIAIRES

DE LA FRANCE

Par M. E. OUSTALET

PREMIÈRE PARTIE

INSECTES FOSSILES DE L'AUVERGNE

AVANT-PROPOS.

Les recherches que j'ai entreprises, quoiqu'elles aient uniquement pour objet les Insectes fossiles des terrains tertiaires de la France, sont assurément très-incomplètes. Si l'on réfléchit à l'état d'imperfection où sont encore nos connaissances relativement aux Insectes fossiles et à la richesse de la faune entomologique contemporaine, que la vie d'un naturaliste ne suffirait pas à embrasser dans son ensemble, et dans laquelle j'ai dû chercher mes termes de comparaison, on sera, je l'espère, plus indulgent pour les erreurs et les lacunes de mon travail.

En en publiant aujourd'hui la première partie, consacrée aux Insectes fossiles de l'Auvergne, j'éprouve le désir de témoigner toute ma gratitude à mon illustre maître, M. H. Milne Edwards, et à M. Alphonse Milne Edwards, dans le laboratoire desquels j'ai fait la plus grande partie de mes recherches; à M. Hébert, à M. Gaudry; enfin à tous les savants professeurs du Muséum et de la Sorbonne, auprès desquels j'ai trouvé des encouragements et

des conseils. Je n'oublierai jamais non plus avec quelle obligeance feu M. Lecoq mit à ma disposition la collection nombreuse qu'il avait réunie. Grâce à M. Blanchard, professeur au
Muséum d'histoire naturelle de Paris, et à M. Reynes, directeur du musée de Marseille, j'ai pu étudier à loisir les richesses
que renferment les galeries de ces deux établissements. Enfin
M. le comte de Saporta à Aix, M. Marion, attaché à la Faculté
des sciences de Marseille, et M. Fouilhoux, naturaliste à Clermont-Ferrand, ont bien voulu me communiquer tous les échantillons qu'ils possèdent. Je les prie d'agréer ici l'expression de
ma vive reconnaissance.

CHAPITRE PREMIER

APERÇU HISTORIQUE SUR LES INSECTES FOSSILES.

Le domaine de la paléontologie est devenu si vaste, qu'il est
impossible aujourd'hui de le parcourir en entier : le naturaliste
est obligé de se borner à l'étude de telle ou telle classe de fossiles, et chacune d'elles fournit une ample matière à ses recherches. Les Mollusques, par la profusion avec laquelle ils sont
répandus dans les diverses couches du globe, ont attiré les
premiers l'attention des hommes de science ; mais, depuis la
vigoureuse impulsion donnée par Cuvier à la paléontologie, les
Mammifères, les Oiseaux, les Reptiles, les Poissons, les Crustacés et les Rayonnés eux-mêmes, aussi bien que les Végétaux,
ont été l'objet de travaux considérables qu'il serait impossible
d'énumérer ici. Seuls, les Insectes ont été négligés pendant fort
longtemps, quoique, dès le commencement du xviiie siècle,
Scheuchzer (1) et Sendelius (2) eussent signalé des *Entomolithes*,

(1) *Piscium querelæ et vindiciæ*. Tiguri, 1708, in-4°. — *Herbarium diluvianum*.
Tiguri, 1700, in-fol., et 1723, edit. 2, in-fol. — *Physica sacra*.
(2) *Historia succinorum corpora aliena involventium*. Lipsiæ, 1742.
    ARTICLE N° 3.

et ce n'est qu'en 1839 que Brullé, dans une thèse inaugurale
soutenue devant la Faculté des sciences de Paris, fit pres-
sentir l'intérêt que pouvait offrir l'étude des Insectes fossiles.
Il fit voir qu'ils différaient tous des insectes actuels, et qu'ils
n'avaient pu se conserver jusqu'à nous qu'à la faveur de circonstances tout exceptionnelles, parmi lesquelles il faut citer en
première ligne une consolidation rapide des sédiments (1). Mais,
à cette époque, comme Germar lui-même est forcé de le reconnaître, « la connaissance des Insectes fossiles était encore envi-
ronnée de ténèbres » (2), et le nombre des espèces décrites était
trop restreint pour que l'on pût présenter des considérations
générales. Peu à peu cependant la lumière se fit, grâce aux
travaux de Berendt (3), Germar (4), Koch (5), Leach (6), Marcel
de Serres (7), Brodie (8), Unger (9), Hagen (10), C. et L. von

(1) *Sur le gisement des Insectes fossiles et sur les secours que l'étude de ces animaux peut fournir à la géologie*, thèse, 1839, in-4°.

(2) *Insectorum protegeæ specimen*, 19° fascicule de la continuation de Panzer,
1837, in-12.

(3) *Die Insekten in Bernstein*, 1° part. Dantzig, 1830. — *Die organische Reste
der Vorwelt im Bernstein*, bearb. v. Göppert, Koch, Germar, Hagen, etc. Berl.,
1845-56, in-fol.

(4) *Insectorum protogeæ specimen*, 19° fascicule de la continuation de Panzer,
1837, in-12.

— *Die versteinerten Insekten Solenhofens* (*Nova Acta Acad. Nat. cur.*, t. XIX,
p. 189). — *Isis*, 1837, p. 427.

— V. Münster, *Beitr. z. Petrefactenk.*, t. V, p. 79.

(5) Voy. Berendt, *op. cit.*

(6) Voy. Berendt, *op. cit.*

(7) *Géognosie des terrains tertiaires*. Montpellier, 1829, in-8. — *Notes géologiques
sur la Provence*. Bordeaux, 1843, in-8°.

(8) *An History of the fossil Insects in the secondary rocks of England*. London,
1845.

— *Athenæum Journ.*, 1843.

— *L'Institut*, t. II, 1843.

— *Quarterl. Journ. of the geol. Soc.*, t. V et VI.

— Buckland, *Phil. Magaz.*, mai 1844, p. 377.

(9) *Chloris protogea*. Leipz., 1841.

— *Fossile Insekt.* (*Leop. Akad.*), 1842.

(10) *Entomologische Zeitung*, 1846, p. 6. — *Die Neuroptera d. lithographisch.
Schiefers in Bayern*, P. I, Cassel, 1866.

Heyden (1), etc., etc., et tout récemment M. Heer est venu
montrer combien les Insectes fossiles pouvaient fournir de renseignements précieux sur le climat et la végétation des anciennes
époques (2). On reconnut en même temps que ces petits êtres
remontaient à une époque beaucoup plus reculée qu'on ne
l'avait soupçonné d'abord : ils doivent avoir apparu aussitôt
qu'une végétation, même rudimentaire, a pu se développer à la
surface des premiers continents émergés. En effet, M. C. F.
Hartt a découvert dernièrement, dans les gisements à végétaux
de Saint-John (Nouveau-Brunswick), les ailes de quatre espèces
de Névroptères, voisines des Éphémères, et qui constituent, suivant M. Scudder (3), des types synthétiques entre les Névroptères et les Orthoptères. A un niveau un peu plus élevé, dans le
coal-measure de Claxheugh, près de Sunderland, on a rencontré
une portion de l'aile antérieure d'un Orthoptère qui se rapproche à la fois des Blattes et des Mantes. M. Kirby (4) lui trouve
de grands rapports avec certaines espèces de Blattes décrites par
Germar (5) et Goldenberg (6), et provenant des couches carbonifères de Wetting en Westphalie et de Saarbrück près de Trèves.
Elle aurait en particulier une analogie frappante avec *Blattina
primæva* Jordan, dont M. Dana a donné une figure (7). Quelques exemplaires de *Xylobius Sigillariæ* Dawson ont été signalés
par Tyndall dans le terrain houiller d'Huddersfield (8), et par

(1) *Fossile Insekten aus d. rheinisch. Braunkohle.* — *Bibioniden aus d. rheinisch.
Braunkohle,* von Roll. — *Fossile Insecten aus. d. Braunkohle.* — *Käfer und Polypen
aus d. Braunkohle des Siebengebirges.* — *Palæontographica,* IV, V, VI.

(2) *Die Insektenfauna der Tertiärgebilde von Œningen und Radoboj,* 3 vol. —
Urwelt der Schweiz. — *Recherches sur le climat et la végétation du pays tertiaire.*
Winterthur, 1861.

(3) Dawson, *Recherches sur quelques restes d'Insectes paléozoïques découverts
récemment dans la Nouvelle-Écosse et le Nouveau-Brunswick (the geological Magazine,*
n° 39, sept. 1867).

(4) Dawson, *loc. cit.*

(5) V. Münster, *Beitr. z. Petrefactenk.,* vol. V, pl. 13.

(6) Dunker und v. Meyer, *Palæont.,* vol. IV, p. 17.

(7) *Geol. Trans.,* 2ᵉ série, 1842, vol. V, p. 440.

(8) *Transact. liter. and phil. Soc. Manchester,* January 1867. — *Geol. Magaz.,*
vol. IV, 1867, n° 33, p. 132.

M. Thomas Brown de Stewarton, dans la formation houillère
supérieure de Kilmaurs (1). D'autre part, MM. P. J. van Beneden
et E. Coomans ont publié, en 1867, une notice fort intéressante
sur une aile de Névroptère trouvée à côté d'une feuille de *Sigil-
laria*, dans le bassin houiller de Sarc-Longchamps, près de
Mons (2). Les minerais de fer de Coalbrook-dale (Angleterre)
avaient fourni depuis fort longtemps, du reste, des spécimens
que Prestwich avait pris d'abord pour des Arachnides, et qui
ont été reconnus depuis pour des Coléoptères et des Névroptères.
Les Coléoptères décrits par Buckland (3) sont principalement
des Charançons (*Curculionides Anstici*, *Curculionides Prest-
wici*) (4) ; les Névroptères sont représentés par une Corydale ( ).
M. F. Goldenberg a fait connaître également quelques Insectes
du même ordre (*Termes* et *Dictyophlebia*) avec des Orthoptères
(*Blatta* et *Grillacris*) provenant des houillères des environs de
Saarbrück (6).

Les Insectes fossiles manquent jusqu'à présent dans le terrain
pénéen et dans le trias ; les terrains jurassiques, en revanche,
en présentent un assez grand nombre. On a découvert en effet,
au milieu des formations marines qui constituent la majorité de
ces terrains, des dépôts lacustres qui indiquent les emplacements
d'anciennes îles plus ou moins étendues où croissaient des Arau-
carias, des Sagoutiers et des Fougères, et où vivait un certain
nombre d'insectes. C'est ainsi que le gisement des Schambeles,
en Argovie, qui appartient à la formation liasique, a fourni aux

(1) *Geolog. Magaz.*, 1867, p. 130.

(2) *Ann. des sc. nat.*, 5e série, t. VII, p. 270 (extrait du *Bulletin de l'Académie
de Bruxelles*, t. XXIII, 1867).

(3) *Géol. et Minéral.* (*Traité de Bridgewater*, trad. par Doyère). — Murchison,
Silurian System, t. I, p. 105.

(4) Voyez aussi Pictet, *Traité de paléontologie*, t. II, p. 348.

(5) *Sitzungsbericht der kaiserl. Akad. der Wissensch.* Wien, oct. 1852, t. IX, p. 39.
Cet Insecte, attribué par M. Audouin au genre Corydale, appartient, d'après Pictet
(*Traité de paléontologie*, t. II, p. 377), au genre *Dictyophlebia* Gold., de la tribu des
Salides.

(6) *Sitzungsbericht der kaiserl. Akad. der Wissensch.* Wien, oct. 1852.

investigations de M. Heer ( ) 143 espèces. qui se répartissent de lamanière suivante :

Orthoptères	7
Névroptères	7
Coléoptères	116
Hyménoptères	1
Rhynchotes	2
	143

On ne connaît encore ni Lépidoptères ni Diptères. et l'on n'a trouvé que quelques fragments d'ailes d'Hyménoptères. Les Blattes dominent parmi les Orthoptères, et les Termites parmi les Névroptères. Cependant ce dernier ordre compte aussi quelques Libellules fort remarquables (*Æschna Hageni* Heer), qui dépassent en grandeur toutes les espèces actuelles. Les Hémiptères appartiennent tous au groupe des Coréodes. Quant aux Coléoptères, ils l'emportent sur tous les autres ordres, tant par le nombre des espèces que par celui des individus ; cela provient sans doute de ce que ces Insectes, grâce à la dureté de leurs téguments, ont mieux résisté que les autres à la fossilisation, mais il est possible aussi qu'ils aient été réellement plus nombreux à l'époque liasique. En examinant la distribution des Insectes de cet ordre entre les diverses familles, M. Heer a reconnu qu'il n'y avait alors, pour chaque famille, que 7 espèces en moyenne, au lieu de 43, comme dans la faune actuelle de la Suisse. Quelques familles même n'ont pas encore été rencontrées, par exemple les Capricornes, les Coccinelles, les Xylophages, les Mélasomes, les Brachélytres ; les Curculionides, qui jouent un rôle capital dans les faunes actuelles de l'Europe et de l'archipel indien, sont relégués au cinquième rang, et remplacés par des Buprestes. Les Byrrhides indiquent la présence des champignons à cette époque reculée ; les Chrysomélides, celle des plantes phanérogames,e un Bousier fait supposer qu'on trouvera un jour dans le même terrain les débris de quelque petit Mammifère. Quant aux Coléoptères aquatiques, ils consistent surtout en Gyrins et en grands Hydrophiles.

(1) Heer et Escher de la Linth, *Zwei geologische Vorträge.* Zürich, 1852, in-4°.— Heer, *Urwelt der Schweiz,* 1865, in-8°.

ARTICLE N° 3.

Les couches liasiques des comtés de Glocester, de Warwick, de Somerset et de Dorset, en Angleterre, ont fourni de leur côté un contingent de 56 espèces d'Insectes, savoir :

Orthoptères............. 7
Névroptères............. 12
Coléoptères.. 29
Rynchotes. 6
Diptères................ 2 (?)

Ici, par conséquent, comme en Argovie, les Coléoptères dominent et sont représentés par des Buprestes et des Hydrophiles. Les Lépidoptères et les Hyménoptères manquent, et les Diptères sont douteux.

Les schistes de Stonesfield, près d'Oxford, qu'on rapporte à l'étage de la grande oolithe, renferment aussi des ailes et des élytres de Blapsides, de Buprestides, de Pimélides ou de Chrysomélides et de Coccinellides, dont Brodie a donné quelques figures (1). Suivant Curtis, elles indiquent des espèces différentes de celles qui vivent aujourd'hui ; elles appartiennent à des types confinés maintenant dans les régions tropicales.

Mais les dépôts d'eau douce les plus célèbres des terrains jurassiques sont les calcaires lithographiques de Solenhofen et d'Eichstatt en Bavière, dont les richesses entomologiques ont été dévoilées par MM. Germar, von Munster et Hagen (2). Ce dernier, qui s'est particulièrement occupé des Névroptères, a donné en même temps une liste critique des espèces des autres ordres provenant de la même localité (3). Ce catalogue ne contient pas moins de 56 espèces, savoir :

Coléoptères. 4
Hémiptères. 7
Orthoptères.......... 7
Névroptères........... 38
                      ——
                      56

(1) *An History of the fossil Insects.* London, 1845.

(2) *Die versteinerten Insekten Solenhofens* (Nova Acta Acad. Nat. cur., t. XIX, p. 189). — *Isis*, 1837, p. 421. — V. Münster, *Beitr. z. Petref.*, t. V, p. 79. — Hagen, *Palæontogr.*, t. X, p. 99, et t. XV, p. 57.— *Entomologische Zeitung*, 1848, p. 6.

(3) *Die Neuroptera d. lithographisch. Schiefers in Bayern*, pars I, et op. cit.

D'autres échantillons du même gisement, en assez grand nombre, sont conservés au musée Teyler, à Harlem. Ils ont été décrits récemment par M. Weyenbergh junior (1), qui a pu y distinguer 74 espèces, ainsi réparties, savoir :

Coléoptères	26
Diptères	5
Orthoptères	10
Névroptères	42
Lépidoptères	1
	74

M. Brodie a signalé également, soit dans les couches d'eau douce de Purbeck, soit dans les argiles de Weald, qui sont pla-cées maintenant par la plupart des géologues à la base des ter-rains crétacés, des restes d'Insectes fort intéressants (2). Parmi les Coléoptères, on remarque des Buprestides, des Élatérides, des Carabides, des Curculionides, des Chrysomélides, des Cantharides, des Ténébrionides, des Hélophorides, etc. ; parmi les Hémiptères, des Cercopides, des Cimicides ; parmi les Névroptères, des Libellulides ; parmi les Diptères, des Tipu-lides, etc.

En comparant les Insectes fossiles de Solenhofen avec ceux de la période mésozoïque d'Angleterre, M. Weyenbergh junior a reconnu (3) que les premiers l'emportaient sur les autres, et par leur taille et par leur bon état de conservation. Un certain nom-bre de genres se retrouvent à la fois en Bavière et en Angleterre. Tels sont, parmi les Coléoptères : *Carabus, Buprestis, Tenebrio, Elater, Coccinella, Gyrinus, Chrysomela* ; parmi les Hémiptères, *Ricania* ; parmi les Orthoptères, *Acheta* (?), *Gryllus* ; parmi les Névroptères, *Æschna, Agrion, Orthophlebia, Hemerobius, Libellula* (?), et parmi les Diptères, *Empis* et *Asilus*. En re-vanche, il n'y a entre les deux pays, au moins jusqu'à pré-

(1) *Sur les Insectes fossiles du calcaire lithographique de la Bavière qui se trouvent au musée Teyler*, à *Harlem*. Harlem, 1869.

(2) *An History of fossil Insects.*

(3) *Op. cit.*

ARTICLE N° 3.

sent, qu'une seule espèce commune, c'est l'*Heterophlebia dislo-
cata* Westw.

M. Geinitz (1) indique aussi, dans les grès verts supérieurs et
inférieurs de Saxe, des débris de bois perforés qui lui paraissent
attester la présence des Cérambycides à l'époque crétacée,
et M. Desmarest dit avoir trouvé des élytres de Coléoptères
dans la craie marneuse de la montagne Sainte-Catherine, près
de Rouen.

Mais ces découvertes entomologiques, si précieuses qu'elles
soient, ne sont rien en comparaison de celles qu'on a pu faire
dans les terrains tertiaires, et en particulier dans les gisements
célèbres de Salcedo et de monte Bolca, dans la haute Italie,
d'Aix en Provence, de Corent et de Menat en Auvergne, du
Siebengebirge sur les bords du Rhin, de Radoboj en Croatie,
d'OEningen et d'Uznach en Suisse, et enfin dans l'ambre que la
mer Baltique rejette sur les côtes de Prusse.

Les espèces de la haute Italie ont été décrites par M. Massa-
longo (2) ; elles consistent surtout en Libellules (*Libellula Doris*
Heer, *Cordulia Scheuzeri* Mass.), en Buprestes (*Perotis* et
Ancylochira), en Diptères de la famille des Tipulides (*Bibio
Serei*, Mass. *Dipterites*), en Forficules (*Forficula bolcensis*
Massal.).

Les Insectes fossiles d'Aix en Provence ont été étudiés en
partie par MM. Murchison et Curtis (3), Hope (4), Germar (5),
Boisduval (6), de Saussure (7), et en dernier lieu par M. Heer (8),
qui porta à 30 le nombre des espèces connues. Ce nombre serait
bien plus considérable si l'on s'en rapportait au catalogue

(1) *Characteristik der Kreidegebirge*, p. 13, pl. 3 et 6.
(2) *Studii palæontogici*. Vérone, 1856.
(3) *Edinburgh new philosophical Journal*, October 1829.
(4) *Observations of the fossil Insects of Aix* (*Trans. of the Entomol. Society of
London*, t. IV, p. 250).
(5) *Zeitschrift der deutschen Geol. Gesellschaft*, 1, p. 52.
(6) *Annales de la Société entomologique de France*, t. IX, p. 371.
(7) Guérin, *Revue et Magasin de zoologie*, 1852, t. IV, p. 580.
(8) *Vierteljahrschrift der Naturforschenden, Gesellschaft in Zürich*, 1 Jahrg.
1ⁿᵗ Heft, 1856.

donné en 1828 par Marcel de Serres (1); mais, comme ce travail ne mentionne que les genres et n'est accompagné d'aucune figure, il est difficile d'en tenir compte. Néanmoins voici les principales familles que l'on y trouve : 1° parmi les Coléoptères : Carabiques, Hydrocanthares, Brachélytres, Buprestides, Lamellicornes, Mélasomes, Rhynchophores, Xylophages, Chrysomélides ; 2° parmi les Orthoptères : Forficulides, Gryllides, Locustides ; 3° parmi les Hémiptères : Géocorises et Hydrocorises ; 4° parmi les Névroptères : Libellulides ; 5° parmi les Hyménoptères : Tenthrédides, Ichneumonides, Formicides ; 6° parmi les Lépidoptères : Papilionides, Zygénides, Bombycides ; 7° parmi les Diptères : Tipulides, Tanystomes, Notacanthes et Athéricères. M. Marcel de Serres croit pouvoir conclure, de l'examen de ces Insectes, qu'ils sont tout à fait analogues à ceux qui vivent encore dans le midi de la France.

Je puis dire dès à présent que cette assertion est contredite formellement par des découvertes récentes. C'est ainsi que M. Heer a signalé parmi les Coléoptères le genre *Hipporhinus*, qui ne se trouve plus qu'à la Nouvelle-Hollande et au cap de Bonne-Espérance, et parmi les Diptères, le genre *Protomyia*, qui ne compte plus aucun représentant dans la faune actuelle. La présence de ces Rhynchophores et de ces Tipulaires florales suffirait à elle seule pour imprimer à la faune d'Aix un cachet particulier. Mais comme cette faune doit constituer la deuxième partie de mon travail, je ne m'étendrai pas davantage pour le moment sur les caractères qu'elle présente, et je laisserai également de côté la faune de l'Auvergne, dont il sera question fort longuement dans les chapitres suivants.

Certaines larves de Phryganes tout à fait analogues à celles qui vivent encore dans les eaux douces de la France centrale, ont constitué par l'accumulation énorme de leurs fourreaux tout imprégnés de substance calcaire, une roche fréquemment répandue tant en Auvergne qu'aux environs de Montpellier (2).

(1) *Annales des sciences naturelles*, 1828.
(2) G. Planchon, *Étude sur les tufs de Montpellier*, 1864. — P. de Ronville, ARTICLE N° 3.

M. Tournal a signalé également des Diptères dans les couches d'Armissan, près de Narbonne (1), et Faujas de Saint-Fond a trouvé à Rochesauve (Ardèche) une empreinte que Latreille a attribuée à une Guêpe exotique.

Les lignites du Siebengebirge et des environs de Bonn ont fourni d'abord à M. Germar (2) 24 espèces, parmi lesquelles on remarque des Buprestes, des Charançons, des Longicornes, des Coccinelles, des Locustes, des Bélostomes, des Fourmis et des Bibions. Plus tard M. Heer (3), dans un grand tableau des Insectes de l'époque tertiaire, évalua à 47 le nombre des espèces fossiles de ce gisement et les répartit de la manière suivante :

Coléoptères	22
Orthoptères	1
Névroptères	2
Hyménoptères	3
Lépidoptères	2
Diptères	12
Hémiptères	5
	47

Enfin, tout récemment, MM. C. et L. von Heyden (4) ont encore décrit un grand nombre d'Insectes du Siebengebirge, principalement des Coléoptères. Parmi ceux-ci, les Rhynchophores sont en majorité, de même que les Bibions parmi les Diptères. Certains types de cette faune rappellent, suivant M. Heer (5), des formes sud-africaines (*Tephroderes*) ou sud-américaines (*Caryo-*

Géologie des environs de Montpellier, 1855. — Beck, *Proceed. of the Geol. Society*, 1855, t. II, p. 219. — Viquesnel, *Bulletin de la Société géologique de France*, 1843, t. XIV, p. 145.

(1) Voy. Brullé, *Sur le gisement des Insectes fossiles, etc.*, thèse, Paris, 1839.

(2) *Insectorum protogeæ specimen.* — *Zeitschrift der Deutschen geol. Gesellschaft*, I, p. 52.

(3) *Recherches sur le climat et la végétation du pays tertiaire*, trad. Ch. Gaudin. Winterthur, 1861, p. 198 et suiv.

(4) C. et L. Heyden, *Fossile Insekten aus d. rheinisch. Braunkohle. — Bibioniden aus d. rheinisch. Braunkohle von Rott. — Fossile Insekten aus d. Braunkohle von Sieblos. — Käfer und Polypen aus d. Braunkohle des Siebengebirges.* — *Palæontographica*, IV, V et VI.

(5) *Recherches sur le climat et la végétation du pays tertiaire*, p. 205.

borus ruinosus von Heyd., *Belostomum Goldfussi* Gm., *Notonecta primæva*, v. H., *Termes pristinus* Ch.).

On a trouvé dans les argiles sulfureuses de Radoboj, en
Croatie, avec un grand nombre de végétaux, des Poissons, des
Arachnides et une multitude d'Insectes; mais, chose curieuse,
peu ou point de Mollusques et de Crustacés (1). M. Unger est
le premier auteur qui ait publié sur les Insectes fossiles de cette
localité un mémoire de quelque étendue (2). Parmi les ordres
les plus répandus, il cite les Hyménoptères, représentés surtout
par les Myrmicides, puis les Diptères, les Coléoptères, les Hémiptères et les Névroptères. D'une manière générale, la faune
entomologique aurait été composée d'Insectes qui se tiennent de
préférence dans les forêts et dans les prairies forestières : les
Insectes phytophages auraient été en majorité, si l'on en juge
par le grand nombre de feuilles rongées que l'on a découvertes
dans ce gisement, tandis que les Insectes frondicoles et aquatiques auraient été relativement rares. Du reste, la plupart des
genres se rapprocheraient des genres actuels de l'Europe et de
l'Amérique du Nord, comme Germar l'avait déjà fait remarquer
pour les Insectes des lignites du Rhin. M. Unger insiste également
sur ce fait que, sur une même plaque, les Insectes sont fréquemment associés à des Poissons, tandis qu'on avait cru observer précédemment que ces deux classes d'animaux s'excluaient
réciproquement. Il termine son mémoire par la description de
plusieurs espèces des genres *Bibio*, *Protomyia* et *Leptogaster*,
dont il donne les figures.

Mais c'est à M. Heer que l'on doit l'étude la plus complète
des Insectes fossiles de Radoboj (3). Le savant paléontologiste a
reconnu dans cette faune un assez grand nombre de formes tro-

(1) Heer, *loc. cit.*
(2) *Fossile Insekten aus Radoboj*, 1839 (*Leop. Akad.*, et à part, 1842).
(3) *Die Insectenfauna der Tertiärgebilde von Œningen und von Radoboj* (*Mém. de
la Soc. helv. des sc. nat.*, t. VIII, XI et XIII). — *Mémotre sur la faune des Insectes de
Radoboj* (Rapport officiel de la vingt-deuxième réunion des naturalistes allemands,
Vienne, 1858). — *Fossile Hymenopteren aus Œningen und Radoboj*. Zürich, 1867,
in-4. — *Urwelt der Schweiz*. Zürich, 1865.

picales, et entre autres des Termites gigantesques, de magnifiques
Cercopis, de grands Grillons, un Papillon, le *Vanessa Pluto*, etc.
Les Coléoptères sont relativement rares, mais les Fourmis sont
représentées par 57 espèces, dont la plus commune est *Formica
occultata* Heer (M. Heer a reçu 594 exemplaires de cette seule
espèce) (1). Les Moucherons pullulent également, ainsi que
les Pucerons, dont les uns (*Lachnus pectorosus*) vivaient sur les
Chênes et les autres (*Lachnus Boneti*) sur les Pins qui ombrageaient le rivage. C'est sur ces arbres que les Fourmis et quelques petits Coléoptères, comme *Amphotis bella*, venaient leur
donner la chasse.

Les larves de Libellules font complétement défaut, ce qui tient,
suivant M. Heer, à ce que Radoboj est une formation littorale :
on y trouve, en effet, des débris marins à côté de débris terrestres.

A un niveau un peu plus élevé que Radoboj, dans la série des
terrains tertiaires, vient se placer la grande formation lacustre
d'OEningen, le gisement d'Insectes le plus célèbre et le mieux
connu jusqu'à ce jour, grâce aux longues et patientes recherches de
M. Heer (2). Ce savant infatigable, dont le nom reviendra souvent dans le cours de ce travail, avait déjà recueilli en 1867,
dans cette seule localité, 5081 échantillons d'Insectes, savoir :

Coléoptères	2456
Névroptères	882
Hyménoptères	699
Diptères	310
Hémiptères	598
Orthoptères	131
Lépidoptères	5
	5081

Ces chiffres suffisent à donner une idée de la richesse entomologique d'OEningen. En soumettant ces matériaux à un examen

(1) Voyez aussi docteur G. L. Mayr, *Vorläufige Studien über die Radoboj : Formi-
ciden* (*Jahrb. d. k. geol. Reichsant.*, 1867, Bd. XVII, H. 1, p. 47).
(2) *Die Insectenfauna*, etc. — *Urwelt der Schweiz*. — *Fossile Hymenopteren*. —
Beiträge zur Insectenfauna d. Tertiärlager von OEningen : Coleoptera. Haarlem, 1862.
— *Ueber die foss. Kakerlaken*. Zürich, 1865.

approfondi, M. Heer y a reconnu 844 espèces qui se répartissent de la manière suivante entre les divers ordres :

Coléoptères................	518
Orthoptères................	20
Névroptères.	27
Hyménoptères.............	80
Lépidoptères...............	3
Diptères.	63
Hémiptères.	133
	844

En comparant, pour chaque ordre, le nombre des échantillons avec celui des espèces, on trouve pour les :

Névroptères........	33	individus par espèce.
Hyménoptères......	$8\frac{7}{10}$	—
Orthoptères........	$6\frac{5}{10}$	—
Diptères..........	5	—
Coléoptères........	$4\frac{7}{10}$	—
Hémiptères........	$4\frac{6}{10}$	—
Lépidoptères.......	$1\frac{7}{10}$	—

Parmi les Névroptères, 80 échantillons seulement sur 882 appartiennent à des individus adultes ; les autres sont des larves de Libellules. Celles-ci sont en si grand nombre, que M. Heer est tenté d'attribuer leur destruction en masse et leur accumulation dans certaines couches à des circonstances particulières, et peut-être à une action volcanique (1). Les Coléoptères tiennent le premier rang par le nombre des espèces et par le nombre des individus, et laissent les autres ordres à une grande distance derrière eux. Il serait beaucoup trop long de faire connaître ici, pour tous les ordres, la distribution des espèces entre les familles et les tribus ; je renverrai au tableau dressé par M. Heer dans ses recherches sur le climat et la végétation du pays tertiaire (2). Ce tableau est loin de donner une idée complète de la faune d'OEningen, car, comme le fait remarquer avec raison M. Heer, les Insectes ont été accumulés au sein de ce dépôt dans des conditions spéciales : en effet, parmi les Insectes terrestres, ceux-là

(1) *Recherches sur le climat et la végétation du pays tertiaire*, p. 197.
(2) *Ibid.*, p. 198 et suiv.

ARTICLE N° 3.

seulement qui ont été entraînés dans l'ancien lac par le vent ou par les ruisseaux sont parvenus jusqu'à nous ; et les Insectes ailés ont été plus exposés à périr dans les eaux que les Insectes aptères. Ainsi, parmi les Fourmis, les femelles ailées et les mâles sont de beaucoup les plus communs ; cependant on trouve aussi çà et là quelques Insectes privés d'ailes ou volant difficilement, et même quelques Chenilles. Il est probable que ces animaux sont tombés dans le lac du haut des arbres qui ombrageaient le rivage, ou bien qu'ils y ont été précipités avec des feuilles ou des fragments de branches. Aussi, en supposant, avec M. Heer, que l'on connaît le tiers environ des Insectes d'OEningen, et en évaluant la faune entière à 2532 espèces, on reste bien au-dessous de la vérité.

D'une manière générale, on peut dire que les Géocorises dominent parmi les Hémiptères, les Fourmis parmi les Hyménoptères, et les Tipulaires florales parmi les Diptères. Quant aux Coléoptères, voici quelles sont les tribus les plus riches en espèces :

Rhynchophores	108
Sternoxes	67
Clavicornes	55
Géodéphages	54
Chrysomélides	50
Lamellicornes	42
Longicornes	30
Palpicornes	22

Chacune de ces familles compte en moyenne 10 espèces, et chaque genre 3 ; tandis que dans la nature actuelle, l'Europe comprend 7,9 espèces par genre, l'Amérique du Sud 6,7, et l'Amérique du Nord, 4,4. Ces chiffres montrent une fois de plus combien il nous manque encore de types de la faune entomologique d'OEningen.

Toutefois on voit immédiatement que dans cette faune tertiaire, comme dans les faunes actuelles de la Suisse et de l'Europe centrale, les Rhynchophores étaient de beaucoup prédominants ; mais les Brachélytres qui, de nos jours, ont une importance considérable et suivent de près les Rhynchophores, ne constituent à OEningen qu'une infime minorité. En revanche, dans ce gisement, les Sternoxes, et en particulier les Buprestes, sont plus répandus qu'ils ne le sont actuellement dans n'importe quelle partie du monde, et les Palpicornes prennent également un développement exceptionnel.

On sait que les Insectes en général, et les Coléoptères en particulier, se partagent, au point de vue du régime, en carnivores et en herbivores, ou, comme on dit plus généralement, en créophages et phytophages. Ces deux catégories ont entre elles des rapports variables suivant les contrées, et la considération de ces rapports est de la plus haute importance pour la géographie entomologique. Lacordaire a reconnu (1) que la proportion des Coléoptères créophages décroît à mesure qu'on se rapproche de l'équateur. En effet, ils sont à la totalité des espèces dans les régions suivantes :

Nouveau continent.

Amérique du Nord	:: 1 :	4,01
Amérique du Sud	:: 1 :	9,59
Rio-Janeiro	:: 1 :	22,51

Ancien continent.

Sibérie	:: 1 :	2,90
Europe	:: 1 :	3,87
Afrique	:: 1 :	5,55
Océanie	:: 1 :	8,59

Or, à OEningen, les Coléoptères créophages sont à l'ensemble des Coléoptères dans les proportions de 1 : 4,62, et aux Coléoptères phytophages dans la proportion de 1 : 3,62 ; c'est-à-dire qu'ils sont plus rares dans cette localité que dans l'Europe actuelle, tout en étant encore beaucoup plus nombreux qu'ils ne le sont de nos jours dans les régions tropicales, et en particulier dans l'Amérique du Sud. Cette diminution dans le nombre des créophages, ou, si l'on veut, cette augmentation dans le nombre des phytophages, imprime à la faune fossile d'OEningen un caractère méridional que la flore ne présente pas au même

(1, *Introduction à l'Entomologie*, t. II, p. 528 et suiv.

degré. Parmi les Coléoptères phytophages, les xylophages sont en majorité, ce qui est en rapport avec la végétation luxuriante des forêts miocènes ; cependant on n'a pas encore rencontré de Bostrichides (1).

Si, comme cela est naturel, on attribue aux Insectes d'OEningen les mêmes habitudes qu'à leurs analogues dans la nature actuelle, on peut essayer, avec M. Heer, de rétablir le tableau que présentaient les bords du lac qui couvrait une partie de la contrée. Dans la forêt voisine vivaient de nombreux Buprestes, des Capricornes, des Trogosites, dont les larves se cachaient sous l'écorce ; au milieu du feuillage se tenaient les Cigales, les Lygées et les Pachymères ; les Fourmis (*Formica procera*) et les Termites (*Termes Hartungi*) creusaient leurs habitations dans les vieux troncs ou dans les débris végétaux qui jonchaient le sol. Dans la terre humide se glissaient les larves des Anthomyzides, et les Champignons étaient visités par de petits Fongitipulaires. Dans les prairies, les herbes portaient des Chrysomèles, des Charançons, des Trichies, des Pachycores, tandis qu'autour des fleurs voltigeaient des Syrphes, des Bourdons et des Abeilles.

Sur le rivage : le *Chrysomela Calami* grimpait sur les roseaux, et les Lixes sur les tiges d'Ombellifères ; tandis que dans l'eau s'agitaient pêle-mêle des larves de Libellules et de Chironomes, des Dytiques (*Dytiscus Lavateri* et *Cybister Agassizi* Heer), des Dineutes, des Nèpes et des Bélostomes.

Bien plus, en prenant pour guide le genre de vie et le mode d'alimentation des homologues vivantes, M. Heer est parvenu à assigner à certaines espèces fossiles d'OEningen les plantes qui leur étaient propres. Par exemple, le *Trichius fasciatus* se trouvant aujourd'hui sur le Bouleau et sur l'Aulne, le *Trichius amœnus* d'OEningen devait habiter sur le *Betula Ungeri*. De même, suivant M. Heer, le *Valgus œningensis* vivait sur le *Salix varians*, l'*Anglochira tincta* et l'*Ampedus Seyfridii* sur le *Pinus hepios*, le *Cicada Emathion* et le *Lytta Æsculapi* sur le *Fraxinus prædicta*, le *Saperda Nephele* sur le *Populus Heliadum*, le *Rhyu-*

chites Silenus sur le *Vitis teutonica*, le *Chrysomela Calami* sur le *Phragmites œningensis*, le *Lygæus tinctus* sur l'*Acerates veteranus*, le *Clythra Pandoræ* sur le *Medicago protogea*, le *Pemphigus barsifex* sur le *Populus latior*, etc.

En considérant l'ensemble des espèces trouvées à OEningen, on est frappé de voir que la plupart se rapportent à des genres actuellement répandus sur l'ancien et le nouveau continent, et que ces derniers genres constituent les deux tiers de la masse des Coléoptères dans ce gisement, tandis qu'ils n'en forment que le tiers dans la faune actuelle de nos contrées, d'après Lacordaire (1). M. Heer estime à 114 sur 180 le nombre des genres de Coléoptères fossiles qui appartiennent à cette catégorie. Parmi les autres, deux ne se retrouvent plus en dehors de l'Afrique (*Lepithrix* et *Gymnochila*), deux sont spéciaux à l'Amérique (*Anoplites* et *Naupactus*). Quelques-uns se rencontrent à la fois en Afrique, en Asie et en Amérique, mais plus particulièrement dans cette dernière région : tels sont les genres *Belostomum*, *Hypselonotus*, *Diplonychus*, *Evagoras*, *Stenopoda*, *Plecia*, *Caryoborus* et *Dineutes*. En outre, un assez grand nombre d'espèces tertiaires sont voisines d'espèces américaines actuelles : ce sont surtout des *Calosomus*, *Cybister*, *Attelabus*, *Pachycoris*, *Ponera*, *Syromastes*, *Plecia*, *Phaneroptera*, etc. Enfin, 17 genres habitent encore l'ancien continent ; 7 d'entre eux (*Pentodon*, *Glaphyrus*, *Hybosorus*, *Capnodis*, *Sphenoptera*, *Brachycerus*, *Ælia*), de même que les genres, en petit nombre du reste, qui sont exclusivement européens, sont encore représentés de nos jours dans la faune méditerranéenne.

OEningen possède, en outre, 45 genres qui lui sont propres et qui se répartissent ainsi :

Coléoptères	21
Orthoptères	1
Hyménoptères	6
Hémiptères	11
Diptères	6
	45

Ces genres ne sont pas sans importance, puisqu'ils comptent

(1) *Op. cit.*

ARTICLE N° 3.

à eux tous 440 espèces, dont quelques-unes très-répandues (*Cydnopsis* et *Protomyia*).

M. Heer trouve que les résultats fournis par l'examen de la faune entomologique d'Œningen concordent avec ceux obtenus par l'étude de la flore ; cette flore a néanmoins un caractère plus franchement américain et moins méridional, moins méditerranéen que la faune. Le savant paléontologiste de Zürich conclut de l'ensemble de ses recherches, qu'Œningen n'avait pas un été tropical, mais un hiver relativement chaud, c'est-à-dire un climat littoral ou insulaire.

L'ambre renferme fréquemment des Insectes fort bien conservés. Ce fait, qui avait déjà frappé Sendelius [1], n'a plus rien d'étonnant aujourd'hui que nous savons, par les recherches de MM. Berendt et Gœppert [2], que l'ambre est une résine fossile qui découlait de certaines Abiétinées de l'époque tertiaire [3]. Il a été déposé, avec les débris de ces végétaux, dans des couches de lignite d'où les flots de la Baltique et de la mer du Nord l'arrachent sans cesse pour le rejeter sur les côtes. L'ambre est connu depuis la plus haute antiquité [4]; de nos jours on le recueille principalement aux environs de Kœnigsberg, mais il existe aussi des gisements de cette substance dans l'intérieur des terres, par exemple dans les marnes bleues pliocènes de Castel-Arcuato, en Sicile, dans les grès de Galicie, à Œningen, etc. Ces divers dépôts, suivant M. Heer, sont loin d'être synchroniques, de sorte que, dans l'étude de la flore et de la faune de l'ambre, il est bon de tenir compte de la provenance des échantillons [5]. D'un autre côté, lorsque cette résine était encore fluide, elle devait saisir de préférence les Insectes qui fréquentaient le tronc des Pins; en effet, les Termites y abondent. Il en résulte que les Insectes

(1) *Historia succinorum corpora aliena involventium.* Lipsiæ, 1742, fol.
(2) *Die Insekten in Bernstein*, 1er cahier, in-4. Dantzig, 1830. — *Die in Bernstein befindlichen organischen Reste der Vorwelt*, t. I, 1re livr. Berlin, 1845, in-fol.
(3) *Pinus succinifer.*
(4) Voyez dans Pictet, *Traité de paléontologie*, t. II, p. 307, la liste complète des auteurs qui ont parlé de l'ambre et de sa formation.
(5) *Recherches sur le climat, etc.*, p. 111.

de l'ambre ne sauraient en aucune façon nous donner une idée
exacte et complète de la faune entomologique contemporaine.
Enfin l'appât du gain a poussé certains industriels à fabriquer
avec des Insectes modernes et des résines plus ou moins analogues à l'ambre, des contrefaçons contre lesquelles on ne saurait
trop mettre en garde les paléontologistes.

Néanmoins on a sur ce sujet des travaux sérieux et importants, dus surtout à MM. Hope (1), Ehrenberg (2), Germar (3),
Gravenshorst (4), Mayr (5), Lœw (6), Pictet et Berendt. Ces
deux derniers auteurs avaient même commencé sur le succin
une grande publication que la mort de M. Berendt est venue in-
terrompre (7). Il en ressort que la plupart des espèces, à part
deux Diptères (*Culex pipiens* et *Mochlonyx velutinus*) et un
Perce-oreille, se distinguent nettement de celles de nos jours.
Parmi les Névroptères, M. Pictet a reconnu :

1° Des espèces analogues, mais non identiques avec celles
qui vivent aujourd'hui en Prusse (*Agrion*, *Perla*, *Phryganea*,
Sialis, *Bittacus*, etc.).

2° Des espèces intertropicales et méditerranéennes (*Termes*).

3° Des types exotiques (une Chauliode).

4° Quelques genres éteints, sans représentants dans le monde
actuel (*Hemerobites* Germ., *Macropalpus* Berendt, *Riphalis*
Ber., *Amphientomum* P. et B.).

Parmi les Orthoptères, M. Gravenshorst (8) a signalé quelques
Dermaptères (*Forficula*), des Blattides (*Blatta*), des Acridiens
(*Gomphocerites*). M. Desmarest indique aussi une espèce de

(1) *Trans. of the Entomol. Soc. of London*, t. I, II et IV.
(2) *Insectes dans l'ambre* (*Froriep's Notiz.*, 1841, t. XIX, et *Leonh. und Broun n. Jahrb.*, 1843, p. 502).
(3) *Mag. der Entom.*, I.
(4) *Uebersicht der arbeiten d. Schl. Gesellsch. in Danzig.*
(5) *Die Ameisen d. baltischen Bernsteins.* Königsb., 1868.
(6) *Bernstein* (op. cit.).
(7) *Die in Bernstein befindlichen organischen Reste der Vorwelt.*
(8) *Op. cit.*

Mante (1) ; MM. Pictet et Berendt, des Pseudoperlides (2), et M. Hope, quelques Gryllides (*Acheta* et *Gryllotalpa*).

Parmi les Hyménoptères, on remarque surtout (3) des Tenthrèdes, quelques Pupivores (*Ichneumon*, *Cryptus*, *Bracon*, *Chelonus*, *Diplolepis*) et de nombreuses Fourmis (4). Les Hémiptères hétéroptères nous présentent des Pentatomes, des Lygéides (*Pachymerus*), des Capses, des Membracies (*Tingis* et *Aradus*) ; les Hémiptères homoptères, des Fulgores (*Cixius*, *Flata*, *Pœcera*, *Pseudophana*), des Cicadelles (*Jassus*, *Cercopis*, *Bythoscopus*, *Typhlocyba*), des Aphidiens (*Aphis*, *Lachnus*, *Schizoneura*), des Gallinsectes (*Monophlebus*). Hope (5) parle d'un Papillon trouvé dans l'ambre, et Gravenshorst de quelques Tinéites et Noctuélites (*Tortrix*, *Tinea?*, *Noctua ?*). Les Diptères sont abondants. Ce sont des Tipulaires culiciformes (*Culex*, *Chironomus*, *Mochlonyx*, *Ceratopogon*), terricoles (*Tipula*, *Rhamphidia*, *Cylindrotoma*, *Anisomera*, *Adetus*, *Tanysphyra*, *Trichoneura*, etc., etc.), fongicoles (*Mycetophila*, *Sciophila*, *Macrocera*, *Platyura*), et floricoles (*Rhyphus*, *Plecia*, *Dilophus*, *Simulium*, *Scatops*) ; des Asilides (*Asilus* et *Dasypogon*), des Empides (*Empis*, *Rhamphomyia*, *Gloma*, *Brachystoma*, *Trachydroma*, etc.), des Leptides (*Leptis* et *Atherix*), des Dolichopides (*Porphyrops*, *Medeterus*, *Chrysotus*), une Thérève, un Taon (*Silvius*) ; des Xylophagides (*Electra* et *Chrysothemis*), des Syrphides, des Muscides, des Phorides (*Phorus* et *Trineura*). Des Thysanoures eux-mêmes, malgré leur extrême délicatesse, nous ont été conservés dans le succin : ce sont des Lepismènes (*Petrobius*, *Forbicina*, *Lepisma*, *Glessaria*) et des Podurelles (*Podura*, *Sminthurus*, etc.) (6).

Parmi les Coléoptères, M. Pictet (7) cite des Carabiques (*Cicin-*

---

(1) M. de Serres, *Géognosie des terrains tertiaires*, p. 241.

(2) *Op. cit.*, et Pictet, *Traité de paléontologie*, t. II, p. 364, et atlas, pl. XL, fig. 25.

(3) Pictet, *op. cit.*

(4) Mayr, *Die Ameisen d. baltischen Bernstein.*

(5) *Trans. of the Entom. Societ. of Lond.*, t. I, p. 146.

(6) *Bernstein*, I, p. 57. — Voyez aussi une feuille provisoire qui accompagne la 1re livraison du grand ouvrage de M. Berendt : *Die in Bernstein befindl.*, etc.

(7) *Traité de paléontologie*, II, p. 320 et suiv.

dela, *Polystichus, Dromius, Lebia, Clivina, Harpalus, Pterostichus, Calathus, Chlœnius, Carabus, Nebria*, etc.), des Hydrocanthares (*Gyrinus*), des Brachélytres (*Lathrobium, Stenus, Stylicus, Omalium, Anthophagus, Aleocharus, Tachinus, Tachyporus, Mycetoporus*), des Sternoxes (*Agrilus, Elater, Cryptohypnus, Microphagus, Eucnemis, Limonius, Throscus*), des Malacodermes (*Cyphon* et *Scirtes, Malthinus, Dasytes, Ebœus, Malachius, Tillus, Notoxus, Corynetes, Ptilinus, Dorcatoma, Anobium, Lymexylon, Cupes*), des Clavicornes (*Scydmœnus, Hister, Choleva, Nitidula, Strongylus, Anthrenus, Limnichus, Byrrhus*, etc.), des Lamellicornes (*Platycerus*), des Taxicornes (*Anisotoma, Boletophagus*), des Sténélytres (*Cistela, Œdemera, Necydalis, Hallomenus, Orchesia*), des Trachélides (*Pyrochroa, Mordella, Rhipiphorus, Anaspis, Notoxus*), des Rhynchophores (*Anthribus, Apion, Rhynchites, Pissodes, Sitona, Hylobius, Phytonomus*), des Xylophages (*Platypus, Hylesinus, Apate, Ips, Rhizophagus, Cis, Colydium, Latridius, Sylvanus*), des Longicornes (*Molorchus, Callidium, Saperda, Lamia, Leptura*), des Chrysomélides (*Hœmonia, Chrysomela, Galleruca, Altica, Phalacrus*), des Coccinellides ou Aphidiphages (*Coccinella* et *Scymnus*), et enfin des Psélaphiens (*Pselaphus, Bryaxis, Euplectus*).

Comme une Cicindèle et un Gyrin de l'ambre se rapprochent de certains types des pays chauds, Brullé en concluait qu'à l'époque de la formation du succin, les bords de la mer Baltique jouissaient d'un climat plus élevé que de nos jours. M. Pictet (1) et M. Heer (2) ont parfaitement reconnu la présence d'espèces subtropicales dans la faune de l'ambre et leur mélange aux formes septentrionales, qui sont d'ailleurs en grande majorité. Ce fait serait moins étonnant, si l'on admettait, avec M. Heer, que l'ambre n'appartient pas à une seule et même époque. Quoi qu'il en soit, on peut remarquer que, parmi les Coléoptères, les Palpicornes et les Mélasomes n'ont pas été ren-

(1) *Traité de paléontologie*, II, p. 309 et suiv.
(2) *Recherches sur le climat et la végétation*, p. 111.

contrés jusqu'à présent dans le succin; que les Lamellicornes et les Hydrocanthares y sont très-rares ; les Carabiques, les Brachélytres, les Taxicornes, les Longicornes, les Fungicoles, les Coccinelliens et les Psélaphiens relativement peu abondants ; les Sternoxes, les Chrysomélides, les Trachélides, les Xylophages et les Rhynchophores beaucoup plus répandus. Chacune de ces dernières familles fournit à l'ensemble de la faune du succin (1) :

1º Les Sternoxes. . . . . 18 pour 100.
2º Les Chrysomélides. 15   —
3º Les Trachélydes. 12   —
4º Les Xylophages. 10   —
5º Les Rhynchophores. 5   —

Les lignites d'Uznach, en Suisse, mentionnés par Scherer (2), sont de formation beaucoup plus récente que tous les dépôts dont nous avons parlé jusqu'ici; suivant M. Herr (3), ils appartiennent probablement au groupe des terrains quaternaires. Brullé y signale un Coléoptère voisin de *Feronia leucophthalma*, un autre semblable à *Callidius fennicum*, et un *Elater* analogue à *E. Æneus*. [M. Heer, qui a étudié à fond les gisements d'Uznach et de Dürnten, y indique encore deux Donacies semblables à *Donacia discolor* et à *Donacia sericea*, qui se rencontrent dans toute la France et jusqu'en Laponie, sur les plantes des marécages; un *Hylobius* (*Hyl. rugosus* Heer) voisin de *Hylobius pineti* Aut., mais distinct; un *Pterostichus* de la faune actuelle (*Pter. nigrita* F. sp.), et des Carabes d'espèces perdues (*Carabites diluvianus* et *Car. cordicollis*).

Je ne parlerai point des Insectes trouvés dans les tourbières de Cornouailles, des Sables-d'Olonne ou des environs de Morlaix, et dont quelques-uns ont encore leur coloration originelle, ces Insectes étant probablement identiques avec ceux de la faune actuelle ; et je terminerai cette étude, dans laquelle j'ai été forcément très-incomplet, en présentant les conclusions générales

(1) Ce tableau est dressé d'après les recherches de M. Pictet, *Traité de paléontologie*, II, passim.
(2) *Archiv. für Naturlehre*, t. III, p. 256.
(3) *Urwelt der Schweiz*, p. 481 et suiv.

auxquelles sont arrivés les savants qui ont été mes guides. Nous verrons plus tard si ces conclusions peuvent s'appliquer aux Insectes fossiles de l'Auvergne et de la Provence.

M. Pictet déclare que tous les Insectes fossiles, jusqu'à ceux de l'ambre inclusivement (1), sont différents de ceux de la nature actuelle. Leur comparaison avec ces derniers prouve que la température de l'Europe a subi des modifications sensibles, et la distribution des genres, la dimension des espèces fossiles, ainsi que les rapports numériques que présentent entre eux les différents groupes, indiquent des climats plus chauds que ceux d'aujourd'hui.

Les modifications qu'ont subies ces animaux pendant la série des périodes géologiques ne paraissent pas très-intenses; en effet, certains genres du lias se retrouvent encore dans la faune actuelle. Les groupes les plus anciens sont ceux dont la dispersion géographique est plus grande. Cette observation est vraie d'une manière générale, mais non d'une manière absolue; car si, d'une part, pour les Coléoptères en particulier, les Carabiques, les Rhynchophores, les Chrysomélides, les Palpicornes, les Lamellicornes et les Sternoxes remontent à une époque géologique très-reculée et sont en même temps, d'après Lacordaire (2), les familles qui comptent le plus grand nombre de genres répandus à la fois dans l'ancien et le nouveau monde; d'autre part, les Hydrocanthares, qui datent de la période liasique, n'ont plus, dans la nature actuelle, que 17 genres communs aux deux continents. C'est ce qui ressort du tableau ci-dessous, dans lequel j'ai indiqué, en regard de chaque famille, le nombre de genres qu'elle possède à la fois dans l'ancien et dans le nouveau monde, et la date de l'apparition de ses premiers représentants à la surface du globe, autant que cette date peut être fixée dans l'état actuel de la science.

(1) *Traité de paléontologie*, t. II, p. 309.
(2) *Introduction à l'Entomologie*, t. II, p. 528 et suiv.
ARTICLE N° 3.

FAMILLES	GENRES COMMUNS aux deux continents	DATE DE L'APPARITION à la surface du globe
Carabiques..............	50	Epoque du lias inférieur.
Curculionides............	47	Epoque carbonifère (Coalbrook-dale).
Chrysomélides.	41	Epoque du lias inférieur.
Clavicornes.............	35	Epoque du lias (Argovie).
Lamellicornes............	35	Epoque du lias inférieur (?).
Sternoxes..............	34	Id.
Longicornes.............	29	Epoque de la grande oolithe.
Xylophages.............	26	Epoque de Purbeck.
Brachélytres............	22	Id. (?)
Hydrocanthares.	17	Epoque du lias.
Malacodermes............	17	Epoque de Purbeck.
Térédyles..............	16	Epoque tertiaire (?).
Taxicornes.	13	Epoque tertiaire moyenne (ambre).
Trachélydes.............	11	Epoque de Purbeck (?).
Trimères.	9	Epoque de la grande oolithe.
Ténébrionites.	6	Epoque tertiaire moyenne.
Hélopiens..............	6	Id.
Palpicornes.	5	Epoque du lias (Argovie).
Vésicants..............	5	Epoque tertiaire moyenne.
Sténélytres.............	4	Epoque tertiaire moyenne (Œningen).
Mélasomes.............	3	Epoque de la grande oolithe.
Dimères...............	2	Epoque tertiaire moyenne (ambre).

M. Heer fait aussi remarquer que le développement des Insectes a été influencé par celui du règne végétal, les Insectes floricoles n'ayant fait leur apparition qu'à l'époque où les plantes dicotylédones ont pris toute leur expansion. C'est pourquoi les Abeilles, parmi les Hyménoptères, les Syrphes parmi les Diptères, manquent absolument dans les terrains primaires, sont rares dans les terrains secondaires et ne sont répandus que dans les terrains tertiaires.

Enfin, M. Pictet trouve que l'histoire paléontologique des Insectes fournit plus d'arguments contre la loi du perfectionnement graduel des êtres qu'en faveur de cette théorie (1). M. Heer, se fondant sur ce fait que les Insectes à métamorphoses incomplètes ont précédé en général les Insectes à métamorphoses complètes, soutient une opinion diamétralement opposée. Mais le nombre assez restreint de documents que nous possé-

(1) *Traité de paléontologie*, t. II, p. 311 et suiv.

dons sur la faune entomologique des terrains devoniens et même des terrains carbonifères, rend, ce me semble, une pareille discussion prématurée. D'ailleurs, il faudrait commencer par montrer quel est celui des deux groupes, de celui à métamorphoses incomplètes, ou de celui à métamorphoses complètes, qui présente sur l'autre une réelle suprématie, tant au point de vue des fonctions organiques qu'au point de vue de l'intelligence et de l'instinct. Or, c'est ce qui est loin d'être établi. Dans le tableau suivant, qui demain peut-être aura cessé d'être exact par suite de nouvelles découvertes, j'ai néanmoins cherché à indiquer quel est, jusqu'à ce jour, l'ordre d'apparition des différents ordres d'Insectes à la surface du globe :

ORDRES	DATE DE L'APPARITION	NATURE DES MÉTAMORPHOSES
Névroptères (Éphémères) .	Période devonienne.	Demi-métamorphoses.
Orthoptères............	Période carbonifère.	Id.
Coléoptères...........	Id.	Métamorphoses parfaites.
Hémiptères...........	Époque liasique inférieure.	Demi-métamorphoses.
Hyménoptères.........	Id.	Métamorphoses parfaites.
Diptères............	Id. (?)	Id.
Lépidoptères..........	Époque de Purbeck.	Id.
Thysanoures (?)........	Époque tertiaire moyenne.	Métamorphoses ébauchées.

Mais ce qui paraît acquis à la science, c'est que chaque terrain, ou mieux chaque gisement est caractérisé par la prédominance de telle ou telle famille : c'est ainsi que les Blattes sont particulièrement abondantes dans le lias d'Argovie, les Rhynchophores dans les marnes d'Aix, les Buprestes dans les carrières d'OEningen, les Fourmis dans les couches sulfureuses de Radoboj, les Termites dans l'ambre de la Baltique, etc., etc. Cela provient évidemment de ce que chacun de ces groupes a trouvé dans la localité et à l'époque correspondante tous les éléments nécessaires à son développement. Nous trouverons la confirmation de ce fait dans l'étude des fossiles de l'Auvergne et de la Provence, à laquelle j'ai hâte d'arriver et qui fera l'objet des chapitres suivants.

ARTICLE Nº 3.

CHAPITRE II

DESCRIPTION GÉOLOGIQUE DES TERRAINS TERTIAIRES DE L'AUVERGNE ET DES PRINCIPAUX GISEMENTS D'INSECTES FOSSILES.

Avec ses puys aux flancs déchirés et ses plaines riantes, arrosées par de larges cours d'eau, l'Auvergne présente un aspect pittoresque, bien fait pour charmer le voyageur et l'artiste; mais c'est aussi une des contrées de la France les plus séduisantes pour le géologue, parce qu'il y rencontre à chaque pas, et pour ainsi dire côte à côte, des roches d'origines bien différentes, les unes volcaniques, les autres sédimentaires. Les premières ont attiré de bonne heure l'attention des minéralogistes par la variété et la richesse de leurs échantillons, mais les autres ne sont pas non plus à dédaigner, ni comme intérêt, ni comme étendue, car elles occupent, en Auvergne, un espace de 110 lieues carrées, et elles ont fourni aux paléontologistes 1500 espèces de Mammifères et d'Oiseaux, 6000 espèces de Mollusques, beaucoup d'Insectes et un grand nombre de végétaux. Ce sont autant d'éléments qui serviront à reconstituer le tableau des siècles passés.

Les terrains sédimentaires de l'Auvergne ne renferment, comme Al. Brongniart l'a affirmé le premier, aucune trace de fossiles marins; leur disposition indique qu'ils ont été déposés pour la plupart dans des périodes de calme, le long des rivages et dans le fond de certains bassins, jusqu'à ce qu'ils aient atteint l'épaisseur de plusieurs centaines de pieds. Ces dépôts sont fréquemment interrompus par des pointements volcaniques, ou ne se retrouvent qu'à l'état de lambeaux, adossés à des massifs granitiques, par suite des érosions que les cours d'eau ont fait subir à toute la contrée. Ces lambeaux ont été protégés contre la destruction qu'a subie la plus grande partie de la formation, soit par des nappes de balsate, soit par des couches stalagmitiques qui les recouvrent. Comme l'a dit Ramond (1), « ce sont

(1) Mémoire sur le nivellement des monts Dômes, 1815.

des restes morcelés d'une grande série de couches qui couvraient
autrefois toute la surface actuelle de la vallée et constituaient
une ancienne plaine à un niveau bien supérieur à celle d'aujourd'hui. » Il est possible néanmoins de rétablir la continuité
entre ces témoins d'un autre âge, et de reconstituer par la pensée leur disposition primitive.

Dans le département du Puy-de-Dôme, dont je m'occuperai
plus spécialement, les terrains cristallisés forment deux chaînes
parallèles, l'une orientale, celle du Forez, qui sépare les eaux
de la Loire de celles de l'Allier ; l'autre occidentale, qui s'élève
entre l'Allier et la Sioule (1). Entre ces deux chaînes, ou, pour
parler plus exactement, entre ces deux plateaux, est comprise
une série de grès et de conglomérats, de marnes vertes et
et bleues foliacées, de calcaires oolithiques, de travertins et de
marnes blanches, souvent gypsifères, que recouvrent des allu-
vions plus ou moins anciennes.

Les grès et les conglomérats avaient reçu de Brongniart le
nom d'arkoses, et avaient été considérés par ce savant comme
une formation secondaire et marine, de beaucoup antérieure aux
couches lacustres auxquelles ils sont intimement associés. Mais
cette opinion a dû être abandonnée lorsqu'on a reconnu que les
couches de grès et de conglomérats alternent accidentellement
avec des couches calcaires remplies de coquilles d'eau douce.
Ce sont bien évidemment des dépôts tertiaires. Ils empruntent
souvent les éléments du granit auquel ils sont adossés, ou bien
se composent de fragments de gneiss, de micaschiste ou de por-
phyre réunis par un ciment siliceux ou calcaire. Ces couches
arénacées, disposées çà et là sur le pourtour du bassin lacustre,
sont, pour Poulett-Scrope (2), comparables aux deltas indépen-
dants qui se forment à l'embouchure des torrents, sur les rives
des lacs actuels.

Comme elles ne présentent pas grand intérêt au point de vue

---

(1) G. Poulett-Scrope : *The Geology and extinct volcanoes of central France*,
2ᵉ édit. Londres, 1828.
(2) *Op. cit.*, p. 8.

qui m'occupe, je passerai immédiatement aux marnes foliacées et aux calcaires marneux, qui s'étendent sur une grande longueur et atteignent une épaisseur de plus de 200 mètres (1). Ils offrent souvent à leur base des bancs remplis de Cyrènes, de Cérithes, de Planorbes et de Paludines. Suivant Sir Ch. Lyell (2), les roches primitives de l'Auvergne, qui, par la décomposition partielle de leurs parties les plus dures, ont donné lieu aux grès et aux conglomérats quartzeux, peuvent aussi, par la réduction des mêmes matériaux à l'état pulvérulent et la dégradation de leur feldspath, de leur mica et de leur hornblende, avoir donné naissance à des argiles alumineuses et même à des marnes calcaires, si elles contenaient une quantité suffisante de carbonate de chaux. Ces sédiments fins auraient été transportés à une certaine distance, vers le milieu du bassin, tandis que les sédiments plus grossiers se seraient déposés sur les bords; les uns seraient donc contemporains des autres. A l'appui de son opinion, Lyell cite ce que l'on observe actuellement sur les bords du lac Supérieur, dans l'Amérique du Nord (3).

Ces marnes sont formées d'un carbonate de chaux généralement terreux, blanc, jaunâtre, bleuâtre ou verdâtre. Leur caractère le plus frappant, c'est qu'elles sont susceptibles de se diviser en lames aussi minces qu'une feuille de papier. Cette fissilité extrême résulte de la présence au milieu d'elles d'innombrables carapaces d'un petit Crustacé du genre *Cypris* (*Cypris faba*, Desmarest), de petites Paludines, ou même de tiges de *Chara*. Parfois cependant elles présentent les caractères compacts du marbre ou du calcaire jurassique. Leurs assises sont superposées, dans le centre de la Limagne, avec la plus grande régularité et elles se relèvent sur les bords du bassin, où elles sont parfois inclinées de 15 à 45 degrés. Leur épaisseur, avec les calcaires intercalés, est de 90 mètres à Gergovia, de 200 mètres à Randan ; et comme leur base s'élève sur certains points à 300 mètres, tandis que leur

(1) H. Lecoq, *Époques géologiques de l'Auvergne*, t. II : TERRAINS TERTIAIRES.
(2) *Manuel de géologie élémentaire*, traduit par Hugard, 3e édit. Paris, 1856, t. I, p. 316 et 317.
(3) *Ibid.*, p. 317.

point le plus haut est situé à 800 mètres, M. Lecoq ne craint pas
de leur assigner jusqu'à 500 mètres d'épaisseur (1). Chaque
assise de marne mesure en moyenne 50 centimètres de haut, et
se subdivise en un grand nombre de feuillets parfois très-minces.
Plusieurs théories ont été émises pour expliquer la disposition et
la multiplicité de ces feuillets. M. Jobert (2) attribue la formation des calcaires et des marnes à des sources d'eaux minérales, et
celle des argiles et des grès qui leur sont intercalés aux agents
atmosphériques, et en particulier à des pluies torrentielles qui
auraient entraîné dans le lac les débris des terrains environnants :
de telle sorte que l'on pourrait juger, d'après le développement
des argiles et des grès par rapport aux marnes et aux calcaires,
du degré de fréquence des pluies torrentielles. Mais comme, toujours d'après le même auteur, les lits d'argile et de grès sont
fréquemment remplacés par de simples lignes de démarcation
entre les couches calcaires, en définitive la succession régulière
des lits marneux aurait pour cause immédiate l'alternance entre
les saisons d'été et d'hiver, ou plutôt entre la saison sèche et la
saison des pluies ; par suite, la Limagne aurait eu, à l'époque correspondante, le climat de la zone torride. J'aurai l'occasion de
revenir plus loin sur cette hypothèse et de la discuter ; mais je
dois dire immédiatement qu'en l'acceptant, on est conduit à admettre que les 600 à 1000 couches de marnes et de calcaire que
l'on observe sur certains points, et qui ont une épaisseur moyenne
d'un demi-mètre, n'ont pas exigé pour leur formation plus de six
à dix siècles. M. Lecoq (3) et plusieurs géologues se sont élevés
contre cette opinion ; quelques-uns ont même été jusqu'à prétendre
que le produit géologique d'une année, si l'on peut s'exprimer
ainsi, ne constitue pas une couche tout entière, mais un simple
feuillet, et qu'il faut attribuer à la formation des marnes calcaires
une durée cent ou deux cents fois plus longue. Lyell (4) rappelle

(1) *Op. cit.*; t. II, § V.
(2) *Mémoire sur le fait de la division des terrains en un grand nombre de couches
de différentes natures* (*Ann. des sc. nat.*, oct. 1826).
(3) *Op. cit.*, t. II, p. 327.
(4) *Op. cit.*, t. I, p. 317.

ARTICLE N° 3.

à ce propos que les *Cypris* sont de petits Crustacés qui perdent leurs deux valves par une mue périodique. « L'existence de ces » myriades de *Cypris* dans les anciens lacs d'Auvergne explique » comment la marne s'est trouvée divisée en lames aussi minces » que des feuilles de papier, et cela dans des masses stratifiées de » plusieurs centaines de pieds d'épaisseur. On ne saurait trouver » une preuve plus convaincante de la tranquillité et de la limpi- » dité des eaux, ainsi que du processus lent et graduel par lequel » le lac s'est rempli d'une vase fine (1). »

M. Baudin, qui a fait une analyse chimique des marnes cal- caires d'Auvergne, trouve qu'elles présentent la composition suivante (2) :

	A PUY-DE-MUR.	A GERGOVIA.
Eau et acide carbonique...	13	39
Argile et fer.............	15	19
Chaux....................	27	20
Magnésie.................	15	22
Perte....................	2	»
	100	100

Cette structure et cette composition indiquent nettement, d'après M. Lecoq (3), que les marnes sont dues à d'abondantes émissions de sources minérales. La présence du bitume et de la silice en un grand nombre de points, par exemple dans les grès de Chamalières et dans les calcaires à Phryganes, viendrait cor- roborer cette hypothèse.

Parmi les accidents les plus curieux que présentent les couches calcaires, il faut citer le *dusodyle*. Cette substance, trouvée pour la première fois en Sicile, près de Syracuse, par Dolomieu (4), a été décrite et nommée par Cordier (5), qui la considérait comme une sorte de bitume. En Sicile, elle était employée comme com- bustible ; mais en Auvergne elle renferme trop de matière ter-

(1) Lyell, *loc. cit.*
(2) *Annales d'Auvergne*, 1836.
(3) *Op. cit.*, t. II, p. 327 et suiv.
(4) Voy. Lecoq, *op. cit.*, t. II, p. 420.
(5) *Journal des Mines*, t. XXIII, p. 271.

reuse pour être affectée à cet usage. On l'observe principalement sur le bord de la nouvelle route de Clermont à Randanne, où une coupe faite en 1846 a mis à nu des lits de marne calcaire alternant avec de petites couches de dusodyle de 10 à 15 centimètres d'épaisseur, souvent contournées et formant des sortes de nodosités. M. Lecoq suppose (1) que le dusodyle doit son origine en ce point à des causes périodiques qui, pendant un certain temps, permettaient la sédimentation calcaire, et qui de temps en temps l'interrompaient en déposant des masses de feuilles et de matières végétales entraînées par les torrents du haut des côtes de Ceyrat. Le dusodyle existerait également, suivant le même auteur, au puy de Corent, et suivant M. Fouilhoux, à Chadrat, dans la vallée de Saint-Amand-Tallende. Le dusodyle offre fréquemment des empreintes de végétaux, d'Insectes et de Poissons. Parmi ces derniers, on peut citer *Cobitopsis exilis* (2).

Sur l'ancienne route de Clermont, à quelques kilomètres au sud de Riom, au lieu nommé la côte Ladoux, on remarque, dans un petit escarpement, une série de couches inclinées et plongeant au nord, qui consistent principalement en calcaires lacustres fissurés, et qui sont recouvertes par des cailloux roulés. Ce calcaire lacustre renferme des débris d'Insectes et de végétaux, et M. Lecoq possède dans sa collection une plaque couverte de ces débris.

Mais c'est à Gergovia et au puy de Corent que l'on observe le plus beau développement des marnes calcaires.

Le nom de Gergovia évoque le souvenir d'une des pages les plus glorieuses de l'histoire des Gaules. L'antique cité des Arvernes qui tint si longtemps en échec César et ses légions, était bâtie sur un vaste plateau situé à 8 kilomètres au sud de Clermont, et à droite de la route, quand on se dirige du côté d'Issoire (3). Ce plateau s'élève à 744 mètres au-dessus du niveau

(1) *Op. cit.*, p. 419.

(2) Voy. Pomel, *Catalogue des Vertébrés de la Limagne* (Ann. scient. de l'Auvergne, t. XXVI, p. 172).

(3) Voyez sur Gergovia : Lecoq, *Époques géologiques de l'Auvergne*, t. II, p. 498 et suiv.—Lyell, *op. cit.*, t. I, p. 318, fig. 178.—Poulett-Scrope, *op. cit.*, p. 107, fig. 7.

de la mer, et à 200 mètres au-dessus de la plaine environnante; sa forme est très-irrégulière et son plus grand diamètre s'étend de l'est à l'ouest. Il est creusé par de nombreux ravins qui permettent d'en étudier la structure. On y reconnaît, principalement du côté de Merdogne, une longue série de couches calcaréo-marneuses, qui sont séparées les unes des autres par des zones ferrugineuses, des couches à *Cypris faba* et des lits de chaux carbonatée, et qui présentent une épaisseur moyenne d'un mètre environ. M. Lecoq suppose (1) que ces couches qui se répètent avec les mêmes caractères et la même coloration, blanchâtre à la base, verte à la partie supérieure, correspondent à des durées sensiblement égales, à une année par exemple, et que, dans chacune d'elles, la partie la plus calcaire s'est formée pendant les mois de sécheresse, alors que les sources calcarifères agissaient sans trouble, la partie la plus marneuse au contraire à l'époque des pluies torrentielles. Les couches étaient plus ou moins épaisses, dit-il, suivant que l'année était plus ou moins humide, et suivant que les matériaux charriés étaient plus ou moins abondants. Sur les flancs sud et ouest de la colline, on voit apparaître çà et là des lits de calcaire concrétionné et de calcaire à Phryganes. Tantôt les tubes sont placés les uns à côté des autres de manière à constituer une sorte de pavé au-dessus duquel les couches calcaires recommencent avec leur régularité ordinaire; tantôt ils forment de grandes masses isolées autour desquelles les feuillets marneux viennent se recourber (2). Enfin la partie supérieure du plateau est occupée par une nappe de basalte fort étendue qui semble de niveau avec celle de Chanturgue et des Côtes, au delà de Clermont, et qui était sans doute autrefois en continuité avec elle (3). La roche a quelquefois une structure grossièrement prismatique; mais elle présente ordinairement de nombreuses cellules, des vacuoles remplies d'aragonite et de carbonate de chaux. Au-dessous de la nappe supérieure, on ob-

(1) Lecoq, *op. cit.*, t. II, p 501.
(2) *Époques géol.*, t. II, p. 504, fig. 72.
3) *Ibid.*

serve, vers les deux tiers de la hauteur de la colline, une deuxième nappe basaltique, qui peut atteindre, suivant Poulett-Scrope (1), une épaisseur de 40 pieds. L'espace intermédiaire est occupé par des couches lacustres, dont la disposition est beau-coup moins régulière que celle du calcaire inférieur, et qui sont fréquemment interrompues par des veines basaltiques ou trans-formées en un véritable peperino calcaire. Mais les roches ba-saltiques de Gergovia ont été trop souvent décrites et figurées pour que j'aie besoin de m'y arrêter; d'ailleurs elles ne présen-tent que peu d'intérêt au point de vue qui m'occupe. Il n'en est pas de même des marnes verdâtres feuilletées que l'on rencontre près du sommet de Gergovia, au-dessus de Merdagne : ces mar-nes renferment, dans leurs assises inférieures, une grande quantité de végétaux qui sont encore à étudier pour la plupart, et dont MM. Lecoq et Fouilhoux possèdent de nombreux échan-tillons. On y a découvert aussi quelques Insectes, et entre autres une empreinte que j'attribue à un Curculionide. Malheureuse-ment les recherches entreprises jusqu'à présent dans cette localité sont fort incomplètes et deviennent de plus en plus difficiles à cause des progrès de la culture. Il y a fort longtemps, du reste, que Croizet a signalé dans les flancs de la montagne de Gergovia plusieurs gisements de plantes fossiles, d'Insectes et de Mollus-ques (2).

Le puy de Corent ou Coran, nommé aussi les Chaux de Coran, s'élève à droite de la route d'Issoire, mais plus au sud que Gergovia, à 12 kilomètres de Clermont. Le moyen le plus commode pour s'y rendre consiste à prendre le chemin de fer de Clermont à Issoire, jusqu'à la station des Martres-de-Veyre. De là une voiture publique vous conduit sans fatigue jusqu'au pied même de la montagne, dont l'aridité contraste avec la vallée riante que l'on vient de traverser. A gauche de la route, en face du domaine de Pontari, se trouve une plâtrière aban-donnée, où la division du calcaire lacustre semble poussée à ses

___

(1) *Op. cit.*, p. 107.
(2) *Bulletin de la Société géologique de France*, 1836, t. VII, p. 14, et *ibid.*, p. 126.
ARTICLE ° 3.

dernières limites. Cette carrière, dont la partie supérieure tend
à disparaître sous les vignes et les broussailles, présente trois
étages de 3^m,50 à 4 mètres de haut, dans chacun desquels on
retrouve la même série de marnes dures, de marnes tendres, de
marnes verdâtres feuilletées et de marnes gypsifères, disposées
en couches alternantes de 20 à 50 centimètres d'épaisseur. Chacune de ces couches se délite elle-même au marteau, en un grand
nombre de feuillets minces, et c'est entre ces feuillets que j'ai
pu recueillir, en 1869, de nombreux fragments d'Insectes et
de végétaux. À la base, les couches se fendillent obliquement,
et présentent des cristaux de gypse ou des zones bleues et blanches entrecroisées, qui masquent plus ou moins la disposition
régulière et sensiblement horizontale des lits primitifs. C'est là
aussi, à 3 mètres de hauteur environ, que j'ai trouvé en grande
abondance des *Cypris* et des larves de *Stratiomys*. M. Lecoq
a, dans sa collection, quelques empreintes de végétaux, de Mollusques et d'Insectes provenant de la même localité. Suivant
lui (1), il existait en ce point un lac alimenté par des sources
minérales, ou tout au moins une dépression du sol où les eaux
étaient encore retenues alors que la Limagne se couvrait déjà
d'une riche végétation. Le village de Plauzat se trouverait sur le
bord de cet ancien marais, dont quelques couches puissantes
d'argile sableuse marqueraient les limites.

Le Muséum d'histoire naturelle de Paris possède une assez
grande quantité d'Insectes du puy de Corent. MM. Fouilhoux
père et fils en ont recueilli un certain nombre, et M. Vasson, curé
d'Authezat, en avait réuni une collection fort riche qui a dû être
dispersée, et sur laquelle je n'ai pu avoir de renseignements précis. On voit par là que le puy de Corent, près du sommet duquel
les minéralogistes vont chercher du basalte en colonnes et en
boules, avec du péridot, de l'amphibole et du fer oxydulé, pourrait fournir aussi aux paléontologistes des échantillons aussi
variés qu'intéressants, si l'on venait à exploiter scientifiquement

(1) *Op. cit.*, t. II, p. 522.

ses couches marneuses, principalement dans la partie qui regarde le domaine de Pontari.

Au-dessus des grès et des marnes calcaires qui constituent les deux premiers termes de la série tertiaire en Auvergne, viennent les calcaires à Indusies, qui furent signalés, pour la première fois, par Bosc, en 1805, dans les environs de Saint-Gérand le Puy (1). M. d'Omalius d'Halloy en parle dans son mémoire sur les calcaires d'eau douce de l'Allier, et en fait le dernier terme de la série tertiaire dans ce bassin. Cette formation, qui se relie intimement aux précédentes, puisque, à Gergovia, nous l'avon vue alterner à la partie supérieure avec les couches de marnes blanches (2), acquiert son plus beau développement sur les bords de l'ancienne Limagne, vers Saint-Amand Tallende, Combronde, Gannat, Aigueperse, et surtout à Saint-Pourçain. Elle s'étend sur toute la plaine basse de l'Allier, et se retrouve à Vichy, à Billy, à Cusset.

La roche qui la compose se présente en masses arrondies, distinctes, mais souvent assez rapprochées l'une de l'autre pour former des assises régulières et horizontales. Ces masses contiennent en général dans leur intérieur une foule de tuyaux qui renfermaient autrefois des larves de Phryganes (3); d'autres fois elles sont pleines et constituent des choux-fleurs, dont le diamètre atteint jusqu'à un décimètre. Ces couches de calcaire à Phryganes recouvrent souvent une sorte de calcaire oolithique riche en *Cypris faba* (comme à Chaptuzat, près d'Aigueperse), et à un niveau un peu inférieur, un calcaire sublamellaire et des marnes jaunâtres avec des rognons de calcaire dur et pesant. Au lieu de Phryganes, on trouve quelquefois empâtés dans le calcaire des Mousses, des Algues, des Roseaux ou de petites coquilles.

« Si l'on réfléchit, dit sir Ch. Lyell, que dix à onze de ces » tubes sont entassés dans un espace de 25 millimètres cubes,

(1) *Annales des Mines*, t. XVII, avec fig.
(2) *Époques géol.*, t. II, p. 504.
(3) *Ibid.*, p. 335 et suiv.

ARTICLE Nº 3.

» que certaines couches de ce calcaire mesurent plus de 2 mètres
» d'épaisseur et s'étendent sur un espace considérable, on se
» fera une idée du nombre infini d'Insectes et de Mollusques qui
» ont contribué par leurs téguments et leurs coquilles à former
» cette roche d'une structure si singulière. Il n'est pas nécessaire
» de supposer que les Phryganes ont vécu sur les lieux mêmes
» où l'on trouve aujourd'hui leurs enveloppes ; elles ont pu se
» multiplier dans les endroits peu profonds, près des bords du
» lac ou dans les ruisseaux qui l'alimentaient, et leurs dépouilles
» auront été entraînées au loin par le courant (1). »

A l'appui de cette opinion, Lyell rapporte ce qu'il a observé
sur le lac appelé Fuure-Soe, dans l'île de Seeland. D'innombrables tubes de Phryganes adhèrent aux Roseaux (*Scirpus lacus-
tris* et *Arundo donax*) qui croissent sur ses bords, et sont souvent
entraînés avec eux pendant l'été par de violents coups de vent,
jusqu'au milieu du lac, où ils flottent en larges bandes de 2 kilomètres de long.

M. Lecoq, au contraire, se fondant sur l'arrangement régulier des tubes de Phryganes, pense qu'ils ont été saisis sur place,
mais que l'incrustation n'a pas été assez rapide, en général, pour
anéantir les larves. Il est probable, suivant lui, que ces animaux
se tenaient dans le voisinage immédiat des sources calcaires, qui
n'émettent leurs sédiments qu'à quelque distance de leur origine, et qu'ils étaient aussi nombreux à l'époque tertiaire qu'ils
le sont encore aujourd'hui dans les ruisseaux de la Limagne (2).

Au-dessus des couches que nous venons de décrire se placent,
d'après M. Lecoq (3), comme d'après M. Pomel (4), les lignites
de Menat, qui constituent un dépôt isolé, déjà signalé par Guet-
tard. Ils occupent une dépression irrégulière de 1 à 2 kilomètres
de diamètre, creusée dans les micaschistes, et dont le bourg de

(1) *Manuel de géologie*, t. I, p. 320.
(2) *Op. cit.*, loc. cit.
(3) *Itinéraire du département du Puy-de-Dôme*, par H. Lecoq et J. B. Bouillet
(Clermont-Ferrand, § IX), et *Époques géol.*, t. II, p. 574.
(4) *Essai sur la coordination des terrains tertiaires du département du Puy-de-Dôme
et du nord de la France* (*Ann. scient. et littér. de l'Auvergne*, 1842, vol. XV, p. 170).

Menat marque à peu près le centre. Ce bassin, auquel on arrive par une vallée riante, et qui déverse aujourd'hui par le ruisseau de Mer ses eaux dans la Sioule, était sans doute complétement fermé à la fin de la période tertiaire et occupé par un lac de faible étendue.

Le lignite y est en masses compactes, qui se délitent à l'air en feuillets très-minces et souvent très-friables. Il répand une odeur particulière, bitumineuse et fort caractéristique, surtout lorsqu'il est chauffé; à l'air, il brûle avec flammes et laisse un résidu de silice et d'alumine, tandis que par la calcination en vase clos il donne un charbon minéral qui a toutes les propriétés du noir animal. Chose curieuse, cette calcination s'est opérée naturellement sur les deux bords du ruisseau, à une époque fort reculée, mais qu'il est impossible de préciser, et a eu pour cause immédiate, suivant les uns, une émission volcanique, suivant les autres, et avec plus de raison, l'inflammation spontanée des pyrites qu'on rencontre en assez grande abondance au milieu des couches. Par suite de ce phénomène, les pyrites ont donné du fer oxydé rouge, tandis que les lignites ont été transformés en une roche blanche ou rosée pulvérulente, qui a été longtemps exploitée sous le nom de tripóli de Menat, et dont on voit des carrières abandonnées à droite du chemin, avant d'entrer dans le bourg de Menat. C'est aussi ce qui a suggéré à M. Voiret, à l'obligeance duquel je dois d'avoir pu visiter à deux reprises ce gisement et d'y recueillir de nombreux échantillons, l'idée d'établir dans la partie supérieure de la vallée, au-dessus du bourg, une exploitation où les lignites sont transformés par des procédés de calcination fort ingénieux, d'une part en tripoli, de l'autre en noir et en huiles minérales.

Les lignites reposent sur la roche primitive par l'intermédiaire d'un conglomérat ferrugineux et sont disposés en fond de bateau; l'inclinaison des couches, par rapport au ruisseau, est de 45 degrés environ. Leur plus grande profondeur doit être sous le bourg de Menat, car en ce point un puits de 20 mètres environ n'a pu atteindre la base du gisement. On y trouve assez fréquemment des restes de Poissons d'eau douce, souvent de forte taille, qui

sont ordinairement renfermés dans des bombes ovales et aplaties. La plupart de ces débris ou de ces empreintes ont été rapportés au *Cyprinus papyraceus*, Bronn, espèce fossile des lignites
papyracés du Siebengebirge, qui constituent, d'après M. Lecoq (1),
une formation tout à fait analogue à celle de Menat. Les feuilles
et les fruits sont aussi très-abondants dans les lignites de Menat,
et M. Lecoq en avait recueilli de nombreux échantillons, dont
il m'a été permis de prendre les croquis. Un grand nombre de ces
végétaux appartiennent, suivant M. Heer (2), soit à une catégorie de plantes miocènes qui se rencontrent dans tous les pays,
soit à des espèces fossiles qui proviennent de localités fort éloignées, comme le val d'Arno, Sinigaglia, Hohe-Rohne, OEningen, etc. ; quelques-uns enfin constituent des types spéciaux
qui n'ont pas été retrouvés dans d'autres gisements.

En résumé donc, dans la Limagne d'Auvergne, les terrains
tertiaires d'eau douce sont représentés par : 1° les grès et les
arkoses ; 2° les calcaires marneux ; 3° les calcaires concrétionnés et les calcaires à Phryganes ; 4° les lignites.

Dans le Cantal, et principalement aux environs d'Aurillac,
dans la vallée du Cher, nous retrouvons des formations analogues, mais plus riches en silex. Le calcaire marneux y est
blanc ou jaunâtre, parfois criblé de cavités tubulaires qui étaient
peut-être occupées primitivement par des Roseaux ou par des
herbes (3), quelquefois très-riche en Potamides, en Hélices et en
Limnées ; d'autres fois encore il se subdivise en feuillets si minces,
que, dans la colline de Barrat, à une profondeur de 18 mètres
environ, on en compte jusqu'à trente dans une épaisseur de 3 à
4 centimètres. Entre ces feuillets on trouve dans un état de conservation parfaite, des tiges aplaties de *Chara* et des myriades
de Paludines. Les calcaires, qui atteignent jusqu'à 60 mètres
de puissance, sont recouverts en général par des brèches volcaniques, des trachytes et des basaltes (4).

(1) *Époques géol.*, t. II, p. 574 et suiv.
(2) *Recherches sur le climat et la végétation du pays tertiaire*, p. 116.
(3) Poulett-Scrope, *op. cit.*, p. 24.
(4) Idem, *op. cit.*, p. 25.

40   E. OUSTALET.

Une partie importante du département de la Haute-Loire est
également occupée par des formations lacustres. En effet, on en
rencontre non-seulement autour de Brioude, où elles ne sont que
e prolongement de celles de la Limagne d'Auverne, mais encore
plus au sud, aux environs du Puy en Velay, où elles s'étendent
entre la chaîne qui sépare la Loire de l'Allier, le massif grani-
ique qui regarde le haut Vivarais et quelques branches des hauteurs de Saint-Bonnet et de la Chaise-Dieu. Un petit lambeau
d'argiles tertiaires, encaissé au milieu du gneiss, autour de la
ville de Paulhaguet, forme le trait d'union entre la vallée de
Brioude et le bassin du Puy.

Les terrains tertiaires des environs du Puy ont été étudiés
successivement par MM. F. Robert, Aymard, Pomel, Poulett-
Scrope, Bertrand de Doue, etc., et la Société géologique a pu
les visiter lors de sa session extraordinaire au Puy, au mois de
septembre 1869. A cette occasion, M. Tournaire a présenté, avec
une carte géologique du département de la Haute-Loire, une
note dans laquelle nous trouvons les renseignements les plus
précis et les plus intéressants (1).

Comme dans la Limagne d'Auvergne, la série tertiaire commence, dans le département de la Haute-Loire, par des arkoses,
c'est-à-dire par des grès blancs dont les éléments feldspathiques
sont empruntés aux granits voisins, et sont reliés par un ciment
siliceux ou argileux. Au milieu de ces grès on rencontre tantôt
des pyrites de fer, tantôt des empreintes de plantes monocotylédones qui ont été soumises à l'examen de M. G. de Saporta.
Ce savant paléontologiste a reconnu que ces végétaux classent les
arkoses de a Haute-Loire parmi les dépôts inférieurs de la
période éocène (2).

Au-dessus des grès, qui ne se montrent que sur trois points
du bassin du Puy, viennent les argiles et les marnes, dont la

(1) *Note sur la constitution géologique du département de la Haute-Loire et sur les
révolutions dont ce pays a été le théâtre*, présentée à la réunion extraordinaire de la
Société géologique au Puy, du 12 au 18 septembre 1869 (*Bull. de la Soc. géol.*,
2e série, t. XXVI, p. 1106).

(2) *Bull. de la Soc. de géol.*, 2e série, t. XXVI, p. 1059.

ARTICLE N° 3.

puissance et l'étendue sont au contraire fort considérables. Elles
forment, sur un espace de 60 kilomètres de long sur 30 kilomètres de large, un dépôt autrefois continu, mais interrompu
aujourd'hui par des pointements volcaniques et séparé en deux
régions, celle du Puy et celle de l'Emblavès, par l'arête grani-
tique de Chaspinhac et de Peyredeyre. Elles sont surmontées par
des nappes basaltiques et des brèches volcaniques qui, comme
dans le département du Puy-de-Dôme, les ont préservées de la
dénudation ; mais elles semblent s'élever plus haut que dans la
Limagne, et j'aurai plus tard à chercher la raison de ce fait. Les
roches ignées qui les recouvrent en rendent l'étude assez difficile,
et ce n'est que dans les vallées, comme celle de la Borne, que
l'on peut juger de leur superposition et vérifier les descriptions
données par Bertrand de Doue (1).

A la base se trouvent des argiles marneuses sans fossiles; puis
viennent des bancs intercalés de gypse fibreux et de marnes jaunâtre qu'on exploite au mont Anis et à Cormail, et qui renferment les restes d'animaux analogues à ceux du gypse de Montmartre, quoique d'espèces différentes. Ce dépôt appartiendrait
à la fin de la période éocène. Des couches alternantes de calcaires tendres et de marnes grises et blanches leur succèdent et
constituent un ensemble d'une centaine de mètres d'épaisseur.
Dans ces calcaires, que l'on exploite en particulier dans la colline de Ronzon, on a trouvé non-seulement des Limnées et des
Planorbes, mais beaucoup d'ossements de Mammifères, d'Oiseaux,
de Reptiles et de Poissons, et même des empreintes d'Insectes et
de végétaux. M. Aymard, qui s'occupe depuis longtemps de
réunir les fossiles des environs du Puy, en a fait le sujet de plusieurs travaux (2), et M. Pomel en a donné le catalogue dans l'ap-

(1) *Descript. géogr. des environs du Puy en Velay*, in-4, avec carte, 1823. — Voyez
aussi F. Robert, *Mém. géol. sur le bassin du Puy en Velay* (*Ann. de la Soc. d'agric.
du Puy*, 1836).

(2) *Bull. de la Soc. géol.*, 1835, t. VI, p. 235. — *Ibid.*, 2ᵉ série, 1844, t. II,
p. 107. — *L'Institut*, 2 oct. 1844. — *Bull. de la Soc. géol.*, 2ᵉ série, 1847, t. IV,
p. 412. — *Ibid.*, 2ᵉ série, 1847, t. V, p. 52 et 60. — *Ibid.*, 2ᵉ série, 1848, t. VI,
p. 54. — *Ann. de la Soc. d'agric. du Puy*, 1848.

pendice de l'ouvrage de Poulett-Scrope sur les volcans de la
France centrale (1). Toutefois, en ce qui concerne les Articulés,
dont nous nous occupons plus spécialement, nous ne pouvons
nous empêcher de regretter que M. Aymard n'ait pas cru devoir
accompagner de quelques figures le rapport sur les collections
de M. Pichot-Dumazel qu'il a présenté à la vingt-deuxième session du Congrès scientifique de France. En effet, dans ce travail,
il mentionne sept espèces d'Insectes fossiles appartenant pour
la plupart à des genres nouveaux, dont nous n'avons trouvé la
description nulle part. On conviendra que dans ces conditions il
est assez difficile de tenir compte des déterminations faites par
M. Aymard et de les appliquer aux Insectes de la Limagne d'Auvergne; néanmoins, s'il m'est prouvé par la suite que quelques-
uns de mes Insectes appartiennent réellement à des genres
nouveaux signalés par M. Aymard, je suis prêt à rendre justice
à qui de droit.

Les calcaires marneux du Velay, auxquels Bertrand de Douc
assigne une épaisseur maxima de 130 mètres, ont leurs couches
parallèles comme ceux de la Limagne d'Auvergne, et leurs
bancs, riches en Bulimes, en Cyclostomes, etc., sont fréquemment interrompus par des masses calcaires grisâtres, dans
lesquelles on ne rencontre plus que des *Cypris*. Ces temps d'ar-
rêt dans le développement de la faune indiqueraient, suivant
Bertrand (2), que certaines couches étaient plus favorables que
d'autres à la vie et à la reproduction de certaines espèces, et
que les eaux douces de l'ancien monde étaient plus riches que
les nôtres en principes calcaires, siliceux et alumineux, dont le
dépôt ne s'opérait que 'd'une manière intermittente et alter-
native.

M. Gruner (3) a décrit également, aux environs de Montbrizon,
de Feurs, de Montrond, etc., des sables, des argiles avec calcaires
et des argiles sableuses qu'il rapporte aux terrains tertiaires in-

(1) *Op. cit.*

(2) *Descr. géol. des environs du Puy en Velay.*

(3) *Description géologique du département de la Loire (Ann. admin. et statist. du départ. de la Loire pour 1847).*

férieur, moyen et supérieur. D'autre part, M. Viquesnel (1)
a exploré les environs de Vichy, et a constaté que la colline du
Vernet était composée, dans sa partie inférieure, *visible*, de marnes
blanches avec lits subordonnés d'argile; dans sa partie supérieure,
de calcaires concrétionnés, formés d'Oolithes gigantesques, qui
atteignent jusqu'à 50 centimètres de diamètre. Ces Oolithes se
forment presque constamment sur des couches composées de
tubes de Phryganes; elles exhalent une forte odeur bitumineuse
et se délitent à l'air en couches concentriques. Dans les couches
de la base, M. Viquesnel a trouvé des *Cypris legumen*, un Poisson
de la famille des Percoïdes (genre *Myripristis*) et des traces
de végétaux. Enfin les découvertes de M. Gaultier de Claubry à
Saint-Pourçain (2), de M. Boulanger dans les vallées du Cher
et de l'Amance (3), de M. Poirier à Vaumas (4), et les travaux
de M. Pomel (5) et de M. Alphonse Milne Edwards (sur les
environs de Saint-Gérand le Puy, ne permettent pas de douter
que le bassin de l'Allier ne renferme des couches contemporaines
de celles du bassin de la Loire.

De là à attribuer à toutes ces formations une même origine,
il n'y avait qu'un pas. Dès 1812, M. d'Omalius d'Halloy indi-
quait l'existence en Auvergne, pendant la période tertiaire, d'une
série de lacs superposés; en 1828, MM. Croizet et Jobert expri-
maient à peu près la même opinion (7), et assignaient même aux
différents lacs les étendues et les altitudes suivantes :

Premier lac, de Lempdes à Vichy..........	300 mètres.
Deuxième lac, de Vichy à Cosne..........	500 —
Troisième lac, de Gien à Mantes (en commu- nication avec la Manche)...............	200 —

(1) *Note sur les environs de Vichy* (*Bull. de la Soc. géol.*, t. XIV, p. 145 et
suiv., séance du 19 déc. 1842).

(2) *Comptes rendus de l'Acad. des sc.*, 22 sept. 1840. — *L'Institut*, 22 oct. 1840.

(3) *Statistique géologique et minéralogique au département de l'Allier* 1840.

(4) *Bull. de la Soc. géol.*, 2ᵉ série, 1846, t. III, p. 346.

(5) *Bull. de la Soc. géol.*, 2ᵉ série, 1846, t. III, p. 365, et t. IV, p. 378.

(6) *Histoire des Oiseaux fossiles* (*Ann. des sc. nat.*, 4ᵉ série, t. XX).

(7) Voy. d'Archiac, *Histoire des progrès de la géologie*, 1834-1845, t. II, 2ᵉ partie,
chap. IV, p. 659. — Raulin, *Bull. de la Soc. géol.*, 1843, t. XIV, p. 577.

En 1829, M. Élie de Beaumont soutint qu'il n'y avait eu qu'un seul lac, dont la partie méridionale avait été soulevée en même temps que la chaîne principale des Alpes (1). Plus tard encore, en 1843, M. Raulin conclut d'une série de nivellements (2) que :

« 1° Les terrains tertiaires des bassins de l'Allier et de la Loire, » de Decize à Brioude d'une part, et de Decize à Saint-Rambert » de l'autre, ont été déposés sous une même nappe d'eau.

» 2° Postérieurement à leur dépôt, ces terrains ont éprouvé un » relèvement général du nord au sud, lequel s'est combiné dans » le bassin de l'Allier avec une gibbosité conique ayant le puy » de Barneyre pour sommet.

» 3° Le grand axe de cette gibbosité conique a une direction » à peu près parallèle à celle de la chaîne principale des Alpes » et se trouve à peu près dans le prolongement de cette même » chaîne.

» 4° Le sommet de cette gibbosité coïncide avec le centre de » position des cônes basaltiques de la Limagne et des montagnes » environnantes. »

M. Pissis (3) a combattu vivement toutes ces conclusions, et il en est résulté, entre lui et M. Raulin, une discussion assez longue, que je n'ai point à rapporter ici. Je me contenterai d'ajouter que M. Lecoq, d'accord avec M. Raulin, n'admet pas une séparation complète, pendant la période tertiaire, entre le bassin du Lembron et la véritable Limagne. Suivant lui, il n'y avait qu'un simple défilé entre Coudes et Issoire, et le lac immense, qui n'avait pas de limites précises au nord et s'ouvrait dans l'Océan par un large estuaire, communiquait par son extrémité méridionale avec le petit bassin de Paulhaguet. Il s'étendait dans la direction de l'Allier et se confondait un peu au-dessus de la Palisse avec un autre lac qui suivait le cours de la Loire en comprenant les bassins de Roanne et de Montbrizon, rattachés eux-mêmes au

(1) *Bull. Soc. géol.*, t. XIV, p. 577.

(2) *Op. cit.*, et *Bull. de la Soc. géol.*, 1re série, 1843. t. 1, p. 62.

(3) Voyez, à ce sujet : Pissis, *Bull. de la Soc. de géol.*, 2e série, t. 1, p. 117. — Raulin, *ibid.*, p. 145. — Pissis, *ibid.*, p. 177. — Raulin, *ibid.*, p. 217. — Pissis, *Esquisse géognostique des environs de Brioude* (*Ann. de la Soc. d'agric. du Puy*).

ARTICLE N° 3.

bassin du Puy. Les deux lacs étaient séparés à leur origine par la chaîne du Forey et recevaient chacun un grand cours d'eau issu du massif primordial (1). Quant à la vallée de Menat, elle était occupée par un petit bassin dont les rapports avec ceux que je viens de décrire sont assez difficiles à reconnaître.

Ce qui ne serait pas moins intéressant, ce serait d'établir l'âge des différentes formations lacustres de l'Auvergne et leur parallélisme avec les autres dépôts tertiaires de la France. Dans un premier essai de coordination (2), M. Pomel avait comparé les lignites supérieurs d'Auvergne au crag d'Angleterre, les argiles, les grès et les sables supérieurs aux faluns de Touraine, les meulières aux meulières supérieures du Nord, le calcaire à Phryganes au calcaire de Beauce, le calcaire à *Cypris* au calcaire de Brie, et le calcaire à Potamides au calcaire grossier ; les grès de Fontainebleau, de même que les sables et les grès moyens, ne seraient pas représentés dans la France centrale. Mais, comme le fait observer avec raison M. d'Archiac (3), les causes multiples qui ont amené dans le Nord de fréquents changements n'ont pu agir efficacement sur une partie du sol qui est restée continuellement émergée pendant la période tertiaire et une grande partie de la période secondaire, et qui n'a subi que des perturbations locales. En effet, si d'une manière générale les formations lacustres de l'Auvergne peuvent se ranger en quatre catégories principales (4) : 1° les argiles et les grès, 2° les calcaires marneux, 3° les calcaires concrétionnés, 4° les lignites, « rien n'est plus constant, dit M. Pomel, que la succession et la » présence de ces divers systèmes ; à de très-petites distances, » sur les flancs opposés d'une même vallée, aux extrémités d'une » même colline, il devient souvent impossible de reconnaître les » mêmes couches, ou même des couches analogues, et ce résultat » de l'examen de détail est aussi donné par celui de l'ensemble.... » ...... D'un autre côté, la prodigieuse abondance des Crusta-

(1) H. Lecoq, *Époques géol.*, t. II, p. 300.
(2) *Ann. scient. et littér. de l'Auvergne*, 1842, t. XV, p. 170.
(3) *Histoire des progrès de la géologie*, t. II, 2° partie, p. 655.
(4) Pomel, *Ann. scient. et littér. de l'Auvergne*, t. XV.

» cés, les larves aquatiques, les plantes marécageuses, les animaux
» vertébrés aquatiques ou de marécages qui sont répandus dans
» diverses parties de l'épaisseur totale, et qui y ont certainement
» vécu, démontrent que la profondeur des eaux n'était pas aussi
» considérable que semblerait le faire supposer la puissance totale
» des sédiments, car tous ces êtres n'auraient pas pu y exister (1). »
J'appellerai particulièrement l'attention sur ce passage, qui est
parfaitement d'accord avec les observations que j'ai pu faire
pendant mon séjour en Auvergne et avec les résultats que m'a
fournis l'étude des Insectes fossiles de cette région. M. d'Archiac
me semble être bien près de la vérité quand il dit (2) : « Il est
» probable que le niveau des eaux changeait à mesure que le
» fond du bassin s'élevait par l'arrivée de nouveaux sédiments
» mécaniques ou chimiques, et peut-être, comme l'a dit M. Bra-
» vard, n'y avait-il pas de lac proprement dit, mais seulement
» des mares d'eau qui se déplaçaient sans cesse par l'élévation
» rapide de leur fond. »

La stratigraphie seule ne nous fournit d'ailleurs que des
lumières insuffisantes pour résoudre la question. En effet, on n'a
pour points de repère que les gneiss, les granits, les terrains
houillers et les grès bigarrés à la base, les trachytes et basaltes
au sommet, et c'est entre ces limites, très-éloignées par leur
âge respectif, qu'est comprise la longue série des couches tertiaires qui n'offrent pas de caractères tranchés et qui alternent
fréquemment les unes avec les autres. Quelquefois même, comme
à la montagne de Gergovia, une formation lacustre, en tout
semblable à celle du niveau inférieur, recouvre une masse de
basalte, sans doute parce qu'un filon de la roche volcanique
est venu après coup s'intercaler au milieu de la roche sédi-
mentaire.

La paléontologie, au contraire, nous apporte chaque jour de
nouveaux renseignements. Ainsi, M. le comte G. de Saporta a
reconnu dans le bassin du Puy trois flores d'âges différents :

(1) *Bull. de la Soc. géol.*, 2ᵉ série, 1846, t. III, p. 355.
(2) *Loc. cit.*

ARTICLE Nº 3.

1° celle des arkoses, 2° celle des calcaires de Ronzon, 3° celle de Ceyssac. La première se rapporterait, comme je l'ai dit plus haut, à la période éocène; la deuxième appartiendrait sûrement, d'après M. Marion, à l'époque oligocène ou tongrienne; enfin la troisième serait pliocène et à peine plus récente que les tufs de Meximieux (1). Les empreintes de feuilles provenant de Menat, que M. Heer a eu l'occasion d'examiner, font partie, pour la plupart, d'une catégorie de plantes miocènes, communément répandues, et ont déterminé ce savant paléontologiste à placer Menat dans l'étage aquitanien, au niveau des calcaires à Helix d'Hochheim, des lignites inférieurs de la Suisse, de Hohe-Rohne, de Monod et de Paudex (2). C'est également des types miocènes ou même oligocènes que se rapprochent la plupart des Mammifères, des Oiseaux, des Reptiles et des Batraciens découverts dans les gisements de Gergovia, de Cournon, de Ronzon, de Bournoncle-Saint-Pierre, de Saint-Gérand le Puy, et décrits par MM. Bravard, Croizet, Jobert, de Parieu, Pomel, Aymard, Alph. Milne Edwards, etc. L'étude des Poissons de Corent donnera sans doute les mêmes résultats, et il est probable que l'espèce de ce gisement désignée par M. Pomel, dans son catalogue (3), sous le nom de *Lebias cephalotes*, est semblable ou même identique à celle des calcaires de Ronzon, dont mon savant ami le docteur Sauvage a pu faire l'étude lors de la réunion extraordinaire de la Société géologique au Puy. Cette espèce, qu'il désigne sous le nom de *Lebias Aymardi*, Sauv. (*Pachystegus gregarius*, Aym.), vient se placer entre *L. cephalotes*, d'Aix, et *L. Meyeri*, de Francfort (4). M. Lecoq indique aussi (5), dans les lignites de Menat, *Cyprinus papyraceus*, Bronn, espèce que l'on rencontre dans les lignites papyracés de Geistinger Busch (Siebengebirge), et l'on reconnaîtra bientôt, je n'en doute pas, que les autres

(1) *Bull. de la Soc. géol.*, 2e série, 1868-1869, t. XXVI, p. 1059.
(2) *Recherches sur le climat et la végétation du pays tertiaire*, p. 116 et 184.
(3) *Ann. scient. et littér. de l'Auvergne*, t. XXVI, p. 172.
(4) *Bull. de la Soc. géol.*, 2e série, t. XXVI, p. 1070.
(5) *Époques géologiques*, t. II, p. 574 et suiv.

Poissons de Menat, que M. Pomel range, avec un point de doute, dans la faune pliocène, sont, de même que les végétaux, contemporains de la période miocène. Quant aux Mollusques des environs de Clermont et de Brioude, dont M. Bouillet a donné une liste fort longue (1), ils n'ont pas encore été soumis à une critique assez minutieuse pour qu'on puisse en tirer des conclusions de quelque valeur ; toutefois il est probable, comme le dit M. Tournouer (2), que le niveau des calcaires de Ronzon se retrouve dans les calcaires marneux à *Planorbis annulatus* et *Limnea ampullaria* de Bouillet (à Corent, à Cournon, à la base de la montagne de Gergovia, etc.). Or, toujours d'après le même auteur, « les co-» quilles d'eau douce des calcaires du Puy indiquent au moins » autant d'attache avec les types précédents ou éocènes (au sens » français ordinaire de ce terme paléontologique et en y com-» prenant l'époque paléothérienne) que de tendance vers les » types miocènes postérieurs : ce sont des types qui sont à cheval » sur les deux époques, et dont le caractère correspond bien à » celui de cette période intermédiaire que les auteurs allemands » ont appelée oligocène. Je serais d'ailleurs embarrassé, je l'a-» voue, ajoute M. Tournouer, pour tracer une ligne de démar-» cation bien précise, surtout au point de vue des faunes terrestres » ou d'eau douce, entre l'éocène supérieur et le miocène infé-» rieur, ou, en d'autres termes, entre l'oligocène inférieur des » Allemands et l'oligocène moyen. Et pour ce qui est des calcaires » de Ronzon, je me contente de dire que, d'après toutes les con-» sidérations paléontologiques, ils appartiennent à ce groupe de » terrains qui, à Paris, s'étend depuis et y compris les marnes » à *Limnea strigosa* jusqu'au calcaire siliceux de la Brie, et je » suis disposé à les classer, par l'examen des coquilles, plutôt à » la partie inférieure de ce groupe qu'à sa partie supérieure, » c'est-à-dire à les mettre au niveau des marnes vertes ou des » marnes à Cyrènes, si ce n'est même des marnes à *Limnea stri-*» *gosa*, plutôt qu'au niveau du calcaire de Brie, qui termine cette

(1) Voy. *Époques géol.*, t. II.
(2) *Bull. de la Soc. géol.*, 2ᵉ série, t. XXVI, p. 1061 et suiv.
     ARTICLE N° 3.

» petite série, et dans lequel les types précédents de Limnées et
» de Planorbes sont remplacés par des types tout à fait différents
» et plus voisins de ceux des meulières supérieures (1). »

Si, comme je le crois, le parallélisme entre les calcaires
marneux de l'Auvergne et ceux du Velay existe réellement, tout
ce que M. Tournouer dit à propos de ces derniers peut s'appliquer exactement aux premiers, et les couches marneuses
de Corent et de Gergovia, abstraction faite des lignites de Menat
et même des calcaires à Phryganes qui occupent un niveau un
peu supérieur, viennent se placer, avec les calcaires de Rouzon,
dans l'étage du miocène inférieur, à peu près au niveau des
marnes à Cyrènes.

Tels sont les résultats, encore bien incomplets, qui ont été
fournis jusqu'à ce jour par l'étude des Mammifères, des Oiseaux,
des Reptiles, des Batraciens, des Poissons, des Mollusques et
des végétaux; mais la plupart des paléontologistes qui ont cherché à reconstituer la faune tertiaire de l'Auvergne et du Velay
ont dédaigné les Insectes fossiles, et M. Aymard est le seul qui en
ait signalé quelques espèces aux environs du Puy et qui leur ait
imposé des noms. Cependant ces petits êtres ont joué dans cette
région un rôle de quelque importance au commencement de la
période miocène, et ils ont laissé des traces relativement assez
nombreuses et fort appréciables dans les calcaires marneux, dans
les calcaires à Phryganes ou dans les lignites. Aussi j'ai cru
qu'ils étaient dignes d'attention, et qu'ils pouvaient, eux aussi,
donner quelques renseignements, sinon sur l'âge des couches
lacustres de la Limagne, au moins sur les conditions dans lesquelles
ces terrains se sont formés. C'est dans ce but que j'aborde, dans
le chapitre suivant, l'étude zoologique et géologique des Insectes
fossiles de l'Auvergne.

(1) *Loc. cit.*, p. 1068 et 1069.

CHAPITRE III

M. Blanchard fait remarquer dans ses ouvrages et dans ses cours publics que les Hyménoptères l'emportent sur les autres Insectes par la perfection de leur organisation, et qu'ils doivent par conséquent occuper le premier rang dans les classifications. C'est donc par eux que j'aurais commencé mes descriptions, s'ils n'étaient aussi mal représentés dans les formations lacustres de l'Auvergne. Dans ces circonstances, j'ai cru préférable de suivre l'ordre adopté par M. Heer dans son grand ouvrage sur les Insectes fossiles d'Œningen et de Radoboj ; de cette manière, d'ailleurs, la comparaison sera plus facile entre les divers gisements.

COLÉOPTÈRES.

Comme on le verra par la suite, les Coléoptères ne brillent dans les terrains tertiaires de l'Auvergne, ni par leur abondance, ni par leur conservation ; c'est là une exception fort singulière, qui doit tenir à des causes encore inexpliquées, car en général les Coléoptères, grâce à la dureté de leurs téguments, ont mieux résisté que les Insectes des autres ordres aux phénomènes de la fossilisation ; aussi sont-ils très-répandus et fort bien conservés dans les couches d'eau douce d'Aix (en Provence) et d'Œningen, ainsi que dans les lignites du Rhin. Le plus souvent on peut reconnaître du premier coup d'œil à quelle tribu et à quelle famille appartient l'échantillon que l'on a sous les yeux ; mais lorsqu'on pousse l'examen plus loin, lorsqu'on étudie l'empreinte sous un faible grossissement, on reconnaît avec peine que cet insecte, dont l'état de conservation paraissait si satisfaisant, est privé de ses antennes et de ses tarses, ou bien que les articles en sont à peine distincts, c'est-à-dire que la plupart des caractères sur lesquels les entomologistes se fondent pour établir leurs genres et leurs espèces font plus ou moins défaut. On est alors obligé d'avoir recours à des caractères d'un autre

ordre, et c'est ainsi que M. Heer a été conduit à étudier la nervation et l'ornementation des élytres. Ce savant paléontologiste a
reconnu que ces organes peuvent offrir un secours précieux
pour la classification des Coléoptères, et comme, dans la suite
de ce travail, je serai plus d'une fois obligé d'avoir recours à sa
méthode, je crois qu'il n'est pas inutile de l'exposer dès à présent avec quelques détails (1). (Voy. pl. I, fig. 13, et 14.)

Si nous examinons, dit M. Heer, les élytres d'un Méloé ou
d'un Scarabée nasicorne, nous y remarquons quatre côtés qui
vont de la base de l'élytre à l'extrémité; de plus, un léger filet
longe la suture et le bord externe est épaissi. Il y a donc six
côtes sur une élytre, savoir : une au bord sutural, une au bord
externe, et quatre intermédiaires. En examinant les élytres par
transparence, on reconnaît que ces côtes représentent les nervures des ailes membraneuses, et qu'elles sont parcourues
comme ces dernières, par un véritable canal.

M. Heer désigne ces six côtes par les noms de :

1. Costa marginalis.	4. Costa externo-media.
2. — mediastina.	5. — interno-media.
3. — scapularis.	6. — suturalis.

et les espaces ou cellules qu'elles embrassent, par les noms de:

1. Area marginalis.	4. Area interno-media.
2. — scapularis.	5. — suturalis.
3. — externo-media.	

Afin d'introduire plus d'unité dans la méthode, je préfère
employer pour les élytres les mêmes noms que pour les ailes
membraneuses, savoir :

1. Nervure marginale.	4. Nervure externo-médiaire.
2. — sous-marginale 1re.	5. — interno-médiaire.
3. — sous-marginale 2e.	6. — anale.

1. Cellule marginale.	4. Cellule interno-médiaire.
2. — sous-marginale.	5. — anale.
3. — externo-médiaire.	

(1) *Die Insektenfauna der Tertiärgebilde von OEningen und von Radoboj* (édit.
à part), 1re partie, COLÉOPTÈRES, p. 86 et suiv.

La largeur des cellules et leurs rapports avec le diamètre des nervures varient beaucoup, et fournissent autant de moyens pratiques pour distinguer les genres. On aperçoit souvent près de l'angle de l'écusson une septième nervure que M. Heer considère comme un rameau de la suturale et qu'il appelle *costa scutellaris* ; cette nervure limite une petite cellule nommée par le même auteur *areola scutellaris*.

Dans un grand nombre de Coléoptères, au contraire, nous n'avons que trois nervures à la surface de l'élytre, parce que la nervure médiastine (sous-marginale 1re) est plus ou moins oblitérée : tantôt on retrouve des traces de cette nervure à la face inférieure de l'élytre, comme dans *Carabus auratus* ; tantôt il n'en reste aucun vestige, comme chez les Priones proprement dits. Parfois aussi il y a plus de quatre nervures, par suite du développement anormal de certaines lignes saillantes dans la cellule sous-marginale.

Les sillons et les lignes de points, dit M. Heer, sont en connexion intime avec les nervures qu'ils embrassent ou qu'ils limitent du côté des cellules. En effet, dans un grand nombre de cas on distingue dix rangées de ponctuations, savoir : une le long de la suture, une le long du bord externe, et deux pour chacune des nervures intermédiaires. Étant donnée cette règle générale, on pourra, quand les nervures feront défaut, retrouver la place qu'elles auraient occupée, au moyen des sillons ou des lignes de points. Dans ce cas, assez fréquent du reste, où l'élytre est plane, M. Heer appelle bandes (*plagæ*), les régions correspondant aux nervures et limitées par les sillons ou les lignes de points ; il désigne ces bandes par les mêmes épithètes que les nervures, savoir : *plaga marginalis*, *plaga scavularis*, etc.

Quelquefois cependant, au lieu de dix sillons ou de dix lignes de points, il n'y en a plus que neuf : cela provient de ce que la bande médiastine est contiguë à la nervure marginale ; par suite, la cellule marginale a disparu, et les deux sillons qui la limitaient se sont réduits à une simple ligne.

D'autres fois encore, dans les Carabiques fossiles par exemple, on n'aperçoit que huit sillons, parce que le sillon marginal, très-voisin du bord externe, est enfoncé dans la pierre.

Mais il est des cas où il n'y a réellement que huit sillons. Ce fait n'a rien d'étonnant, puisque nous avons vu des élytres à trois nervures intermédiaires seulement : il est clair que l'avortement d'une nervure ou d'une bande a entraîné celui des deux lignes qui la limitaient.

Il peut arriver aussi que le nombre des sillons soit supérieur à dix, par suite du développement anormal de lignes accessoires à la surface des bandes ou des cellules. Dans ce cas, assez rare, on peut retrouver la disposition normale et primitive, soit en examinant la face inférieure de l'élytre, soit en étudiant la direction des sillons.

Le bord externe et renversé de l'élytre n'est pas toujours constitué uniquement par la nervure ou par la bande marginale ; des parties plus ou moins considérables de la surface, la nervure médiastine (sous-scapulaire 1re) et quelques sillons par exemple, peuvent concourir à sa formation. C'est du côté de l'épaule que le bourrelet marginal atteint son maximum d'épaisseur, sans doute par l'expansion d'une cellule extra-marginale analogue à celle que l'on rencontre parfois dans les ailes membraneuses.

Après quelques observations fort intéressantes sur les élytres des Buprestes, observations sur lesquelles j'aurai l'occasion de revenir à propos des Insectes fossiles de cette famille, trouvés dans les marnes tertiaires de la Provence, M. Heer résume les résultats qu'il a obtenus par de longues et patientes recherches, et répartit les élytres pourvues de nervures ou de sillons en cinq catégories ainsi caractérisées :

1° Élytres à 6 nervures (y compris la nervure marginale et la nervure anale), séparées les unes des autres par des cellules.— Élytres à 6 bandes et à 10 sillons.

2° Élytres à 6 nervures sans cellule marginale. — Élytres à 6 bandes et 9 sillons.

3° Élytres à 6 bandes sans cellule marginale et à bande

externo-médiaire subdivisée par un sillon supplémentaire. — Élytres à 6 bandes et à 10 sillons (9 + 1).

4° Élytres à 5 nervures (la nervure médiastine ou sous-marginale 1ʳᵉ est oblitérée) et à 8 sillons. — Élytres à 4 nervures (les nervures médiatine et scapulaire ou sous-marginales 1ʳᵉ et 2ᵉ sont oblitérées). — Élytres ayant moins de 8 sillons.

5° Élytres à 6 nervures subdivsées ou à cellules subdivisées. — Élytres ayant plus de 10 sillons, les cellules ou les bandes, ou les cellules et les bandes étant parcourues par un certain nombre de sillons supplémentaires ou de lignes de points.

Pour arriver plus vite à la détermination, je proposerai d'employer la méthode dichotomique suivante, dans laquelle les chiffres renvoient aux cinq catégories établies ci-dessus :

$a.$ { Elytres ayant 10 sillons............................. .... b
{ Elytres ayant plus ou moins de 10 sillons.. c

$b.$ { Elytres ayant 6 bandes et 5 cellules............................. 1
{ Elytres ayant 6 bandes, dont une subdivisée, et 4 cellules........ 3

$c.$ { Elytres ayant plus de 10 sillons........................... 5
{ Elytres ayant moins de 10 sillons....................... ...... d

{ Elytres ayant 9 sillons. 2
$d.$ { Elytres ayant 8 sillons ou moins........ 4

PREMIÈRE FAMILLE. — DYTISCIDES.

Lacord., *Gen. Coléopt.*, 1, 403. — Dytiscea Erichs., *Gen. Dytisc.*, 1832. — Dytisci Redt., *Faun. Austr.*, 113. — Dytisciens, Blanch., *Hist. Anim. artic.* — Hydrocantuares, Latr., Aubé, *Spec. gén. des Hydrocanth.* — Dytiscidex de M. Heer.

Caractères (1). — Mâchoires allongées, très-aiguës, arquées et ciliées intérieurement ; leur lobe externe palpiforme, de deux articles, ce qui donne six palpes. Menton échancré et muni d'une dent médiane, large et courte. Languette saillante. Palpes labiaux de trois articles ; palpes maxillaires de quatre. Mandibules courtes, robustes et dentées au sommet. Antennes, de dix à onze articles, généralement sétacées et grêles, jamais pubescentes. Abdomen composé de sept segments, dont les trois premiers

(1) J. du Val et J. Migneaux, *op. cit.*, t. 1, p. 69.
ARTICLE Nᵒ 3.

sont soudés entre eux et le dernier petit et rétractile. Hanches postérieures le plus souvent très-grandes, fortement élargies en avant, se rejoignant sur la ligne médiane et prolongées en arrière au côté interne. Pieds postérieurs ordinairement comprimés et disposés pour la natation. Tarses de cinq articles, dont le quatrième est parfois atrophié aux tarses antérieurs et intermédiaires.

Ces insectes remplissent, au sein des eaux, le même rôle que les Carabides sur la terre ferme; ils ne volent que rarement et surtout le soir, et habitent presque exclusivement les eaux douces. Ils sont assez rares à l'état fossile et n'ont pas encore été signalés au-dessous du lias inférieur (1). Ils sont représentés par quelques espèces des genres *Dytiscus*, *Cybister*, *Colymbites* et *Hydroporus*, dans les terrains tertiaires du Siebengebirge (2), d'Aix en Provence (3), de Radoboj (4) et d'OEningen (5).

PREMIER GENRE. — EUNECTES.

Erichs., *Gener. Dytiscorum*, 23. — Aubé, *Spec.*, 123. — Lacord., *Gen.*, I, 429. — ERETES Casteln., *Ann. Soc. entomol. de France*, I, 397.

Caractères (6). — Corps ovale-elliptique, élargi postérieurement, déprimé. Tête moins large que dans les autres Dytiscites; yeux gros, très-convexes, assez saillants. Labre court, échancré et cilié dans son milieu en avant. Palpes maxillaires offrant trois premiers articles très-courts et à peu près égaux entre eux, et un dernier article plus long que les trois premiers ensemble, presque cylindrique et tronqué au sommet. Menton trilobé, à lobes courts. Palpes labiaux ayant leurs deux premiers articles courts

(1) Heer, *Zwei geolog. Vorträge*, p. 12, fig. 4 et 5. — *Urwelt der Schweiz*, pl. VIII. — Brodie, *An Hist. of fossil Insects*, p. 104, pl. VI, fig. 31.
(2) Germar, *Insectorum protogeæ specimen*, 19e fascicule de la continuation de Panzer, *Faunæ Insect. Germ. initia*.
(3) Marcel de Serres, *Notes géologiques sur la Provence*, p. 34.
(4) Heer, *Die Insektenfauna*, t. 1, p. 28, pl. I, fig. 8.
(5) Heer, *Die Insektenfauna*, t. 1, p. 24, pl. I, fig. 6 et 7. — *Beiträge zur Insektenfauna OEningens.*, p. 36 et suiv., et pl. II.
(6) J. du Val et J. Migneaux, *op. cit.*, t. 1, p. 76.

et presque égaux entre eux, le troisième plus long que les deux premiers ensemble, un peu courbe, renflé au milieu et tronqué à l'extrémité. Antennes sétacées, ayant le premier article long et le second très-court. Prothorax très-court. Élytres lisses dans les deux sexes, élargies en arrière. Prosternum légèrement comprimé, un peu lanciforme et prolongé en arrière en une pointe très-aiguë. Saillie coxale à lobes arrondis et divergents. Cuisses et jambes antérieures et intermédiaires fortement ciliées en dedans. Palette des tarses antérieurs des mâles garnie de petites cupules serrées, sauf deux bien plus grandes à la base. Tarses intermédiaires simples dans les deux sexes ; postérieurs très-comprimés, ciliés et terminés par deux crochets mobiles et presque égaux entre eux.

On ne connaît aujourd'hui qu'une espèce européenne de ce genre ; elle est répandue principalement dans les contrées méridionales : c'est *Eunectes sticticus* Lin. (1).

EUNECTES ANTIQUUS Nobis.

(Planche I, fig. 1 et 2.)

Fuscus. Capite parvo quadrato, oculis magnis ; thorace antrorsum sinuato lateribusque obliquis. Elytris curvis et marginatis, postice acuminatis.

	mm
Longueur totale.	5,25
— du thorax.	1,25
— d'une élytre.	3,75
Largeur d'une élytre (max.).	1,75

Corent. — Muséum : 2 échantillons.

L'insecte, étendu sur le ventre, a subi une compression assez forte qui a écarté les élytres et déformé le prothorax. La coloration générale est d'un brun-chocolat clair.

La tête est petite, presque quadrangulaire, et enfoncée dans le prothorax jusqu'aux yeux, qui sont gros, arrondis et saillants. Le prothorax est plus étroit en avant qu'en arrière ; son bord anté-

(1) *Genera des Coléoptères de l'Europe*, t. I, p. 76, et pl. 26, fig. 136.

rieur est sinué, son bord postérieur légèrement arqué et ses côtés obliques et presque rectilignes. L'écusson est très-petit et triangulaire. Les élytres sont bombées et coupées carrément à la base ; leur bord externe, d'abord presque droit, se recourbe fortement à partir du milieu, et vient rejoindre sous un angle assez aigu le bord interne, qui est faiblement convexe ; tout le long de ce bord externe règne une sorte de méplat. On peut distinguer quelques vestiges des crochets antérieurs et d'une jambe postérieure.

DEUXIÈME FAMILLE. — HYDROPHILIDES.

HYDROPHILIDES, Leach, *Edinb. Encycl.*, 1815. — HYDROPHILII Latr., *Hist. nat. Ins.*, 1802. — HYDROPHILI Redt., *Faun. Austr.*, p. 15. — PALPICORNES, Latr., *Règne animal*, III, 1817. — Mulsant, *Hist. nat. Coléopt. de France.* — Lacord., *Gen.*, I, 443. — HYDROPHILIDEN de M. Heer.

Caractères (1).—Mâchoires à deux lobes velus ou ciliés. Menton grand, généralement entier. Languette très-large, mais peu saillante. Palpes maxillaires généralement allongés, souvent plus longs que les antennes, de quatre articles ; palpes labiaux de trois articles. Mandibules larges, courtes, très-arquées, généralement bidentées au sommet. Antennes courtes, insérées sous les bords latéraux de la tête, au devant des yeux, et composées de 6 à 9 articles, le premier allongé, les trois à cinq derniers formant la massue. Abdomen d'un nombre très-variable de segments, généralement de cinq, plus rarement de six ou sept, ou de quatre apparents seulement. Hanches postérieures libres, en forme de cornes transverses. Pattes postérieures natatoires chez un certain nombre. Tarses de cinq articles, dont le premier est parfois peu apparent.

Les Hydrophilides se tiennent dans les eaux, dans la vase ou dans les lieux humides ; quelques-uns s'accrochent aux plantes aquatiques ; d'autres vivent dans les Bolets ou dans les excréments des animaux herbivores.

(1) J. du Val et J. Migneaux, *Genera des Coléoptères d'Europe*, t. I, p. 87.

58

E. OUSTALET.

Par suite de leurs habitudes aquatiques, ces insectes sont fort répandus dans certains gisements, et y sont relativement plus nombreux que les Dytiscides. On les voit apparaître dans le lias (1) ; ils sont assez communs à OEningen, fort rares à Parschlug (2), à Aix (3) et à Radoboj (4), et manquent absolument dans l'ambre de Prusse (5).

PREMIER GENRE. — LACCOBIUS Erichs.

Erichs., *Kaf. Brand.*, I, 202. — Mulsant, *Palp.*, 129. — Lacord., *Gen.*, I, 457. — LIMNEBIUS Brul., *Hist. Ins.*, *Coléopt.*, II, 286.

Caractères (6). — Corps ovale et raccourci. Tête large, épistome largement échancré. Yeux peu saillants. Labre transverse, faiblement sinué en avant. Palpes maxillaires externes assez longs et assez forts ; premier article très-petit, deuxième et troisième à peu près de même dimension et légèrement coniques ; le dernier plus long que tous les autres et légèrement fusiforme. Menton carré. Palpes labiaux courts, avec le premier article très-petit, et le dernier fusiforme, à peine plus court que le précédent. Antennes composées de huit articles dont le premier est grand, allongé, comprimé, le deuxième bien plus court et un peu conique, le troisième très-petit, le quatrième et le cinquième cyathiformes, glabres, et servant de base à la massue allongée, pubescente, que forment les trois derniers. Prothorax transversal. Écusson triangulaire. Élytres ovales et raccourcies, convexes. Mésosternum formant une carène saillante au devant des hanches intermédiaires. Tarses antérieurs ayant leurs deuxième et troisième articles un peu dilatés chez les mâles. Tarses postérieurs grêles, à peine comprimés et légèrement ciliés.

(1) *Zwei geologische Vorträge*, p. 12, fig. 12-14; et Pictet, *Traité de paléontologie*, t. II, p. 341, atlas, pl. XL, fig. 4.
(2) *Nouveaux Mémoires de la Société helvétique*, 1847, t. VIII.
(3) *Edinburgh new Philosophical Journal*, octobre 1829 (Curtis); et *Notices géologiques sur la Provence*, p. 34 (M. de Serres).
(4) *Nouveaux Mémoires de la Société helvétique*, 1847, t. VIII, p. 56, pl. 2, fig. 6.
(5) Pictet, *Traité de paléontologie*, t. II, p. 340.
(6) J. du Val et J. Migneaux, *Genera des Coléoptères d'Europe*, t. I, p. 38.
ARTICLE Nº 3.

LACCOBIUS PRISCUS Nobis.
(Planche I, fig. 3.)

Fuscus. Capite rotundo, oculis magnis; thorace transverso, antrorsum cavo, postice convexo, lateribusque curvis, scuto distincto. Elytris marginatis, postice acuminatis.

Longueur totale..	4	millimètres.
— du thorax et de la tête réunis.	1	—
— de l'abdomen.............	3	—
Largeur des élytres (max.)............	3	—

Corent. — Muséum : 1 échantillon.

L'insecte, couché sur le ventre, avec les élytres un peu écartées, est privé de ses pieds et de ses antennes, ce qui rend la détermination très-difficile. La coloration générale est d'un brun Van-Dyck.

La tête semble se prolonger un peu en avant; elle est arrondie et enfoncée dans le prothorax jusqu'aux yeux, qui sont gros et saillants. Le prothorax, largement échancré en avant et convexe en arrière, a ses côtés également arrondis, et est beaucoup plus large que long. L'écusson est petit et semi-circulaire. Les élytres sont bombées et bordées de chaque côté par un méplat; leur plus grande largeur se trouve à peu près au niveau de leur région moyenne; elles sont coupées carrément à la base, arrondies sur les côtés et fortement acuminées au sommet; elles laissent apercevoir entre elles une petite tache brune qui représente probablement l'extrémité de l'abdomen ou l'armure génitale.

Cet insecte ressemble d'une manière frappante à un échantillon du lias d'Angleterre figuré par Brodie (1); il se rapproche aussi, pour la forme, de *Hydrous Escheri* Hr. (2), et de *Hydrous Rehmanni* Hr. (3), mais il est loin d'atteindre la taille de ces espèces d'Œningen.

(1) *An History of fossil Insects*, pl. VII, fig. 6.
(2) *Beiträge zur Insectenfauna Œningens. Coleoptera*, pl. V, fig. 16.
(3) *Ibid.*, fig. 12, 13, 14, 15.

Une espèce actuelle du genre *Laccobius* (*Lacc. minutus* (1)) est communément répandue dans toute l'Europe, et habite les eaux stagnantes.

TROISIÈME FAMILLE. — CURCULIONIDES.

Latr., *Gen. Crust. et Ins.*, II, 241. — Sch., *Gen. et spec. Curc.*, I, 31. — RHYNCHOPHORES, Latr., *Fam. du Règne animal*, 385. — PORTE-BEC, Latr., *Règne animal*, t. LXIX. — RHINOCÈRES, Duméril, *Considér. sur les Insectes*, 189. — RHYNCHOPHOREN de M. Heer.

Caractères (2). — Corps généralement dur et convexe. Tête plus ou moins distinctement prolongée en avant en une sorte de bec dont la bouche occupe le sommet. Palpes et autres parties de la bouche ordinairement petits et cachés. Mandibules petites, mais robustes. Antennes quelquefois droites, plus souvent coudées ; le plus souvent terminées en massue, parfois cependant filiformes, épaissies en dehors, dentées ou même pectinées, variant beaucoup dans le nombre de leurs articles. Abdomen de cinq segments. Tarses composés de quatre articles (fort rarement de cinq), dont le pénultième est généralement bilobé.

Malheureusement, dans la plupart des Curculionides fossiles, les caractères tirés du bec ou des antennes ne sont pas faciles à observer, parfois même la tête manque ; il faut alors avoir recours, pour reconnaître les genres, à la disposition des sillons et des ponctuations à la surface des élytres, quoique les caractères fournis par ces parties ne présentent pas la même netteté que dans les autres familles de Coléoptères.

D'après M. Heer, dont je ne fais que résumer les observations (3), chez tous les Curculionides les sillons se dirigent parallèlement de la base au sommet de l'élytre, ou convergent vers ce dernier point ; chez tous la cellule interno-médiaire est ouverte en arrière, tandis que les cellules voisines du bord externe sont presque toujours fermées et plus longues que les cellules internes ; enfin, chez eux, il y a des bandes fermées, disposition

(1) *Genera des Coléoptères d'Europe*, t. I, pl. 30, fig. 136.
(2) *Genera des Coléoptères d'Europe*, t. IV, p. 1.
(3) *Die Insektenfauna*, t. I, p. 172 et suiv.

ARTICLE N° 3.

que l'on ne retrouve que dans les Chrysomélides (voy. planche I, fig. 14).

On compte normalement dans les Curculionides 10 sillons ou 10 lignes de points, et, quand il n'y en a que 9, cela provient de l'oblitération du sillon marginal : les élytres de ces insectes appartiennent donc à la quatrième des catégories énumérées plus haut. La manière dont les sillons entourent les cellules et les bandes varie beaucoup, du reste, et permet à M. Heer d'établir un certain nombre de divisions et de subdivisons qu'il caractérise de la manière suivante :

I. La cellule externo-médiaire est fermée à ses deux extrémités par la réunion du 5ᵉ et du 6ᵉ sillon (ex.: *Larinus*, *Bruchites*, *Anthribites*, *Attelabites*). Les autres sillons, 4 et 7, 3 et 8, 2 et 9, 1 et 10, convergent ou se réunissent postérieurement. Les bandes ou les autres cellules sont plus ou moins fermées en arrière, et voici quelles sont les principales dispositions qui en résultent :

1° Outre la cellule externo-médiaire, les cellules sous-marginale, marginale et anale sont fermées, et, par suite, les sillons 7 et 8, 9 et 10, 1 et 2, se rejoignent en arrière. La cellule anale et la cellule marginale sont plus longues que les autres cellules, et se confondent en arrière, de telle sorte que les sillons 1 et 10, 2 et 9, se réunissent postérieurement. La cellule externo-médiaire est embrassée par les bandes sous-marginale et externo-médiaire, ce qui entraîne la jonction du 4ᵉ et du 7ᵉ sillon. Par conséquent, toutes les cellules, sauf l'interno-médiaire, sont fermées, et toutes les bandes, au contraire, sont ouvertes (ex. *Larinus*).

2° Les cellules présentent la même disposition que ci-dessus, seulement la cellule externo-médiaire est souvent incomplète en arrière, et la bande de même nom est presque fermée du côté du sommet de l'élytre par le rapprochement des sillons 4 et 5. La cellule sous-marginale est également ouverte en arrière et s'abouche avec l'interno-médiaire, ce qui entraîne la jonction des sillons 4 et 7, 3 et 8 ; enfin, les cellules marginales et anales, très-étroites, viennent s'ouvrir postérieurement l'une dans l'autre (ex. *Lixus*).

3° La cellule externo-médiaire est close ; les autres cellules et les bandes sont ouvertes, mais les sillons sont tous convergents, de telle sorte que la bande externo-médiaire et la bande sous-marginale s'ouvrent l'une dans l'autre à l'extrémité postérieure (ex. *Sphenophorus*).

4° La cellule externo-médiaire, toujours fermée, est fort courte et embrassée par les bandes sous-marginale et externo-médiaire ; la cellule sous-marginale est ouverte, et la bande sous-marginale première (médiastine de M. Heer) fermée en arrière. Les sillons 5 et 6, 4 et 7, 8 et 9, se réunissent au sommet ; il en est de même des sillons 3 et 8, 2 et 9, puisque les bandes sous-marginale première et interno-médiaire d'une part, les cellules externo-médiaire et sous-marginale de l'autre, se confondent postérieurement (ex. *Bruchus Palmarum*).

II. La cellule externo-médiaire est ouverte en arrière, et les sillons 4 et 5 se réunissent au sommet (ex. les Curculionides proprement dits). On peut distinguer dans cette catégorie les deux dispositions suivantes :

1° Les cellules interno-médiaire et externo-médiaire se confondent au sommet en embrassant la bande externo-médiaire, qui est courte et fermée en arrière ; les bandes interno-médiaire et marginale se réunissent postérieurement ; la cellule sous-marginale est fermée de toutes parts et fort allongée ; la cellule anale est ouverte et rejoint au sommet la cellule marginale. Les sillons 1 et 10, 2 et 9, 3 et 6, 4 et 5, 7 et 8, se relient deux à deux du côté de l'élytre (ex. : *Phyllobius*, *Polydrosus*, *Chlorophanus*, etc.). Quelquefois, tout en étant fermées, les cellules marginale et anale se rapprochent tellement l'une de l'autre à l'extrémité, qu'elles semblent se confondre (ex. *Cleonus*).

2° Toutes les cellules sont ouvertes en arrière, et quelques-unes sont ouvertes en avant. La bande externo-médiaire et la bande scapulaire sont très-courtes et ouvertes au sommet. Les sillons 4 et 5, 6 et 7, se réunissent à l'extrémité (ex. *Calandra*

Palmarum). Dans les Pissodes, qui appartiennent à la même catégorie, les sillons 3 et 8, 2 et 9, 1 et 10, se rejoignent également.

Les Curculionides forment une des familles les plus nombreuses de la faune actuelle, et remontent à une très-haute antiquité ; ils comptent déjà quelques représentants dans les terrains carbonifères, mais ils abondent particulièrement dans les terrains tertiaires, à OEningen (1), à Radoboj (2), dans l'ambre de Prusse (3), en Auvergne, et surtout à Aix en Provence, où ils constituent près du quart des espèces (4).

Ils se divisent, d'après la forme de leurs antennes, en deux grandes catégories, les *Orthocères*, ou Curculionides à antennes droites, et les *Gonatocères*, ou Curculionides à antennes coudées. Je n'ai pas rencontré en Auvergne un seul genre appartenant à la première catégorie.

Première Division. — GONATOCÈRES.

Schh., *Gen. et spec. Curc.*, I, 385.— Fracticornes, Latr., *Règne animal*, v. LXX, 1829. — Curculionides de M. Heer.

Caractères (5). — Antennes ordinairement coudées au deuxième article ; scape généralement allongé, bec offrant un sillon rostral ou scrobe (scape parfois très-court, antennes presque droites ou peu distinctement coudées, mais bec alors toujours pourvu d'un scrobe bien distinct et recevant le scape).

Première Section. — BRACHYRHYNQUES.

Schh., *Gen. et spec. Curcul.*, I, 385.— Brévirostres, Latr., *Règne animal*, t. LXXVI, 1829. — Curculiones Cast., *Hist. nat. des Coléopt.*, II, 297. — Brachyrhynchen de M. Heer.

Caractères (6). — Bec généralement plus ou moins épais,

(1) *Die Insektenfauna*, t. I, p. 172 et suiv., pl. VI, VII et VIII.
(2) *Ibid.*
(3) Berendt, *Bernstein*, I.
(4) Marcel de Serres, *Notes géologiques sur la Provence.* — Curtis, *Edinburgh new Philosophical Journal*, oct. 1829. — Hope, *Trans. of Entomol. Soc. of London*, t. II.
(5) *Genera des Coléoptères d'Europe*, t. IV, p. 11.
(6) *Ibid.*, p. 12.

assez court et peu arqué (parfois cependant allongé et cylindrique). Antennes insérées plus ou moins proche du sommet
du bec, et souvent au coin de la bouche.

Premier Groupe. — BRACHYCÉRITES.

Casteln., *Hist. nat. des Coléopt.*, t. II, 296. — Brachycerides, Schh., *Gen. et spec.
Curc.*, I, 385.

Caractères (1). — Antennes courtes, non distinctement coudées, et composées de huit ou neuf articles, dont quelques-uns
sont rudimentaires et indistincts, et qui forment en général la
massue ; le premier est court et légèrement conique, le dernier
solide et tronqué au sommet (quelquefois il y a douze articles et
la massue est quadriarticulée). Tarses étroits, hérissés, mais non
spongieux en dessous. Corps très-dur et aptère.

PREMIER GENRE. — BRACHYCERUS Fabr.

Fabr., *Soc. et.*, II, 412, 155. — Schh., *Gen. et spec. Curc.*, I, 385, et V, 605.

Caractères (2). — Corps épais, gibbeux, ovalaire. Yeux déprimés et le plus souvent entourés d'un petit rebord plus ou
moins saillant supérieurement. Bec court, très-épais, défléchi,
séparé du front par un sillon transverse ; scrobe profond, courbé,
fortement infléchi en dessous. Antennes de neuf articles, très-
courtes, robustes, un peu arquées ; articles du funicule serrés
et transverses. Prothorax court, prolongé en avant dans son
milieu, avec le bord antérieur fortement échancré en dessous.
Élytres grandes, soudées, très-convexes, postérieurement déclives. Pieds robustes ; pointe apicale interne des jambes bifide ;
quatrième article des tarses de la longueur des trois précédents
réunis.

Les Brachycères se trouvent dans les endroits sablonneux.

M. Germar a décrit un *Brachycerus* dans les lignites du Siebengebirge (3). M. Marcel de Serres signale, dans les gypses

(1) Idem, *ibid.*
(2) *Genera*, t. IV, p. 12.
(3) *Insector. protog.*, 19ᵉ fasc. de la continuat. de Panzer, n° 11.

ARTICLE N° 3.

d'Aix, quatre espèces de ce genre voisines de celles qui vivent de nos jours autour de la Méditerranée (1). Enfin M. Heer en a découvert encore deux espèces dans le gisement célèbre d'OEningen (2).

BRACHYCERUS LECOQUII Nobis.
(Planche I, fig. 4.)

Thorace brevi, postice sinuato; abdomine crasso. Elytris punctatis. Cruribus robustis.

Longueur totale	11 millimètres.
— du thorax	2 —
— de l'élytre	9 —
Épaisseur du corps	4 à 5 millimètres.

Gergovia. — Collection de M. Lecoq : un échantillon.

La tête est à peine distincte. Le thorax, assez court et arrondi en dessus, présente en arrière une échancrure qui correspond peut-être à une de ces pointes si fréquentes chez les Brachycères. Le ventre est épais, et, sur le bord apparent d'une élytre, on voit courir deux rangées de points saillants. Les cuisses sont renflées dans leur partie inférieure.

Cette espèce est plus grande que les espèces d'OEningen, *Brachycerus nanus* Heer (3) et *Brachycerus germanus* Heer (4), et plus petite qu'une espèce assez commune de nos contrées, *Brachycerus undatus* F. (5). Je la dédie à feu M. Lecoq, professeur à la Faculté des sciences de Clermont-Ferrand.

Deuxième Groupe. — CLÉONITES.

Cast., *Hist. nat. des Coléopt.*, t. II, p. 343. — CLÉONIDES Schh., *Gen. et spec. Curc.*, II, 171. — MOLYTIDES Schh., *loc. cit.*, II, 329. — CLÉONIDEN de M. Heer.

Caractères (6). — Antennes distinctement coudées, de douze

(1) *Notes géologiques sur la Provence.*
(2) *Insektenfauna*, t. I, p. 180, pl. VI, fig. 9. — *Urwelt der Schweiz*, p. 371, fig. 247.
(3) *Genera*, t. IV, p. 12.
(4) *Insektenfauna*, t. I, p. 180, pl. VI, fig. 9.
(5) *Genera*, t. IV, p. 12, et pl. 4, fig. 20.
(6) *Genera*, t. IV, p. 20.

articles. Bec plus ou moins épaissi ou cylindrique, assez allongé, plus ou moins arrondi, rarement un peu angulé, défléchi ou penché, plus étroit que la tête; scrobe sous-oculaire, courbé ou oblique.

PREMIER GENRE. — CLEONUS Schh.

Schh., *Curc. Disp. meth.*, 145.— Schh., *Gen. et spec. Curc.*, II, 171, et VI. pars 2. 1. — CLEONIS Latr., *Dict. class. d'hist. nat.* — EPIMECES Billb., *Enum. Ins.*, 45.

Caractères (1).— Corps oblong, quelquefois aptère. Yeux déprimés, oblongs, perpendiculaires. Bec médiocrement allongé, épaissi, le plus souvent caréné ou canaliculé en dessus; scrobe profond, linéaire, un peu courbé, fortement infléchi en dessous. Antennes peu allongées, assez fortes, insérées vers le sommet du bec, mais toutefois assez loin de la bouche. Scape n'atteignant point tout à fait aux yeux; premier et deuxième articles du funicule légèrement coniques, le second un peu plus court, les troisième, quatrième, cinquième et sixième serrés et transverses, le septième ordinairement un peu plus grand et appliqué contre la massue. Prothorax légèrement conique, plus ou moins distinctement lobé derrière les yeux et bisinué à la base. Écusson triangulaire, assez souvent petit ou indistinct. Elytres allongées ou ovales-oblongues, épaules obtusément subangulées ou légèrement saillantes antérieurement. Jambes antérieures armées d'un crochet au sommet, ongles des tarses rapprochés et soudés à leur base.

Les Cléones, d'après MM. Jacquelin du Val et Fairmaire, aiment les lieux secs et arides, et se trouvent le long des chemins, dans la terre, sous les pierres et au pied des arbres. J'en ai en effet recueilli souvent en été et en plein midi, le long des routes poudreuses. Suivant M. Heer (2), au contraire, on les trouve fréquemment au bord des ruisseaux et dans les lieux humides, cachés dans les fentes du sol ou sous les pierres. Quelques espèces vivent sur la Bardane, les Carduacées, les Soudes, etc.

(1) *Genera*, t. IV, p. 20.
(2) *Insektenfauna*, t. 1, p. 183.
ARTICLE N° 3.

CLEONUS ARVERNENSIS Nobis.
(Planche I, fig. 5 et 6.)

Rostro 4-sinuato parum curvo; pronoto lævi, angulato, antrorsum angustiori. Elytris lævigatis, convexis, apice mucronatis.

	mm
Longueur totale	9,00
— de la tête	2,25
— du thorax	1,25
— de l'abdomen	7,00
Hauteur de la tête	1,25
— du thorax	3,50 à 4.
— de l'abdomen	4,00
Largeur du thorax	2,50
— des élytres	4,75
— d'une élytre	2,50

Corent. — Muséum : deux échantillons.

L'un des échantillons (pl. I, fig. 5) nous montre l'insecte étendu sur le ventre, la tête écrasée, les élytres déprimées au point d'être devenues concaves de convexes qu'elles étaient. La coloration générale est brune, d'une teinte sépia sur le thorax et sur la tête, d'une nuance plus chaude sur les élytres. Les cuisses sont d'un brun jaunâtre. La tête présente en avant quatre impressions linéaires et sur le côté les vestiges d'un œil ; elle devait être penchée en avant et légèrement recourbée. Le thorax, de forme trapézoïdale, est un peu élargi en arrière, mais plus étroit que les élytres. Celles-ci sont coupées carrément en avant et acuminées en arrière ; leur bord externe est beaucoup plus fortement recourbé que leur bord sutural, et leur maximum de largeur se trouve vers les deux tiers de la longueur. On ne distingue à leur surface aucune trace de stries ni de ponctuations. Les cuisses postérieures sont très-renflées.

Dans l'autre échantillon (pl. I, fig. 6) l'insecte est vu de profil. La coloration générale est la même, mais les élytres ont une teinte plus terne. Elles sont déprimées comme dans le premier échantillon, mais plus obtuses à l'extrémité.

La tête est presque verticale et assez épaisse ; l'œil est indiqué par une petite tache noirâtre. Le bec, de même longueur que la tête, est épais et légèrement recourbé ; il présente à sa base une ligne transverse, qui provient peut-être du premier article des antennes, et sur le côté des vestiges du scrobe.

Le thorax, de forme trapézoïdale, est un peu oblique en avant et relativement fort court. Les élytres sont très-déformées. Les cuisses antérieures sont renflées en massue, les jambes postérieures robustes et élargies du côté des tarses.

Le corps oblong, le bec médiocrement allongé, plus ou moins épaissi et caniculé, le thorax rétréci légèrement en avant, les épaules saillantes et angulées, l'écusson à peine distinct, les élytres un peu acuminées en arrière, semblent indiquer que cet insecte est bien un Cléone. Par la taille et la forme des élytres il se rapproche de notre *Cleonus* (*Pachycerus*) *albarius*, Sch., d'Europe (1), tandis que par la forme du thorax il ressemble à une espèce fossile d'Aix en Provence, *Cleonus sexsulcatus* Heer (2).

CLEONUS FOUILHOUXII Nobis.

(Pl. I, fig. 7.)

Asper et nigrescens. Capite rugoso ; rostro brevi et crasso ; thorace ante excavato, rugoso. Elytris acutis et punctatis.

		mm
Longueur totale		22,00
—	de la tête	3,50
—	du thorax	3,50
—	de l'abdomen	16 à 17
—	dé l'élytre droite	16 à 17
Largeur	de la tête	3,00
—	du thorax	5,00
—	de l'abdomen	8,00
	de l'élytre droite	3,50

Corent. — Collection de M. Fouilhoux : un échantillon.

L'insecte est vu de dos. La coloration générale est noirâtre. La tête, un peu déjetée, est rugueuse ; le rostre épais et tronqué en avant ; le scrobe n'est pas visible, et l'œil est à peine indiqué par

(1) *Genera*, t. IV, p. 21, et pl. 8, fig. 38 *ter*.

(2) *Ueber die fossilen Insekten von Aix*, von Dr O. Heer, p. 20, et pl. I, fig. 9 (*Vierteljahrschrift der naturforschenden Gesellschaft in Zürich, erster Jahrgang, erster Heft*).

ARTICLE N° 3.

un point plus foncé. Le thorax, échancré en avant pour recevoir la tête, et coupé carrément en arrière, a ses côtés sensiblement parallèles; il est couvert de ponctuations qui lui donnent un aspect chagriné. L'écusson est assez grand. Les élytres sont étroites et se terminent en pointe aiguë au sommet; leur bord externe est légèrement convexe, leur bord sutural presque rectiligne. Les épaules devaient être peu saillantes. Une des élytres est couverte de ponctuations; dans l'autre les rugosités ont plus ou moins disparu, et il ne reste que des stries dont il est impossible de reconnaître la disposition. L'abdomen, que l'écartement des élytres permet d'apercevoir, est renflé et légèrement acuminé en arrière; on distingue à peine quelques traces des anneaux. Je dédie cette espèce à M. Fouilhoux, naturaliste à Clermont-Ferrand, qui a bien voulu mettre sa collection à ma disposition.

Deuxième Genre. — HYLOBIUS Schh.

Schh., *Curc. Disp. method.*, 170. — Schh., *Gen. et spec. Curc.*, II, 332, et VI, 297. — Liparus Oliv., *Ent.*, V, p. 283. — *Germ. Ins. sp.*, 1, 309. — Ruyschænus, subd. 4, Zetters, *Fauna Ins. Lap.*, 1, 309.

Caractères (1). — Corps ovale-oblong. Yeux oblongs et peu convexes. Bec allongé, faiblement arqué, cylindrique, très-légèrement épaissi vers l'extrémité; scrobe profond, linéaire, très-oblique, se dirigeant vers la partie inférieure de l'œil. Antennes médiocres, insérées vers le sommet du bec, mais à une certaine distance du coin de la bouche. Scape n'atteignant point tout à fait le bord extérieur des yeux; les deux premiers articles du funicule assez allongés et légèrement coniques, les suivants courts, généralement un peu arrondis; le septième un peu plus grand et plus ou moins appliqué contre la massue. Prothorax arrondi sur les côtés, plus étroit antérieurement, tronqué à la base et au sommet, fortement échancré au bord antérieur en dessus. Écusson bien distinct. Élytres ovalaires, légèrement calleuses postérieurement; épaules angulées et saillantes. Cuisses dentées ou mutiques;

(1) *Genera*, t. IV, p. 24.

jambes sinuées antérieurement, armées d'un fort crochet au sommet.

Les insectes [de ce genre vivent surtout dans les forêts de Conifères. Leurs femelles déposent leurs œufs dans les fentes de l'écorce, tout près de la base, et leurs larves, en creusant de vastes galeries dans les couches ligneuses superficielles, causent de grands dommages aux arbres verts.

M. Berendt en cite deux espèces dans l'ambre de Prusse (1), et MM. C. et L. von Heyden en décrivent une autre dans les lignites du Siebengebirge (2).

HYLOBIUS DELETUS Nobis.
(Pl. I, fig. 8.)

Rostro curvo, capitis longitudinem excedente ; pronoti parte superiore cava, angulis posticis rotundis. Elytris striatis, apice parum mucronatis.

		mm
Longueur totale		10,50 à 11
— de la tête		2,25 à 3
— du thorax mesuré obliquement		2,00 à 3
— des élytres		7,00 à 8
— des cuisses		2,50
Épaisseur de la tête		2,75
— du thorax		3,00
— du corps		5,00
d'une élytre		3,00

Corent. — Muséum : un échantillon.

L'insecte, vu de profil, est assez bien conservé ; néanmoins la tête est incomplète en avant et le scrobe n'est pas distinct. La tête, presque verticale, est de couleur brune, très-claire à la base, qui est large et renflée, plus foncée du côté du bec, qui est étroit et recourbé. Une sorte de ligne transverse sépare ces deux régions, à la limite desquelles un point noir indique la place de l'œil. Le thorax, d'un jaune clair, présente à peu près la forme d'une selle ; il est excavé en dessus ; son bord

(1) *Bernstein*, I, p. 56.

(2) *Käfer und Polypen aus der Braunkohle des Siebengebirges*, 1866 (*Palæontographica*, XV), p. 19, et pl. II, fig. 11 et 12.

ARTICLE N° 3.

postérieur et supérieur est relevé, ses angles postérieurs et inférieurs sont arrondis, ses angles inférieurs et antérieurs légèrement proéminents. Il est séparé par un espace incolore des
élytres qui sont d'un brun foncé, arrondies et bombées en avant,
un peu acuminées en arrière et faiblement rétrécies dans le
milieu de leur longueur. Elles sont parcourues par une dizaine
de sillons, la plupart peu distinct e tdont quelques-uns, le troisième et le huitième, par exemple, semblent se rejoindre au sommet. Le pygidium est très-développé, les cuisses robustes.

La teinte claire de la base de la tête semble indiquer que
cette partie, jusqu'au bord postérieur de l'œil, était enfoncée
dans le prothorax, et qu'elle en a été chassée pour ainsi dire par
la compression que l'insecte a subie. Or, si par la pensée on
rétablit les choses dans leur position primitive, on est frappé
de la ressemblance que présente notre échantillon avec les
Hylobius et les genres voisins, *Molytes*, *Anisorhynchus*, etc.
Malheureusement il n'est pas possible de voir si les cuisses étaient
dentées ou mutiques; quant à la disposition des sillons à la surface des élytres, elle est si peu distincte, qu'on n'en peut tirer
grand parti : s'il est vrai, comme je le crois, que le troisième
et le huitième sillon s'abouchent du côté du sommet, notre
insecte rentrerait dans la même catégorie que les *Lixus*.

Cette espèce fossile est un peu plus grande qu'une espèce de
l'Europe actuelle, *Hylobius fatuus* Rossi (1). Elle ressemble
beaucoup, pour la forme générale et la grandeur, à une espèce
fossile d'un genre voisin, *Molytes Hassenkampi* Heyd., trouvée
dans les lignites de Sieblos par M. E. Hassenkamp (2).

TROISIÈME GENRE. — ANISORHYNCHUS Schh.

Schh., *Gen. et sp. Curc.*, VI, pars 2, 308. — MOLYTES Schh., *loc. cit.*, II,
257, stirps 2.

Caractères (3). — Corps aptère, ovalaire. Yeux déprimés,

(1) *Genera*, t. IV, p. 24, pl. 11, fig. 48.
(2) *Fossile Insekten aus Braunkohle von Sieblos.*
(3) *Genera*, t. IV, p. 26.

ovales. Bec assez allongé, un peu moins long que le prothorax,
une fois et demie aussi long que la tête, robuste, faiblement arqué, presque plan supérieurement, caréné au milieu, légèrement
épaissi vers l'extrémité; scrobe profond, linéaire, sinué, oblique,
se dirigeant vers l'œil et plus large en arrière. Antennes assez
fortes, insérées environ vers le tiers antérieur du bec. Scape
atteignant presque le bord antérieur des yeux ; premier article
du funicule assez allongé, légèrement conique, deuxième plus
court, suivants un peu perfoliés, plus larges que longs, septième
grand, épaissi, fortement appliqué contre la massue. Prothorax
tronqué à la base, arrondi sur les côtés, plus étroit antérieurement, largement échancré en dessous et sinué de chaque côté au
sommet, longitudinalement caréné sur le dos, offrant généralement de chaque côté un petit espace lisse. Écusson très-petit.
Élytres légèrement arrondies sur les côtés, ovalaires, sculptées
en dessus ; épaules un peu angulées, légèrement saillantes antérieurement. Cuisses mutiques; jambes armées au sommet d'une
épine variable suivant les espèces. Tarses antérieurs un peu élargis, spongieux en dessous; les postérieurs allongés, étroits et
presque entièrement glabres en dessous.

ANISORHYNCHUS EFFOSSUS Nobis.

(Pl. 1, fig. 9.)

Rostro curvo et crasso, capitis longitudinem excedente. Thorace
antrorsum angustiori. Elytris apice rotundis. Cruribus crassissimis.

	mm
Longueur totale	11,00
— de la tête	2,75
— du thorax	2,00
— des élytres	7,50
Épaisseur de la tête	1,50
— du bec	1,00
— du thorax (max.)	3,00
— de l'abdomen (max.)	5,00

Corent. — Muséum : un échantillon.

L'insecte est couché sur le flanc. La tête est arrondie, assez
proéminente et de couleur brune. Le bec, plus long que la tête,
est recourbé et légèrement épaissi à l'extrémité ; le scrobe, assez

large, surtout à sa partie supérieure, se dirige obliquement vers l'œil, qu'il n'atteint pas. Le thorax, d'un brun clair, se rétrécit fortement et s'incline en avant; il est lisse, de même que les élytres. Celles-ci sont larges à la base, obtuses au sommet et très-déformées par la fossilisation; elles sont colorées en brun Van-Dyck, comme le thorax, mais d'une teinte un peu plus foncée. Les cuisses antérieures sont robustes.

Cet insecte devait avoir la physionomie générale et la coloration d'une espèce actuelle de l'Europe, *Anisorhynchus bajulus* Oliv. (1), mais ne peut lui être comparé pour la grandeur.

QUATRIÈME GENRE. — PLINTHUS Germ.

Germ., *Ins. sp.*, I, 327.— Schh., *Gen. et spec. Curc.*, II, 360, et VI, pars 2, 319. — MELEUS Sturm, *Ins. Cat.*, 1826, 169.

Caractères (2). — Corps aptère, ovale-oblong ou allongé. Yeux ovalaires, peu convexes. Bec environ de la longueur du prothorax, assez fort, modérément arqué, cylindrique; scrobe assez étroit, linéaire, oblique, se dirigeant vers le milieu de l'œil. Antennes médiocres, insérées vers le sommet du bec. Scape n'atteignant pas tout à fait les yeux; funicule ayant ses deux premiers articles légèrement coniques et presque égaux, les autres courts, un peu turbinés ou presque arrondis; massue ovalaire. Prothorax tronqué à la base, plus ou moins arrondi sur les côtés, plus étroit antérieurement, un peu sinué de chaque côté au bord antérieur, légèrement lobé derrière les yeux, profondément échancré en dessous, peu convexe et caréné au milieu en dessus. Écusson non visible. Élytres échancrées ensemble en avant, à épaules ordinairement saillantes, calleuses généralement en arrière. Cuisses dentées ou mutiques; jambes armées au sommet d'un crochet aigu.

Les *Plinthus* se trouvent généralement sous les pierres, dans les endroits élevés. La larve de *Plinthus caliginosus* a été découverte par MM. Chapuis et Candèze sous l'écorce d'un Pin abattu.

(1) *Genera*, t. IV, p. 26, et pl. 11, fig. 51.
(2) *Genera*, t. IV, p. 27, et pl. 12, fig. 54.

PLINTHUS REDIVIVUS Nobis.
(Pl. 1, fig. 10.)

Fuscus. Rostro curvo. Thorace brevi, convexo. Elytris lævigatis.

	mm
Longueur totale.	9,25
—　　　du bec.	2,00
—　　　de la tête.	1,00
—　　　du thorax, en dessus.	2,00
—　　　　—　　en dessous.	3,00
—　　　des élytres.	8,00
Largeur du bec.	0,75 à 1
—　　du thorax.	2,75

Corent. — Muséum : un échantillon.

L'insecte, vu de profil, est très-déformé, et l'on ne distingue aucune ornementation sur le thorax ni sur les élytres.

La coloration générale est un brun Van-Dyck, avec quelques points plus brillants.

La tête, un peu élargie, est enfoncée dans le prothorax jusqu'à l'œil, qui est assez gros et situé fort bas. Le bec est busqué, et le scrobe, qui semble plus étroit à sa partie supérieure que du côté de l'extrémité du bec, n'arrive pas jusqu'à l'œil ; du reste il est probable qu'il est plus ou moins effacé et qu'il ne se présente pas sous sa forme normale. Le thorax est bombé, à peine rétréci en avant et plus long en dessus qu'en dessous. Les élytres sont écrasées et n'ont plus leur disposition primitive ; l'extrémité a même disparu. Le ventre est également très-déformé et les pieds n'existent plus.

Ce n'est que sous toutes réserves que j'attribue cette espèce au genre *Plinthus,* dont elle se rapproche par la courbure du bec et la position de l'œil, mais non par la forme du scrobe.

DEUXIÈME SECTION. — MÉCORHYNQUES.

Schh., *Gen. et spec. Curc.,* III, p. 1. — LONGIROSTRES, Latr., *Règne animal,* v. LXXXII, 1829. — RHYNCHÆNES Casteln., *Hist. nat. des Coléopt.,* t. II, p. 332. — MÉCO-RHYNCHEN de M. Heer.

Caractères (1).— Bec généralement cylindrique ou filiforme.

(1) *Genera,* t. IV, p. 39.
ARTICLE N° 3.

plus ou moins allongé, rarement plus court que le prothorax. Antennes insérées avant le milieu du bec ou tout près du milieu, jamais au coin de la bouche.

Premier Groupe. — CRYPTORRHYNCHITES.

Casteln., *Hist. nat. des Coléopt.*, t. II, p. 356. — Apostasimerides Schh., *Gen. et spec. Curc.*, VIII, pars 1, 1.

Caractères (1). — Antennes insérées avant le milieu du bec ou près du milieu ; funicule ordinairement de sept articles, quelquefois de six ; massue généralement de quatre articles. Hanches antérieures le plus souvent écartées, parfois rapprochées à leur base. (Dans ce dernier cas la poitrine est toujours canaliculée en avant.)

Premier Genre. — BAGOUS Germ.

Germ., Schh., *Curc. Disp.*, III, 289. — Schh., *Gen. et spec. Curc.*, III, 537, 260, et VIII, pars 2, 74, 563.

Caractères (2). — Corps oblong, allongé ou ovalaire. Yeux latéraux, arrondis ou ovalaires, assez grands, légèrement déprimés ou faiblement convexes. Bec assez allongé, plus ou moins fort, arqué et légèrement cylindrique ; scrobe linéaire, profond, oblique, généralement un peu infléchi en dessous, son bord supérieur se dirigeant vers l'œil. Antennes assez courtes, insérées vers le milieu du bec ou un peu en avant ; funicule de sept articles, les deux premiers allongés et légèrement coniques, le premier plus épais, les troisième, quatrième, cinquième, sixième et septième serrés, un peu perfoliés, devenant graduellement plus larges, surtout le dernier, qui est étroitement appliqué contre la massue ; celle-ci généralement assez grande, ovalaire ou ovale-oblongue. Prothorax variant, tronqué ou légèrement bisinué à la base, plus étroit extérieurement, plus ou moins resserré au sommet, fortement lobé derrière les yeux. Sillon pectoral large, peu profond, finissant au devant des hanches antérieures. Écus-

(1) *Genera*, t. IV, p. 54.
(2) *Ibid.*, p. 64.

son très-petit, mais généralement distinct. Élytres variant suivant la forme du corps, généralement un peu déprimées en avant sur le dos, déclives en arrière, plus ou moins calleuses postérieurement, obtusément angulées aux épaules et recouvrant entièrement l'abdomen. Hanches antérieures contiguës; jambes courbées vers l'extrémité, armées d'un fort crochet au sommet. Tarses étroits, ongles simples.

Les *Bagous* se plaisent dans les lieux humides, sur les plantes aquatiques, ou dans le sol, auprès des eaux.

BAGOUS ATAVUS Nobis.
(Pl. I, fig. 11.)

Rostro curvo, thoracis longitudine. Thorace antrorsum parum angustiori. Elytris obscure striatis, postice rotundatis. Cruribus robustis.

		mm
Longueur totale, du front à l'extrémité des élytres.		10,50
—	du thorax, en dessous	1,00
—	— en dessus	1,50
—	d'une élytre	9,00
—	du bec	1,50
Largeur au milieu des élytres		4,25
—	du bec	0,50

Corent. — Muséum : un échantillon.

L'échantillon est vu de profil. Sa coloration générale est d'un brun vif. La tête est verticale; le bec plus long que la tête, épais et recourbé ; l'œil petit, presque caché dans le thorax. Celui-ci est lisse, très-court, penché et plus étroit que l'abdomen. Les élytres sont larges, obtuses à l'extrémité et parcourues par quelques stries à peine marquées. Les cuisses sont longues et épaissies dans leur région médiane. La forme du bec et de la tête rappelle d'une manière frappante une espèce de l'Europe actuelle, *Bagous nodulosus* Sch. (1); mais les dimensions de l'espèce fossile sont beaucoup plus considérables.

(1) J. du Val, Fairmaire, Migneaux et Deyrolle, *Genera des Coléopt. d'Europe*, t. I, p. 64, pl. 27, fig. 132.

GROUPE ?
Genre CURCULIONITES Heer.

(Incertæ sedis.)

M. Heer réunit sous ce nom toutes les espèces de Rhyncho-phores fossiles trop mal connues pour être classées, et j'ai cru devoir suivre son exemple, quoique, en règle générale, je ne sois point partisan de ces genres nouveaux, aussi hétérogènes que mal définis, sortes de fosses communes où l'on rejette tous les individus dont on n'a pu reconnaître l'identité. D'ailleurs le nom de *Curculionites* n'est pas très-bien choisi comme nom de ce genre, car sa désinence rappelle exactement celle qui est adoptée pour les noms de tribus.

Quoi qu'il en soit, le genre *Curculionites* compte un certain nombre d'espèces, beaucoup trop malheureusement. M. Heer en cite une du lias d'Argovie (1), une de Radoboj (2) et trois d'Aix en Provence (3).

CURCULIONITES OVATUS Nobis.
(Pl. I, fig. 12.)

Ovatus. Abdomine oblongo ; femoribus robustis.

	mm
Longueur totale..............	10,75
— des cuisses.........	3,00
Largeur de l'abdomen (max.).	5,00

Corent. — Collection E. Oustalet, 1869. Une empreinte et une contre-empreinte.

L'insecte est couché sur le dos, les pieds postérieurs à demi-repliés, les pieds antérieurs légèrement étendus. Dans l'échan-tillon en relief, qui est le mieux conservé, et qui présente une coloration générale d'un gris brunâtre, le ventre offre à son

(1) *Zwei geol. Vorträge*, p. 15, fig. 39 et 40.
(2) *Insektenfauna*, I, p. 199, pl. VII, fig. 1.
(3) *Fossile Insekten von Aix*, p. 23 et 24, pl. I, fig. 12, 13 et 16.

extrémité inférieure quatre anneaux assez courts, qui vont en diminuant de grosseur ; sa forme générale est 'celle d'un ovale légèrement acuminé en arrière, et l'on distingue sur les côtés deux lignes plus foncées qui indiquent les bords des élytres. Les hanches sont saillantes et globuleuses, les cuisses fortement renflées en massue, les jambes courtes, les tarses peu distincts. Le thorax était sans doute plus étroit que l'abdomen, surtout en avant ; mais on ne peut en apprécier la forme, pas plus que celle de la tête. L'échantillon est si incomplet, qu'il est presque indéterminable ; toutefois la forme générale du corps et des empreintes des hanches dénotent un Curculionide, et peut-être un Cléonite, et, en parcourant les figures d'Insectes de ce groupe données par M. Heer (1), on est frappé de la ressemblance que *Curculionites Redtenbacheri* Heer, de Radoboj (2), présente avec mon espèce.

Je rapporte provisoirement au même genre un échantillon de la collection de M. Lecoq, qui provient de Pontary, et qui est représenté de grandeur naturelle (pl. I, fig. 15).

ORTHOPTÈRES.

J'ai recueilli à Menat un échantillon qui appartient bien certainement à cet ordre d'Insectes, mais qui est trop mal conservé pour se prêter à une détermination plus approchée. Je le représente planche II, fig. 1, et je me contente de le décrire sommairement, sans lui imposer de nom particulier :

Longueur totale................	17 millimètres environ.
— de la cuisse postérieure.	8	—
— de la jambe...........	5	—
Hauteur du corps..............	5	—

Menat. — Une empreinte et une contre-empreinte. Coll. E. Oustalet.

Le corps, de couleur sépia, est épais et terminé en arrière par une sorte de pointe. La cuisse postérieure est robuste et mé-

(1) *Insektenfauna*, I, pl. VI, VII, VIII.
(2) *Ibid.*, p. 199, et pl. VII. fig. 1.

diocrement allongée. La tête est petite, peu distincte et surmontée de deux tronçons d'antennes.

Les Orthoptères remontent à une époque fort reculée. Ils sont assez abondants à Œningen, à Aix et dans l'ambre de Prusse.

NÉVROPTÈRES.

PREMIER SOUS-ORDRE. — HYALOPTÈRES.

Blanchard, *Hist. nat. des Ins.*, 1845, I, p. 275.

Les Hyaloptères ont quatre ailes membraneuses avec des nervures longitudinales et des nervules transversales formant des réticulations nombreuses.

PREMIÈRE TRIBU. — LIBELLULIENS.

Blanch., *op. cit.*, I, p. 276 et 298. — ODONATA Fabr. — Rambur, *Suites à Buffon*, NÉVROPTÈRES, p. 3.

Les Libelluliens ont la tête grosse, articulée sur une saillie antérieure du prothorax ; sur les côtés sont placés deux yeux énormes dont les facettes sont visibles à l'œil nu ou sous un faible grossissement, et sur le sommet ou *vertex* trois stemmates lisses. La bouche est fermée entièrement par la lèvre supérieure, qui est large, par la lèvre inférieure, qui acquiert un développement inusité, et par les palpes labiaux, qui sont dilatés et aplatis. En dedans de ces pièces se trouvent les mandibules, qui sont fortes et dentées, et les mâchoires qui offrent un seul lobe denté, épineux et cilié au côté interne, avec un palpe très-court d'un seul article. Les mâles ont l'armure génitale sous le deuxième segment de l'abdomen, et leur corps se termine par trois ou quatre appendices plus ou moins développés. Les tarses se composent de trois articles dont le dernier porte des crochets robustes et dentés près du sommet. Les ailes sont grandes et allongées ; les inférieures sont à peu près égales aux supérieures ; les unes comme les autres portent, vers les deux tiers de leur bord antérieur, une tache colorée ou stigmate, et sont réticulées par des nervules transversales très-nombreuses. Les caractères tirés de la réticulation des ailes ne sont pas nécessaires pour le moment, car je n'ai malheureusement à signaler aucun Libellulien adulte dans les terrains lacustres de l'Auvergne ; mais, comme j'aurai à établir plus loin, à propos d'un Ascalaphide, les différences qui existent, sous le rapport de la nervation des ailes, entre les Libelluliens et les Myrméléoniens, je crois nécessaire d'en dire ici quelques mots. Je trouverai d'ailleurs l'application de ces principes en décrivant, dans la deuxième partie de ce travail, quelques Libellules fossiles du bassin d'Aix en Provence.

Au premier abord, on est frappé de la complication que présente une aile de Libellule, et il paraît impossible de se reconnaître au milieu du lacis inextricable formé par ces nervures qui se croisent en tous sens, d'autant plus que chaque auteur qui a parlé des ailes des Libellules a jugé bon d'avoir une nomenclature spéciale ; il en est résulté, pour désigner les mêmes parties, une multiplicité de noms vraiment effrayante et dont on peut se faire une idée en lisant certains passages de Charpentier, de Burmeister ou de Rambur. Toutefois, dans l'introduction au *Genera des Coléoptères d'Europe*, MM. Jacquelin du Val et J. Migneaux (1) ont montré qu'il est possible, contrairement à l'assertion de Lacordaire, de retrouver dans l'aile supérieure d'un *Anax*, par exemple, les mêmes nervures principales et les mêmes cellules typiques que dans l'aile membraneuse d'un Diptère ou d'un Hyménoptère. Mais c'est encore M. Heer (2) qui fournit à ce sujet les notions les plus complètes et les plus exactes, et c'est à lui que j'emprunte les détails qui vont suivre : je crois bon néanmoins de changer, comme je l'ai déjà fait pour les Coléoptères et les Diptères, les noms de *vena mediastina*, *vena scapularis*, *area scapularis*, adoptés par cet auteur, en ceux de nervures sous-marginales 1re et 2e, et de cellule sous-marginale, afin de conserver la nomenclature proposée par Macquart (voy. pl. II, fig. 2, 3, 4 et 5).

Dans les Æschnides, les ailes supérieures et inférieures présentent le même système de nervation. Par un examen attentif, on

(1) Tome 1, Introduction.
(2) *Insektenfauna*, t. II, p. 36 et suiv., et pl. III, fig. 8, 9, 10 et 11.

reconnaît une forte nervure marginale, puis une première nervure sous-marginale courte (*vena mediastina*, Heer; *vena inter-
nodalis*, Charpentier) qui se relie à son extrémité, au moyen
d'une petite nervule transverse, d'une part à la nervure marginale, de l'autre à la nervure sous-marginale 2°. Celle-ci (*vena
scapularis*, Heer; *radius principalis*, Charp.) est forte, très-rapprochée de la nervure sous-marginale 1re, et se prolonge jusqu'au
sommet de l'aile. La nervure externo-médiaire (*radius medius*,
Charp.) est la quatrième des nervures qui partent de la base de
l'aile ; elle va rejoindre, en décrivant une courbe prononcée, le
bord postérieur de l'aile, et se rattache, non loin de sa base, à la
deuxième nervure sous-marginale, au moyen d'une nervule
qu'on a nommée la traverse (*bathmis*). Cette traverse appartient
à la nervure sous-marginale, et non à l'externo-médiaire ; en
effet, en considérant dans les nymphes des Æschnides la disposition des nervures à la surface des fourreaux des ailes, on peut
se convaincre que cette nervule n'est qu'un petit rameau de la
sous-marginale, qui n'atteint pas encore la nervure externo-
médiaire, et qui n'est pas encore en connexion avec elle. Dans
les nymphes des Libellules, la connexion existe déjà, mais la
nervule se dirige si nettement en avant, qu'on la reconnaît facilement pour un rameau de la nervure sous-marginale. De cette
traverse partent deux rameaux, l'un externe et l'autre interne,
que l'on appelle les *secteurs* ; le dernier n'est pas toujours formé
dans la nymphe, tandis que le premier s'y montre constamment,
de même que ses rameaux. Ce secteur externe (*sector principalis*, Charp.) est très-prononcé, et comprend entre ses ramifications une grande partie de la région apicale de l'aile. Comme
la traverse n'est qu'une branche de la nervure scapulaire, les
secteurs qui en partent peuvent être, en dernière analyse, considérés comme des rameaux de cette nervure.

La nervure externo-médiaire (*radius medius*, Charp.) se ramifie au niveau ou tout près de la traverse. Sa branche principale
(*radius trigonuli superior*, Charp.) prolonge extérieurement le
tronc principal; l'autre branche est courte et forme l'un des côtés
du *triangle*, en se rattachant à la nervure interno-médiaire.

La nervure interno-médiaire (*radius spurius*, Charp.), ou la cinquième des nervures issues de la base de l'aile, se confond à son origine avec la nervure anale. Au point où elle reçoit une branche de l'externo-médiaire, elle se divise en trois rameaux : l'externe rejoint l'externo-médiaire au même endroit que le *secteur interne*, et forme l'hypoténuse du triangle ; le rameau du milieu (*radius trigonuli inferior*, Charp.) marche, suivant une courbe régulière, vers le bord postérieur ; enfin, l'interne suit une direction plus ou moins parallèle à celle du précédent, et émet en dedans un grand nombre de ramifications.

Le triangle existe déjà chez la nymphe, et l'on y trouve la preuve que les deux côtés de l'angle droit sont formés aux dépens de l'externo-médiaire, car l'un de ces côtés, l'interne, se montre déjà sous la forme d'un petit rameau. Ainsi, comme le fait remarquer M. Heer, trois des nervures principales envoient, chacune du côté interne, de petites nervures secondaires: la nervure sous-marginale 2° donne naissance à la traverse, la nervure externo-médiaire au côté interne du triangle, et la nervure interno-médiaire au rameau postérieur.

Parmi les cellules, on distingue une cellule marginale étroite, une cellule externo-médiaire qui occupe un espace considérable, et qui se dilate du côté du sommet en embrassant toute la région apicale. La cellule interno-médiaire comprend toute la région qui est adossée à l'hypoténuse du triangle, et la cellule anale la partie qui s'étend entre cette dernière région et le bord interne de l'aile.

En résumé, les Æschnides nous présentent les six nervures principales (1) dont nous avons constaté l'existence chez les Coléoptères et les Diptères : ces nervures sont plus apparentes chez la nymphe que chez l'adulte, parce que les nervures secondaires et transversales n'en masquent pas encore la disposition (pl. II, fig. 4).

Dans les *Gomphus* Leach (*Diastatomma*, Charp.), les nervures principales sont dirigées comme chez les *Æschna*, et la différence

---

(1) La nervure anale forme le bord interne de l'aile.

ARTICLE N° 3.

la plus considérable consiste dans le mode de distribution des aréoles dans l'intérieur de la cellule anale.

Dans les Libellules, il n'est pas moins facile de retrouver les six nervures primordiales ; mais les ailes antérieures et les ailes postérieures se ressemblent beaucoup moins au point de vue de la réticulation : les premières se distinguent par la forme de leur triangle et par cette circonstance que la nervure interno-médiaire ne passe point par l'angle postérieur de ce dernier. Les secondes ailes, au contraire, se rapprochent à certains égards de celles des Æschnides ; toutefois on peut encore leur trouver des caractères particuliers.

En effet, dans les Libellules, à l'aile postérieure, la nervure interno-médiaire se partage, au niveau du triangle, en trois branches : l'une, très-courte, forme l'hypoténuse ; les deux autres gagnent parallèlement le bord postérieur en décrivant une courbe et ne sont séparées que par une seule rangée d'aréoles. La troisième de ces branches, ou l'interne, se subdivise à son tour, vers le milieu de sa longueur, en deux branches secondaires ou rameaux. L'un de ceux-ci semble prolonger la branche principale, tandis que l'autre, retournant en arrière du côté de la base de l'aile, vient rejoindre, sous un angle aigu, à peu de distance du bord postérieur, une branche qui s'est détachée de la nervure interno-médiaire, un peu avant le triangle. Il en résulte, dans l'intérieur de la cellule anale, un espace en forme de *botte*, qui, suivant M. Heer, est tout à fait caractéristique du genre *Libellula*. De plus, la pointe de cette botte reçoit ordinairement une autre branche basilaire de la nervure interno-médiaire (pl. II, fig. 3 et 5). Dans les Æschnides, cette botte est remplacée par deux espaces polygonaux qui renferment un certain nombre d'aréoles diversement groupées (pl. II, fig. 2).

Les ailes des Agrions, faciles à distinguer par leur forme allongée et le rétrécissement qu'elles présentent à la base, diffèrent également par leur nervation de celles des autres Libelluliens. Ainsi la nervure sous-marginale première est courte, et la cellule comprise entre cette nervure et la marginale est, la plupart du temps, partagée en trois aréoles. La nervure sous-marginale deuxième est prononcée et donne naissance à une *traverse* qui la rattache à la nervure externo-médiaire. De l'origine de la traverse ou de son milieu partent les deux secteurs : l'externe se divise bientôt en trois branches, dont l'externe est également ramifiée ; l'interne ne produit que deux branches, dont l'une est très-courte et se rattache à un prolongement de la nervure externo-médiaire, de manière à circonscrire avec elle un espace triangulaire ou parfois quadrangulaire. Mais cet espace, qu'on appelle aussi le triangle, ne correspond nullement, suivant M. Heer, au triangle des Æschnes et des Libellules, mais bien à l'espace triangulaire qui, chez ces derniers insectes, est compris également entre la traverse, le secteur interne et la nervure externo-médiaire. La nervure interno-médiaire est confondue à sa base avec la nervure anale et ne s'en sépare qu'au moment où l'aile commence à s'élargir ; se dirigeant alors vers le point où la nervure externo-médiaire se réunit au secteur interne, elle y arrive exactement, ou même le dépasse quelque peu.

Chez les Agrions, la cellule externo-médiaire acquiert encore plus d'importance que chez les Æschnes et les Libellules. Dans les *Calopteryx*, la nervure sous-marginale deuxième se ramifie un peu différemment : il en part deux branches avant le *nodus*, une au niveau de ce dernier et une plus en dehors encore ; toutes ces branches gagnent le bord postérieur. De plus, les deux secteurs restent indivis.

Dans le tableau suivant, j'ai cherché à établir la synonymie des nervures et des cellules que l'on remarque à la surface des ailes des Libelluliens :

POUR MOI.	POUR M. HEER.	POUR RAMBUR.	POUR CHARPENTIER.
1° *Nervures.*			
1. Nervure marginale.	Ven *marginalis.*	Nervure costale.	Vena *costalis.*
2. — sous-margin. 1re	— *mediastina.*	— sous-costale.	— *interno-nodalis.*
3. — sous-margin. 2e	— *scapularis.*	— médiane.	Radius *principalis.*
4. — externo-médiaire.	— *externo-media.*	— sous-médiane.	— *medius.*
5. — interno-méd.	— *interno-media.*	— postérieure.	— *spurius.*
6. — onale.	*analis.*	»	»

POUR MOI.	POUR M. HEER.	POUR RAMBUR.	POUR CHARPENTIER.
		2° *Cellules.*	
1. Cellule marginale.	*Area marginalis.*	Premier espace huméral.	»
2. — sous-marginale.	— *scapularis.*	Deuxième espace humér.	»
3. — externo-médiaire.	— *externo-media.*	Espace basilaire.	»
4. — interno-médiaire	— *interno-media.*	— médian.	»
5. — anale.	— *analis.*	»	»

Les Libelluliens n'apparaissent pas à une époque déterminée ; on les voit se transformer successivement depuis le commencement de l'été jusqu'à la fin de l'automne, et ils vivent fort longtemps à l'état parfait. La femelle laisse tomber ses œufs dans l'eau ou les dépose sur les plantes immergées. Les larves vivent près d'une année sans quitter l'eau. Elles ont une forme allongée ou raccourcie, mais toujours plus massive que celle de l'insecte adulte ; leur tête est aussi plus aplatie, leurs yeux moins gros et plus écartés, et leur abdomen plus épais. Mais elles se distinguent surtout par le développement énorme de leur lèvre inférieure : cette lèvre s'articule avec le menton, qui est lui-même très-proéminent ; elle est géniculée, de manière à pouvoir se rabattre sous le prothorax, et se termine en avant par une partie plus ou moins concave, avec des palpes triangulaires et dentelés, qui constitue ce qu'on appelle le *casque*, le *masque* ou la *mentonnière*. Cette partie, dans l'état de repos, ferme la bouche et couvre plus ou moins complétement la face, mais elle est susceptible de se projeter en avant pour saisir une proie à une certaine distance.

Les Libelluliens ne subissent que des demi-métamorphoses, c'est-à-dire que les nymphes ne diffèrent des larves que parce qu'elles portent des rudiments d'ailes. Chez les unes et chez les autres, les antennes sont fort petites, et l'extrémité de l'abdomen est munie de cinq appendices, dont trois sont plus grands que les autres. Ces appendices peuvent s'écarter pour laisser pénétrer dans le rectum l'eau nécessaire à la respiration. Les larves et les nymphes sont extrêmement carnassières ; elles ont en général une couleur grise ou verdâtre, peu agréable à l'œil, et se traînent lentement dans la vase ou s'accrochent aux plantes aquatiques; mais lorsqu'elles sont effrayées, elles peuvent se lancer vivement en avant en rejetant brusquement par leur extrémité postérieure l'eau qui était emmagasinée dans leur abdomen.

Première Famille. — LIBELLULIDES.

Premier Groupe. — LIBELLULITES.

Blanchard, *Hist. des Ins.*, 1845, I, p. 299. — Libellula Fabr., Latr., etc. — Libellula et Æschna Charp.

Les Libellulides ont des palpes labiaux à deux articles seulement : ce caractère les sépare nettement des Æschnides, des Gomphides et des Agrionides, dont ils se distinguent d'ailleurs par leur corps généralement plus épais et plus trapu. Ils ont les yeux presque toujours contigus; le vertex, élevé en coin et séparé du front par une large rainure, porte trois *stemmates*. La bouche est complétement fermée par le deuxième article des palpes labiaux, qui forme une pièce carrée très-large qui rejoint sur la ligne médiane celle du côté opposé et porte à l'angle interne de son bord libre une petite épine. La lèvre inférieure est très-réduite et généralement plus large que longue. Les mâchoires, dilatées à la base, ont six longues dents, dont une terminale. Les pieds sont garnis de cils ou d'épines de longueur médiocre. L'abdomen présente ordinairement cinq arêtes longitudinales (jamais plus), dont une sur le dos et quatre en dessous, et le deuxième segment se prolonge inférieurement au-dessus du pénis en un lobule génital. Les ailes supérieures ont un triangle à peu près rectangle dont l'hypoténuse regarde le sommet, la pointe le bord postérieur et la base la nervure marginale; les ailes inférieures ont un triangle plus petit dont la pointe est tournée vers le sommet.

Cette famille est répandue sur tout le globe et compte un nombre d'espèces si considérable, que quelques auteurs ont cru nécessaire de diviser en plusieurs genres secondaires le grand genre *Libellula* de Linné. On la voit apparaître dans le lias;

mais ce n'est que dans la période tertiaire qu'elle atteint tout son développement.

PREMIER GENRE. — LIBELLULA L.

Ce genre, qui comprend à lui seul la majorité des espèces de la famille, en présente tous les caractères, savoir (1) :

Tête ayant les yeux plus ou moins contigus, mais toujours dans un espace beaucoup plus étroit que leur largeur, et légèrement échancrés à leur bord postérieur. Abdomen plus ou moins renflé à la base, seulement dans les trois premiers segments. Triangle bien marqué, plus ou moins large, bord costal entier; réseau médiocrement serré. Onglets bifides, ayant une dent beaucoup plus courte que l'autre.

Les larves de ce genre ont le corps court et ramassé, l'abdomen plus ou moins renflé, quelquefois épineux sur les côtés, vers l'extrémité, et terminé par cinq appendices piquants, dont trois principaux plus allongés. Enfin, la lèvre, à l'aide du second article des palpes qui est dilaté et triangulaire, constitue un véritable masque qui couvre la tête jusqu'au front.

Le lias inférieur d'Angleterre renferme une espèce que Brodie rapporte avec doute aux Libellules (2) ; on en cite aussi quelques espèces dans les schistes lithographiques de Bavière (3) et dans les terrains wealdiens du Wiltshire (4) ; mais elles abondent surtout, soit à l'état parfait, soit à l'état de larves, à Aix en Provence (5) et à Œningen (6) ; elles sont extrêmement rares au contraire, dans les couches lacustres de l'Auvergne

(1) Rambur, *Suites à Buffon*. NÉVROPTÈRES, p. 32.
(2) *An Hist. of foss. Insects*, p. 102, pl. 10, fig. 3.
(3) Charpentier, *Libellulæ europeæ*, p. 173.
(4) Brodie, *An Hist. of foss. Insects*, p. 32, pl. 5, fig. 10.
(5) Marcel de Serres, *Notes géologiques sur la Provence*, p. 40.
(6) Heer, *Nouv. Mém. Soc. helv.*, 1850, t. XI, p. 79, pl. 5 et pl. 6. — Knorr *Merkw.*, I, pl. 33. — Scheuzer, *Piscium querelæ*, pl. 2; *Physica sacra*, pl. 53; *Herbarium diluvianum*, pl 5. — Karg, *Schwab. Denks.*, I, p. 42.

LIBELLULA MINUSCULA Nobis.
(Pl. II, fig. **6.**)

Larva pallida, minuscula. Capite largo; pronoto postice curvo. Abdomine inflato; pedibus gracillimis.

		mm
Longueur totale		3,25
— de la tête		0,50
— du thorax		0,75
— de l'abdomen		2,00
Largeur de la tête		0,50
— du thorax		1,00
— de l'abdomen (max.)		1,50

Corent. — Muséum : un échantillon.

Cette larve, complétement incolore, sauf l'extrémité de l'abdomen, qui est brunâtre, fait saillie sur le fond de la pierre.

En avant de la tête on distingue quelques vestiges de la mentonnière, qui était voûtée en forme de casque. La tête est trapézoïdale et porte les yeux à ses angles antérieurs. Le thorax, légèrement atténué et arrondi en arrière, est marqué en avant d'un léger sillon transverse. L'abdomen, d'abord assez rétréci, se dilate considérablement aux trois quarts de sa longueur et diminue ensuite rapidement de grosseur jusqu'à l'extrémité, où l'on ne distingue plus ni appendices ni pointes. Les pieds sont grêles et allongés.

Par sa petitesse extrême cette larve diffère de toutes celles qui sont décrites et figurées par M. Heer (1).

C'est sans doute au même genre qu'il faut rapporter quatre larves provenant de Corent, et dont l'état de conservation laisse beaucoup à désirer. Les deux premières mesurent 15 millimètres de long sur 5 de large, et se trouvent dans la collection du Muséum; les autres ont 23 millimètres de long sur 10 millimètres de large, et font partie de la collection de M. Fouilhoux. Celles-ci ont l'abdomen très-large, et les derniers anneaux terminés par des pointes fort distinctes.

---

(1) *Insektenfauna*, t. II, pl. IV, V et VI. — *Urwelt der Schweiz*, p. 366, fig. 231 232.

ARTICLE N° 3.

Deuxième Tribu. — MYRMÉLÉONIENS.

Blanch., *Hist. des Ins.*, 1845, I, p. 305. — Parnopiens, id., p. 276.

Les Myrméléoniens ont les ailes planes et presque égales, les parties de la bouche solides, les tarses de cinq articles, et des antennes filiformes multiarticulées. Ils se rapprochent à certains égards des Libelluliens (1), mais en diffèrent dans leurs premiers états aussi bien que sous le rapport des métamorphoses. Leurs larves sont en général terrestres et carnassières ; elles sont courtes, élargies, avec une tête armée de longues mandibules. Pour se transformer, elles filent un cocon soyeux auquel elles ajoutent souvent des matières étrangères. Leur taille est très-minime comparativement à celle de l'insecte adulte.

Cette tribu compte des représentants dans presque toutes les régions du globe, mais surtout dans les contrées les plus chaudes.

Première Famille. — MYRMÉLÉONIDES.

Blanch., *op. cit.*, I, p. 302. — Myrméléontides, Ramb., *Névropt.*, p. 338.

Cette famille se distingue immédiatement des autres par ses antennes renflées à l'extrémité. Elle se divise en deux groupes, les *Ascalaphites* et les *Myrméléonites*, dont voici les principaux caractères (2) :

La tête est grosse, avec les yeux saillants, arrondis ou oblongs. Le premier article des antennes est très-épais, comme vésiculeux. Le prothorax est étroit ou allongé. L'abdomen est plus ou moins long, et ses arceaux supérieurs et inférieurs sont souvent séparés les uns des autres par une large bande membraneuse ; il se termine fréquemment par deux appendices de longueur variable. Les pieds sont courts et robustes, et le tarse se compose de cinq articles, dont le premier et le dernier surtout sont plus longs que tous les autres ; le dernier est muni de deux crochets

---

(1) Blanchard, *Histoire des Insectes*, t. I, p. 301.
(2) Rambur, *Suites à Buffon*, Névroptères, p. 338 et suiv.

et d'une saillie garnie de soies ou d'épines. Les ailes sont grandes et allongées, et ressemblent un peu à celles des Libelluliens. Elles ont un réseau serré et leurs nervures longitudinales présentent la disposition suivante :

1° Une première nervure suit le bord antérieur et limite en dessous un espace parcouru par un assez grand nombre de nervules qui sont presque toujours simples. M. Rambur (1) donne à cette nervure le nom de *nervure costale* et à l'espace situé au-dessous le nom d'*espace costal.*

2° et 3° Une troisième et une quatrième nervure viennent s'unir derrière la tache ptérostigmatique, qui est assez mal définie, et la troisième émet, avant son milieu, un rameau qui gagne le bord postérieur en se divisant en une foule de ramuscules.

4° et 5° Une quatrième et une cinquième nervure assez rapprochées, occupent le milieu de l'aile, et vont parallèlement se terminer en se recourbant dans la marge postérieure. La cinquième fournit à sa base un premier rameau, dit basilaire, qui n'est constant que dans les Ascalaphes et rudimentaire dans les Myrméléons, et plus loin, à l'extrémité de son tiers interne, un deuxième rameau, dit transverse, qui se rend au bord postérieur. Dans les ailes inférieures, le rameau basilaire naît souvent de la base même de l'aile et non plus de la cinquième nervure.

Or, si l'on se reporte à la description que j'ai donnée plus haut de l'aile des Diptères, on reconnaîtra facilement, je pense, dans la nervure costale la nervure marginale, dans les deux nervures qui viennent après les deux sous-marginales, dans les deux suivantes les deux médiaires, enfin dans le rameau qui part tantôt de la cinquième nervure, tantôt de la base de l'aile, la nervure anale des Diptères. Pour compléter l'analogie, la nervure sous-marginale 2° et la nervure interno-médiaire émettent chacune un rameau qui gagne le bord postérieur. Il est donc facile de ramener au type unique et primordial l'aile en

(1) *Suites à Buffon*, Névroptères, p. 339.

ARTICLE N° 3.

apparence si compliquée des Myrméléoniens. Les différences qu'elle présente avec l'aile des Libelluliens consistent surtout dans l'absence du point cubital, les deux nervures sous-marginales se prolongeant jusqu'à l'endroit où se trouve habituellement le pterostigma, dans le rapprochement des deux nervures médiaires et dans le développement de l'interno-médiaire. (Voy. pl. II, fig. 7.)

Le genre des *Fourmilions*, Oliv. (*Myrmeleon*, Lin. et Fabr.) a été trouvé à l'état fossile dans les terrains tertiaires, et en particulier à Radoboj (1).

Premier Groupe. — ASCALAPHITES.

Blanch., *Hist. des Ins.*, I, p. 302. — Division des ASCALAPHIDES, Rambur, *Névroptères*, p. 341. — ASCALAPHUS Aucte.

Les Ascalaphites se reconnaissent à leurs antennes presque aussi longues que le corps, filiformes et terminées brusquement par un bouton épais et piriforme.

PREMIER GENRE. — ASCALAPHUS Fabr.

Caractères (2).—Antennes terminées par un bouton sphérique ou piriforme. Premiers palpes maxillaires médiocres, ayant le troisième et le cinquième article plus longs que les autres, celui-ci cylindrique et légèrement atténué à l'extrémité; deuxièmes palpes maxillaires paraissant composés de trois articles, dont le premier est peu distinct, le second plus long et épaissi à l'extrémité, le troisième grêle et accompagné de quelques soies. Palpes labiaux aussi longs ou plus longs que les maxillaires, ayant le premier article beaucoup plus court que les deux autres, qui sont presque égaux; lèvre inférieure large, presque arrondie ou cordiforme, ayant ses côtés repliés en dedans et garnis de poils

---

(1) *Nova Acta Acad. nat. cur.*, t. XX, pl. 22, fig. 2. — Heer, *Nouv. Mém. de la Soc. helv.*, 1850, t. XI, p. 92.

(2) Blanchard, *Hist. des Ins.*, t. I, p. 302 et 305. — Rambur, *Suites à Buffon*, NÉVROPTÈRES, p. 343.

courts, légèrement échancrée avec les côtés de l'échancrure ciliée. Mâchoires minces, larges à la base et fortement ciliées; mandibules épaisses, presque triangulaires au côté interne, où elles présentent trois fortes dents, dont une apicale. Pieds courts; éperons des tibias postérieurs ne dépassant jamais le premier article des tarses.

Les yeux des Ascalaphes proprement dits sont divisés par un sillon très-recourbé. Ce caractère les distingue du genre *Haploglenius* Burm., qui leur ressemble sous beaucoup de rapports. Les antennes sont toujours glabres et leur premier article est vésiculeux; la face et le sommet de la tête sont couverts de poils mous et touffus.

Les appendices des mâles forment une sorte de pince qui est recouverte par une pièce trifide ou trilobée. Les pieds ont le premier article à peu près de moitié moins long que le dernier et les autres très-courts. Les tibias sont généralement de couleur jaune et les tarses de couleur noire. Les ailes sont toujours élargies au bord postérieur, surtout les secondes, où ce bord forme un angle très-large ou très-obtus; elles sont couvertes d'aréoles nombreuses et variées de noir, de brun, de jaune ou de roussâtre, avec la base des postérieures noire ou brune. Le rameau basilaire de la cinquième nervure est d'abord parallèle avec cette nervure et ensuite avec le rameau transverse, et ils laissent entre eux des aréoles ayant à peu près la même largeur; le basilaire est toujours bifide ou trifide. Le corps entier est toujours très-velu.

Les Ascalaphes habitent l'Europe méridionale et en général les régions chaudes du globe; ils ont un vol saccadé assez rapide, et se fixent habituellement sur les Graminées, dans les endroits sablonneux. Leurs premiers états sont fort mal connus, mais on présume, d'après une figure donnée par Westwood, que leurs larves ressemblent à celles des Fourmilions.

ASCALAPHUS EDWARDSII Nobis.

Aile postérieure.

(Pl. 2, fig. 8 et 9.)

Ala fusca, dilatata, angulo postico apertissimo, parte superiore venis prominentibus, inferiore valde reticulata.

Longueur de l'aile.................. 30 millimètres.
Largeur de l'aile (max.). .... 25 —

Saint-Gérand le Puy, dans une des poches remplies de sable qui séparent les rognons de calcaire à Phryganes (M. Alph. Milne-Edwards). Un échantillon.

En explorant le gisement de Saint-Gérand le Puy, qui lui a fourni déjà tant de matériaux pour son *Histoire des Oiseaux fossiles*, M. Alphonse Milne Edwards y a découvert en même temps cet échantillon qu'il a bien voulu me communiquer, et sur lequel j'appellerai particulièrement l'attention. En effet, c'est un des seuls spécimens connus d'une aile réellement pétrifiée, c'est-à-dire dont les deux faces ont été primitivement recouvertes par un enduit calcaréo-siliceux et dont la matière organique a été successivement remplacée par des éléments minéraux. Dans la plupart des cas, au contraire, les ailes membraneuses n'ont laissé que des empreintes ou des moules dans la pierre. Cette aile, dont l'aspect rappelle celui des menus objets soumis à l'action de la fontaine incrustante de Sainte-Allyre, est très-large, de couleur brune et légèrement translucide. Son bord externe est presque droit, à peine convexe dans le voisinage du sommet, qui est lui-même arrondi ; la base est étroite et le bord postérieur forme un angle extrêmement ouvert. La face supérieure, légèrement grenue, s'infléchit un peu dans le voisinage du bord postérieur ; elle est parcourue par un certain nombre de côtes dans lesquelles on reconnaît (pl. II, fig. 8) :

1° Une nervure marginale, qui présente vers les deux tiers de sa longueur un empâtement correspondant sans doute au pterostigma.

2° Une forte nervure qui suit parallèlement et de très-près la première, et qui représente pour moi les deux nervures sous-marginales. Cette nervure se prolonge jusqu'au sommet de l'aile, en se recourbant légèrement ; toutefois elle s'affaiblit un peu au-dessous du pterostigma.

3° Un rameau dont on ne distingue pas bien l'origine, mais qui doit provenir de la nervure précédente.

4° Une nervure sinueuse, qui se perd vers le milieu de l'aile et qui donne naissance, du côté interne et tout près de la base, à un rameau également sinueux et bifurqué qui gagne le bord postérieur.

5° Une nervure qui forme ourlet le long d'un des côtés de l'angle interne.

La face inférieure présente, outre un certain nombre de plis correspondant aux nervures de la face supérieure, des nervules transversales qui dessinent un réseau assez serré. On peut voir aussi une multitude de ramules simples qui gagnent le bord postérieur et qui se détachent de la branche (3°) de la sous-marginale (pl. II, fig. 9).

La direction de ces nervures et leur mode de subdivision, la forme et la distribution des aréoles, et surtout la largeur du disque, indiquent pour moi l'aile d'un insecte de la tribu des Myrméléoniens. Je la rapporte à un Ascalaphe, quoique dans ce dernier genre les nervures principales soient moins écartées l'une de l'autre, comme on peut le voir sur l'aile de l'*Ascalaphus macaronius* (*Asc. Kolyvanensis* Laxm.), que je représente pl. II, fig. 7, d'après un dessin de M. H. Milne Edwards.

L'espèce fossile se rapprocherait plutôt d'*Ascalaphus barbarus* Latr. (1), qui est assez commun de nos jours dans l'extrème midi de la France, aux environs d'Hyères, et qui habite aussi l'Algérie. Je la dédie à M. Alph. Milne Edwards, professeur à l'École de pharmacie, aide-naturaliste au Muséum.

_____

(1) Rambur, *Névroptères*, p. 348, pl. 11, fig. 4. — Savigny, *Descript. de l'Égypte*, NÉVROPTÈRES, pl. 3, fig. 1, var. ? — Je reproduis la figure donnée par Rambur dans ma planche II, fig. 10.

ARTICLE N° 3.

Deuxième sous-Ordre. — TRICHOPTÈRES. — *TRICHOPTERA*, Kirby.

Blanch., *Hist. des Ins.*, 1845, 1, p. 312. — Rambur, *Névroptères*, p. 463.

Les Trichoptères ont les ailes membraneuses, en toit, un peu croisées, les antérieures poilues, offrant des nervures branchues, sans réticulations transversales. Leurs tarses ont cinq articles. Leur bouche est impropre à la mastication et leurs mandibules sont rudimentaires.

Première Tribu. — PHRYGANIENS.

Blanch., *op. cit.* — Rambur, famille des Phryganides, *op. cit.* — Phryganea Linn., Fabr. — Plicipennia Latreille.

Les Phryganiens ont en général des couleurs sombres, grisâtres ou brunâtres, et rappellent, par leur aspect, certaines Phalènes. Leur tête est petite et présente des bouquets de poils. Les yeux, saillants et sphériques, en occupent les côtés, et entre eux se trouvent trois ocelles. Les antennes, très-rapprochées à la base, sont filiformes, composées d'un grand nombre d'articles dont le premier est très-allongé ; elles atteignent souvent deux ou trois fois la longueur du corps. Les palpes maxillaires, glabres ou très-velus, ont cinq articles chez les femelles, deux à quatre seulement chez les mâles ; les palpes labiaux sont de trois articles. Les mandibules sont presque atrophiées et les mâchoires réduites à un mince lobule. L'abdomen est court et épais ; chez les femelles il présente, à sa partie inférieure, une excavation dans laquelle peuvent se loger les œufs entourés d'une matière glaireuse, et il se termine par cinq pièces de forme variable, une médiane, ordinairement tubulaire, et quatre latérales, tantôt arrondies, tantôt plus ou moins allongées. Les pieds sont longs, inermes ou hérissés d'épines ; les tibias sont munis à l'extrémité de deux éperons, et les tarses se composent de cinq articles qui vont en décroissant de la base à l'extrémité, à l'exception du dernier, qui est plus long que tous les autres. Les onglets sont courts, et entre eux se trouve une pelote médiocrement saillante. Les ailes sont allongées, arrondies à l'extrémité ;

leur bord est entier ou cilié, et leur surface est parcourue par un
certain nombre de nervures qui sont disposées en éventail et qui
sont bifurquées pour la plupart. Ces nervures s'anastomosent
entre elles de manière à circonscrire deux ou trois espaces allongés et triangulaires, dont la base est tournée du côté du sommet
de l'aile, et de l'extrémité desquels partent plusieurs rameaux ;
mais on ne voit jamais chez les Phryganiens de ces cellules carrées si fréquentes chez les autres Névroptères. La disposition des
nervures et de leurs rameaux n'est pas encore assez connue pour
que je puisse en parler avec plus de détails ; d'ailleurs je n'ai
pas à décrire pour le moment de Phryganiens adultes dans les
terrains tertiaires de l'Auvergne. Les ailes supérieures sont ordinairement colorées et portent des sortes de poils ou d'écailles ;
les ailes inférieures au contraire sont presque glabres, transparentes et plissées postérieurement dans la flexion.

Les Phryganiens ne prennent aucune nourriture à l'état d'insecte parfait ; ils se trouvent de préférence dans les endroits
marécageux, au bord des eaux, et volent le soir en grande
quantité pendant les beaux jours de l'été. La femelle emporte
souvent, dans une sorte de poche abdominale, ses œufs, qui sont
enveloppés dans une gelée transparente ; elle les accroche aux
pierres et aux plantes aquatiques.

Les larves vivent dans l'eau et sont renfermées dans des étuis
tantôt mobiles, tantôt immobiles. Ces demeures consistent en des
fourreaux soyeux recouverts de matériaux étrangers, tels que des
bûchettes, de petites pierres, des fragments de coquilles ou
même des grains de sable, et, chose curieuse, la même espèce
emploie presque toujours les mêmes matériaux pour la construction de son étui. Ces larves sont pour la plupart polyphages, et
respirent, soit par des appendices filiformes, soit par des stigmates.

Les nymphes sont immobiles et subissent leur transformation
dans les fourreaux construits par les larves ; leur tête porte deux
crochets à sa partie antérieure, et les anneaux de l'abdomen,
sauf le premier et le dernier, sont munis de pointes recourbées.

ARTICLE N° 3.

M. Brodie a signalé deux espèces de cette tribu dans les terrains wealdiens du Wiltshire (1), et M. Hœninghaus a figuré *Phryganea Mombachiana* des terrains tertiaires (2). Quant aux fourreaux des larves, ils sont extrêmement abondants, comme on le verra tout à l'heure, dans certains calcaires d'eau douce du centre et du midi de la France.

L'ambre renferme aussi un assez grand nombre de Phryganiens que l'on connaît parfaitement aujourd'hui, grâce aux travaux de MM. Gravenshorst, Germar, Desmarest, Marcel de Serres, Pictet et Berendt (3), etc.

Premier Groupe. — PHRYGANÉITES.

Caractères (4). — Palpes maxillaires presque glabres, beaucoup plus longs que les labiaux et de quatre articles dans les mâles. Ailes pourvues de nervures transversales.

Premier Genre. — PHRYGANEA Auct.

Caractères (5). — Ailes supérieures ayant des nervures transversales vers la bifurcation des nervures principales; ailes inférieures plissées. Antennes en soies de la longueur du corps ou des ailes. Palpes maxillaires peu velus; ceux du mâle de trois articles, et ceux de la femelle de cinq; le dernier article ovoïde, plus court que la réunion des deux précédents.

Ce genre renferme les espèces les plus grandes et les mieux connues. Ces insectes s'écartent un peu plus du bord des eaux que les autres Phryganiens; néanmoins c'est là qu'on les rencontre le plus souvent, pendant les belles soirées de l'été, volti-

---

(1) *An History of fossil Insects*, p. 33, pl. 2, fig. 6 et 7.

(2) Bronn, *Index palæontologicus, Nomenclator*, p. 969.

(3) *Uebersicht der Arbeiten der Schlesischen Gesellschaft*, 1843, p. 92. — Marcel de Serres, *Géognosie des terrains tertiaires*, p. 242. — Germar, *Mag. d. Entomologie*, 1, p. 17. — *Phryganeolitha*, Ehrenberg, in *Leonh. und Bronn neues Jahrbuch*, 1843, p. 502. — Berendt, *Bernstein*, I, p. 57.

(4) Blanchard, *Histoire des Insectes*, t. II, p. 315.

(5) Pictet. *Recherches pour servir à l'histoire et à l'anatomie des Phyganides*, p. 131.

geant en troupes considérables. M. Lecoq les a vus former de
véritables nuages au-dessus des quais de l'île Jean-Jacques
Rousseau, sur le lac de Genève, et je les ai trouvés moi-
même en grand nombre, soit sur les rives de la Seine, à Choisy-
le-Roi, soit sur les bords du canal du Rhône au Rhin, à
Montbéliard. Pendant le jour, ils se tiennent volontiers sous les
feuilles dans les buissons, ou s'accrochent aux vieux murs ou
aux troncs d'arbres. L'apparition des Phryganes varie suivant
les espèces: il y en a qui naissent en avril; la plupart se montrent
en mai, en juin et en juillet, et quelques-unes seulement n'apparaissent qu'en automne. C'est pendant le mois d'août qu'on en
voit le moins. La durée totale de leur vie est d'environ un an,
et l'état de larve en absorbe la plus grande partie. En effet, peu
de temps après être écloses, les Phryganes s'accouplent, puis
elles pondent leurs œufs et meurent immédiatement après (1).

Les œufs, que dans certaines espèces la femelle porte un certain temps avec elle, cachés sous son abdomen, sont renfermés
dans des boules gélatineuses arrondies ou aplaties. L'insecte
laisse tomber ces paquets dans l'eau, où ils se fixent à une pierre
ou à une feuille, et où ils se gonflent en devenant transparents.
Quelquefois même les œufs sont pondus à sec sur des pierres et
ne sont recouverts par l'eau qu'au moment de l'éclosion.

Les larves naissent peu de temps après la ponte, et, après être
restées quelques jours encore au milieu de la gelée qui envelop-
pait les œufs, elles se mettent aussitôt à fabriquer leurs étuis avec
les matériaux caractéristiques de leur espèce. Ces matériaux
consistent tantôt en brins d'herbe, en morceaux de bois ou en
fragments de feuilles, tantôt en pierres ou en sable fin, tantôt en
petites coquilles; ils sont assujettis au moyen d'un fil soyeux que
sécrète l'animal. Ce fil, en se durcissant à l'air, acquiert une
extrême solidité, et constitue, à l'intérieur de l'étui, un revête-
ment qui est toujours parfaitement lisse, tandis que l'extérieur
est souvent très-irrégulier. L'aspect du fourreau dépend surtout
de la nature des matériaux qui entrent dans sa construction :
ainsi les étuis formés de pierres, de coquilles et de sable sont

(1) Pictet, *Recherches pour servir à l'histoire et à l'anatomie des Phryganides.*
ARTICLE N° 3.

en général plus réguliers que ceux qui sont composés de
bûchettes ou d'autres matières végétales ; néanmoins certaines
espèces construisent avec ces derniers éléments, disposés en hé-
lice ou en verticille, des étuis de la plus grande régularité (ex.
Phryganea varia). Mais en tout cas, les étuis doivent satisfaire
à certaines conditions : ils ne doivent pas être trop pesants, parce
que la larve ne pourrait les entraîner avec elle, et ils ne doivent
pas être trop légers, car ils tendraient à soulever l'insecte à la
surface de l'eau ; aussi l'animal a-t-il soin d'allier, dans une certaine mesure, soit des brindilles, soit de petits cailloux, aux matériaux constitutifs, afin d'alléger ou de lester sa demeure.

La larve, lorsqu'elle marche, montre sa tête, son thorax et
ses pieds, et traîne son étui derrière elle ; mais aussitôt qu'elle
est menacée, elle se retire brusquement dans son fourreau, qui,
par sa forme cylindrique, peut résister à des pressions assez
fortes.

M. Pictet, à qui l'on doit toutes ces observations sur les
mœurs des Phryganes, a pu constater que, dans des cas excep-
tionnels, les matériaux qui sont habituels à une espèce peuvent
être remplacés par d'autres : c'est ainsi qu'un étui commenc
avec des végétaux peut être achevé avec des coquilles ; mais les
étuis de sable fin semblent particuliers à certaines espèces. Pendant toute sa vie la larve est obligée de réparer sa demeure ; mais
M. Pictet ne croit pas qu'elle en change comme on l'a affirmé,
elle se contente de l'allonger par le bout postérieur.

Les larves des Phryganes se trouvent dans presque toutes les
eaux douces ; mais certaines espèces recherchent les eaux courantes, tandis que d'autres préfèrent les étangs où l'eau est constamment tranquille. Elles sont très-voraces et se nourrissent
surtout de feuilles qu'elles rongent en commençant par le bord ;
mais elles mangent aussi des insectes aquatiques, et parfois même
des individus de leur espèce privés de leur étui. Avant de se
transformer en nymphes, elles ont la précaution, surtout lorsqu'elles vivent dans une eau courante, de fixer leur étui à des
corps étrangers ; puis elles s'y enfoncent et le ferment aux deux
extrémités avec une sorte de grille peu serrée composée de fils,

de fragments de bois, de petites pierres, etc., qui permettent à
l'eau de passer. Après être restées trois ou quatre jours dans leur
étui, elles s'y transforment en nymphe, et passent quinze à vingt
jours dans cet état, sans effectuer d'autres mouvements qu'une
légère oscillation de l'abdomen ; puis elles ouvrent leur demeure
en coupant la grille avec leurs mandibules, et comme leurs membres ont déjà acquis une certaine consistance, elles se mettent à
nager dans l'eau à la manière des Notonectes, c'est-à-dire sur le
dos. Elles vont en général chercher un endroit sec pour éclore,
à peu de distance du bord : elles se couchent sur le ventre, leur
peau se fend sur le dos, et l'insecte ailé en sort en dégageant
d'abord son corselet. Quelques espèces laissent flotter leurs étuis,
et une autre (*Phryg. striata*) se contente de l'enfoncer dans
la terre.

On a découvert à OEningen un tube de Phrygane qui a été
décrit et figuré par M. Heer ; il est constitué par des grains de
quartz et des débris végétaux, et M. Heer l'attribue à une espèce
éteinte qu'il désigne sous le nom de *Phryganea antiqua* (1).
Mais c'est surtout aux environs de Montpellier, où ils ont été étudiés par M. Planchon (2), et dans la vallée de l'Allier, où ils ont
été signalés pour la première fois par Bosc, que les tubes de
Phryganes fossiles acquièrent de l'importance. En effet, ces fourreaux ou induses, recouverts et soudés les uns aux autres par des
concrétions stalagmitiques, sont assez nombreux dans cette
région pour constituer une véritable roche sur une épaisseur
d'un à deux mètres et sur une étendue considérable.

Après plusieurs autres époques, M. Lecoq, dans ses *Époques
géologiques de l'Auvergne* (3), et sir Ch. Lyell dans son *Manuel
de géologie élémentaire* (4), se sont étendus assez longuement
sur les calcaires à Phryganes pour que je n'aie pas besoin de fournir de grands détails à ce sujet. L'illustre géologue anglais a
même donné des figures d'un tube à Phrygane fossile ou *induse*,

(1) *Insektenfauna*, t. II, p. 89, pl. V, fig. 10.
(2) *Étude sur les tufs de Montpellier*, 1864.
(3) *Époques géologiques*, t. II, p. 385.
(4) Tome I, p. 320.

　　　ARTICLE N° 3.

d'une des coquilles du genre Paludine qui entrent dans sa constitution, et d'une espèce de Phrygane actuelle (*Ph. rhombica*),
qui construit son fourreau avec des matériaux analogues. J'y
renverrai le lecteur et je me contenterai d'ajouter que les échantillons de calcaire à Phryganes, tout en présentant une structure
analogue, diffèrent assez sensiblement suivant les localités : à
Gergovia, par exemple, les tubes ont près de 25 millimètres de
long sur 4 à 5 millimètres de large, et leurs parois ont 1 millimètre 1/2 à 2 millimètres d'épaisseur. Les petites Paludines qui
entrent dans leur constitution ont 1 millimètre 1/2 de large sur
2 millimètres de haut ; elles ne sont pas disposées dans un ordre
parfaitement régulier, mais plutôt enchevêtrées les unes dans
les autres, de manière qu'il n'y ait pas de place perdue. Les
tubes sont presque toujours vides ; quelquefois cependant ils sont
remplis partiellement par des couches concentriques de substance calcaire ; leur paroi interne n'est plus parfaitement lisse,
elle est souvent recouverte de petites stalactites microscopiques
qui la rendent un peu rugueuse ; enfin on n'y rencontre aucune
trace de l'animal qui les habitait. Aussi est-il plus que probable
que le fourreau était déjà abandonné par la larve lorsque s'est
produit le phénomène d'incrustation. Quoique cette espèce ne
nous soit connue que par la demeure de sa larve, je proposerai
de la désigner, pour plus de commodité dans les descriptions,
sous le nom de *Phryganea Corentiana* Nob.

L'aspect du calcaire à induses du château de Chavroches (Allier), dont M. Alph. Milne Edwards a bien voulu me donner un
échantillon, rappelle beaucoup plus celui de certains tufs calcaires. La roche est moins siliceuse, moins dure que celle de
Gergovia, et s'égrène assez facilement sous les doigts. Avec un
peu de précaution, on peut même séparer les petites Paludines
qui entrent dans la composition des tubes et dont le test est à
peine altéré ; je crois que ces coquilles constituent une espèce
distincte de celle de Gergovia. Ces fourreaux sont également
vides et présentent à peu près les mêmes dimensions qu'aux environs de Clermont, savoir : 30 millimètres pour la longueur,
5 pour la largeur et 2 à 3 pour l'épaisseur des parois. En raison

des différences de structure qu'offrent leurs étuis respectifs, je crois qu'il y a lieu de séparer, au moins provisoirement, l'espèce de Phrygane des environs de Saint-Gérand de celle des environs de Clermont, et de l'appeler, par exemple, *Phryganea Gerandiana* Nob.

HYMÉNOPTÈRES.

PREMIÈRE SUBDIVISION.— MELLIFÈRES (*Anthophila* Latr.).

BLUMENWESPEN de M. Heer.

Premier article des tarses des pieds postérieurs très-grand, comprimé, en forme de palette carrée ou de triangle renversé. Mâchoires et lèvres fort longues, constituant une sorte de trompe. Languette lancéolée, soyeuse ou velue à l'extrémité.

Les larves vivent de miel et de pollen. L'insecte parfait se nourrit du miel des fleurs.

PREMIÈRE TRIBU. — APIAIRES (*Apiaria* Latr.).

BIENEN de M. Heer.

Les Apiaires se distinguent par leurs mâchoires et leur lèvre très-allongées, qui forment une sorte de trompe coudée et repliée en dessous dans l'inaction ; la division moyenne de leur languette est aussi longue au moins que le menton. Les deux premiers articles des palpes labiaux ont ordinairement la figure d'une soie écailleuse, comprimée, qui embrasse les côtés de la languette ; les autres sont très-petits, et le troisième s'insère vers la pointe du précédent. Les Apiaires sont solitaires ou réunis en société (1). On a rapporté à cette tribu, sous le nom d'*Apiaria*, quelques Hyménoptères fossiles de Solenhofen (2) et d'Orsberg (3). M. Heer

(1) Cuvier, *Règne animal*, 1829, INSECTES, par Latreille, t. V, p. 341.
(2) Germar, *Nova Acta Acad. nat. curios.*, t. XIX, p. 210. — Münster, *Beiträge zur Petrefact. Kunde*, t. V, p. 84. — Heer, *Leonh. und Bronn neues Jahrbuch*, 1850, p. 18, et *Quarterly Journal of the Geol. Soc.*, t. VI, p. 68.
(3) *Zeitschrift der deutschen Geolog. Gesellschaft*, t. 1, p. 66, pl. 2, fig. 8.
ARTICLE N° 3.

a décrit également un Xylocope et une Osmie d'OEningen, et un Bourdon de Radoboj (1).

Ces Apiaires n'offrent que deux sortes d'individus, des mâles et des femelles. Celles-ci pourvoient isolément à la conservation de leur postérité. Leurs pieds postérieurs n'ont ni *brosse* ni *corbeille* et sont garnis, du côté externe, de poils nombreux et serrés.

Premier groupe.

Premier article des tarses postérieurs prolongé à son angle apical externe ; second article inséré près de l'angle apical interne de l'article précédent. Pieds postérieurs velus et robustes.

PREMIER GENRE. — ANTHOPHORITES Heer (2).

M. Heer réunit sous ce nom quelques Insectes qui, par leur port et la conformation de leurs pieds postérieurs, appartiennent certainement aux Apiaires. Ils se rapprochent particulièrement du genre *Anthophora* par leur corps velu et par leur abdomen ovale-allongé, dont le dernier segment est atténué, et par la structure du premier article de leurs tarses postérieurs.

Les Anthophores, dit M. Heer, ont un vol rapide, et viennent en été recueillir sur les fleurs le miel et le pollen pour le porter ensuite dans les cellules qu'elles ont construites isolément sous les pierres. Une des espèces les plus communes est l'Anthophore des murailles (*Anthophora parietina* Latr.) (3).

(1) *Insektenfauna*, t. II, p. 92 et suiv., pl. VII, fig. 1, 2, 3,
(2) *Insektenfauna*, p. 97 et suiv., pl. VII, fig. 4, 5, 6, 7, et *l'ossile Hymenopteren*, p. 5, pl. III, fig. 12, 13 et 14.
(3) *Règne animal*, INSECTES, pl. 128 *bis*, fig. 5.

ANTHOPHORITES GAUDRYI Nobis.

(Pl. II, fig. 11, 12 et 13.)

Fusca et pilosa. Thorace inflato; abdomine ovali-elongato; pedibus villosis.

	mm
Longueur totale.	12,25
— du thorax.	6,00
— de l'abdomen.	6,25
— du pied postérieur.	9,00 à 10,00
Hauteur du thorax.	4,50
— de l'abdomen.	5,00

Corent. — Muséum : un échantillon.

L'insecte est couché sur le côté. La tête manque. Le corps est très-velu, brun, à poils noirs. Le thorax est renflé en dessus, au niveau de l'attache des ailes. L'abdomen, bombé et ovalaire, est large à la base et atténué à l'extrémité ; son maximum de hauteur se trouve vers le tiers antérieur. Ses anneaux, au nombre de cinq, sont séparés les uns des autres par des zones plus claires et dépourvues de poils : le premier, le deuxième et le troisième, sont à peu près de même longueur; le quatrième et le cinquième sont sensiblement plus courts. Il ne reste d'autre vestige de l'aile antérieure que la nervure marginale, qui est très-marquée et un peu velue, ce qui la fait paraître comme dentelée au microscope. Les pieds postérieurs présentent des cuisses couvertes de poils, des tarses plus ou moins confondus les uns avec les autres, très-velus et terminés par deux crochets robustes.

Cette espèce rappelle, par sa forme, *Anthophorites Titania* Heer, d'OEningen (1), et, par la taille, *Anthophorites thoracica* Heer, de Radoboj (2). Parmi les espèces actuelles, on peut lui comparer l'Anthophore des murailles (*Anthophora parietina* Latr.). (Voy. pl. II, fig. 14 et 15.)

Je dédie cette espèce à M. Alb. Gaudry, docteur ès sciences, aide-naturaliste au Muséum.

La collection du Muséum renferme un autre insecte de 8 mil-

(1) *Insektenfauna*, t. II, p. 99, pl. VII, fig. 5.
(2) *Fossile Hymenopteren aus OEningen und Radoboj*, p. 6, pl. III, fig. 14.
ARTICLE N° 3.

limètres de long, qui paraît être aussi un Hyménoptère, mais
dont les ailes sont trop peu distinctes pour qu'on puisse rien affirmer à cet égard. Il a la tête petite, le thorax épais et renflé, l'abdomen pédonculé (?) et les cuisses postérieures robustes. (Voy.
pl. II, fig. 16.)

DIPTÈRES.

Avant d'aborder l'étude des Diptères, il me paraît nécessaire
de dire quelques mots de la nervation des ailes, qui offre de si
précieux caractères pour la classification de ces insectes, et qui
peut être d'un puissant secours dans la détermination des Insectes
fossiles, alors que les caractères tirés des antennes et des articles
des tarses font plus ou moins défaut. Chacun sait que les ailes
des Diptères, comme celles des Hyménoptères, des Névroptères
et des Lépidoptères, consistent en des expansions membraneuses
tantôt nues et transparentes, tantôt opaques et couvertes d'écailles
et divisées en parties de grandeurs diverses par des lignes saillantes, de consistance cornée, qui se ramifient et forment un
lacis souvent très-compliqué. La partie membraneuse est composée de deux feuillets que l'on ne sépare avec quelque facilité
qu'au moment où l'insecte sort de la nymphe. Quant aux parties
saillantes ou nervures, ce sont des tubes que parcourent des tra-
chées issues du thorax, et qui sont parfois interrompus par des
bulles correspondant à de légers plis de la membrane alaire. Les
espaces membraneux circonscrits par les ramifications des nervures ont reçu le nom d'*aréoles* ou de *cellules*, et présentent
dans leur nombre, leur forme et leur grandeur, des variations
innombrables. Brünich et Frisch sont les premiers qui aient
porté leur attention sur ces parties ; mais c'est à Jurine qu'on
doit de les avoir étudiées en détail et d'avoir fondé sur elles un
système de classification fort ingénieux (1).

La partie par laquelle l'aile s'articule avec le corselet est la
base ; la partie opposée se nomme le *sommet*, le *bout de l'aile,*

(1) *Nouvelle méthode pour classer les Hyménoptères et les Diptères*, t. I. Genève,
1807.

l'*angle externe*, l'*angle antérieur*. Au-dessous du sommet se trouve l'*angle interne* ou *postérieur*, qui, dans les secondes ailes, s'appelle *angle anal*.

La ligne comprise en dessus, entre la base et le sommet, constitue le *bord externe*, le *bord antérieur*, le *bord d'en haut*, ou simplement la *côte*.

La ligne comprise en dessous, entre la base et l'angle interne, forme le *bord interne*.

Celle qui va de l'angle interne au sommet a reçu le nom de *bord postérieur*.

Enfin, toute la partie de l'aile circonscrite entre ces lignes constitue le *disque* pour Jurine, la *surface* pour Latreille et Lacordaire.

C'est chez les Hyménoptères que les nervures et les cellules offrent le maximum de complication ; elles diminuent en nombre et tendent à s'effacer à mesure que l'on approche des dernières familles.

Lacordaire, qui donne à ce sujet des détails fort intéressants (1), n'adopte pas complétement les dénominations proposées par Jurine. Il distingue d'abord les nervures en deux catégories, suivant leur grosseur et leur direction, savoir : les nervures qui tirent leur origine de la base et constituent la charpente de l'aile, et les nervures qui naissent des précédentes et sont généralement beaucoup plus ténues. Les noms de nervures longitudinales, nervures transversales, nervures récurrentes, s'expliquent d'eux-mêmes.

Dans l'ordre des Hyménoptères, on distingue cinq nervures, savoir :

1° Une nervure voisine du bord supérieur, qui est en général plus grosse que toutes les autres et qui aboutit un peu au delà du milieu de l'aile à un empatement que Jurine et Lacordaire nomment le *carpe*, tandis que certains auteurs l'appellent *stigmate*. Cette nervure a reçu de Jurine le nom de *radius*, et de Lacordaire le nom de *nervure costale*.

---

(1) *Introduction à l'Entomologie*, t. 1, p. 358 et suiv.
     ARTICLE N° 3.

2° Une nervure qui longe parallèlement et de très-près la précédente et qui va aussi se perdre dans le carpe. C'est le *cubitus* de Jurine, la *sous-costale* de Lacordaire (1).

3° Elle se bifurque près de sa base en une troisième nervure qui reste droite jusque vers le milieu de l'aile et décrit plus loin quelques sinuosités. C'est la *nervure médiane* de Lacordaire.

4° Au-dessous de celle-ci, mais à une assez grande distance, naît la *nervure sous-médiane*, qui vient se terminer par une légère courbe au milieu du bord interne.

5° Une dernière nervure, plus grêle, est comprise entre le bord inférieur et la sous-médiane, qu'elle va rejoindre à son extrémité, et est désignée par Lacordaire sous le nom de *nervure anale*.

Quelques-unes de ces nervures sont reliées par des nervures récurrentes. Ainsi la sous-costale se rattache à la médiane, et celle-ci à la sous-médiane, de manière à constituer des cellules basilaires au nombre de cinq d'après Lacordaire, savoir :

1° La *cellule costale*, située entre la nervure costale et la sous-costale.

2° La *cellule sous-costale*, comprise entre la nervure sous-costale et la médiane.

3° La *médiane*, entre la nervure médiane et la sous-médiane.

4° La *sous-médiane*, entre la nervure sous-médiane et l'anale.

5° L'*anale*, entre la nervure anale et le bord inférieur de l'aile.

Parmi les nervules on distingue :

1° Une *nervule radiale*, qui part du carpe ou de l'extrémité de la nervure sous-costale, et qui se dirige vers le sommet de l'aile. Elle donne naissance à une cellule qui porte le même nom et qui est quelquefois subdivisée en deux par une petite nervule secondaire.

2° Une *nervule cubitale*, qui naît de l'extrémité de la nervure sous-costale ou du rameau récurrent qui unit celle-ci à la médiane; elle atteint le bord de l'aile ordinairement un peu au-

(1) *Op. cit.*

dessous du sommet, et enferme entre elle et la nervule radiale
un espace divisé en trois *cellules cubitales*. Quant à l'espace
compris entre cette même nervule radiale et la nervure sous-médiane, il est partagé en trois cellules que Latreille et Lacordaire
appellent *discoïdales*.

Enfin, l'espace délimité par la nervure sous-médiane et le
bord antérieur de l'aile est occupé par deux cellules que Latreille désigne sous le nom de *cellules humérales*, tandis que
Lacordaire et la plupart des entomologistes les appellent *cellules
postérieures*.

Quant aux ailes inférieures des Hyménoptères, elles offrent
une nervation analogue à celle des ailes supérieures, mais toujours moins compliquée, et leur réticulation n'est pas employée
dans la classification.

Dans les Diptères, le nombre des nervures principales est
encore de cinq, mais la costale ne se rend plus dans un carpe, et
suit simplement le bord externe ; la sous-costale, qui la rejoint
à son extrémité, est généralement double, et il existe parfois, après
la médiane, la sous-médiane et l'anale, une sixième nervure parallèle à cette dernière, que MM. Lacordaire et Macquart nomment *nervure axillaire*, et qui donne naissance à une sixième
cellule, désignée par le même nom. Les nervures et les nervules diffèrent peu de grosseur : la nervule radiale naît presque
constamment de la nervure sous-costale et donne naissance à une
cellule tantôt simple, tantôt double ; celle-ci porte même quelquefois une petite cellule *pétiolée* qui aboutit au bord interne
et que Macquart appelle *cellule marginale*. La cellule cubitale,
située au-dessous de la radiale, est presque toujours divisée en
deux par un rameau partant d'une nervure récurrente qui unit
la nervule radiale à la nervure médiane. Les cellules discoïdales
sont représentées par une seule cellule de dimensions fort variables, qui est souvent précédée en dehors d'une cellule pétiolée
aboutissant au bord postérieur et envoyant à ce même bord deux
ou trois rameaux longitudinaux. Il n'y a, suivant Lacordaire,
qu'une seule cellule postérieure.

M. Macquart, au contraire, donne le nom de *cellules posté-*

rieures aux cellules cubitales et aux cellules discoïdales exté-rieures de M. Lacordaire, et le nom de *cellule anale* à la cellule postérieure du même auteur. M. Heer adopte, pour les ailes membraneuses des Coléoptères (1), une nomenclature un peu différente, mais je m'en tiendrai à celle employée par Macquart dans l'explication des planches (2).

Le tableau suivant indique du reste la synonymie des parties saillantes ou nervures pour les ailes membraneuses des Insectes :

JURINE.	LACORDAIRE.	HEER.	MACQUART.
1. Radius.	Nervure costale.	*Vena marginalis.*	Nervure marginale.
2. Cubitus.	— sous-costale.	*Vena mediastina.*	Nervure sous-marginale, 1re
3.	. . . .	— *scapularis.*	— sous-marginale, 2e
4.	— médiane.	— *externo-media.*	— externo-médiaire.
5. Nervures brachiales.	— sous-médiane	— *interno-media.*	— interno-médiaire.
6.	— anale.	— *analis.*	— anale.
7.	— axillaire.	— *axillaris.*	— axillaire.

PREMIER SOUS-ORDRE. — NÉMOCÈRES.

PREMIÈRE SUBDIVISION. — TIPULAIRES.

TIPULARIÆ Latr , *Fam. nat.* Meig.

Caractères (3). — Trompe courte, épaisse, terminée par deux grandes lèvres; suçoir de deux soies. Palpes recourbés, ordi-nairement de quatre articles. Yeux souvent séparés par le front.

Cette famille, qui correspond assez exactement au grand genre *Tipula* de Linné, comprend une longue série de tribus, de genres et d'espèces qui se distinguent par la conformation de la tête, des palpes, des yeux et des antennes, par les dimen-sions du thorax et de l'abdomen, par la structure des pieds, etc. Ces insectes sont, en général, fort inoffensifs, et se nourrissent

(1) *Die Insektenfauna d. Tertiärgebilde*, etc., 1, p. 76 et suiv.
(2) *Suites à Buffon*, DIPTÈRES, fig. 2, 1re livr., 1, 1. Dans l'Avertissement placé en tête du premier volume, Macquart se sert de dénominations différentes, ce qui pro-duit une grande confusion.
(3) Macquart, *Suites à Buffon*, DIPTÈRES, 1, p. 37 et 38.

des fluides répandus sur le corps, sans percer la moindre pelli-
cule. Leurs larves vivent dans l'eau, dans la terre, dans les
Champignons ou dans les galles, et Macquart fait observer qu'il
y a presque toujours une analogie singulière entre les caractères
de l'insecte adulte et son mode d'existence à l'état de larve :
c'est ainsi que les antennes plumeuses appartiennent toujours
à des Tipulaires dont les larves sont aquatiques, et les hanches
allongées à des Tipulaires dont les larves vivent dans les Champignons (1).

Malgré l'extrême délicatesse de leurs téguments, les Tipulaires sont très-fréquents à l'état fossile. Ils apparaissent pour la
première fois dans les terrains wealdiens, et sont fort nombreux
dans les terrains tertiaires, en Auvergne, à Aix, à Radoboj, à
OEningen, dans l'ambre de Prusse et dans les lignites du Rhin.

PEMIÈRE TRIBU. — TIPULAIRES FLORALES.

TIPULARIÆ FLORALES Latr. — TIP. MUSCÆFORMES, LATIPENNES Meig. —
BLUMENMÜCKEN de M. Heer.

Les Tipulaires florales se distinguent des autres Némocères
par leur corps assez épais, leurs pieds relativement courts, leurs
antennes cylindriques, moniliformes ou perfoliées, moins longues que la tête et le thorax réunis. Leurs yeux sont souvent
ovales et contigus ♂, et leurs ocelles quelquefois nuls. Leur
thorax est sans suture, et leur abdomen présente huit segments
distincts. Leurs ailes larges, couchées, avec les nervures marginales seules colorées, offrent les caractères suivants (2) :

Cellules basilaires............	1 ou 2
Cellule marginale............	1
— sous-marginale.........	1 ou 0
— discoïdale............	souvent 0
Cellules postérieures..........	4 sessiles

Ces insectes ne remontent pas au delà des terrains wealdiens.
Ils sont très-communs dans les terrains tertiaires, particulière-

(1) DIPTÈRES, *Suites à Buffon*, p. 40.

(2) Macquart, *op. cit.*, I, p. 166. Les cellules sont désignées par les noms employés
par Macquart dans l'Avertissement du tome I, page 4.

ARTICLE N° 3.

ment à Aix, à Radoboj, à Bonn, à OEningen, dans l'ambre de Prusse et en Auvergne. Dans cette dernière région ils constituent quatre genres, savoir :

1° Le genre *Penthetria*, qui de nos jours est aussi pauvre en espèces exotiques qu'en espèces européennes.

2° Le genre *Plecia*, dont toutes les espèces actuelles sont exotiques.

3° Le genre *Bibio*, qui compte maintenant des représentants dans diverses parties du monde.

4° Le genre *Protomyia*, qui n'existe plus, mais que l'on trouve fréquemment à Aix, à OEningen, à Radoboj et dans les lignites du Rhin.

Ces genres offrent certains caractères communs qui permettent de les réunir en une même famille sous le nom de *Bibionides*.

PREMIÈRE FAMILLE. — BIBIONIDES.

TIPULAIRES MUSCIFORMES de Macquart.

PREMIER GENRE. — PENTHÉTRIE (*Penthetria*, Meig., Latr.).

Caractères (1). — Tête de la longueur du thorax. Palpes de quatre articles, dont le premier est plus court que les autres. Front très-étroit ♂, assez large ♀. Antennes perfoliées et composées de onze articles, dont les premiers sont séparés des autres. Pieds finement velus, allongés ♂ ; tarses à deux pelotes. Ailes grandes, présentant :

Cellules marginales........	1 ♂ et 2 ♀
Cellule discoïdale........	0

Deuxième cellule postérieure pétiolée.

Parmi les espèces actuelles de ce genre, on peut citer : *Penthetria holosericea* Meig., n° 1, d'Allemagne ; *Penthetria atra* Macq., de Philadelphie.

M. Marcel de Serres en a signalé trois espèces fossiles dans les terrains tertiaires d'Aix en Provence (2).

(1) Macquart, *op. cit.*, 1, p. 175.
(2) *Notes géologiques sur la Provence*, p. 42.

On n'en a point trouvé, que je sache, dans les gisements célèbres d'Œningen et de Radoboj ; et il est probable que ce genre était aussi peu répandu pendant la période tertiaire que de nos jours.

PENTHETRIA VAILLANTII Nobis.

(Pl. III, fig. 1 et 2.)

Nigrescens. Capite parvo, thorace crasso ; abdomine cylindrato. Alis obscuris et villosis multum excedentibus ; pedibus maximis.

		mm
Longueur totale		5,00
— de la tête à l'extrémité de l'aile		6,00
— de l'aile		5
Largeur du thorax		1,25
— de l'aile		2,00

Corent. — Muséum : un échantillon.

L'insecte est couché sur le dos ; sa coloration générale est brun foncé.

La tête est peu distincte ; deux points plus foncés sur les côtés indiquent les yeux. Le thorax et l'abdomen sont presque confondus : le premier est épais ; le deuxième cylindro-conique, un peu aminci en arrière et tronqué à l'extrémité. Les ailes, qui dépassent fortement l'abdomen, sont noirâtres, larges, velues, à nervures saillantes. La première nervure sous-marginale atteint les $\frac{2}{3}$, la deuxième les $\frac{5}{6}$ de la longueur de l'aile. Le rameau auquel cette dernière donne naissance est d'abord presque droit, puis un peu convexe ; il vient aboutir à l'extrémité de l'aile, et se rattache, vers la moitié de sa longueur, au moyen d'une large nervule transverse, à la nervure externo-médiaire. Celle-ci, un peu après avoir reçu ce rameau, se bifurque en deux branches, l'une convexe, l'autre concave. La nervure interno-médiaire, qui se confond à l'origine avec l'externo-médiaire, se relie également par une nervule transverse à la nervure anale. Les pieds postérieurs sont grêles, très-allongés et finement velus ; la cuisse et la jambe sont cylindriques, et les tarses se terminent par deux crochets. Le premier article est le plus grand ; les autres sont à peu près d'égale longueur ; tous sont rétrécis à la base, un peu renflés vers leur point d'attache avec l'article suivant.

ARTICLE N° 3.

Cette espèce rappelle, pour la taille, la Penthétrie soyeuse
(*P. holosericea*, Meig. n° 1)(1),qui se rencontre, mais rarement,
en Allemagne, et la Penthétrie noire (*Penthetria atra* Macq.,
des environs de Philadelphie (2). (Voy. pl. II, fig. 17 et 18.)
Je la dédie à M. le docteur Léon Vaillant.

DEUXIÈME GENRE. — PLÉCIE (*Plecia* Hoffm.).

Wied., *Auss. Zweif.* — PENTHETRIA Wird., *Dipt. exot.* — HIRTEA Fabr., S. *Antl.*

Caractères (3). -- Tête petite, hémisphérique, moins large
que le thorax ♀. Trompe épaisse et saillante. Labre pointu, assez
grand. Palpes composés de cinq articles, dont le premier est
petit, le troisième grand et conique. Face convexe et saillante,
aussi longue que le front, qui est assez large et caréné ♀. Antennes perfoliées, insérées un peu au-dessous du milieu des
yeux et présentant dix articles (4) : les deux premiers sont
courts, cylindriques et peu distincts l'un de l'autre ; le troisième
un peu allongé et cyathiforme ; les suivants, courts, arrondis,
diminuent successivement de grosseur, et le dernier est très-
petit. Yeux convexes et arrondis. Thorax à deux lignes enfoncées.
Pieds presque nus ; les antérieurs ont les cuisses allongées et
renflées à l'extrémité, les jambes grêles ; le premier article des
tarses plus long que les autres et le dernier terminé par trois
pelotes. Enfin les ailes, une fois plus longues que l'abdomen ♀,
se distinguent par les caractères suivants :

Cellules basilaires......................	2
— marginales, ... • ···	2 ♀

Deuxième cellule postérieure pétiolée (5).

Parmi les espèces actuelles de ce genre on peut citer : *Plecia
fulvicollis* Wied., de Java et Sumatra ; *Plecia dorsalis* Macq., du
Cap ; *Plecia dimidiata* Macq., de la Tasmanie ; *Plecia funebris*
Wied., *Plecia velutina* Macq., *Plecia femorata* Macq., *Plecia*

(1) Macquart, *Suites à Buffon*, I, p. 175, et pl. 4, fig. 16.
(2) Idem, *ibid.*
(3) Idem, *op. cit.*, I, p. 175.
(4) Onze, d'après Macquart.
(5) Macquart, *op. cit.*, pl. 4, fig. 17.

plagiata Wied., du Brésil ; *Plecia heteroptera* Macq., de Santa-Fé de Bogota.

Parmi les espèces fossiles : *Plecia lugubris* Heer, de Radoboj, et *Plecia hilaris* Heer, d'OEningen.

Ce genre, d'après M. Pictet, est aussi représenté dans l'ambre (1).

PLECIA MAJOR Nobis.

(Pl. II, fig. 19, et pl. III, fig. 3 et 4.)

Fusca. Capite cordiformi, ante mucronato ; thorace ovato ; abdomine cylindrato et producto.

	mm
Longueur totale..............	11
— de la tête................	1,25
— du thorax.	2,75
— de l'abdomen............	7
— des antennes.............	0,50
— de la cuisse postérieure......	2
— de la jambe..............	2,50
— des tarses...............	1,25
Largeur de la tête..............	1,25
— du thorax..............	1,50
— de l'abdomen.............	1

Corent. — Collection de M. Fouilhoux, un échantillon. — Collection de M. Lecoq, un échantillon. — Collection du Muséum, 2 échantillons.

Dans les deux échantillons du Muséum, l'insecte, couché sur le ventre, a ses pieds antérieurs et son pied postérieur droit repliés sous lui, le pied postérieur gauche étalé.

La tête, d'un brun foncé, est cordiforme et un peu prolongée en avant ; de chaque côté de la pointe sont les antennes, dont quelques détails sont visibles, mais dont les articles ne peuvent être comptés. Le thorax, plus large que la tête et de même couleur qu'elle, paraît un peu velu ; il est épais et de forme ovalaire. L'écusson est à peine indiqué et les balanciers manquent. L'abdomen, d'un brun clair, un peu élargi immédiatement après son origine, est allongé et cylindro-conique ; il se termine par une sorte de pince qui appartient sans doute à l'armure génitale.

Les anneaux sont légèrement renflés dans leur milieu, de

(1) *Traité de paléontologie*, II, p. 399.

ARTICLE N° 3.

telle sorte que les bords sont convexes. Aux pieds antérieurs, les cuisses, très-épaisses à la base, sont un peu atténuées à leur jonction avec les jambes; celles-ci sont grêles à leur origine et larges à l'extrémité; enfin les tarses sont allongés. Aux pieds postérieurs, au contraire, les cuisses et les jambes sont grêles à l'origine, très-renflées et coupées carrément à l'extrémité; il en est de même des articles des tarses dont le premier surpasse chacun des quatre autres en longueur.

Le second échantillon du Muséum est vu de profil et beaucoup moins bien conservé. La forme générale et les dimensions sont du reste exactement les mêmes.

L'échantillon de la collection de M. Lecocq est un peu plus court et pourrait peut-être constituer une espèce distincte. (Pl. III, fig. ".)

Dans la nature actuelle et même parmi les espèces fossiles de Radoboj et d'OEningen, je ne connais pas de Plécies qui atteignent la taille de l'espèce que je décris ici; néanmoins on peut citer, parmi les espèces voisines, *Plecia funebris* Wied. (1) et *Plecia velutina* Macq. (2), du Brésil.

PLECIA NIGRESCENS Nobis.

(Pl. III, fig. 5, 6, 7, 8, 9 et 10.

Nigrescens. Capite cordiformi, ante mucronato; thorace inflato; abdomine producto, postice attenuato.

	mm
Longueur totale	9 à 11
— de la tête	1,25
— du thorax	2,75
— de l'abdomen	5,50 à 7
— de la cuisse postérieure	2
— de la jambe	2,50
— des antennes	0,50
Largeur de la tête	1
— du thorax	1,50 à 2
— de l'abdomen	1 à 1,50
Hauteur de la tête	1,25 (sans les palpes)
— du thorax	2
— de l'abdomen	1,25 (à l'origine).

Corent. — Muséum : 5 échantillons.

(1) Macquart, *Diptères exotiques*, t. I, 1re partie, p. 86.
(2) Idem, supplément, 1846, p. 24, et pl. 2, fig. 9.

Un premier échantillon, le plus précieux de tous parce qu'il nous laisse voir au microscope les détails caractéristiques des antennes et des palpes, nous présente l'animal couché sur le flanc et assez fortement écrasé. Les dimensions sont les suivantes :

Longueur de l'insecte incomplet......	8 millim.
Hauteur du thorax écrasé et déformé..	4
Largeur de la tête................	1
Hauteur de la tête sans les palpes.....	1

La coloration générale est foncée. La tête, d'un noir intense, est large en arrière et terminée en avant par une sorte de rostre ; l'œil en occupe presque toute la face latérale. Les antennes, un peu atténuées à l'extrémité, sont d'un fauve clair, et comptent une dizaine d'articles cyathiformes, qui diminuent graduellement de grosseur, les derniers étant très-petits. Les palpes sont longs et coudés deux fois. Le thorax, extrêmement déformé par la pression latérale qu'il a subie, a pris un aspect insolite ; on reconnaît néanmoins qu'il était renflé et de couleur noire. L'abdomen présente quatre ou cinq anneaux d'un brun clair, séparés par des zones blanchâtres ; l'extrémité manque. Au-dessus du corps on aperçoit quelques vestiges des articles des tarses qui, étudiés au microscope, paraissent cylindriques, très-velus et de couleur brune. (Pl. III, fig. 5 et 6.)

Un autre échantillon, moins écrasé, a les dimensions suivantes :

	mm
Longueur totale................	9
— de l'abdomen............	5,50
— du thorax............	2,75
— de la tête............	0,75
Hauteur de la tête................	1,25
— du thorax............	2
— de l'abdomen............	1,25 (à l'origine).

L'abdomen est plus complet et le thorax moins déformé ; en revanche, la tête n'offre que des traits confus. La coloration de la tête et du thorax est noire, celle de l'abdomen d'un brun Van-Dyck, avec le bord des anneaux noir. Ces anneaux, au nombre de huit, vont en diminuant de grosseur de la base à

ARTICLE N° 3.

l'extrémité, et simulent une spire comparable à celle d'une Cérithe. Les pieds, d'un brun clair, ont leurs cuisses renflées. (Pl. III, fig. 8.)

Deux autres spécimens, également couchés sur le flanc, et dont l'un est privé de sa tête, ont le thorax parfaitement conservé, de manière qu'on distingue parfaitement la courbure du dos. L'abdomen, cylindro-conique, a huit ou neuf segments, dont le premier est assez petit, tandis que les autres se réduisent de plus en plus, à mesure qu'ils approchent de l'extrémité. Les cuisses postérieures sont allongées, un peu renflées vers leur articulation avec la jambe et marquées d'une strie longitudinale. (Pl. III, fig. 9 et 10.)

Enfin, dans un dernier échantillon, où l'insecte est placé sur le ventre, la tête, vue en dessus, est cordiforme et porte à son extrémité les antennes, qui égalent environ la moitié de la longueur de la tête. Le thorax est très-volumineux relativement à l'abdomen, et se rétrécit à son point d'attache avec ce dernier; enfin l'abdomen se termine par deux appendices qui constituent une sorte de pince. Les pieds antérieurs, assez courts, ont leurs cuisses renflées. (Pl. III, fig. 7.)

La forme du corps, du thorax, de l'abdomen, et en particulier de la tête, des palpes et des antennes, ne permet pas de douter que cet insecte ne soit bien à sa place parmi les Plécies. Il se rapproche beaucoup de *Plecia lugubris* Heer, de Radoboj (1), qu'il surpasse cependant en grandeur. Comme espèces analogues dans la nature actuelle, on peut citer *Plecia funebris* Wied. (2), et *Plecia velutina* Macq. (3), tous deux du Brésil.

(1) *Insektenfauna*, t. II, p. 209, et pl. XIV, fig. 20.
(2) Macquart, *Diptères exotiques*, t. I, p. 86.
(3) Idem, 1er supplément, p. 20 et 21.

PLECIA PALLIDA Nobis.

(Pl. III, fig. 11, 12 et 13.)

Pallida. Capite largo, cordiformi, ante mucronato; thorace ovato et maculato. Alis rotundatis, abdomen elongatum vix excedentibus.

		mm	mm
Longueur totale		7,25 à	7,50
—	de la tête	1	
—	du thorax	1,50 à 2	
—	de l'abdomen	4,50 à 5	
—	de l'aile	4,75	
Largeur de la tête		1	
—	du thorax	1,25 à 1,75	
—	de l'abdomen	0,75 à 1,25	

Corent. — Muséum : 4 échantillons.

Dans un premier échantillon, où l'insecte est placé sur le dos, on aperçoit les empreintes blanchâtres de l'aile droite et du bord de l'aile gauche, mais les nervures ne sont malheureusement pas distinctes. La tête, de couleur pâle, est cordiforme, un peu échancrée en arrière et de même largeur au moins que le thorax (ce qui semble indiquer un mâle); sur les côtés sont les yeux, saillants et velus, et près de l'extrémité les palpes et les antennes. Le thorax, de forme ovalaire, est blanc, avec des taches noirâtres. L'abdomen, d'un brun Van-Dyck, est long et cylindrique, et présente à son extrémité quelques anneaux distincts (on en compte une dizaine dans un autre échantillon). Les pieds sont grêles et velus, et les membres postérieurs en particulier se font remarquer par la longueur de leurs cuisses. Les ailes dépassent un peu l'abdomen. (Pl. III, fig. 11 et 12.)

Un autre échantillon nous offre l'insecte aplati sur le ventre; mais, malgré cette disposition, ordinairement si favorable à la conservation des organes du vol, on ne peut discerner aucune trace des nervures; on voit seulement que les ailes étaient arrondies à leur extrémité et assez étroites, surtout à leur origine (1). Elles sont lavées de rouge. Les balanciers manquent. La tête est d'une couleur sépia claire et marquée d'une tache circulaire en

(1) Peut-être sont-elles repliées longitudinalement.

ARTICLE N° 3.

dessus ; elle est grosse, échancrée en avant et porte deux yeux
saillants. Le thorax, de la même couleur que la tête, mais d'une
nuance plus foncée, est épais et ovalaire. L'écusson est petit
et semi-circulaire. L'abdomen, d'un brun clair ou rougeâtre,
paraît incomplet en arrière ; les anneaux en sont cylindriques,
à bords presque parallèles : le premier est plus allongé que les
autres. Les pieds ne présentent rien de remarquable. (Pl. III,
fig. 13.)

Cette espèce se rapproche de *Plecia lugubris* Heer (1), par la
taille et la conformation générale du corps ; mais elle s'en distingue par sa coloration générale plus claire et par la longueur
moins grande de ses ailes. Il est possible, cependant, que la teinte
naturelle de l'insecte ait été plus ou moins effacée dans la fossilisation, et qu'elle ait été primitivement beaucoup plus foncée.
Ce qui tendrait à le faire supposer, c'est que les Plécies du Brésil, avec lesquelles mon espèce offre plusieurs traits de ressemblance, ont toutes des couleurs brunes, noires ou enfumées :
c'est le cas de *Plecia femorata* Macq. (2) et de *Plecia funebris*
Macq. (3), du Brésil.

Troisième Genre. — BIBION.

Bibio Geoffr., Melg., Latr. — Hirtea Fabr. — Tipula Linn. — Haarmücke Heer.

Caractères (4). —Tête presque entièrement occupée par les
yeux ♂, petite, allongée et inclinée ♀. Trompe saillante, lèvres
terminales peu distinctes ; labre et langue ciliés vers l'extrémité.
Palpes de cinq articles, dont le premier est très-petit. Antennes
perfoliées, insérées sous les yeux et composées de neuf articles,
dont les deux premiers sont séparés des autres, tandis que
ceux-ci sont très-courts. Yeux velus ♂, nus, petits et peu saillants ♀. Abdomen terminé par deux crochets et deux tubercules ♂. Pieds velus ; cuisses antérieures courtes et renflées ♀,

(1) *Insektenfauna*, t. II, p. 209, pl. XIV, fig. 20.
(2) Macquart, *Diptères exotiques*, t. I, p. 86, et pl, XII, fig. 3.
(3) Idem, p. 85 et 86.
(4) Macquart, *Suites à Buffon*, p. 177.

postérieures allongées ♂ ; jambes sillonnées ; antérieures courtes, renflées, terminées par une longue pointe et une petite ; postérieures renflées ♂ ; articles des tarses allongés ; trois pelotes à l'extrémité. Les ailes présentent :

2 cellules basilaires,
1 ou 2 cellules marginales (1).

Les Bibions et les genres voisins font peu d'usage de leurs ailes, et restent souvent immobiles sur les plantes et sur les arbres fruitiers. Vers le milieu du jour j'en ai trouvé, pendant les mois d'avril et de mai, un grand nombre sur les Coudriers et les Aubépines dans la campagne, et sur les Groseilliers et les Tamaris dans les jardins. Leurs larves sont cylindriques et couvertes de poils rudes et dirigés en arrière, qui leur servent à cheminer dans la terre. C'est dans le sol, en effet, qu'elles passent une année de leur existence ; elles cherchent leur nourriture dans les bouses. Pendant l'hiver, elles se mettent à l'abri en s'enfonçant dans la terre, et elles s'y retirent également au mois de mars pour se transformer en nymphes. Elles ne passent que peu de temps dans cet état.

Dans la nature actuelle, les Bibions sont représentés par onze espèces européennes et par un nombre au moins égal d'espèces exotiques. La plupart de celles-ci se trouvent en Amérique, et principalement dans l'Amérique septentrionale. Cinq espèces seulement habitent le cap de Bonne-Espérance. Parmi les espèces qu'on rencontre le plus fréquemment en Europe, il faut citer le Bibion précoce (*Bibio hortulanus* Meig. n° 1 ; — *Bibion de Saint-Marc rouge*, Geoffr. n° 3 ; — *Tipula hortulana* Linn., F. suec., 1779 ; — Schœff., *Icon.*, tab. 104, fig. 8-15), dont le mâle est noir, à poils blancs, et la femelle rouge, avec la tête, le prothorax, les flancs, l'écusson et les pieds noirs (2). Suivant M. Heer (3), le Bibion de Pomone (*Bibio Pomonæ* Meig. n° 5 ;

(1) Voy. Macquart, *op. cit.*, pl. 4, fig. 19. — *Règne animal*, pl. 164 *bis*, fig. 11 c.
(2) Macquart, *op. cit.*, t. I, p. 178. — *Règne animal*, pl. 164 *bis*, fig. 11. --Lœw, *Beschreibung einig. Afrikan. Dipt.* (*Berl. ent. Zeitschr.*, 10er Jahrg., 1866, S. 60-62).
(3) *Insektenfauna*, t. II, p. 212.

ARTICLE N° 3.

— *Hirtea* id., Fabr. *Syst. Ant.*, n° 7 ; — Herbst, *Gem. Nat.*,
tab. 338, ins. 65, fig. 5) s'élève dans les Alpes jusqu'à 8000 pieds
au-dessus du niveau de la mer.

Les Bibions sont très-communs à l'état fossile dans les couches
tertiaires d'Aix, de l'Auvergne, de Monte-Bolca, de Radoboj et
d'Œningen. MM. Unger (1), Heer (2) et Massalongo (3) en ont
décrit une vingtaine d'espèces, qui présentent dans leurs ailes
tous les caractères du genre, mais chez lesquelles il semble parfois n'y avoir qu'une seule cellule basilaire, par suite de l'oblitération du rameau transverse. M. Heer (4) range ces espèces en
deux catégories :

1° Bibions dont les ailes sont plus courtes que l'abdomen.

2° Bibions dont les ailes sont aussi longues ou plus longues
que l'abdomen.

Les premiers, qui ont pour type *Bibio giganteus* Unger (5),
ont une physionomie toute particulière, grâce à leurs ailes courtes
et à leur abdomen long et cylindrique. Ils se distinguent nettement de toutes les espèces qui vivent de nos jours, et l'on serait
tenté d'en faire un genre à part, s'ils n'avaient pas, du reste, dans
la nervation des ailes et la structure des pieds, tous les caractères des espèces actuelles.

Les autres, qui ont pour type *Bibio Ungeri* Heer (6), ont
beaucoup plus d'analogie avec nos Bibions européens.

Ces deux catégories semblent aussi représentées dans les calcaires marneux de l'Auvergne.

(1) *Fossile Insekten*, 1842.
(2) *Insektenfauna*, t. II, p. 212 et suiv.
(3) *Studii paleontologici*. Vérone, 1856.
(4) *Insektenfauna*, t. II.
(5) *Fossile Insecten* (*Nov. Act. Acad. Cæs. Leop.*, t. XIX), pl. LXXII, fig. 6 ; et
nsektenfauna, t. II, p. 212, pl. XVI, fig. 1.
(6) *Insektenfauna*, t. II, p. 212, pl. XVI, fig. 1.

A. — Bibions à ailes plus courtes que l'abdomen.

BIBIO GIGAS Nobis.

(Pl. IV, fig. 1, 2, 3 et 4.)

Thorace nigro, rotundo; abdomine flavescente, crasso et cylindrato.

	mm
Longueur de l'animal incomplet.......	15
— du thorax...............	4,5
— de l'abdomen brisé........	10,5
Largeur du thorax................	3,5
— de l'abdomen.............	3,5

Corent. — 1869, collection E. Oustalet, un échantillon. — Collection de M. Fouilhoux, 2 échantillons. — Collection de M. Lecoq, un échantillon.

Dans l'échantillon que je possède, l'insecte, couché sur le ventre, est très-incomplet, car la tête, les ailes, les pieds postérieurs et l'extrémité de l'abdomen manquent. (Pl. IV, fig. 1.)

Le corselet est noir, épais, arrondi et presque circulaire; il présente, en avant, une sorte de cou assez étroit et s'articule largement en arrière avec l'abdomen. L'écusson, dont il n'existe que des vestiges, était grand et semi-circulaire. L'abdomen, de couleur jaunâtre, a des anneaux très-marqués, larges et courts, bien espacés les uns des autres et à bords légèrement convexes. La cuisse médiane du côté gauche est épaisse, la jambe assez grêle.

Les deux échantillons de M. Fouilhoux sont également privés de leurs ailes, mais présentent la même forme et la même coloration que le nôtre. (Pl. IV, fig. 2 et 3.)

M. Lecoq possède dans sa collection une Tipulaire floricole que l'on pourrait peut-être rapporter à la même espèce, quoiqu'elle soit d'une taille un peu moins considérable. Les ailes, à peine distinctes, étaient plus courtes que l'abdomen. (Pl. IV, fig. 4.)

Cette espèce se rapporte, pour la taille et les dimensions en longueur, de *Bibio giganteus* Unger, de Radoboj (1), dont M. Heer donne ainsi la diagnose (2) :

(1) *Fossile Insekten*, pl. XLII, fig. 6. — *Insektenfauna*, t. II, p. 212, pl. XVI, fig. 1.
(2) *Insektenfauna*, t. II, p. 212.

« Lividus; alis area marginali. Abdomine maculis dorsalibus pedi-
» busque nigris; thorace ovali, nigricante; alis abdominis segmentum
» septimum attingentibus.

	Lignes		mm
Longueur totale, sans la tête...	8 $\frac{4}{7}$	=	17,5
— du thorax.........	2	=	4,4
— de l'abdomen......	6 $\frac{4}{7}$	=	13,5
— des ailes..........	5 $\frac{4}{7}$	=	12,6
Largeur du thorax...........	1 $\frac{4}{7}$	=	3,85
— de l'abdomen.......	2 $\frac{4}{7}$	=	5,05
— des ailes..........	2	=	4,4

En comparant les descriptions et les figures d'Unger et de
Heer avec celles que je donne ici, on verra qu'il existe, entre
les échantillons de Radoboj et ceux de Corent, de grandes analogies dans la taille, les dimensions en longueur du thorax et de
l'abdomen, la forme et la couleur du corselet; il y a néanmoins
des différences sensibles. Ainsi, dans les échantillons de Corent,
l'abdomen est plus étroit, les anneaux sont moins convexes sur
les bords et ne présentent aucune tache foncée dans leur milieu, etc. Somme toute, il me semble impossible de les identi-
fier avec ceux de Croatie. Ils dépassent en grandeur toutes les
espèces actuelles, même le Bibion de Pomone (*B. Pomonæ*,
Meig., n° 5), la plus grande de toutes.

B.— Bibions qui ont les ailes aussi longues ou plus longues que l'abdomen.

BIBIO UNGERI Heer (1).
(Pl. I, fig. 16, *a*, *b* et *c*.)

Fuscus. Capite parvulo; thorace brevi. Alis amplis, abdomen cylindratum excedentibus.

		mm
Longueur totale....................		16,25
— de la tête.................		1,25
— du thorax.............	2 à	3
— de l'abdomen....	11 à	12
— de l'aile..		13
Largeur de la tête.................		1
— du thorax.............	2 à	3
— de l'abdomen.............		3
— de l'aile.................		4 environ.

Côte Ladoux.— Collection de M. Lecoq. Deux ou trois échantillons sur une même plaque avec un petit Diptère, un fruit et des aiguilles de Conifères (?). (Pl. I, fig. 16.)

La coloration générale de l'insecte est brunâtre. La tête est petite et arrondie; le thorax court, un peu aminci en avant; l'abdomen long, cylindrique, à sept ou huit anneaux distincts, bien séparés les uns des autres. Les ailes sont obscures et dépassent sensiblement l'abdomen; elles sont assez larges et légèrement écartées, de manière qu'on peut distinguer la disposition des premières nervures. La nervure sous-marginale (scapulaire de Heer) dépasse un peu le milieu de l'aile, et son rameau, presque parallèle au bord externe, arrive jusqu'au sommet; le rameau de la nervure externo-médiaire est légèrement convexe.

Cet insecte ressemblerait complétement à *Protomyia longa* Heer (1), s'il avait la nervule caractéristique des *Protomyia*; mais comme cette nervule fait défaut, je l'identifie plutôt avec *Bibio Ungeri* Heer, de Radoboj (2), que M. Heer décrit de la manière suivante :

« Thorace livido ; abdomine nigricante ; alis elongato lanceo-
» latis, abdomine multo longioribus. »

Cependant l'échantillon figuré par M. Heer ne mesure que 11 millimètres sans la tête, tandis que ceux de la côte Ladoux ont au moins 16 millimètres, et ne peuvent être comparés pour la taille qu'à notre Bibion de Pomone (*Bibio Pomonæ* Meig. n° 5). Ce sont peut-être des femelles, car celles-ci, chez les Bibions, sont souvent un peu plus grandes que les mâles.

(1) *Insektenfauna*, t. II, p. 233, pl. XVI, fig. 20.
(2) *Ibid*.

BIBIO UNGERI var. MARGINATUS Nobis.

(Pl. III, fig. 14, et pl. IV, fig. 5.)

Fulvescens. Oculis magnis; thorace crasso, lateribus pullis. Alis abdomen fusco colore marginatum vix excedentibus.

		mm
Longueur totale.		11
— de la tête.		1
— du thorax.	2 à	3
— de l'abdomen.	7,50 à	8
— de l'aile.	9 à	10
Largeur de la tête.	0,75 à	1
— du thorax	1,50 à	2
— de l'abdomen.	2 à	2,25

Corent. — Muséum : 2 échantillons.

Un premier échantillon nous fait voir l'insecte en dessus, les pieds antérieurs allongés, les ailes écartées. (Pl. IV, fig. 5.)

La tête est occupée presque entièrement par les yeux. Le thorax, presque carré et un peu voûté, est bordé de brun et marqué dans sa partie antérieure d'une ligne médiane et de deux lignes transverses dessinant une sorte de J; l'écusson est peu visible. L'abdomen, un peu rétréci à son point d'attache avec le thorax et légèrement atténué en arrière, est cylindrique dans le reste de son étendue; les bords sont d'un brun foncé. Les anneaux sont au nombre de huit; les deux premiers très-courts, le dernier un peu plus long, les moyens médiocres, à peu près égaux entre eux et renflés dans leur partie médiane. L'extrémité du corps laisse saillir des pièces de l'armure génitale qui sont d'un brun foncé et figurent une espèce de pince. Les ailes sont très-pâles et peu distinctes, surtout dans leur partie interne ou postérieure : la nervure marginale et son rameau sont seuls visibles. Les pieds antérieurs sont longs et grêles.

Dans un deuxième échantillon où l'insecte est placé sur le dos, les ailes paraissent égaler à peine la longueur du corps, et la tête est sensiblement moins grosse. On distingue les yeux, qui sont petits, et les antennes, qui sont plus courtes que la tête et présentent la forme habituelle aux Bibions. La coloration est la même, du reste; l'abdomen est également bordé de brun, mais un peu plus foncé que dans l'échantillon précédent. (Pl. III, fig. 14.)

Nous sommes sans doute ici en présence d'individus de sexes différents, mais qui semblent appartenir à la même espèce, si l'on considère la taille et les traits généraux. Malheureusement l'absence de nervation distincte dans la totalité ou dans la majeure partie des ailes ne permet pas de rien décider à cet égard. Ces échantillons dont j'avais fait d'abord une espèce particulière, et que j'ai ramenés plus tard au rang de simple variété, ressemblent, comme celui que j'ai décrit précédemment, à *Bibio Ungeri* Heer, de Radoboj, sans pouvoir lui être complétement assimilés.

BIBIO MACER Nobis.

(Pl. IV, fig. 6.)

Elongatus. Capite parvo et globoso; thorace nigro et crasso; abdomine flavescente, fusiformi.

		mm
Longueur totale		12
—	de la tête	1
—	du thorax	3
—	de l'abdomen	8
—	de la cuisse	2,25
—	de la jambe	3,8
Largeur de la tête		1 à 1,25
—	du thorax	2,25
—	de l'abdomen	2,50

Corent. — Muséum, une empreinte et une contre-empreinte.

L'insecte, vu de dos, est privé de ses ailes.

Le tête est petite, nettement séparée du thorax par une sorte de cou.

Les antennes sont fortes et plus longues que la tête. Le thorax, de couleur noire, devait être très-épais; il présente une sorte de carène, et ses angles sont recoupés. L'écusson n'est pas distinct. L'abdomen, très-long et de couleur claire, est un peu rétréci aux deux bouts; on y compte sept ou huit anneaux; ceux de la région moyenne sont un peu dilatés et ceux de l'extrémité postérieure parsemés de quelques poils. Les cuisses postérieures sont renflées, fusiformes; la jambe, grêle à son point

ARTICLE N° 3.

d'attache avec la cuisse, est un peu épaissie près de son articulation avec le tarse.

L'insecte que nous avons sous les yeux est évidemment un Bibion ; il a la forme générale, les pieds et les antennes de ce genre. La taille est celle de *Bibio Ungeri* Heer (1), de Radoboj.

BIBIO ALACRIS Nobis.

(Pl. III, fig. 15.)

Fuscus. Capite ante excavato ; thorace nigrescente, quadrato et producto. Alis maximis, abdomen inflatum et fulvescens multum excedentibus.

		mm	
Longueur totale		12	
— de la tête		1	
— du thorax		2,25	
— de l'abdomen		8,50	
— de l'aile		11	environ.
Largeur de la tête		1	
— du thorax		1,50	
— de l'abdomen au milieu		3 à 3,25	

Corent. — Muséum : un échantillon.

L'insecte est couché sur le ventre, les ailes un peu écartées ; les pieds antérieurs ou plutôt leurs débris sont allongés de chaque côté de la tête ; les pieds médians et postérieurs manquent. La tête, d'un brun pâle, a ses côtés arrondis, son bord antérieur fortement échancré, son bord postérieur légèrement convexe. Les yeux sont gros, assez écartés ; le front large. Le thorax, séparé de la tête par une sorte de col, a la forme d'un carré long, dont le côté antérieur est un peu festonné ; il est d'un brun noirâtre, avec deux lignes longitudinales plus foncées. L'abdomen est d'un fauve très-pâle, avec des taches d'un brun Van-Dyck clair. Les anneaux sont peu distincts, au nombre de huit : ceux du milieu sont beaucoup plus larges que ceux de la base et de l'extrémité, ce qui donne à cette partie du corps la forme d'un ovale allongé. Les balanciers manquent et l'écusson n'est pas visible. Les ailes sont larges, blanches, avec une ou

(1) *Insektenfauna*, t. II, p. 218, pl. XVI, fig. 8.

deux nervures saillantes du côté gauche. La disposition de ces nervures annonce un Bibion.

Cette espèce, par la taille et la longueur des ailes, ressemble à *Bibio Ungeri* Heer (1), de Radoboj, mais en diffère beaucoup par la forme du thorax et de l'abdomen.

BIBIO ROBUSTUS Nobis.
(Pl. IV, fig. 7, 8 et 9.)

Capite rotundo ; thorace fusco et brevi. Alis albis, abdomen inflatum fulvumque vix excedentibus.

		mm
Longueur totale		10,50
—	de la tête	0,75
—	du thorax	2,25 à 2,50
—	de l'abdomen	7,25 à 8
—	de l'aile	9,25 à 9,50
Largeur de la tête		0,75
—	du thorax	2
—	de l'abdomen au milieu	2,50 à 3

Corent. — Muséum : 2 échantillons. — Collection de M. Lecoq, un échantillon (?).

L'insecte est couché sur le flanc. Dans un des échantillons du Muséum, les ailes et les pieds antérieurs sont étalés ; dans l'autre, l'aile droite seule est à demi-déployée et l'autre est appliquée sur le corps. Dans le premier, la tête, noirâtre et ovalaire, est penchée ; les yeux ne sont pas distincts, et les antennes manquent. Le thorax, brun noirâtre, n'est pas aussi renflé que dans les espèces précédentes, et la ligne du dos est presque droite. L'abdomen, d'un brun clair, avec l'extrémité un peu plus foncée, a la forme d'un ovale allongé et laisse saillir deux tubercules dépendant de l'armure génitale. Les anneaux, au nombre de huit, sont tous à peu près de la même longueur, mais ceux de la région médiane dépassent tous les autres en diamètre. Les pieds antérieurs sont longs et grêles. L'écusson n'est pas visible dans la position où se trouve l'insecte, et les balanciers ont disparu. Les ailes sont pâles, larges et obtuses ; elles atteignaient

(1) *Insektenfauna*, t. II, p. 218, pl. XVI, fig. 8.

ARTICLE N° 3.

ou dépassaient même un peu l'extrémité de l'abdomen. Les nervures sont assez saillantes. La nervure sous-marginale arrive aux 4 cinquièmes du bord externe; son rameau vient aboutir tout près du sommet, et émet, un peu avant le milieu de sa longueur, une nervure transverse verticale qui vient rejoindre la nervure externo-médiaire, dont on ne distingue qu'une faible partie. (Pl. IV, fig. 7.)

Dans l'autre échantillon, les yeux sont gros et écartés; le thorax court et légèrement épaissi du côté de la tête; l'abdomen renflé dans sa partie moyenne, sans anneaux bien distincts, sauf vers l'extrémité postérieure. La coloration est la même que dans l'échantillon précédent, mais les pieds manquent. Les ailes ont ici un aspect parcheminé fort remarquable et qui dépend sans doute de quelque accident dans la fossilisation. Elles sont blanches, épaisses et les nervures sont fortes et saillantes; leur disposition est exactement la même que dans l'insecte décrit plus haut. (Pl. IV, fig. 8.)

Je rapporte à la même espèce un échantillon de M. Lecoq, qui provient d'Authezat, mais qui est en trop mauvais état pour mériter une description spéciale. (Pl. IV, fig. 9.)

Cette espèce a les plus grandes analogies avec *Bibio mœstus* Heer (1), d'OEningen et d'Aix, qui se rapproche beaucoup, d'après M. Heer, de deux espèces actuelles, savoir : *Bibio Pomonæ* L. (2), répandu dans toute l'Europe et jusqu'en Laponie, et *Bibio fuscipennis* Macq. (3), particulier à l'Amérique du Nord.

(1) *Insektenfauna*, t. II, p. 224, pl. XVI, fig. 15.
(2) Macquart, *Suites à Buffon*, t. I, p. 179.
(3) Idem, *Diptères exotiques*, t. I, p. 87 et 88.

BIBIO EDWARDSII Nobis.
(Pl. V, fig. 1 à 11 inclus.)

Niger. Capite parvo triangulari ; thorace crasso. Alis acutis et obscuris, abdominis annulati et pilosi extremitatem vix attingentibus.

		mm
Longueur totale.		9
—	de la tête.	0,75
—	du thorax.	1,75
—	de l'abdomen.	0,50
—	de l'aile.	6,25
—	des tarses.	1,50
Largeur de la tête.		1,25
—	du thorax.	1,50 (max.).
—	de l'abdomen.	2 (près de l'origine).
—	de l'aile.	2
Envergure.		14

Corent? — Dusodyle. — Muséum : 3 échantillons.

Corent. — Calcaire marneux. — Collection de M. Fouilhoux, un échantillon.

Un de ces échantillons, où l'animal est vu de dos, est de la plus belle conservation et présente les moindres détails du thorax, de l'abdomen, des ailes et des tarses; et comme la structure des palpes et des antennes apparaît dans les autres échantillons où l'insecte est couché sur le flanc et où le reste du corps est relativement moins bien conservé, il ne peut y avoir aucun doute dans la détermination de cette espèce.

La tête, de couleur noire, est petite, subtriangulaire, garnie à sa base de poils noirs dirigés en avant. Les yeux sont velus (?). Les palpes, fauves et velus, n'ont que quatre articles visibles au lieu de cinq, le premier étant sans doute caché; le deuxième est cylindrique, assez épais, de même longueur que le troisième et tronqué comme lui à l'extrémité, tandis que le quatrième et le cinquième sont un peu plus petits et de forme ovale. Les antennes, également fauves, ont huit ou neuf articles distincts et arrondis, dont les derniers sont très-courts. Le thorax est entièrement noir; il s'amincit du côté de la tête et se renfle au niveau de l'attache des ailes; il était sans doute coupé carrément en arrière, car la partie semi-circulaire qui semble le terminer du côté de l'abdo-

ARTICLE N° 3.

men n'est autre chose que l'écusson. L'abdomen est légèrement
bombé à sa base, cylindrique au milieu, et finit en cône arrondi.

Les anneaux, de couleur brune, sont velus et garnis de poils
roides dans leur partie inférieure ; ils sont au nombre de huit
et séparés les uns des autres par des zones ponctuées et glabres
de couleur claire : le premier est petit et hémisphérique ; les
deuxième, troisième, quatrième et cinquième à peu près de
même grandeur ; les cinquième, sixième, septième et huitième
diminuant graduellement de longueur et de diamètre. Le dernier
s'échancre en arrière pour laisser saillir deux pièces velues et
oalaires qui dépendent de l'armure génitale.

Les ailes, gris brunâtre et un peu velues, sont larges et légèrement acuminées au sommet ; elles atteignent le huitième
anneau de l'abdomen. Le bord antérieur, plus foncé et garni de
poils très-courts, est légèrement arrondi ; le bord postérieur,
plus clair, est assez fortement convexe, surtout dans le voisinage
de l'extrémité. La nervure marginale (costale) est prononcée, de
même que la sous-marginale (sous-costale) ; celle-ci atteint le bord
externe vers les deux cinquièmes de la longueur de ce dernier ;
elle donne naissance à un rameau très-marqué (marginale), qui se
dirige d'abord obliquement en bas, puis en ligne presque droite
vers le sommet de l'aile, auquel il aboutit exactement. Avant de
changer de direction, il se relie à la nervure externo-médiaire
par un rameau vertical assez court. Presque immédiatement
après cette communication, la nervure externo-médiaire, qui
jusque-là était légèrement convexe, se divise en deux rameaux
qui gagnent le bord postérieur. La nervure interno-médiaire se
bifurque de même, mais un peu plus tôt que la précédente, en
deux rameaux, dont le supérieur se rattache tout près de son
origine, au moyen d'une nervule transverse, à la nervure
externo-médiaire qui, dans ce point, n'est pas encore divisée.
La nervure anale est fortement convexe et l'axillaire manque.

Les balanciers ont le style court et le bouton piriforme, de
couleur fauve.

Les pieds sont allongés ; les jambes, de couleur fauve claire,
sont un peu velues, légèrement renflées et munies d'une ou de

deux (?) épines à leur extrémité. Dans un échantillon, la jambe postérieure est longue, grêle à son origine, épaissie en forme de massue vers son articulation avec la jambe, et porte une arête longitudinale. Les tarses, couverts de poils, sont noirs, à cinq articles; le premier est plus long que les autres, qui sont cyathiformes et presque égaux entre eux, et le dernier présente deux crochets, sans pelotes terminales.

Notre espèce a la taille et la coloration du Bibion de Saint-Marc (*Bibio Marci* Meig. n° 2) (1) et du Bibion précoce (*Bibio hortulanus* Meig. n° 1) (2), de nos contrées (pl. **V**, fig. 12, 13, 14 et 15); mais il en diffère totalement par le mode de distribution des nervures. En effet, dans l'espèce fossile, c'est avant de s'être bifurquée, que la nervure externo-médiaire se réunit par une nervule transverse à une branche de l'interno-médiaire, tandis que dans un grand nombre d'espèces actuelles, comme *Bibio Marci* Meig. n° 2, *Bibio hortulanus* Meig. n° 1, *Bibio longifrons* Macq. (3), *Bibio albipennis* Wied. (4), cette connexion n'a lieu qu'après que la nervure externo-médiaire s'est divisée : en d'autres termes, c'est d'un rameau de cette nervure, et non de cette nervure elle-même, que part, dans ce dernier cas, la nervule transverse qui va rejoindre la branche de l'interno-médiaire.

Parmi les Bibions fossiles décrits par M. Heer, il n'en est pas un seul qui puisse être assimilé à celui que je signale ici, car *Bibio fusiformis* Heer (5), d'OEningen, qui lui ressemble à première vue, est sensiblement plus grand et d'une coloration beaucoup plus claire, et *Bibio lividus* Heer (6), de Radoboj, dont la nervation est analogue, a l'abdomen beaucoup plus ramassé et les ailes notablement plus longues.

Je suist enté de rapporter à la même espèce une empreinte qui

(1) Macquart, *Suites à Buffon*, Diptères, t. I, p. 178.

2) Idem, *op. cit.*, p. 178.

(3) Idem, *Diptères exotiques*, t. I, p. 87.

(4) Idem, *ibid.*, p. 88, pl. 13, fig. 2.

(5) *Insektenfauna*, t. II, p. 219, pl. XVI, fig. 9.

(6) *Insektenfauna*, t. II, p. 223, pl. XV, fig. 23 *b,d.*

se trouve dans la collection de M. Fouilhoux et qui provient également de Corent, mais du calcaire marneux, et non plus du dusodyle. Dans cet échantillon, l'abdomen est également d'un brun assez foncé, et les anneaux, surtout les derniers, sont nettement séparés les uns des autres ; les ailes atteignent à peine l'extrémité du corps ; le thorax est relativement court, et la tête devait être très-petite. (Pl. V, fig. 11.)

Je dédie cette belle espèce à mon illustre maître M. H. Milne Edwards, membre de l'Institut.

BIBIO CYLINDRATUS Nobis.
(Pl. IV, fig. 12.)

Capite pullo, ante excavato ; thorace fusco. Alis pallidis, abdomen cylindratum et flavescens excedentibus.

	mm
Longueur totale	9
— de la tête	0,75
— du thorax	2,5
— de l'abdomen	6
— de l'aile	8,5
Largeur de la tête	0,5
— du thorax	1,5
— de l'abdomen	2,5
— de l'aile	3

Corent. — Muséum : un échantillon.

L'insecte est assez mal conservé, car les antennes, les pieds et les nervures des ailes ont disparu ; toutefois la forme générale du corps dénote un Bibion.

La tête, d'une teinte sépia terne, est échancrée en avant, et les yeux, assez gros, sont bien distincts l'un de l'autre. Le thorax, séparé de la tête par une sorte de cou et arrondi en avant, est coupé carrément en arrière, médiocrement renflé et de même couleur que la tête, mais d'une nuance plus foncée. L'abdomen, d'un fauve pâle, avec quelques taches d'un brun Van-Dyck, est allongé, cylindrique et présente vers le milieu trois ou quatre anneaux à peu près de même dimension. Les ailes, pâles, blanchâtres et sans nervures distinctes, sont arrondies à l'extrémité.

La taille est celle de *Bibio brevis* Heer (1), d'OEningen, mais l'abdomen est plus allongé.

BIBIO GRACILIS Ung. var. MINOR Nobis.

(Pl. III, fig. 16.)

Nigrescens. Thorace oblongo-ovali, fusco ; alis abdomen angustatum vix excedentibus.

		mm
Longueur totale, sans la tête		8
— du thorax		2 à 3
— de l'abdomen		5
— de l'aile		6
Largeur du thorax		1,25
— de l'abdomen		1

Corent. — Muséum : un échantillon.

Les pieds et la tête manquent et les ailes sont demi-ployées ; on distingue cependant fort bien les nervures primitives, dont la disposition caractérise nettement le genre et peut-être même l'espèce.

Le thorax, d'une teinte sépia foncée, est ovalaire, épais, et présente des impressions correspondant aux cuisses. L'abdomen, d'une couleur plus pâle, est cylindrique, mais un peu atténué en arrière, sans anneaux bien marqués. Les ailes, qui dépassaient légèrement l'abdomen, sont un peu détériorées au sommet ; elles sont obscures, avec les nervures saillantes et blanchâtres ; leur bord externe est presque droit ; la nervure sous-marginale arrive aux trois quarts de ce bord et émet vers le milieu de son trajet, ou un peu au delà, un rameau sinueux qui se dirige vers le sommet et se relie par une nervule transverse perpendiculaire à la nervure externo-médiaire.

Cet insecte semble n'être qu'une variété plus petite de *Bibio gracilis* Unger, de Radoboj, espèce que M. Heer caractérise de la manière suivante (2) :

(1) *Insektenfauna*, t. II, p. 225, pl. XVI, fig. 16.

(2) *Fossile Insekten*, p. 426, pl. XLII, fig. 1. — *Insektenfauna*, t. II, p. 217, pl. XVI, fig. 7.

« Anthracinus; thorace oblongo-ovali; alis longitudine abdominis,
» hoc angustato.

	Lignes.		mm
Longueur totale.	5 ¼	=	11,3
— de la tête.	½	=	1,1
— du thorax.	1 ½	=	3,3
— de l'abdomen. . . .	3 ¼	=	6,9
— de l'aile.	3 ½	=	7,9
Largeur du thorax.	1	=	2,2
— de l'abdomen	¾	=	1,4
— de l'aile.	1 ½	=	3,3

» Cette espèce présente encore la forme allongée et l'abdomen
» grêle des Bibions de la première catégorie (à ailes plus courtes
» que l'abdomen), mais les ailes sont plus longues et atteignent
» l'extrémité de l'abdomen.

» Elle ressemble beaucoup à *Bibio pulchellus* Heer (1), mais
» est un peu plus grosse, d'une teinte charbonneuse, avec l'ab-
» domen un peu plus épais et les ailes un peu plus longues.

» La tête est petite et ovale; le thorax ovale-allongé, d'un
» brun noirâtre. Les ailes ont leurs nervures prononcées et bien
» distinctes : la nervure marginale et la nervure scapulaire (sous-
» marginale) sont un peu plus fortes que les nervures médiaires.
» Le mode de nervation est le même que dans *Bibio pulchellus*
» Heer. Les ailes sont brunes, obscures, noirâtres au bord, et il
» n'y a pas de tache plus foncée indiquant le stigmate. Les pieds
» sont assez courts; du reste, les cuisses seules sont conservées
» et offrent une coloration brune noirâtre. L'abdomen est grêle
» et allongé, un peu atténué en arrière; on y distingue huit seg-
» ments, dont les derniers sont sensiblement plus courts que les
» premiers. »

Parmi les Bibions actuels, le Bibion à ventre fauve (*Bibio
fulviventris* Meig. n° 12) (2), qui se trouve en Autriche et en
Sicile, est celui dont la coloration se rapproche le plus de celle
de mon insecte fossile.

(1) *Insektenfauna*, p. 217, pl. XVI, fig. 6.
(2) Macquart, *Suites à Buffon*, 1, p. 178.

BIBIO OBSOLETUS Heer (?).

(Pl. IV, fig. 13.)

Fuscus. Alis obscuris, abdomen ovale, oblongum, multum excedentibus.

	mm
Longueur totale.....................	7,25
— du thorax et de l'abdomen......	7
— de l'aile..................	8
Largeur de l'abdomen................	1,25

Corent. — Muséum : un échantillon.

L'insecte est si mal conservé, que ce n'est pas sans hésitation
que je le range parmi les Bibions, et que je le rapporte à une
espèce d'OEningen décrite et figurée par M. Heer (1). Dans
l'échantillon du Muséum, l'animal est placé sur le ventre, les ailes
écartées, la tête un peu rejetée sur le côté et à peine distincte.
La couleur du corps est brune foncée, celle des ailes brune claire.
L'abdomen est presque confondu avec le thorax, mais un peu
plus large que ce dernier, au moins dans sa région moyenne.
Les ailes sont larges, obtuses et plus longues que l'abdomen ;
leur bord postérieur présente une courbe plus prononcée que le
bord externe.

M. Heer donne la description suivante de *Bibio obsoletus :*

« Alis abdomine ovali multo longioribus.

	Lignes.	mm
Longueur totale................	3 ½	= 7,7
— de l'abdomen...........	2 ½	= 5,5
— de l'aile..............	3 ½	= 7,7
Largeur de l'abdomen..........	1	= 2,2
— de l'aile........ à peine	1 ¼	= 2,7

» Tête petite ; thorax ovale-allongé. Ailes larges et sensible-
» ment plus longues que l'abdomen ; nervure anale extrême-
» ment délicate. Cuisses épaisses ; jambes cylindriques. Abdo-
» men plus large au milieu qu'aux extrémités, qui sont également
» rétrécies. »

(1) *Insektenfauna,* t. II, p. 227, pl. XVI, fig. 19.

BIBIO LARTETII Nobis.

Pl. IV, fig. 10 et fig. 14.)

Nigrescens. Capite parvo, rotundo; thorace oblongo. Alis amplis abdomen breve multum excedentibus.

		mm
Longueur totale		6,25
— de la tête		1
— du thorax	1 à	1,5
— de l'abdomen		4,5 (?)
— de l'aile		6
Largeur de la tête	0,25 à	0,5
— du thorax		1,5
— de l'abdomen		1,5
— de l'aile		2,25

Corent.— Muséum : un échantillon.— Collection de M. Lecoq, un échantillon.

L'insecte est couché sur le dos, les ailes et les pieds antérieurs étendus. L'extrémité postérieure du corps est peu distincte. La coloration générale est noirâtre.

La tête est arrondie. Le thorax, bombé, ovalaire, un peu velu(?), se confond presque avec l'abdomen, qui est légèrement renflé, à peu près de même largeur que le thorax et relativement très-court. Les jambes antérieures, de couleur foncée, sont très-allongées, un peu épaissies à leur extrémité et épineuses (?); les tarses ont leurs articles à peine distincts, cyathiformes, presque égaux entre eux; le dernier porte deux crochets. Les ailes sont larges et sensiblement plus longues que l'abdomen ; les nervures, surtout les primitives, sont bien marquées et indiquent nettement le genre auquel appartient l'échantillon; le bord antérieur est légèrement convexe, le bord postérieur plus fortement arrondi, le sommet obtus. La nervure sous-marginale atteint les deux tiers du bord antérieur ; son rameau aboutit un peu au-dessus du sommet de l'œil, et envoie en bas et en arrière un rameau qui rejoint la nervure externo-médiaire avant que celle-ci se soit divisée. La nervure externo-médiaire est convexe et se bifurque vers les deux tiers de sa longueur. On ne distingue pas de nervule transverse entre elle et l'interno-médiaire.

Cette espèce a les mêmes dimensions que *Bibio obsoletus* Heer (1), d'OEningen, mais en diffère par son abdomen court, cylindrique et de couleur plus claire.

Je la dédie à mon ami Louis Lartet, docteur ès sciences.

QUATRIÈME GENRE. — PROTOMYIA Heer (2).

« Antennæ cylindricæ, perfoliatæ, articulis brevissimis, transversis ;
» tibiæ anticæ simplices, inermes ; alæ cellulis marginalibus duabus,
» venula transversali separatis ; venis mediis venula transversali inser-
» tis, furcatis.

» Ce genre se rattache intimement au genre *Bibio*, mais s'en
» distingue par ses pieds antérieurs grêles et dépourvus des
» pointes, aussi bien que par la nervation de ses ailes. En effet,
» à la base de l'aile une nervule transverse réunit la nervure
» scapulaire (sous-marginale) et la nervure anale, et c'est de ce
» rameau transverse que partent les deux nervures médiaires, qui
» se divisent également, comme dans les Bibions proprement
» dits, chacune en deux rameaux. La nervure scapulaire (sous-
» marginale), qui s'abouche dans la nervure marginale, un peu
» avant l'extrémité de l'aile, envoie en dedans un rameau qui se
» prolonge jusqu'à la pointe de l'aile ; ce rameau, au moyen d'une
» nervule transverse qui va rejoindre la nervure marginale,
» divise l'espace compris entre lui et le bord de l'aile en deux
» cellules (cellules marginales de Macquart). Dans le genre *Bibio*
» cette nervule manque, et dans le genre *Bibiopsis* (3) elle se dirige
» vers le sommet de l'aile ; grâce à elle, nous pouvons facilement
» distinguer les genres *Bibio*, *Bibiopsis* et *Protomyia* l'un de
» l'autre. Les nervures scapulaire (sous-marginale) et externo-
» médiaire sont liées dans les uns par un rameau transverse,
» tandis que dans les autres elles sont indépendantes ; mais chez
» tous la nervule transverse qui réunit les deux nervures médiaires
» paraît manquer, de manière qu'il n'y a qu'une seule cellule

(1) *Insektenfauna*, t. II, p. 227.
(2) *Ibid.*, p. 231.
(3) *Ibid.*, p. 228.

» basilaire. Ce caractère distingue les *Protomyia* des *Plecia* ;
» d'ailleurs, dans les *Plecia*, on voit partir de la nervule transverse
» une nervure longitudinale, et la nervure interno-médiaire ne
» se ramifie pas. Pour le port, les *Protomyia* se rapprochent des
» *Plecia* : c'est ainsi que *Protomyia jucunda* ressemble à *Plecia*
» *hilaris*. Les ailes sont couchées au repos, comme dans les
» Bibions.

» Ces insectes avaient sans doute les mêmes habitudes que
» les Bibions proprement dits. »

Ce genre n'est plus représenté dans la nature actuelle ; en
revanche il est largement répandu dans les terrains tertiaires :
car on en connaît déjà une vingtaine d'espèces fossiles d'Aix,
de Radoboj, des lignites du Rhin et d'Œningen, et la seule
localité de Corent, en Auvergne, en fournit un nombre presque
égal.

PROTOMYIA LONGA Heer.

(Pl. V, fig. 16.)

*Elongata ; capite rostrato, oculis magnis ; thorace crasso et pullio ;
abdomen fuscum alis multum excedentibus.*

		mm
Longueur totale, avec les ailes		13
— sans les ailes		11
— de la tête		0,75
— du thorax		2,75
— de l'abdomen		7,50
Largeur de la tête		0,50
— du thorax		2
— de l'abdomen seul		2,25
— — avec les ailes		4

Corent. — Muséum : un échantillon.

L'insecte est vu latéralement. La tête et le thorax sont un peu
inclinés ; les ailes, à demi ployées, recouvrent en partie l'abdomen, qu'elles dépassent fortement en arrière.

La coloration générale est brune et plus foncée sur la tête, le
thorax et l'extrémité de l'abdomen, que sur le reste du corp.

La tête présente une sorte de rostre, et des yeux gros et saillants ; elle se détache bien du thorax, qui est un peu voûté et

plus épais que l'abdomen. Celui-ci est cylindrique, un peu atténué en arrière, et tous ses anneaux ont à peu près la même
hauteur.

Cet échantillon offre tous les caractères de *Protomyia longa*
Heer (1), de Radoboj, dont M. Heer donne la description suivante :

« Elongata ; alis abdomine cylindrico multo longioribus.

		Lignes.	mm
Longueur totale		6	= 13,20
— de l'abdomen		4	= 8,80
— du thorax		1 ¾	= 3,85
— de l'aile		5 ½	= 12,20
Largeur de l'abdomen		1 ¼	= 2,75
— de l'aile		1 ¾	= 3,85

» Cet insecte rappelle, par son port *Bibio Ungeri* Heer, mais
» l'existence d'une nervule transverse très-prononcée entre le ra-
» meau de la nervure scapulaire (sous-marginale) et la nervure
» marginale indique qu'il faut le ranger parmi les *Protomyia*.

» La tête est petite et allongée ; les yeux sont ovales et pro-
» portionnellement assez gros. Le thorax est très-écrasé et paraît
» avoir été ovale-allongé. Les ailes sont larges et longues, et
» dépassent considérablement l'extrémité de l'abdomen. Les ner-
» vures marginales sont visibles, et le rameau de la nervure sca-
» pulaire (sous-marginale) part de cette dernière avant le milieu
» de l'aile. Les autres nervures sont très-délicates. La nervure
» externo-médiaire, un peu au delà du point où elle est reliée à
» la nervure scapulaire, se divise en deux rameaux qui ne sont
» pas très-divergents ; la nervure interno-médiaire se bifurque
» un peu plus près de la base de l'aile. La nervure anale est
» simple et très-délicate. L'aire marginale est d'un brun clair,
» le reste de l'aile d'un blanc jaunâtre. Les pieds sont assez courts
» et ont les cuisses relativement épaisses, les jambes et les tarses
» grêles. L'abdomen est long, grêle et cylindrique ; les segments,
» à l'exception des derniers, qui sont petits, sont tous à peu près
» de même dimension.

» L'animal tout entier était sans doute d'un brun clair. »

(1) *Insektenfauna*, t. II, p. 233, pl. XVI, fig. 20.
ARTICLE N° 3.

PROTOMYIA LONGIPENNIS Nobis.

(Pl. VI, fig. 1.)

Fusca. Capite cordiformi, nigrescente; thorace pullo, quadrato; abdomen cylindratum alis amplis multum excedentibus.

		mm
Longueur totale, avec les ailes		11
—	— sans les ailes	7,25
—	de la tête	0,75
—	du thorax	1,25
—	de l'abdomen	5,25
—	de l'aile	9
Largeur	de la tête	0,50
—	du thorax	1
—	de l'abdomen	1 (max.).
—	de l'aile	1,50

Corent. — Muséum : un échantillon.

L'insecte est privé de ses pieds, et les ailes, à demi ployées, n'ont laissé que des empreintes blanchâtres, sans nervures distinctes.

La tête, brun foncé, cordiforme, un peu acuminée en avant, est séparée du thorax par une sorte de cou, et plus longue que les antennes. Le thorax est brun, presque quadrangulaire, avec les épaules un peu déclives. L'abdomen, de teinte plus claire, assez régulièrement cylindrique, compte sept ou huit anneaux qui s'imbriquent légèrement. A l'extrémité on aperçoit quelques vestiges de l'armure génitale. Les ailes sont larges, beaucoup plus longues que l'abdomen et arrondies au sommet.

Cette espèce se rapproche, pour la taille, de *Protomyia gracilis* Heer (1), d'Aix, et pour la longueur des ailes, de *Protomyia affinis* Heer (2), d'OEningen. Elle offre aussi quelque ressemblance avec *Protomyia antennata* Heyd. (3), des lignites de Rott.

(1) *Ueber die fossil. Insekt. von Aix* (*Vierteljahrschrift d. naturforsch. Gesellsch. in Zürich*), 1 Jahrg., 1 Heft, p. 36, pl. II, fig. 2 *a*.

(2) *Insektenfauna*, t. II, p. 235, pl. XVII, fig. 3.

(3) C. et L. von Heyden, *Bibioniden aus d. rheinischen Braunkohle von Rott*, p. 26, pl. VIII, fig. 9.

PROTOMYIA INFLATA Nobis.

(Pl. V, fig. 17.)

Capite nigro, transverso ; thorace fusco ; abdomen inflatum excedentibus.

		mm
Longueur totale, avec les ailes	....	9,30
— de la tête	....	0,50
— du thorax	....	1,50
— de l'abdomen	....	7
Largeur de la tête	....	0,75
— du thorax	....	1 à 1,25
— de l'abdomen	....	1,50

Corent. — Muséum : un échantillon.

L'insecte, placé sur le ventre, est fort mal conservé ; toutefois il présente la physionomie du genre *Protomyia.*

La tête est noire, transverse, sans rostre en avant ; les yeux sont petits et saillants, les antennes courtes. Le thorax, d'un brun chaud, affecte la forme d'un carré long, dont les angles seraient arrondis ; il est long et boursouflé dans les deux tiers de sa longueur ; on y compte huit anneaux peu marqués. Les ailes, de couleur claire, dépassent l'abdomen et le recouvraient entièrement.

Cette espèce rappelle, par la forme générale du thorax et l'amplitude des ailes, *Protomyia lygæoïdes* Heer (1), de Radoboj, et *Protomyia hypogæa* Heyd. (2), des lignites de Rott.

PROTOMYIA LUGENS Nobis.

(Pl. VI, fig. 2 et 3.)

Capite nigrescente, cordiformi ; thorace gibboso fusco ; pedibus villosis ; abdominis extremitatem pullam et inflatam alis obscuris excedentibus.

		mm
Longueur de l'insecte, sans les ailes	.....	9,25
— de la tête	....	0,50
— du thorax	....	2,75
— de l'abdomen	....	6
— de l'aile	....	9
Largeur de la tête	....	0 50
— du thorax	....	2,50
— de l'abdomen	....	2,75
— de l'aile	....	3 (max.).

Corent. — Muséum : un échantillon.

(1) *Insektenfauna*, t. II, p. 232, pl. XVII, fig. 1.
(2) C. et L. von Heyden, *op. cit.*, p. 23, pl. IX, fig. 10 et 11.

L'insecte, vu de trois quarts, a une aile repliée sur l'abdomen, l'autre étendue et les pieds antérieurs allongés.

La tête, cordiforme et de couleur noirâtre, a des yeux assez gros, et en avant des antennes cylindro-coniques un peu moins longues qu'elle. Le thorax, gibbeux en dessus, et à peu près aussi long que large, est également d'un brun noirâtre ; il dépasse en hauteur l'abdomen, qui est moins foncé en couleur, légèrement renflé vers les trois quarts de sa longueur, arrondi à l'extrémité, avec la région anale brune. Les ailes sont obscures, légèrement brunâtres, larges et obtuses, les pieds velus.

Cette espèce a la taille de *Protomyia Bucklandi* Heer (1), de Radoboj, mais en diffère par la coloration ; elle se rapproche surtout de *Protomyia luctuosa* Heyd. (2), des lignites de Rott, sans pouvoir cependant être confondue avec elle.

PROTOMYIA JOANNIS Nobis.

(Pl. VI, fig. 4 et 14.)

Capite parvo ; thorace ovali, bicarinato ; alis albis et porrectis.

	mm
Longueur totale.	9
— de la tête.	0,50
— du thorax.	1,75
— de l'aile.	7,50
Largeur de la tête.	0,50
— du thorax.	1,25
— de l'aile.	2,65

Corent. — Muséum : 5 échantillons. — Collection de M. Fouil-houx, un échantillon.

L'insecte, couché sur le ventre, a les ailes repliées et croisées sur l'abdomen, qu'elles couvrent et cachent entièrement ; les pieds, dont une partie seulement est conservée, font saillie en avant de la tête et sur le côté droit du corps. L'empreinte est en creux, et la coloration primitive a totalement disparu.

La tête, très-petite, présente des antennes de même longueur

---

(1) *Insektenfauna,* t. II, p. 238, pl. XVI, fig. 22.
(2) C. et L. von Heyden, *op. cit.,* p. 22, pl. VIII, fig. 6.

qu'elle, et en tout point semblables à celles des Bibions. Le thorax est ovalaire, un peu rétréci en arrière, et dans le milieu de sa dépression on distingue deux saillies longitudinales et une arête transverse. J'ignore quelle était la forme de l'abdomen. Quant aux ailes, elles sont admirablement conservées. Elles sont larges et arrondies au sommet. La nervure sous-marginale est assez écartée du bord de l'aile, qu'elle ne rejoint qu'aux deux tiers de la longueur. Son rameau, légèrement sinueux, atteint précisément le sommet de l'aile, et envoie, entre celui-ci et l'extrémité de la nervure sous-marginale, une nervule recourbée qui rejoint la marginale et qui, comme nous l'avons dit plus haut, caractérise nettement le genre *Protomyia*. Une autre nervule, perpendiculaire au rameau de la sous-marginale, le rattache à l'une des branches que l'interno-médiaire fournit un peu au delà de la moitié de sa longueur. L'interno-médiaire se bifurque plus tôt que la précédente, et son rameau supérieur est rattaché par une nervule transverse au rameau inférieur de l'externo-médiaire. Une autre nervule transverse réunit à la base de l'aile la sous-marginale, l'externo-médiaire et peut-être l'interno-médiaire.

La manière dont se fait la connexion, d'une part entre le rameau de la sous-marginale et la branche supérieure de l'externo-médiaire, d'autre part entre la branche inférieure de l'externo-médiaire et la branche supérieure de l'interno-médiaire, est très-remarquable, et différencie en particulier mon espèce de *Protomyia Bucklandi* Heer (1), de Radoboj et d'Aix en Provence. On ne trouve une disposition analogue que dans *Protomyia lapidaria* Heyd. (2), des lignites de Rott, dont les dimensions ne sont pas les mêmes, du reste. Sous le rapport de la taille, *Protomyia luteola* Heyd. (3), du même gisement, est celle qui se rapproche le plus de mon espèce fossile. Je la dédie à mon excellent ami le docteur Joannes Chatin.

(1) *Insektenfauna*, t. II, p. 238, pl. XVI, fig. 22.
(2) C. et L. von Heyden, *op. cit.*, p. 25, pl. IX, fig. 6.
(3) C. et L. von Heyden, *op. cit.*, p. 26, pl. VIII, fig. 11.

PROTOMYIA FUSCA Nobis.

(Pl. IV, fig. 15.)

Fusca. Capite acuminato, oculis magnis; thorace pullo quadrato ; alis obscuris, abdomen nigrescens et cylindratum excedentibus.

	mm
Longueur totale, avec les ailes	9
— — sans les ailes	8
— de la tête	0,50
— du thorax	1,50
— de l'abdomen	6
Largeur de la tête	1
— du thorax	1,25
— de l'abdomen	1,50
— — avec les ailes	2,75

Corent. — Muséum : un échantillon.

L'insecte, placé sur le côté, présente une teinte générale sépia foncée. Les ailes, ployées sous le corps, sont obscures, arrondies au sommet, sans nervures distinctes, et dépassent sensiblement l'abdomen. La tête est un peu inclinée et acuminée en avant; l'œil gros, le cou mince, le thorax quandrangulaire, un peu renflé en arrière, mais plus étroit néanmoins que l'abdomen. Celui-ci est cylindrique dans les trois quarts de sa longueur et un peu atténué en arrière; les anneaux en sont distincts, surtout à la base. Les pieds antérieurs, seuls conservés, ne montrent pas de détails bien nets, et la nervation des ailes manque. Le port de cet insecte est celui des *Protomyia.* Il se rapproche de *Protomyia gracilis* Heer (1), d'Aix en Provence.

PROTOMYIA ADUSTA Nobis.

(Pl. V, fig. 18.)

Adusta. Capite largo; thorace ovali ; alis pallidis, abdomen cylindratum vix excedentibus.

	mm
Longueur totale, avec l'aile	9
— — sans l'aile	8,5
— de la tête	0,5
— du thorax	1,5
— de l'abdomen	6,5
Largeur de la tête	0,5
— du thorax	1,5 (max.)
— de l'abdomen	2

Corent. — Muséum : un échantillon. — Collection E. Oustalet, un échantillon, 1869.

(1) *Ueber die fossilen Insekten,* p. 36, pl. II. fig. 2. a.

L'insecte, couché sur le ventre, la tête et le thorax un peu inclinés vers la droite, a les pieds antérieurs allongés, une aile ployée le long du corps, l'autre étendue et à demi effacée.

La tête, d'un brun foncé, est petite, arrondie, avec des yeux très-gros et des antennes aussi longues qu'elle. Le thorax, ovalaire, un peu rétréci en avant, est d'un brun Van-Dyck. L'abdomen est cylindro-conique, allongé, sans anneaux bien distincts, et présente la même coloration que le thorax. Les pieds sont remarquables par la longueur et la gracilité des jambes et des tarses. L'aile ne montre que quelques nervures saillantes, dont la disposition indique un insecte du groupe des Bibions.

Cette espèce se rapproche d'une espèce nouvelle trouvée dans les marnes gypsifères d'Aix en Provence, et de *Protomyia jucunda* Heer (1), de Parschlug.

Je rapporte à la même espèce un échantillon privé de sa tête, de ses ailes et de ses pieds, qui fait partie de ma collection, et dans lequel on distingue nettement la forme du thorax et de l'abdomen; ce dernier est rétréci en arrière et présente huit segments presque égaux entre eux.

PROTOMYIA SAUVAGEI Nobis.

(Pl. VI, fig. 6.)

Capite rotundo; thorace brevi et convexo; alis abdomen crassum linea fusca marginatum non excedentibus.

	mm
Longueur totale	9
— de la tête	0,50
— du thorax	1,75
— de l'abdomen	7,50
— de la cuisse	2
Largeur de la tête	0,50 à 0,75
— du thorax	1,50
— de l'abdomen	2

Corent. — Muséum : un échantillon.

L'insecte, vu de côté, est parfaitement conservé, et une aile un peu soulevée permet d'apercevoir, en saillie sur le fond de la pierre, quelques nervures, et en particulier la nervule caractéris-

(1) *Insektenfauna*, t. II, p. 235, pl. XVII, fig. 2, *g*.
ARTICLE N° 3.

tique du genre *Protomyia*. La coloration générale est un brun
pâle avec quelques parties plus foncées, par exemple l'extrémité
de l'abdomen, le thorax et les cuisses.

La tête, imprimée en creux, est petite et presque ronde ; le
thorax court, élevé, un peu bombé en dessus, séparé du ventre
par une ligne verticale. L'abdomen est indiqué en dessus par une
ligne courbe plus foncée, et présente en dessous les traces de
quelques anneaux ; il se termine par deux tubercules. La cuisse,
qui se dessine en creux, est allongée, fusiforme et de même longueur que la jambe ; les articles du tarse sont peu distincts. Les
ailes, de couleur pâle, avec des nervures primitives bien marquées, ne dépassaient pas l'abdomen. Le bord externe et le
sommet sont arrondis. La nervure sous-marginale rencontre la
nervure marginale vers les deux tiers de la longueur de cette
dernière et émet un rameau qui aboutit près du sommet de
l'aile ; de ce rameau part en dessus une nervule oblique qui
gagne le bord externe à peu de distance de l'extrémité de la
sous-marginale, et en dessous une nervule verticale qui rejoint
l'interno-médiaire.

Cette espèce a pour analogues :

1° Une espèce nouvelle d'Aix en Provence, qui sera décrite
dans la 2ᵉ partie de ce travail.

2° *Protomyia amœna* Heer (1), d'OEningen.

Je la dédie à mon ami le docteur E. Sauvage.

PROTOMYIA GLOBULARIS Nobis.

(Pl. VI, fig. 7.)

Capite largo, oculis magnis ; thorace brevi et fusco ; abdomine
inflato flavescente.

	mm
Longueur totale	9
— de l'abdomen	6,5
Largeur de l'abdomen	2,5

Corent. — Collection E. Oustalet, un échantillon.

L'état de conservation de cet insecte laisse beaucoup à désirer ;
cependant on peut distinguer la tête, qui est quadrangulaire avec

---

(1) *Insektenfauna*, t. II, p. 237, pl. XVII, fig. 4.

une sorte de rostre en avant; les yeux gros et contigus; le thorax très-déformé et déjeté du côté droit; l'abdomen très-renflé dans sa région médiane, atténué à son origine et à son extrémité; enfin les pieds courts et velus, de même que le bord de l'aile. La couleur de la tête, du thorax et des pieds est un brun Van-Dyck; la teinte de l'abdomen est plus claire et interrompue par des zones blanches; les ailes sont jaunâtres.

Cette espèce est trop mal représentée pour que je puisse la comparer à aucune de celles qui ont été décrites; néanmoins un Bibionide des lignites de Rott, *Protomyia macrocephala* Heyd. (1), offre, avec les dimensions de mon espèce, une tête aussi singulièrement conformée.

PROTOMYIA BLANCHARDI Nobis.

(Pl. VI, fig. 5.)

Pallida. Capite cordiformi; thorace ovali; alis pellucentibus, abdomen fusiforme multum excedentibus.

	mm	
Longueur totale, sans les ailes........ ...	8	
— de la tête.............	0,50	
— du thorax...	1,25	
— de l'abdomen.	6,25	
— d'une aile...	8	environ.
Largeur de la tête.................	0,50	
— du thorax.................	1,25	
— de l'abdomen.	1,10	(max.)
— de l'aile.................	2	

Corent. — Muséum : un échantillon.

L'empreinte est presque incolore. La tête, le thorax, l'abdomen et une partie des pieds se dessinent en creux, tandis que les nervures des ailes se détachent en saillie.

La tête, cordiforme, présente en avant quelques vestiges des antennes, qui sont courtes, et sur les côtés les yeux, qui sont gros et proéminents.

Le thorax est ovoïde, et montre tout près de l'attache de l'aile une petite tache, qui indique sans doute un stigmate. L'abdomen, un peu brunâtre à l'extrémité, est allongé, fusiforme, sans anneaux bien marqués. Les ailes sont longues

_____
(1) C. et L. von Heyden, *op. cit.*, p. 23, pl. VIII, fig. 8.

et transparentes. Le bord postérieur est plus arrondi que le bord
antérieur, et le sommet légèrement acuminé. Les nervures primitives sont prononcées : la sous-marginale a la moitié de la
longueur de la marginale, dont elle s'écarte fort peu, et émet,
vers son dernier tiers, un rameau qui reste également parallèle
au bord externe et arrive juste au sommet. De ce rameau, et
à peu près du même point, partent, d'une part la nervule caractéristique des *Protomyia*, qui va rejoindre le bord antérieur, de
l'autre une nervule transverse oblique, dirigée en avant, qui se
jette dans la nervure externo-médiaire, à l'endroit même où
celle-ci se bifurque. La nervure interno-médiaire est divisée,
comme la précédente, un peu au delà de son milieu, et, à partir
de ce point, ses rameaux se courbent pour gagner le bord postérieur de l'aile. A travers l'aile droite on aperçoit par transparence les deux balanciers, à style allongé et à palette ovale. Les
pieds sont longs et grêles.

Cette espèce a quelque chose du *Protomyia jucunda* Heer (1),
d'OEningen et de Parschlug, mais lui est inférieure en grandeur.
Elle ne ressemble à aucune des espèces des lignites de Rott.

Je la dédie à M. E. Blanchard, membre de l'Institut, professeur au Muséum d'histoire naturelle.

PROTOMYIA RUBESCENS Nobis.

(Pl. IV, fig. 16 et 17.)

Fusca-rubescens. Capite parvo, nigrescente; oculis magnis; thorace
ovali pullo; abdomen elongatum ovatumque alis amplis parum exce
dentibus; pedibus gracillimis.

	mm
Longueur totale	8
— de la tête	0,50
— du thorax	2,25
— de l'abdomen	5,25
— de la jambe antérieure	1,75
— des tarses	1,75
Largeur du thorax	1,75
— de l'abdomen	2,25 (max.)

Corent. — Muséum : 3 échantillons.

(1) *Insektenfauna*, t. II, p. 234, pl. XVII, fig. 2, et p. 235, pl. XVII, fig.

La coloration de certains échantillons est rougeâtre, celle des autres d'un brun plus ou moins foncé. L'insecte est couché sur le flanc, les ailes repliées sous lui et dépassant légèrement l'abdomen. La tête, petite et noirâtre, est penchée, et sa face latérale est occupée presque entièrement par l'œil, qui est blanchâtre. Le thorax, de couleur brune, est ovoïde. L'abdomen, très-étroit à son origine, dilaté au milieu et rétréci de nouveau à l'extrémité, présente une coloration d'un brun Van-Dyck. Les anneaux médians sont très-distincts, presque égaux entre eux et cyathiformes; les premiers, à bords très-obliques, semblent recoupés en travers par des stries horizontales. Les pieds sont grêles; la jambe est un peu renflée à son extrémité inférieure, et les tarses ont tous leurs articles à peu près de mêmes dimensions, sauf le premier, qui est plus long que les suivants.

Cette espèce est un peu plus petite que *Protomyia latipennis* Heer(1), de Radoboj, qu'elle rappelle par la brièveté et la largeur de l'abdomen, plutôt que par la forme des ailes. On pourrait aussi la comparer, et avec plus de raison, à *Protomyia pinguis* Heyd. (2), et à *Protomyia hypogœa* Heyd. (3), des lignites de Rott.

PROTOMYIA FORMICOÏDES Nobis.
(Pl. IV, fig. 18, et pl. V, fig. 19.)

Fusca. Capite mediocri; thorace crasso, brevi; abdomen inflatum alis pallidis multum excedentibus.

	mm
Longueur totale, sans les ailes.....	6,50 à 7
— de la tête.	0,50
— du thorax.	1,50
— de l'abdomen..........	4,50 à 5
— de l'aile.................	6 environ.
Largeur de la tête.............	0,50 à 0,75
— du thorax............	1 à 1,75
— de l'abdomen..........	1,50 à 2

Corent. — Muséum : 2 échantillons.

Dans un premier échantillon, l'insecte est placé sur le ventre;

(1) *Insektenfauna*, t. II, p. 237, pl. XVII, fig. 5.
(2) C. et L. von Heyden, *op. cit.*, p. 24, pl. IX, fig. 4 et 5.
(3) *Op. cit.*, p. 23, pl. IX, fig. 10 et 11.
ARTICLE N° 3.

sa coloration générale est un brun-chocolat ; les ailes sont plus claires. La tête est médiocre, légèrement amincie en avant e séparée du thorax par une sorte de cou. Le thorax est épais, assez court et plus large en arrière qu'en avant. L'abdomen est renflé dans sa partie médiane et présente des anneaux recoupés transversalement par des stries horizontales. Les pieds sont menus, et les ailes dépassent de beaucoup l'abdomen. (Pl. IV, fig. 18.)

Dans un autre échantillon, l'insecte est couché sur le flanc. La tête semble plus large, plus quadrangulaire. Le thorax, vu de côté, est épais ; le dos légèrement voûté. L'abdomen est plus ramassé, plus ovoïde, et montre huit anneaux distincts. Les ailes sont aussi relativement un peu plus longues. Néanmoins l'aspect général et la coloration sont les mêmes, et les différences ne sont pas plus considérables que celles que présentent entre eux, dans le genre Bibion, les individus des deux sexes. (Pl. V, fig. 19.)

La taille de cette espèce est inférieure à celle de tous les *Protomyia* d'Aix, d'Œningen et de Radoboj, décrits par M. Heer (1), et se rapproche beaucoup, au contraire, de celle des *Protomyia* des lignites de Rott décrits par MM. C. et L. von Heyden (2), et en particulier de *Protomyia pinguis* Heyd. (3) et de *Protomyia stygia* Heyd. (4).

PROTOMYIA INCERTA Nobis.
(Pl. V, fig. 20 et 21, et pl. 1, fig. 16, *d*.)

Capite parvo ; thorace brevi, rotundo ; abdomine inflato et ovato.

		mm
Longueur totale.	6	à 6,25
— de la tête.		0,50
— du thorax. . . . . . . .0. . . .	1,25	à 1,50
— de l'abdomen.	3,50	à 4,50
Largeur de la tête.		0,50
— du thorax.	1	à 1,50
— de l'abdomen.	1,50	à 2

Corent. — Muséum : 3 échantillons. — Collection de M. Lecoq, un échantillon (?).

(1) *Insektenfauna*, t. II. — *Ueber die fossilen Insekten von Aix.*

(2) *Bibioniden aus d. rheinisch. Braunkohle von Rott.*

(3) *Op. cit.*, p. 24, pl. IX, fig. 4 et 5.

(4) *Op. cit.*, p. 24, pl. IX, fig. 1, 2, 3.

L'insecte est très-mal conservé, et ce n'est que sous toutes réserves que je le rapporte au genre *Protomyia*, dont il a cependant le port et la physionomie générale.

La tête, d'un brun Van-Dyck, est petite et inclinée dans un échantillon, plus large dans un autre. Le thorax, de même couleur que la tête, est presque sphérique. L'abdomen, de teinte plus claire, à sept ou huit anneaux, est légèrement échancré à son extrémité. On distingue à peine quelques vestiges des ailes.

J'attribue à la même espèce une petite Tipulaire privée de ses ailes, qui se trouve sur une plaque de calcaire marneux de la côte Ladoux, avec trois *Bibio Ungeri* Heer (collection de M. Lecoq). (Pl. I, fig. 16, *d*.)

Cette espèce, comme la précédente, se distingue par sa petitesse des *Protomyia* d'Aix, d'Œningen et de Radoboj, et ressemble davantage aux *Protomyia* des lignites de Rott.

C'est sans doute aussi au groupe des Bibionides qu'il faut rapporter quelques Diptères qui sont en très-mauvais état, pour qu'on puisse essayer de déterminer d'une manière plus précise leur place dans la série, et qui se trouvent, soit dans les collections du Muséum, soit dans celles de MM. Lecoq et Fouilhoux. Je me contenterai d'en donner une courte description :

Premier spécimen.

	mm
Longueur totale.	11,50
— de la tête	0,50
— du thorax	4,50
— de l'abdomen	7
Largeur du thorax et de l'abdomen.	3

Corent. — Collection du Muséum : un échantillon.

La coloration est brun foncé pour la tête et le thorax, brun clair pour l'abdomen. La tête est penchée, les pieds antérieurs repliés en avant.

Deuxième spécimen.

	mm
Longueur totale............	9
— de la tête...........	0,75
— du thorax.... 2,50 à 3	
— de l'abdomen......	5,75 (?)
Largeur du thorax...........	2,75 (?)
— de l'abdomen.	2

Corent. — Muséum : un échantillon.

La coloration générale est brune, plus foncée sur le thorax, qui est noirâtre, que sur le reste du corps. L'abdomen présente environ neuf segments.

Troisième spécimen.

	mm
Longueur totale..................	9 à 10
— de la tête et du thorax.....	2 à 3
— de l'abdomen. ,..........	6 à 7
— de l'aile.................	6 à 7
Largeur de l'abdomen........ ,....	2 environ.
— de l'aile..............	2,25

Authezat. — Collection de M. Lecoq, un échantillon.

Tête petite; thorax court; abdomen renflé dans son tiers postérieur, à huit anneaux distincts; pieds grêles; ailes pâles, atteignant à peine l'extrémité de l'abdomen. (Pl. IV, fig. 11.)

Quatrième spécimen.

	mm
Longueur totale............	9
— de l'abdomen.	6 à 7
— de l'aile.............	6 à 7
Largeur de l'abdomen........	2 à 3

Corent. — Collection de M. Fouilhoux, un échantillon.

Abdomen ovoïde; ailes étroites, à peine aussi longues que l'abdomen. (Pl. III, fig. 17.)

Un petit insecte à corps grêle, de 6 à 7 millimètres de long et de couleur noirâtre, qui se trouvait dans la collection de feu M. Lecoq, et que j'ai figuré pl. III, fig. 18, rappelle beaucoup, par sa forme, certains Mycétophiles décrits par M. Heer, et particulièrement *Mycetophila Orci* Heer (1), d'OEningen; *Mycetophila amœna* H. (2), *Mycetophila antiqua* H. (3), *Mycetophila nana* H. (4), et *Mycetophila pulchella* H. (5), de Radoboj.

Les larves des Mycétophiles vivent dans les Champignons charnus; les insectes parfaits se trouvent principalement dans les forêts.

DEUXIÈME SOUS-ORDRE. — BRACHOCÈRES.

PREMIÈRE TRIBU. — NOTACANTHES.

Trompe ordinairement retirée dans la bouche; lèvres terminales épaisses. Palpes souvent de trois articles, dont le troisième est globuleux.

Troisième article des antennes annelé; style nul ou apical.

Écusson ordinairement muni de pointes. Abdomen présentant le plus souvent cinq segments. Trois pelotes aux tarses.

> Cellule marginale des ailes confondue avec la stigmatique ou O.
> Cellule sous-marginale 2e souvent petite.
> Cinq cellules postérieures rayonnant autour de la discoïdale (6).

Première Tribu. — STRATIOMYDES (*Stratiomydes* Latr., Meig.).

Les Stratiomydes ont le corps ordinairement large, la lèvre supérieure échancrée, les mandibules faibles et les mâchoires fort réduites. Les palpes s'insèrent sur la trompe. Les antennes, beaucoup plus grandes que celles des Tabanides, ont leur troisième article le plus souvent à cinq ou six anneaux, et leur dernier article terminé par un style. Les yeux ont des facettes plus grandes dans la moitié supérieure que dans l'inférieure. L'abdomen est déprimé, souvent arrondi. Les nervures des ailes, peu distinctes, n'atteignent pas généralement l'extrémité (7).

---

(1) *Urwelt*, p. 394, fig. 317.
(2) *Insektenfauna*, t. II, p. 203, et pl. XV, fig. 14.
(3) *Ibid.*, p. 203, et pl. XV, fig. 15.
(4) *Ibid.*, p. 202, et pl. XV, fig. 13.
(5) *Ibid.*, p. 201, et pl. XV, fig. 12.
(6) Macquart, *Suites à Buffon*, t. I, p. 220.
(7) *Suites à Buffon*, t. I, p. 234.

ARTICLE N° 3.

Suivant Macquart, l'organisation des Stratiomydes est inférieure à celle des autres tribus de Notacanthes; pour lui, la présence du style, l'oblitération des nervures postérieures et l'absence apparente de la cellule marginale sont autant de signes
de dégradation.

Les Stratiomydes sont peu nombreux en espèces; mais ils présentent dans les détails de leur organisation des modifications
variées qui portent, tantôt sur la trompe, tantôt sur les antennes,
tantôt sur la forme du thorax, de l'abdomen ou de l'écusson,
quelquefois même sur le nombre des cellules postérieures des
ailes. A l'état adulte, ils se tiennent sur les fleurs ou sur le feuillage; les larves vivent dans l'eau, dans les bouses ou dans le
bois décomposé, et se transforment en nymphes dans leur propre
peau, qui conserve sa forme primitive.

Cette tribu est représentée à Aix par plusieurs espèces. M. Marcel de Serres indique un *Oxycera*, un *Sargus* et un *Nemoteius* (1).

PREMIER GENRE. — STRATIOMYIE.

STRATIOMYS Geoffr., Fabr., Latr., Meig. — MUSCA Linn.

Caractères. — Trompe courte et comprimée. Troisième
article des palpes peu renflé. Un sillon transversal au bas de la
face. Premier article des antennes beaucoup plus long que le
deuxième; troisième long, presque fusiforme, à cinq articles,
sans style. Jambes un peu renflées au milieu.

L'insecte adulte vit sur les fleurs. Suivant Macquart (2), il s'y
nourrit du suc des nectaires; suivant M. Blanchard, au contraire (3), il s'y repaît du sang de petits insectes. La larve, que
Swammerdam a fait connaître le premier, est aquatique et ne se
trouve que dans les eaux stagnantes. Son corps est ovale-allongé,
formé de douze segments recouverts d'une peau chagrinée et
susceptibles, dans la natation, de rentrer un peu les uns dans les

(1) *Notes géologiques sur la Provence*, p. 43.— Curtis, *Edinb. New Philos. Journ.*,
oct. 1829, pl. 6, n° 12.
(2) Macquart, *op. cit.*, t. 1, p. 242.
(3) Blanchard, *Métamorphoses des Insectes*, p. 648.

autres à la manière des tubes d'une lunette. La tête est petite, oblongue, ordinairement enfoncée dans le segment suivant ; la bouche est armée de deux crochets, de quatre petites pointes et de deux palpes élargis et garnis'de soies recourbées : le mouvement incessant de ces palpes détermine un courant d'eau qui amène dans la bouche les petits animaux dont la larve fait sa nourriture. L'extrémité du corps, fort amincie, se termine par une touffe de poils barbelés qui, dans la respiration, viennent s'épanouir à la surface de l'eau. En passant à l'état de nymphe, l'insecte se retire dans la partie antérieure de sa peau de larve, avec laquelle il flotte jusqu'au moment où il apparaît sous la forme de Mouche à deux ailes.

Les larves de *Stratiomys chamæleo* abondent pendant l'été dans les mares des environs de Paris, à la Glacière, à Gentilly, etc. M. Blanchard en a donné d'excellentes figures dans ses *Métamorphoses des insectes* (1) (voy. aussi pl. VI, fig. 8, 9 et 10). Le genre Stratiomyie compte sept espèces en Europe, quatre en Asie, et une dans l'Amérique du Nord (2).

STRATIOMYS HEBERTI Nobis.

(Pl. VI, fig. 11, 12, 13, 14.)

Larva longa, anteriore parte inflata, posteriore attenuata ; capite parvo, in annulo primo plerumque remoto, annulis sese involventibus.

	mm
Longueur totale.	30 à 40
— de la tête dans la protraction.........	4 à 5
— des anneaux moyens...............	3 à 4
Largeur de la tête......................	2 envir.
— des anneaux moyens.	5 à 6

Pontary.— Muséum : un échantillon.—Collection de M. Lecoq, 1 ou 2 échantillons. — Collection E. Oustalet, nombreux échantillons, 1869.

Cette espèce, dont j'ai recueilli un grand nombre de spécimens

(1) *Métamorphoses des Insectes*. Paris, 1868, p. 649.

(2) Macquart, *Diptères, Suites à Buffon*, t. I, p. 242 ; id., *Diptères exotiques*, t. I, 1re partie, p. 179 et 180.— Jeannike, *Stratiomydes d'Europe* (*Berlin. ent. Zeitschrift*, 10e Jahrg., 1866, p. 217-235).

ARTICLE N° 3.

à la base du puy de Corent, dans la partie qui regarde le domaine de Pontary, est si commune, qu'elle couvre des plaques entières de ses débris et donne à la roche un aspect chagriné fort caracté-ristique.

La forme de cette larve est exactement celle de la larve de *Stratiomys chamœleo*, Fabr. (1), et l'ornementation des anneaux est la même; elle consiste en une multitude de petites dépres-sions circulaires comme celles d'un dé à coudre, qui rendent les téguments semblables à une peau de chagrin. La taille seule dif-fère; en effet, les individus les plus gros de l'espèce fossile n'at-teignent que la moitié de la longueur de l'espèce actuelle.

L'adulte devait ressembler beaucoup à *Stratiomys chamœleo*, que l'on trouve au mois de mai sur les fleurs de l'Aubépine et du Populage, et en été sur les plantes aquatiques.

Je dédie cette espèce à mon savant maître M. Hébert, profes-seur à la Faculté des sciences de Paris.

LÉPIDOPTÈRES.

PREMIER SOUS-ORDRE. — NOCTURNES.

CHALINOPTÈRES Blanch.

PREMIÈRE TRIBU. — NOCTUÉLIENS (*Noctuacea* Eul.).

Antennes sétacées, simples ou légèrement pectinées. Palpes dépassant un peu le bord du chaperon. Trompe moyenne, très-distincte. Corps robuste (2).

PREMIER GENRE. — NOCTUITES Heer (3).

Ce genre a été établi par M. Heer pour deux espèces de Ra-doboj, *Noctuites Haidingeri* H. (4) et *Noctuites effossa* (5).

M. Marcel de Serres indique une espèce du genre *Noctua* dans les marnes tertiaires d'Aix en Provence (6).

(1) Macquart, *Suites à Buffon*, t. I, p. 243, et pl. VI, fig. 4.
(2) Blanchard, *Histoire des Insectes*, t. II, p. 323.
(3) *Insektenfauna*, t. II, p. 185.
(4) *Insektenfauna*, t. II, p. 185, et pl. XIV, fig. 9.
(5) *Insektenfauna*, t. II, p. 186, et pl. XIV, fig. 10.
(6) *Notes géologiques sur la Provence*, p. 41.

L'ambre a fourni également quelques espèces indéterminées du même groupe (1).

NOCTUITES INCERTISSIMA Nobis.

(Pl. I, fig. 18.)

Brunnea. Abdomine crasso ; alis obscuris et strictis.

Longueur du corps incomplet.. 10 à 11 millimètres.
—   de l'aile supérieure... 6 à 7

Collection de M. Lecoq (dusodyle), un échantillon.

L'abdomen, de couleur noirâtre, est assez volumineux. Les ailes sont obscures, allongées, élargies au bout et coupées obliquement. L'aile inférieure est sans doute reployée et paraît moins large qu'elle ne l'est en réalité. La forme de l'abdomen et celle de l'aile supérieure rapprochent cet insecte du genre *Noctua*.

CHAPITRE IV.

RÉSULTATS FOURNIS PAR L'ÉTUDE DES INSECTES FOSSILES DE L'AUVERGNE. — CLIMAT ET VÉGÉTATION DE CETTE CONTRÉE VERS LE MILIEU DE LA PÉRIODE TERTIAIRE.

Pour établir la faune entomologique dont je viens de donner la description, je n'ai pas étudié moins de cent échantillons, que j'ai recueillis moi-même dans un voyage en Auvergne, ou que j'ai trouvés réunis dans les collections de MM. Lecoq et Fouilhoux, à Clermont-Ferrand, et dans les galeries du Muséum d'histoire naturelle de Paris. Je suis arrivé ainsi à un total de 49 espèces, dont quelques-unes sont très-douteuses, tandis que les autres, et c'est le plus grand nombre, présentent tout le degré de certitude que l'on est en droit d'exiger d'une espèce fossile. Or, parmi ces 49 espèces, deux seulement se retrouvent dans la faune de Radoboj, et une dans la faune d'OEningen; toutes les autres n'ont, avec les Insectes fossiles décrits par MM. Heer, Unger, Germar, von Heyden, etc., que des analogies plus ou

(1) Gravenshorst, *Uebersicht d. Arbeit. der sch. Gesellsch.*, 1834; p. 92.
ARTICLE N° 3.

moins faciles à distinguer. Je n'ai pas manqué de signaler ces
analogies toutes les fois que cela était possible, et, d'après ce que
j'ai dit, il est facile de voir que c'est avec la faune de Radoboj,
et ensuite avec celle des lignites du Rhin, que la faune entomologique de l'Auvergne présente le plus d'affinités. En effet, sur
49 espèces, onze au moins ressemblent d'une manière frappante
à des espèces de Radoboj, huit à des espèces de Rott, sept à des
espèces d'OEningen ; quelques-unes enfin ont des traits communs avec des types de deux gisements différents. Les rapports
semblent beaucoup moins prononcés entre la faune de Corent et
celle d'Aix en Provence ; mais cela tient uniquement à ce que
cette dernière faune n'est encore que très-imparfaitement connue ;
car j'ai déjà pu constater, et je le montrerai dans la deuxième
partie de ce travail, en décrivant un assez grand nombre
d'espèces nouvelles, que les points de contact ne manquent pas
entre les faunes de ces deux gisements. Ces résultats, obtenus
par l'étude paléontologique des espèces, abstraction faite de
toute considération géologique, justifient la place que j'ai été
conduit à attribuer aux calcaires marneux de l'Auvergne dans
l'étage aquitanien, à peu près au niveau des lignites du Rhin, un
peu au-dessus des gypses d'Aix, et plus près de Radoboj que
d'OEningen.

Si maintenant nous recherchons comment les Insectes fossiles
de l'Auvergne se répartissent entre les différents ordres, nous
trouvons les chiffres suivants :

Coléoptères....................... 10 ou 11 (1)
Orthoptères...................... 1
Névroptères. 5
Hyménoptères.................... 2
Diptères......................... 30
Lépidoptères..................... 1
Hémiptères....................... 0

Ce qui ressort immédiatement de ce tableau, c'est l'absence
complète des Hémiptères, qui doit provenir des conditions
mêmes dans lesquelles se sont formés les dépôts de calcaire ou

(1) *Recherches sur le climat et la végétation du pays tertiaire*, p. 197.

de lignite, et l'abondance extraordinaire des Diptères, et en particulier des Tipulaires fongicoles. Ce dernier trait nous frappe
également dans la faune de Radoboj, dans celle d'Aix en Provence, et surtout dans celle des lignites du Rhin, où les deux
genres *Bibio* et *Protomyia* constituent une forte majorité.

Il ne serait pas moins intéressant d'établir la part qui revient à
chaque ordre d'Insectes dans les différentes faunes de la période
tertiaire. M. Heer avait essayé de dresser ce tableau pour les gisements d'OEningen, de Radoboj, de Parschlug, des lignites de
Bonn, de Sieblos, d'Aix en Provence, ainsi que pour la molasse
de la Suisse (1); mais, grâce aux progrès que fait chaque jour la
connaissance des Insectes fossiles, les chiffres qu'il a donnés ne
sont plus exacts aujourd'hui, au moins pour un certain nombre
de localités. En effet, dans des mémoires récents (2), MM. C. et
L. von Heyden ont encore décrit une soixantaine de Coléoptères
et une trentaine de Diptères des lignites du Siebengebirge, et
ils ne tarderont pas sans doute à s'occuper des Insectes fossiles
appartenant aux autres ordres que l'on a pu recueillir dans la
vallée du Rhin; je connais aussi un certain nombre d'espèces
nouvelles d'Aix en Provence, que je décrirai et que je figurerai
dans la deuxième partie de ce travail : de telle sorte que quelques-
uns des chiffres fournis par M. Heer dans ses *Recherches sur le
climat et la végétation du pays tertiaire* (3) devront être sensiblement modifiés. Je ne prends donc comme termes de comparaison que les faunes d'OEningen, de Radoboj, de Parschlug et
de la molasse de la Suisse, et, en les mettant en parallèle avec
celles de Corent (4), de Menat et de Saint-Gérand le Puy, j'ob-
tiens le tableau suivant :

(1) En tenant compte des élytres de Coléoptères trouvées à Menat par M. Heer.

(2) *Käfer und Polypen aus der Braunkohle des Siebengebirges* (ex. *Palæontographica*,
XV). Cassel, 1866. — *Bibioniden aus der Rheinischen Braunkohle von Rott*, 1865.

(3) Page 197.

(4) Sous le nom de faune de Corent, je comprends les Insectes des calcaires marneux en général.

	ŒNINGEN.	MOLASSE de la Suisse.	RADOBOJ.	PARSCHLUG.	CORENT.	MENAT.	ST-GÉRAND.
Coléoptères...	518	26	42	7	9	2	»
Orthoptères...	20	»	13	2	»	1	»
Névroptères...	27	2	20	1	2	»	2
Hyménoptères.	80	1	85	2	2	»	»
Lépidoptères..	3	»	8	»	1	»	»
Diptères.....	63	1	83	2	30	»	»
Hémiptères...	133	3	61	»	»	»	»
	844	33	312	14	44	3	2

Il ressort de là que les Diptères sont dans la proportion de 1 ½ p. 100 à Parschlug, de 3 p. 100 dans la molasse de la Suisse, de 7 p. 100 à Œningen, de 26 p. 100 à Radoboj, et de 68 p. 100 à Corent. Cette dernière proportion est énorme, surtout si l'on réfléchit à l'extrême délicatesse de ces petits êtres !

En revanche, les Fourmis, qui constituent à Radoboj 57 espèces, dont une seule (*Formica occultata*) compte jusqu'à 500 individus, les Fourmis, dis-je, font totalement défaut à Corent, et les larves de Libellules y sont très-rares, tandis qu'elles couvrent des bancs tout entiers dans les carrières d'Œningen : elles semblent remplacées en Auvergne par les larves d'une espèce de Stratiome, qui sont extrêmement fréquentes à un certain niveau, avec des valves de *Cypris*. Quant aux Coléoptères, ils sont relégués au deuxième plan, comme à Radoboj. Ce sont pour la plupart des Insectes terrestres et phytophages, et ils appartiennent principalement à la grande famille des Rhynchophores. Toutefois il importe de tenir compte des élytres de Bupreste que M. Heer a eu la bonne fortune de découvrir dans les lignites de Menat (1).

En examinant la faune de Corent sans idée préconçue, on reconnaît immédiatement qu'elle n'a pu être ensevelie sous des eaux profondes : en effet, si la masse d'eau avait été considérable, les Tipulaires qui y seraient tombées auraient flotté long-

(1) *Recherches sur le climat et la végétation*, p. 117.

temps à la surface, en vertu de leur légèreté même, et s'y seraient décomposées avant d'être enfouies dans la vase du fond.
Pour que des Insectes aussi délicats aient été conservés avec leurs
pieds et leurs ailes, il faut qu'ils aient été immédiatement recouverts par une couche marneuse, bientôt après solidifiée. Je sais
bien que Corent se trouve précisément près des rives de cet ancien lac que M. Lecoq appelle le Léman d'Auvergne, et dont sir
Ch. Lyell a essayé de tracer le contour (1), et que, par conséquent, les eaux pouvaient avoir moins d'épaisseur en ce point
que dans le milieu du bassin. Cette situation particulière de Corent justifierait même jusqu'à un certain point la présence dans
les couches marneuses de débris végétaux et de Coléoptères terrestres; mais elle n'expliquerait pas encore le phénomène dont
je parlais, même en supposant que la sédimentation ait été
extrêmement rapide, grâce aux nombreux apports des sources
calcarifères (2). C'est sans doute pour cela que M. Lecoq avait
admis l'existence d'un ancien marais aux environs de Plauzat,
dans l'endroit qui porte encore aujourd'hui le nom de *Narse*.
Mais s'il y avait à la place où s'élève aujourd'hui le puy de Corent un marais de quelque étendue, pourquoi n'y trouve-t-on ni
Nèpes, ni Naucores, ni Ranatres? Pourquoi les Dytiques et les
Hydrophiles, si fréquents dans les eaux douces de l'époque actuelle, ne sont-ils représentés dans les couches que j'étudie que
par deux espèces de petite taille? Pourquoi les larves de Libellules
sont-elles si rares? Pourquoi enfin les débris végétaux, au lieu
d'être également distribués dans toute la masse des calcaires
marneux, sont-ils, au puy de Corent du moins, accumulés de
préférence à certains niveaux, comme s'ils avaient été apportés
par des cours d'eau ou des pluies torrentielles? Ce sont là des
questions auxquelles il est assez difficile de répondre; cependant
il me semble que les faits s'expliqueraient plus aisément si l'on
admettait l'existence aux environs de Corent et d'Authezat, pen-

---

(1) *Manuel de géologie élémentaire*, t. I, fig. 176.

(2) Les larves des Stratiomes de l'époque actuelle ne fréquentent que les eaux stagnantes et *peu profondes;* et les *Stratiomys* de la période tertiaire avaient sans doute
les mêmes habitudes. (Voyez Blanchard, *Métamorphoses des Insectes*, p. 648.)

ARTICLE N° 3.

dant une partie de la période tertiaire, d'une plage basse et ma-
récageuse qui s'étendait jusqu'à l'ancien lit de l'Allier, et que ce
fleuve ou le cours d'eau qui le remplaçait inondait périodiquement en la recouvrant de son limon. Je ne dis pas, assurément,
qu'il n'y a pas eu à la même époque, sur d'autres points de la
Limagne, un lac ou des étangs, mais je crois que la formation
du puy de Corent est moins une formation lacustre qu'une formation palustre, à laquelle ont contribué pour une large part
les sources calcarifères et bitumeuses (1).

Cette hypothèse ne nous fait pas seulement comprendre comment la faune de Corent a pu se conserver jusqu'à nous, elle nous
donne encore la raison des lacunes qu'elle présente et de sa composition toute particulière. En effet, si tous les Coléoptères que
j'ai décrits, sauf deux espèces, sont terrestres et font partie de
la grande famille des Curculionides, plusieurs d'entre eux appartiennent à des genres qui se plaisent dans le voisinage des
eaux ou sur les plantes aquatiques (ex. : *Cleonus, Bagous*). C'est
aussi dans les lieux humides que l'on trouve presque exclusivement les Tipulaires de la famille des Bibionides, dont les larves
vivent dans la terre et dans les détritus végétaux. Cette année
même j'ai rencontré un grand nombre de ces Insectes à Choisy-
le-Roi, sur les bords de la Seine; ils étaient posés sur des plantes
croissant dans un terrain bas et marécageux, que les eaux du
fleuve recouvrent fréquemment.

Tout le monde sait qu'après les inondations, les eaux séjour-
nent dans les dépressions du rivage, et qu'il se forme une foule
de petites mares, tantôt isolées, tantôt reliées entre elles et avec
le fleuve par de petits ruisseaux; dans ces canaux et dans ces
étangs en miniature il ne tarde pas à se développer toute une
population de Poissons, de Crustacés et d'Insectes aquatiques.
Les choses devaient se passer exactement de la même manière à
Authezat et à Pontari, car on découvre dans le calcaire marneux,
non-seulement des Poissons de petite taille, qui peuvent sans

_____

(1) Cette opinion est à peu près la même que celle qui a été émise par M. Jobert.
Voy. chap. ii.)

doute être rapportés au genre *Lebias*, mais des myriades de *Cypris* analogues à ceux qui pullulent dans nos tonneaux d'arrosage, de nombreuses larves de Stratiomes presque identiques avec celles des marais de Gentilly et de la Glacière, quelques larves de Libellules, un petit Dytique et un petit Hydrophile : ce dernier appartient même au genre *Laccobius*, communément répandu dans les eaux stagnantes, à travers toute l'Europe actuelle.

De même aussi que, de nos jours encore, les torrents grossis par les pluies d'orages entraînent avec eux des feuilles et des morceaux de branches, et vont accumuler dans les bas-fonds ces matériaux qui se décomposent en une tourbe noirâtre et fangeuse; de même en Auvergne, à certains moments, les eaux ont entassé des débris végétaux que la pression a transformés en dusodyle. C'est entre les feuillets de cette roche papyracée qu'on a recueilli quelques empreintes d'un Bibion que j'ai décrit sous le nom de *Bibio Edwardsii*, et qui est peut-être l'espèce la mieux conservée de toutes celles que l'on a signalées jusqu'à ce jour. C'est là également que se trouve un Poisson auquel on a donné le nom de *Cobitopsis;* ce n'est autre chose qu'une espèce de Loche. Or, c'est là précisément dans les étangs que se tient une espèce actuelle du genre Loche, la Loche d'étang, *Misgurne*, Lacép., *Cobitis fossilis* Linn. Cette espèce a même l'habitude de s'enfoncer dans la vase, où elle peut vivre quelque temps, alors même que le marais est desséché, c'est-à-dire qu'elle passe son existence dans un milieu complètement identique avec celui qui renferme les restes de l'espèce fossile. Il y a là, on en conviendra, une coïncidence fort remarquable.

Au moment de la période tertiaire que j'envisage, la disposition du sol devait être à peu près la même à la côte Ladoux, sur la route de Riom à Clermont, et à la montagne de Gergovia. Seulement, dans cette dernière localité, les eaux qui ont donné lieu aux dépôts calcaires et marneux étaient sans doute moins riches en débris organiques, car la roche est de couleur claire, jaunâtre, bleuâtre ou verdâtre, et toujours unie et douce au toucher. Les empreintes de feuilles y sont extrêmement abondantes, particulièrement dans le gisement de Merdogne, sur lequel M. Croizet a depuis longtemps appelé l'attention des paléontologistes (1). Ces empreintes sont si nettes, que l'on distingue non-seulement les nervures des feuilles, mais encore les maladies dont quelques-unes étaient atteintes. Malheureusement les débris d'Insectes sont extrêmement rares dans ces marnes, et je ne puis guère citer qu'une empreinte de Curculionide (*Brachycerus*) et une empreinte très-incomplète provenant peut-être d'un Diptère.

Les calcaires à Phryganes se relient d'une manière si intime aux calcaires marneux, avec lesquels ils alternent fréquemment, qu'on doit les considérer moins comme une formation distincte que comme des accidents locaux, résultant de circonstances particulières. Ces circonstances sont, d'une part, l'émission de nombreuses sources calcarifères, de l'autre le développement prodigieux d'une ou de deux espèces de Phryganes qui construisaient leurs tubes avec de petites Paludines. Dans la nature actuelle, les deux espèces de Phryganes, dont l'étui présente assez souvent la même structure, savoir : la Phrygane rhombifère (*Phr. rhombica* Lin.) et la Phrygane à antennes fauves (*Phr. flavicornis* Fabr.), se tiennent toutes deux dans les eaux tranquilles, dans les étangs et dans les fossés le long des chemins ; suivant M. Pictet (2), on ne les trouve que fort rarement dans les ruisseaux. Il est naturel de supposer que les espèces tertiaires du même genre vivaient dans des conditions analogues, d'autant plus que des eaux dormantes, que l'évaporation et l'apport constant des sources calcarifères saturaient rapidement de carbonate de chaux, étaient bien plus favorables que des eaux courantes à l'accumulation des tubes et à leur incrustation.

Quant aux lignites de Menat, qui datent, soit de la même époque que les calcaires marneux, soit d'une époque légèrement postérieure, leur structure seule dénote leur origine. Leur mode de formation devait être à peu près le même que celui de la tourbe, tel qu'on peut l'observer de nos jours, soit dans la vallée d'Urbès, près de Saint-Amarin (Haut-Rhin), soit au Narbief, sur le pla-

(1) *Bulletin de la Société géologique de France*, 1836, t. VII, p. 104 et 126.
(2) *Recherches pour servir à l'histoire et à l'anatomie des Phryganides*, p. 150 et 152.

teau du Russey (Doubs). Supposons que les eaux de la vallée de
Menat, au lieu de s'écouler librement, comme cela se fait maintenant, par l'intermédiaire du petit ruisseau de la Mer dans la
Sioule, et de là dans l'Allier ; supposons, dis-je, que ces eaux aient
rencontré dans leur cours, à l'issue même de la vallée, un obstacle,
une digue naturelle ; elles se sont accumulées dans la dépression
creusée au milieu des micaschistes, et n'ont pas tardé à former
un petit étang, autour duquel s'est développée une végétation
luxuriante. Peu à peu l'argile arrachée aux roches environnantes
par les pluies torrentielles, et les débris provenant des plantes qui
croissaient sur les bords, ont exhaussé le fond du bassin, et, grâce
à ces matériaux étrangers et à l'évaporation qui s'est activée pendant la saison chaude, ce dernier s'est trouvé un jour complétement à sec. C'est alors que les feuilles et les Insectes tombés des
arbres voisins, ainsi que les Poissons qui vivaient dans l'étang, ont
pu laisser leur empreinte sur la vase encore molle. Mais, avec une
autre saison, les pluies ont rendu au bassin son ancien aspect et ont
permis à la même série de phénomènes de se reproduire, jusqu'à
ce qu'enfin l'obstacle qui fermait la vallée ayant disparu, ou la
pente de celle-ci s'étant accrue par suite d'une éruption volcanique, il s'est produit un drainage naturel qui a fait disparaître
à tout jamais l'étang de Menat. Du reste, comme preuves de leur
origine, les lignites renferment non-seulement des myriades
d'Infusoires siliceux qui rendent cette roche susceptible de se
transformer en un véritable tripoli, mais encore çà et là les
restes d'un Poisson dans lequel on a cru reconnaître *Cyprinus
papyraceus*, du lignite papyracé de Geistinger Busch, dans le
Siebengebirge. Or on sait que l'espèce la plus vulgaire (*Cyprinus
Carpio* Lin.) se tient très-souvent dans la vase des étangs, où
elle se nourrit de racines pourries, d'insectes, de vers, etc.

　　Des phénomènes du même ordre ont dû s'accomplir, à l'é-
poque correspondante, dans les petits bassins du Puy et de l'Emblavès, ainsi que dans le bassin de la Loire ; mais je n'ai pas
assez étudié les dépôts tertiaires de ces diverses régions pour en
parler avec quelques détails. Je me contenterai d'ajouter que les
Insectes fossiles signalés par M. Aymard dans le bassin du Puy

présentent avec ceux de Corent une analogie fort remarquable,
et appartiennent, sinon aux mêmes espèces ou aux mêmes genres,
du moins aux mêmes familles. En effet, M. Aymard cite (1):

COLÉOPTÈRES.

HYDROCANTHARES..........	1.	*Necticus polustris* Aym.
	2.	*Necticus minutus* Aym.
CURCULIONIDES...........	1.	*Akulosamphus montanus* Aym.

NÉVROPTÈRES.

LIBELLULIDES...........	1.	*Megasemum ronzonense* Aym.

DIPTÈRES.

TIPULAIRES FONGICOLES....	1.	*Dichaneurum infossum* Aym.
	2.	*Dich. primœvum* Aym.
TABANIENS.............	1.	*Æmodipus hornensis* Aym.

Et il ajoute : « Toutes ces espèces fréquentaient les lieux
humides. » Je suppose que les deux espèces d'Hydrocanthares
correspondent à mes deux espèces de Coléoptères aquatiques
(*Eunectes* et *Laccobius*), et que les deux espèces de Tipulaires
fongicoles sont plutôt des Tipulaires floricoles du groupe des
Bibionides. La question demande, du reste, un examen plus
approfondi.

Parmi les Crustacés, M. Aymard mentionne également *Cypris
faba*, cette espèce qui couvre au puy de Corent des couches
entières de ses débris.

En résumé, je crois que, à l'époque aquitanienne, les bassins
de la Loire et de l'Allier étaient occupés en majeure partie par
deux larges cours d'eau qui répondaient assez bien à la Loire et
à l'Allier et suivaient la même direction; toutefois, en raison de
leur faible pente et du volume de leurs eaux, ces fleuves ressem-
blaient alors à de véritables lacs. Lorsqu'ils étaient grossis par des
pluies torrentielles, ils inondaient les campagnes environnantes,
et, après chaque débordement, l'eau séjournait dans les dépres-

---

(1) *Rapport sur les collections de M. Pichot-Dumazel* (Congrès scientifique de
France, 22e session).

sions du sol et y formait autant de lacs et de marécages. Ceux-ci se desséchaient pendant la saison chaude, et ces alternatives de sécheresse et d'humidité avaient pour conséquence une grande exubérance de végétation et un développement extraordinaire des Coléoptères phytophages et des Tipulaires floricoles.

Si nous reportons maintenant nos regards sur la nature actuelle, et si nous interrogeons les écrits des voyageurs, nous trouvons que, de toutes les régions du globe, le Brésil est une des seules qui nous présentent encore cette disposition particulière du sol et ces conditions de vie pour les êtres organisés. En effet, dans cette vaste contrée, il est un fleuve, le Marañon ou fleuve des Amazones, qui mesure environ 5400 kilomètres de long, 3 à 5 kilomètres de large dans sa partie supérieure, et 240 kilomètres au moins à son embouchure. Sa profondeur moyenne est, dit-on, de 325 mètres, et sur certains points elle n'a pu être mesurée. Ce fleuve, formé par la réunion du rio Solimoens et du rio Negro, reçoit une foule d'affluents, et ses bords sont sillonnés par une quantité de canaux ou *purus*, dont quelques-uns communiquent avec de petits lacs situés au milieu d'épaisses forêts. Près de l'embouchure les Mangliers enfoncent dans l'eau leurs faisceaux de racines, tandis que plus haut, sur les bords mêmes du fleuve et le long des canaux, croissent de toutes parts des Alismacées, des Aroïdées (*Dracontium polymorphum*), des Bambous, des *Cecropia* (*C. palmata* et *C. concolor*), et des Fougères arborescentes. Les Palmiers (*Mauritia flexuosa*, *Manicaria saccifera*, *Attalea speciosa*, *Euterpe edulis*, *Moximiliana regia*, *Metroxylon*, etc.) élèvent vers le ciel leurs panaches de feuillage, et les Avocatiers (*Laurus Persea*), les Calebassiers (*Crescentia Cajepui*), les Buttnériacées (*Bertholletia excelsa*), les Salsepareilles (*Smilax salsaparilla*), mêlés à des Chênes et à des Acacias, forment des forêts touffues à l'ombre desquelles croissent de gigantesques Euphorbes (*Hura crepitans*), des *Bignonia*, des *Bromelia*, des Orchidées aux formes bizarres et des Lianes gigantesques du groupe des Passiflores. Ces forêts vierges sont habitées par des Quadrupèdes de toute espèce, des Singes (*Jacchus pygmæus*, *Eriodes arachnoïdes*), des Paresseux (*Bradypus*), des Jaguars, des Tapirs, des Pécaris, des Fourmiliers, et par des Oiseaux au riche plumage, des Hoccos, des Faisans opisthocomes, des Couroucous (*Trogon Couroucou*), des Perroquets, des Tangaras. On y rencontre aussi, principalement dans les endroits marécageux, des Serpents, comme le *Sucuruyu*, qui atteignent plus de vingt pieds de long. Au bord du fleuve se tiennent des Hérons, des Ibis, des Vautours (*Sarcoramphus Papa*); des Tortues se traînent sur le sable du rivage. Dans les eaux nagent des Crocodiles et de nombreux Poissons, des Silures, des Brèmes, des Ablettes, et les moindres canaux sont peuplés de Gyrins, d'Hydrocorises et de Crustacés aquatiques.

Tel est, en peu de mots, le tableau que nous offrent les bords du Marañon, du rio San-Francisco, et en général de tous les grands fleuves de l'Amérique du Sud. Pour plus de détails à ce sujet, je renverrai aux récits des voyageurs qui ont visité cette contrée. Mais il est un point de leurs descriptions sur lequel j'appellerai particulièrement l'attention : je veux parler des crues périodiques que subissent les fleuves du Brésil et qui élèvent leurs eaux à plusieurs pieds au-dessus de leur niveau habituel. Dans le Marañon, ces causes se produisent principalement en décembre et en janvier (1), pendant la saison des pluies ; les eaux sont extrêmement basses, au contraire, pendant la saison sèche, et il en résulte que certains lacs, comme le lac Coary, qui offrent pendant sept à huit mois de l'année un fond de cinq à six brasses, ne sont plus représentés à la canicule que par un étroit canal sans communication avec le fleuve des Amazones; la vase reste alors à découvert, et occasionne des fièvres dans toute la région environnante (2).

Dans les pays tropicaux, la sécheresse agit sur les plantes et sur les Insectes de la même manière que l'hiver dans nos contrées; elle arrête la végétation, et par suite elle enlève aux Insectes leurs moyens d'existence (3). A Rio-de-Janeiro, sous le

(1) Agassiz, *A Journey in Brazil.* Boston, 1868.

(2) Paul Marcoy, *Voyage de l'océan Pacifique à l'océan Atlantique*, 1848-1860 (*Tour du monde*, t. XV, livr. 372-375, et t. XVI, livr. 398-401).

(3) *Mémoire sur les habitudes des Coléoptères de l'Amérique du Nord* (*Ann. des sc. nat.*, 1re série, t. XX).

tropique du Capricorne, les Insectes apparaissent avec les premières pluies, et croissent avec elles, de telle sorte que les deux mois les plus humides de l'année, janvier et février, sont aussi les plus riches en Insectes. Ces animaux diminuent en avril, et pendant la saison sèche, de mai à la fin d'août, on ne trouve plus guère sous les pierres et sous les écorces que des Carabiques et des Mélasomes (1).

On voit par là que de nos jours encore il y a des contrées qui présentent un climat tel que celui que j'attribue à l'Auvergne au commencement de la période miocène; ce n'est donc pas faire une supposition bien téméraire que d'admettre que Corent, Gergovie et les autres gisements de la Limagne ont subi autrefois de ces alternatives d'humidité et de sécheresse, dont les conséquences immédiates étaient le développement, puis la disparition de certaines familles d'Insectes, et en particulier des Tipulaires floricoles.

Il n'en résulte pas qu'il y ait une parfaite conformité au point de vue de la flore et de la faune entre le Brésil actuel et l'Auvergne tertiaire; ces deux régions sont séparées l'une de l'autre par une trop grande distance dans le temps comme dans l'espace pour qu'il n'y ait pas entre elles des différences considérables. Je ne saurais m'étendre sur ce sujet sans sortir des bornes que je me suis tracées; d'ailleurs la flore de l'Auvergne nous est encore trop peu connue pour qu'on puisse en tirer des considérations générales. Au puy de Corent les débris de plantes sont peu nombreux, et je n'en possède que quelques empreintes; il serait intéressant toutefois de rechercher si l'on ne trouverait pas, parmi ces échantillons, quelques restes d'un Saule analogue à *Salix Humboldtiana*, espèce que M. Agassiz a rencontrée sur les plages émergées du rio Solimoens (2).

A Gergovia, au contraire, les empreintes de feuilles sont extrêmement abondantes, et M. Pomel cite, dans le gisement

(1) *Introduction à l'Entomologie*, par Lacordaire (*Géographie des Insectes*, § 2).
(2) *Voyage au Brésil*, 1865-1866, publié par le *Tour du monde*, t. XVIII, livr. 458 à 461.

ARTICLE N° 3.

de Merdogne (1) : *Phyllites cinnamomifolia*, un *Comptonia* voisin de *C. acutiloba* (Ad. Brongn.), des lignites de Comothan en Bohême, un *Potamogeton*, un Érable nouveau, une Fougère, des feuilles de Saules, de Platanes, de Protéacées, des fleurs de Graminées, un fruit désigné sous le nom de *Carpolithes thalictroides*, des gousses et des feuilles pennées d'un *Gleditschia* (d'après M. Lecoq); plusieurs fruits d'un Pin, qu'on rencontre aussi à Corent, dans les marnes à dusodyle, et enfin de nombreuses tiges de *Chara*.

Il faut ajouter à cette liste trois fruits communément répandus dans les calcaires marneux des environs de Clermont : l'un se rapporte, suivant M. Brongniart, à un genre particulier de Malvacées, l'autre est attribué par le docteur J. Chatin à une Ombellifère; le troisième enfin, *Carpinus macroptera*, Brongn., ressemble un peu au fruit du Charme d'Europe, *Carpinus Betulus* L.

Les plantes fossiles de Menat ne sont ni moins variées ni moins bien conservées que celles de Gergovia. M. Lecoq, dont la science déplore la perte récente, en avait réuni une superbe collection, et j'en ai recueilli moi-même de nombreux échantillons, de sorte qu'un jour on pourra dresser le tableau complet de la flore de cette localité. M. Heer nous fournit déjà quelques renseignements sur ce sujet (2). Sur 23 espèces, dit-il, il y en a 8 nouvelles fort intéressantes, et 20 qui se retrouvent dans d'autres gisements ; celles-ci appartiennent à une catégorie de plantes qui forment pour ainsi dire le fond de la végétation miocène. Parmi les espèces fossiles, les unes (*Sequoia Langsdorfii, Quercus lonchitis, Cinnamomum lanceolatum, Diospyros brachysepala, Eucalyptus oceanica*) ont leurs analogues de nos jours en Californie, au Mexique, au Japon, à la Nouvelle-Orléans ou en Australie, tandis que d'autres présentent des types qui maintenant sont particuliers à l'Amérique tropicale et au Brésil. Tels sont : *Smilax sagittifera, Ficus tiliœfolia, Cassia Berenices, Acacia parschlu-*

---

(1) Pomel, *Ann. sc. et littér. de l'Auvergne*, 1842, t. XV, p. 170. — Lecoq, *Époques géologiques*, t. II.

(2) *Recherches sur le climat et la végétation du pays tertiaire*, p. 116.

giana, etc. Cette végétation diffère totalement de celle qui couvre
aujourd'hui la place occupée jadis par l'étang de Menat.
En effet, au lieu de ces formes exotiques, on ne distingue plus,
parmi les arbres et les arbustes qui ombragent le petit ruisseau de
la Mer, que des Chênes, des Ormes, des Érables, des Frênes,
des Aulnes, des Noyers, des Peupliers, des Cerisiers, des Ronces
et des Aubépines.

L'étude de la faune fossile de l'Auvergne, très-avancée maintenant, grâce aux travaux de MM. Pomel, Aymard, Alph. Milne
Edwards, etc., conduit aux mêmes résultats. On y constate la
présence dans les mêmes gisements de types qui appartiennent
de nos jours à des faunes très-diverses et souvent très-éloignées
l'une de l'autre. C'est ainsi que M. Pomel trouve (1), parmi les
Rongeurs, à la fois des formes européennes (*Steneofiber*, *Myarion*
et *Lagodus*) et des formes sud-américaines (*Archœomys*, *Pola-
nœma*); de même, parmi les bêtes de proie, qui sont de taille
moyenne, il cite un Carnassier de la division des Marsupiaux ;
enfin, à côté des Tapirs, se trouvent un Dinothérium et un
Mastodonte. Les Oiseaux sont surtout des Échassiers et des Palmipèdes ; cependant il y a aussi quelques Rapaces. Les Reptiles
semblent avoir des affinités plus prononcées que les animaux des
autres classes avec des espèces ou des genres de l'Amérique
du Sud. Les Mollusques, dont on trouvera le catalogue dans
Bouillet (2) ou dans les *Époques géologiques* de M. Lecoq (3),
sont extrêmement nombreux, et pourront fournir de précieuses
données lorsqu'ils auront été soumis à un travail de révision
consciencieux. Ce sont principalement des Hélices, des Limnées,
des Planorbes, des Cyrènes et des Potamides.

Les Insectes, qui font le sujet de mon travail, ne font pas exception, et présentent, comme les autres classes de la faune fossile de
l'Auvergne, une association de types indigènes et de types exotiques. En effet, si, de toutes les espèces que j'ai décrites, la plupart peuvent être rapportées à des genres européens, il en est

---

(1) *Annales scientifiques de l'Auvergne*, t. XXVI, p. 172.
(2) *Catalogue des coquilles vivantes et fossiles de l'Auvergne*. Clermont, 1836.
(3) *Époques géologiques*, t. II.

ARTICLE N° 3.

d'autres, comme les trois Plécies du puy de Corent (*Plecia major*, *Pl. nigrescens*, *Pl. pallida*), qui appartiennent à des genres complétement étrangers à l'Europe actuelle, et qui n'ont plus d'analogues que dans la faune du Brésil; quelques-unes enfin (*Penthetria Vaillantii*, *Bibio robustus*) ont des affinités avec certaines espèces de l'Amérique du Nord. Il faut remarquer, en outre, que c'est dans le pourtour du bassin méditerranéen qu'il faut chercher les types correspondant à plusieurs espèces européennes de Corent, comme *Eunectes antiquus*, *Brachycerus Lecoquii*, *Bagous atavus*, *Ascalaphus Edwardsii*, etc.

Je dois convenir, du reste, qu'on n'a pas rencontré jusqu'à ce jour, dans les terrains tertiaires de l'Auvergne, de ces Coléoptères aux brillantes couleurs qui nous viennent des régions tropicales et qui font l'ornement de nos collections : les Buprestes en particulier manquent complétement à Corent et à Gergovia, et ne sont représentés à Menat que par quelques élytres signalées par M. Heer. On n'a pas trouvé non plus dans la Limagne de ces Blattes qui font au Brésil le désespoir des voyageurs, de ces Termites (*Termes fatalis*) qui construisent des nids de 2 mètres de haut sur 1 mètre de diamètre, ni de ces Fourmis qui construisent des galeries de 400 pieds de longueur.

Ainsi, à Corent, comme à Aix, comme à OEningen, la faune entomologique présente un caractère à la fois américain et méditerranéen. Il en résulte que cette partie de la France devait jouir, au commencement de la période tertiaire moyenne, d'un climat un peu moins chaud que celui du Brésil. Comme la température de cette dernière contrée est ordinairement, à midi, dans le voisinage du littoral, de 25 degrés centigrades, il faudra, pour obtenir d'une manière approchée la température moyenne de la Limagne à l'époque aquitanienne, abaisser ce chiffre de 2 ou 3 degrés, d'autant plus que la Limagne se trouvait déjà, à cette époque, à une certaine distance du bord de la mer; on obtiendra de la sorte le chiffre de 22 degrés centigrades environ. Ce résultat concorde d'une manière remarquable avec les chiffres que M. Heer a déduits de ses études approfondies sur la flore tertiaire (1). En effet, ce savant paléontologiste estime que, pendant la période miocène inférieure, la température moyenne était :

1° Dans le bassin de l'Italie supérieure...........	22,0 centigr.
2° Dans le pays molassique suisse................	20,5
3° Dans le bassin du Rhin inférieur.............	18,0
4° Dans la contrée méridionale de l'ambre........	16,0
5° En Islande, par 65° 30' de lat. N.............	11,0
6° Vers l'isotherme actuel de 0°................	9,0
Moyenne........	19°,0

La présence des Pins dans la flore fossile de l'Auvergne au milieu des *Smilax*, des *Ficus*, des *Sequoia* et des *Eucalyptus*, annonce d'ailleurs un climat qui n'avait rien d'excessif. A propos de ces Pins, je ne puis m'empêcher de rappeler que lors même que ces arbres n'auraient pas laissé dans les calcaires marneux de traces distinctes, comme des fruits et des feuilles, on pourrait affirmer qu'ils ont existé à l'époque aquitanienne, puisqu'on a trouvé à l'état fossile des Curculionides, tels que des *Hylobius* et des *Plinthus,* qui exercent de grands ravages dans nos forêts de Conifères. C'est là encore un de ces exemples de corrélation entre la flore et la faune entomologique, comme M. Heer en a cité plusieurs à propos d'OEningen. J'aurais voulu le suivre dans cette voie si féconde en enseignements et indiquer en regard de chaque espèce d'insecte phytophage de l'Auvergne la plante dont il a tiré sa nourriture ; malheureusement l'état d'imperfection où sont encore nos connaissances relativement à la flore tertiaire du centre de la France rend une telle tentative prématurée. Grâce aux travaux de M. le comte de Saporta sur la flore tertiaire de la Provence, j'espère être plus heureux dans l'étude des Insectes fossiles d'Aix, qui fera le sujet de la seconde partie de ce travail.

(1) *Recherches sur le climat et la végétation du pays tertiaire*, p. 208.

ARTICLE N° 3.

RECHERCHES

SUR

LES INSECTES FOSSILES

DES TERRAINS TERTIAIRES DE LA FRANCE

Par M. E. OUSTALET.

DEUXIÈME PARTIE

INSECTES FOSSILES D'AIX EN PROVENCE

CHAPITRE PREMIER

DESCRIPTION GÉOLOGIQUE DES TERRAINS TERTIAIRES DES ENVIRONS D'AIX ET DU GISEMENT D'INSECTES FOSSILES

Avant de passer en revue les Insectes fossiles de chaque localité, je crois nécessaire de bien établir dans quelles conditions ils se trouvent, ou, en d'autres termes, quelle est la nature, quels sont les rapports stratigraphiques des couches qui les renferment. C'est ce que j'ai fait, dans la première partie de cet ouvrage, pour les Insectes de Corent, de Menat et de Gergovie ; c'est ce que je me propose de faire encore, dans cette deuxième partie, pour les Insectes d'Aix en Provence. Quoique j'aie eu l'occasion de visiter la contrée au mois de septembre 1869, et d'y recueillir, en compagnie de M. Marion, divers spécimens dans le voisinage même de la carrière, les éléments de cette notice géologique seront puisés bien moins dans mes souvenirs personnels que dans les mémoires excellents qui ont été publiés sur ce gisement et qui ont fixé sa position dans la série des terrains tertiaires.

ARTICLE N° 2.

Parmi les nombreux travaux dont les gypses d'Aix ont été l'objet, je pourrais citer tout d'abord une note de Marcel de Serres, insérée dans le tome XV de la première série des *Annales des sciences naturelles* (1828), car dans cette note se trouve mentionnée, pour la première fois, la présence d'entomolithes dans les carrières à plâtre du midi de la France. Après avoir résumé en quelques pages l'état de nos connaissances relativement aux Insectes et aux Arachnides fossiles en général, Marcel de Serres donne un tableau sommaire de ceux qui ont été recueillis dans le bassin d'Aix, mais il ne fournit que peu de renseignements sur les conditions qui ont présidé à l'enfouissement de ces corps organisés; aussi je n'insisterai point, quant à présent, sur cette notice, conçue plutôt au point de vue zoologique qu'au point de vue géologique, me réservant d'y revenir quand, après avoir décrit les divers spécimens que j'ai eus entre les mains, je m'efforcerai de déduire de leur étude quelques considérations générales. Je passerai donc immédiatement à un ouvrage beaucoup plus important du même auteur, publié l'année suivante, en 1829, et intitulé *Géognosie des terrains tertiaires du midi de la France*. Dans ce volume, Marcel de Serres ne se contente pas de reproduire le tableau des Animaux articulés terrestres ou d'eau douce recueillis dans les terrains gypseux de la Provence, mais il entre dans quelques détails sur la roche qui les renferme, et, ce qui nous intéresse particulièrement, il cherche à établir le niveau précis où ces empreintes se rencontrent.

« Ces débris, dit Marcel de Serres, sont des plus abondants » dans les marnes calcaires qui séparent les divers bancs gypseux » que l'on exploite depuis des siècles au lieu dit *la Montée d'Avi-* » *gnon*. On les y rencontre dans la couche marneuse nommée *la* » *feuille* par les ouvriers, et immédiatement au-dessous de celle » qui renferme les petits Poissons, et par conséquent au-dessus » du diablon et du banc gypseux exploité.

» Ces marnes fluviatiles n'offrent parfois que l'empreinte des » Insectes que l'on y aperçoit; le plus souvent pourtant ils y con- » servent leur nature propre et leur substance cornée. Il arrive » même quelquefois que leur relief est assez considérable pour

» qu'on puisse les séparer en deux parties, et en obtenir une
» contre-épreuve. Leur couleur a pris généralement une teinte
» uniforme, soit brune, soit noirâtre. Il est remarquable que,
» quoique l'enveloppe coriacée des Insectes soit plus facilement
» destructible que le ligneux ou le parenchyme des végétaux,
» les Insectes fossiles qui ont été saisis à Aix, lors du dépôt des
» marnes d'eau douce, conservent plus généralement leur nature
» propre que les végétaux, dont on ne découvre le plus souvent
» que l'empreinte (1). »

Ces observations sont parfaitement exactes, et certains spécimens sont en effet dans un état de conservation vraiment sur-
prenant, à tel point que l'on distingue parfois, en s'aidant du
microscope, non-seulement les moindres articles des palpes
et des antennes, mais jusqu'aux poils du thorax et de l'abdomen
et aux facettes des yeux composés ! Il est également vrai que la ·
substance cornée, la *chitine*, paraît avoir gardé ses propriétés
essentielles, et, entre autres, celle de résister à l'acide sulfurique
et à l'acide chlorhydrique employés à froid ; mais le plus souvent
elle a changé d'aspect, elle a perdu son élasticité, et s'est trans-
formée en une substance brune ou jaunâtre qui, au moindre
choc, se réduit en une poussière extrêmement ténue. Presque
toujours aussi les contours qui devaient orner le corps ou les ailes
de l'insecte vivant ont disparu, surtout les couleurs vives, telles
que le rouge, le jaune, le bleu et le vert, et elles ont été remplacées par des taches brunes ou noirâtres ; néanmoins, dans la
plupart des cas, le dessin s'est conservé, et l'on reconnaît encore
les bandes qui traversaient le thorax et l'abdomen de quelques
Hyménoptères, ou les raies qui décoraient les élytres de certains
Coléoptères. De même, dans les Lépidoptères, s'il est impossible
de discerner des écailles au milieu de la poussière noirâtre qui
couvre les empreintes des ailes, on voit encore nettement des
zones, des taches oculiformes et des ponctuations aussi agréablement disposées que dans les Vanesses et les Satyres de l'époque
actuelle.

(1) *Géognosie des terrains tertiaires*. Montpellier, 1829, 1 vol. in-8, p. 210.

« Les Insectes et les Arachnides des marnes calcaires d'Aix,
» dit ensuite Marcel de Serres, ont été saisis dans toutes sortes
» de situations ; aussi leur position est-elle constamment irré-
» gulière. Il en est peu dont les parties soient étalées comme
» le sont les feuilles des plantes fossiles des terrains houillers.
» Les parties des Insectes dont la compression n'a point changé
» la forme ni la disposition, se rapportent principalement aux
» ailes, quelle que soit la classe à laquelle appartiennent les In-
» sectes. Ainsi, les Névroptères, les Hyménoptères, les Diptères,
» s'y montrent parfois avec leurs ailes, non-seulement déployées,
» mais étendues, comme si elles avaient été préparées à dessein
» pour mieux en apercevoir les nervures. Nous possédons même
» des ailes de Cigale, qui ne paraissent pas différer de celles de
» la Cigale commune, parfaitement étalées, quoiqu'elles soient
» isolées et séparées du corps de l'insecte. Il n'en est pas ainsi
» des ailes des Lépidoptères, autant du moins qu'on peut en être
» certain, par le peu de débris d'Insectes de cette classe que l'on
» observe dans les marnes insectifères d'Aix. »

Si je comprends bien cette dernière phrase, Marcel de Serres
donne à entendre que, sous le rapport de la disposition des organes du vol à la surface de la pierre, les Lépidoptères font
exception à la règle générale ; or, je crois qu'il n'en est rien,
car dans les spécimens que j'ai eu l'occasion d'examiner, les
ailes des Papillons étaient au moins aussi bien étalées que celles
des autres Insectes, lors même qu'elles étaient séparées du
corps ; lorsque, au contraire, elles lui étaient encore adhé-
rentes, elles étaient tantôt étendues de chaque côté, tantôt
relevées au-dessus du thorax et appliquées l'une contre l'autre.
J'aurai, du reste, à revenir un peu plus loin sur cette variété
de poses qu'affectent les Insectes fossiles d'Aix réunis dans nos
collections et sur les causes auxquelles, suivant certains géologues, il conviendrait d'attribuer cette diversité d'aspects.

« Les Insectes, continue Marcel de Serres, se trouvent rare-
» ment sur les deux parties des feuillets des marnes calcaires
» schistoïdes sur lesquelles on observe leurs empreintes. Quoique
» souvent très-minces et se divisant à l'infini, ces marnes ne

» présentent les débris des Insectes ou des autres corps organisés
» qu'elles ont enveloppés que d'un côté seulement. On y voit
» également fort peu de coquilles associées sur le même frag-
» ment avec des débris d'Insectes. Nous possédons seulement un
» fragment de marnes calcaires où l'on voit un Charançon très-
» rapproché d'une coquille du genre Potamide ou Cérite ; mais
» c'est l'unique exemple que nous puissions citer d'une pareille
» association. Les mêmes marnes présentent des Poissons si
» petits, que certains d'entre eux ne dépassent pas 10 à 11 mil-
» limètres. » Il est en effet extrêmement rare de trouver des
Mollusques sur les mêmes plaques que les Insectes, et les Poissons se rencontrent aussi sur des feuillets différents : c'est une
remarque que plusieurs géologues ont eu l'occasion de vérifier
et sur laquelle on ne saurait trop insister, car elle peut nous
fournir quelques renseignements sur la manière dont s'est
effectué l'enfouissement de nos Insectes fossiles. Quant à la pro-
duction d'une double empreinte par un seul et même insecte,
c'est un fait qui n'a pas grande importance, et qui est du reste
beaucoup moins rare que ne le prétend Marcel de Serres :
les collections du musée de Marseille et du Muséum d'histoire
naturelle de Paris nous en offrent plusieurs exemples.

Marcel de Serres constate avec raison que les Arachnides
sont généralement moins nombreux à Aix que les Insectes
proprement dits, et que, parmi ces derniers, les Coléoptères,
les Hémiptères et les Diptères sont de beaucoup les plus
répandus comme individus ; il déclare aussi que dans ces
insectes fossiles il y en a quelques-uns qui semblent offrir une
identité complète avec certains types entomologiques actuels,
tels que *Brachycerus undulatus*, *Acheta campestris*, *Forficula
parallela* et *Pentatoma grisea*, tandis que les autres rappellent,
par leurs caractères généraux, des espèces qui vivent encore
en Provence, en Sicile et en Calabre. Il fait remarquer enfin
que la plupart de ces espèces fossiles semblent avoir appar-
tenu à des Insectes qui devaient vivre dans des terrains secs
et arides.

« Aussi y trouve-t-on, dit-il, une grande quantité de Curcu-

» lionides et fort peu de Carabiques et d'Hydrocanthares. Cette
» particularité, jointe à la remarque que nous avons déjà faite
» sur l'analogie qui existe entre les plantes fossiles du bassin
» d'Aix et celles qui vivent encore en Provence, et enfin sur
» l'identité de la plupart des Poissons fossiles de ce bassin et
» ceux qui y existent encore ou dans la mer qui en est la
» plus rapprochée, annonce, ce me semble, que le bassin
» d'Aix devait être, à l'époque où ces divers dépôts se sont
» opérés, constitué à peu près de la même manière qu'il l'est
» encore aujourd'hui. »

Cette opinion de Marcel de Serres est loin d'avoir été confirmée en tous points par les observations les plus récentes ;
en effet, comme nous le verrons par la suite, si la faune
éocène de la Provence renferme une foule de types non pas
identiques, mais analogues à ceux qui habitent encore le pourtour du bassin méditerranéen, elle présente aussi certaines
formes qui, de nos jours, ne sont plus représentées que dans
le sud de l'Afrique, en Asie ou même en Amérique. D'après
les savantes recherches de M. le comte de Saporta, il en est
de même pour la flore, qui nous offre en général un caractère encore plus méridional que la faune ; il serait donc téméraire d'affirmer que, au commencement de la période tertiaire, le sol ait eu dans les environs d'Aix la même disposition
que de nos jours ; le contraire est infiniment plus probable.
D'un autre côté, s'il est vrai que les Hydrocanthares et en général les Insectes aquatiques sont très-peu nombreux dans les
marnes gypsifères, les Staphylins et les Diptères fungicoles y
sont au contraire largement répandus et dénotent la présence
de forêts humides. C'est à ce développement des végétaux
ligneux qu'il faut attribuer cette grande proportion des Curculionides, qui est indiquée par Marcel de Serres, et qui résul-
tera évidemment de notre étude sur les Coléoptères fossiles du
bassin d'Aix.

Pour mieux faire saisir la position des marnes insectifères,
Marcel de Serres donne ensuite une coupe des couches qui
composent la formation gypseuse d'Aix, d'après les observa-

tions qu'il a pu faire, avec M. Pareto, dans un voyage entrepris en 1828.

« Les formations tertiaires qui entourent la ville d'Aix, située
» au fond d'un bassin dont l'ouverture principale est vers la Mé-
» diterranée, s'élèvent, dit-il, jusqu'au sommet des contre-forts
» qui séparent le bassin d'Aix de celui de Lambesc, par suite du
» peu d'élévation de ces contre-forts au-dessus de cette dernière
» vallée.

» Les formations d'eau douce sont déjà fort développées dès
» la sortie de Saint-Cannat, et le deviennent de plus en plus à
» mesure que l'on s'avance vers Aix, surtout lorsqu'on arrive
» à la montée d'Avignon.... On observe en ce dernier point la
» succession des couches dans l'ordre suivant, et ce à partir du
» niveau du sol et au-dessous du diluvium, qui y a fort peu de
» puissance.

» 1° Marnes calcaires à Paludines, en lits peu épais.

» 2° Marnes blanchâtres compactes, presque sans corps orga-
» nisés, en lits bien séparés et bien distincts des marnes supé-
» rieures.

» 3° Calcaire compacte, marneux, blanchâtre, avec une
» grande quantité de petites Cyclades.

» 4° Marnes calcaires, blanchâtres, presque sans corps orga-
» nisés.

» 5° Calcaire compacte, blanc jaunâtre, avec Potamides ou
» Cérites, dont il ne reste plus que des moules ou des em-
» preintes. Ces coquilles ou leurs moules sont souvent colorés
» en jaune rougeâtre par le fer hydroxydé.

» 6° Marnes calcaires blanchâtres sans coquilles.

» 7° Marnes calcaires tendres avec de petites Paludines.

» 8° Marnes calcaires endurcies sans coquilles.

» 9° Marnes bitumineuses brunâtres en lits plus ou moins
» épais.

» 10° Marnes noirâtres bitumineuses, renfermant quelques
» lames de gypse, nommées le *Cagnart* par les ouvriers.

» 11° Marnes calcaires grisâtres et brunâtres, avec cristaux
» de gypse sélénite.

» 12° Marnes calcaires rubanées d'un blanc grisâtre et bru-
» nâtre, feuilletées, diversement colorées, nommées la *Feuille* et
» la *Feuillette.* C'est dans la partie supérieure de ces bancs mar-
» neux, qui est aussi la plus épaisse, que l'on découvre les em-
» preintes de Poissons, et dans les plus minces ou les plus feuil-
» letées les débris d'Insectes et quelques empreintes végétales.

» 13° Marnes calcaires d'un gris jaunâtre, dépendant de la
» *Feuille* et de la *Feuillette,* et offrant, comme celles-ci, des
» Poissons, des Insectes et des empreintes de plantes.

» 14° Marnes calcaires dures feuilletées, nommées par les
» ouvriers la *Feuille du diablon,* renfermant des débris et des
» empreintes de végétaux.

» 15° *Diablon,* ou banc de gypse dur, pénétré d'infiltrations
» calcaires et siliceuses.

» 16° Marnes calcaires pénétrées de gypse dur et nommées
» par les ouvriers la *Feuille du plâtre blanc.* Dans les couches
» de ces marnes qui recouvrent immédiatement le gypse, on
» observe parfois des Poissons ou des tiges de grands végétaux.

» 17° Gypse plus ou moins mélangé de calcaire, offrant dans
» sa partie supérieure des petits lits noduleux de silex, nommé
» par les ouvriers *petit banc,* pour le distinguer d'un banc plus
» considérable, également exploité dans les mêmes carrières, et
» nommé le *grand banc.*

» 18° Gypse ou partie gypseuse du petit banc, séparé de
» celui-ci, et nommé par les ouvriers *Plâtre inférieur du tuvé.*
» Cette partie du petit banc, très-distincte de la première, plus
» chargée de calcaire et de silex, fournit aussi du plâtre d'une
» qualité médiocre.

» 19° Marnes calcaires feuilletées, nommées la *Feuille du*
» *plâtre inférieur* ou *du tuvé.* On y découvre quelques grandes
» espèces de Poissons, ainsi que dans les deux couches suivantes.

» 20° Marnes calcaires feuilletées, dites les *Feuillets du tuvé.*

» 21° Marnes calcaires blanchâtres, dites les *Feuillets blancs.*

» 22° Calcaire siliceux, assez chargé de silex pour étinceler
» sous le choc du briquet, nommé *Pierre froide* par les ouvriers.

» 23° Marnes argileuses brunâtres.

ARTICLE N° 2.

» 24° Calcaire siliceux, à peu près le même que celui du n° 22 » et nommé aussi *Pierre froide*.

» 25° Masse marneuse, analogue à celles que nous venons de » décrire et superposée au n° 26, qui est le *grand banc gypseux*, » nommé aussi le *Banc d'en bas*. Ce banc gypseux, plus puissant » que le petit banc, est la dernière couche exploitée. Le plâtre » que l'on en obtient est de meilleure qualité que celui fourni » par le petit banc.

» D'après cette coupe, ajoute Marcel de Serres, il est aisé de » juger que les débris des corps organisés ne se trouvent guère » que dans les marnes, soit supérieures, soit inférieures au petit » banc gypseux, et que les débris des arachnides et des insectes » sont restreints aux couches marneuses supérieures à ce banc » de gypse. Nous avons cependant observé quelques poissons et » quelques empreintes végétales, sur la partie supérieure du » petit banc gypseux ; mais ces débris y sont des plus rares. Les » coquilles ne s'y montrent jamais, quoiqu'il y en ait quelques- » unes dans les marnes superposées au gypse. »

A la suite de ces considérations géologiques, Marcel de Serres a placé ce tableau des Arachnides et des Insectes fossiles du bassin d'Aix, auquel j'ai fait allusion à diverses reprises et sur lequel je n'insisterai pas pour le moment, d'autant plus que j'ai déjà énuméré, dans l'aperçu historique qui sert d'introduction à la première partie de mon travail, les principales familles qui s'y trouvent mentionnées. Ce catalogue a été établi, non-seulement d'après la collection que Marcel de Serres avait réunie pendant son séjour en Provence et qui s'était accrue par les soins de M. Icard, mais encore d'après les spécimens qui lui avaient été communiqués par M. Leufroy ou qui avaient été rassemblés par M. Murchison.

En effet, précisément à l'époque où Marcel de Serres étudiait les marnes gypsifères des Bouches-du-Rhône, deux géologues anglais, également célèbres, Roderick Impey Murchison et Charles Lyell, visitaient ensemble le gisement d'Aix et y recueillaient un certain nombre de fossiles qui leur parurent constituer des espèces nouvelles. Cette découverte les engagea à publier l'année suivante, en 1829, dans le *Nouveau Journal philosophique d'Édimbourg*, une notice sur les formations tertiaires d'eau douce d'Aix, en Provence, et sur les lignites de Fuveau, suivie d'une description des Insectes fossiles, des coquilles et des plantes que renferment ces terrains, par MM. John Curtis, J. de C. Sowerby et J. Lindley. Ce mémoire, accompagné de deux coupes géologiques et de planches où sont représentées les espèces nouvelles, offre pour nous un véritable intérêt, parce qu'il est écrit au point de vue qui nous occupe, c'est-à-dire dans le but de fixer la position géologique de certains insectes fossiles. Aussi, quoique les renseignements stratigraphiques qui y sont consignés ne soient plus parfaitement d'accord avec les données de la science moderne, je ne crois pas inutile de l'analyser en quelques lignes.

D'après MM. Lyell et Murchison, sur les calcaires secondaires qui constituent le fond du bassin d'Aix reposent, en stratification discordante, une série de couches d'eau douce qui sont particulièrement développées du côté nord de la vallée, où elles s'élèvent à une centaine de pieds au-dessus de la ville. Ces couches, dont la route de Paris traverse les escarpements dénudés, se succèdent dans l'ordre suivant, de haut en bas : 1° des marnes calcaires blanches et des roches marneuses passant parfois à un grès calcaréo-sableux et renferment des Cyclades, des Bulimes et des Potamides ; 2° des marnes argileuses et calcaires riches en végétaux fossiles ; 3° des marnes avec bancs de gypse intercalés ; 4° un calcaire d'eau douce avec Potamides suivi d'une brèche calcaire ; 5° un grès calcaréo-sableux, parfois de couleur rouge (*molasse*) ; 6° un conglomérat grossier à cailloux arrondis (*nagelflue*). Les couches qui forment le sommet de l'escarpement (1° et 2°) ont au moins 150 pieds d'épaisseur ; au-dessous d'elles, dessinant une sorte de terrasse, viennent les bancs supérieurs du gypse, auxquels on arrive par une série de marches creusées dans le calcaire marneux. MM. Lyell et Murchison ont descendu 260 marches avant d'atteindre la galerie d'exploitation, et ils ont observé l'ordre suivant dans la disposition des couches :

Pieds. Pouces.

1° La voûte, appelée les *caniards* par les ouvriers, masse de cristaux de gypse en fer de lance empâtés dans une marne pulvérulente......... 2 0

2° La *noire*, lames délicates de marnes vertes et blanches, avec quelques débris végétaux et des cristaux de gypse........................ 0 2 1/2

3° La *figuette*, belle marne foliacée avec traces de gypse............. 0 5

4° La *feuille*, roche marneuse compacte d'un vert clair.............. 0 2

5° La *feuille à Poisson*, marne d'un brun clair, en lames minces, avec la surface supérieure polie, contenant beaucoup de poissons et quelques plantes.. 0 2 1/2

6° La *feuille à Mouche* ou *lit à Insectes*, marne calcaire d'un brun verdâtre ou d'un gris clair, faisant une vive effervescence avec les acides, répandant une odeur désagréable sous le choc du marteau et se décomposant en feuillets dont quelques-uns n'ont pas plus d'épaisseur qu'une feuille de papier. C'est dans cette couche et uniquement à ce niveau que l'on a trouvé des insectes; on y a découvert aussi, mais beaucoup plus rarement, des Potamides et des débris de végétaux. Le plus souvent les insectes ont laissé leurs empreintes sur les deux lames contiguës (1).... 0 2

7° La *feuille de diablon*, roche plus compacte et passant au gypse en dessous. 0 2 1/2

8° Le *diablon*, premier lit de gypse dur et susceptible d'être exploité; il est d'un brun blanchâtre, se délite en lames minces et renferme parfois des nodules de silex.................................. 0 6

9° La *première blanche*, gypse saccharoïde d'excellente qualité, de couleur blanche et rose, avec de grandes tiges et des débris de *Flabellaria*, etc.. 0 9 1/2

10° La *seconde blanche*, gypse saccharoïde moins blanc que le précédent.. 0 8

11° La *prime*, couche analogue aux précédentes.................... 0 5

12° La *rouge*, banc rougeâtre avec fragments de végétaux............ 1

13° Les *queïrons*, couches renfermant du silex, des tiges de plantes, etc.. 0 7 1/2

14° La *soutane*, gypse de mauvaise qualité, avec *Potamides*........... 0 6 1/2

15° La *tuf*, marne gypseuse grossière et fétide formant le fond du gisement. 0 6

Enfin 16°. La *pierre froide* ou *lit mort*, roche argileuse et marneuse compacte.

L'épaisseur totale de la galerie du gypse est par conséquent de.. 8 5

En descendant encore plus bas, à une profondeur de 40 ou 50 pieds, on trouve, disent MM. Lyell et Murchison, une seconde masse de gypse, qui est aussi d'excellente qualité, mais qui est beaucoup moins facile à exploiter que la première ; cette partie de la série présente également et en grande abondance des restes de poissons. Enfin, çà et là, sur les flancs dénudés de la colline, apparaissent les vestiges d'une troisième masse, dont

(1) Cette remarque est en contradiction avec l'observation de Marcel de Serres rapportée ci-dessus.

le gypse est réputé de qualité médiocre, et par cela même peu
recherché.

Cette série de marnes et de gypses se confond, à sa partie
inférieure, avec un calcaire couleur de chair, rempli de *Potamides* (*Cerithium* de Lamarck) et renfermant aussi, outre l'espèce de *Cyclas* du niveau supérieur (*Cyclas gibbosa*) (1), une
espèce plus grande, *Cyclas Aquæ-Sextiæ*. Ce calcaire est, dans
certains points, fortement contourné, et passe tantôt à un grès
calcaire sableux, tantôt à un grès rouge (*molasse*) auquel succèdent une brèche calcaire avec marnes intercalées et un conglomérat de cailloux arrondis (*nagelflue*). MM. Lyell et Murchison déclarent ensuite que dans toutes les parties de ce système
inférieur qu'ils ont examinées, ils ont vu les couches s'incliner
de 25 à 30 degrés vers le N.-N.-E., et disparaître rapidement
sous les marnes et les gypses; peut-être même, ajoutent-ils en
note, faut-il attribuer à l'émission des sources thermales d'Aix
ce redressement des couches inférieures de la série gypseuse.
J'appellerai spécialement l'attention sur ce passage, parce que
c'est dans la disposition de ces conglomérats et de ces grès de la
base que la coupe donnée récemment par le comte de Saporta,
diffère complétement de la coupe publiée par MM. Lyell et Murchison.

Ces deux géologues examinent ensuite les formations qui occupent le flanc sud de la vallée. De l'autre côté de la rivière de
l'Arc on voit, disent-ils, s'étendre sur plusieurs milles, dans la
direction de Toulon, une région assez accidentée et que des
vallées, parallèles à la vallée principale dans laquelle est bâtie la
ville d'Aix, subdivisent en une série de *bourrelets*, orientés de
l'est à l'ouest. Le premier de ces plis de terrain offre une épaisseur considérable de marnes rouges et de gypses d'une texture
fibreuse ou soyeuse, qui alternent avec des lits de calcaire très-
compacte renfermant le *Planorbis rotundatus;* ces gypses, par
leur nature même, sont faciles à distinguer de ceux que l'on

_____

(1) C'est le *Sphærium gibbosum* de Matheron (*Recherches comparatives sur les dépôts
fluvio-lacustres, etc.*, p. 24).

exploite au nord de la ville d'Aix. Les bourrelets suivants sont formés par des couches inférieures aux précédentes, et consistant essentiellement en un calcaire brun terreux, très-compacte, en grès micacés et calcaires, et en schistes bigarrés ; les calcaires bruns contiennent de nombreux moules de *Gyrogonites* et quelques *Lymnées*. Plus au sud encore affleurent les couches inférieures d'un calcaire d'eau douce, de couleur grise, associé à des schistes et des grès, et enfin, au delà de Fuveau, commence une grande série de calcaires bleus et de schistes entremêlés de couches de lignites exploités. Les mines que MM. Lyell et Murchison visitèrent étaient situées à 2 milles au sud de Fuveau, et les puits traversaient une épaisseur de 500 pieds de couches et même davantage. Toutes ces couches plongent uniformément vers le nord et consistent en calcaires argileux de couleur bleue, de 3 à 5 pieds d'épaisseur, régulièrement stratifiés et séparés ordinairement par des lits minces de schistes. Le lignite forme au milieu de ces calcaires des veines de 9 pouces à 1 pied d'épaisseur ; il est bitumineux, très-compacte et extrêmement luisant ; il ne tache pas les doigts et peut être employé pour tous les usages domestiques. Cette formation s'étendrait, d'après M. Thoulousan(1), sur une aire de 10 000 myriamètres, de Trets, à l'ouest, jusqu'à l'étang de Berre, à l'est ; suivant MM. Lyell et Murchison, les différents lits carbonifères seraient d'ailleurs caractérisés chacun par un groupe de coquilles, *Unios, Planorbes, Cyclades* ou *Mélanies*, et c'est seulement par la présence de ces fossiles, d'espèces évidemment tertiaires, que ces couches se distingueraient des roches secondaires les plus anciennes avec lesquelles des observateurs peu expérimentés pourraient les confondre. Ces dépôts carbonifères, ajoutent MM. Lyell et Murchison, appartiennent à la même époque que les gypses d'Aix, car ils leur sont rattachés par une suite de couches d'eau douce, sans intercalation d'aucune formation marine, et, de plus, certains fossiles recueillis dans l'escarpement au nord d'Aix, et d'autres, récoltés dans les environs de

_____

(1) *Statistique des Bouches-du-Rhône.*

Fuveau, se rencontrent associés dans une seule et même formation d'eau douce du Cantal (1).

Comme nous le verrons par la suite, des observations récentes, dues principalement à M. Matheron, n'ont pas confirmé sur ce point l'opinion de MM. Lyell et Murchison, et désormais il n'est plus permis de regarder les lignites de Fuveau et les gypses d'Aix comme faisant partie du même groupe géologique.

MM. Lyell et Murchison ne subdivisent pas non plus la formation gypseuse de la même manière que M. Marcel de Serres, et ils admettent un nombre d'assises un peu moins considérable : cela vient, d'une part, de ce qu'ils ont négligé toute la partie supérieure de nature marneuse, de telle sorte que leur première division, les *caniards,* correspond au n° 10 de la classification de Marcel de Serres ; d'autre part, de ce qu'ils n'ont pas distingué les unes des autres, dans la partie inférieure, un certain nombre d'assises séparées par l'auteur de la *Géognosie des terrains tertiaires ;* en revanche, pour toute la portion moyenne de la série, les deux classifications sont sensiblement concordantes.

Le mémoire de MM. Lyell et Murchison est accompagné d'une notice sur deux *coprolithes* des dépôts d'Aix et de Fuveau, d'une description de quelques plantes par M. Lindley, d'une liste d'espèces nouvelles de coquilles par M. J. de C. Sowerby, et enfin de quelques observations sur les insectes fossiles découverts dans les mêmes gisements, par un entomologiste anglais fort connu, M. John Curtis. Dans le travail de M. Curtis, nous trouvons non-seulement des renseignements généraux sur l'état dans lequel se trouvaient les spécimens qu'il a eus entre les mains, et sur les causes auxquelles on peut rapporter leur enfouissement, mais encore une liste des familles et des genres auxquels se rattachent ces insectes fossiles ; malheureusement, comme dans la notice de M. Marcel de Serres, les espèces ne

(1) Voyez à ce sujet le mémoire de MM. Lyell et Murchison sur les *Dépôts lacustres tertiaires du Cantal (Ann. sc. nat.,* 1ʳᵉ série, 1829, t. XVIII, p. 172 et suiv.).

ARTICLE N° 2.

sont point désignées par un nom particulier, et celles-là mêmes qui sont figurées ne sont caractérisées par aucune description. Heureusement les figures, sans être parfaites, sont d'une exécution suffisante pour que l'on puisse reconnaître la plupart de ces espèces.

« Le fait le plus saillant qui résulte de l'examen de cette col-
» lection fort curieuse et fort intéressante », dit M. Curtis, « c'est
» que tous ces insectes sont des formes européennes, apparte-
» nant pour la plupart, à mon avis du moins, à des genres qui
» existent encore. La majeure partie de ceux qui ont été sou-
» mis à mes investigations sont des Diptères et des Hémiptères ;
» les Coléoptères viennent immédiatement après sous le rapport
» du nombre, les Hyménoptères sont peu nombreux et les Lépi-
» doptères ne sont représentés que par un seul individu. A la
» seule exception d'un *Hydrobius*, toutes les espèces sont ter-
» restres. » Ces proportions numériques entre les différents
ordres d'insectes et cette prépondérance des espèces terrestres
sur les espèces aquatiques se retrouvent exactement les mêmes
dans les diverses collections que j'ai eu l'occasion d'examiner ;
dans celles du musée de Paris, dans celle du musée de Marseille,
comme dans celle du musée de Lyon, les Diptères, les Hémiptères et les Coléoptères sont en immense majorité, les Hyménoptères en nombre restreint et les Lépidoptères extrêmement
rares ; partout aussi les formes terrestres sont de beaucoup les
plus répandues. Il y a donc là un fait constant, normal, que
nous chercherons à expliquer, et non pas un effet du hasard,
comme le croyait M. Curtis qui n'osait pas, et avec raison, tirer
de l'examen d'une seule collection la moindre conclusion relative au climat.

« Quelques Coléoptères », dit plus loin M. Curtis, « ont les ailes
» étendues au-dessous des élytres, comme s'ils étaient tombés
» dans l'eau en volant, et une Chrysomèle, qui a les élytres éta-
» lées, semble avoir été précipitée dans l'eau et y avoir été
» submergée. D'autres insectes, au contraire, paraissent avoir
» été saisis lorsqu'ils étaient en repos ou lorsqu'ils marchaient,
» et la dislocation des membres que l'on constate dans un

» certain nombre d'individus peut avoir été produite, tantôt par
» une compression violente, tantôt par la décomposition des
» tissus après la mort.

» En considérant l'ensemble de cette collection, il me paraît
» probable que la plupart des matériaux qui la constituent
» ont été apportés de différentes localités par les cours d'eau,
» les torrents descendus des montagnes, et les rivières, quoi-
» qu'on soit forcé de reconnaître que tous ces insectes, sans
» exception, peuvent se trouver dans le bois pourri. »

En terminant, M. Curtis donne une liste de quarante-cinq
espèces appartenant aux familles suivantes : Carabides, Hydrophilides, Staphylinides, Ptinides, Mélolonthides, Curculionides,
Chrysomélides, Tenthrédinides, Ichneumonides, Formicides,
Phalénides, Aphides, Cercopides, Coréides, Pentatomides, Tipulides, Stratiomides et Empides, c'est-à-dire à peu près aux
mêmes groupes que les insectes recueillis par Marcel de Serres.
En même temps, M. Curtis annonce qu'il sera bientôt en mesure de compléter cette liste, grâce à un nouvel envoi renfermant une foule d'espèces totalement différentes des premières.
Mais ce projet ne fut jamais mis à exécution, et ce n'est qu'en
1851 que M. Heer, reprenant l'étude des insectes fossiles des
gypses d'Aix, tira parti des matériaux réunis par MM. Lyell et
Murchison.

D'un autre côté, en 1838, un célèbre paléontologiste allemand,
H. G. Bronn, publia dans ses *Lethœa geognostica* une liste
comparative des Arachnides et des Insectes fossiles trouvés
d'une part dans les gypses d'Aix, de l'autre dans l'ambre de la
Baltique et dans les lignites du Rhin. Ce catalogue des Insectes
d'Aix fut reproduit quelques années plus tard, en 1844, et aug-
menté d'un certain nombre d'espèces par un entomologiste
anglais, Hope, qui décrivit en outre et figura trois espèces nouvelles : *Balaninus Barthelemyi, Rhynchœnus? Solieri* et *Corizus Boyeri*. Malheureusement les renseignements qui accompa-
gnent cette notice sont extrêmement restreints, et n'ajoutent
rien à ce que nous ont appris MM. Marcel de Serres, Lyell,
Murchison et Curtis au sujet de l'état de conservation des em-

preintes et de l'aspect des échantillons ; les descriptions sont aussi très-incomplètes et à peine suffisantes pour caractériser les espèces.

Pendant que les paléontologistes ébauchaient l'étude de la faune entomologique fossile de la Provence, les géologues s'occupaient activement des terrains tertiaires qui renferment ces débris organiques et cherchaient à établir le parallélisme entre les dépôts d'eau douce du Midi, et ceux du bassin de Paris et de la France centrale. C'est ainsi qu'à la réunion extraordinaire de la Société géologique, tenue à Aix en Provence, le 9 septembre 1842, M. Matheron, rendant compte de deux excursions faites les jours précédents aux carrières voisines de la ville et au terrain basaltique de Beaulieu, décrivit le grand dépôt à gypse et en retraça l'histoire. « Sous le rapport géognostique », dit M. Matheron, « le terrain à gypse peut se diviser en deux
» étages bien distincts. L'étage inférieur est composé d'une
» série de couches affectant en général la couleur rougeâtre, et
» dont la composition minéralogique varie depuis la marne
» jusqu'au grès et au poudingue polygénique.

» Ce premier étage, dont la puissance est colossale, ainsi que
» vous avez pu en juger par l'observation, soit en allant d'Aix
» vers Roquefavour, soit hier en allant à Beaulieu, au N.-O. de
» la ville d'Aix, soit enfin aux environs de Beaulieu, est formé
» par les premiers dépôts qui eurent lieu dans le grand bassin
» d'eau douce qui est là où est aujourd'hui la ville d'Aix, après
» la formation du grand dépôt à lignite de la vallée de l'Arc. Ce
» fait est incontestable. Vous avez vu vous-mêmes, à Roquefa-
» vour, la superposition de ce premier étage du terrain à gypse
» sur le calcaire qui couronne la grande formation à lignite.
» M. Coquand et moi vous avons signalé une foule d'autres
» lieux où cette superposition n'est pas moins évidente. Ainsi
» voilà donc un premier fait acquis : c'est que le terrain à gypse
» d'Aix est postérieur au grand dépôt à lignite.

» Le second étage diffère essentiellement du premier par sa
» constitution minéralogique : ce sont des alternats de couches
» la plupart fort minces d'argile marneuse, de calcaire mar-

» neux schistoïde, de calcaire marneux plus ou moins dur,
» de minces couches de silex pyromaque et de gypse qui est
» compacte ou qui se trouve disséminé en cristaux lenticulaires
» dans une gangue argilo-calcaire.

» Tout cet étage se distingue facilement du premier par la
» couleur blanchâtre qu'affectent toutes les couches. Il est
» remarquable par l'abondance de ses fossiles qui appartien-
» nent aux deux règnes, végétal et animal, et qui offrent
» des espèces appartenant à des genres extrêmement nom-
» breux (1). »

C'est dans la base ou vers la base de cet étage, continue
M. Matheron, qu'existent les deux grandes couches du gypse
exploitable ou exploité, séparées l'une de l'autre par de nombreuses couches de calcaire schistoïde et de marne (D) dont
la hauteur verticale était de 8 mètres dans la carrière visitée
par la Société géologique. La couche inférieure (E) a environ
2 mètres de puissance, et la couche supérieure (C) n'a que 1ᵐ,50.
Immédiatement au-dessous de la couche inférieure (E) on remarque une alternance de couches calcaires et marneuses, puis
sur les bords du bassin tertiaire, et entre autres à la rampe de
Saint-Eutrope, sur la route de Grenoble, et à la rampe d'Avignon,
sur la route de Paris, une série de brèches calcaires (G) et
de poudingues grossiers qui reposent eux-mêmes sur les dernières couches de l'étage inférieur du gypse et les relient à l'étage
supérieur. D'autre part, au-dessus de la couche supérieure du
gypse, il y a des alternats de calcaire marneux et de marnes (B)
et plus haut encore des calcaires remplis de Cérites à canal court
(sortes de *Potamides*), et de minces couches de silex criblées de
Paludines silicifiées (A). Ces deux parties, A et B, ont ensemble
une puissance de 90 mètres environ : la première renferme,
outre des Potamides et des Paludines, de nombreuses Cyclades, des Néritines, des Planorbes, des Lymnées, quelques
Hélices et quelques Cyclostomes, et, dans certaines couches,

(1) Réunion extraordinaire de la Société géologique de France à Aix en Provence, en septembre 1842 (*Compt. rend.*, p. 48).

ARTICLE Nº 2.

des myriades de *Cypris faba ;* la partie B est au contraire assez pauvre en fossiles. Mais dans les couches placées immédiatement au-dessus et au-dessous du gypse exploité, ou en d'autres termes dans le *toit* et le *mur* de la galerie, on trouve une quantité de débris organiques fort intéressants, tels que des poissons du genre *Cyprinus,* des Insectes et des Arachnides, et enfin des empreintes végétales. Quant aux coquilles, M. Matheron constate avec Marcel de Serres, Lyell et Murchison, et la plupart des auteurs, qu'elles sont excessivement rares à ce niveau. En revanche tous les ordres d'Insectes sont représentés : « Vous avez » vu », dit M. Matheron, « le magnifique échantillon de Lépido- » ptère qui vous a été présenté par M. le président de l'Académie » d'Aix, M. de Fonscolombe (1) ; vous avez vu en outre, dans » la belle collection de M. Coquand, des Diptères, des Hémi- » ptères, des Hyménoptères, des Coléoptères, des Névroptères » et des Orthoptères, appartenant à différents genres, souvent » difficiles à déterminer, mais se rapprochant très-certaine- » ment des genres *Aranea, Harpalus, Melolontha, Bruchus,* » *Meleus, Cleonis, Callidium, Cassida, Mantis, Spectrum,* » *Locusta, Forficula, Libellula* (2).

» Les fossiles végétaux offrent de belles empreintes du *Pal-* » *macites Lamanonis,* de fruits de Conifères, de feuilles de » plantes dicotylédones, etc. (3).

» Enfin il n'est point rare de trouver des empreintes de

(1) Ce Lépidoptère est le fameux *Cyllo sepulta* qui a été décrit et figuré par Boisduval (*Ann. Soc. ent. de France*, t. IX, p. 371); il appartient aujourd'hui à M. le comte de Saporta, qui a eu l'extrême obligeance de me l'envoyer en communication. Mon excellent ami, M. Scudder de Boston, se trouvant précisément de passage à Paris, a pu l'étudier, et en a fait un dessin qu'il m'a autorisé à reproduire.

(2) Quelques-uns de ces genres sont représentés dans les collections que j'ai eu l'occasion d'examiner.

(3) Les plantes fossiles des terrains tertiaires du sud-est de la France ont été dans ces derniers temps l'objet d'une étude spéciale de la part de M. le comte G. de Saporta. Comme nous le verrons par la suite, ce savant paléontologiste est parvenu à reconstituer la végétation de ces anciennes époques, et, dans un travail récent, il nous a retracé en quelques pages l'aspect que présentait, vers la fin des temps éocènes, l'emplacement occupé maintenant par la ville d'Aix.

» plumes d'oiseaux et des coprolithes de poissons dans lesquels
» on distingue encore des arêtes non digérées (1). »

L'étage supérieur du gypse est recouvert par un terrain dont
la position géognostique est facile à déterminer par des observations faites à la rampe de Saint-Eutrope, près d'Aix, au
pied méridional de la Trévaresse, près du moulin de Ganay, et
à Beaulieu dans les environs du terrain basaltique. Dans ces trois
points, dit M. Matheron, les dernières couches du terrain à
gypse sont surmontées par la molasse coquillière bien caractérisée, et *posée en stratification discordante;* cette circonstance,
jointe aux perforations produites dans le calcaire lacustre par
des Pholades, des Modioles et des Pétricoles, suffit à démontrer
l'indépendance du terrain à gypse, par rapport à la molasse coquillière. Il y a donc eu, d'après M. Matheron, une première dislocation antérieure au dépôt de la molasse; mais ce phénomène
s'est reproduit plus tard, et un second dérangement a eu lieu,
postérieurement au dépôt marin; c'est ce qu'indiquent le soulèvement de la molasse elle-même et la forte inclinaison que ces
couches offrent sur certains points. Cette deuxième dislocation
s'est effectuée per deux lignes de pentes anticlinales courant à
l'O. 25° N. et elle a donné leur relief actuel aux deux chaînes
d'Éguilles et de la Trévaresse, au N. et au S. desquelles les
couches sont demeurées presque horizontales.

De l'autre côté de la montagne de la Trévaresse, sur le ver-
sant septentrional, et un peu au delà de la propriété de Cabanes,
la Société géologique, dans une des excursions dont M. Matheron
s'est chargé de rendre compte, a pu visiter le terrain basaltique
de Beaulieu, qui forme un mamelon noirâtre de 2 kilomètres de
longueur, se détachant sur les terres du voisinage qui sont plus
ou moins blanches. La masse basaltique est légèrement inclinée

_____

(1) Le Musée de Marseille, le Muséum d'histoire naturelle de Paris et les collections
de l'École des Mines renferment de ces empreintes de plumes d'oiseaux. M. Alphonse
Milne Edwards avait déjà signalé les échantillons du Musée de Marseille dans son mémoire sur la distribution géologique des oiseaux fossiles (*Ann. sc. nat.*, t. XX, 1863,
p. 153), et tout dernièrement M. Bayan a présenté à la Société géologique de France
quelques spécimens de cette nature, déterminés par M. J. Verreaux (séance du 16 juin
1873).

ARTICLE N° 2.

vers le nord-est, direction suivant laquelle la coulée s'est effectuée, et la roche dominante est un basalte compacte, d'un brun
bleuâtre, qui n'affecte point la forme prismatique et auquel est
associée une dolérite cristalline avec fer oligiste. Vers l'extrémité
nord-ouest de la coulée le basalte compacte est surmonté de
basalte-lave carié et boursouflé, et dont les vacuoles sont tantôt
vides et tapissées de péridot décomposé, tantôt remplies par une
géode calcaire cristallisée ; enfin au-dessus de ce basalte bulleux
on remarque une brèche formée de fragments de calcaire lacustre
dépendant de la formation gypseuse et empâtés dans le basalte
bulleux. Tout ce système, dont les éléments sont intimement
liés et se fondent pour ainsi dire les uns dans les autres, est évidemment postérieur au dépôt d'une partie de l'étage supérieur
du terrain à gypse, puisque la lave a traversé le calcaire marneux
et est venue s'épancher à sa surface.

Autour du massif basaltique on remarque des tufs stratifiés,
formés par voie de sédiment avec des matériaux provenant de
la décomposition du basalte et des conglomérats portant avec
eux des traces évidentes de métamorphisme. Les tufs se trouvent
principalement au nord du massif où ils alternent avec quelques
couches de calcaires bigarrés et sont recouverts par les dernières
couches de l'étage du gypse ; mais ils ne tardent pas à s'effacer
en se liant aux calcaires marneux qui semblent leur être contemporains. Il résulte de ces faits, dit M. Matheron, que le basalte s'est fait jour pendant le dépôt du terrain du gypse, et avant
la formation des couches les plus supérieures de ce terrain ; il
est probable aussi que l'éruption s'est produite dans le sein même
du lac d'eau douce qui occupait le bassin d'Aix, et que la matière
en fusion a été arrêtée dans sa marche par le défaut de pente
du fond du lac ou par le liquide ambiant qui refroidissait et soli-
difiait peu à peu les basaltes et les dolérites. Les gaz ont dû jouer
aussi un rôle considérable dans le phénomène, et les basaltes
bulleux et scoriacés, flottant sur les basaltes compactes, sont
arrivés, en suivant la pente, à l'extrémité septentrionale du massif, entraînant avec eux des fragments calcaires arrachés aux
couches brisées par l'éruption. Après l'émission du basalte les

phénomènes sédimenteux ont continué leur action dans le sein
du lac tertiaire, et ont produit, d'une part, les couches de calcaire
marneux qui occupent la majeure partie du bassin, de l'autre,
par la décomposition des roches feldspathiques, ces couches de
tuf basaltique et ces conglomérats qui entourent le massif volcanique sans atteindre au niveau du sommet du basalte, et qui
passent insensiblement aux calcaires marneux. Il est évident dès
lors que le massif volcanique formait au milieu du lac une sorte
d'îlot dont les bords furent plus tard battus par les flots lorsque
la mer de la molasse envahit le bassin d'Aix. Mais il est probable
que ce dernier phénomène n'eut lieu qu'après ou peut-être à la
suite d'une dislocation du sol, « puisque la molasse coquillière
» est en stratification discordante sur le gypse et qu'il existe des
» masses très-considérables du terrain à gypse (la partie la plus
» élevée de la Trévaresse par exemple), qui étaient émergées pen-
» dant l'époque correspondant au dépôt de la molasse coquillière.
» ..... L'émersion de la partie la plus élevée du massif basaltique
» de Beaulieu n'est pas moins évidente, ajoute M. Matheron.
» Vous avez vu, en effet, des lambeaux de terrain marin disposés
» tout autour du basalte à des hauteurs géognostiques bien infé-
» rieures à celle qu'atteint le point culminant de la coulée.

   » Or, cet état de choses explique bien facilement les dépôts
» marins que vous avez remarqués autour du massif basaltique.
» De la même manière, en effet, que les résultats de la décom-
» position des roches feldspathiques ont donné naissance aux tufs
» déposés dans les eaux douces, de même des produits analogues
» joints sans doute aux produits de l'érosion de ces tufs par les
» eaux de la mer, ont donné naissance aux couches de molasse
» coquillière que vous avez remarquées vers l'extrémité nord-ouest
» du terrain de Beaulieu, et qui vous ont tellement offert tous
» les caractères minéralogiques du tuf basaltique que vous n'avez
» pu les en séparer que lorsque vous avez rencontré au milieu
» d'elles des coquilles marines (1). » Les lambeaux de molasse

_____

(1) Réunion extraordinaire de la Société géologique à Aix, du 4 au 17 septembre
1842 (*Compt. rend.*, p. 57 et 58).

ARTICLE N° 2.

coquillière qui entourent le terrain basaltique n'offrent point toujours les mêmes caractères minéralogiques, et sur les versants ouest et nord ils se présentent sous l'aspect de calcaires grossiers remplis de moules intérieurs de coquilles bivalves et univalves.

Recherchant ensuite les causes auxquelles on peut attribuer la formation des gypses d'Aix, M. Matheron se demande s'il n'y aurait pas quelque relation entre ces phénomènes et ceux qui ont eu pour résultat d'accumuler dans les couches supérieures et inférieures au gypse ces poissons qui semblent avoir péri de mort violente. «Or il suffit», dit-il, « d'avoir vu en place le gypse, » d'avoir étudié son mode de gisement entre des couches sédi- » menteuses de calcaire marneux, pour être convaincu que sa » formation est de nature sédimenteuse, et qu'elle a été déter- » minée par la transformation en sulfate de chaux de matières » marneuses tenues en suspension dans les eaux du lac d'eau » douce du bassin d'Aix. Cette transformation a dû être détermi- » née par l'arrivée dans les eaux du lac de quantités considérables » d'acide sulfurique. Tout, jusqu'à la *localisation* du gypse, » donne de la force à cette opinion. Il n'est point inutile de se » rappeler ici que le gypse n'est pas uniformément répandu et que « sur bien des points il en existe à peine quelques traces (1). » Cette émission d'acide sulfurique aurait d'ailleurs précédé l'érup- tion basaltique de Beaulieu ; elle en aurait été en quelque sorte le prélude, et elle aurait eu pour conséquence immédiate, d'après M. Matheron, la destruction de tous les animaux qui vivaient dans les eaux du lac; bien plus, toutes les parties de leurs dé- pouilles qui n'auraient pu résister à l'action de l'acide très-dilué, auraient disparu sans laisser de traces, et c'est ce qui nous ex- pliquerait l'absence presque complète des coquilles fossiles dans les couches où les empreintes d'insectes et de poissons se ren- contrent en si grand nombre. C'est à ce phénomène qu'il fau- drait attribuer aussi cette accumulation de poissons que l'on observe dans la couche immédiatement inférieure au gypse.

Comme il existe plusieurs étages distincts dans le gypse,

_____

(1) Réunion de la Société géologique à Aix (*Compt. rend.*, p. 59).

M. Matheron est conduit à admettre que des émissions d'acide sulfurique ont eu lieu à diverses reprises et qu'entre deux phénomènes consécutifs il y a eu une période de calme pendant laquelle la vie animale a pu se développer de nouveau ; en effet, le deuxième banc de gypse est précédé, comme le premier, d'un véritable lit de poissons fossiles. Mais on trouve aussi des débris analogues dans les couches supérieures au gypse. A quelle cause faut-il rapporter leur présence à ce niveau ? Ont-ils été détruits par la chaleur, par une émission d'eau bouillante ? C'est ce que M. Matheron n'essaye point de décider. Il est probable cependant, d'après lui, que des gaz ou de la vapeur d'eau se sont fait jour à cette époque, car « s'il n'en avait pas été ainsi, comment pour- » rait-on expliquer, mêlés aux poissons, tant de restes fossiles » d'insectes à respiration aérienne, lorsque tout démontre que » ces insectes, comme les poissons, sont morts d'une manière » instantanée ? Il y a en quelque sorte, dit-il, de la vie dans les » fossiles dont je parle. Les insectes ont été saisis par la mort au » moment de la locomotion ou du vol ; M. Coquand possède un » échantillon qui présente deux Curculionides dans l'acte de l'ac- » couplement ; enfin la plupart des poissons fossiles sont tordus » sur eux-mêmes, et traduisent ainsi les souffrances physiques » qui durent précéder leur mort, et des myriades de petits pois- » sons groupés sur des tables marno-calcaires présentent tous la » tête dans une même direction et offrent ainsi la fossilisation » d'un groupe entier saisi par la mort au moment de la natation.

» Il est d'autant plus raisonnable de supposer que la chaleur » a joué un rôle dans les phénomènes qui ont déterminé la mort » des animaux que, plus tard, postérieurement au dépôt des » conglomérats, la chaleur a produit des phénomènes de méta- » morphisme fort remarquables. Ce sont les phénomènes qui ont » modifié ce conglomérat et qui ont transformé en silicicalce des » roches préexistantes d'une nature toute lacustre et sédimen- » teuse (1). »

A la suite de ce rapport, M. Coquand, s'appuyant sur ses pro-

(1) Réunion de la Société géologique à Aix (*Compt. rend.*, p. 64).
    ARTICLE N° 2.

pres observations et sur celles qui avaient été présentées par ses collègues, constata que la théorie de M. Marcel de Serres, au sujet du prétendu dépôt dans la mer des couches lacustres du bassin d'Aix, se trouvait désormais complétement renversée, et qu'il était bien établi que le terrain à gypse d'Aix avait été déposé dans le sein d'un lac d'eau douce, qu'il était postérieur au terrain à lignite et antérieur à la molasse coquillière. M. Matheron déclara qu'il se rangeait complétement à l'opinion de M. Coquand, et signala en même temps, dans le bassin de Marseille, l'existence d'un terrain analogue à celui d'Aix, mais qui ne lui était connu que par quelques coupes visibles dans des ravins peu profonds. Les fossiles y étaient assez rares et consistaient principalement en Cyclades, en Paludines, en Potamides, et en feuilles de Palmiers, et le gypse y était de nature sédimenteuse comme celui d'Aix; sur un point même, au Camoïns, il existait une source d'eau sulfureuse sortant de couches de calcaires marneux et de gypse gris qui renfermaient des cristaux de soufre hydraté et même des filons de soufre continus. Ce terrain d'eau douce de Marseille affleurerait, d'après M. Matheron, sur les bords du bassin, après avoir été recouvert par un terrain d'eau douce qui pourrait être considéré comme l'équivalent de la molasse coquillière.

Dans la même séance M. Matheron indiqua en quelques mots les rapports qui existent entre le système à gypse d'Aix et certaines formations des environs d'Apt et de Vaucluse, où l'on a découvert des ossements de *Palœotherium* et d'*Anoplotherium*. Ces relations, suivant lui, confirmaient jusqu'à un certain point l'opinion qu'il professait alors, de concert avec M. Coquand, sur l'identité du terrain à gypse de la Provence avec celui du bassin de Paris. Dans les séances suivantes M. Matheron, soutenu par M. Coquand, accentua encore cette opinion, qu'il paraît avoir abandonnée depuis, et essaya de démontrer qu'il y avait dans le midi de la France, et en particulier dans le département des Basses-Alpes et dans celui des Bouches-du-Rhône, des équivalents non-seulement des gypses de Montmartre, mais encore de l'argile plastique et du calcaire grossier (1).

_____

(1) Réunion de la Société géologique à Aix, en 1842 (*Compt. rend.*, p. 86 et suiv.).

Comme M. Matheron, complétant cette première étude, a publié plus récemment sur le même sujet un travail important auquel j'aurai à emprunter une foule de détails, je n'insisterai pas davantage pour le moment sur cette description du terrain à gypse que M. Matheron esquissa devant la Société géologique en 1842, et dont les principaux traits se trouvent déjà dans le mémoire qu'il inséra dix ans auparavant dans les *Annales des sciences et de l'industrie du midi de la France.*

C'est aussi vers la même époque, en 1840, que le docteur Boisduval fit à la Société entomologique un rapport sur le Lépidoptère fossile appartenant à M. de Fonscolombe et signalé dans la communication de M. Matheron. Le savant lépidiroptériste décrivit et figura ce bel échantillon sous le nom de *Cyllo sepulta*, et l'exactitude de sa détermination, contestée par quelques entomologistes, sera confirmée pleinement, je crois, par les recherches de mon ami M. Scudder, de Boston, qui a pu faire de ce fossile une étude approfondie. Ce Papillon fut aussi mentionné dans les *Notes géologiques sur la Provence*, de M. Marcel de Serres, et dans une communication faite par M. Coquand à la Société géologique de France, le 24 avril 1845.

Dans ce nouvel ouvrage, M. Marcel de Serres répète l'opinion qu'il avait émise précédemment, que tous les Insectes fossiles d'Aix appartiennent à des genres existant actuellement dans les mêmes contrées et que ce sont des espèces analogues à celles qui vivent dans les terrains arides, et il conclut de cet ensemble de circonstances que le sol de cette partie de la France présentait à l'époque tertiaire à peu près la même configuration que de nos jours; il donne aussi de ces espèces éteintes un nouveau catalogue qui, tout en étant plus complet que ceux qu'il avait publiés précédemment dans la *Géognosie des terrains tertiaires* et dans les *Annales des sciences naturelles*, laisse encore beaucoup à désirer; en effet, les espèces n'y sont ni décrites ni figurées, et elles sont désignées d'une manière tout à fait insuffisante par les rapports de grandeur et de forme qu'elles offrent avec certaines formes actuelles du midi de la France, de la Sicile et de l'Italie, sans que ces rapprochements soient justifiés

ARTICLE N° 2.

par des caractères tirés des organes du vol, des tarses ou des antennes.

De son côté M. Coquand trouve dans la présence du genre *Cyllo* au milieu des marnes gypsifères un argument pour combattre les idées de Marcel de Serres, de Curtis et de M. Boué, au sujet de la ressemblance extrême qui se manifesterait entre la faune et la flore tertiaire de la Provence et la faune et la flore actuelle de la même région ; il rappelle aussi que le gypse est essentiellement une formation d'eau douce et que par conséquent il ne saurait renfermer des espèces de poissons tout à fait analogues à celles qui vivent encore dans les mers de la Provence. D'autre part, dit-il, la découverte de Palmiers et de Crocodiles dans le même gisement permet de supposer que les environs d'Aix jouissaient au commencement de la période tertiaire d'un climat assez chaud, qui n'aurait point convenu à une faune entomologique plus ou moins semblable à la nôtre. Il serait d'ailleurs fort extraordinaire, ajoute M. Coquand, lorsque les couches de la molasse, supérieures au gypse, et par conséquent plus récentes, offrent un certain nombre de formes tropicales, de voir le gypse caractérisé par des végétaux et des animaux différant beaucoup moins de ceux de l'époque actuelle et révélant des conditions physiques et climatériques presque analogues à celles qui nous entourent.

Nous trouvons du reste, dans l'*Histoire des progrès de la géologie*, publiée quelques années plus tard, en 1848, par M. A. d'Archiac, un excellent résumé des travaux dont les gypses d'Aix avaient été l'objet jusqu'à cette époque, principalement de la part de MM. Coquand et Matheron. M. d'Archiac discute les classifications proposées par ces deux géologues dans les ouvrages que j'ai analysés précédemment et dans des communications faites devant la Société géologique de France, ainsi que les idées exposées par M. de Villeneuve dans son mémoire sur les lignites du département des Bouches-du-Rhône. Ce dernier géologue regardant la molasse comme l'équivalent des grès de Fontainebleau, assimilait les gypses de la Provence à ceux des environs de Paris, et attribuait une épaisseur énorme (près de 1200 mètres) aux

terrains tertiaires de la vallée de l'Arc. Enfin, dans le même ouvrage, M. d'Archiac examine la théorie au moyen de laquelle un
savant ingénieur, M. Diday, cherche à expliquer la formation
des *moulières*, c'est-à-dire des parties plus ou moins altérées
que l'on rencontre au milieu du groupe des lignites. Il arrive
souvent en effet que certains calcaires devenus spongieux ont
perdu la matière bitumineuse qui les colorait, et que le lignite
lui-même a été privé d'une partie de ses principes combustibles ;
il en est résulté des tassements et des vides dans la masse. « La
» *moulière* elle-même, dit M. d'Archiac, a la forme d'un cône
» aigu dont le sommet est en bas, et lorsque, par suite de travaux
» on dépasse ce sommet, on atteint des roches complétement
» intactes qui prouvent que la cause a agi de haut en bas. On
» observe alors sous ce même sommet une fente verticale qui
» traverse les couches, suivant une direction correspondant à
» peu près à l'axe de la moulière. Cette fente se prolonge sou-
» vent dans celle-ci, et ses parois sont tapissées de cristaux de
» carbonate de chaux ou de chaux sulfatée.

» M. Diday pense que ce mode d'altération est dû à un dissol-
» vant qui serait l'acide sulfurique ou un sulfate acide, et l'ori-
» gine des moulières résulterait de la décomposition des pyrites
» disséminées en particules indiscernables, mais très-abondantes,
» non-seulement dans le charbon, mais encore dans les argiles
» et les calcaires. Quelques analyses partielles avaient déjà con-
» duit M. de Villeneuve à cette opinion, et M. Diday, en com-
» parant la composition des roches intactes, prises à une très-
» petite distance des roches altérées, avec celle de ces dernières,
» a fait voir que l'état de celles-ci justifiait de tous points le mode
» d'action supposé.

» Pour déterminer le moment où ces altérations ont com-
» mencé, il s'est attaché à démontrer : 1° que le phénomène des
» moulières n'appartient pas uniquement à l'époque actuelle,
» mais qu'il a commencé à se produire immédiatement après et
» peut-être pendant le dépôt du groupe des lignites ; 2° que les
» couches de sulfate de chaux exploitées dans le groupe du gypse
» d'Aix proviennent en très-grande partie, sinon en totalité, de

» celui qui a été produit dans les moulières par la réaction des
» pyrites décomposées sur le carbonate de chaux. »

Le terrain tertiaire du sud-est de la France se composerait,
d'après M. Diday, de six étages d'épaisseur diverses, savoir :

1º Étage des lignites...................	200 à 250 mètres.
2º Calcaires marneux et argiles...........	100
3º Argiles rougeâtres alternant avec des calcaires...........................	300
4º Sables et argiles rougeâtres	70 à 80 mètres.
5º Gypse, marnes et calcaires marneux......	90
6º Second groupe avec lignites du département de Vaucluse......................	300
Épaisseur totale.....	1060 à 1120

Les quatre premiers étages manquent complétement au nord
de la ville d'Aix, et les deux derniers, se prolongeant au delà
de la Durance, vont se relier aux précédents entre les montagnes d'Eguilles et de Sainte-Victoire. Ces divers étages ont
subi quelques dislocations qui toutes sont dirigées E. 16º N.,
comme le système des Alpes orientales, tandis que les fissures
verticales, causes premières des moulières, sont parallèles ou
perpendiculaires à la direction des chaînes des montagnes voisines. « Par conséquent le phénomène des moulières est en
» rapport avec les soulèvements de ces chaînes, et à ces sou-
» lèvements sont dues les fentes qui ont permis l'introduction
» des eaux superficielles dans l'intérieur du groupe des lignites,
» laquelle a déterminé l'altération d'une partie de ses couches.
» En considérant la disposition des quatre étages inférieurs
» du bassin d'Aix, dit M. d'Archiac, le savant ingénieur fait
» remarquer que les affleurements successifs au sud présentent
» des portions de couches concentriques dont la concavité est
» tournée vers le nord, et dont les extrémités s'appuient contre
» les chaînes secondaires de Sainte-Victoire et d'Eguilles. Les di-
» rections de ces couches, quoique oscillant autour de l'E. N. E.,
» varient cependant assez pour être ordinairement, dans chaque
» étage, parallèles à la couche qui en forme la limite. En outre
» les couches plongent toutes, à très-peu près, vers un même

» point, centre commun de ces courbes, situé dans l'espace
» qu'occupe le groupe gypseux des environs d'Aix. Aussi, l'au-
» teur en conclut-il que les assises lacustres ont dû éprouver au
» moins un soulèvement après la formation de chaque étage, et
» que, par ces soulèvements successifs, les extrémités des
» couches ont été presque émergées vers le S., l'E. et l'O. Le
» bassin s'est de la sorte graduellement rétréci, jusqu'à ce que
» les eaux n'aient plus occupé que la partie où s'est déposé le
» groupe du gypse.

    » Celui des lignites ayant été fracturé avant la formation du
» gypse, les causes qui produisent aujourd'hui la décomposition
» des pyrites ont pu agir immédiatement après l'ouverture de
» ces fentes, et dès lors la plupart des moulières commencèrent
» à se former. Le sulfate de chaux résultant de la réaction des
» pyrites décomposées sur le calcaire se sera dissous dans les
» eaux où se déposaient les assises supérieures aux lignites,
» puis, en vertu de sa plus grande solubilité, il se sera déposé
» à son tour après le carbonate de chaux.

    » Les étages inférieurs ne paraissent pas exister au-dessous
» du gypse dans les environs d'Aix, ce qui permet de penser
» que, lorsqu'ils se formaient, la portion du pays occupée plus
» tard par le gypse était émergée. Après le relèvement au S. de
» ces étages inférieurs, les eaux refluèrent au N., et, saturées
» en partie par du sulfate de chaux, elles firent périr presque
» immédiatement les animaux qui y vivaient.

    » Une question qui se présentait naturellement à l'esprit,
» après ces explications, c'était de savoir jusqu'à quel point le
» peu d'étendue que l'on connaît aux moulières pouvait s'ac-
» corder avec le volume du gypse contenu dans le bassin d'Aix,
» ou, en d'autres termes, s'il existait un rapport réel de gran-
» deur entre la cause supposée et l'effet qu'on lui attribuait. C'est
» ce à quoi M. Diday a répondu également. Après avoir évalué
» la surface des couches gypseuses et leur épaisseur, il en a
» déduit d'abord le volume total du gypse qu'elles renferment,
» volume qui serait d'environ un milliard de tonnes, puis, éva-
» luant de même la surface des couches lacustres inférieures,

ARTICLE N° 2.

» et celle des portions altérées non exploitables ou moulières,
» ainsi que l'épaisseur de ces dernières et la quantité moyenne
» des pyrites qu'elles devaient renfermer avant l'altération, il
» trouve que ces pyrites ont pu produire 990 000 000 tonnes de
» gypse, c'est-à-dire une quantité très-voisine de celle que con-
» tient réellement le bassin d'Aix. »

L'hypothèse émise par M. Diday est certainement fort ingé-
nieuse et elle rend compte jusqu'à un certain point non-seulement de la formation des gypses, mais encore de la présence
au sein de ces couches, et à un certain niveau seulement, d'une
grande quantité de poissons et d'insectes ; aussi je me propose,
dans la suite de ce travail, de revenir sur les idées exprimées
par ce géologue et sur celles que M. Matheron avait exposées précédemment devant la Société géologique de France ; mais pour
le moment je dois me borner à les signaler, et continuer l'examen rapide des travaux relatifs au sujet qui m'occupe.

Pendant quelques années, les insectes fossiles de la Provence, qui avaient un instant attiré l'attention des géologues
et des paléontologistes, retombèrent dans l'oubli, et les matériaux réunis dans les collections restèrent dans l'oubli ; enfin,
en 1856, le professeur Oswald Heer, de Zurich, entreprit
d'en faire connaître quelques-uns, dans une notice publiée
dans le *Vierteljahrschrift der Naturforschenden Gesellschaft*.
Plus que personne, M. Heer était à même de mener à bien
une semblable étude : il avait en effet entre les mains, outre
un certain nombre d'empreintes recueillies dans un voyage
en Provence, toute la collection de M. R. Blanchet, de Lau-
sanne, et celle de M. R. Murchison, de Londres ; de plus il
était préparé par ses travaux antérieurs à ce genre de recherches, car il avait publié successivement, sur les insectes
d'OEningen et de Radoboj des mémoires considérables accom-
pagnés d'un très-grand nombre de figures. Ces recherches,
combinées avec celles qu'il poursuivait en même temps sur
les végétaux fossiles de ces deux gisements et d'autres localités de la Suisse et de l'Allemagne, le conduisirent à des conclusions extrêmement intéressantes sur le climat et les conditions

de vie aux différentes époques de la période tertiaire et lui per-
mirent de retracer l'aspect que présentaient alors les diverses
contrées de l'Europe centrale. Aussi, malgré son peu d'étendue,
le mémoire de M. Heer est-il le travail le plus important qui ait
été publié sur les insectes fossiles d'Aix dans le cours de ces dernières années ; les espèces y sont figurées d'une manière assez
satisfaisante et caractérisées, comme cela se pratique pour les
espèces vivantes, à la fois par une diagnose latine et par une
description en quelques lignes accompagnée des dimensions
principales du corps, des ailes et des élytres ; enfin les considérations générales qui servent d'introduction à cette notice et
qui s'appliquent non-seulement aux insectes fossiles de la Provence, mais à ceux des différents gisements tertiaires, sont pour
nous du plus haut intérêt et méritent d'être examinées avec
soin. M. Heer décrit aussi en quelques lignes les carrières
d'exploitation du gypse qui s'ouvrent dans la colline située au
N. de la ville d'Aix. « Les galeries », dit-il, « sont parfaitement
» sèches et jouissent d'une agréable température ; elles traver-
» sent une couche de gypse de 1^m,50 d'épaisseur environ.
» Le plancher est formé par un calcaire dur dans lequel on a
» trouvé quelques beaux insectes isolés (principalement des
» *Bibions*) ainsi que des rameaux séparés de *Callitris Bron-*
» *gniarti*, et, çà et là, quelques poissons. Le toit consiste en
» une marne calcaire d'un gris blanchâtre, à grains extrême-
» ment fins, d'un demi-pied d'épaisseur environ et se déli-
» tant en une quantité de feuillets excessivement minces ; cette
» couche ressemble à la *couche à insectes* de la carrière infé-
» rieure d'Œningen. C'est entre les feuillets de la zone moyenne
» que se trouvent les plus beaux spécimens d'insectes. Il est pro-
» bable, ajoute M. Heer, que si l'on soumettait cette marne au
» même traitement que la roche de la couche à insectes d'Œnin-
» gen, c'est-à-dire si on la mettait en hiver dans l'eau, de ma-
» nière à l'exposer à la gelée, elle se décomposerait en feuillets
» très-délicats et fournirait ainsi une foule d'insectes qui aujour-
» d'hui restent inaperçus et sont complétement perdus pour la
» science. En effet les seuls spécimens que l'on obtienne sont

» ceux qui tombent par hasard sous les yeux des ouvriers, et l'on
» ne prend aucune mesure pour se procurer de beaux échan-
» tillons, ainsi que cela se pratique à OEningen. »

Cette remarque de M. Heer est malheureusement aussi vraie
à l'heure actuelle qu'en 1856, et quoique les travaux du savant
directeur de Zurich aient montré tout le profit que la paléontologie pouvait tirer de l'étude des insectes fossiles, aujourd'hui
comme autrefois on se contente, pour augmenter les collections,
des quelques spécimens que les ouvriers recueillent de rare en
rare et cèdent aux visiteurs. Ces trouvailles deviennent de moins
en moins fréquentes, la couche extrêmement mince qui contient
les empreintes se trouvant au-dessus du gypse exploité et formant
la voûte des galeries actuelles. Mais qu'est-ce que ces quelques
spécimens exhumés de temps en temps et par hasard auprès des
richesses que doivent contenir, malgré leur faible épaisseur, ces
marnes dédaignées par les ouvriers ? Que de spécimens enfouis
qui pourraient enrichir nos musées et qui, joints à ceux que
nous possédons déjà, permettraient d'arriver à des déterminations spécifiques exactes, de restaurer les types éteints et d'en
tirer des conclusions importantes relativement au climat et à
la végétation de la France tertiaire ! Aussi, serait-il bien à désirer, si l'on ne veut pas soumettre des marnes à une exploitation méthodique et scientifique, que l'on profitât au moins de
'ouverture de nouvelles galeries pour recueillir de nouveaux
matériaux, et qu'en traversant la couche à insectes pour arriver
au gypse, on mît soigneusement de côté les blocs que l'on peut
supposer contenir des empreintes, au lieu de les briser et de les
rejeter sur les côtés de la route. En faisant ensuite subir à ces
blocs le traitement conseillé par M. Heer, ou même en les déli-
tant au marteau, on obtiendrait facilement et à peu de frais de
très-beaux échantillons. Lors de mon voyage à Aix, je me suis
procuré de cette manière un certain nombre de spécimens, en
séparant en feuillets minces des plaquettes de marne calcaire
ramassées dans le voisinage de la carrière.

« La plupart des insectes, continue M. Heer, se trouvent dans
» cette roche feuilletée qui renferme aussi des feuilles isolées

» d'un palmier à éventail (*Sabal Lamanonis* Brongn. sp.), tandis
» que ses fragments de *Callitris* ne se rencontrent que dans le
» calcaire qui forme le plancher des galeries. Au-dessous de ce lit
» de gypse viennent des marnes et des calcaires, et à 30 ou
» 40 pieds plus bas, un nouveau lit de gypse, sous lequel
» recommencent de nouvelles marnes, puis un troisième lit de
» gypse, supporté lui-même par une formation calcaire. Tout
» ce système de formations d'eau douce a donc, comme Mur-
» chison l'a montré dans son mémoire sur Aix, une puissance
» considérable ; mais tous les insectes proviennent du lit de gypse
» supérieur. La position de ces marnes insectifères au-dessous
» de la formation marine fait supposer qu'elles correspondent à
» notre molasse d'eau douce inférieure et par suite qu'elles ap-
» partiennent au niveau inférieur de la formation miocène.
» Cette hypothèse est confirmée par les feuilles et les insectes
» que renferment ces couches. » M. Heer cite en effet un certain
nombre de plantes fossiles d'Aix qui se retrouvent dans le terrain
miocène de la Suisse ou de l'Autriche, mais comme à l'époque
où il écrivait son mémoire, les végétaux du gypse de la Provence, dont M. de Saporta vient de décrire un si grand nombre
d'espèces, étaient encore fort mal connus, c'est principalement
des insectes fossiles que M. Heer tire ses conclusions. « En effet »,
dit-il, « des soixante espèces d'insectes que nous ont fournies les
» trois collections ci-dessus mentionnées (1) d'Aix, en Provence,
» neuf ont été trouvées également à Radoboj et quatre à OEnin-
» gen, c'est-à-dire que Radoboj a deux fois plus d'espèces en
» commun avec Aix qu'OEningen, quoique cette dernière localité
» soit beaucoup plus rapprochée de la Provence et qu'elle pos-
» sède une faune bien plus riche, offrant par conséquent des
» points de comparaison bien plus nombreux. ... Ce fait se
» trouve encore confirmé par cette circonstance que la plupart
» des espèces particulières à Aix sont intimement liées à des
» espèces de Radoboj. ... On pourrait donc regarder à bon
» droit les marnes d'Aix et celles de Radoboj comme des for-

(1) La collection de M. Heer, celle de M. Blanchet et celle de M. Murchison.
ARTICLE N° 2.

» mations contemporaines. Malheureusement la position géolo-
» gique de ces deux gisements n'est point encore parfaitement
» établie. Unger (1) regarde Radoboj comme une formation un
» peu plus récente que Sotzka et rapporte ce dernier gisement
» à l'éocène. Cependant, si nous comparons la flore de ces deux
» localités avec celle de notre molasse d'eau douce inférieure,
» nous trouvons une grande concordance : cinquante-deux es-
» pèces de Sotzka et cinquante de Radoboj se rencontrent aussi
» dans notre flore fossile de la Suisse ; par conséquent Sotzka
» comme Radoboj peuvent être réunis aux représentants les
» plus anciens de notre molasse inférieure, et, suivant moi,
» doivent être attribués à la formation miocène inférieure. Ce
» sont des lambeaux d'une flore qui s'étendait probablement
» autrefois sur une grande partie de l'Europe, cette contrée
» ayant alors une configuration tout à fait différente de celle
» qu'elle présente aujourd'hui. Comme Aix a de grandes affi-
» nités avec Radoboj, ce gisement peut aussi appartenir à la
» même formation, et doit, s'il en est ainsi, être assimilé à notre
» molasse d'eau douce inférieure ; c'est du reste l'opinion de
» d'Orbigny, qui réunit le gypse d'Aix à son étage falunien.
» Au contraire, P. Gervais de Rouville (2) place le gypse d'Aix
» en parallèle avec celui de Montmartre, c'est-à-dire au niveau
» du terrain parisien supérieur ; il regarde donc le gypse de
» Provence comme une formation éocène, et il le désigne, ainsi
» que les formations d'eau douce inférieures de Montpellier, sous
» le nom de *Sestien*. Cette opinion est fondée sur la présence
» d'une dent de *Palæotherium medium* Cuv. et de *Xyphodon*
» *gelyense* Gerv. dans le terrain des environs de Montpellier.
» Cependant, cette dernière espèce ne saurait servir de terme
» de comparaison, et la dent de *Palæotherium* n'apporte pas non
» plus de preuve décisive dans le débat, puisque ce genre se
» rencontre aussi dans notre molasse (*P. Schinzii*, Meyer). On
» peut se demander encore si les couches qui, près de Montpel-

(1) *Fossile Flora von Sotzka*, p. 12.
(2) *Description géologique des environs de Montpellier*, 1853, p. 186 (tableau).

» lier, renferment ces débris, ne sont pas plus anciennes que le
» gypse d'Aix ; d'autant plus que nous ne devons pas oublier que
» les insectes d'Aix se rencontrent dans la couche supérieure, et
» par conséquent dans la partie la plus récente de la grande série
» des formations d'eau douce de cette contrée. »

Si j'ai rapporté *in extenso* ce passage du mémoire de M. Heer,
c'est qu'il exprime une opinion qui pouvait passer pour hardie
il y a quelques années, le gypse d'Aix étant alors généralement
regardé comme rigoureusement contemporain de celui de Montmartre. Depuis, les idées se sont singulièrement modifiées, et la
plupart des géologues sont d'accord pour placer cette formation un peu plus haut, à la base du terrain miocène, à peu
près au niveau des grès de Fontainebleau ; mais M. Heer n'en
a pas moins l'honneur d'être arrivé l'un des premiers à cette
conclusion, et cela par des considérations paléontologiques,
tirées principalement de l'étude des insectes fossiles.

M. Heer signale dans la faune du gypse l'abondance des Diptères musciformes (Bibions et Mycétophiles), caractère qui rapproche le gisement d'Aix de ceux d'OEningen, de Radoboj et
des lignites du Rhin. La prédominance de ce type entomologique et en particulier du genre *Protomyia*, sorte de Tipulaire
musciforme imprime même un cachet tout particulier non-seulement à la faune entomologique des gypse d'Aix, mais à celle du
pays tertiaire en général. En revanche, dit M. Heer, les Fourmis,
qui constituent à Radoboj la majorité des espèces, et qui sont
également fort répandues à OEningen, sont assez rares à Aix,
où l'on rencontre cependant un certain nombre de Pucerons.
De même les Buprestes, qui sont représentés à OEningen par
des formes variées et qui dominent parmi les Coléoptères xylophages de ce gisement, n'offrent, dans les marnes de la Provence, que des espèces de petite taille, et ne paraissent pas avoir
joué un rôle bien considérable dans la faune contemporaine.
Les Curculionides et en général les Coléoptères phytophages
sont au contraire très-abondants et ne diffèrent pas sensiblement comme genres de ceux que l'on trouve à OEningen. Enfin,
les Papillons, et surtout les Papillons de jour, sont excessive-

ment rares dans le gypse d'Aix, où l'on a découvert pourtant un certain nombre d'Ichneumonides qui déposaient probablement leurs œufs dans le corps des Chenilles.

Cette esquisse de la faune entomologique que renferment les marnes tertiaires de la Provence est parfaitement exacte, et quoique j'aie entre les mains des collections bien plus nombreuses que celles dont pouvait disposer le savant professeur de Zurich, j'ai reconnu que les proportions que M. Heer assigne aux différents ordres d'insectes sont sensiblement constantes et ne dépendent point des circonstances qui ont présidé à la formation des collections. La prédominance des Tipulaires musciformes, la rareté des Buprestes et l'abondance des Curculionides ne sont point l'effet du hasard, mais la traduction de caractères essentiels de la faune des gypses, et ces caractères coïncidaient sans doute avec la présence de certains types de végétaux, ou dépendaient de certaines conditions climatériques que nous aurons à examiner par la suite. Mais, dès à présent, je tiens à constater que les Carabiques sont beaucoup plus nombreux à Aix qu'on ne le croyait au premier abord, et que le genre *Cleonus*, que M. Heer regardait comme le type dominant parmi les Curculionides, à Aix comme à OEningen, le cède de beaucoup, dans la première de ces localités, sous le rapport du nombre des individus, à un autre genre, spécial à cette faune, le genre *Hipporhinus*, aujourd'hui confiné dans les régions australes, au Cap et à la Nouvelle-Hollande. Les Fourmis sont toujours assez rares, mais on a découvert, outre de nouvelles espèces de cette famille des Ichneumonides signalée par M. Heer, un assez grand nombre de Tenthrédides plus ou moins analogues aux nôtres; on possède aussi maintenant une certaine quantité de Névroptères, et principalement des larves de Libellules, quelques Lépidoptères nocturnes et crépusculaires et un nouveau Papillon de jour presque aussi beau que le *Cyllo sepulta*; enfin, les Hémiptères sont aujourd'hui si répandus dans nos collections que par le nombre des individus ils disputent le premier rang aux Tipulaires musciformes.

Pour suivre l'ordre chronologique, j'aurais dû mentionner,

avant le mémoire de M. Heer, la description faite en 1852, par
M. de Saussure, d'un Hyménoptère pupivore qu'il a nommé
Pimpla antigua (1) ; mais j'aurai l'occasion de revenir sur cette
notice quand j'aborderai l'étude des Hyménoptères fossiles de
la Provence.

J'arrive maintenant à un ouvrage dans lequel les paléontologistes trouveront de précieux renseignements sur l'aspect
que présentait l'Europe centrale à l'époque tertiaire, et qui
m'a fourni des documents importants pour le sujet qui m'occupe, je veux parler des *Recherches sur le Climat et la Végétation du Pays tertiaire*, par M. Heer. Cet ouvrage, traduit en
français par M. Ch. Gaudin, a été enrichi de deux mémoires
dus, l'un à M. Matheron, l'autre à M. de Saporta, et contenant la description du terrain marneux à gypse et l'examen
des végétaux qu'il renferme. Comme M. Matheron a reproduit,
presque sans modifications, cette description dans un ouvrage
qu'il a fait paraître l'année suivante et que, de son côté,
M. de Saporta vient de donner un supplément à ses *Études sur
la Végétation dans le sud-est de la France à l'époque tertiaire*,
je préfère analyser ces mémoires plus récents publiés par ces
deux auteurs, et négliger les notices qu'ils ont insérées dans
l'ouvrage de M. Heer, pour m'attacher plus spécialement au
passage que ce dernier a consacré aux insectes fossiles d'Aix
en Provence. Voici ce que dit M. Heer au sujet de ce gisement :

« Comme il résulte des recherches de M. G. de Saporta
» qu'Aix appartient à l'étage ligurien, on devrait s'attendre à
» y rencontrer encore plus de formes tropicales qu'à Radoboj.
» C'est tout le contraire, si bien qu'en m'appuyant sur la faune
» et en voyant qu'Aix avait dix espèces en commun avec Ra-
» doboj et quatre avec OEningen, j'avais rapporté précédemment
» les terrains d'Aix à la même époque que ceux de Radoboj et
» je les avais rangés dans le mayencien. Quatre genres ont dis-
» paru ; deux d'entre eux (*Protomyia* et *Bibiopsis*) se retrouvent
» aussi à OEningen et à Radoboj ; un cinquième (*Thaites Rumi-*

(1) *Revue et magasin de zoologie*, 1852, t. IV, p. 580.
ARTICLE N° 2.

» *niana*) est très-voisin du genre Thais, qui appartient à la faune
» méditerranéenne ; un sixième, le genre *Hipporhinus* est limité
» à la Nouvelle-Hollande et au midi de l'Afrique ; enfin, le genre
» *Cyllo* (*Cyllo sepulta* Boisd., très-voisin du *C. Rohria*) appartient
» aux Indes orientales. Tous les autres genres vivent encore dans
» la Provence, mais ce sont, comme à OEningen, presque tous
» des genres qui occupent une aire géographique très-vaste. Il
» est remarquable que les Termites et les Buprestes fassent ici
» défaut, tandis que les genres *Cleonus*, *Phytonomus*, *Bibio*,
» *Protomyia* et *Pachymerus* y jouent un rôle aussi important
» qu'à OEningen. On ne peut pas dire que la faune des insectes
» d'Aix contredise positivement l'idée que cette localité avait un
» climat sous-tropical, car presque tous les genres que l'on y a
» observés jusqu'à présent s'étendent jusque dans la zone sous-
» tropicale ; néanmoins, cette faune ne fournit que bien peu de
» preuves positives, tandis que, comme M. de Saposta l'a démon-
» tré, la flore est riche en formes méridionales. Ceci tient à des
» circonstances encore inexpliquées ; peut-être faut-il admettre
» tout simplement qu'un bon nombre des insectes d'Aix ont été
» entraînés des montagnes voisines jusque dans le lac ; mais le
» fait que ces petits animaux si délicats sont admirablement con-
» servés, la grande uniformité que présente cette collection d'in-
» sectes, qui est bien loin d'offrir la variété de celle d'OEningen,
» combattent cette supposition. Cette faune provient d'une aire
» probablement restreinte et s'est formée dans un court espace
» de temps. Les insectes qui la composent sont principalement
» ceux d'un rivage marécageux ou d'une forêt humide peu
» éloignée. »

Il est à présumer en effet, comme le dit M. Heer, que la faune
entomologique du gypse d'Aix est celle d'une aire peu étendue,
et qu'elle s'est formée pendant un espace de temps peu considérable, et il n'est pas moins constant que cette faune présente
en général un caractère moins tropical et plus américain que la
flore ; comme nous le verrons par la suite, un grand nombre
d'espèces fossiles d'Aix ont aujourd'hui leurs analogues dans les
parties chaudes de l'Amérique du Nord, à la Floride, à la Loui-

siane, et, ce qui est encore bien plus intéressant, ont des affinités
frappantes avec des espèces trouvées dans les terrains éocènes
des mêmes contrées ; c'est ainsi que certains spécimens de nos
collections auraient pu être confondus avec des insectes fossiles
des Montagnes Rocheuses, que mon savant ami M. Scudder m'a
permis d'examiner, et appartenaient incontestablement sinon
aux mêmes espèces, au moins aux mêmes genres.

On remarquera aussi que dans le passage de l'ouvrage de
M. Heer que nous venons de citer, de même que dans le catalogue qui accompagne ses Recherches sur le climat et la végétation du pays tertiaire, il est fait mention d'un certain nombre
d'espèces qui n'ont pas été décrites dans la notice sur Aix du
même auteur ; mais comme M. Heer a eu l'extrême obligeance
de m'envoyer récemment en communication tous les spécimens
de sa collection, j'espère être bientôt en mesure de combler cette
lacune regrettable, et pouvoir décrire et figurer dans la suite de
cet ouvrage non-seulement toutes les espèces signalées par
M. Heer, mais encore un certain nombre de types inédits et fort
intéressants.

En 1862, M. Philippe Matheron fit paraître ses *Recherches
comparatives sur les dépôts fluvio-lacustres tertiaires des environs
de Montpellier, de l'Aude et de la Provence*, et dans le premier
chapitre de cet ouvrage, comme dans son mémoire de 1832, il
partagea la grande série tertiaire des environs d'Aix en quatre
groupes principaux, qui sont de bas en haut :

I. Un groupe d'eau douce inférieur ou *terrain à lignite.*

II. Un groupe d'eau douce supérieur ou *terrain marneux
à gypse.*

III. Un dépôt marin ou *molasse coquillière.*

IV. Un dépôt fluvio-lacustre ou *terrain d'eau douce supérieur.*

Dans le premier groupe, M. Matheron distingue :

1° Un étage inférieur (E) composé de grès, de calcaires et de
marnes argileuses ou calcaires de couleurs variées renfermant

des coquilles terrestres, lacustres ou même marines, des ossements de Chéloniens et des traces de végétaux indéterminables.

2° Un groupe (F) de plusieurs centaines de couches de calcaire plus ou moins compacte, de marne argileuse et de lignite, atteignant ensemble près de 200 mètres d'épaisseur verticale. On y rencontre un très-grand nombre de coquilles lacustres ou fluviatiles, et quelques débris de Tortues. C'est à ce groupe qu'appartiennent les exploitations de lignite de Fuveau et de Gardanne et les calcaires de la Valentine et du Jas de Bassas qui servent à la fabrication du ciment et de la chaux hydraulique.

3° Un groupe (F') de couches d'argile, de marnes bigarrées et de calcaire plus ou moins marneux.

4° Un groupe (G) de grès, de marnes jaunes ou violacées, de calcaires marneux ou pisolithiques et de marnes blanchâtres, dont les grès de Fuveau forment la base, et qui paraît entièrement dépourvu de fossiles.

5° Un calcaire marneux grisâtre, très-épais, mais sans fossiles (G').

6° Des argiles et des grès bigarrés (H), renfermant des restes d'un énorme Saurien et d'un grand Chélonien, et quelques coquilles lacustres.

7° Des marnes et des calcaires marneux surmontés de calcaire dur blanc ou gris, souvent un peu oolithique, avec des fossiles très-nombreux qui, suivant M. Matheron, accusent des bas-fonds, des rivages et peut-être des îlots lacustres. Cet étage (H') contient plusieurs espèces du genre *Lychnus*, Math.

8° Des argiles ferrugineuses (I), ou *argiles de Vitrolles*, associées à des calcaires, à des grès et à des poudingues : c'est l'horizon des brèches du Tholonet. On n'y a point encore découvert de fossiles.

9° Des calcaires compactes (K), appelés *calcaires de Vitrolles* ou du *Cengle*, précédés de calcaires marneux avec Physes, Planorbes et Limnées.

10° Des calcaires blancs ou gris, plus ou moins siliceux (K'), nommés *calcaires du Montaiguet*, et caractérisés par des Bulimes, des Planorbes, des Pupes et des Limnées.

C'est au-dessus de ces calcaires que commence le grand groupe marno-gypseux, que l'on a regardé pendant longtemps comme l'équivalent des gypses de Montmartre, mais qui comprend en réalité, d'après M. Matheron, une longue succession de couches fluvio-lacustres qui se sont déposées pendant une grande partie de la période tertiaire. Voici les principaux termes de cette série :

1° Des couches puissantes (L) de poudingue, d'argile et de grès généralement colorées en rouge, et correspondant peut-être aux grès de Beauchamp.

2° Des calcaires plus ou moins durs et des calcaires marneux (M), dans lesquels on n'a pas encore trouvé de fossiles.

3° Un groupe de calcaires marneux (N) et de marnes argileuses, renfermant, outre des Limnées, des Planorbes et des Cérithes, les ossements de plusieurs espèces de Mammifères, tels que *Palæotherium magnum*, Cuv., *P. crassum*, Cuv., *P. medium*, Cuv., *Paloplotherium minutum*, P. Gerv., *Xiphodon gracile*, Cuv., *Anoplotherium commune*, Cuv., *Chœropotamus parisiensis*, Cuv., etc.

4° Des calcaires marneux (O), avec des couches subordonnées de marne, de gypse et de marne argileuse avec cristaux de chaux sulfatée. C'est l'horizon des gypses exploités. On trouve à ce niveau quelques espèces de Cérithes, de Paludestrines et de Cyclades, des Poissons en assez grand nombre (*Mugil princeps*, Agass., *Sphenolepis squamosseus*, de Blainv., *Lebias cephalotes*, Agass., *Smerdis minutus*, de Blainv., *Anguilla multiradiata*, Agass.), et une foule d'empreintes végétales qui ont été soigneusement étudiées par M. le comte de Saporta ; et enfin ces empreintes d'Insectes appartenant à tous les ordres, qui font l'objet du travail que nous présentons aujourd'hui.

La période qui correspond au dépôt de ces couches fut signalée, suivant M. Matheron, par des phénomènes remarquables : « Des sources thermales et sulfureuses, dont la tem-» pérature devait être très-élevée, se firent jour dans les parois » ou sur les rivages du lac tertiaire ; elles eurent pour double » effet de détruire la majeure partie des animaux qui peuplaient

» le lac et ses rivages, et de transformer en gypse de sédiment
» une partie des matières marno-calcaires que les eaux tenaient
» en suspension.

    » Ces phénomènes se produisirent avec intermittence ; mais
» jusque-là les roches ignées sous-jacentes ne parvinrent pas à
» percer le fond ou les bords du lac, et le relief du sol ne fut pas
» sensiblement modifié. »

    5° Quelques couches de marnes à Cyrènes, constituant un
horizon remarquable qu'on peut suivre sur différents points de
l'Europe. Au commencement de la période qui leur correspond
les quelques espèces animales qui avaient survécu purent continuer leur développement ; mais bientôt une éruption basaltique
se produisit à travers les eaux du lac, et, en élevant ces eaux à
une température considérable, détruisit tous les animaux qui les
habitaient. En même temps des fragments de roche calcaire
furent empâtés dans le basalte, et donnèrent naissance à cette
brèche de Beaulieu que la Société géologique a eu l'occasion
d'examiner lors de sa réunion extraordinaire à Aix en 1842 ;
quant aux couches marno-calcaires, elles subirent une véritable
cuisson et furent par conséquent altérées dans leur structure.
D'après M. Matheron, ces phénomènes éruptifs ne furent pas
limités à la Provence, ils se manifestèrent sur beaucoup d'autres
points de la France et de l'Europe, et cette perturbation générale
eut pour résultats de grandes débâcles et la formation de nouveaux
cours d'eau. C'est à l'un de ces torrents qu'il faudrait attribuer
le dépôt de ces sables et de ces grès qui constituent, avec les
dépôts arénacés résultant de l'érosion des basaltes par les eaux
chaudes du lac, l'étage Q qui vient immédiatement après.

    6° Grès sablonneux sans fossiles (Q), appartenant à l'étage
du basalte de Beaulieu, et peut-être contemporains des gypses
de Gargas près d'Apt.

    7° Calcaires marneux, devenant compactes et siliceux dans
leur partie supérieure et se rattachant en dessous aux grès du
groupe précédent. Ces calcaires (Q') sont caractérisés par le
Cerithium Lauræ, Math.

    8° Couches de calcaires marneux et de marne (R), avec coquilles terrestres ou lacustres des genres *Planorbis*, *Cyclostoma*, *Paludina*, *Melania*, *Sphærium*, *Pisidium*, etc. Ces couches se retrouvent dans le bassin de Marseille et renferment dans cette région de nombreuses empreintes végétales (*Dryandra Brongniarti*, Ettingh., *Banksia Hæringiana*, Ettingh., etc.).

9° Calcaires marneux (S) correspondant aux lignites et aux grès multicolores de Manosque, et contenant, outre le *Sphærium gibbosum* (*Cyclas gibbosa*, Sow.) (1), une Limnée (*L. aptiensis*, Math.) (2).

10° Calcaires marneux ou compactes (T) faisant suite aux précédents et constituant l'horizon de la flore de Manosque. M Matheron y signale : *Limnæa symmetrica* et *fabula*, Brard, *Planorbis rotundatus*, Brongn., *Unio Dumasi* et *Unio Mayeri*, Math., et deux Cérithes voisins des *C. margaritaceum* et *elegans*.

11° Couches siliceuses minces (T'), avec *Paludestrina Dubuissoni*, Bouillet, espèce que l'on trouve dans le Cantal associée au *Cerithium Lamarcki*, Desh. (3).

12° Calcaires plus ou moins caverneux ou quelquefois marneux et régulièrement stratifiés, dont les fossiles sont fort mal conservés (U).

Ce groupe termine la grande série fluvio-lacustre d'Aix et de Fuveau, dont M. Matheron évalue la puissance totale à 2000 ou 2500 mètres ; et, immédiatement après le dépôt des calcaires, le relief du sol subit de grands changements : la mer envahit la plupart des bassins lacustres et quelques vallées du sud-est de la France, et y déposa ces couches marines très-épaisses et très-riches en fossiles que l'on désigne sous le nom de *molasse coquillière*.

Le grand groupe marin commence dans les environs d'Aix par des marnes et des grès rougeâtres (grès à *Helix*) qui repo-

(1) Sowerby, *Note additionnelle au mémoire de Lyell et Murchison* (*Edinburgh new Philosoph. Journ.*, oct. 1829).

(2) *Examen analytique des flores de la Provence*, inséré dans les *Recherches sur la végétation tertiaire* de M. Heer. Zurich, 1861.

(3) C'est par erreur que MM. Lyell et Murchison indiquent cette espèce dans les environs d'Aix (*Edinb. new Philos. Journ.*, oct. 1829, p. 4).

ARTICLE N° 2.

sent sur e calcaire lacustre perforé de Pholades et de Pétricoles, et qui se sont déposés le long de rivages peuplés d'Hélices, de Bulimes et de Cyclostomes. Ailleurs, au contraire, on trouve à ce niveau des couches sablonneuses riches en coquilles marines. C'est à cet horizon qu'appartiennent encore, d'après M. Matheron, les argiles rouges et grises du bassin de Marseille, si remarquables par leurs végétaux fossiles (*Populus, Salix, Cinnamomum, Banksia, Alnus, Acer*).

La partie supérieure de ce premier étage constitue l'horizon de l'*Ostrea crassissima*, Lam., et est surmontée elle-même par des calcaires coquilliers et des grès qui occupent en Provence et dans l'Hérault des étendues de terrain considérables, et que M. Marcel de Serres a désignés par le nom de *calcaire moellon*. Enfin au sommet de la série se trouvent des couches composées de sable argileux, d'argile marneuse et de fragments de coquilles. Le dépôt de ces couches fut suivi, dit M. Matheron, de nouveaux changements dans le relief du sol : la mer abandonna certains points de la contrée, et dans ces points se formèrent les couches fluvio-lacustres qui composent le quatrième groupe, ou *terrain lacustre supérieur*, et dont les plus remarquables sont les marnes grises ou bleues, les calcaires marneux à *Helix Christoli*, Math., et les grès argilo-marneux bigarrés de Cucuron. C'est à ce niveau que l'on a trouvé l'*Hipparion gracile* de Christol, l'*Hyæna Hipparionum*, P. Gerv., le *Sus provincialis*, P. Gerv., le *Cervus Matheroni*, P. Gerv., etc.; en un mot, toute une faune de Mammifères dont M. le professeur Gaudry vient de publier la monographie.

M. Matheron étudie ensuite d'une manière analogue les dépôts fluvio-lacustres des environs de Montpellier, de Vallemagne, de Narbonne et de la montagne Noire, dont nous n'avons pas à nous occuper pour le moment, et, en comparant ces couches d'eau douce à celles des environs d'Aix et à celles du bassin de Paris, il reconnaît « qu'il y a concordance entière et parfaite entre le » terrain à gypse d'Aix et toute une série non interrompue d'éta- » ges tertiaires du bassin parisien, tandis que bien des termes

» de cette série ne sont pas plus représentés dans la montagne
» Noire que dans les environs de Narbonne.

» D'où il suit, dit M. Matheron, que ce qu'on était convenu
» d'appeler le *terrain à gypse d'Aix*, et dont M. de Rouville a
» fait son terrain sextien, est une chose très-complexe, dans
» laquelle on trouve à la fois les équivalents des grès de Beau-
» champ et des gypses parisiens, ceux de toute la série des grès
» de Fontainebleau, y compris les couches à Huîtres de leur base,
» et enfin ceux des calcaires siliceux et marneux de la Beauce
» et de l'Orléanais.

» Le désaccord qui n'a cessé de régner entre les géologues au
» sujet de ce terrain tient uniquement à ce que cette complexité
» a été méconnue. Il y avait malentendu, et l'on peut dire que
» personne n'avait tort dans les discussions auxquelles ce désac-
» cord a donné lieu.

» Il faut bien reconnaître cependant que, contrairement à
» l'opinion que j'ai partagée et que d'autres géologues ont par-
» tagée avec moi, la partie de ce terrain qui renferme les gypses
» d'Aix est un peu moins ancienne que les gypses du bassin
» de Paris ; d'où il suit que la flore, les Poissons et les Insectes
» d'Aix ne sont nullement contemporains des Paléothériums de
» Paris et de Gargas (1). »

Ces conclusions importantes se trouvent résumées dans les tableaux synoptiques qui sont annexés au mémoire de M. Matheron
et dont je donne un extrait ne comprenant que les formations,
de la Provence et celles des bassins de Paris et de la Loire.
(Tableau n° 1.)

(1) Matheron, *Recherches comparatives sur les dépôts fluvio-lacustres tertiaires du
midi de la France (environs de Montpellier, Aude et Provence)*. Marseille, 1864,
p. 110.

ARTICLE N° 2.

BASSINS DE PARIS ET DE LA LOIRE.		BOUCHES-DU-RHÔNE ET VAUCLUSE.
	Z³	Grès marneux bigarrés (*Hipparion gracile, Hyæna Hipparionum, Sus provincialis*, etc.).
	Z²	Calcaire marneux blanchâtre (*Helix Christoli*).
	Z¹	Marnes argileuses grises avec traces de lignite.
	Y	Sables marins argileux ou débris de coquilles.
	X	Grès et calcaires marins d'Istres, de Martigues, de Cucuron, de Manosque (*Conus antiquus, Arca subantiqua, Pecten scabriusculus*, etc.).
	V¹	Couches à *Ostrea crassissima* d'Aix, Rognes, Carry.
Faluns de la Touraine.	V	Grès à *Helix* d'Aix, Rognes, Peyrolles; marnes grises de Cucuron et Manosque; calcaire coquillier de Carry (*Helix aquensis, H. Beaumonti*, etc.).
Calcaire de la Beauce et de l'Orléanais (*Helix Ramondi,* — *H. Lemani*).	U	Calcaire souvent marneux et tuffiforme.
Argile et meulière (*Limnæa cylindrica, Planorbis cornu, Cerithium Lamarckii*).	T¹	Calcaire plus ou moins siliceux en plaques minces (*Paludestrina Dubuissoni?, Neritina aquensis*, etc.).
	T	Calcaires marneux (*Limnæa fabula, L. symmetrica*).
Calcaires et marnes lacustres (*Limnæa fabula, L. symmetrica, L. cornea, Planorbis cornu, Plan. rotundatus*, etc.).	S	Calcaire marneux (*Sphærium gibbosum?*).
	R	Calcaire marneux avec espèces nouvelles qui se retrouvent dans le bassin de Marseille, à St-Jean de Garguier.
Grès de Fontainebleau et bancs coquilliers.	Q¹	Calcaire marneux et calcaire siliceux (*Cerithium Lauræ*).
	Q	Grès sans fossiles d'Aix.
—	P	Calcaire marneux à *Cyræna aquensis, Cyr. semistriata, Sphærium gibbosum*, etc.
Marnes et argiles (*Cyclostoma plicatum, Cyrena semistriata, Ostrea cyathula*, etc.).	O	Calcaire marneux souvent schistoïde avec gypse subordonné. Végétaux, Insectes et Poissons.
Calcaire marneux et argile marneuse avec *Limnæa longiscata, L. acuminata.*	N	Calcaire marneux blanchâtre avec *Limnæa longiscata, L. acuminata*, et coquilles identiques à celles des calcaires inférieurs aux couches ossifères de Gargas (à *Palæotherium magnum, crassum, medium*, etc.).
Calcaires et gypses à *Palæotherium magnum, Anoplotherium commune.*		
Calcaire marneux à *Cyclostoma Mumia* et *Limnæa longiscata.*	M	Calcaire souvent très-dur, marnes et calcaire marneux sans fossiles.
Grès et sables moyens [Beauchamp] (coquilles marines).	L	Grès argileux, marne, poudingue et conglomérats littoraux de la montée d'Avignon près d'Aix, de la plaine des Milles, etc.

BASSINS DE PARIS ET DE LA LOIRE.		BOUCHES-DU-RHÔNE ET VAUCLUSE.
Calcaire grossier (coquilles marines).	K¹	Calcaires des bords de l'Arc et du Montaiguet, près d'Aix, avec couches marneuses subordonnées (*Bulimus subcylindricus, B. Hopei, Planorbis subrotundatus*, etc.
Glaises et sables coquilliers de Cuise-la-Motte (*Neritina Schmidelliana, Cerithium involutum, Fusus longavus, Voluta ambigua, Ostrea multicostata, Nummulites planulata*).	K	Calcaire de Vitrolles, de Roquefavour et du Cengle (*Physa prælonga, Limnæa obliqua*).
	I	Argiles ferrugineuses de Vitrolles et du Cengle, marnes et poudingues sans fossiles passant aux brèches du Tholonet.
Sables marins de Bracheux et de Noailles? (que M. Hébert place au-dessous des lignites).	H¹	Calcaire marneux de Rognac et de Rousset (*Lychnus ellipticus, L. Matheroni, Bulimus terebra, Cyclostoma solarium, Paludina Beaumontiana*, etc.).
— Lignites du Soissonnais?	H	Argiles et grès bigarrés ou rougeâtres (coquilles lacustres, Saurien, *Trionyx*).
Fossiles marins d'embouchure et d'eau douce (*Melania inquinata, Melanopsis fusiformis, Neritina globulus, Ostrea bellovacina, Cyrena antiqua, C. cuneiformis*).	G¹	Calcaire marneux grisâtre en couches puissantes, mais sans fossiles, de la fabrique de Bachasson et du village de Fuveau.
	G	Grès de Fuveau; marnes jaunâtres ou violacées; calcaires; calcaires marneux; calcaires pisolithiques; sans fossiles.
Calcaires et marnes de Rilly-la-Montagne (*Helix luna, Physa gigantea*, etc.).	F¹	Calcaire plus ou moins marneux en couches nombreuses (*Anostoma rotellaris, Physa gardanensis*).
		Nombreuses couches d'argiles et de marnes bigarrées.
		Calcaire ferrugineux (*Barre rousse des ouvriers*).
Il est probable, suivant M. Matheron, qu'il y a à ce niveau, au-dessous de l'étage de Rilly, quelques couches rappelant les lignites de Fuveau.	F	Groupe des lignites de Fuveau, composé de plusieurs centaines de couches de calcaire, de marne, de calcaire marneux et d'argile (*Crocodilus Blavieri, Trionyx, Paludina Bosquiana, Melania scalaris, Sphærium numismale, Unio gallo-provincialis*, etc.).
Terrain pisolithique?	E	Couches de calcaire, de marne, d'argile et de lignite, d'origines diverses, les unes marines, les autres littorales, d'autres encore exclusivement lacustres (*Melanopsis gallo-provincialis, Melania lyra, Paludina novem-costata, Cyrena globosa*, etc.).
Terrains crétacés.		Partie supérieure de l'étage santonien visible au Plan d'Aups, à la Pomme (*Voluta pyruloides, Turritella Coquandiana, Crassatella gallo-provincialis*).

Comme il m'arrivera souvent, sans aucun doute, d'avoir recours à ce tableau et de citer telle ou telle des couches qui y sont mentionnées, j'ai eu soin de conserver les lettres par lesquelles M. Matheron les désigne et qui permettent de retrouver immédiatement leur place dans la série. En comparant ce tableau avec celui que M. Matheron avait donné l'année précédente dans les *Recherches sur le climat et la végétation du pays tertiaire* (1), de M. Heer, il est facile de reconnaître que le savant géologue a été conduit, par ses dernières observations sur les terrains tertiaires de la Provence, à faire remonter, pour ainsi dire, dans la série toutes les couches éocènes et miocènes de cette région. Ainsi l'étage O, c'est-à-dire l'horizon des Poissons, des Insectes et des végétaux, qui était placé, dans le premier tableau, sur la même ligne que les gypses de Montmartre, occupe, dans le tableau dont je viens de donner un extrait, un niveau un peu plus élevé, et se trouve en regard des marnes à *Ostrea cyathula* du bassin de Paris. En cherchant à établir à la page suivante le synchronisme des couches lacustres de la Provence avec les étages de quelques bassins tertiaires de la France, j'ai eu soin de tenir compte de ces légers changements, et j'ai obtenu de la sorte un tableau (n° 2) différant à peine de celui qui a été dressé par M. Heer pour la classification des flores tertiaires et qui a paru dans le même ouvrage. Ces analogies seront faciles à constater par l'extrait formant le tableau n° 3, dans lequel sont mentionnées seulement les principales localités de France et de Suisse où l'on a découvert des végétaux fossiles (2).

(1) Page 132.
(2) *Recherches sur le climat et la végétation du pays tertiaire*, par Oswald Heer, trad. Ch. Gaudin, 1861, p. 184. Le tableau de M. Heer comprend les flores tertiaires de l'Italie, de l'Allemagne, de la France, de l'Angleterre et de quelques autres régions, comme Java, l'île Vancouver, le Nebraska, l'Islande, l'Asie Mineure, etc.

ÉTAGES SUIVANT LA CLASSIFICATION DE M. MAYER.		BASSIN D'AIX ET DE FUVEAU.	BASSIN D'APT ET DE VAUCLUSE.	BASSIN DE MANOSQUE ET DE CUCURON.
Étage plaisancien.				
Étage tortonien.	Z	Grès à Hipparion. Calcaires et marnes.		Marnes à *Hippatherium*. Marnes blanches. Marnes grises à *Helix Christoli*.
Étage helvétien.	Y	Sables marins ou débris de coquilles.		Débris de coquilles marines.
	X	Grès et calcaires marins.		Calcaire coquillier de Manosque et de Cucuron.
Étage mayencien.	V	Grès à *Helix* et calcaire coquillier.	Grès grisâtre de Bonnieux.	Marnes grises à lignite.
	U	Calcaire marneux et tuffiforme.		Calcaire lacustre à Limnées.
Étage aquitanien.	T	Calcaire marneux à *Limnœa fabula*.	Plantes, Poissons et végétaux de Bonnieux. Calcaire marneux.	Calcaire marneux à Limnées. Flore de Manosque.
	S	Calcaire marneux à *Sphœrium gibbosum*.	Lignite de St-Martin de Castillon.	Lignite de Manosque.
Étage tongrien.	R	Calcaire marneux avec végétaux.	Calcaire marneux.	Calcaire bitumineux.
	Q	Calcaire marneux et grès sans fossiles.	Calcaire lacustre siliceux. Gypse de Gargas.	Calcaire et gypse.
	P	Calcaire à Cyrènes (*Cyr. semistriata*).	Cyrènes.	
Étage ligurien.	O	Calcaire et gypse. Poissons. *Insectes* et végétaux.	Grès à ossements de Gargas.	Alternats de marnes violettes et de calcaire avec traces de gypse.
	N	Calcaire marneux à *Limnœa longiscata*.	Calcaire marneux.	
	M	Calcaires et marnes sans fossiles.		
Étage bartonien.	L	Grès et conglomérats littoraux.	Marnes et grès lacustres rouges.	Axe de soulèvement.
Étage parisien.	K	Calcaire de Vitrolles et du Cengle.		
Étage suessonien.	J	Argiles ferrugineuses et brèche du Tholonet.		
	H	Calcaire marneux à *Lychnus*.		
	G	Calcaires marneux et grès sans fossiles.		
?	F	Groupe des lignites de Fuveau.		
Étage danien.	E	Couches marines et lacustres, base du lignite.		
		Partie supérieure de l'étage santonien.		

BASSIN DE MARSEILLE.	BASSINS MARINS DES BOUCHES-DU-RHÔNE ET DU VAR.	BASSIN DE LA GARONNE.	BASSIN DE PARIS.
	Faluns du département de Vaucluse et Fréjus.		
Divers dépôts tous lacustres.	Sables argileux d'Istres et de la petite Crau de St-Remy.	Sables des Landes.	
	Côté est du Plan d'Aren.	Faluns de Salles.	
Argile grise. Flore de Marseille.	Calcaire de la Couronne.	Calcaire d'eau douce de Bazas.	Faluns de l'Anjou.
Argile de St-Henri.		Faluns de Mérignac. Calcaire d'eau douce de Saucats.	Faluns de la Touraine. Calcaire de la Beauce.
Calcaire marneux blanchâtre.	Carry et le Plan d'Aren. Carry et Beaumadalier.		
		Faluns de Léognan.	
Bassin du Carénage et flore de St-Jean de G.	Marnes bleues du Rouet.	Calcaire de St-Macaire.	Calcaire, grès et sables de Fontainebleau.
Gypse de Marseille et calcaire marneux.		Calcaire blanc de Périgord.	
		Palœotherium.	Marnes et argiles (Ostrea cyathula, Cyrena semistriata).
		Molasse de Fronsadais.	Gypse à Palœotherium. Marnes à Limnées. Calcaire de St-Ouen.
			Grès et sables moyens (Beauchamp).
			Calcaire grossier.
			Sables de Cuise.
		Terrain nummulitique du bassin de la Garonne.	Lignites du Soissonnais.
			Sables de Bracheux et de Rilly.
			?
			Terrain crétacé supérieur. Calcaire pisolithique.

Tableau nº III.

			SUISSE.	FRANCE.
Miocène	supérieur..	V. Œningien..	Œningen. Molasse d'eau douce supérieure. Le Locle.	Simorre près d'Auch.
	moyen....	IV. Helvétien.	Molasse helvétique subalpine. Grès coquillier.	Partie supérieure du bassin marin de Bordeaux. Molasse marine d'Aix, Montpellier.
		III. Mayencien.	Formation marine de Bâle-campagne. Molasse grise de Lau- sanne.	Sables jaunes et bleus de Saucats. Faluns de Nantes. Argiles marneuses de Mar- seille. Flore de Marseille.
	inférieur (oligocène).	II. Aquitanien.	Formation des lignites inférieurs (Hohe Roh- nen, Monod, etc.). Grès de Ralligen. Molasse rouge.	Ménat en Auvergne. Marne blanche et calcaire d'eau douce de Saucats et Martillat. Falun de Mériguac. Flore de Manosque et de Bonnieux. Armissan. Speebach en Alsace.
		I. Tongrien...	Molasse marine de Bâle et de Porentruy. Diablerets.	Grès de Fontainebleau. St-Jean de Garguier. Gypse de Gargas. Bassin du carénage à Mar- seille.
Éocène	supérieur..	V. Ligurien...	Egerkingen, Lasarraz, Flysch ?	Gypses d'Aix et couches marneuses de Gargas. Gypse de Montmartre.
		IV. Bartonien.	Formation nummuli- tique des Ralligen- stöcke.	Sables de Beauchamp. Saint-Zacharie ?
	moyen....	III. Parisien..	Formation nummuli- tique des cantons de Schwytz, Glaris, etc.	Calcaire grossier de Paris.
	inférieur..	II. Londonien. I. Suessonien.		

Lors de la réunion extraordinaire de la Société géologique à Marseille, du 9 au 17 octobre 1864, M. Matheron, en rendant compte de la course faite dans le bassin de Fuveau et dans les environs d'Aix, a repris l'examen des terrains tertiaires et crétacés que l'on peut observer le long de la route de Toulon à Sisteron, entre l'auberge de la Pomme, située au nord de Roquevaire, et la ville d'Aix.

Dans cette série qui s'étend sur une longueur de 18 kilomètres, on peut retrouver, dit M. Matheron, les équivalents stratigraphiques de la craie blanche et des étages inférieurs du terrain tertiaire du sud-ouest et du nord de la France. L'auberge de la Pomme est bâtie sur des couches crétacées à *Hippurites cornu-vaccinum*. Au-dessus viennent des lits de marnes et de calcaires, également crétacés, avec *Rhynchonella difformis*, *Ostrea auricularis*, etc., puis des couches marines alternant avec des marnes et des calcaires chargés de matières charbonneuses. Comme fossiles caractéristiques de ce groupe, beaucoup plus développé au Plan d'Aups qu'à la Pomme, M. Matheron cite : *Turritella Coquandiana*, *Nerinea subpulchella*, *Pholadomya rostrata*, *Pecten quadricostatus*, etc. Ces couches appartiennent à un horizon bien connu, toujours inférieur à la craie blanche ; et comme on ne rencontre en Provence aucune formation qui offre les caractères de la craie blanche, il faut admettre, dit M. Matheron, qu'à l'époque du dépôt de celle-ci, la mer crétacée s'était retirée de la basse Provence. Les couches qui viennent ensuite reposent en stratification concordante sur les précédentes ; elles sont tantôt calcaires, tantôt marneuses et plus ou moins noirâtres comme celles auxquelles elles succèdent, mais elles ne renferment pas les mêmes fossiles : au lieu de Nérinées, de Pholadomyes et de Peignes, elles contiennent des Paludines et des Mélanies. Puis ce sont des marnes argileuses et des grès avec *M. gallo-provincialis* et des calcaires marneux qui, dans d'autres localités, sont remplacés par des lits couverts de valves de Cyrènes ; ailleurs encore on trouve au même niveau des Huîtres et des Bucardes. « Il semblerait résulter de tous ces faits, dit » M. Matheron, qu'il a dû exister dans la cuvette de l'ancien » bassin de Fuveau des parties plus ou moins étendues qui ont » conservé, pendant un certain temps, des eaux plus ou moins » salées, tandis qu'ailleurs les eaux étaient saumâtres ou douces. » Ce n'est que plus tard et peu à peu que les eaux durent perdre

» tout degré de salure ; les traces charbonneuses ne sont pas rares
» dans ce groupe de couches ; mais les nombreuses empreintes
» végétales qu'on y rencontre sont généralement en si mauvais
» état, qu'il est bien difficile de saisir des caractères permettant
» leur détermination (1). »

Après ces couches qui renferment *Melania lyra*, *Melanopsis
gallo-provincialis*, *Bulimus proboscideus*, *Cyrena globosa*, et une
foule d'autres fossiles intéressants, commencent les lignites, qui
sont exploités sur plusieurs points, et qui alternent avec des
calcaires plus ou moins durs et des argiles charbonneuses. Ces
couches argileuses et calcaires sont riches en fossiles ; on y a
découvert des dents de Crocodile, des fragments de carapaces
de Tortue, et de nombreux Mollusques (*Sphærium numismale*,
Cyrena gardanensis, *Cyrena concinna*, *Melania scalaris*, etc.).
Au-dessus s'étendent d'autres calcaires, plus ou moins marneux
et de couleur noirâtre, qui sont exploités pour la fabrication de
la chaux hydraulique, puis des argiles, de nouveaux calcaires
et des marnes bleuâtres formant un ensemble caractérisé par
de nombreuses Physes (*Physa Michaudi*, *gardanensis*, etc.). Il y
a là, dit M. Matheron, un horizon paléontologique très-impor-
tant, qui se retrouve sur plusieurs points du bassin de Fuveau,
et auquel succèdent immédiatement des grès plus ou moins
tendres, des marnes argileuses jaunes ou rougeâtres, et une puis-
sante assise de calcaire marneux très-compacte et dépourvu de
fossiles.

En continuant à descendre par la route, de la localité nommée
la Bégude vers la vallée de l'Arc, on voit se succéder des marnes
argileuses jaunâtres, puis blanchâtres, des calcaires pisolithiques,
des marnes entremêlées de minces couches bitumineuses, et enfin
de puissantes assises d'une sorte de calcaire d'eau douce, criblé
de petites cavités et offrant çà et là des empreintes de Bithynies

---

(1) *Réunion extraordinaire à Marseille en 1864 (Compt. rend.*, p. 86 et 87). —
M. le comte de Saporta a reconnu, dans cette partie moyenne de l'étage de Fuveau,
plusieurs *Rhizocaulon*, des *Osmunda*, des *Lygodium*, un *Pistia* et les fruits d'un *Nipa*
de petite dimension. (*Études sur la végétation dans le sud-est de la France à l'époque
tertiaire*, supplément I, p. 60.)

ARTICLE N° 2.

et de Mélanies, et des graines de *Chara*. Cette roche termine une
grande série fluvio-lacustre ; ensuite viennent des couches essentiellement différentes au point de vue paléontologique qui constituent le groupe de Rognac. Ce sont d'abord des argiles marneuses et des grès rougeâtres ou bigarrés (1), puis des calcaires
marneux qui renferment diverses espèces de *Lychnus* (*L. ellip-
ticus*, *L. Matheroni*, etc.), et enfin, à la partie supérieure, des
calcaires compactes. Les calcaires à *Lychnus* se retrouvent en
dehors du bassin de Fuveau, dans les environs de Valcros et
d'Aups (Var), sur les deux versants des Alpines, non loin de
Montpellier, à l'abbaye de Vallemagne, et probablement jusqu'en
Espagne (2). Ils sont surmontés par un nouvel étage, d'une
épaisseur considérable, qui forme la majeure partie de la montagne du Cengle et qui se distingue en général par sa coloration
rouge assez intense. La base de cet étage se compose de marnes,
de conglomérats et de grès que M. Matheron considère comme
le prolongement des brèches du Tholonet, et le sommet consiste
en calcaires marneux, connus sous le nom de calcaires de
Vitrolles et caractérisés par les *Physa prælonga* et *Draparnaudi*,
le *Planorbis subcingulatus* et le *Limnæa obliqua*. Ces deux
groupes que M. Matheron désigne par les lettres L et M (3) couvrent une grande partie du bassin de Fuveau, et se distinguent
par leurs fossiles des calcaires qui viennent immédiatement après
et qui renferment *Bulimus Hopei* et *subcylindricus*, *Limnæa
aquensis*, *Planorbis pseudo-rotundatus*, etc. Ces derniers calcaires
(N), auxquels M. Matheron a donné précédemment le nom de
calcaires de Montaiguet (4), se trouvent sur les deux rives de
l'Arc et disparaissent tout près de la ville d'Aix, sous des grès et
des poudingues rougeâtres : c'est ce qui a été parfaitement constaté, dès 1829, par MM. Lyell et Murchison (5). Enfin les grès

(1) Désignés par la lettre H dans les *Recherches comparatives*.
(2) Voyez la note de MM. de Verneuil et L. Lartet (*Bull. de la Soc. géol.*, 2ᵉ série,
t. XX, 1863, p. 684).
(3) Dans les *Recherches comparatives* ces groupes portaient les lettres I et K.
(4) *Recherches comparatives*, groupe K'.
(5) *Edinburgh new Philosophical Journal*, octobre 1829.

et les poudingues sont surmontés par des couches de nature
variée et d'âges divers, dont les gypses et les couches à Poissons
d'Aix occupent la partie moyenne et dont la partie supérieure
fait partie du tertiaire moyen. D'un autre côté, dans les environs
de Montpellier, des calcaires complétement analogues aux calcaires du Montaiguet, sont recouverts par des argiles marneuses
et des conglomérats inférieurs au gisement à *Palæotherium* de
Saint-Gély et des Matelles, tandis que, le long de la montagne
Noire, ils sont supérieurs au terrain nummulitique et servent de
base aux grès de Carcassonne ; et comme ceux-ci renferment
ntercalés pour ainsi dire dans leur portion inférieure les lignites
de la Caunette et le gisement à *Lophiodon* d'Issel, et supportent
les gypses et les calcaires de Mas Sainte-Puelle dans lesquels on
a découvert des *Palæotherium* identiques avec ceux du bassin de
Paris, M. Matheron en conclut que les calcaires du Montaiguet
sont placés sensiblement sur l'horizon des *Lophiodon* d'Issel, et
qu'ils sont inférieurs à cet autre horizon tertiaire caractérisé par
les *Palæotherium* ; en d'autres termes, qu'ils ne font pas partie
du tertiaire moyen. Mais, s'il en est ainsi, dit M. Matheron, il est
évident à fortiori que toutes les couches recouvertes par ce calcaire sont elles-mêmes plus anciennes que cet horizon géognostique (1).

Pendant très-longtemps on a considéré l'ensemble des dépôts
d'eau douce de Fuveau comme tertiaire, et on l'a placé sur l'horizon du terrain tertiaire inférieur. M. Matheron lui-même a
soutenu cette opinion, qui est aujourd'hui encore généralement
admise ; cependant dès 1862 (2) le savant géologue auquel j'emprunte ces détails a été conduit par de nouvelles observations
à émettre quelques doutes au sujet de cette hypothèse, qui avait
pour résultat d'assimiler la partie supérieure du groupe de
Fuveau au terrain nummulitique des Pyrénées et aux sables du
Soissonnais, et la partie inférieure aux sables de Bracheux, aux
calcaires de Rilly et au groupe d'Alet de M. d'Archiac.

M. Matheron, ayant étudié ce groupe d'Alet dans l'Ariége et

(1) *Réunion extraordinaire à Marseille en* 1864, p. 97 et 98.
(2) *Recherches comparatives sur les dépôts fluvio-lacustres.*
ARTICLE N° 2.

dans l'Aude, a reconnu qu'il se présentait sur plusieurs points, et entre autres aux environs d'Alet, avec un facies tout à fait analogue à celui des calcaires de Vitrolles et du Cengle (1), mais qu'il n'offrait nulle part de caractères qui permissent de l'assimiler aux lignites de Fuveau. Dans le département de l'Ariége, près du Mas d'Azil, le groupe d'Alet présente à sa base une couche bitumineuse qui a été signalée par M. l'abbé Pouech (2), et dans laquelle on distingue, noyés dans la masse, des rognons noirâtres plus ou moins volumineux, mais nullement roulés. Ce sont des fragments d'une roche préexistante qui sont tombés accidentellement dans l'ancienne tourbière représentée par la couche bitumineuse, et le calcaire bleuâtre très-dur qui constitue ces fragments renferme des Physes, des Mélanies et des Cyrènes ressemblant extrêmement à celles du groupe F du bassin de Fuveau (3), si même elles ne leur sont pas identiques. M. Matheron conclut de cette observation que le groupe d'Alet est bien moins ancien que le groupe F, ou *calcaire marneux à Physes et Cyclostomes*, du bassin de Fuveau. Mais le groupe d'Alet est placé immédiatement au-dessous des couches nummulitiques, qui sont les équivalents des sables du Soissonnais; il est donc de même âge que les sables de Bracheux et les calcaires de Rilly, et il peut être regardé avec eux comme le terme le plus ancien de la série tertiaire : par conséquent, les lignites de Fuveau, inférieurs au groupe d'Alet, n'appartiennent pas à la série tertiaire.

« D'un autre côté, dit M. Matheron, puisque les calcaires de
» Montaiguet N N (4) se retrouvent dans l'Aude, au-dessus du
» terrain nummulitique, il est évident que ce terrain, qui n'existe
» pas dans le bassin de Fuveau, ne saurait y être représenté que
» par des couches d'eau douce inférieures à ces calcaires.

» Maintenant si l'on remarque qu'on chercherait vainement à
» la base du groupe d'Alet quelque chose rappelant les couches

---

(1) Groupe K, dans les *Recherches comparatives.*
(2) *Bull. Soc. géol. de France*, 1859, 2e série, t. XVI, p. 381.
(3) Groupe F′, dans les *Recherches comparatives.*
(4) Ces calcaires sont désignés dans les *Recherches comparatives* par la lettre K′.

» à *Lychnus* des groupes I et K (1) de Rognac, lesquelles existent
» cependant dans l'Hérault et en Espagne, on arrive à cette autre
» conclusion que le groupe d'Alet doit être moins ancien que les
» *Lychnus*.

» Cette nouvelle conclusion et la précédente assignent à l'en-
» semble que constituent le groupe d'Alet et le terrain nummu-
» litique la position des groupes L, M et N de notre coupe (2).

» S'il en est ainsi, l'étage des *Lychnus* doit être nécessairement
» reporté au niveau de la craie tout à fait supérieure, à moins
» qu'on ne veuille le faire correspondre à une lacune qui aurait
» eu lieu ailleurs entre la craie et la base du tertiaire.

» Diverses observations que j'ai faites dans la Haute-Garonne,
» et qui ont besoin d'être complétées, me portent à penser que
» cette lacune pourrait bien ne pas exister.

» Quoi qu'il en soit de cette question, il est évident que, dans
» tous les cas, les groupes inférieurs aux *Lychnus* se trouvent
» forcément rejetés dans la période crétacée, et dès lors s'ex-
» pliquent les différences radicales, absolues, qui existent entre
» les faunes de ces groupes, d'une part, et celles de Rilly, de
» l'autre ; il s'agit, en effet, de dépôts qui sont loin d'être con-
» temporains et qui n'ont de commun entre eux que leur ori-
» gine lacustre ou fluvio-lacustre.

» Par suite de ce qui précède, on doit conclure que ce n'est
» que dans le groupe d'Alet et dans les calcaires du Cengle,
» qui lui correspondent, qu'on peut espérer de rencontrer quel-
» ques-unes des si remarquables espèces qui caractérisent le
» dépôt de Rilly, et que les équivalents du terrain nummulitique
» de la montagne Noire et des monts Alaric, que je croyais
» retrouver dans les calcaires de Vitrolles, sont en réalité
» placés entre ces calcaires et les calcaires N N des bords de
» l'Arc (3). »

En résumé, le terrain crétacé d'eau douce ne doit pas dé-

---

(1) Ces groupes portent dans les *Recherches comparatives* la lettre H'.

(2) Groupe I, K et K' de l'ouvrage cité.

(3) *Réunion extraordinaire de la Société géologique à Marseille en* 1864 (*Compte
rendu*, p. 101 et 102).

ARTICLE N° 2.

passer la hauteur des groupes de Rognac, et atteint à coup sûr celle du groupe F. « L'incertitude se trouve donc renfermée,
» dit M. Matheron, dans les limites des groupes G, H, I et K ; et
» comme les deux premiers de ces groupes sont intimement liés
» à celui qui les précède, on peut dire que cette incertitude ne
» pèse, en réalité, que sur les groupes I et K.

.» Si, comme me permettent de le supposer des études de
» détail encore non terminées, ces groupes doivent faire encore
» partie du terrain crétacé, il en résulterait qu'ils seraient très-
» probablement de l'âge de la craie de Maestricht, sur l'horizon
» de laquelle je crois, avec M. Leymerie, qu'il faut placer les
» couches à *Hemipneustes* de Gensac (1). »

Dans tous les cas, les groupes de la Galante, de Langesse et des bords de l'Arc, c'est-à-dire les groupes L, M, N de la coupe jointe à la note de M. Matheron, font partie de la série tertiaire, et peuvent être considérées comme représentant respectivement les sables de Noailles et de Bracheux, le dépôt lacustre de Rilly et les sables et lignites du Soissonnais; quant au calcaire du Montaiguet, il doit occuper la place de tout ou partie du calcaire grossier parisien (2), et se trouver conséquemment vers le niveau du calcaire d'eau douce de Provins.

Tout ce qui vient au-dessus de ce calcaire, dans le bassin d'Aix, constitue un ensemble que l'on rencontre plus ou moins développé dans quelques bassins fluvio-lacustres des départements de Vaucluse, de la Drôme, du Gard, de l'Hérault et de l'Aude, et dans lequel on retrouve les équivalents des grès de Beauchamp, du calcaire de Saint-Ouen, des gypses, des marnes à Cyrènes, des sables de Fontainebleau et du calcaire de la Beauce. Il ne manque que les représentants des couches à *Ostrea cyathula* et à *O. longirostris*, les eaux de ces bassins ayant été plus ou moins saumâtres, mais jamais complètement salées.

La plupart de ces couches sont bien développées, comme nous l'avons vu, au N. de la ville d'Aix, dans les hauteurs que

(1) *Réunion extraordinaire de la Soc. géol. à Marseille*, p. 103.
(2) Voy. *Recherches comparatives*, p. 72.

gravit la route de Paris par la montée d'Avignon, et l'on y distingue immédiatement deux horizons : l'un inférieur, de couleur
rougeâtre, formé d'argiles, de marnes, de grès et de poudingues
polygéniques; l'autre supérieur, d'une teinte blanchâtre, constitué essentiellement par des marnes, des calcaires et des sables
plus ou moins marneux. C'est là que se trouvent les gypses
exploités et les couches à Poissons, à Insectes et à empreintes
végétales. Enfin, vers le haut, on remarque des couches renfermant diverses espèces de Cérithes et appartenant au niveau des
grès de Fontainebleau.

Ce n'est qu'après le dépôt des équivalents du calcaire de
Beauce que la mer tertiaire vint occuper certaines parties de la
Provence et y déposa des couches caractérisées par des faunes
variées; c'est alors que se formèrent les marnes grises de la
Rotonde, près d'Aix, les gisements de Carry et du cap Couronne, le calcaire moellon ou molasse coquillière; en un
mot, toute une série marine sur laquelle il me paraît inutile
d'insister.

En résumé donc, dans ses dernières études sur les formations
tertiaires du midi de la France, M. Matheron a été conduit à
abaisser encore les premiers termes de cette série, et à ramener
dans le terrain crétacé les lignites de Fuveau et même les calcaires à *Lychnus*. Cette manière de voir a été adoptée par
M. Charles Mayer, dans les dernières éditions de ses *Tableaux
synchronistiques* (1); ce géologue établit, en effet, le parallélisme suivant entre les couches fluvio-lacustres du midi de la
France et certaines formations crétacées ou tertiaires bien connues du bassin de Paris :

_____

(1) *Tableau des terrains tertiaires inférieurs*. Zurich, 1869.

	BASSIN DE PARIS.	SUD-EST DE LA FRANCE.	
	Miocène.		
II. AQUITANIEN.	Calcaire de Beauce.	Bancs à *Mytilus* et à Cyrènes à l'est de Carry; bancs à *Cerithium margaritaceum*; calcaire à Limnées d'Aix et de Manosque.	
	Meulières supérieures de Palaiseau et de Versailles.	Marnes bleues; calcaire marneux supérieur à *Limnæa fabula* d'Aix, Manosque et Marseille.	
I. TONGRIEN.	Sables blancs d'Étampes et d'Ormoy; grès de Romainville; grès de Fontainebleau, etc.	Grès de Tavigliana, de la Savoie et des Hautes-Alpes.	
	Sables jaunes et marnes d'Étampes, du parc de Versailles, d'Orsay et de la forêt de Hallate.	Terrain nummulitique supérieur de la Savoie et de St-Bonnet (Hautes-Alpes).	
	Marnes vertes de Montmartre et calcaire d'eau douce de la Brie.	Calcaire marneux à *Cerithium Laura* et calcaire à *Cyrena semistriata* d'Aix.	
	Éocène.		
VI. LIGURIEN.	Partie moyenne et supérieure de la formation gypseuse de Montmartre et des environs de Paris.	Flysch des Hautes et des Basses-Alpes, et des Alpes maritimes.	Calcaire marneux à Limnées d'Aix et couches à *Palæotherium* de Gargas, près d'Apt.
	Marne et calcaire à *Pholadomya ludensis*. 1er gypse des environs de Paris.		
V. BARTONIEN.	Couches à *Cerithium concavum* d'Argenteuil. Calcaire de St-Ouen.	Couches à *Limnæa longiscata* d'Aix.	
	Sables de Beauchamp et d'Auvers.	Grès et marnes rouges d'eau douce de Vaucluse et d'Aix; calcaire rougeâtre d'Apt.	
IV. PARISIEN.	Marnes et caillasses sans coquilles. Caillasses coquillières. Roche de Paris et bancs francs. Banc marin du haut de l'Aisne, dit cliquart. Banc vert. Calcaire de Provins. Banc marin du bas de l'Aisne.	Calcaire d'eau douce à *Planorbis pseudo-ammonius* de la butte de Cuques, rive droite de l'Arc, près d'Aix.	
	Banc royal et vergelés du nord-est du bassin de Paris. Couches à *Cerithium giganteum*. Bancs durs (Vaugirard). Couches à *Nummulites*. Glauconie grossière.	Calcaire à Bulimes du pont des Trois-Sautets, des bords de l'Arc et du Montaiguet, près d'Aix.	

	BASSIN DE PARIS.	SUD-EST DE LA FRANCE.
III. LONDONIEN.	Cailloux roulés et couches à dents de Squales de Compiègne et de Pont-Saint-Maxence.	
	Sables de Cuise-la-Motte et de Pont-Saint-Maxence.	?
	Sables à *Nummulites planulata* d'Aizy, Cœuvres, Hérouval.	
II. SUESSONIEN.	Couches à *Ostrea bellovacina* des environs de Soissons.	
	Sables et argiles à *Cyrena cuneiformis* et à *Cerithium variabile*, avec lignites, des environs de Compiègne, Pont-Saint-Maxence, etc.	Marnes et calcaires marneux peu fossilifères des environs d'Aix. Couches N de la coupe donnée en 1864 par M. Matheron.
	Argile plastique.	
	Sables marins inférieurs d'Abbecourt, Bracheux, Châlons-sur-Vesles et Noailles.	
I. FLANDRIEN.	Calcaire d'eau douce à *Physa gigantea*, de Rilly, de Reims et de Sézanne.	Calcaire à Physes de Vitrolles et de Langesse (Bouches-du-Rhône).
	Sables blancs de Rilly.	Argiles ferrugineuses de Vitrolles et du Cengle; brèche de Tholonet.

D'après cette classification, ce serait donc exactement à la limite des deux étages ligurien et tongrien, ou, pour me servir de noms plus généralement adoptés, sur les confins du terrain éocène et du terrain miocène que se placerait le gisement d'Insectes fossiles dont j'aborde aujourd'hui l'étude : telle est aussi la situation que M. le professeur Heer avait été conduit à lui assigner en comparant la faune entomologique qu'il renferme avec celle d'autres localités tertiaires, comme Œningen et Radoboj; telle est encore la place que M. le comte de Saporta lui attribue tout récemment, d'après des considérations tirées de l'examen des végétaux fossiles. L'année dernière, en effet, ce savant paléontologiste, poursuivant ses belles études sur la végétation du sud-est de la France à l'époque tertiaire, a publié le premier fascicule d'une *Révision de la flore des gypses d'Aix*, et a consacré quelques pages à retracer l'aspect que présentait une partie de la Provence vers la fin de l'époque éocène :

« Un très-grand lac, dit M. de Saporta, communiquant avec
» une série de lacs semblables, se prolongeant par le bas Lan-
» guedoc et l'Ariége jusqu'au cœur de l'Espagne, avait existé
» avant la fin de la craie dans la vallée de l'Arc, au sud d'Aix
» et de la montagne de Sainte-Victoire. Ce lac converti, tantôt
» en un estuaire traversé par un courant rapide, tantôt en une
» immense lagune tourbeuse, tantôt en une nappe profonde et
» calme, avait aussi varié d'étendue, selon les temps, et, après
» avoir occupé en premier lieu un vaste périmètre, du pied du
» revers sud de Sainte-Victoire, et de Saint-Maximin à l'étang
» de Berre, il avait vu resserrer ses eaux, toujours puissantes,
» dans un espace moindre, limité, vers Aix, à la partie centrale
» et septentrionale de la vallée. Les dépôts, souvent énormes par
» leur épaisseur, qui se formèrent au sein de ces eaux, consis-
» tèrent tantôt dans des amas détritiques marneux ou bréchoïdes,
» tantôt dans des assises calcaires. Ils se subdivisent assez natu-
» rellement en quatre groupes. Le plus ancien est celui des
» lignites mêmes de Fuveau, qui repose sur une base saumâtre,
» et se trouve par elle en communication directe avec la craie
» santonienne sous-jacente. Ce groupe représente lui-même la
» craie blanche à *Inoceramus Crispi*. Le deuxième groupe,
» celui de Rognac, est placé, par notre éminent ami, au niveau
» de la craie de Maestricht. Au-dessus le troisième groupe, ou
» *étage du Cengle*, s'identifie avec le *garumnien* de M. Ley-
» merie et la partie supérieure du groupe d'Alet, décrit par le
» regrettable d'Archiac. Il paraît être le dernier terme de la série
» crétacée en Provence, et correspond, à ce qu'il semble, au
» *danien* ou *pisolithique*. Un quatrième groupe, celui des cal-
» caires du Montaiguet, sur les bords de l'Arc, commence la
» série tertiaire, et se trouve par conséquent être l'équivalent
» plus ou moins précis de la période à laquelle appartiennent
» la mer nummulitique et celle du calcaire grossier parisien. La

» série, déjà si longue, se termine supérieurement par un cin-
» quième groupe, celui de Cuques, que M. Matheron est porté
» à considérer comme synchronique des calcaires de Provins
» et de l'âge des *Lophiodon*. Nous savons qu'à cette dernière
» époque, la végétation différait assez peu dans les environs de
» Paris, par sa physionomie et ses éléments principaux, de ce
» qu'elle était en Provence du temps des gypses. C'étaient,
» des deux parts, les mêmes types de *Callitris, Myrica, Loma-*
» *tites, Nerium, Zizyphus, Aralia,* c'est-à-dire la plupart des
» traits caractéristiques de la région végétale dont la Provence
» et les alentours du golfe parisien devaient faire également
» partie (1). »

Bien que les Mollusques terrestres et les restes de Vertébrés
amphibies abondent à certains niveaux, les plantes font défaut
en général dans les différents groupes; toutefois, dans la partie
moyenne de l'étage des lignites de Fuveau, on a découvert un
certain nombre de Fougères et de Monocotylédones, amies des
eaux ou des plages inondées. Ces plantes sont associées à une
riche collection de Mollusques d'eau douce, tels que des Paludines, des Mélanies, des Unios et des Cyrènes, et à des coquilles
terrestres, Bulimes, Avicules et Cyclostomes; on rencontre
parfois aussi, dans les mêmes couches, des débris de Chéloniens
(*Pleurosternon provinciale.*, Math.) et de Crocodiliens (*Croco-*
dilus affuvelensis, Math., *Crocodilus Blavieri.* Gray).

L'étage de Rognac présente, comme nous l'avons dit, non-
seulement des *Lychnus,* mais des Bulimes, des Pupes, des Mé-
gaspires et de nombreux Cyclostomes; il renferme aussi des
restes de Chéloniens, de Crocodiliens et de plusieurs autres
Reptiles gigantesques (*Hypselosaurus priscus.* Math.. *Rhabdodon*
priscum, Math.). Les étages suivants contiennent également des
Auricules, des Strophostomes, des Cyclostomes et des Bulimes,
c'est-à-dire un ensemble de Mollusques qui dénotent l'abondance
des végétaux contemporains. Cependant la seule florule du Midi,
qui, d'après M. de Saporta, puisse être intercalée dans ce grand

(1) *Révision de la flore des gypses d'Aix,* p. 58 et 59.
ARTICLE N° 2.

espace vertical, est celle des calcaires concrétionnés de Saint-Gely, près Montpellier, qui se lie par plusieurs côtés à celle de Sézanne, et qui paraît se rapprocher encore plus de la craie que cette dernière.

«Après le dépôt du plus récent des cinq groupes que nous » avons signalés dans la vallée de l'Arc, celui de Cuques, conti- » nue M. de Saporta, les eaux tertiaires changèrent complète- » ment de cuvette, et un bassin tout à fait nouveau s'établit au » nord de la ville d'Aix, dans l'espace qui s'étend de cette ville » à la rive gauche de la Durance actuelle. Nous avons marqué » les sinuosités encore visibles de ce bassin dans la carte, que » nous avons donnée précédemment, de la région des lacs ter- » tiaires en Provence. Les bords en étaient fort découpés; son » plus grand diamètre de l'est à l'ouest, entre Venelles et Saint- » Cannat, n'excédait pas 18 kilomètres, et d'Aix à la Durance, » dans la direction sud-nord, on n'en compte que 16 à 17. » Mais ce petit lac a dû être des plus profonds : l'épaisseur des » dépôts va sur certains points à plus de 200 mètres, et le fond » de la cuvette, soit auprès d'Aix, soit entre le Puy et Meyrar- » gues, est occupé par des masses détritiques formées d'argiles, » de marnes, de débris anguleux ou roulés de roches calcaires, » tantôt confusément entassés, tantôt reliés par un ciment, et » constituant des brèches et des poudingues d'une consistance » très-inégale. Il est évident que la violence des eaux fut très- » grande à un moment donné de la période gypseuse, particu- » lièrement à l'origine, avant que la contrée dans laquelle venait » de se produire la dépression nouvelle eût acquis son assiette et » recouvré son équilibre. Plus tard ces mouvements s'apaisèrent; » les cours d'eau se creusèrent un lit, et par suite la nappe la- » custre devint plus limpide. Il est certain qu'au moment où les » assises qui comprennent les empreintes végétales et le gypse » commencèrent à se déposer, tout annonce un calme profond » et une transparence des eaux du lac qui n'était troublée que » de temps à autre, à l'époque des crues qui amenaient une cer- » taine proportion d'un limon très-blanc et très-fin : de là les » sédiments marneux et calcaréo-marneux, tantôt réduits à de

» simples feuillets minces comme du papier, lorsque l'apport
» était faible ou insensible, tantôt plus ou moins épais ou même
» correspondant à des lits boueux ensuite consolidés. Les eaux
» du lac étaient plus ou moins calcarifères; elles contenaient
» aussi de la silice dissoute qui se déposait en rognons et en gâ-
» teaux et abondait plus ou moins, selon les assises que l'on
» examine. Les gypses, toujours associés à une certaine propor-
» tion de marne, se sont précipités au sein de ces mêmes eaux,
» de manière à donner lieu à des bancs épais qui ne sont jamais
» continus sur une grande étendue, mais apparaissent à trois
» niveaux successifs sous forme d'amandes et de nids, abondants
» sur les points exploités, nuls ou réduits ailleurs à de faibles
» indices. Il semble que les gypses, de même que la silice, aient
» été le produit de sources thermales dont l'abondance et la
» richesse auraient varié selon les temps. Dès lors les eaux ther-
» males actuelles ne seraient encore aujourd'hui qu'un prolon-
» gement affaibli de ces anciens phénomènes. L'action des eaux
» courantes servant de véhicule aux plantes fossiles, action
» exercée au moyen de sources pures et profondes, surgissant le
» long de l'ancien littoral et se déversant au milieu du lac, res-
» sort d'une foule d'indices. Cette action s'exerçant d'une ma-
» nière continue, n'exclut ni celle des crues, ni les apports dus
» aux pluies; seulement l'une de ces influences était perma-
» nente, l'autre accidentelle ou périodique. L'action des vents,
» pour tous les organes légers entraînés de loin, doit être égale-
» ment admise (1). »

Comme j'aurai occasion de le montrer par la suite, la composition particulière de la faune entomologique d'Aix en Provence, la présence de certains groupes d'Insectes particuliers aux
terrains bas et humides, et l'état dans lequel les fossiles se présentent à nous, conduisent à des conclusions analogues, et permettent d'attribuer la destruction et l'enfouissement des Insectes,
sinon à des sources thermales, au moins à des pluies et à des
crues périodiques qui ont eu pour effet d'inonder, à certaines

(1) *Révision de la flore des gypses d'Aix*, p. 62 et 63.

ARTICLE N° 2.

époques de l'année, les rivages sur lesquels vivaient ces petits êtres, et d'ensevelir ceux-ci dans des sédiments marneux ou calcaires.

« On peut se demander encore, dit ensuite M. de Saporta,
» où était situé et comment était configuré le rivage le long
» duquel croissaient les plantes dont les débris sont venus jus-
» qu'à nous. Depuis l'époque vers laquelle ces débris nous
» reportent, les lieux ont été bouleversés ; il suffit de jeter les
» yeux sur la coupe que nous donnons pour en être assuré. Les
» mouvements du sol qui accompagnèrent l'invasion de la mer
» de la molasse, et les dislocations encore plus prononcées qui
» suivirent le retrait de cette mer, ont changé entièrement l'éco-
» nomie de la contrée, telle qu'elle existait au temps du lac
» gypseux, et aujourd'hui c'est seulement sur un point situé
» au nord-est de la ville, à la butte des Moulins, que l'on observe
» la trace de l'ancien littoral, accusée par un lambeau de lias
» moyen ; de cet endroit, la ligne du rivage passait sous l'empla-
» cement où s'élève la ville d'Aix, en dessinant une courbe
» sinueuse. Il est probable que cette ligne correspond à celle
» le long de laquelle surgissent maintenant les eaux thermales,
» et qu'en dessous s'étend une fracture à l'endroit même où se
» terminait le lac éocène. Le sol de la plage était formé par le
» calcaire du Montaiguet, émergé antérieurement, alors plus ou
» moins incliné dans la direction du lac, affaissé depuis, lors de
» la dislocation qui permit aux eaux de la molasse de s'établir
» sur ce point et d'y former un étroit et profond estuaire. Il est
» évident que la partie de la formation à gypse comprise entre
» le plateau d'Entremont et le rivage de la mer molassique,
» encore très-reconnaissable, a dû se relever lors de l'envahis-
» sement de cette mer, puisque les eaux de celle-ci n'ont pu la
» recouvrir ; d'autre part, ce premier redressement n'a con-
» sisté que dans une ondulation assez faible, puisque la mo-
» lasse marine et sa base détritique, qui est le *grès à Helix*,
» se montrent sur le plateau d'Entremont, aussi bien qu'à
» Aix même, avec une différence respective de niveau qui n'a
» pu exister originairement. Il y a donc eu un ou plusieurs

» redressements successifs qui se sont opérés d'une façon iné-
» gale. Dans la zone située au sud de l'escarpement des plâ-
» trières et correspondant à l'ancienne plage lacustre, la dislo-
» cation qui amena les eaux de la molasse et rompit la continuité
» des lits précédemment déposés dut être très-prononcée, puis-
» qu'elle transforma en bras de mer un sol précédemment
» émergé et doué d'un certain relief. Quelque étroit que l'on
» suppose ce bras de mer, il faut admettre qu'il était en même
» temps profond, les sondages opérés aux portes d'Aix, près du
» mont Perrin, ayant traversé, sans atteindre le fond, 50 à
» 60 mètres de couches. La présence des Unios et des Pota-
» mides indique l'influence d'une embouchure et des eaux par
» moment saumâtres. Après le dépôt de la molasse surmontée
» par une formation lacustre qui a fourni des restes de Masto-
» dontes, le relief général de la contrée se prononça davantage
» dans le sens actuel, par l'agrandissement de la faille, qui a
» rejeté en sens inverse les strates de l'escarpement des plâ-
» trières inclinées dans la direction du nord et la portion de ces
» mêmes strates qui plonge au sud sous la ville, tandis que la
» molasse elle-même, avec l'étage lacustre qu'elle supporte,
» était disloquée et reportée à un niveau de plus en plus élevé.
» — On voit combien tout s'est modifié par l'effet du temps; les
» empreintes végétales sont là, pourtant, comme autant de
» témoins permanents du voisinage des anciennes plages lacus-
» tres dans la direction du sud. Leur ordre, leur fréquence rela-
» tive, nous fournissent des détails curieux sur la manière dont
» la végétation éocène se trouvait composée (1). »

M. de Saporta nous donne ensuite un aperçu rapide des
plantes qui peuplaient les eaux du lac ou qui croissaient sur ses
bords, et des arbres qui formaient les forêts du voisinage; il
indique à ce propos, d'une manière sommaire, les espèces d'insectes qui couraient sur la plage humide ou qui vivaient aux
dépens des végétaux ligneux ou herbacés. Ces relations entre la
faune entomologique des terrains tertiaires sont des plus inté-

(1) *Révision de la flore des gypses d'Aix*, p. 63 à 65.
ARTICLE N° 2.

ressantes à étudier, et méritent d'attirer spécialement l'attention
du paléontologiste, car elles peuvent fournir de précieuses notions sur le climat de ces anciennes époques et sur l'ordre de
saisons : aussi je me propose de les examiner avec un soin
tout particulier lorsque j'essayerai de formuler les conclusions
auxquelles m'a conduit l'étude [des Insectes fossiles. J'espère,
en même temps, pouvoir ajouter quelques indications aux renseignements donnés par MM. Heer et de Saporta, grâce aux
matériaux nombreux que j'ai trouvés réunis au musée de Marseille, au Muséum d'histoire naturelle de Paris, à l'École des
mines, dans les collections du musée de Lyon, etc. Mais les résultats obtenus par M. le comte de Saporta sont déjà si considérables, les conclusions auxquelles il est arrivé me paraissent si
rigoureusement déduites, que je ne puis résister au désir de citer
dès à présent la description que cet éminent paléontologiste fait
du climat de la Provence à la fin de l'époque éocène :

« La chaleur, jointe à la sécheresse, devait être extrême,
» et avoir pour résultat de suspendre la végétation durant la
» seconde moitié de l'été, et de dépouiller beaucoup d'essences
» forestières de leurs feuilles, à l'égal de ce que fait notre hiver,
» et conformément à ce qui existe dans les pays chauds, où
» l'année se divise en deux périodes, l'une de sécheresse, l'autre
» caractérisée par des pluies continues et périodiquement ame-
» nées. Le niveau des eaux lacustres tertiaires devait diminuer
» de hauteur, d'une manière sensible, pendant la saison sèche,
» ainsi qu'il arrive de nos jours aux lacs africains, et la plage
» était mise à nu jusqu'à une assez grande distance des bords.
» Le fendillement de la surface exposée d'abord au soleil,
» recouverte ensuite par le limon d'une crue subite, qui repro-
» duit en relief toutes les fissures, constitue un phénomène
» souvent signalé en géologie et visible sur bien des points de la
» formation des gypses. Après une interruption plus ou moins
» longue, plus ou moins complète, c'était à la suite de l'influence
» exercée par la saison des pluies que la végétation reprenait
» peu à peu son activité. C'était alors, c'est-à-dire à une époque
» de l'année correspondant à notre hiver, que le *Bombax sepul-*

» *tiflorum* Sap. fleurissait, et que les *Clethropsis*, *Micropitelea*,
» *Populus*, la plupart des *Myrica*, les *Quercus* et *Ostrya*, les
» *Palæocarya* (*Engelhardtia*), *Laurus*, *Cinnamomum*, *Pistacia*
» et *Cercis* développaient successivement ou simultanément leurs
» fleurs, puis leurs feuilles. A cette première période succédait
» celle déjà plus chaude et plus sereine, correspondant à notre
» printemps, pendant laquelle se montraient les fleurs des
» *Nymphæa*, *Musa*, *Nerium*, *Magnolia*, *Pittosporum*, *Aralia*,
» et autres plantes à floraison vernale ou estivale; puis venait
» l'été proprement dit, durant lequel les fruits mûrissaient, et
» les graines commençaient à se disséminer, tandis que, par
» l'effet de la chaleur croissante, jointe à la sécheresse, la végé-
» tation s'alanguissait de plus en plus.

    » Ce qui prouve le calme de la saison chaude, continue
» M. de Saporta, c'est le petit nombre de fruits samariformes
» ou de semences légères qui sont arrivés jusqu'à nous, l'action
» des vents s'étant fort peu fait sentir, tandis qu'à Armissan les
» samares de *Betula* et les involucres de *Palæocarya* (*Engel-*
» *hardtia*), si rares dans le gypse d'Aix, parsèment la surface
» des lits en quantité innombrable. Ce fait seul est l'indice
» d'une différence de climat entre les deux époques; il nous
» fait saisir combien la nature et l'ordre des phénomènes atmo-
» sphériques avaient dû changer dans l'intervalle. Il est vrai
» qu'obéissant à la même impulsion, la végétation s'était aussi
» renouvelée dans son aspect, comme dans ses éléments con-
» stitutifs.

    » En réunissant tous les traits que nous venons d'esquisser, il
» n'est pas impossible de se figurer l'aspect de la contrée qui
» s'étendait, vers la fin des temps éocènes, sur l'emplacement
» maintenant occupé par la ville d'Aix. — Un lac limpide, à ni-
» veau variable, selon les saisons, aux bords escarpés sur quel-
» ques points seulement, dominé à droite par une sorte de
» promontoire liasique, limité à cet endroit par des blocs épars
» battus par le flot, bordé au sud par une plage sinueuse, dessi-
» nant une baie peu profonde, où des sources thermales mêlaient
» leurs eaux à celles du lac; plus loin, une plaine qui s'élevait

» insensiblement, pour disparaître sous une vaste forêt, tantôt
» impénétrable, touffue et fleurie, tantôt presque entièrement
» dépouillée, tel était le cadre. La végétation elle-même aurait
» ménagé bien des surprises et découvert à son visiteur une foule
» de contrastes.

» Il aurait aperçu des Pins, des Thuias (*Callitris*), des Sa-
» bines mêlées à des Palmiers grêles, çà et là des Dragonniers
» courts et massifs, tout un ensemble d'arbustes épineux, variés
» de ton, d'aspect et de port. Il aurait remarqué la rareté des
» plantes herbacées, et au sein des eaux des colonies pressées de
» ces bizarres Rhizocaulées aux tiges dressées et multipliées,
» soutenues et comme étançonnées par des myriades de radi-
» cules qui descendent de tous côtés en se frayant un passage
» à travers les feuilles.

» Un peu plus loin de la plage, et probablement déjà acci-
» dentée, mais au-dessus de laquelle se dressait le rocher de
» Sainte-Victoire, formant peut-être alors une montagne plus
» considérable que de nos jours, il faut placer des forêts com-
» posées surtout d'Acacias au feuillage grêle et menu, de *Dios-*
» *pyros*, de Juglandées tropicales, d'Ailantes, de Magnolias, de
» Laurinées et d'Anacardiacées. — Ces forêts verdissent ou se
» dessèchent selon les mois; une foule d'arbrisseaux et d'ar-
» bustes se pressent sous leur ombre; des Fougères, pareilles
» à notre Fougère commune, couvrent le sol sur certains points;
» sur d'autres, au pied des rochers ou sur le bord des ruisseaux,
» les *Lygodium* enlacent leurs tiges délicates, les touffes de *Chei-*
« *lanthes* se suspendent aux fissures. La fraîcheur est médiocre
» au sein de cette nature, les formes présentent toujours quel-
» que chose de dur, de chétif; mais la variété, l'originalité, la
» multiplicité, ne faisaient pas défaut à la végétation éocène, et
» le botaniste, transporté au milieu d'elle, aurait recueilli sans
» peine une riche moisson de faits et une nombreuse suite d'es-
» pèces et de types plus tard disparus (1). »

J'enregistre d'autant plus volontiers ces conclusions, tirées

(1) *Révision de la flore des gypses d'Aix*, p. 73, 74 et 75.

avec une rare sagacité de l'examen minutieux des végétaux, que
je me trouve conduit à des résultats presque identiques par
l'étude des Insectes fossiles de la Provence, et que, d'après des
considérations de même ordre, j'avais déjà cru pouvoir indiquer pour une partie de l'Auvergne, au commencement de
l'époque miocène, un climat et une disposition du sol tout à fait
analogues à ceux qui, d'après M. le comte de Saporta, caracté-
risaient les environs d'Aix vers la fin de l'époque éocène (1).

Ces déductions sont d'ailleurs confirmées par ce que nous
connaissons de la faune des Vertébrés. « Il existe même, dit
» M. de Saporta, une harmonie curieuse entre les analogies
» respectives du monde des Plantes et de celui des Mammifères
» d'alors avec ce que nous laissent voir certaines régions du
» monde actuel. Ce sont les mêmes tendances des deux parts...
» ... Seulement, tandis que les identités génériques ne sont pas
» rares dans la flore des gypses d'Aix, où les types éteints sont
» moins nombreux que les autres, la proportion est renversée
» en ce qui concerne les Mammifères, chez lesquels les formes
» ambiguës, servant de lien entre des ordres, des tribus et des
» genres aujourd'hui distincts, dominent d'une façon à peu
» près exclusive (2). »

Parmi ces Mammifères, les Carnassiers étaient relativement
rares et appartenaient presque exclusivement aux types *Hyæ-
nodon* et *Cynodon*, que l'on rencontre également dans les plâ-
trières des environs de Paris (3); les Chiroptères étaient représentés par des Vespertilions (*Vespertilio aquensis*, Gerv.), qui
faisaient la chasse aux Papillons nocturnes, aux Mouches et aux
Cousins, alors si répandus dans les environs d'Aix ; les Rongeurs,
par des Écureuils (*Sciurus fossilis*, Gieb.) et des Loirs (*Myoxus
spelæus*, Fisch., *Myox. parisiensis*, Gieb.), qui se nourrissent de

(1) Voyez 1ʳᵉ partie, *Insectes fossiles de l'Auvergne*, p. 167 et suiv.
(2) *Révision de la flore des gypses d'Aix*, p. 75.
(3) Voy. Gervais : *Zool. et Paléont. franç.*, p. 113, 129 et 130, et pl. 11, 12, 15,
25 et 26. — *Compt. rend. de l'Acad. des sc.*, 1846, t. XXVI, p. 491, et t. XXX,
p. 496, p. 603. — *Ann. sc. nat.*, 3ᵉ série, t. V, p. 257. — Cuvier, *Ossem. foss.*,
4ᵉ édit., pl. 151, fig. 12.

ARTICLE N° 2.

cônes de Pins, de glands, de bourgeons, et probablement aussi d'insectes et d'œufs d'oiseaux. Les Pachydermes étaient beaucoup plus nombreux : les uns (*Palæotherium*, *Paloplotherium*) se rapprochaient des Tapirs et fréquentaient les bords des lacs, les marécages et les forêts humides; les autres (*Anoplotherium*) passaient la plus grande partie de leur vie au sein des eaux, comme les Hippopotames; d'autres enfin (*Aphelotherium*, *Xiphodon*) se tenaient sur les rochers, dans les taillis d'arbustes épineux, et se nourrissaient des feuilles des Éricinées et des *Vaccinium* (1).

Les rives des lacs et les forêts du voisinage devaient être également fréquentées par un certain nombre d'Oiseaux, et particulièrement par des Palmipèdes, des Échassiers et des Passereaux frugivores ou insectivores : la nature marneuse des couches, la découverte au milieu d'elles d'un assez grand nombre de fruits, de graines, de Poissons, d'Insectes et de Mollusques, permettraient d'affirmer ce fait, lors même que nous n'aurions pas, comme preuves positives, les empreintes de plumes si nettes que renferment quelques-unes de nos collections publiques (2).

Si nous plaçons ces Mammifères et ces Oiseaux au milieu de cette végétation si bien décrite par M. de Saporta; si nous peuplons les eaux de ces Perches (*Perca Beaumonti* Ag.) et de ces petits Lebias (*L. cephalotes* Ag.) qui ont couvert des plaques entières de leurs débris, nous pouvons nous faire une idée assez exacte de l'aspect que présentaient les environs d'Aix vers la fin de l'époque éocène. Toutefois quelques éléments nous manquent encore pour compléter le tableau : ces éléments, le monde des Insectes va nous les fournir. Mais, pour apprécier le rôle que ces petits êtres ont joué dans la faune contemporaine, pour reconnaître leurs affinités avec les Insectes de notre époque et leurs relations probables avec le Règne végétal, il est nécessaire de faire une étude méthodique et approfondie des débris qu'ils

(1) *Révision de la flore des gypses d'Aix*, p. 76, 77 et 78.
(2) Voyez la note 1 de la page 20.

nous ont laissés : c'est ce que M. Heer a fait pour les Insectes d'OEningen, et c'est ce que j'essayerai de faire, dans le chapitre suivant, pour les Insectes des gypses de la Provence, en suivant la voie qui a été si brillamment tracée par le savant professeur de l'université de Zurich.

CHAPITRE II.

DESCRIPTION DES INSECTES FOSSILES DES ENVIRONS D'AIX CONSIDÉRÉS DANS LEURS RAPPORTS ZOOLOGIQUES ET GÉOLOGIQUES.

COLÉOPTÈRES.

PREMIÈRE FAMILLE. — CARABIDES.

CARABIDÆ Fairm. et Laboulb., *Faun. franç.*, I, p. 5. — CARABI Redt., *Faun. aust.* p. 11. — CARABICI Latr., *Gen. Crust. et Insect.*, I, 1806. — CARABIQUES Dej., *Sp.*, et Lacord., *Gen. Col.*, 1, 34. — GEODEPHAGA Steph., *Man. of Brit. Beetl.*, 4.

Caractères (1). — Mâchoires allongées ; plus ou moins ciliées antérieurement, sans crochet articulé au sommet et pourvues d'un lobe externe palpiforme formant deux palpes supplémentaires. Menton présentant en avant une échancrure dont le fond est dépassé par la languette. Palpes labiaux de trois articles, avec le support soudé ou caché par la languette, qui est fréquemment accompagnée de paraglosses. Mandibules médiocres, lisses ou à peine dentées. Antennes de onze articles, filiformes et insérées en arrière, à la base des mandibules. Abdomen formé de cinq ou sept segments, dont les trois premiers sont soudés entre eux. Hanches postérieures élargies, prolongées en arrière à leur extrémité interne, mais non contiguës sur la ligne médiane. Pattes conformées pour la marche, avec des tarses de cinq articles.

Les Carabides jouent, dans la classe des Insectes, le même rôle

(1) J. du Val et Migneaux, *Genera des Coléoptères d'Europe*, t. I, p. 3.
ARTICLE N° 2.

que les Carnassiers dans celle des Mammifères : ils vivent aux dépens des autres insectes, et particulièrement des Phytophages, qu'ils attaquent de vive force ou qu'ils surprennent en leur dressant des embuscades. Leurs mandibules fortes, tranchantes et plus ou moins aiguës à l'extrémité, indiquent suffisamment qu'ils se nourrissent de proies vivantes. Grâce à la vigueur et à l'agilité de leurs pattes, ils atteignent facilement à la course les petits animaux qu'ils ont choisis pour victimes ; aussi font-ils fort rarement usage de leurs ailes ; un grand nombre d'espèces sont même totalement dépourvues de ces appendices membraneux. Les Carabides ne chassent ordinairement que la nuit, et se tiennent pendant le jour cachés sous les pierres, dans la mousse, au pied des arbres ou sous les écorces. Quelques-uns d'entre eux lancent par l'anus, lorsqu'on les irrite, des liqueurs ou des vapeurs caustiques et presque tous exhalent une odeur plus ou moins pénétrante. Ils ont, en général, des couleurs métalliques, et leurs élytres sont fréquemment ornées de stries, de taches ou de ponctuations.

Les larves, tout aussi carnassières que les insectes parfaits, ont le corps allongé, cylindrique et terminé en arrière par deux appendices coniques et la tête munie de deux antennes courtes, avec six petits yeux lisses de chaque côté. Le prothorax est recouvert d'une plaque écailleuse, et porte, de même que les deux anneaux suivants, des pattes cornées, armées généralement d'un double crochet. Enfin, la bouche offre deux mandibules aiguës, deux mâchoires avec appendices palpiformes et une languette pourvue également de deux palpes, moins allongés que ceux des mâchoires. Ces larves passent la plus grande partie de leur vie, qui doit être assez longue, dans des trous qu'elles creusent en terre ; c'est là aussi qu'elles se métamorphosent.

Les Carabides sont très-nombreux dans la nature actuelle (le genre *Carabus* seul compte de nos jours plus de 300 espèces), et sont répandus dans toutes les parties du monde ; mais ils abondent particulièrement dans les parties froides et tempérées de l'Europe et de l'Amérique du Nord. Ils ne sont pas rares non plus à l'état fossile, et M. Heer en a signalé déjà quelques-uns dans le lias de l'Argovie (1) ; mais c'est dans les terrains tertiaires, à OEningen (2), à Radoboj (3), à Aix en Provence (4), et dans l'ambre de Prusse (5) qu'on a trouvé surtout des représentants de cette famille. Ils appartiennent aux genres *Nebria, Carabus, Calosoma, Panagœus, Badister, Bembidium, Anchomenus, Feronia, Harpalus, Scarites, Chlœnius, Polystichus, Cymindis, Dromius, Lebia, Brachinus*, etc., etc.

Première Division. — GRANDIPALPES Latr. — SIMPLICIPÈDES Dej.

Les Carabides de cette division ont les jambes antérieures sans échancrures au côté interne, et les épimères métathoraciques presque toujours indistincts.

Premier Groupe. — CARABITES.

CARABIDES Leach, Lacord., *Gen. Col.*, 1, 48. — CARABINI Erichs., *Kaf. d. M. Brand.*, 1837. — CARABICI Fairm. et Lab., *Faune fr.*, I, 11.

Dans ce groupe, le mésosternum est distinct, les cavités cotyloïdes antérieures sont ouvertes en arrière, le prosternum est plus ou moins prolongé postérieurement, et les éperons des jambes antérieures sont tous deux apicaux (6).

(1) O. Heer et Escher, *Zwei geologische Beiträge.* Zurich, 1852. — *Urwelt der Schweiz*, 1865.— Brodie, *An History of foss. Insects in the secondary rocks of England.* Londres, 1845.

(2) O. Heer, *Die Insektenfauna der Tertiärgebilde von OEningen und Radoboj*, t. I. — *Urwelt der Schweiz.* — *Beiträge zur Insektenfauna OEningen's, Coleoptera.*

(3) O. Heer, *Die Insektenfauna*, I.

(4) Marcel de Serres, *Notes géologiques sur la Provence.* — O. Heer, *Ueb. die foss. Insekten von Aix* (*Vierteljahrschrift der Naturforsch. Gesellsch.*, I, 1856).

(5) Berendt, *Die Insekten in Bernstein*, I.

(6) *Genera des Coléoptères d'Europe*, I, p. 7.

PREMIER GENRE. — NEBRIA.

Latr., *Gen. Crust. et Ins.*, I, 221. — Dej., *Spec. Col.*, II, 221. — Lacord., *Gen. Col.*, I, 50. — ALPÆUS Bonel., *Observ. entom.*, I, 68. — HELOBIA Leach, Curtis, *Brit. entom.*, III, pl. 103. — Steph., *Man.*, 16, 21.

Caractères (1). — Corps oblong et déprimé. Tête courte, ovale, avec les yeux saillants. Labre transverse, tronqué ou même échancré antérieurement. Palpes maxillaires et palpes labiaux terminés par un article légèrement dilaté ou arrondi au sommet. Menton muni d'une dent médiane bifide, large et courte. Languette acuminée, paraglosses libres seulement au sommet. Mandibules peu saillantes, lisses ou finement denticulées vers leur base. Antennes grêles, atteignant environ la moitié de la longueur du corps et ayant leurs quatre premiers articles complétement glabres. Prothorax généralement court et plus ou moins rétréci en arrière, souvent cordiforme. Elytres oblongues, assez larges et peu convexes. Pattes assez grandes et bien conformées pour la course, avec les trois premiers articles des tarses antérieurs légèrement dilatés chez les mâles.

Dans la nature actuelle ce genre ne comporte pas moins de 70 espèces qui vivent, les unes sous les pierres au bord des eaux, les autres sur les montagnes, jusque dans le voisinage des neiges éternelles. La Nébrie à corselet court (*Nebria brevicollis* Lin.) est commune dans une grande partie de l'Europe et atteint une taille assez considérable dans les Pyrénées orientales. La Nébrie aplatie (*Nebria complanata* Lin.) se trouve sur les bords de la Méditerranée et de l'Océan, jusqu'en Bretagne. D'autres espèces (*Nebria psammodes* Rossi, *Nebria laticollis* Bon., *Nebria Helwigii* Duft.) habitent la Provence, le Piémont, l'Italie et la Styrie.

Les Nébries datent au moins de la période tertiaire, et M. Heer a déjà signalé, dans le gisement célèbre d'OEningen, une espèce de ce genre, qu'il a nommée *Nebria Pluto ;* il l'a rapprochée du *Nebria brevicollis* L., et surtout du *Nebria andalusica* Ramb.,

(1) *Genera des Coléoptères d'Europe*, I, p. 7 et 8.

qui se rencontre en Algérie, en Espagne et en Sicile (1). M. Berendt indique aussi une Nébrie dans l'ambre de Prusse (2), et M. Marcel de Serres a reconnu quelques insectes du même genre dans les bois enfouis sur les côtes de la Manche, près de Morlaix (3).

NEBRIA TISIPHONE Nobis.

(Planche 1, fig. 1.)

Subnigra ; capite mediocri, oculis nigris; thorace brevi, angulis anticis rotundatis, sulco medio impresso; elytris complanatis, ovatis, profunde sulcatis, antrorsum angustioribus.

Longueur totale		18 millim.
—	des antennes (incomplètes)	5 à 6
—	de la tête	3,50
—	du thorax	4,50
—	des élytres	10
—	des tarses	4
Largeur de la tête à la base		2,25
—	des élytres	3
Hauteur du thorax		4,25
—	du corps au niveau des élytres	6

Loc. — Aix en Provence.

Coll. — Musée de Marseille, un spécimen.

L'insecte, en assez mauvais état, se présente de trois-quarts, la tête légèrement penchée et les antennes allongées. Sa coloration primitive dont il reste encore quelques vestiges sur les élytres, devait être d'un brun noirâtre. La tête, amincie en avant, s'élargit en arrière des yeux, qui sont gros, ovalaires et de couleur noire. Au devant des yeux s'insèrent les antennes, dont l'article basilaire est sensiblement plus gros et plus long que le suivant, et dont les autres articles sont tous légèrement renflés à l'une de leurs extrémités ; on n'en distingue que cinq ou

(1) Heer, *Beiträge zur Insektenfauna, Coleopt.*, p. 19, pl. 1, fig. 1, 2 et 3.
(2) *Bernstein*, I, p. 56.
(3) *Géognosie des terrains tertiaires*, p. 248.

ARTICLE N° 2.

six, mais il devait y en avoir davantage. La tête présente encore
en avant un ou deux filaments qui sont, sans aucun doute, des
vestiges des palpes. Le thorax, fortement élargi en avant et très-
légèrement excavé pour recevoir la tête, se rétrécit brusquement
en arrière ; il offre sur la ligne médiane un sillon longitudinal de
chaque côté duquel il y a une proéminence assez sensible ; les
angles antérieurs sont régulièrement arrondis, les angles postérieurs marqués, mais non saillants ; les bords latéraux sont légèrement sinueux et le bord postérieur presque droit. Les élytres,
de forme oblongue, se terminent en arrière par une pointe
mousse ; les épaules sont également arrondies, et la surface,
faiblement convexe, est parcourue par sept ou huit sillons longitudinaux qui dessinent des bourrelets parallèles. Les pieds, repliés sous l'abdomen, sont en fort mauvais état ; on aperçoit
cependant quelques-uns des articles des tarses.

Par la forme de sa tête, la grosseur et la saillie de ses yeux
l'insertion et la structure des antennes, et surtout par la conformation du thorax et des élytres et l'ornementation de ces parties,
cet insecte me paraît appartenir au genre *Nebria*, dont une
espèce, sensiblement plus petite que celle-ci, a déjà été décrite
et figurée par M. Heer sous le nom de *Nebria Pluto* (1).

Parmi les espèces de la faune actuelle, on peut lui comparer,
pour la grandeur, *Nebria complanata* L., qui se trouve encore
communément sur les bords de la Méditerranée, et, pour la coloration, *Nebria psammodes* Rossi, qui habite les mêmes régions ;
mais, si l'on tient compte de la forme des élytres, qui, dans notre
Nebria Tisiphone, sont sensiblement rétrécies dans leurs portions
antérieures, on sera plutôt tenté de rapprocher cette espèce des
Nebria rubripes Dej., *N. Olivieri* Dej., *N. Lafresnayi* Dej.,
N. castanea Dej., *N. laticollis* Dej., qui vivent tous aujour-
d'hui dans les endroits montagneux, en Auvergne, dans les
Pyrénées-Orientales et dans les Hautes-Alpes. Le *Nebria Tisiphone* avait peut-être une station analogue. Nous savons, en effet,
par M. de Saporta, que l'ancien lac qui s'étendait au nord de la

(1) Heer, *Beitrâge zur Insektenfauna OEningen's, Coleopt.*, 1, p. 19, pl. 1, fig. 1, 2

ville d'Aix, était situé à une certaine distance de la mer (1), et que dans le voisinage s'élevait une montagne assez escarpée, la montagne Sainte-Victoire.

DEUXIÈME GENRE. — CALOSOMA.

Weber, *Oberv. entom.*, p. 20.— Dej., *Spec. Col.*, II, 190.— Lacord., *Gen. Col.*, I, 58.
CHRYSOSTIGMA Kirby, *Faune Bor. Amer.*, 18.

Caractères (2). — Corps large et robuste. Tête non rétrécie en arrière, avec les yeux saillants. Labre court, transverse et plus ou moins bilobé. Mâchoires arrondies au sommet et présentant un peu au-dessous de l'extrémité, et du côté interne, une dent ou forte pointe. Palpes maxillaires et palpes labiaux à dernier article légèrement sécuriforme. Menton offrant une forte dent médiane, plus ou moins aiguë, mais toujours un peu plus courte que les lobes. Mandibules fortes, ordinairement sans dentelures du côté interne et striées transversalement. Antennes assez longues, avec le troisième article plus long que les autres, comprimé et tranchant en dehors. Corselet large, court et fortement arrondi sur les côtés, qui sont rebordés, avec les angles postérieurs peu marqués. Élytres larges, convexes, en carré plus ou moins allongé. Généralement des ailes sous les élytres. Jambes postérieures et surtout les intermédiaires arquées chez les mâles, droites chez les femelles. Premiers articles des tarses antérieurs fortement dilatés chez les mâles et très-spongieux inférieurement.

Les Calosomes sont représentés de nos jours par 70 espèces qui vivent principalement en Amérique ; on en rencontre toutefois quelques-unes en Asie, en Afrique et en Europe, et c'est dans cette région que se trouve le type du genre, le Calosome sycophante (*Calosoma Sycophanta* L.), magnifique insecte de près de 3 centimètres de long, d'un bleu violacé foncé, avec les an-

---

(1) Voy. comte de Saporta, *Révision de la flore des gypses d'Aix*, carte de l'Europe éocène.

(2) J. du Val et Migneaux, *Genera des Coléopt.*, I, p. 8 et 9.

ARTICLE N° 2.

tennes et les pattes noires, et les élytres d'un vert doré éclatant.
La larve de cette espèce, décrite par Réaumur (1), est d'un brun
foncé et comme lustré ; elle a six pattes écailleuses et sa bouche
est armée de deux fortes mandibules recourbées en croissant.
Elle se tient sur les Chênes et se nourrit presque exclusivement
de Chenilles processionnaires, dont elle fait de véritables héca-
tombes. Les larves des autres espèces, et entre autres celles du
Calosoma inquisitor Linn., paraissent avoir des habitudes tout
aussi carnassières.

Tandis qu'on ne connaît encore aucune espèce tertiaire du
genre *Carabus*, on a découvert dans les gisements du Locle et
d'OEningen 7 espèces de Calosomes. Ce dernier genre, dit
M. Heer, était donc bien plus riche en espèces dans la Suisse,
pendant la période tertiaire, qu'il ne l'est aujourd'hui, non-
seulement dans ce même pays, mais dans tout le centre et le
midi de l'Europe; en revanche, les vrais Carabes, si communs à
présent dans nos contrées, ne s'y rencontraient pas ou étaient du
moins peu répandus à l'époque miocène. « Il ne faut pas oublier
» toutefois, ajoute M. Heer, que les Calosomes ont des ailes
» membraneuses, tandis que les vrais Carabes en sont dépourvus,
» et que les Insectes ailés ont dû, beaucoup plus facilement que
» les autres, trouver la mort dans les lacs d'OEningen et du Locle,
» et être ensevelis dans la vase : nous voyons en effet que la plu-
» part des Insectes fossiles de la période tertiaire qui sont par-
» venus jusqu'à nous sont des Insectes ailés. Cependant la pré-
» sence dans nos terrains miocènes d'un si grand nombre de
» formes de Calosomes ne nous permet pas de douter un seul
» instant que ce genre n'ait joué en Suisse, pendant la période
» tertiaire, un rôle bien plus important que de nos jours. Main-
» tenant, en effet, les deux ou trois espèces qui vivent en Suisse
» sont d'une telle rareté que, dans l'espace de trente ans, on n'a
» pu en recueillir que deux spécimens dans le canton de Zürich.
» M. Heer a pu rassembler, au contraire, en trois ans, douze échan-
» tillons de Calosomes fossiles, nombre considérable, si l'on ré-

(1) Réaumur, *Mém.*, II, 1737, p. 45. — Erichson, *Arch. Wiegm.*, 1841, p. 72.

» fléchit à toutes les chances de destruction qu'ont courues ces
» précieux spécimens. Il est bien probable que ces échantillons,
» si miraculeusement préservés, ne représentent qu'un petit
» nombre des espèces qui vivaient jadis dans cette partie de
» la Suisse, et que, par suite, le genre Calosome comptait
» beaucoup plus d'espèces dans la faune entomologique tertiaire
» que dans la nature actuelle. M. Heer ne connaît pas à la sur-
» face de la terre une seule contrée d'aussi faible étendue, qui
» renferme sept espèces de ce genre vivant à côté les unes des
» autres. Cette circonstance est du reste en rapport avec la
» grande diffusion que présente de nos jours le genre Calo-
» some ; car, en général, lorsqu'un genre occupe une aire
» très-vaste, il remonte à une date assez ancienne, et il faut
» chercher son origine dans les époques antérieures à la
» nôtre (1). »

Dans sa *Flore tertiaire de la Suisse* (2), M. Heer a montré que
parmi les végétaux, certains genres qui, dans les pays tertiaires,
avaient leurs différentes espèces réunies dans une aire restreinte,
les ont maintenant disséminées sur toute la surface du globe.
Parmi les Insectes, les Calosomes présenteraient un phénomène
analogue. « En effet, dit M. Heer, si nous comparons les espèces
» fossiles avec les espèces actuelles, nous voyons que parmi les
» premières il en est deux (*C. catenulatum* et *C. caraboïdes*) qui
» correspondent à deux espèces de l'Amérique du Nord (*C. Sayi*
» Dej. et *C. longipenne* Dej.) ; deux autres (*C. Nauckianum* et
» *C. deplanatum*) qui ressemblent à une espèce (*C. Maderæ* F.)
» actuellement répandue sur le pourtour du bassin méditer-
» ranéen, à Madère et aux Canaries ; une autre (*C. Jaccardi*)
» qui peut être comparée au *C. inquisitor* F. d'Europe, mais qui
» se rapproche aussi, par la largeur et la brièveté de ses élytres,
» du groupe asiatique des Callisthènes ; enfin, deux autres (*C. Es-*
» *cheri* et *C. escrobiculatum*) qui n'ont pas d'analogues parmi les
» espèces de nos jours, si ce n'est pourtant le *C. brunneum*

(1) *Ueber die fossilen Calosomen*, p. 1 et 2.
(2) Tome III, p. 255.

ARTICLE N° 2.

» Chevr. du Pérou. Il est certain, en tout cas, que ces espèces
» tertiaires diffèrent par quelques caractères des espèces ac-
» tuelles, et constituent des types qui sont maintenant répandus
» dans les deux mondes. Un fait digne de remarque, c'est que
» *C. Jaccardi* et *C. caraboides* sont les deux termes extrêmes du
» genre, *C. Jaccardi* nous offrant les élytres larges et courtes,
» propres au groupe des Callisthènes, qui appartient à l'Asie et
» qui est représenté par une espèce (*C. Panderi* Fisch.) dans
» les steppes de l'Europe orientale (entre le Volga et l'Oural),
» *C. caraboides* ayant au contraire les élytres longues et étroites
» du *C. longipenne* d'Amérique. Par ce caractère, le *Calosoma*
» *caraboides* se rapproche davantage des Carabes, tandis qu'il se
» rattache aux Calosomes par la disposition des stries et l'orne-
» mentation des élytres. Il constitue une sorte de lien entre les
» deux genres *Calosoma* et *Carabus*, et les partisans de la théorie
» de Darwin pourraient dire qu'il établit le passage des Calo-
» somes tertiaires aux Carabes de l'époque actuelle.

   » J'ai démontré dans ma *Flore tertiaire*, continue M. Heer,
» que la végétation de l'époque miocène présente à un degré
» très-prononcé le caractère américain, mais qu'elle renferme
» aussi beaucoup de types qui sont confinés de nos jours dans
» certaines îles de l'Atlantique, telles que Madère et les Canaries.
» De même, parmi les Calosomes fossiles, nous avons deux types
» américains (*C. catenulatum* et *C. caraboides*) et deux formes
» (*C. Nauckianum* et *C. deplanatum*) correspondant à une espèce
» qui n'est pas spéciale, il est vrai, aux îles atlantiques, mais
» qui s'y trouve communément, qui abonde particulièrement à
» Porto-Santo, à Madère, à Ténériffe, et qui existe enfin à peine
» modifiée (*C. azoricum*) dans les îles Açores (1). »

   Par l'étude des végétaux fossiles, M. Heer est arrivé à établir
que le climat de la Suisse, à l'époque miocène supérieure, devait
être analogue à celui que possèdent, de nos jours, Madère et le
sud des États-Unis (2). Cette hypothèse est, jusqu'à un certain

(1) *Ueber die foss. Calosomen*, von Dʳ Osw. Heer, p. 2.
(2) O. Heer, *Tertiäre Flora der Schweiz*, III, p. 327

point, confirmée par l'étude des Calosomes fossiles. « En effet,
» dit M. Heer, le *C. Sayi* Dej., l'espèce la plus voisine du
» *C. catenulatum*, vit aujourd'hui dans la Nouvelle-Géorgie,
» et le *C. Maderæ* F., l'analogue des *C. Nauckianum* et
» *C. deplanatum*, ne se trouve plus que dans les régions sub-
» tropicales et dans la partie chaude de la zone tempérée, et
» n'a jamais été rencontré de ce côté-ci des Alpes (1). » Ce
qu'il y a d'assez extraordinaire, c'est que les deux espèces de
Calosomes qui ont été découvertes au Locle diffèrent de celles
d'Œningen, quoique les deux gisements appartiennent à la
même période géologique, et aient en commun, non-seulement
un assez grand nombre de plantes, mais même une espèce
d'insectes (*Dytiscus Nicoleti* Heer). D'un autre côté, sur les
cinq Calosomes d'Œningen, il y en a un (*C. Nauckianum*)
qui a été signalé également dans les lignites du Rhin. Cette
dernière formation est, d'après M. Heer, « un peu plus ancienne que les calcaires d'Œningen ; elle renferme d'ailleurs
beaucoup d'espèces fossiles de cette localité, particulièrement
des végétaux » (2).

CALOSOMA (CALLISTHENES) AGASSIZ Barth. sp.

Carabus Agassizi Barthélemy-Lapommeraye. — *Calosoma Saportanum* Heer, ms.

(Planche 1, fig. 2, 2$_o$, 2$_b$, 2^c.)

Piceus ; capite lato, oculis magnis ; thorace brevi ; elytris ovatis,
depressis, tenuiter reticulatis, tribusque fossularum ordinibus decoratis.

Longueur totale	36	millim.
— des antennes	10,50	
— des mandibules	2	
— de la tête	3	
— du thorax	23	
— de l'abdomen	23	
— de l'élytre gauche	20	

(1) *Ueber die foss. Calosomen*, p. 2.
(2) *Ibid.*, p. 3.

     ARTICLE N° 2.

Longueur totale de la cuisse antérieure............... 4,40
—   de la jambe antérieure.................... 5,50
—   du tarse antérieur...................... 5
—   de la cuisse médiane.................... 5 à 6
—   de la jambe médiaue.................... 5 à 6
—   du tarse médian....................... 6
Diamètre de la tête............................. 3
—   du thorax........................... 5
—   de l'abdomen......................... 9
—   de l'élytre gauche (maxim.)............... 7

Loc. — Aix en Provence (couche inférieure au gypse).

Coll. — Musée de Marseille : un échantillon complet et deux élytres séparées. — M. le comte de Saporta : une élytre isolée.

Un des échantillons du musée de Marseille nous montre l'insecte tout entier et dans un état admirable de conservation. Il est couché sur le ventre, les pieds étendus et les élytres écartées. Sa coloration générale est un brun de sépia foncé, presque noir. Les mandibules sont très-puissantes et presque aussi longues que la tête; leur bord externe est convexe, leur bord interne concave et comme déchiqueté : mais ce n'est là qu'un accident de fossilisation, les dentelures étant trop irrégulières pour être naturelles. A la base des mandibules et dans l'intervalle qu'elles laissent entre elles, on aperçoit le labre, qui est arrondi, et qui ne paraît pas distinctement bilobé. En dehors et de chaque côté sont les palpes maxillaires, composés de trois articles, dont le premier est fort long, un peu évasé du côté du suivant, le deuxième un peu plus court, mais de même forme que le précédent, et le troisième très-bref et coupé obliquement à son extrémité. Près de la mandibule de droite, on voit le dernier article du palpe labial qui présente la même forme que l'extrémité du palpe maxillaire. Les antennes sont longues ; le premier article est gros et allongé, le deuxième très-court et peu visible, le troisième très-allongé et renflé à son extrémité externe ; les suivants sont moins distincts, mais présentent la même forme. La tête est large, et les yeux, placés immédiatement en arrière de l'insertion des antennes, sont gros, arrondis et saillants comme dans la majorité de Carabiques.

Le thorax est si écrasé, qu'on ne peut le décrire exactement; on voit seulement qu'il était relativement petit, court et sans doute de forme ovalaire. Les élytres ont leur bord antérieur droit ou légèrement oblique; leur bord externe, garni d'un ourlet très-net dans sa portion médiane, est rectiligne dans cette région et sensiblement parallèle au bord sutural; mais il s'arrondit régulièrement aux épaules et se recourbe assez fortement dans sa portion terminale, pour rejoindre, sous un angle assez aigu, le bord interne, qui est lui-même infléchi, mais plus légèrement et en sens inverse. La surface des élytres, fort étendue relativement à la taille de l'insecte, est ornée d'un dessin très-élégant; des stries longitudinales serrées vont de la base au sommet et sont recoupées par des stries transversales moins prononcées, ce qui produit une sorte de treillis et donne à l'élytre l'aspect de certains tissus ou d'un ouvrage de vannerie; on remarque, en outre, trois lignes longitudinales de points enfoncés, comme dans beaucoup de Calosomes et de Carabiques. On n'aperçoit aucune trace d'ailes membraneuses. L'abdomen est large, faiblement arrondi sur les côtés, et se termine en pointe en arrière; à son extrémité postérieure on distingue une tache noirâtre qui indique peut-être l'armure génitale. Les pattes sont robustes; les cuisses antérieures et moyennes sont courtes et renflées, les jambes à peine arquées et légèrement épaissies du côté des tarses; ceux-ci, de couleur brun Van-Dyck, se composent de cinq articles, dont les quatre premiers sont courts, évasés et bifides, et dont le dernier, beaucoup plus long, se termine par un double crochet.

Les élytres séparées conservées dans la même collection sont vues par la face interne; elles sont ornées également de granulations produites par des stries longitudinales et transversales, et de trois lignes de points saillants qui correspondent, sur la face externe de l'élytre, à autant de réticulations et de points enfoncés.

D'un autre côté, j'ai pu observer, dans la collection de M. le comte de Saporta, une élytre isolée qui présente exactement les mêmes dimensions et la même ornementation que celles du musée de Marseille, et qui appartient certainement à la même espèce. Comme cette élytre est vue par sa face supérieure et dans un très-bon état de conservation, elle peut fournir d'excellents caractères. Elle est fortement bombée et arrondie à l'angle antérieur et externe, et munie, à son angle antérieur et interne, d'un prolongement qui servait de point d'attache à l'organe. La portion saillante de l'organe présenterait une forme plus sinueuse, si elle n'était garnie en dehors d'un méplat qui commence au deuxième tiers de la longueur et se prolonge, avec une largeur constante, jusqu'au sommet de l'élytre. Grâce à ce méplat, le bord externe semble d'abord rigoureusement droit, puis fortement convexe ; il rejoint, sous un angle presque droit, le bord interne ou sutural, qui est lui-même recourbé dans son tiers postérieur, mais moins fortement que le bord externe et en sens inverse. La surface est ornée de 17 stries (en comptant la suturale) extrêmement fines, dont quelques-unes s'anastomosent à leur extrémité supérieure : ainsi les stries 10 et 15 embrassent les stries 11 et 14, qui embrassent à leur tour les stries 12 et 13. Les stries longitudinales sont recoupées par des stries transversales, beaucoup plus faibles, et très-rapprochées l'une de l'autre, ce qui donne à l'élytre un aspect treillagé. D'après M. Heer (1), ce mode d'ornementation se rencontrerait dans tous les Calosomes. « Dans beaucoup d'espèces, dit-il, les stries transversales sont si » profondes, que les bandes comprises entre les sillons longitudi- » naux semblent entaillées (par exemple dans *C. senegalense* Dej.) » ou formées d'écailles superposées comme les tuiles d'un toit ; » dans d'autres au contraire, elles sont si fines, que les élytres » paraissent lisses à l'œil nu : c'est le cas de certaines espèces du » Mexique (*C. læve* et *C. glabratum* Dej.) ; mais, en s'aidant de » la loupe, on parvient toujours à retrouver l'ornementation. » Dans notre spécimen, comme dans le *Calosoma inquisitor* L. de France et le *C. Sycophanta* L. d'Europe, les stries transversales sont bien marquées ; on distingue en outre, comme dans ces espèces actuelles, trois séries longitudinales de points enfoncés,

(1) *Ueber die foss. Calosomen,* p. 3.

arrondis et assez gros. Quant à la coloration primitive, elle a complétement disparu.

Feu M. Barthélemy–Lapommeraye, ancien directeur du muséum de Marseille, a publié, sur le magnifique spécimen de cette collection, une notice de quelques pages qui a été lue, je crois, au Congrès scientifique de France. Dans cet opuscule. M. Barthélemy reconnaît d'abord que cet insecte est bien un Carabique, et même qu'il appartient à la tribu des Procérites, comprenant les genres *Tefflus, Procerus, Procrustes, Carabus* et *Calosoma*. En le comparant successivement à ces différents types génériques, il est conduit à éliminer immédiatement le *Tefflus* et les *Procerus,* qui se distinguent par leur facies particulier, et à exclure ensuite les Calosomes qui, dit-il, « sont suffisamment » caractérisés par la brièveté de la tête et du thorax »; il n'a plus dès lors à choisir qu'entre les genres *Procrustes* et *Carabus,* et c'est pour ce dernier genre qu'il se décide, en l'absence des caractères tirés de la conformation du labre. Il se fonde d'ailleurs sur le nombre des articles des antennes, sur la structure des palpes, dont le dernier article est sécuriforme, et enfin sur la coloration de l'insecte, qui était noire et nullement métallique. Aussi il n'hésite pas à le ranger dans le genre *Carabus,* sous le nom de *Carabus Agassizi* Barth.-Lap., et à déclarer que c'est un mâle, puisqu'il a les trois premiers articles des tarses dilatés. Enfin, il le rapproche du *Carabus cœlatus* F., qui seul de tous les Carabes, dit-il, a les élytres couvertes de points irréguliers sans stries distinctes.

Mais si l'ancien directeur du muséum de Marseille a parfaitement reconnu la tribu à laquelle appartient ce bel insecte, on ne voit pas trop pourquoi il s'est décidé à le rapporter au genre *Carabus* plutôt qu'au genre *Calosoma*. En effet, quoi qu'en dise M. Barthélemy, dans ce spécimen, le thorax est relativement petit et plutôt de forme ovalaire, comme dans les Calosomes, que de forme quadrangulaire, comme dans les vrais Carabes. Tout concorde, du reste, à faire de cet échantillon un Calosome. Les élytres, à bords presque parallèles et à sommet arrondi, sont beaucoup plus larges que celles des Carabes, et leur ornemen-

tation est presque identique avec celle des élytres du *Calosoma
Sycophanta* L. et du *C. indigator* L. ; elle serait au contraire,
comme M. Barthélemy le reconnaît lui-même, tout à fait analogue pour un Carabe. La coloration terne et noirâtre de cet
insecte n'a rien non plus qui doive nous étonner, car tous les
Calosomes ne sont pas ornés de couleurs métalliques, et il en est
un qui se trouve, quoique assez rarement dans la France méridionale et centrale, et dont la coloration est entièrement noire :
c'est le *Calosoma indigator* F. (1), espèce qui atteint une taille
très-considérable, 29 à 31 millimètres, mais qui est encore
inférieure sous ce rapport à notre spécimen fossile.

Pour plusieurs auteurs, le véritable caractère du genre *Calosoma*, c'est d'être toujours pourvu d'ailes membraneuses; aussi
M. Fischer de Waldheim a-t-il cru devoir établir le genre *Calli-
sthenes* pour une espèce de Carabique découverte dans les sables
des déserts des Kirghiz par M. le docteur Pander, et qui ne
diffère des autres Calosomes que par l'absence d'ailes membraneuses (2). Ce serait à ce sous-genre, qui du reste est loin d'être
universellement adopté, qu'appartiendrait notre insecte fossile.
Dans ce dernier spécimen, les élytres sont exactement de la
même longueur que dans *Calosoma deplanatum* Heer, d'OEningen (3); elles ont également cinq stries longitudinales externes
anastomosées du côté du sommet ; mais leur forme est plus élancée, et leur largeur n'est que de 7 millimètres au lieu de 7^{mm},50.
Par cette forme svelte, elles se rapprochent davantage des élytres
de *Calosoma Nauckianum*, Heer (4), d'OEningen et des lignites
du Rhin, mais elles en diffèrent par des dimensions beaucoup
plus considérables. M. Heer rapproche *Calosoma Nauckianum* H.
d'une espèce actuelle, *C. Maderæ* F. (*C. indigator* F.) et de
C. azoricum H. (5). « Le *C. Maderæ*, dit M. Heer, n'est pas rare

(1) Fabr., *Mant.*, I, 197. — Dej., *Spec.*, II, 205.

(2) (*C. Panderi*), *Entomogr. de la Russie*, t. I, p. 95, chap. VII.

(3) O. Heer, *Ueber die foss. Calosomen*, *Progr. der eigenöss. Polytechn. Schule*,
1860, p. 6, nº 4, fig. 6.

(4) *Beitrãge zur Insekt.*, *Coleoptera*, p. 1 et 2, pl. 1, fig. 4 a et 6.— *Ueber die foss.
Calosom.*, p. 5 et 6, fig. 3.

(5) *Ueber die foss. Calosomen*, p. 5, note.

» à Madère, où MM. Lowe et Wollaston l'ont trouvé commu-
» nément en été et en automne, sur le Ribeiro Frio et dans la
» Serra de Seisal, et où M. Heer lui-même l'a recueilli en février
» au Gabo Garajaô. On le rencontre également dans l'île de
» Porto-Santo, où Hartung en a récolté de nombreux exem-
» plaires, et à Ténériffe ; il est d'ailleurs répandu dans toute
» l'Europe méridionale (Espagne, midi de la France et Italie), et
» se trouve aussi en Barbarie. Clairville l'a signalé encore dans
» la Suisse italienne (1), mais je ne l'y ai jamais rencontré, et
» je crois l'indication de Clairville sujette à caution. Mon ami
» G. Hartung a capturé de nombreux exemplaires de *C. azori-*
» *cum* H. aux îles Açores, et M. H. Drouet en a pris beaucoup
» dans les forêts de Lauriers de San-Miguel et de Santa-
» Maria (2). » M. Heer fait remarquer toutefois que dans *Calosoma Nauckianum* et *C. deplanatum*, les séries de fossettes
occupent la même position que dans *Calosoma Maderæ* F. et
sont comprises entre les lignes de ponctuations 4 et 5, 8 et 9,
12 et 13 (3) ; tandis que dans *Calosoma azoricum* H., elles
sont situées entre les lignes 5 et 6, 11 et 12, 17 et 18. Dans
l'espèce d'Aix en Provence que je viens de décrire, les séries de
fossettes sont placées comme dans les deux espèces d'OEningen,
et le nombre des lignes de points est le même que dans *Calosema
Nauckianum*, mais la disposition de ces lignes diffère et fournit
de bons caractères pour distinguer les trois espèces fossiles. En
effet, dans *C. Nauckianum*, les lignes 6 et 7 sont convergentes
vers l'extrémité, la 8e se recourbe vers la 4e, la 9e et la 10e sont
reliées entre elles et plus courtes que la 8e et que les lignes situées
immédiatement après elle ; celles-ci se rapprochent les unes des
autres vers la pointe, et la 11e et la 12e, la 14e et la 15e sont rat-
tachées entre elles, tandis que la 13e est libre. Dans *C. deplanatum*, au contraire, les lignes 10 et 13, 11 et 12 sont ratta-
chées en dehors, et les lignes 12 et 13 s'abouchent aussi l'une

(1) *Helvetische Entomologie*, t. II, p. 139.
(2) *Ueber die foss. Calosomen*, von O. Heer, p. 6.
(3) *Ibid.*, p. 3 et 6. Voyez aussi, pour l'ornementation des élytres des Calosomes,
O. Heer, *Die Insektenfauna der Tertiärgebilde*, t. I, p. 91.
                    ARTICLE Nº 2.

dans l'autre. Après la ligne 13, il y a une autre ligne arquée
vers le sommet ; celle-ci est suivie de deux autres qui ont la
même disposition, et de deux rangées peu distinctes, formées
de points extrêmement délicats. Enfin, comme je l'ai dit plus
haut, dans C. *Agassizi*, les stries 10 et 15, 11 et 14, 12 et 13,
se réunissent deux à deux et s'emboîtent en quelque sorte du
côté du sommet de l'élytre.

Parmi les échantillons d'Insectes fossiles que M. Heer a eu
l'extrême obligeance de me communiquer, se trouve une élytre
qui me paraît appartenir à l'espèce C. *Agassizi* Barth. Le savant
paléontologiste de Zürich, qui ne paraît pas avoir eu connaissance de l'opuscule de M. Barthélemy-Lapommeraye, désigne
ce spécimen sous le nom de *Calosoma Saportanum*, et l'accompagne de la diagnose manuscrite suivante :

« Ressemble extrêmement aux C. *Nauckianum* et C. *depla-
» natum*, et présente aussi trois séries de fossettes ; seulement
» ces fossettes sont plus grosses ; les élytres sont aussi plus
» aplaties que dans le *deplanatum*. »

Cette élytre, ou plutôt l'empreinte qu'elle a laissée sur la
pierre, mesure $21^{mm},50$ de long sur $7^{mm},50$ de large ; elle offre
par conséquent des dimensions un peu plus considérables que
celles du musée de Marseille et de la collection de M. le comte
de Saporta. La roche sur laquelle elle se trouve est un calcaire
d'eau douce, assez dur, d'un gris jaunâtre, analogue à celui qui
renferme les élytres d'*Hydrophilus antiquus* Heer, qui seront
décrites ci-dessous. Les côtés de l'élytre, d'abord droits, divergent sensiblement vers le milieu de la surface, et s'arrondissent
ensuite régulièrement, le bord externe beaucoup plus fortement
que le bord interne, pour se rejoindre au sommet en une pointe
médiocrement aiguë ; comme dans les spécimens dont j'ai parlé
plus haut, le bord externe présente un double bourrelet saillant qui s'atténue sensiblement en arrière, et le bord sutural
offre un méplat qui diminue du côté de l'extrémité ; le bord
basilaire est oblique et s'arrondit dans la partie correspondant
à l'épaule. L'ornementation consiste en 17 lignes longitudinales,
dont la première est lisse et se confond avec la ligne suturale,

tandis que les 16 autres sont formées de petites ponctuations, et en 3 séries de petits mamelons arrondis, moulés sur ces fossettes, qui, dans *Calosoma Agassizi*, sont situées entre les lignes 4 et 5, 8 et 9, 13 et 14 ; les intervalles que laissent entre eux les sillons longitudinaux sont recoupés par des lignes onduleuses, qui dessinent avec les premières un treillis fort élégant. Cette empreinte correspond à l'élytre droite de l'insecte, tandis que le spécimen de la collection de M. le comte de Saporta représente l'élytre gauche. Les deux échantillons proviennent du reste, non pas du même insecte (car la roche qui les renferme n'est pas de même nature, et l'élytre de la collection de M. Heer est à la fois plus longue et plus large), mais d'insectes de la même espèce, puisqu'il y a entre eux identité de forme et similitude absolue dans l'ornementation. Aussi je crois qu'il n'y a pas lieu, en présence de la diagnose donnée antérieurement par M. Barthélemy-Lapommeraye, d'admettre la dénomination proposée par M. le professeur Heer, de Zurich.

Deuxième Division.

Les Carabides de cette division ont les jambes antérieures plus ou moins échancrées au côté interne ; un éperon apical et l'autre anté-apical, et les épimères métathoraciques presque toujours distincts.

Premier Groupe. — CHLÆNITES.

CHLÆNIDES Brull., *Hist. nat. Ins.*, 1834. — PATELLIMANES Dej., *Spec. Col.*, II, 281. — Sect. 5, Lacord., *Gen. Col.*, I, 207. — CHLÆNII Fairm., *Faune franç.*, I, 54. — HARPALÏDÆ, 1, Steph., *Man.*, 18.

Dans ce groupe, le dernier article des palpes est de forme variable, mais toujours assez grand, et jamais aciculaire ; il n'y a point en général de pédoncule entre le prothorax et l'arrière-corps. Les élytres sont entières. L'abdomen présente six segments dans les deux sexes, et les tarses antérieurs ont leurs deux ou trois premiers articles dilatés chez les mâles, en carré plus ou moins arrondi aux angles (simples chez quelques exotiques) (1).

Groupe secondaire des PANAGÉITES.

Lap., *Hist. nat. Col.*, I, 135. — PANAGÉIDES Lacord., *Gen. Col.*, I, 209. — LICININI Erichs., *Käf. d. Mark. Brand.*, I, 1837, ex parte.

Les Panagéites ont la tête petite, rétrécie en arrière en forme de cou. Antennes insérées en avant, sur la ligne des yeux, avec leur nœud basilaire plus ou moins recouvert par un rebord de la tête. Corps presque toujours pubescent et fortement ponctué (2).

PREMIER GENRE. — PANAGÆUS.

Latr., *Hist. nat. Crust. et Ins.*, VIII, 291. — Dej., *Spec. Col.*, II, 283. — Lacord., *Gen. Col.*, I, 212.

Caractères (3). — Corps en ovale allongé, fortement ponctué et pubescent. Yeux très-saillants. Labre court, transverse, entier ou à peine échancré antérieurement. Palpes maxillaires externes notablement plus long que les palpes labiaux, avec le deuxième article plus long que les autres, et ce dernier coupé obliquement et fortement sécuriforme. Menton transverse, échancré, avec une dent médiane assez large et légèrement bifide. Languette un peu arrondie au sommet ; paraglosses entièrement soudés avec elle. Palpes labiaux ayant leur dernier article conformé comme celui des palpes maxillaires. Mandibules courtes et arrondies en dehors. Antennes filiformes, avec les trois premiers articles presque glabres. Prothorax plus ou moins orbiculaire. Élytres en ovale allongé, légèrement convexes, à épaules arrondies. Les deux premiers articles des tarses antérieurs dilatés chez les mâles, et garnis d'une forte brosse de poils en dessous, le premier étant trian-

(1) J. du Val et Migneaux, *Genera des Coléoptères*, I, p. 11.
(2) J. du Val et Migneaux, *ibid.*, p. 12.
(3) *Ibid.*

gulaire, le deuxième un peu transverse, en carré arrondi aux
angles.

Les *Panagæus* sont des insectes fort élégants, au corps noir
et velu, aux élytres agréablement variées de jaune ou de rouge,
qui se trouvent soit dans les bois sablonneux, soit dans les lieux
humides et auprès des eaux ; ils exhalent une odeur particulière.
La plupart des espèces du genre habitent l'Afrique et l'Asie ;
mais le type se trouve en Europe : c'est le Panagée grand-croix
(*Panagæus crux major* Lin.), qui est noir, velu, avec les élytres
bordées de rouge ferrugineux et traversées d'une double bande
de la même couleur. Cet insecte vit au pied des arbres, souvent
enfoncé dans la terre (1). Une autre espèce, très-voisine de la
première, *P. quadripustulatus* Sturm., se rencontre au commencement du printemps sous les feuilles mortes, dans les bois
sablonneux.

Le genre *Panagæus* proprement dit n'avait pas été jusqu'à
présent signalé à l'état fossile.

PANAGÆUS DRYADUM Nob.

(Planche 2, fig. 1.)

Thorace nigrescente, punctis minimis sparso ; elytris obtusis, fossularum ordinibus decoratis.

Longueur de l'insecte incomplet..................	6 millim.
— de l'élytre.........................	4,75
Largeur des deux élytres, aux épaules.............	10
— — au milieu...............	4

Loc. — Aix en Provence.

Coll. — M. Heer : un spécimen.

Par suite d'une fracture de la pierre, il ne subsiste de l'insecte
qu'un fragment composé des élytres et de la moitié postérieure
du thorax. La forme de cette dernière partie est par conséquent
assez difficile à apprécier ; tout ce qu'on peut dire, c'est qu'il

---

(1) Blanchard, *Hist. des Insectes*, 1845, t. I, p. 376.

était plus étroit que les deux élytres réunies, de couleur très-foncée, presque noire, et couvert de petites granulations arrondies, serrées les unes contre les autres. Quant aux élytres, elles sont admirablement conservées, sauf sous le rapport de la coloration, qui n'apparaît plus que sur certains points, mais qui devait être également très-foncée. Elles étaient assez convexes, car leurs bords suturaux s'écartent de la ligne médiane en avant et en arrière : les épaules sont proéminentes et à peine arrondies ; les bords externes, légèrement arqués dans la plus grande partie de leur longueur, viennent ensuite, par une courbe beaucoup plus prononcée, rejoindre les bords suturaux, de sorte que le sommet est très-obtus. Enfin, la surface de chaque élytre est ornée de granulations arrondies ou plutôt ovalaires, régulièrement espacées et disposées, comme des perles, en 8 séries longitudinales et parallèles, d'un effet très-agréable. Comme c'est une empreinte que nous avons sous les yeux, il est probable que, dans l'insecte vivant, les aspérités du thorax répondaient à de petites dépressions, et les rangées de perles des élytres à des lignes de fossettes. Les hanches, dont il reste quelques vestiges dans la région moyenne des élytres, étaient renflées en massue ; quant aux cuisses, aux jambes et aux tarses, ils ont presque entièrement disparu.

M. Heer, qui a bien voulu m'envoyer ce spécimen, l'avait étiqueté *Carabites* sp. L'insecte est bien, dans tous les cas, un Carabique, et c'est probablement un Carabique du groupe des Panagéites. En effet, parmi les espèces actuelles et européennes du genre *Panagæus*, il y en a une, *Panagæus crux major* Lin. (1), qui ressemble extrêmement à l'insecte que je viens de décrire, par l'ornementation du thorax et des élytres, ainsi que par la forme de ces étuis cornés, qui sont rétrécis en avant et arrondis au sommet. L'espèce fossile, restaurée et complétée, aurait les mêmes dimensions (7^{mm},50) que l'espèce actuelle, et n'en différerait guère que par une coloration plus uniforme et par

_____

(1) *Genera des Coléoptères d'Europe*, t. 1, p. 12, pl. 4, fig. 19. — *Règne animal* édit. in-4, t. XV, pl. 24, fig. 2.

l'absence de bandes rouges sur les élytres. Dans la région où devraient se trouver ces zones claires il y a au contraire, sur l'empreinte, des taches foncées, presque noires. La plupart des Panagéites de nos jours présentent, il est vrai, de ces bandes rouges ou jaunes sur fond noir, mais il y a aussi quelques espèces américaines de ce groupe, dont on a fait les genres *Dercylus* et *Coptia*, qui n'offrent pas cette ornementation (1).

Deuxième Groupe. — BEMBIDIITES.

BEMBIDIIDES Lacord., *Gen. Col.*, I, 379. — BEMBIDIONITES Lap. de Casteln., *Hist. nat. Col.*, I, 152.— BEMBIDII Fairm. et Lab., *Faune franç.*, I, 147, ex parte.— SUBULIPALPES Latr., Dej., *Spec. Col.*, V, 1, ex parte.

Les Bembidiites ont l'avant–dernier article des palpes renflé vers l'extrémité et de forme à peu près conique, le dernier article petit, implanté pour ainsi dire dans le précédent, et de forme aciculaire. Ils n'ont point de pédoucule entre le prothorax et l'arrière-corps; leurs élytres sont entières, leur abdomen formé de six segments dans les deux sexes ; les deux premiers articles des tarses antérieurs sont ordinairement dilatés chez les mâles et garnis en dessous de squamules (2).

PREMIER GENRE. — BEMBIDIUM.

Latr., *Hist. nat. Crust. et Ins.*, VIII, 221. — Dej., *Spec. Col.*, V, 31. — Lacord., *Gen. Col.*, I, 382. — TACHYPUS Dej., Lacord., *Gen. Col.*, I, 381. — OCYDROMUS Clairv., *Entom. helv.*, II, 20. — LYMNÆUM, CILLENUM, TACHYS, PHYLOCHTUS, OCYS, PERIPHUS, NOTAPHUS, LOPHA, Steph., *Man. of. Brit. Beetl.*, 51.— LEJA, etc., Dej., *Spec. Col.*, V, 35.— OMALA, PHYLA, CAMPA, etc., Motsch., *Ins. de Sibérie*, 250 et suiv., etc.

Caractères (3). — Corps allongé ou ovalaire. Tête triangulaire, offrant deux sillons parallèles ou obliques entre les yeux. Labre court, transverse, le plus souvent entier, parfois légèrement

(1) Voy. Castelnau, *Ann. Soc. entom. de France*, t. I, p. 391 et 392. — Brullé, *Hist. des Insectes*, t. IV, p. 483.
(2) *Genera des Coléoptères*, I, p. 48.
(3) *Genera des Coléoptères d'Europe*, I, p. 18 et 19.
    ARTICLE N° 2.

échancré. Palpes maxillaires externes ayant leur avant-dernier article renflé vers l'extrémité et de forme à peu près conique, et leur dernier article très-petit et subulé ; palpes labiaux ayant leur pénultième article renflé, assez long et ordinairement un peu courbé, et leur dernier article de même forme que celui des palpes maxillaires. Menton fortement échancré, muni d'une dent médiane entière ou échancrée. Languette assez large, un peu arrondie ou tronquée antérieurement et légèrement plus courte que les paraglosses, qui sont droits. Mandibules arquées et aiguës. Antennes filiformes, avec les deux premiers articles et souvent la base du troisième glabres ou à peine pubescents. Prothorax ordinairement cordiforme, parfois presque carré, quelquefois même un peu arrondi ou rétréci antérieurement. Élytres de forme variable, avec les stries souvent effacées, surtout en arrière. Tarses antérieurs ayant leurs deux premiers articles dilatés chez les mâles, le premier très-grand, en carré long, le deuxième notablement plus petit, à peu près cordiforme ou triangulaire.

Les Bembidions sont de petits insectes carnassiers qui vivent constamment au bord des eaux, et qui courent avec la plus grande agilité sur la terre vaseuse, au milieu des plantes aquatiques ; ils se réfugient sous les pierres, sous les feuilles mortes, quelquefois même sous les écorces. Certaines espèces ne s'éloignent jamais des bords de la mer ; d'autres ne se rencontrent que dans les montagnes. Le genre *Bembidium* a déjà été signalé à l'état fossile par M. Heer (1) ; dans la nature actuelle il compte un très-grand nombre d'espèces (près de 150), la plupart européennes.

(1) *Ueber die foss. Insekt. von Aix* (*Vierteljahrschrift der naturf. Gesellsch.*, 1. 1er fasc., p. 14).

BEMBIDIUM INFERNUM Heer (1).

(Planche 6, fig. 12.)

« B. pronoto obcordato; elytris obsolete striatis; pedibus nigris, tibiis pallidis.

		mm
Longueur totale......................	1 ligne ¼	(3,85).
— des élytres...................	1 ligne	(2,20).
Largeur des deux élytres réunies..........	¼ ligne	(1,65).

» *Loc.* — Aix en Provence.

» *Coll.* — Mus. Blanchet.

» Ce petit insecte appartient probablement au groupe des » *Peryphus*, dans le genre *Bembidium;* mais il est trop forte- » ment écrasé pour se prêter à une détermination rigoureuse.

» La tête est grosse, et une des antennes est parfaitement » distincte; on y reconnaît 9 articles seulement, les derniers » ayant malheureusement disparu; le troisième article est cylin- » drique et n'est probablement pas conservé dans toute sa lon- » gueur; les articles suivants sont à peu près égaux entre eux, » et le dernier est de forme ovale. Le prothorax est rétréci à la » base, et paraît avoir des angles postérieurs droits. Les élytres » sont ovales et si fortement comprimées, que leurs stries ont » presque complétement disparu. Les élytres, les antennes et les » cuisses sont de couleur foncée; les jambes antérieures, au » contraire, sont de couleur claire (2). »

BEMBIDIUM SAPORTANUM Heer (manuscr.).

(Planche 1, fig. 7.)

Oculis nigris; thorace obcordato; elytris angustis, pedibus gracil- limis.

Longueur totale.............................	7 millim.
— de la tête..........................	1
— du thorax...........................	1,50
— de l'abdomen........................	5

(1) Heer, *Ueber die foss. Insekt. von Aix,* pl. 1, fig. 1.
(2) *Ibid.*, p. 14, n° 1.

ARTICLE N° 2.

Largeur de la tête à la base......................	1,10
— du thorax en avant......................	1,75
— des deux élytres à la base...............	2,80
— — au milieu..............	2

Loc. — Aix en Provence.

Coll. — M. Heer : un spécimen.

L'insecte, placé sur le même fragment de pierre qu'un spécimen de *Phytonomus annosus* Heer, est vu en dessus, et quoiqu'il soit presque entièrement décoloré, il présente encore des caractères fort nets dans la conformation de sa tête, de son thorax et de ses élytres. La tête, un peu plus étroite à la base que le bord antérieur du prothorax, s'amincit légèrement en avant, dans la région qui était occupée autrefois par les pièces maxillaires, et porte sur les côtés, vers le milieu de sa longueur, deux points noirs arrondis qui indiquent les yeux. Le thorax, fort large en avant, et dont le bord antérieur est à peine concave, se rétrécit considérablement en arrière, dans son tiers postérieur, de telle sorte que les côtés sont sinueux, convexo-concaves ; le bord postérieur est à peine arrondi, et la surface présente en dessus, sur la ligne médiane, une bande proéminente, élargie antérieurement, sans aucune trace d'ornementation. Les élytres qui, réunies, sont beaucoup plus larges que le thorax, ne sont décorées que de quelques sillons longitudinaux, à peine visibles ; elles s'arrondissent aux épaules et ont leurs bords externes convexes, leurs bases coupées carrément, leurs bords internes divergents postérieurement, et leurs sommets assez fortement acuminés. Entre les extrémités des élytres on distingue les derniers anneaux de l'abdomen, qui se terminent en pointe et offrent çà et là des macules noirâtres. Quelques traces des pattes postérieures s'aperçoivent à la surface des élytres ; les cuisses étaient fusiformes, les jambes et les tarses grêles.

Cet insecte, beaucoup plus grand que l'autre spécimen de la même localité, déjà décrit et figuré par M. Heer sous le nom de *Bembidium infernum* H. (1), présente du reste la même forme,

(1) Voy. Heer, *Ueber die foss. Insekt. von Aix*, pl. 1. fig. 1, et ici même, pl. 6, fig. 12.

et peut comme lui être rapporté au sous-genre *Peryphus* Megerle (1), qui se trouve aujourd'hui répandu en Amérique, en Asie et surtout en Europe. Les insectes de ce groupe, qui compte environ 70 espèces dans la nature actuelle, fréquentent les bords des fleuves et des torrents ; ils sont revêtus de couleurs luisantes ou métalliques.

L'espèce fossile que M. Heer dédie à M. le comte de Saporta se rapproche de plusieurs Bembidions qui se trouvent encore communément en France, et surtout de *Bemb. (Peryph.) eques* Sturm., espèce agréablement nuancée de cuivre rouge et de bronze antique, que l'on rencontre dans la France méridionale (2).

Troisième Groupe. — FÉRONITES.

FÉRONIENS, 2° divis., Dej., *Spec. Col.*, III, 3. — Sect. 8, Lacord., *Gen. Col.*, I, 305, ex max. parte. — SIMPLICIMANES Latr., Lap. de Casteln., *Hist. nat. Col.*, I, 96, ex max. parte. — HARPALIDÆ, § 2, Steph., *Man.*, 19.

Les Féronites ont le dernier article des palpes de forme variable, jamais aciculaire ; point de pédoncule entre le prothorax et l'arrière-corps ; les élytres entières (très-rarement tronquées à l'extrémité), avec la ligne élevée du rebord se prolongeant jusqu'à l'écusson à la base et formant un écusson distinct sur l'épaule. Leur abdomen est de six segments. Les trois premiers articles des tarses antérieurs sont dilatés, généralement triangulaires ou cordiformes chez les mâles, et garnis de squamules à leur face inférieure. De plus, dans les Féronites proprement dits (3), les jambes antérieures sont plus ou moins robustes et dilatées vers l'extrémité (4).

(1) *Catalogue Dhalb.*, p. 12.

(2) Pour plus de détails, voy. J. du Val, *De Bembidiis europæis* (*Ann. Soc. entom. de France*, 1851 et 1852).

(3) FÉRONITES, TRIGONOTOMITES et AMARITES, Lap. de Cast., *Hist. nat. Col.*, I, 104, 120 et 121. — TRIGONOTOMIDES et FÉRONIDES Lacord., *Gen. Col.*, I, 309 et 317.

(4) *Genera des Coléopt.*, t. I, p. 28.

ARTICLE N° 2.

PREMIER GENRE. — FERONIA.

Latr., *Règne anim.* de Cuv., édit. 1817, III, 191. — Latr., *Gen. Col.*, 1, 323. — PLA-
TYSMA, PŒCILUS, ABAX, MOLOPS, PERCUS, MELANIUS, PTEROSTICHUS, Bonel, *Obs. ent.*,
I, table des genres. — ARGUTOR, OMASEUS, STEROPUS, COPHOSUS, Dej., *Spec. Col.*, III,
203-205. — CHEPORUS, Latr., *Règne anim.*, 2ᵉ édit., IV, 396. — PLATYDERUS, SOGINES,
ADELOSIA, Steph., *Man.*, 19, et 20. — ORTHOMUS, LISSOTARSUS, etc., etc., Chaud.,
Bull. Mosc., 1838, nᵒ 1. — CORAX, Putz., *Mém. Soc. sc. de Liége*, II, 406.

Caractères (1). — Corps généralement plus ou moins allongé
ou oblong, ordinairement peu convexe, ailé ou aptère. Yeux
médiocres ou peu saillants. Labre transversal, entier ou légèrement échancré. Palpes maxillaires et palpes labiaux ayant leur
dernier article ovalaire ou à peu près cylindrique, quelquefois
légèrement comprimé, tronqué au sommet. Menton profondément échancré, muni d'une forte dent médiane, bifide ou très-
obtuse. Languette généralement tronquée, un peu évasée sur les
côtés, nettement séparée des paraglosses en avant, tantôt plate,
tantôt convexe, tantôt fortement carénée en dessus. Paraglosses
dépassant quelquefois sensiblement la languette. Mandibules plus
ou moins aiguës. Antennes de longueur variable, généralement
un peu comprimées, avec leurs trois premiers articles glabres et
le quatrième parfois légèrement pubescent. Prothorax et élytres
de forme variable. Les trois premiers articles des tarses antérieurs fortement dilatés chez les mâles; le premier triangulaire,
un peu plus long que les autres, qui sont cordiformes et plus ou
moins transverses.

Les *Feronia* constituent un genre extrêmement étendu, et
dont l'étude est hérissé de difficultés; ils ont été divisés par les
auteurs en un certain nombre de groupes secondaires, d'après
des caractères qui ne sont pas toujours parfaitement nets ni
d'une fixité absolue, et qui, à plus forte raison, ne peuvent être
d'aucune utilité pour la détermination des espèces fossiles. De
nos jours, ces insectes sont répandus dans toutes les parties
du monde, et sont particulièrement nombreux en Europe et en

(1) *Genera*, t. I, p. 28 et 29.

Amérique. Ils se tiennent sous les pierres dans les endroits ro-
cailleux ; quelques espèces cependant vivent constamment au
bord des eaux (1). Ce genre, si abondant dans la nature actuelle,
n'est encore connu dans les époques antérieures à la nôtre que
par un petit nombre d'espèces découvertes à Œningen (2), à Aix
en Provence et dans l'ambre de Prusse (3).

FERONIA MINAX Nob.

(Planche 1, fig. 6.)

Picea ; oculis magnis ; thoracis margine posteriore sinuato, lateribus convexis ; elytris elongatis, postice vix acuminatis.

Longueur totale		20 millim.
— du labre et des mandibules		2
— de la tête		4
— du thorax		3,50
— de la région scutellaire		1,75
— de l'abdomen		12
Largeur de la tête en avant		2,50
— — au niveau des yeux		4
— du thorax		6
— de l'abdomen		12

Loc. — Aix en Provence.

Coll. — Musée de Marseille : un spécimen.

Cet insecte est d'une taille remarquable ; malheureusement il
a subi un écrasement si violent, que plusieurs caractères essentiels pour une détermination exacte, comme la forme des mandibules et des pieds, et l'ornementation des élytres, font totalement défaut. La coloration générale est un noir de poix. La tête
est large, et présente sur les côtés deux yeux ovalaires, saillants
et allongés, et, en avant, une masse trapézoïdale qui se compose
sans doute du labre et des mandibules, mais dans laquelle on ne
distingue plus de parties bien nettes. Entre les yeux et les man-

(1) Blanchard, *Hist. des Insectes*, 1845, t. 1, p. 378.
(2) *Die Insektenfauna der Tertiärgebilde*, etc., von O. Heer, t. 1, p. 22, pl. 1, fig. 5.
— *Beiträge zur Insektenfauna, Coleopt.*, p. 23 et 24, pl. 1, fig. 11.
(3) Berendt, *Bernstein*, t. I, p. 56.

ARTICLE N° 2.

dibules s'insèrent les antennes, qui sont cylindriques et à peu
près aussi longues que la tête et le thorax réunis ; le premier
article est un peu renflé en massue, le deuxième très-court, le
troisième plus développé et faiblement évasé, les suivants sensiblement plus longs et tous légèrement claviformes. Le thorax
est très-court, plus large en arrière qu'en avant, et légèrement
excavé pour recevoir la tête ; ses angles antérieurs sont proéminents, mais arrondis ; ses angles postérieurs droits, ses côtés
convexes, son bord postérieur légèrement sinueux. L'écusson,
ou plutôt la région scutellaire, car l'écusson lui-même n'est
pas très-distinct, a la forme d'une dépression circulaire assez
considérable, de laquelle partent en avant deux saillies divergentes : cette sorte de fourche n'est autre chose que l'impression
des pièces sternales qui, chez beaucoup de Carabiques, et entre
autres chez ceux des genres *Feronia* et *Amara*, dessinent sous
le thorax une sorte de carène, en avant de l'insertion des hanches
de la première paire. Les élytres, réunies, sont à leur base un peu
plus larges que la région voisine du thorax ; les angles antérieurs
sont un peu effacés, les côtés très-légèrement arrondis, et les
sommets, un peu acuminés, divergent en arrière, de manière
à laisser voir les trois ou quatre derniers anneaux de l'abdomen.
La surface est parcourue par quelques sillons longitudinaux, à
peine distincts, qui séparent des bandes peu saillantes. Enfin les
pattes sont assez courtes, et les jambes moyennes m'ont paru
offrir les vestiges de deux épines.

Quoique cet insecte soit assez mal conservé, je crois pouvoir
le rapporter au genre *Feronia*. Il dépasse toutefois en grandeur
la plupart des espèces de ce groupe qui se trouvent actuellement en France, et ne peut guère être comparé, sous le rapport
de la forme comme sous celui de la coloration, qu'à *Feronia
stulta* L. (1), des Pyrénées-Orientales, *Feronia nigra* Fabr. (2),
des environs d'Abbeville, de l'Anjou, des Pyrénées et de la

(1) Duf., *Ann. sc. phys. Brux.*, VI, 18ᵉ cah., p. 312 (*Broscus*). — Dej., *Sp.*, III
207.

(2) Fabr., *Syst. Eleut.*, t. I, p. 178 (*Carabus*). — Dej., *Sp.*, III, 337. *Carabus
Frischii* Herbst.

Camargue, et *Feronia amplicollis* (1), des montagnes de la Lozère. De ces trois espèces, la première, *Feronia stulta* L., ressemble beaucoup à *Feronia patruelis* L., qui est commun aux environs de Port–Vendres, mais s'en distingue par sa taille plus forte, sa forme plus allongée, ses antennes plus épaisses et plus courtes, sa tête plus grosse, plus aplatie, son corselet moins convexe et ses élytres plus longues, moins ovalaires et plus déprimées. La deuxième, *F. nigra* Fabr., a le corps allongé, d'un noir mat ; le corselet à peine rétréci en arrière ; les élytres longues, parallèles, un peu plus larges que le corselet, parcourues par des stries larges et lisses, les intervalles étant convexes. Enfin la troisième, *F. amplicollis*, est de forme oblongue et d'un noir luisant, avec la tête robuste, le corselet grand, un peu transversal, à peine rétréci à la base ; les élytres oblongues, fortement arrondies aux épaules, marquées de stries fines, et sinuées légèrement à l'extrémité (caractère qui ne se remarque pas dans *Feronia minax* Nob.).

Parmi les espèces fossiles, celles qui se rapprochent le plus de notre spécimen d'Aix en Provence sont deux espèces d'OEningen décrites par M. Heer, savoir : 1° *Pterostichus vetustus* H. (2), dont les élytres ont à peu près la même grandeur et la même forme que celles de *Feronia minax* Nob., et qui, d'après M. Heer, appartient au même genre (*Pterostichus* Bon.) que *F. nigra* F.; 2° *Argutor antiquus* H. (3), sensiblement plus petit que mon espèce fossile, mais lui ressemblant beaucoup par le thorax à côtes convexes, plus étroit que l'abdomen ; par les élytres allongées et marquées de deux ou trois stries longitudinales, et, vers l'extrémité, de stries transversales indiquant les derniers anneaux de l'abdomen.

---

(1) Fairm. et Laboulb., *Faune entom. franç.*, t. I, p. 85, n° 14.
(2) *Beitr. zur Insekt. Œning.*, *Coleopt.*, p. 23 et 24, pl. 1, fig. 11.
(3) O. Heer, *Insektenf.*, t. 1, p. 22 et 23, pl. 1, fig. 5.

FERONIA PROVINCIALIS Nob.

(Planche 1, fig. 4.)

Nigrescens; capite parvo, insuper rotundato; antennis protensis gracillimis; thorace crasso, cylindrato; elytris obtusis, abdomen non bene tegentibus, sulcisque tenuissimis ornatis.

		mm
Longueur totale		6,25
—	des antennes	2
—	de la tête (mesurée obliquement)	1
—	du thorax	1,25
—	de l'abdomen	4,10
—	de l'élytre	3,75
Hauteur de la tête à la base		0,75
—	du thorax	1,25
—	de l'abdomen (maximum)	2,10
Largeur de l'élytre		1

Loc. — Aix en Provence.

Coll. — Musée de Marseille : un spécimen.

L'insecte est vu de profil. Son corps est d'un brun noirâtre, tandis que les élytres, les palpes, les antennes et les pieds sont d'un brun Van-Dyck assez clair. La tête est petite, arrondie en dessus et fortement penchée, et l'œil est indiqué par une dépression ovalaire. Les palpes sont composés de trois articles, dont le dernier est coupé à l'extrémité et presque sécuriforme. Les antennes sont longues et grêles, et j'y ai compté une dizaine d'articles cylindriques ou légèrement cyathiformes, qui diminuent de longueur du côté de l'extrémité. Le thorax est assez épais, arrondi en dessus, et sur le côté on distingue une ligne saillante, légèrement sinueuse, qui se dirige obliquement de bas en haut et d'avant en arrière, et qui représente le bord tranchant de cette partie du corps : on peut conclure de la forme et de la direction de cette ligne que le thorax n'était guère plus étroit en arrière qu'en avant, et était arrondi aux angles antérieurs. Les élytres sont un peu plus courtes que l'abdomen, terminées en pointe obtuse et arrondies aux épaules; le bord sutural est droit, le bord externe à peine convexe, et la surface est ornée de cinq ou six sillons fins, parallèles les uns aux autres, et qui s'effacent avant le sommet de l'élytre. L'abdomen est épais, et présente en arrière quatre ou cinq anneaux très-courts, dont le dernier est de forme conique. Les tarses sont grêles, et leur premier article est plus allongé que les suivants, qui sont de forme évasée.

Cet insecte a la grandeur et la coloration des Féronies du genre *Orthomus* Chaud., et en particulier des *Feronia alpestris* Heer (1), *Feronia subsinuata* Dej. (2); il est un peu plus petit que l'espèce fossile d'OEningen décrite et figurée par M. Heer sous le nom d'*Argutor* (*Feronia*) *antiquus* (3).

Quatrième Groupe. — HARPALITES.

HARPALIENS Dej., *Spec. Col.*, IV, 1. — Sect. 7, Lacord., *Gen. Col.*, I, 256. — HARPA-LINI Erichs., *Käf. d. Mark. Brand.*, I. — QUADRIMANES Latr., Casteln., *Hist. nat. Col.*, I, 74.

Dans ce groupe, le dernier article des palpes est de forme variable, parfois plus ou moins acuminé au sommet, mais non aciculaire. Il n'y a généralement point de pédoncule entre le prothorax et l'arrière-corps. Les élytres sont entières et l'abdomen de six segments. Les quatre premiers articles des tarses antérieurs et souvent des tarses intermédiaires sont plus ou moins dilatés chez les mâles, triangulaires ou cordiformes.

Dans les Harpalites proprement dits (4), les tarses antérieurs des mâles sont garnis en dessous de petites écailles pectiniformes disposées le plus souvent sur deux rangs (5).

(1) *Käf. der Schweiz*, II, p. 27.
(2) *Spec.*, III, p. 264.
(3) *Insektenf.*, t. I, p. 22, pl. 1, fig. 5.
(4) HARPALIDES Lacord., *Gen. Col.*, I, 285. — ACINOPITES et HARPALITES Casteln., *Hist. nat. Col.*, I, 74 et 75.
(5) J. du Val et Migneaux, *Gen. des Coléopt. d'Europe*, t. I, p. 32.

PREMIER GENRE. — HARPALUS.

Latr., *Hist. nat. Crust. et Ins.*, VIII, 325. — Dej., *Spec.*, IV, 190. — Lacord., *Gen. Col.*, 1, 295. — PANGUS, ACTEPHILUS, OPHOXUS, Steph., *Man. of Brit. Beetl.*, 21 et 46. — SELENOPHORUS, Dej., *Spec. Col.*, IV, 80.

Caractères (1). — Corps oblong ou ovale, parfois assez court, légèrement convexe. Tête ovalaire. Yeux en général médiocrement saillants. Labre carré, arrondi aux angles, tronqué ou légèrement échancré. Dernier article des palpes maxillaires et des palpes labiaux fusiforme ou légèrement ovalaire, tronqué au sommet. Menton court, transverse, plus ou moins échancré, muni d'une dent médiane simple, parfois faible ou même nulle. Languette saillante, libre en avant sur une portion plus ou moins grande de sa longueur, tronquée ou légèrement arrondie ; paraglosses forts, plus ou moins longs et distants. Mandibules courtes, en pointe obtuse. Antennes filiformes, avec les deux articles glabres. Prothorax généralement carré ou cordiforme. Élytres oblongues ou ovalaires. Les quatre premiers articles des tarses antérieurs et intermédiaires plus ou moins dilatés chez les mâles, triangulaires ou cordiformes, le quatrième échancré ou un peu bifide.

Les Harpales sont des insectes de taille moyenne, qui sont tantôt noirs ou d'un brun noirâtre luisant, tantôt d'un vert cuivreux ou d'un bleu métallique brillant. Ils sont répandus dans toutes les parties du monde, mais plus spécialement dans les régions tempérées et boréales de l'hémisphère septentrional. Le type du genre, l'Harpale bronzé (*H. æneus* Fabr.), se trouve communément en France ; il est long de 10 à 11 millimètres, d'un vert bronzé tantôt fort brillant, tantôt très-obscur, avec les élytres finement striées, les antennes et les pattes d'un rouge ferrugineux. Comme la plupart des autres espèces de ce genre, il préfère les endroits arides et sablonneux, et se tient fréquemment caché sous les pierres.

(1) *Genera des Coléoptères*, t. I, p. 34.

On a trouvé des Harpales fossiles dans plusieurs terrains tertiaires. M. Marcel de Serres en a indiqué trois espèces dans les
gypses d'Aix, dont une voisine de *Harpalus griseus* Janz., et
une qui se rapprocherait de *H. calceatus* Duft. (1). M. Curtis
signale également, du même gisement, deux Harpales, dont
l'un, à élytres ponctuées, lui paraît appartenir au groupe des
Ophonus (2). M. Heer a décrit et figuré *Harpalus tabidus*, de
Radoboj en Croatie (3), *Harpalus sinis* (4), *Harpalus Bruck-
manni* (5), *Harp. Stierlini* (6), *H. tardigradus* (7), *H. stygius* (8),
H. constrictus (9), du célèbre gisement d'Œningen. MM. d'Heyden ont découvert *H. abolitus* dans les lignites du Siebengebirge (10). L'ambre de Prusse (11) et les terrains tertiaires
pliocènes de Mundesley (12) renferment aussi des insectes du
même genre. Mais le groupe des Harpaliens serait encore bien
plus ancien, si l'on admet, avec M. Heer, que les *Carabites* trouvés dans le lias de l'Argovie (*Carabites anthracinus* H.) se rapprochent des Sténolophes de la nature actuelle (13).

(1) *Notes géologiques sur la Provence*, p. 34. — *Ann. sc. nat.*, 1828, t. XV, p. 105.
— *Géognosie des terrains tertiaires*, 1829, p. 221. — *Harpalus griseus* Panz. nec
Solier, est assez commun dans toute la France, et se rencontre jusque dans le Caucase;
H. calceatus Duft. est également fort répandu dans toute l'Europe.

(2) *Edinb. new Philos. Journ.*, oct. 1829, t. VII, p. 295. — D'après M. Pictet
(*Traité de paléontologie*, t. II, p. 322), cet Harpale est peut-être le même qu'un des
Harpales de M. Marcel de Serres.

(3) O. Heer, *Insektenf.*, t. I, p. 23, pl. 7, fig. 19.

(4) *Ibid.*, t. I, p. 219, pl. 8, fig. 2.

(5) *Beiträge zur Insekt. Œning.*, *Coleopt.*, p. 26, pl. 1, fig. 21.

(6) *Ibid.*, p. 27, pl. 1, fig. 23.

(7) *Ibid.*, p. 21, pl. 1, fig. 20

(8) *Ibid.*, p. 28, pl. 1, fig. 22.

(9) *Ibid.*, p 29, pl. 1, fig. 24.

(10) *Käfer und Polypen* (*Palæont.*, XV), p. 4, pl 1, fig. 1.

(11) Berendt, *Bernstein*, t. I, p. 56.

(12) Lyell, *Procced. geol. Soc.*, t. III, p 175

(13) *Zwei geol. Beiträge*, p. 12, fig. 3.

HARPALUS NERO Nob.

(Planche 1, fig. 9.)

Piceus; thorace cordiformi, margine anteriore excavato; elytris ovatis, obtusis, depressis, striisque tenuissimis ornatis.

Longueur totale	11 à 12 millim.
— de la tête	2
— du thorax	3
— des élytres	7
Largeur de la tête	2
— du thorax en avant	3,50
— — en arrière	2,50
— du corps aux épaules	4,50
— d'une élytre, au milieu	2,25

Loc. — Aix en Provence.

Coll. — Muséum de Lyon : un spécimen (n° 42).

L'insecte, vu de dos, est d'un brun très-foncé et uniforme; la forte compression qu'il a subie a fait saillir de dessous les élytres quelques-uns des anneaux de l'abdomen, et a chassé la tête en avant, de manière à la séparer du thorax; les pieds ont été détachés du corps et ont totalement disparu. La tête, à peine rétrécie en arrière, présente en avant deux mandibules puissantes, arrondies à leur bord externe et terminées par un crochet légèrement recourbé en dedans. Les yeux, situés au niveau de la base des mandibules, sont à peine indiqués, et les antennes n'ont laissé aucun vestige. Le thorax est semi-circulaire, avec les angles antérieurs saillants et très-légèrement arrondis, le bord antérieur faiblement échancré, et les côtés ainsi que le bord postérieur fortement convexes; la surface ne présente aucune trace d'ornementation, et offre seulement dans sa région médiane et antérieure une forte dépression qui s'est produite dans la fossilisation. L'abdomen, au niveau des épaules, est beaucoup plus large que le thorax, et n'est pas réuni à la région précédente par un pédoncule distinct; en d'autres termes, l'insecte n'a pas un *facies scaritiforme.* Les angles antérieurs et externes des élytres sont arrondis, les bords externes légèrement

convexes, surtout en arrière ; la ligne suturale est presque
droite dans une grande partie de sa longueur, mais en avant les
bords internes des élytres s'écartent l'un de l'autre, de manière
à embrasser l'écusson, qui est caché au fond d'une forte dépression triangulaire ; enfin, la surface est parcourue par un
assez grand nombre de stries fines et parallèles. Les anneaux de
l'abdomen qui apparaissent sur le côté droit, en dehors des
élytres, sont nettement séparés les uns des autres et d'une nuance
un peu plus claire que les étuis cornés des ailes.

Par la forme du prothorax, qui est fortement rétréci à la base,
cet insecte se rapproche de certains *Scarites* ; mais il n'a pas,
comme ces derniers, de pédoncule distinct entre le thorax et
l'arrière-corps. Je crois donc qu'il convient de le ranger, avec
le spécimen décrit par M. Heer sous le nom de *Harpalus constrictus* (1), parmi les vrais Harpales, beaucoup de ces derniers
ayant d'ailleurs, comme le fait remarquer M. Heer, le prothorax cordiforme : c'est le cas, par exemple, de *H. lœvicollis*
Duft. (2), espèce de 7 à 9 millimètres de long, d'un brun noir
luisant, avec les antennes roussâtres, les élytres comme irisées
et marquées de stries profondes, qui se trouve, mais fort rarement, dans la France orientale, dans les Vosges et dans les
Alpes.

Parmi les espèces actuelles, on peut comparer encore à ce
spécimen du muséum de Lyon, pour la forme du prothorax, une
espèce du midi de la France, *Harpalus rotundicollis* Dej.,
Cat. (3), qui est à peu près de la même taille (11 à 13^{mm}), mais
dont le corselet est ponctué, tandis que dans mon espèce fossile
cette partie du corps semble parfaitement lisse, comme dans les
vrais Harpales (Dej.). L'espèce actuelle, *H. rotundicollis* Dej.,
Cat., est d'un brun plus ou moins foncé, à reflets bleuâtres et
à pubescence fine et peu serrée. On la trouve communément
dans la France méridionale et centrale, à Marseille, à Bordeaux

(1) O. Heer, *Beiträge zur Insekt. Œningen's, Coleopt.*, p. 29, pl. 1, fig. 24.
(2) *Faun. Austr.*, t. II, p. 163 (*Carabus*). — Dej., *Sp.*, IV, 330. — Fairmaire et Laboulbène, *Faune entom. franç., Col.*, I, p. 132.
(3) *H. obscurus* Dej., *Sp.*, IV, 197.
ARTICLE N° 2.

et à Tours. Dejean la range dans son sous-genre *Ophonus* (1).
Remarquons en passant que c'est à ce même genre *Ophonus*
que Curtis rapporte un des Harpales d'Aix en Provence. Cette
circonstance peut nous faire supposer que l'espèce signalée
par l'entomologiste anglais est la même que celle que je viens
de décrire sous le nom de *Harpalus Nero* (2). Peut-être même
l'Harpale que Marcel de Serres compare pour la grandeur
à *H. griseus* Panz., appartient-il au même type spécifique,
H. griseus ayant exactement la même taille que *H. rotundicollis* (3).

Je dois noter aussi que, par son corselet court, fortement
arrondi sur les côtés, rétréci en arrière, avec les angles postérieurs presque arrondis, mon espèce fossile présente des analogies incontestables avec *Pangus scaritides* Sturm. (4), d'Allemagne et du midi de la France, sorte d'Harpalien que la
plupart des entomologistes placent maintenant dans le genre
Selenophorus Dej. (5). Les Sélénophores, dont on connaît
actuellement une centaine d'espèces, proviennent presque tous
de l'Amérique du Nord.

HARPALUS DELETUS Nob.

(Planche 1, fig. 5.)

Capite magno ; thorace nigro, cordiformi ; abdomine crasso ; elytris
obtusis, depressis, postice abrupte rotundatis, sulcisque tenuibus decoratis.

Longueur totale	8 millim.
— des mandibules	0,75
— de la tête	1
— du thorax	1,75
— de l'abdomen	5
— de l'élytre	4

(1) Fairmaire et Laboulbène, *Faune entomologique française, Coléopt.*, p. 121.
(2) *Edinb. new Philos. Journ.*, 1829, t. VII, p. 295.
(3) *Notes géologiques sur la Provence*, p. 34. — *Géognosie des terrains tertiaires*,
p. 221 et 271, pl. 5, fig. 7. — *Ann. sc. nat.*, 1re série, t. XV, p. 105.
(4) Fairmaire et Laboulbène, *Faune entomologique française, Coléopt.*, p. 121. —
Sturm, *Deut. Inssch.*, IV, 81 (*Harpalus*).
(5) Dej., *Sp.*, IV, 129.

Largeur des deux mandibules à la base...............		0,75
— de la tête............................		1,10
— du thorax (max.).......................		1,50
— de l'abdomen (max.).....................		2,25
— de l'élytre............................		1,25

Loc. — Aix en Provence.

Coll. — Musée de Marseille : un spécimen.

L'insecte est vu en dessus. La tête est fortement écrasée, ce qui fait saillir les mandibules. Celles-ci sont fortes, aiguës, tranchantes et légèrement arquées ; elles s'insèrent sur la tête par une large base. Les palpes et les antennes sont réduits à l'état de vestiges. La tête proprement dite, d'un brun pâle, comme les mandibules, est large et carrée, et porte sur les côtés des yeux de grandeur médiocre et légèrement saillants. Le thorax présente des plaques d'un noir foncé qui sont des restes de la coloration primitive ; la forme est semi-circulaire, le bord antérieur étant légèrement sinueux, le bord postérieur fortement convexe, et les angles antérieurs arrondis. L'épaisseur de cette partie du corps devait être considérable, car la substance calcaire qui s'est moulée dans le creux résultant de son écrasement forme un saillie prononcée à la surface de la pierre ; sur la ligne médiane on aperçoit aussi une légère strie médiane qui ne paraît pas accidentelle et qui existe d'ailleurs dans beaucoup de Carabiques de l'époque actuelle. Le corselet se rétrécit fortement du côté de l'abdomen, qui est d'abord médiocrement épais, mais qui s'élargit fortement dans ses deux tiers postérieurs pour diminuer ensuite de diamètre et se terminer par une portion arrondie. L'abdomen, varié de brun Van-Dyck et de noirâtre, présente 7 ou 8 anneaux séparés les uns des autres par des sillons rectilignes, et tous à peu près de la même hauteur, sauf le dernier, qui est beaucoup plus petit. Sur les côtés de ces anneaux, qui sont convexes, règne une bordure plus foncée, d'une teinte sépia noirâtre ; enfin, à leur surface, on aperçoit, se détachant en saillie, quelques vestiges des jambes et des tarses postérieurs. Les élytres, ou plutôt leurs empreintes sont écartées l'une de

ARTICLE N° 2.

l'autre et étalées de chaque côté du corps : ces empreintes sont concaves ; leur bord sutural est sensiblement droit, leur bord externe à peine arqué avec les angles scapulaire et postérieur externe fortement arrondis et l'angle postérieur interne ou angle anal presque droit. Leur couleur est grisâtre, mais sur les bords on distingue des traces de la coloration noirâtre qui couvrait la face supérieure des élytres ; enfin, dans ces dépressions ovalaires on aperçoit neuf lignes élevées correspondant à des lignes enfoncées qui existaient à la surface des élytres. Ces lignes sont disposées de la manière suivante : la première, indiquant la nervure marginale, dessine le long du bord externe un léger ourlet qui disparaît vers l'extrémité ; la deuxième marche parallèlement à la première jusque vers l'angle externo-postérieur ; en ce point elle s'écarte sensiblement du bord et se dirige vers le sommet, où elle rejoint à angle droit la neuvième ligne, la plus rapprochée de la suture ; la troisième se recourbe plus régulièrement à l'extrémité, en restant parallèle au bord externe et à l'angle externo-postérieur, et paraît se rattacher à la huitième ligne, de manière à embrasser les lignes quatre et cinq, six et sept, qui sont réunies deux à deux à leur extrémité apicale. Nous retrouvons une disposition presque identique dans une espèce actuelle d'Harpale, *H. Hottentota* Duft., qui se rencontre encore dans nos contrées, mais qui est d'une taille bien plus forte que notre espèce fossile.

MM. C. et L. von Heyden décrivent et figurent une espèce du même genre, des lignites du Siebengebirge, sous le nom de *H. abolitus* (1). Cette espèce se rapproche aussi de celle que je viens de décrire par la forme et le dessin de ses élytres, mais elle en diffère par sa taille plus grande et par la forme de son thorax, qui est plus étroit en avant qu'en arrière ; dans l'espèce d'Aix en Provence, le corselet est au contraire rétréci postérieurement. Ce caractère, qui lui est commun avec l'autre espèce fossile que j'ai appelée *H. Nero*, lui donne également un certain air de parenté avec les Harpaliens du groupe des *Sélonophores*. La taille

_____

(1) *Käfer und Polypen (Palæont.*, XV), 1866, p. 4, pl. 1, fig. 1.

de *H. deletus* est un peu plus petite que celle de *Harpalus
æneus* Fabr., l'espèce de ce genre qui est actuellement la plus
répandue dans toute la France.

Cinquième Groupe. — BROSCITES.

Sect. 6, Lacord., *Gen. Col.*, I, 237.

Chez les Broscites, le dernier article des palpes n'est jamais
aciculaire ; le prothorax est séparé de l'arrière-corps par un pédoncule plus ou moins distinct ; les élytres sont entières, en général régulièrement oblongues ou ovales, avec les épaules effacées, et l'abdomen a six segments ; les tarses antérieurs sont de
forme variable (1).

Groupe secondaire des STOMITES.

STOMIDES, Lacord., *Gen. Col.*, I, 247.

Ce groupe est essentiellement caractérisé par des mandibules
saillantes, allongées, d'abord droites, puis recourbées à l'extrémité (2).

PREMIER GENRE. — STOMIS.

Clairv., *Entom. Helv.*, II, 46. — Dej., *Spec.*, III, 434. — Lacord., *Gen.*, I, 250.

Caractères (3). — Corps allongé, médiocrement convexe. Tête
ovale-oblongue, non rétrécie en arrière. Yeux assez petits, légèrement saillants. Labre très-court, fortement échancré. Mâchoires allongées, étroites, à peu près droites, obtuses au sommet.
Palpes maxillaires externes et palpes labiaux allongés, avec le
dernier article ovalaire et tronqué au sommet. Menton transverse, assez échancré, muni d'une forte dent médiane aiguë, avec

(1) J. du Val et Migneaux, *Genera des Coléoptères*, t. I, p. 28.
(2) *Ibid.*
(3) *Ibid.*, p. 28 et 29.

ARTICLE N° 2.

les lobes latéraux arrondis en avant. Languette médiocrement saillante, un peu sinuée au bout, avec les paraglosses linéaires, grêles, et beaucoup plus longs qu'elle. Mandibules très-saillantes, fortement carénées en dessus. Antennes filiformes, assez longues, avec les trois premiers articles glabres, et le premier notablement allongé. Prothorax allongé, cordiforme. Élytres oblongues. Les trois premiers articles des tarses antérieurs dilatés chez les mâles, et garnis en dessous de deux rangs de squamules, le premier étant de forme triangulaire, les suivants cordiformes.

Ce genre ne renferme aujourd'hui que deux espèces, dont l'une se trouve en Syrie et l'autre aux environs de Paris, et qui vivent toutes deux dans les lieux humides, au bord des rivières et des ruisseaux, sous les pierres et parmi les détritus. Il n'a pas encore été signalé à l'état fossile.

STOMIS ELEGANS Nob.

(Planche 1, fig. 3.)

Pullus ; antennis gracillimis ; mandibulis protensis, acutis ; capite largo ; oculis parvis ; thorace basin versus valde constricto ; elytris elongatis, postice acuminatis, pedibusque tenuissimis.

Longueur totale...........................	7 millim.
— des mandibules.........................	0,50
— des antennes...........................	2,50
— de la tête.............................	0,75
— du thorax.............................	1
— de l'abdomen..........................	4
— de la jambe postérieure.................	1,25
— du tarse..............................	1
Largeur des deux mandibules à la base..............	0,50
— de la tête.............................	1
— du thorax.............................	1,50
— des élytres en avant.....................	2
— — au milieu...................	2,25
— dans leur tiers postérieur.................	1

Loc. — Aix en Provence.

Coll. — Musée de Marseille : un spécimen.

L'insecte est vu par la face supérieure ; il est d'une teinte brune avec des taches noires, vestiges d'une coloration plus foncée. Les mandibules sont fortes, pointues, arquées en dehors, et appliquées l'une contre l'autre par leur bord interne, de manière à simuler une sorte de rostre conique. De chaque côté, on distingue les palpes d'un brun Van–Dyck, et composés de trois ou quatre articles menus, et les antennes, qui sont de la même teinte que les palpes, très-longues, très-grêles, et formées de dix articles au moins, bien séparés les uns des autres et renflés légèrement en massue à l'une de leurs extrémités. La tête elle-même est tachée de noir, faiblement échancrée en avant, arrondie sur les côtés, et porte à ses angles antérieurs les yeux indiqués par deux points noirs assez petits. Le thorax, de même couleur que la tête, est de longueur médiocre, échancré en avant et fortement rétréci dans sa région postérieure. Les épaules sont saillantes et arrondies ; les élytres ne présentent plus la moindre trace d'ornementation, ni points, ni stries longitudinales ; elles ont les côtés légèrement convexes et le sommet acuminé, et elles divergent fortement à leur extrémité postérieure, de manière à laisser voir la dernière portion de l'abdomen qui est coupée carrément. Les pieds sont grêles ; les jambes, de couleur claire, sont légèrement élargies du côté des tarses, qui sont formés de cinq articles. Ces articles vont en augmentant de longueur du premier au troisième inclusivement.

Cet insecte, par sa tête large et courte, par ses mandibules robustes et proéminentes, par son thorax fortement échancré en arrière, me paraît se rapporter exactement au groupe des Broscites, et plus particulièrement au genre *Stomis* Clairv. Il est un peu plus petit que l'espèce française de ce genre, *Stomis pumicatus* Panz. (1), et devait avoir comme elle le corps brun foncé ou noirâtre, avec les antennes, les palpes et les pieds fauves.

(1) J. du Val et Migneaux, *Genera des Coléoptères*, t. I, pl. 18, fig 86.

ARTICLE N° 2.

Sixième Groupe. — LEBIITES.

TRUNCATIPENNES Latr., Dej., *Spec.*, I, 167. — Lap. de Casteln., *Hist. nat. Col.*, I, 27.
— BRACHINIDÆ Steph., *Man.*, 5, ex parte.— BRACHINII Fairm., *Faune franç.*, I, 28,
ex parte. — Sect. 2, Lacord., *Gen.*, I, 67, ex max. parte.

Les Lebiites ont, comme les Broscites, le dernier article des
palpes de forme variable, mais non aciculaire ; mais ils n'ont
point de pédoncule entre le thorax et l'arrière-corps. Ils ont en
général le corps plus ou moins déprimé et l'abdomen toujours de
six segments, tandis que les Brachinites, auxquels ils ressemblent
par leurs élytres tronquées au sommet, ont le corps plus ou moins
épais, et l'abdomen de sept segments dans les deux sexes. Les
Lebiites ont les tarses généralement semblables dans les deux
sexes, simples ou faiblement élargis ; cependant les trois premiers articles des tarses antérieurs sont parfois dilatés chez les
mâles, et garnis en dessous de petites squamules papilleuses
accompagnées de poils, ou simplement spongieuses (1).

PREMIER GENRE. — POLYSTICHUS, Bon.

Bonel., *Observ. entom.*, 1, Tabl. genr. — Dej., *Spec.*, I, 194. — Lacord., *Gen.*, I, 86.

Caractères (2). — Corps assez allongé, aplati, ponctué, pubescent. Tête un peu en carré long, brusquement rétrécie en arrière
en un col moins étroit toutefois que chez les *Zuphium.* Labre
court et transverse. Dernier article des palpes maxillaires et des
palpes labiaux épaissi, un peu sécuriforme, ou en forme de cône
renversé, fortement tronqué. Menton assez fortement échancré,
muni d'une dent médiane simple. Languette arrondie en avant,
libre au sommet, un peu plus courte que les paraglosses, qui sont
linéaires. Mandibules courtes et aiguës. Antennes assez longues,
filiformes, avec le premier article plus court que la tête, le
deuxième petit et pubescent comme les autres. Prothorax moins
aplati que chez les *Zuphium*, assez long, rétréci en arrière, avec

(1) *Genera des Coléoptères*, t. I, p. 48.
(2) *Ibid.*, p. 50.

une impression de chaque côté à la base. Tarses antérieurs un peu dilatés chez les mâles, avec le quatrième article entier et les crochets simples.

Les *Polystichus* peuvent facilement être confondus avec les *Zuphium*, ayant en général le même facies, la même coloration et les mêmes habitudes. Comme la plupart des insectes de ce groupe, ils vivent dans les lieux humides, au bord des mares, parmi les joncs ou sous les pierres. Le *Polystichus fasciolatus* Ol. est commun depuis quelques années dans les débris rejetés par la Seine lors des inondations (1). Les *Diaphorus*, dont on ne connaît encore qu'un petit nombre d'espèces, presque toutes de l'Amérique méridionale, ne se distinguent absolument des *Polystichus* que par des formes plus élancées et par un corselet plus étranglé en arrière : le type de ce genre, établi par M. le comte Dejean (2), est le *Diaphorus Lecontei*, de l'Amérique du Nord.

La tribu des Troncatipennes de Latreille est assez largement répandue à l'état fossile. M. Heer a décrit et figuré une espèce de *Cymindis* (*C. pulchella*) (3), et un *Brachinus* (*B. primordialis*) (4) des schistes d'Œningen. M. Berendt a indiqué dans l'ambre de Prusse un *Polystichus* (5), un *Dromius* et un *Lebia*. Enfin, une espèce de ce dernier genre, provenant des lignites de Salzhausen, a été également représentée par MM. C. et L. von Heyden, sous le nom de *Lebia amissa* (6).

(1) J. du Val et Migneaux, *Genera des Coléoptères*, t. 1, p. 50. — Blanchard, *Hist. des Insectes*, t. I, p. 391.
(2) *Species*, t. V, p. 301.
(3) *Insektenfauna*, t. I, p. 13, pl. 1, fig. 1.
(4) *Ibid.*, p. 16, pl. 7, fig. 18.
(5) *Die Insekten in Bernstein*, I.
(6) *Fossile Insekten aus der Braunkohle von Salzhausen* (*Paléont.*, XIV, n° 1, 1865.)

POLYSTICHUS HOPEI Nob.

(Planche 1, fig. 8.)

Fuscus et obscure punctatus; capite largo, postice constricto, oculis nigris; thorace basi contracto; elytris apice truncatis, abdominisque extremitatem non tegentibus.

	mm
Longueur totale	6,50
— de la tête	1,10
— du thorax	1,10
— de l'abdomen	4,30
Largeur de la tête	0,90
— du thorax, en avant	1
— — en arrière	0,90
— des élytres aux épaules	2
— — en arrière	2,50

Loc. — Aix en Provence.

Coll. — Muséum d'histoire naturelle de Paris : un spécimen.

L'insecte, privé de ses pattes et légèrement déformé, est d'un brun Van-Dyck, avec des taches d'une teinte sépia sur les élytres ; les antennes, qui sont à peu près de la longueur de la tête et du thorax, sont incolores et ne présentent pas d'articles distincts. La tête, un peu amincie en avant, s'élargit fortement au niveau des yeux, qui sont indiqués par deux taches latérales allongées, de couleur noire, et se rétrécit brusquement en arrière ; entre les yeux on remarque une impression en forme de V renversé, résultant de l'écrasement qu'a subi la tête de l'insecte. Le thorax, légèrement excavé en avant, avec les angles antérieurs arrondis, est d'abord à peu près de la même largeur que la tête, mais se rétrécit brusquement dans sa portion basilaire ; ses angles postérieurs sont droits et à peine saillants ; sa surface paraît couverte, comme celle de la tête, d'une multitude de petites ponctuations. Entre le prothorax et l'abdomen il y a une dépression assez marquée dans le sens transversal. Les élytres réunies sont beaucoup plus larges que le thorax, même dans leur portion antérieure, au niveau des épaules, et s'élargissent encore dans leur tiers postérieur ; leur surface présente également de petites ponctuations, et, dans la région médiane, de légères impressions produites par les pattes de la paire postérieure repliées sous l'abdomen. Les épaules sont saillantes, mais arrondies, les bords antérieurs légèrement excavés ; les bords externes, divergents et à peine courbés, et les sommets sont coupés obliquement de dedans en dehors, de manière à laisser à découvert l'extrémité de l'abdomen. Les pattes devaient être fort grêles.

Tel est, en peu de mots, l'aspect de cet insecte fossile, qui appartient certainement à la tribu des Troncatipennes de Latreille, et que je crois pouvoir rapporter au genre *Polystichus* à cause de la forme de la tête, du thorax et des élytres, et surtout à cause des ponctuations qui couvrent presque toute la face supérieure du corps. Il est du reste sensiblement plus petit que *P. fasciolatus* (*Carabus fasciolatus* Oliv.) (1), qui se trouve non-seulement aux environs de Paris, lors des inondations, mais en Lorraine, en Bourgogne, et dans les environs de Toulouse. Cette espèce actuelle offre sur le milieu de chaque élytre une tache longitudinale fauve, encadrée de noir, et a le thorax et la tête d'un brun Van-Dyck uniforme, L'espèce fossile d'Aix en Provence devait avoir une coloration analogue ; elle différait d'ailleurs de l'espèce d'OEningen (2) par la forme plus élancée des élytres.

DEUXIÈME FAMILLE. — HYDROPHILIDES.

J'ai donné les caractères des Hydrophilides dans la première partie de ce travail, consacrée aux Insectes fossiles de l'Auvergne (3), et j'ai indiqué en même temps les principales localités où l'on a découvert des représentants fossiles de cette famille. Parmi ces gisements, j'ai oublié toutefois de mentionner les lignites du Rhin, d'où proviennent *Hydrophilus fraternus*

---

(1) Dej., *Spec.*, I, 195. — Fairmaire et Laboulbène, *Faune entomologique française*, Coléopt., I, p. 30.

(2) *Insektenfauna*, I, p. 16, pl. 7, fig. 18 (*Brachinus primordialis* Heer).

(3) Page 57.

et *Hydrous miserandus*, décrits et figurés par M. C. von Heyden (1).

Premier Genre. — HYDROPHILUS.

Geoffr., *Ins.*, I, 180. — Muls., *Palpic. de France*, 107. — Lacord., *Gen.*, I, 450. — Hydrous Leach, *Zool. Miscell.*, III, 92.

Caractères (2).— Corps en ovale allongé, convexe en dessus, caréné en dessous. Tête large, avec l'épistome tronqué en avant, mais avancé en forme de dent à ses angles. Yeux gros et saillants. Labre transversal. Palpes maxillaires très-longs et grêles, avec le premier article très-court, le deuxième très-long et arqué, le troisième un peu moins long, et le dernier beaucoup plus court et tronqué à l'extrémité. Menton arrondi en avant, légèrement sinué au milieu et un peu échancré sur les côtés. Palpes labiaux courts, avec le premier article très-court, le deuxième épais, comprimé et graduellement élargi, et le dernier plus étroit, un peu plus court et tronqué à l'extrémité. Mandibules offrant intérieurement deux fortes dents médianes. Antennes de neuf articles, le premier grand, arqué, comprimé, assez large, le deuxième notablement plus étroit, plus court et à peu près cylindrique, les trois suivants très-courts, et ceux qui viennent ensuite formant une massue irrégulière et perfoliée. Premier article de cette massue glabre et en forme de cornet ; deuxième et troisième transverses, prolongés en croissant du côté externe ; dernier article en ovale irrégulier, atténué au sommet. Prothorax largement échancré au sommet et à la base. Elytres légèrement acuminées en arrière. Ecusson grand et triangulaire. Prosternum profondément canaliculé ; mésosternum et métasternum intimement unis, élevés en carène et prolongés postérieurement en une épine qui dépasse en général fortement les hanches postérieures. Cinquième article des tarses antérieurs très-grand et fortement dilaté latéralement chez les mâles ; tarses postérieurs comprimés, réniformes et frangés ;

(1) *Fossile Insekten aus der Rheinisch.|Braunkohle* (*Palœontogr.*, t. VIII, livr. 1, 1859).
(2) J. du Val et Migneaux, *Genera des Coléopt. d'Europe*, t. I, p. 86.

crochets de tous les tarses fortement dentés à leur base, sauf
aux tarses antérieurs chez les mâles, où ils sont grands, arqués
et inégaux.

Les Hydrophilides sont de grands insectes admirablement
conformés pour la natation et qui passent la plus grande partie
de leur vie dans les eaux stagnantes; ils ne marchent qu'avec
difficulté et ne volent qu'au coucher du soleil. En hiver, ils s'enfoncent dans la vase, et lorsque les étangs où ils se tiennent
d'habitude viennent à être desséchés, ils se retirent sous les
pierres et peuvent supporter pendant assez longtemps la sécheresse et l'abstinence. Ils se nourrissent principalement de végétaux, mais lorsqu'ils sont pressés par la faim, ils dévorent aussi
des Mollusques ou même de petits insectes. Vers le mois d'avril
ou de mai, la femelle pond ses œufs, qu'elle entoure immédiatement d'une coque construite avec la matière soyeuse sécrétée
par ses filières et suspendue à une feuille au moyen d'un long
pédoncule (1). Les larves naissent douze ou quinze jours après
et ne tardent pas à sortir de leur abri pour chercher leur nourriture. Lorsqu'elles ont atteint toute leur croissance, elles on le
corps d'un gris sombre, couvert d'une peau ridée, et les parties
écailleuses de la tête et du thorax d'une couleur brune luisante.
Elles nagent avec une grande agilité, grâce à leur abdomen
flexible et à leurs pattes ciliées, et savent avec beaucoup d'adresse
saisir les Limnées et les Planorbes, dont elles brisent la coquille
avec leurs mandibules puissantes. Après avoir changé de peau
plusieurs fois, elles sortent de l'eau et se creusent dans la berge
voisine une cavité presque sphérique, où elles se métamorphosent en nymphes. Celles-ci portent sur le bord antérieur du
thorax et sur l'abdomen des cils fort épais dont l'usage n'est pas
encore bien connu. Enfin, au bout de trois semaines à un mois,
la dernière métamorphose s'accomplit, la peau de la nymphe se
fend sur le dos, et l'insecte en sort tout formé, mais encore
faible et décoloré : ce n'est guère qu'au bout de douze jours que

---

(1) M. Blanchard, dans ses *Métamorphoses des Insectes*, p. 505 et 506, a donné
d'excellentes figures des métamorphoses de l'Hydrophile brun.

ses téguments acquièrent de la consistance et la coloration brune qui leur est propre.

Ces détails s'appliquent particulièrement au grand Hydrophile (*H. piceus* Linn.), dont les métamorphoses ont été étudiées par une foule d'auteurs (1) ; mais il est à peu près certain que les autres espèces du même genre qui se trouvent en Europe, en Amérique et dans les autres parties du monde, ont des mœurs analogues et subissent les mêmes transformations. En France, nous n'avons que trois espèces d'Hydrophiles, qui sont extrêmement voisines l'une de l'autre. Ce sont : *H. piceus* Linn. (2), la plus commune de toutes ; *H. pistaceus* Casteln. (3), qui se rencontre dans la France méridionale, et qui ne diffère de la précédente que par une taille un peu plus faible ; enfin *H. aterrimus* Eschscholtz (4), qui a l'abdomen moins caréné que *H. piceus*, et qui a été découverte aux environs de Strasbourg. Ces mêmes espèces se retrouvent en Allemagne, dans le Caucase, en Sicile ou en Afrique ; une quatrième espèce, *H. œgyptiacus* Peyr., vit en Égypte ; une autre habite la Nouvelle-Hollande (*H. ruficornis* Latr., *H. resplendens* Eschscholtz) ; d'autres sont particulières à l'Asie (*H. rufipes* Dej. Cat., *H. compressus* Dej.); d'autres enfin, de formes très-variées, ont été signalées en Amérique (*H. ater* Fabr., *H. politus* Dej., *H. lateralis* Dej. Cat. etc.).

Les Hydrophiles existaient déjà, et en assez grand nombre, aux époques antérieures à la nôtre ; en effet, comme je l'ai dit plus haut (5), M. Heer a déjà signalé dans le lias d'Argovie, sous

---

(1) Lyonet (*Mém. posthumes*), Moufett (*Hist. des Ins.*); Miger (*Ann. du Mus.*, t. XIV, p. 445), Brullé (*Hist. des Ins.*), Westwood (*Introd. to modern class. Ins.*), Mulsant (*Hist. nat. Coléopt. de France, Palpicornes*), etc., etc.

(2) *Faun. succ.*, 214 (*Dytiscus*). — Muls., *Palpicornes Fr.*, 108. — Fairmaire et Laboulbène, *Faune franç., Coléopt.*, t. I, p. 225. — *Genera des Coléopt. d'Europe*, t. I, pl. 29, fig. 151.

(3) *Hist. des Ins.*, t. II, p. 50. — *H. inermis* H. Lucas. — Fairmaire et Laboulbène, *Faune franç., Coléopt.*, t. I, p. 225 et 226. — Voy. aussi J. du Val, *Ann. Soc. entom. de Fr.*, 1852, p. 721.

(4) *Entom.*, p. 128. — *H. Morio*, Sturm. — Fairmaire et Laboulbène, *Faune entom. franç., Coléopt.*, t. I, p. 226.

(5) Voy. première partie, p. 58.

le nom de *H. Acherontis*, une espèce qui ne lui paraît pas dif-
férer des Hydrophiles actuels (1); le même auteur a décrit et
figuré plusieurs espèces du même genre, soit des lignites de
Parschlug, en Styrie (*H. carbonarius*) (2), soit des schistes
d'OEningen (*H. vexatorius, spectabilis, Knorii, noachicus,
Rehmanni, Braunii, giganteus, Gaudini, stenopterus*) (3). Enfin,
M. C. von Heyden a découvert dans les lignites du Rhin un
Hydrophile qu'il a nommé *Hydrophilus fraternus* (4).

HYDROPHILUS ANTIQUUS Heer, manuscr.

(Planche 2, fig. 2.)

Elytra oblongo-ovata, leviter striata, striis interstiisque lævigatis (5).

	mm
Longueur totale.............................	28,50
Largeur des deux élytres aux épaules................	16

Loc. — Aix en Provence.

Coll. — M. Heer : un spécimen.

Diagnose manuscrite de M. Heer. — « Semblable à l'*H. Gau-*
» *dini* Heer (6), mais plus petit; stries lisses, non ponctuée s ;
» interstices aplatis et lisses. »

Les élytres, seules parties du corps de l'insecte qui soient
conservées, se détachent en saillie sur une pierre grisâtre, très-
dure, sorte de calcaire d'eau douce, différant complétement par

---

(1) *Zwei geologische Vorträge*, p. 12, fig. 12-14. — Pictet, *Traité de paléontologie*,
t. II, p. 341, atlas, pl. 14, fig. 4.

(2) *Insektenfauna der tertiärgebilde von OEningen und Radoboj*, t. I, p. 52, pl. 7,
fig. 24 (extrait des *Nouveaux Mémoires de la Société helvétique*, t. VIII). — Pictet,
Traité de paléontologie, t. II, p. 341, atlas, pl. 40, fig. 12.

(3) *Insektenfauna, Coleopt.*, t. I, p. 46 à 56, et p. 224, pl. 1, fig. 12 et 13, pl. 2,
fig. 1-5. — *Beiträge zur Insektenfauna OEningen's, Colcopt.*, p. 61-65, pl. 4, fig. 1-21,
et pl. 5, fig. 1-2.

(4) *Fossile Insekten aus der Rheinisch. Braunkohle* (*Palæontogr.*, t. VIII, livr. 1,
1859).

(5) Diagnose manuscrite de M. Heer.

(6) *Beiträge zur Insektenfauna OEningen's, Coleopt.*, p. 61 et 62, pl. 4, fig. 1.

ARTICLE N° 2.

l'aspect et la consistance des marnes gypsifères, et présentant çà et là dans sa masse des débris de végétaux. Je n'ai rien à ajouter à la diagnose de M. Heer, qui suffit à donner une idée de la forme de ces élytres et de leur ornementation.

Deuxième Genre. — HYDROPHILOPSIS.

Heer, Beiträge zur Insektenf. OEning., Coleopt., 1, p. 68 et 69.

Caractères (1). — « Mandibulæ validæ, arcuatæ; prosternum » carinatum, trochanteres pedum posteriorum ovales. »

Par la forme élancée de leur corps, les insectes de ce genre s'éloignent sensiblement des *Hydrous*, en même temps que par la force de leurs mandibules et la saillie de leurs trochanters ils ressemblent plutôt à des Carabiques; cependant la conformation de la tête, la présence d'une carène thoracique et la forme arrondie des angles postérieurs du corselet indiquent que ce sont des insectes du groupe des Hydrophilides; ils doivent probablement constituer parmi ces derniers un groupe spécial qui ne compte plus de représentants dans la nature actuelle.

L'espèce en faveur de laquelle M. Heer a créé ce genre nouveau a été trouvée à OEningen, et a reçu le nom de *Hydrophilopsis elongata* Heer (2).

HYDROPHILOPSIS INCERTA Nob.

(Planche 2, fig. 3.)

Pullus; thorace lateribus convexis, in medio carinato; elytris elongatis, marginatis, striatis, interstitiisque planis.

Longueur totale	20 millim.
— de l'élytre	12
Largeur de l'élytre	6

Loc. — Aix en Provence.

Coll. — Musée de Marseille : un spécimen.

(1) Heer, *Beiträge*, p. 68 et 69.
(2) *Ibid.*, p. 69, pl. 5, fig. 18.

Le muséum de Marseille renferme un spécimen qui est fort mal conservé, mais qui présente cependant, dans la structure des élytres et du thorax, certaines particularités qui méritent d'être signalées. Tout l'insecte est d'un brun Van-Dyck uniforme. La tête est absolument indistincte, le thorax est arrondi latéralement et séparé des élytres par un sillon très-net; on y remarque aussi, sur la ligne médiane, deux saillies longitudinales. L'écusson est peu marqué, mais néanmoins visible, et les élytres, assez larges antérieurement et acuminées en arrière, présentent le long de leur bord externe un ourlet prononcé : à leur surface on peut apercevoir huit côtes larges et aplaties, en comptant la côte suturale.

Par sa forme allongée, cet Insecte ressemble plutôt à un Carabide qu'à un Hydrophilide, aussi je l'avais d'abord rapproché du type que j'ai décrit précédemment sous le nom de *Feronia minax* ; mais, en tenant compte de la forme des côtés et des saillies longitudinales du thorax, de l'allongement et de l'ornementation des élytres, je préfère rapporter ce spécimen au genre *Hydrophilopsis* établi par M. Heer, d'autant plus que l'espèce d'OEningen, *Hydrophilopsis elongata* H. (1), présente exactement la même taille et les mêmes caractères, et a les élytres de la même longueur, ces parties étant cependant moins lancéolées que dans l'espèce d'Aix en Provence, et complétement dépourvues de stries longitudinales.

TROISIÈME GENRE. — HYDROBIUS.

Leach, *Zool. Miscell.*, III, 92. — Muls., *Palp.*, 118. — Lacord., *Gen.*, I, 455. — BRACHYPALPUS, Casteln., *Hist. nat. Col.*, II, 56.

Caractères (2). — Corps en ovale plus ou moins allongé, parfois hémisphérique, convexe. Tête large, avec l'épistome tronqué ou échancré en avant. Yeux assez grands, mais légèrement saillants. Labre transversal. Palpes maxillaires assez longs, avec

(1) Heer, *Beiträge*, p. 69, pl. 5, fig. 18, a et b.
(2) J. du Val et Migneaux, *Genera des Coléoptères d'Europe*, t. I, p. 87.
ARTICLE N° 2.

le premier article très-court, le second plus long que le suivant, le dernier également plus long que le troisième et légèrement fusiforme. Menton arrondi en avant. Palpes labiaux courts, avec le premier article très-petit, le second plus long que le troisième, qui est légèrement ovalaire. Mandibules membraneuses et ciliées intérieurement. Antennes composées de neuf articles dont le premier est assez long et légèrement arqué, le deuxième plus court, un peu conique et plus épais que les suivants, le troisième, le quatrième et le cinquième très-courts, serrés et nodiformes, le sixième en cornet court, glabre et accolé aux suivants qui forment une massue oblongue, peu serrée et pubescente. Prothorax plus ou moins transverse. Élytres convexes, arrondies ensemble en arrière. Écusson assez grand et triangulaire. Mésosternum plus ou moins comprimé en carène ou élevé en forme de lame. Point d'épine sternale. Les quatre tarses postérieurs en général faiblement comprimés et garnis de longs cils peu serrés, quelquefois réniformes.

Ces insectes, qui ont beaucoup d'analogie avec les *Hydrous*, s'en distinguent par une taille bien plus petite et par l'absence d'épine sternale. Ils nagent avec moins d'agilité que les grands Hydrophilides, mais ils tissent également des coques soyeuses pour abriter leurs œufs. Comme les Philhydres, les Laccobies, les Béroses, les Limnébies, les Cyllidies, auxquels ils se rattachent par des liens intimes, ils vivent dans les eaux stagnantes, parmi les plantes aquatiques. Ils sont représentés en Europe par une dizaine d'espèces, dont les plus connues sont : *H. fuscipes* Lin., *H. oblongus* Herbst, *H. œneus* Germ., et *H. bicolor* Payk.

La première, *H. fuscipes* (1), a 6 à 7 1/2 millimètres de long. Elle est ovale, convexe, ponctuée, d'un brun noir plus ou moins brillant suivant le sexe, avec les antennes d'un roux clair, les pattes rousses et l'abdomen brun. Elle a le corselet fortement ponctué et rebordé sur les côtés, de même que les élytres, qui

---

(1) Linné, *Fauna suec.*, 214 (*Scarabœus*). — Muls., *Palp.*, 122. — *Hydroph. scarabœoides*, Fabr.

sont parcourues par onze stries ponctuées ; on la trouve communément dans toute la France (1).

Le genre *Hydrobius* est représenté dans le lias d'Argovie par
une espèce que M. Heer a nommée *H. veteranus* (2), dans les
terrains de Radoboj et d'OEningen par l'*Hydrobius longicollis*,
l'*Hydrobius Couloni* et l'*Hydrobius Godeti* du même auteur (3),
et dans les terrains d'Aix en Provence par une ou deux espèces
plus ou moins analogues à *H. fuscipes* L. (4).

HYDROBIUS OBSOLETUS Heer (5).

(Planche 6, fig. 18.)

H. subhemisphæricus ; pronoto basi truncato, sterno magno ; abdomine breviusculo.

			mm
Longueur totale......................	3 $\frac{1}{2}$ lignes	=	7,7
— du thorax...................	1	id. =	2,2
— des élytres.................	1 $\frac{?}{?}$	id. =	4,1
Largeur des élytres à la base............	2 $\frac{1}{?}$	id. =	4,7

Loc. — Aix en Provence.

Coll. — M. Murchison : un spécimen.

« Cet insecte est un peu plus gros que *H. fuscipes* L. et beau-
» coup plus arrondi ; il a plutôt la forme de *Cyclonotum orbi-*
» *culare*, avec des proportions bien plus considérables. Il est
» couché sur le dos, de sorte qu'on ne peut savoir quelle était
» l'ornementation des parties supérieures ; et comme malheu-
» reusement la face abdominale a été fortement écrasée, la dé-

(1) Fairmaire et Laboulbène, *Faune franç., Coléopt.*, t. I, p. 227. — J. du Val et
Migneaux, *Genera*, t. I, pl. 29, fig. 143.

(2) *Zwei geologische Vorträge*, pl. 13, fig. 15.

(3) Heer, *Insektenfauna*, t. I, p. 56, pl. 2, fig. 6. — *Beiträge zur Insekt. OEning.*,
p. 70 et 71, pl. 5, fig. 21 et 22.

(4) Marcel de Serres, *Notes géologiques sur la Provence*, p. 34. — Curtis, *Edinburgh
new philos. Journal*, oct. 1829.

(5) Heer, *Fossile Insekten von Aix* (*Vierteljahrschrift der naturforschenden Gesellschaft.*, Jahrg., I. Heft 1, p. 18, pl. 1, fig. 19).

ARTICLE N° 2.

» termination de ce petit animal est extrêmement difficile et
» n'est pas encore parfaitement certaine.

» La tête est fortement aplatie et le bord antérieur a presque
» complétement disparu. Le thorax s'élargit graduellement en
» arrière, et ses côtés dessinent deux arcs de cercle. La poi-
» trine est longue, et par suite les pattes postérieures s'insèrent
» assez loin en arrière; elles ont des cuisses robustes qui dépas-
» sent quelque peu les bords de l'abdomen, et des jambes
» grêles, parcourues par une strie longitudinale; les tarses, qui
» fourniraient des caractères décisifs pour la détermination de
» cet insecte, ne sont malheureusement pas conservés. Les
» élytres sont, à la base, aussi larges que le thorax et s'élargis-
» sent encore à une petite distance en arrière, puis s'arrondis-
» sent régulièrement du côté de l'extrémité. Du côté gauche le
» bord ne subsiste qu'en partie, mais du côté droit il est parfai-
» tement visible et dépourvu de bourrelet. Le long de la suture
» on aperçoit une strie. L'abdomen est court et se termine par
» une portion arrondie (1). »

Comme M. Heer le fait remarquer, une espèce d'OEningen,
Hydrobius Godeti H. (2), est de la même longueur que cette
espèce d'Aix en Provence, mais a le corps plus large.

QUATRIÈME GENRE. — LACCOBIUS (3).

Le genre *Laccobius* comprend deux petits Hydrophilides qui
se trouvent assez abondamment en Europe, dans les mares et
dans les étangs, et qui ne diffèrent que par des caractères d'assez
faible importance des insectes composant les genres *Hydrobius,
Philhydrus, Limnebius, Berosus*, etc. L'espèce type, *L. minutus* L. (4), est répandue en Europe et dans le nord de l'Afrique;

(1) Heer, *Fossile Insekten von Aix* (*Vierteljahrschr. der naturf. Gesellsch. in Zürich*,
t. 1, p. 18, pl. 1, fig. 19).
(2) Heer, *Beiträge*, t. I, p. 70, pl. 5, fig. 24.
(3) Pour les caractères de ce genre, voyez première partie, *Insectes fossiles de l'Auvergne*, p. 58.
(4) *Fauna suecica*, 166, 553 (*Chrysomela*). — Mulsant, *Palp.*, 129. — J. du Val
et Migneaux, *Genera des Coléopt. d'Europe*, t. I, pl. 30, fig. 146.

une autre espèce, *L. pallidus* Muls., paraît spéciale à la France ; d'autres se rencontrent en Syrie, en Suisse, en Suède et jusqu'en Laponie.

MM. E. et L. von Heyden ont décrit et figuré, sous le nom de *Laccobius excitatus* (1), une Laccobie provenant des lignites du Siebengebirge ; j'en ai signalé une autre dans les calcaires marneux du puy de Corent en Auvergne (2) ; et MM. Brodie et O. Heer ont indiqué des représentants, sinon du même genre, au moins du même groupe, dans le lias inférieur d'Aust, dans le lias d'Argovie, dans les schistes d'Œningen et à Radoboj (3).

LACCOBIUS VETUSTUS Nob.

(Planche 1, fig. 11.)

Ovatus ; capite transverso, thorace brevi, lateribus rotundatis : elytris convexis.

Longueur totale		3 millim.
— de la tête		0,35
— du thorax		0,75
— des élytres		1,75
Largeur de la tête		0,80
— du thorax		1,10
— des élytres		0,90

Loc. — Aix en Provence.

Coll. — M. Heer : un spécimen.

L'insecte, vu en dessous, est presque entièrement décoloré ; on distingue cependant, de chaque côté d'une dépression correspondant à la tête, une trace brune interrompue indiquant l'antenne, qui était très-courte et dont les derniers articles formaient une petite massue. La tête devait être courte, assez large, un

(1) *Käfer und Polypen aus der Braunkohle Siebengebirges* (*Palæontogr.*, XV, 1866), pl. 1, fig. 3.

(2) Voy. *Laccobius priscus* Nob., 1re partie, *Insectes fossiles de l'Auvergne*, p. 59, pl. 1, fig. 3.

(3) Voy. Brodie, *An History of fossil Insects*, p. 101, pl. 7, fig. 6, et pl. 9, fig. 10. — O. Heer, *Zwei geologische Vorträge*, p. 13, fig. 15 et 17. — *Urwelt der Schweiz*, pl. 8, fig. 23. — *Insektenfauna*, t. I, p. 57, pl. 7, fig. 23.

peu amincie en avant; le thorax a son bord antérieur échancré
pour recevoir la tête, ses côtés convexes, et son bord postérieur
presque droit. Quoique l'insecte soit vu par la face inférieure,
l'écusson semble indiqué par une petite saillie triangulaire. Les
élytres sont limitées en dehors par un bourrelet qui en avant
est assez large et qui se rétrécit sensiblement en arrière. Ces
bourrelets, formés principalement par la dépression de la région
abdominale, dessinent deux lignes fortement arquées qui rejoignent en arrière la ligne suturale sous un angle à peu près droit,
de telle sorte que l'abdomen est à peine atténué dans sa région
postérieure. Entre les bords des élytres, et vers le milieu de
l'abdomen, on aperçoit des lignes concaves qui se réunissent sur
la ligne médiane et correspondent aux bords inférieurs des pièces
métasternales; mais il n'y a point de vestiges d'épine sternale;
en arrière, on distingue cinq segments abdominaux, séparés
par des lignes transversales et qui vont en diminuant de grandeur; enfin, tout à fait à l'extrémité, il paraît y avoir quelques
débris de l'armure génitale. Quant aux pieds, il en reste à peine
quelques traces.

Cette espèce est sensiblement plus petite que celle que j'ai
décrite et figurée sous le nom de *Laccobius priscus* (1); elle a
aussi le corps moins large, les élytres plus élancées et les côtés
du thorax moins convexes. Par la forme, elle se rapproche
davantage des espèces d'OEningen et de Radoboj (*Hydrobius
longicollis* ou *H. Ungeri*, *H. Godeti* et *H. Couloni*) (2).

Parmi les espèces actuelles, on peut lui comparer, comme
grandeur, mais non comme forme, *L. minutus* L. (3), l'espèce
la plus répandue dans nos contrées.

(1) Première partie, p. 59, pl. 1, fig. 3.
(2) O. Heer, *Insektenfauna*, t. 1, p. 56 et 57, pl. 2, fig. 6 (sous le nom de *H. Ungeri*).
— *Beiträge*, t. 1, p. 70 et 71, pl. 5, fig. 21 et 22.
(3) *Genera des Coléopt. d'Europe*, t. 1, pl. 30, fig. 146.

Troisième Famille. — STAPHYLINIDES.

Staphylinidæ Fairm. et Laboulb., *Faune franç.*, I, 369. — Staphilinii Latr., Krantz, *Naturg. der Ins. Deutsch.* — Staphilini Erichs., *Genera et Spec. Staphylin.* — Staphyliniens, Lacord., *Gen. des Coléopt.*, II, 17.— Brachélytres, Cuv., Latr., *Règne animal* de Cuvier, édit. Masson, XIV, 179 (1).

Les Staphylinides ont le corps ordinairement allongé, linéaire et déprimé, couvert d'une pubescence peu serrée et plus longue sur l'abdomen ; la tête et le corselet souvent glabres. La tête est plus ou moins enfoncée dans le prothorax. Les yeux sont latéraux, quelquefois proéminents ; les ocelles frontaux manquent le plus souvent ou sont réduits à deux ou à un seul. Le labre s'insère sous le bord antérieur du front ; les mandibules sont cornées, acérées et laciniées au bord interne ; les mâchoires, également cornées, se composent de deux lobes distincts ordinairement ciliés, dont l'interne est membraneux et soudé au bord interne de la tige, tandis que l'externe s'insère au sommet de celle-ci. Les palpes maxillaires sont implantés sur le bord externe de la tige et sont formés de quatre articles, dont le premier et le quatrième sont plus petits que les deux autres. Le menton est corné, court, transverse, tronqué ou échancré ; la languette est cornée ou membraneuse, le plus souvent linéaire, bifide et échancrée ; les paraglosses sont distincts et membraneux, les palpes labiaux filiformes, de deux à quatre articles. Les antennes, filiformes, sétacées ou épaissies au sommet, rarement géniculées, offrent de neuf à onze articles. Le prothorax est ordinairement marginé et peu convexe ; le prosternum, triangulaire, ne dépasse pas l'insertion des hanches antérieures ; les épisternums et les épimères ne sont pas distincts, et l'écusson est triangulaire ou arrondi, rarement caché. Les élytres, raccourcies, couvrent les ailes plissées, et n'excèdent pas en général la base de l'abdomen, et leur suture est droite, très-rarement imbriquée. Les ailes, membra-

---

(1) J. du Val et Migneaux, *Genera des Coléopt. d'Europe*, t. II, p. 1. — Pour les ouvrages monographiques ou originaux publiés sur la famille des Staphilinides, voyez A. Fauvel, *Faune gallo-rhénane*, 1872, t. III, p. 1.

  ARTICLE N° 2.

neuses, sont pliées en deux à l'état de repos, et atteignent, lorsqu'elles sont étendues, le sommet de l'abdomen et présentent trois nervures basilaires. Le mésosternum est petit, triangulaire, rarement caréné ; le métasternum est simple et occupe la majeure partie de la poitrine ; les épisternums et les épimères du mésothorax sont rhomboïdes, tandis que ceux du métathorax sont étroits et en parallélipipède. L'abdomen, linéaire ou ovale, un peu déprimé, se compose de neuf segments cornés dont sept ou huit sont libres et apparents, et dont le neuvième, rarement rétractile, renferme les organes sexuels externes ; les valvules latérales se prolongent parfois en styles anaux. Les pattes sont courtes, à peu près égales ; celles de la première paire et celles de la dernière paire s'insèrent tout près les unes des autres, tandis que les intermédiaires sont souvent écartées. Les hanches antérieures sont coniques ou globuleuses, les hanches intermédiaires obliques, les hanches postérieures plus petites et légèrement coniques ; les trochanters antérieurs sont simples, les cuisses ordinairement mutiques, les jambes plus ou moins épineuses et denticulées, rarement échancrées ; les tarses pentamères, tétramères, trimères ou hétéromères, les ongles simples ou dentés. Les stigmates sont au nombre de dix paires, ceux du prothorax étant plus grands que les autres (1).

Ces insectes sont ovipares et vivipares par exception (2) ; leurs œufs, peu nombreux, sont assez grands et de forme ovale. Les larves se rapprochent par leur faciès de l'insecte parfait, et sont comme lui allongées et plus ou moins déprimées. Elles sont en général de couleur terne, brune, verdâtre ou blanchâtre. Leur tête, grande et arrondie, est portée sur un cou étranglé ; le front est denticulé, l'épistome soudé avec le labre, qui est très-court et caché. Les mandibules sont grandes et en forme de faux, et les mâchoires, cornées, sont constituées par un lobe conique. Les palpes maxillaires sont formés de trois ou quatre articles dont les

---

(1) A. Fauvel, *Faune gallo-rhénane*, 1872, t. III, p. 1 et 2.

(2) Voy. A. Fauvel, *Faune gallo-rhénane*, 1868, t. I, p. 136. — Schiodte, *Recueil des actes de l'Acad. de Copenhague*, 1854, t. IV, pl. 1 et 2. — *Ann. sc. nat.*, 4ᵉ série, 1856, t. V, p. 169, pl. 1. — Blanchard, *Métamorphoses des Insectes*, p. 499.

deux premiers sont plus longs que les autres et dont le dernier
est très-petit et subulé ; les palpes labiaux n'ont que trois articles, le dernier étant de la même forme que celui des palpes
maxillaires. Le menton est membraneux et transverse ; la lèvre
inférieure cornée à la base et membraneuse au sommet, la languette entièrement cornée. Les ocelles sont en nombre variable.
Les antennes ont quatre ou cinq articles, dont le premier est
très-court, et dont les suivants vont en décroissant. Les segments
thoraciques sont cornés en dessus, membraneux en dessous, et
le segment prothoracique est plus grand que les deux autres.
Les pattes sont courtes, les hanches cylindriques et obliques,
les trochanters courts, les cuisses et les jambes épineuses, les
tarses petits et composés d'un seul article en forme d'ongle acuminé. L'abdomen, aminci en arrière, offre neuf segments, avec
un double espace coriacé en dessus et en dessous ; le dernier
segment est rugueux, cylindrique et muni de deux styles mobiles, à deux articles ; l'anus est saillant, tubuleux et sert à la
progression de l'animal. Enfin il y a huit paires de stigmates,
l'une prothoracique, les autres abdominales. Les larves des Staphylinides vivent ordinairement de quatre à six mois, et, dans
cet espace de temps, changent plusieurs fois de peau. Elles
sont très-agiles et fréquentent en général les mêmes lieux que
les insectes parfaits ; beaucoup d'entre elles sont nocturnes, et
les grandes espèces ont des mœurs très-carnassières.

C'est en terre que s'opère ordinairement la métamorphose de
la larve en nymphe : celle-ci est couverte d'une peau membraneuse, comme celle des autres Coléoptères. L'insecte passe environ cinq mois dans ce deuxième état.

Les Staphylinides, à l'état adulte, ont des mœurs assez variées. Ils vivent pour la plupart dans les fumiers, les détritus,
les champignons, les matières stercoraires, les cadavres, sous les
feuilles mortes ou sous les écorces, et se nourrissent de petits
Articulés et particulièrement de larves de Diptères et de Lépidoptères, qu'ils pourchassent avec beaucoup d'agilité. D'autres
se rencontrent dans la mousse, sous les pierres ou sur les fleurs.
D'autres, et en assez grand nombre, hantent le bord des eaux

douces ou les rivages de la mer; d'autres enfin habitent les grottes ou se tiennent dans les fourmilières. Ils ont, pour la plupart, la singulière habitude de relever, lorsqu'ils sont inquiétés, la partie terminale de leur abdomen; quelques-uns même ont la propriété de faire saillir de l'extrémité de leur corps deux vésicules fortement odorantes. En automne et au printemps, ils se montrent dans le milieu du jour; mais en été, ils ne sortent guère que par les soirées chaudes. Beaucoup d'entre eux passent l'hiver cachés sous la mousse, sous les pierres, sous les écorces ou dans les fumiers (1).

M. Albert Fauvel évalue à 6000 espèces environ le nombre total des Staphylinides qui sont réunis dans nos collections. Sur ce chiffre, dit-il, 2000 habitent les régions européo-méditerranéennes, et 1000 appartiennent à la faune gallo-rhénane. Comme il y a dans cette même faune près de 700 espèces de Carabides et 300 espèces de Dytiscides et d'Hydrocanthares, le nombre des Brachélytres est à peu près égal à celui des trois grandes familles de Coléoptères carnassiers (2).

Le même auteur partage immédiatement la famille des Staphylinides en deux sous-familles, celle des *Micropeplidæ*, qui ne comprend que le seul genre *Micropeplus* Latr., et celle des *Staphylinidæ*, qui renferme dix tribus. Celles-ci sont établies principalement sur des considérations tirées de l'insertion des antennes, de la forme des hanches antérieures et postérieures, de la présence ou de l'absence des ocelles, etc.; elles se subdivisent elles-mêmes en un certain nombre de sections. Ces tribus correspondent jusqu'à un certain point à celles qui ont été admises par Erichson, dans son *Genera et Species Staphylinorum*, et aux groupes indiqués par MM. J. du Val et J. Migneaux dans leur *Genera des Coléoptères d'Europe*. Cependant M. A. Fauvel, renversant l'ordre généralement adopté par les auteurs, commence l'étude des Staphylinides par les *Micropeplus* et la termine par les *Autalia*, afin de rattacher cette famille, d'une part

---

(1) A. Fauvel, *Faune gallo-rhénane*, 1872, t. III, p. 4.
(2) A. Fauvel, *op. cit.*, 1872, t. III, p. 4 et 5.

aux Hydrophilides, de l'autre aux Psélaphides; et quoique, dans
un travail sur les Insectes fossiles, ces considérations aient moins
d'importance, je crois ne pouvoir mieux faire que de suivre
'ordre proposé par un entomologiste aussi compétent (1), en
conservant toutefois les noms de groupes qui figurent dans le
Genera des Coléoptères d'Europe.

Premier Groupe, — STÉNITES.

STENINI Erichs., *Gen. et Spec. Staph.*, 687.— STÉNIDES, Lacord., *Gen. des Coléopt.*, II,
106. — STENII Fairm. et Laboulb., *Faune franç.*, 1, 572.

Les Sténites ont le labre entier, les palpes maxillaires terminés
par un article extrêmement petit, les antennes insérées sur le
front; ils n'ont point d'ocelles. Leurs élytres laissent l'abdomen
presque entièrement à découvert et ne dépassent point la poitrine. Le prosternum est corné derrière les hanches antérieures
et les stigmates prothoraciques ne sont point visibles. Le segment
de l'armure est ordinairement un peu saillant; les hanches antérieures sont petites, un peu coniques et légèrement proéminentes; les hanches intermédiaires écartées et les postérieures
coniques (2).

PREMIER GENRE. — STENUS.

Latr., *Préc. des car. gén. des Ins.*, 77. — Errichs., *Gen. et Spec. Staph.*, 689.

Caractères (3). — Corps plus ou moins allongé, parfois oblong
ou légèrement cylindrique. Tête en général un peu plus large
que le prothorax et resserrée à la base. Yeux plus ou moins
grands et saillants. Labre assez grand, large et arrondi en avant.
Mandibules arquées en faux, aigües, avec une forte dent acuminée intérieurement avant le sommet, ou bidentées à l'extrémité.
Mâchoires ayant le lobe externe dirigé en dedans au sommet et
couvert de poils, le lobe interne garni de longs poils serrés inté-

---

(1) A. Fauvel, *op. cit.*, 1872, t. III, p. 7, 12 et 13.
(2) *Genera des Coléopt. d'Europe*, t. II, p. 50 et 51.
(3) *Ibid.*, t. II, p. 51 et 52.
ARTICLE N° 2.

rieurement. Palpes maxillaires allongés, avec les trois premiers articles augmentant graduellement de longueur, le troisième légèrement épaissi à l'extrémité, et le dernier à peine visible. Menton généralement presque carré ou légèrement atténué en avant, muni d'une carène longitudinale et d'une pointe au bord antérieur. Languette assez petite, découpée en deux lobes très-divergents, terminés chacun par deux longues soies et unis aux paraglosses qui sont grands, fungiformes et très-saillants au sommet. Palpes labiaux portés sur des supports libres, articulés et très-mobiles, et formés de trois articles, dont le premier est allongé, un peu courbe et assez mince, le second plus court, épaissi et ovalaire, le troisième très-petit et subulé. Antennes grêles, insérées sur le front entre les yeux, avec leurs deux premiers articles un peu plus épais et les trois derniers formant une massue oblongue distincte. Pronotum plus ou moins cylindrique et plus étroit que les élytres. Abdomen quelquefois rebordé. Tarses simples, à quatrième article entier ou bilobé.

Les Stènes fréquentent les lieux humides, et courent sur la vase au bord des marais ou sur le sable près des fleuves. Ils sont représentés en Europe par près de 140 espèces, de taille moyenne (3 à 6 millimètres) et d'un noir plus ou moins brillant ; on en rencontre également à Madagascar, en Afrique et en Amérique (1).

MM. C. et L. von Heyden ont découvert une espèce du genre *Stenus* dans les lignites du Siebengebirge (2). M. Berendt en a trouvé une autre dans l'ambre de Prusse (3), et M. O. Heer en a reconnu une troisième parmi les Insectes fossiles d'Aix en Provence. Je reproduis ci-après la description donnée par le savant professeur de Zürich.

---

(1) Fairm. et Laboulb., *Faune franç.*, t. 1, p. 572 et suiv. — Erichson, *Genera et Species Staphylinorum*. — Fauvel, *Notices entomologiques*, 5ᵉ partie, *Catalogue des Staphylinides du Chili*, etc.

(2) *Käfer und Polypen* (*Palæont.*, XV, 1866), p. 7, pl. 1, fig. 13.

(3) Berendt, *Bernstein*, t. I, p. 56.

STENUS PRODROMUS Heer (1).

(Planche 6, fig. 16 et 16ª.)

St. niger, confertissime punctulatus, elytris pronoti longitudine.

				mm
Longueur totale	2 ¼	lignes	=	4,9
— des élytres	½	id.	=	1,1
— de l'abdomen	1 ⅔	id.	=	3,10
Largeur du thorax	⅖	id.	=	0,87
— d'une élytre	¼	id.	=	0,55
— de l'abdomen	⅖	id.	=	0,87

Loc. — Aix en Provence.

Coll. — Université de Zurich : un spécimen.

« Ce spécimen a la grandeur, la coloration et les ponctuations
» du *Stenus buphthalmus* Grav. La tête n'est pas entièrement con-
» servée, et les yeux sont en grande partie effacés; le thorax
» n'est pas non plus parfaitement intact, et il est difficile de dire
» exactement quelle était sa forme. Il paraît un peu rétréci à là
» base et en avant (caractère qui éloignerait cet insecte du genre
» *Stenus*), et sa surface est criblée de ponctuations très-fines.
» Les élytres sont plus larges que le corselet, mais aussi longues
» que lui ; elles sont coupées carrément en arrière et couvertes
» de ponctuations fines et serrées. Le dessus de l'abdomen pré-
» sente des ponctuations analogues. Cette dernière partie est
» allongée, un peu contournée et rétrécie insensiblement du
» côté de l'extrémité. »

Cette espèce est sensiblement plus petite que celle qui a été
décrite et figurée par MM. C. et L. von Heyden sous le nom de
Stenus Scribai (2), et paraît avoir le thorax moins arrondi, mais
elle a les élytres et l'abdomen exactement de la même forme.
Le *Stenus buphthalmus* Grav. (3), auquel M. Heer la compare, est
un Staphylin de 3 1/2 millim. de long, dont le corps, de cachet

(1) *Fossile Insekten von Aix* (*Vierteljahrschrift von Zürich*, 1, p. 14, pl. 1, fig. 3).
(2) *Käfer und Polypen* (*Palæont.*, XV, 1866), p. 7, pl. 1, fig. 13.
(3) *Micr.*, 156. — Erichs., *Gen.*, 699. — *St. canaliculatus* Latr.

noir, est couvert d'une légère pubescence blanchâtre et criblé de petites ponctuations. On le trouve communément dans toute la France et dans une grande partie de l'Europe (1).

STENUS GYPSI Nob.

(Planche 2, fig. 5.)

Capite largo, thorace ovato ; elytris antrorsum rotundatis, postice rectis ; abdomine postice acuminato.

		mm
Longueur totale	....	8,10
—	de la tête	1,10
—	du thorax	1
—	de l'élytre	1,50
—	de l'abdomen	5,50
Largeur de la tête	....	1,50
—	du thorax	1,25
—	d'une élytre	1,10
—	de l'abdomen	1,25

Loc. — Aix en Provence.

Coll. — Muséum d'histoire naturelle de Paris : un spécimen.

L'insecte, vu de trois quarts, est assez informe et privé presque entièrement de sa coloration primitive, qui devait être très-foncée, à en juger par les traces noirâtres qui subsistent sur les côtés de la tête et du thorax. La tête est très-large en arrière, amincie légèrement en avant et arrondie sur les côtés, où les yeux sont représentés par deux bourrelets allongés et ovalaires. Le corselet est court, ovale et plus étroit que la tête, et derrière lui on aperçoit une des élytres qui est soulevée, et dont la surface paraît fortement convexe, le bord antérieur étant arrondi et le bord postérieur presque droit. L'abdomen est très-long, graduellement aminci en arrière, et se termine par une pointe mousse. Les pattes sont à peine marquées, et les ailes membraneuses

(1) Voy. Fairm. et Laboulb., *Faune franç.*, t. I, p. 576.

paraissent être indiquées par deux taches fauves, irrégulières, placées immédiatement derrière l'élytre, au-dessus de la base de l'abdomen.

La largeur de la tête, la brièveté du corselet et la forme légèrement évasée en arrière des élytres, me portent à ranger ce spécimen dans le genre *Stenus*, à la suite de l'espèce décrite par M. Heer, quoiqu'il soit d'une taille bien plus considérable que cette dernière et qu'il dépasse même en grandeur la plupart des Stènes de l'époque actuelle (1). Dans cette deuxième espèce d'Aix en Provence, comme dans la première, les élytres et l'abdomen ont exactement la même conformation que dans *Stenus Scribai* Heyd. des lignites du Siebengebirge.

Deuxième Groupe. — PÉDÉRITES.

PÉDÉRIDES, Lac., *Gen. des Coléopt.*, II, 88. — PÆDERINI Erichs., *Gen. et Spec.*
Staphy., 560. — PÆDERII Fairm. et Laboulb., *Faune franç.*, 1, 546.

Les Staphylins de ce groupe ont le labre bilobé ou denté et muni le plus souvent d'une bordure latérale membraneuse ; leurs palpes ont le quatrième article à peine distinct, et leurs antennes sont insérées sous les bords latéraux de la tête. Chez ces insectes il n'y a point d'ocelles ; les élytres laissent l'abdomen presque entièrement à découvert et ne dépassent pas la poitrine ; le prosternum offre un espace membraneux derrière les hanches antérieures, les stigmates prothoraciques ne sont point visibles ; l'abdomen est rebordé latéralement ; le segment de l'armure est ordinairement petit et légèrement saillant ; les hanches antérieures et postérieures sont coniques, proéminentes, et les hanches intermédiaires rapprochées (2).

---

(1) *Stenus cordatus* Grav., *Micr.*, 198 (Erichs., *Gen.*, 726), l'une des plus grandes espèces de l'Europe actuelle, n'a que 6 à 7 millimètres de long. Il a du reste l'abdomen fortement atténué en arrière, comme notre insecte fossile.

(2) J. du Val et Migneaux, *Genera des Coléopt. d'Europe*, t. II, p. 41.

PREMIER GENRE. — ACHENIUM.

Curt., *Brit. Entom.*, III, tab. 115. — Erichs., *Gen. et Spec. Staphyl.*, 571. — LATHROBIUM, fam. II, Grav., *Mon. Micr.*, 129.

Caractères (1). — Corps allongé et fortement déprimé. Tête légèrement cordiforme, assez grande, fortement resserrée à la base en un cou large et court. Labre grand, mais assez étroit, très-profondément bilobé. Mandibules assez robustes, arquées en faux, aiguës et fortement dentées intérieurement. Mâchoires à deux lobes, l'externe très-velu au sommet, l'interne garni intérieurement de longs poils très-serrés et disposés en faisceaux. Palpes maxillaires peu allongés, avec le troisième article à peu près égal au second et très-légèrement épaissi vers le sommet, et le quatrième petit, conique et tronqué à l'extrémité. Menton court et transverse. Languette divisée en deux lobes courts et arrondis. Paraglosses atténués en avant, dépassant un peu la languette, divergents et ciliés intérieurement. Palpes labiaux de trois articles, le second étant un peu plus long que le premier, plus épais et presque cylindrique, le troisième étroit, assez court et un peu subulé. Antennes assez grêles, amincies vers l'extrémité, avec le premier article plus grand que les autres. Pronotum un peu plus étroit que les élytres, légèrement rétréci en arrière, trapézoïdal, avec les angles postérieurs arrondis et les angles antérieurs bien marqués. Elytres obliquement coupées en arrière. Abdomen à bords à peu près parallèles, mais légèrement atténué à l'extrémité. Cuisses antérieures épaissies et presque dentées. Jambes postérieures garnies de soies. Tarses antérieurs dilatés; tarses postérieurs ayant le premier article très-court et peu visible, le deuxième légèrement allongé, le troisième et le quatrième de plus en plus courts, et le cinquième aussi long que les quatre précédents.

Ce genre, représenté maintenant dans nos contrées par une dizaine d'espèces de taille moyenne (6 à 8 millim.) et de couleur

(1) J. du Val et Migneaux, *op. cit.*, t. II, p. 44.

sombre, n'a pas encore été signalé à l'état fossile. Les insectes qui le composent se trouvent dans le voisinage des marais, sous les pierres, au milieu des débris de végétaux, et sont parfois fort abondants lors des inondations.

ACHENIUM INGENS Nob.

(Planche 2, fig. 18.)

Elongatus; capite largo, quadrato, angulis posticis rotundatis, antrorsum leviter constricto; thorace transverso, postice leviter rotundato; elytris apice mutilatis ; abdomine compresso, in medio paulo dilatato.

Longueur totale	19 millim.
— de la tête	2
— du thorax	2,50
— de l'élytre	3
— de l'abdomen	11,50
Largeur de la tête	1,75
— du thorax	2
— d'une élytre	1,75
— de l'abdomen à la base	3,50
— — au tiers postérieur	4,50

Loc. — Aix en Provence.

Coll. — Muséum de Marseille : un spécimen.

L'insecte, vu en dessus, est allongé et très-aplati. La tête est en forme de carré long, avec la partie antérieure un peu rétrécie, les côtés légèrement arrondis et les angles postérieurs émoussés. Les yeux ne sont pas distincts. Le thorax est transverse, avec le bord antérieur droit, les côtés parallèles, le bord postérieur faiblement convexe, les angles antérieurs distincts et les angles postérieurs régulièrement arrondis : il est couvert de poils et sa surface ne présente aucune dépression. L'écusson est petit et triangulaire. Les élytres, à peine arrondies en avant, sont élargies postérieurement et coupées obliquement en arrière ; elles sont un peu écartées et laissent apercevoir une portion des ailes membraneuses. Les zonites abdominaux sont au nombre de huit, et ont en général leurs côtés légèrement convexes, leurs bords antérieurs ou postérieurs droits ou à peine sinués : le pre-

mier est à demi caché par les élytres et paraît beaucoup plus
court que le deuxième, qui est lui-même un peu moins long que
le troisième; le quatrième, le cinquième, le sixième et le septième sont à peu près de même longueur. Ces divers segments
vont en s'élargissant jusqu'au tiers postérieur de l'abdomen; à
partir de ce point, ils se rétrécissent graduellement, et le dernier
est de forme cylindro-conique. De chaque côté de l'extrémité
du corps on distingue un petit appendice velu dépendant de
l'armure génitale. Les pattes intermédiaires sont courtes, et les
pattes postérieures sont collées sous l'abdomen, et indiquées par
deux taches brunes qui s'étendent jusqu'au pénultième segment.
Par sa tête large, presque rectangulaire, par son thorax court,
très-légèrement arrondi au bord postérieur, par ses élytres obliquement tronquées, par son abdomen fortement comprimé et
légèrement dilaté au delà du milieu, cet insecte semble appartenir au groupe des Pédérites, et plus spécialement au genre
Achenium Curt. Avec des dimensions beaucoup plus considérables, il a l'aspect général de *A. depressum* Grav. (1), espèce d'un
noir brillant, avec les élytres rougeâtres, les antennes et les pieds
brunâtres, que l'on trouve parfois en assez grande abondance
dans les détritus lors des inondations de la Seine, et qui se rencontre aussi en Alsace, en Bourgogne, aux environs d'Agen et
jusque dans la Turquie d'Europe.

DEUXIÈME GENRE. — ERINNYS Nob.

Les Staphylinides d'Aix en Provence, pour lesquels je me vois
dans la nécessité de créer ce genre nouveau, ressemblent aux
Lithocharis, aux *Lathrobium*, aux *Scimbalium*, etc., par leur
corps allongé et déprimé, leur corselet arrondi aux angles postérieurs, leurs élytres obliquement coupées en arrière, leurs
antennes droites et leur tête ovalaire allongée; mais ils se distinguent de tous ces Pédérites par leur taille exceptionnelle, par

(1) Gravenshorst, *Micr.*, 182 (*Lathrobium*). — J. du Val et Migneaux, *Genera des Coléopt. d'Europe*, t. II, pl. 17, fig. 82. — Fairm. et Laboulb., *Faune entomol. fr.*, *Coléopt.*, t. I, p. 349.

leurs antennes extrêmement longues, filiformes et atténuées
à l'extrémité, et par leur thorax presque aussi court que celui de
certains *Oxytelus*.

ERINNYS ELONGATA Nob.

(Planche 2, fig. 15.)

Nigrescens; capite ovato, oculis prominentibus; antennis gracillimis, productis; thorace transverso, angulis posticis rotundatis; elytris
thorace longioribus, apice truncatis; abdomine compresso, elongato.

Longueur de l'insecte	....	19 millim.
— des antennes	....	6,50
— de la tête	....	2,75
— du thorax	....	1,25
— des élytres	....	3,50
— de l'abdomen	....	12 environ.
— de la cuisse antérieure	....	2,50
— de la jambe	....	1,50
— du tarse	....	1
Largeur de la tête	....	1,50
— du thorax	....	1,75
— de l'élytre	....	2,50

Loc. — Aix en Provence.

Coll. — Muséum de Marseille : un spécimen.

L'insecte, vu de profil, semble encore marcher. Sa coloration
est grisâtre; ses antennes, fort longues et effilées, sont d'un brun
Van-Dyck, et sa tête, de forme ovalaire et séparée du thorax par
une sorte de cou, porte sur les côtés deux yeux gros et saillants.
Le thorax est extrêmement court, un peu bombé en dessus, avec
les angles antérieurs distincts et les angles postérieurs arrondis;
les élytres, un peu écartées et soulevées à l'extrémité, sont légèrement arrondies en avant et coupées obliquement en arrière.
Les anneaux abdominaux sont comprimés et tachés d'un brun
Van-Dyck; ils vont en diminuant de grosseur du côté de l'extrémité, et le dernier est incomplet. La cuisse forme un bourrelet
court et épais; la jambe est forte, et le tarse, très-ramassé, ne
montre pas d'articles distincts.

ARTICLE N° 2.

La forme de la tête, le mode d'insertion et la gracilité des antennes, la forme des élytres et les dimensions relatives des anneaux de l'abdomen, rapprochent cet insecte d'un Staphylin fossile d'OEningen décrit et figuré par M. Heer sous le nom de *Lathrobium œningense* (1); mais la brièveté du thorax et la longueur inusitée des antennes ne permettent point de le rapporter au même genre.

ERINNYS DELETA Nob.

(Planche 2, fig. 16.)

Nigrescens; capite ovato, antennis gracillimis, productis; abdomine compresso, postice constricto.

Longueur totale..................................	15 millim.
— de l'antenne............................	6
— de la tête.............................	2
— du thorax	1,50 environ.
— des élytres............................	3
— de l'abdomen	8,50
Largeur de la tête, vue de trois quarts...............	1,10
— du thorax.................................	1,75
— de l'abdomen............................	2,50

Loc. — Aix en Provence.

Coll. — Muséum d'histoire naturelle de Paris : un spécimen.

L'insecte, vu de côté et un peu en dessus, est en très-mauvais état et presque complétement décoloré ; çà et là cependant quelques points bruns indiquent la coloration originelle. Auprès de lui sont les débris d'écorce et l'empreinte d'un petit *Hylesinus*. Les antennes du Staphylinide sont longues et filiformes ; elles se composent d'une dizaine d'articles légèrement évasés à l'une de leurs extrémités ; le second article est un peu plus court que le premier, et les suivants vont en diminuant graduellement de longueur, comme dans le Pédère des rivages (*Pæderus riparius* Panz.) (2). La tête est à peine bombée et de forme ovalaire,

---

(1) O. Heer, *Beiträge zur Insektenfauna OEningen's, Coleopt.*, t. I, p. 47 et 48, pl. 3, fig. 3.

(2) Voy. *Règne animal* (INSECTES), édit. Masson, t. XV, pl. 27, fig. 7.

et l'œil semble indiqué par une dépression latérale, assez considérable. Le thorax est très-court, enfoncé, légèrement rétréci en arrière, et les élytres, presque effacées, paraissent un peu arrondies aux angles antérieurs. L'abdomen est médiocrement allongé et de forme conique, le premier segment étant très-large et le dernier fortement rétréci. Les pieds sont confondus dans une dépression grisâtre, et leur forme est complétement indistincte.

Par sa conformation générale, cet insecte appartient évidemment au même genre que celui que j'ai décrit précédemment; il se fait remarquer également par la longueur démesurée de ses antennes et la brièveté de son thorax; mais il a l'abdomen plus court, de forme plus conique, et il présente des dimensions beaucoup moins considérables.

TROISIÈME GENRE. — LITHOCHARIS.

Lac., *Faune entom. paris.*, I, 431. — Erichs., *Gen. et Spec. Staph.*, 610. — MEDON Steph., *Ill.*, V, 273.— SUNIUS Steph., *Illust.* et *Man. of Brit. Col.*, 407.— PÆDERUS, fam. I, Grav., *Mon. Micr.*, 138.

Caractères (1). — Corps allongé et légèrement déprimé. Tête plus ou moins grande, presque carrée, très-fortement resserrée à la base en un col court et assez étroit. Labre transverse, assez grand, arrondi sur les côtés, plus ou moins échancré en avant, généralement avec une dent bien distincte de chaque côté. Mandibules arquées en faux, très-aiguës et présentant intérieurement trois ou quatre dents acérées. Mâchoires à lobes assez courts et garnis intérieurement de poils roides. Palpes maxillaires modérément allongés, avec le troisième article un peu plus long que le second et épaissi vers le sommet, et le quatrième très-fin et subulé. Menton transverse. Languette profondément découpée en deux lobes étroits, écartés et arrondis au bout. Paraglosses divergents, fortement ciliés intérieurement et dépassant très-

(1) J. du Val et Migneaux, *Genera des Coléopt. d'Europe*, t. II, p 46.
     ARTICLE N° 2.

peu les lobes de la languette. Palpes labiaux formés de trois articles, dont le premier est petit et presque cylindrique, le deuxième beaucoup plus long, épais et à peu près ovalaire, le dernier petit, grêle et acuminé, parfois presque cylindrique. Antennes filiformes, avec le premier article un peu allongé et plus épais. Pronotum généralement presque carré, avec les angles obtus ou arrondis. Élytres coupées obliquement en arrière. Abdomen linéaire et légèrement atténué au sommet seulement. Cuisses antérieures quelquefois assez épaisses ; jambes garnies d'une pubescence très-fine. Tarses antérieurs légèrement dilatés, parfois simples ; tarses postérieurs plus ou moins allongés, ayant les quatre premiers articles de moins en moins longs, et le dernier à peu près aussi long que les deux précédents réunis.

Les *Lithocharis* vivent sous les mousses et sous les feuilles tombées, dans les forêts humides. Ils sont représentés dans la nature actuelle par un assez grand nombre d'espèces (70 environ) qui se trouvent, soit en Europe et sur le pourtour du bassin méditerranéen (28 espèces), soit en Amérique (25 espèces au moins), soit dans les Indes orientales (11 espèces) (1).

LITHOCHARIS VARICOLOR Heer (2).

(Planche 5, fig. 16.)

L. brevis, subdepressa ; capite rotundato, pronoto paulo latiore ; hoc subquadrangulo ; elytris truncatis ; pallidus, capite, elytrorum basi, abdominis segmentis penultimis nigro-fuscis.

				mm
Longueur totale		$3\frac{1}{4}$ lignes	=	7,10
—	de la tête	$\frac{1}{4}$	id. =	1,65
—	du prothorax	$\frac{1}{2}$	id. =	1,10
—	des élytres	$\frac{1}{2}$	id. =	1,10
—	de l'abdomen	$1\frac{1}{4}$	id. =	2,75

(1) Voy. Fairm. et Laboulb., *Faune franç., Coléopt.*, t. I, p. 562 et suiv. — A. Fauvel, *Notices entomologiques*, 5ᵉ partie, *Coléoptères et Staphylinides du Chili.* — Dʳ G. Kraatz, *Die Staphylinen Fauna von Ost-Indien, insbesondere der Insel Ceylan Archiv für Naturgesch.*, 1859).

(2) *Fossile Insekten von Aix* (*Vierteljahrschr. der naturf. Gesellsch. in Zürich*, I, p. 15, pl. 1, fig. 2).

Largeur de la tête..................	$\frac{1}{4}$ ligne env. $= $	$\overset{mm}{1},65$
— du prothorax...............	$\frac{1}{3}$ ligne $=$	$1,10$

« *Loc.* — Aix en Provence.

» *Coll.* — M. Murchison : un spécimen.

» L'insecte ressemble un peu à un *Rugilus*, mais n'a pas le
» corselet rétréci en avant ; il a cette partie du corps exactement
» conformée comme les *Lithocharis*, avec lesquels il offre de très-
» grandes affinités ; autant qu'on en peut juger, il présente même
» la coloration particulière des insectes de ce dernier genre. Il
» est vrai que, dans la nature actuelle, aucune des espèces du
» genre *Lithocharis* n'est d'une taille aussi grande que notre
» insecte fossile, mais plusieurs espèces américaines, et entre
» autres *Lithocharis corticina* Grav. (*Pœderus*), de l'Amérique
» septentrionale (1), atteignent ces dimensions. Cette espèce
» américaine a le corps ramassé, aplati, et une couleur analogue
» à celle de notre spécimen.

» Dans l'individu que nous décrivons, la tête est arrondie,
» presque circulaire, et les yeux sont petits. Sur le front il paraît
» y avoir une ligne élevée. Les antennes sont en très-mauvais
» état, mais on y aperçoit encore quelques articles arrondis.
» Le corselet a les côtés droits et parallèles, les angles antérieurs
» et postérieurs arrondis ; il n'est nullement rétréci, ni en avant,
» ni en arrière ; sa surface est aplatie et parcourue par un léger
» sillon longitudinal, limité à droite et à gauche par un bourrelet
» peu prononcé. Le thorax est un peu plus petit que la tête,
» et en dedans de ses bords il offre tout autour une ligne en-
» foncée.

» Les élytres ne sont pas plus longues que la tête, et à peine
» plus larges ; elles sont coupées carrément en arrière et apla-
» ties en dessus. L'abdomen est assez court ; il a les côtés paral-
» lèles, distinctement rebordés, et se termine par une portion
» arrondie : on y reconnaît sept segments.

» L'insecte est de couleur claire, avec la tête, la base des

(1) Erichs., *Staphyl.*, t II, p. 619.

ARTICLE N° 2.

» élytres, le quatrième et le cinquième segment abdominal d'un
» brun noirâtre. »

Je crois que cette espèce nouvelle ne se rapproche pas seulement de l'espèce américaine citée par M. Heer, mais qu'elle
présente encore des affinités incontestables avec une espèce
décrite par M. Kraatz et qui habite l'île de Ceylan (1). Je veux
parler de *Lithocharis staphylinoides*. En effet, dans ce dernier
insecte, comme dans le spécimen d'Aix en Provence, la tête est
arrondie et un peu plus large que le thorax, qui est aplati, à peine
plus étroit que les élytres, et qui présente en dessus, sur la ligne
médiane, un léger sillon longitudinal. Les dimensions des deux
espèces sont exactement les mêmes, la coloration presque identique, et les seules différences appréciables résident dans les
élytres qui, dans l'espèce actuelle, sont un peu plus longues que
dans l'espèce fossile, et dans le thorax qui, dans la première, est
un peu rétréci à la base, tandis que dans la seconde il est quadrangulaire.

Troisième Groupe. — STAPHYLINITES.

Staphilinii Erichs., *Gen. et Spec. Staph.*, 290. — Staphylinides, Leach, Lacord.,
Gen. des Coléopt., II, 61. — Staphylinii Fairm. et Laboulb., *Faune franç.*, I,
497. — Fissilabres, Latr., *Fam. nat.* (1825).

Les insectes de ce groupe ont le labre le plus souvent bilobé
et muni d'une bordure latérale membraneuse ou coriace, les
mandibules garnies intérieurement d'une lanière membraneuse
ciliée en partie, libre, et les antennes insérées sur le bord antérieur de la tête; ils n'ont point d'ocelles, et leurs élytres ne dépassent pas la poitrine. Leur prosternum offre un espace membraneux derrière les hanches antérieures, et leurs stigmates prothoraciques sont visibles, mais parfois recouverts par une lame
cornée. Leur abdomen est rebordé latéralement, et le segment de
l'armure est ordinairement visible et accompagné de lanières ou
d'appendices saillants ; enfin leurs hanches antérieures sont

(1) Kraatz, *Die Staphylinenfauna von Ost-Indien*, p. 134.

coniques et proéminentes, et leurs hanches postérieures en forme de cône obtus (1).

Section des XANTHOLINITES.

XANTHOLINII Erichs., *Gen. et Spec. Staph.*, 291. — XANTHOLINIDES, Lacord., *Gen. des Coléopt.*, II, 62.

Les Xantholinites ont les antennes rapprochées à la base, et tout au plus aussi distantes l'une de l'autre qu'elles le sont des yeux. Leur corps est en général assez étroit et allongé (2).

PREMIER GENRE. — XANTHOLINUS.

(Dahl), *Encycl. méth.*, X, 475. — Erichs., *Gen. et Spec. Staph.*, 306. — GYROHYPNUS Steph., *Ill. of Brit. Entom.*, V, 258.— EULYSSUS Mannerh., *Brachél.*, 35.

Caractères (3). — Corps très-allongé, linéaire, plus ou moins déprimé. Tête généralement oblongue, très-fortement étranglée à la base en un petit cou étroit et court. Labre étroit, transverse, profondément sinué au milieu en avant. Mandibules assez courtes, avec des dents obtuses intérieurement. Mâchoires à deux lobes, l'externe presque conique dans sa portion basilaire, l'interne membraneux et garni de poils du côté interne, surtout dans sa partie supérieure. Palpes maxillaires ayant leur troisième article à peu près de la même longueur que le second, et de forme conique, le quatrième un peu plus court, plus étroit et légèrement acuminé. Menton court, transverse, avec une échancrure large, mais peu profonde, au bord antérieur. Languette assez large, entière, arrondie en avant, et plus courte que les paraglosses qui sont très-divergents et garnis intérieurement de poils roides. Palpes labiaux un peu allongés, formés de trois articles qui sont à peu près égaux en longueur, mais dont le troisième est plus étroit et se termine en pointe mousse. Antennes courtes, très-légèrement épaissies au sommet, à premier article assez long.

(1) J. du Val et Migneaux, *Genera des Coléopt. d'Europe*, t. II, p. 29 et 30.
(2) J. du Val et Migneaux, *loc. cit.*, p. 31.
(3) *Genera des Coléopt. d'Europe*, t. II, p. 32.

ARTICLE N° 2.

Pronotum généralement oblong, plus ou moins rétréci en arrière, arrondi à la base, tronqué au sommet ou légèrement arrondi, avec les angles antérieurs marqués. Élytres tronquées en arrière. Abdomen linéaire, à bords parallèles. Hanches intermédiaires plus ou moins écartées et séparées par un prolongement du métasternum. Jambes épineuses, les antérieures épaissies vers le sommet. Tarses simples, ceux des pattes postérieures ayant leur premier article à peu près egal au suivant.

Les Xantholins se rencontrent dans les bois humides, sous les écorces, sous les feuilles mortes, ou dans la mousse, et se nourrissent de proie vivante. Leurs larves vivent, soit dans les fumiers (1), soit sous les écorces, dans les galeries creusées par d'autres insectes : ainsi, d'après M. Perris, la larve du *Xantholinus collaris* Erichs. attaque les larves du *Bostrichus* (*Tomicus*) *Laricis* et du *Bostrichus stenographus* (2). Ce genre a été reconnu par M. Heer dans les marnes gypsifères d'Aix en Provence, et dans la nature actuelle il comprend un assez grand nombre d'espèces exotiques et européennes (3).

XANTHOLINUS WESTWOODIANUS Heer (4).

(Planche 2, fig. 6.)

X. pallidus, pronoto obcordato, margine impresso.

Longueur totale.................... $3\frac{1}{4}$ lignes = $8^{mm},50$

« Curtis rapportait cet insecte au genre *Lathrobium* (5); mais » dans les espèces actuelles de ce genre le corselet n'est pas » rétréci dans sa portion antérieure. Ce caractère se remarque au

(1) M. Bouché a trouvé la larve du *Xantholinus punctulatus* Payk. dans les excréments de Cheval (*Naturgesch. der Insekt.*).

(2) Perris, *Ann. Soc. entom. de Fr.*, 1854, p. 567. — *Insectes du Pin maritime*, p. 44, pl. 17.

(3) De Marseul, *Catal. des Coléopt. d'Europe*, p. 70. — Fauvel, *Notices entomol.*, 4ᵉ partie, p. 98. — Kraatz, *Die Staphylinenfauna von Ost-Indien* (*Archiv für Naturg*, 1859, p. 102, etc.).

(4) Heer, *Fossile Insekten von Aix* (*Viertelj. von Zürich*, 1, p. 16).

(5) *Edinburgh new Philos. Journ.*, oct. 1829, pl. 6, fig. 1.

» contraire dans les Xantholins, dont la forme générale est du
» reste assez semblable à celle des Lathrobies. L'espèce fossile
» est de la même grandeur que *Xantholinus tricolor* F. (*Staphy-*
» *linus*), mais elle s'éloigne de toutes les espèces actuelles par le
» sillon qui règne le long du bord du prothorax.

» La tête est grosse ; malheureusement elle est vue de côté,
» de sorte qu'on ne peut apprécier exactement sa forme. L'œil
» est assez grand et ovalaire, et les mandibules sont proémi-
» nentes. Il ne reste qu'un fragment des antennes : le premier
» article est plus long que les autres et cylindrique, les trois sui-
» vants sont très-courts et arrondis. Le corselet est fortement
» élargi en avant et à peu près en forme de cœur ; le long du
» bord règne une ligne enfoncée, qui se continue dans la région
» dorsale, et qui, par conséquent, n'est point produite par un
» reploiement du bord. Les élytres sont de la même longueur
» que le thorax et coupées carrément en arrière. Les hanches
» sont longues, les cuisses assez robustes et les jambes courtes.
» L'abdomen est étroit, allongé et légèrement courbé. De chaque
» côté de l'extrémité du dernier segment on aperçoit un stylet.

» Ce joli petit insecte est de couleur claire. »

L'espèce actuelle à laquelle M. Heer fait allusion, *Xantholinus
tricolor* Fabr. (1), a de 7 à 9 millimètres de long ; elle est d'un
roux testacé, avec la tête brune finement ponctuée, les antennes
rougeâtres, le corselet brun, parcouru par des lignes dorsales de
12 points, les élytres un peu plus courtes que le corselet (2) et
criblées de ponctuations, l'abdomen brun foncé, et les pattes
rousses. On la trouve communément dans toute la France et
dans une grande partie de l'Europe, jusqu'au Caucase.

(1) Fabr., *Mantissa Insectorum*, I, 221. — Erichs., *Gen.*, 331. — *Staph. elegans* Grav. — J. du Val et Migneaux, *Genera des Coléopt. d'Europe*, II, pl. 12, fig. 58.
(2) Dans *Xantholinus Westwoodianus* Heer, les élytres sont de la même longueur que le thorax.

Section des STAPHYLINITES proprement dits.

STAPHYLININI GENUINI Erichs., *Gen. et Spec. Staphyl.*, 339.— STAPHYLINIDES VRAIS, Lac., *Gen. des Coléopt.*, II, 70.— OXYPORINI Erichs., *Gen. et Spec. Staphyl.*, 522.

Antennes écartées à leur base, insérées sur les côtes de la partie antérieure de la tête et plus rapprochées des yeux qu'elles ne le sont l'une de l'autre (1).

PREMIER GENRE. — STAPHYLINUS.

Lin., *Syst. nat.*, édit. 12, pl. 2, 683. — Erichs., *Gen. et Spec. Staph.*, 345. — EMUS, Curt., *Brit. entom.*, XII, pl. 534.— CREOPHILUS Steph., *Ill. of Brit. entom.*, V, 202· — OCYPUS Steph., *Ill. of Brit. entom.*, V, 211. — Erichs., *Gen. et Spec. Staphyl.*, 403. — GOERIUS, TRICHODERMA et TASGIUS Steph., *Ill. of Brit. entom.*, V, 208, 435 et 213. — PHYSETOPS Man., *Brach.*, 32. — ANODUS, Nordm., *Symb.*, 11.

Caractères (2). — Corps plus ou moins allongé et de taille plus ou moins grande. Tête presque carrée ou suborbiculaire, en général presque aussi grande que le pronotum, assez fortement étranglée à sa base en un cou assez large et court. Labre transverse et bilobé. Mandibules généralement plus ou moins fortes et aiguës. Mâchoires à lobe externe conique dans sa portion basilaire, couvert de villosités au sommet, à lobe interne plus ou moins court, large dans sa portion membraneuse, garni de poils au côté interne dans toute son étendue. Palpes maxillaires de forme variable, à quatrième article légèrement acuminé chez les uns, plus ou moins tronqué au sommet chez les autres. Menton très-court, fortement transverse, présentant en avant une échancrure large, mais peu profonde. Languette assez courte et large, plus ou moins fortement bilobée, mais paraissant quelquefois simplement échancrée par suite de la soudure des lobes. Paraglosses plus longs que la languette et ciliés intérieurement. Palpes labiaux de trois articles, dont le troisième est toujours plus ou moins tronqué au sommet, quelque-

(1) J. du Val et Migneaux, *Genera des Coléoptères*, t. II, p. 33.
(2) *Ibid.*, t. II, p. 33 et 34.

fois légèrement aminci à l'extrémité, d'autres fois sécuriforme. Antennes généralement plus courtes que la tête et le prothorax, filiformes chez les uns, plus ou moins épaissies au sommet chez les autres, avec le premier article un peu allongé. Pronotum le plus souvent presque carré, arrondi à la base, tronqué au sommet, avec les angles antérieurs ordinairement droits. Élytres tronquées obliquement en arrière du côté interne et plus ou moins arrondies extérieurement. Abdomen à bords ordinairement parallèles, légèrement convergents en arrière. Tarses antérieurs souvent dilatés ; tarses postérieurs ayant le premier article plus long que les suivants.

Les Staphylins sont des insectes de grande taille et de mœurs très-carnassières, qu'on rencontre fréquemment sur les chemins, courant à la recherche de leur proie ; on les trouve aussi dans les charognes, dans les excréments, quelquefois même dans la mousse et sous les pierres. Ils sont fort nombreux dans la nature actuelle et répandus dans toutes les parties du monde. L'Europe et les pays baignés par la Méditerranée en possèdent à eux seuls une soixantaine d'espèces (1). Aux époques antérieures à la nôtre, et particulièrement pendant la période tertiaire, ils jouaient déjà un rôle de quelque importance, car ils sont assez communs à Aix en Provence, où M. Marcel de Serres en avait déjà signalé deux espèces de taille différente (2), et ils sont représentés par une autre espèce dans l'ambre de Prusse (3).

---

(1) Voy. de Marseul, *Catalogue des Coléopt. d'Europe*, p. 67 et 68. — Kraatz, *Die Staphylinenfauna von Ost-Indien*, p. 72. — Fauvel, *Notices entomologiques*. — Fairm. et Laboulb., *Faune entomol. franç., Coléopt.*, t. I, p. 504.

(2) *Notes géologiques sur la Provence*, p. 34. — *Géognosie des terrains tertiaires*, p. 224. — *Annales des sciences naturelles*, 1828, t. XV, p. 105.

(3) Gravensh., *Uebers. der Arbeit. der Schles. Gesellsch.*, 1834, p. 92. — Hope, *Trans. of Entom. Soc.*, t. I, p. 139.

STAPHYLINUS CALVUS Nob.

(Planche 2, fig. 9.)

Fuscus ; caput thorace latius, oculis prominentibus ; thorax angulis anticis fere rectis, basi rotundatus, coleopterisque paulo angustior ; elytra thorace paulo longiora, apice truncata ; abdomen depressum, postice leviter mucronatum.

Longueur totale	18 à 20 millim.
— de l'antenne...........................	3,50 à 4
— de la tête............................	3
— du thorax.............................	2,75
— de l'élytre...........................	3
— de l'abdomen..........................	10
Largeur de la tête au niveau des yeux...............	2,75 à 3
— du thorax	2,75
— de l'élytre...........................	2
— de l'abdomen	3,50 à 4

Loc. — Aix en Provence.

Coll. — Muséum de Marseille : deux spécimens. — Muséum d'histoire naturelle de Paris : un spécimen.

Dans l'un des échantillons du musée de Marseille, l'insecte est vu de profil et un peu en dessus, et a les pattes à demi-ployées comme dans la marche ; sa coloration générale est d'un brun Van-Dyck clair. La tête, très-nettement dessinée, est fort large en arrière, au niveau des yeux ; ses angles postérieurs sont arrondis, ses côtés convexes, et sa partie antérieure, correspondant aux organes buccaux, est amincie légèrement. Les antennes sont grêles et insérées sur les côtés de la bouche ; les yeux assez gros et proéminents. Le thorax, à peu près aussi long que large, et un peu plus étroit que la tête, a les côtés légèrement arqués, le bord antérieur droit, le bord postérieur convexe. Les élytres sont presque carrées avec les angles antérieurs arrondis et les angles postérieurs légèrement émoussés ; réunies, elles devaient être sensiblement plus larges que le thorax. L'une d'elles est soulevée et laisse voir, à la surface de la pierre, quelques plis saillants qui sont sans doute des vestiges de l'aile membraneuse. L'abdomen est en forme de cylindre aplati dans la plus grande partie de sa longueur, et présente cinq ou six anneaux, séparés les uns des autres par des plis saillants; ces divers segments sont tous à peu près de la même hauteur et ont leurs bords parallèles, sauf le dernier, qui s'amincit fortement en arrière. Toute cette partie du corps, de même que les élytres et le thorax, n'offre pas de villosités. Les pattes sont assez mal conservées.

Dans l'autre échantillon, l'insecte est vu en dessous, mais si fortement écrasé, que certaines pièces de la face supérieure font saillie du côté ventral. Une couleur jaunâtre uniforme s'étend sur tout le corps, sauf sur la tête, qui est d'une nuance un peu brunâtre. L'abdomen présente aussi à son extrémité quelques taches plus foncées. La tête est ovoïde ; son bord antérieur est pointu, par suite de la saillie des organes buccaux, et supporte, du côté droit, une antenne assez longue et composée de huit articles granuliformes. Le thorax paraît plus large qu'il ne l'est en réalité, par suite de la compression qu'il a subie, et ses bords ne sont pas très-nets. La forme des élytres est également assez difficile à apprécier ; on voit seulement qu'elles étaient un peu plus longues que le thorax. L'abdomen a des bords parallèles dans la plus grande partie de sa longueur, et présente six anneaux, dont le premier, à moitié recouvert par les élytres, est très-court, et dont le dernier, fortement aminci à l'extrémité, se termine par des bouquets de poils et est accompagné de deux stylets appartenant à l'armure génitale. Dans le reste de son étendue le corps est complétement glabre. Les pieds sont à peine distincts.

Enfin, la collection du Muséum d'histoire naturelle de Paris renferme un spécimen qui est placé exactement de la même manière que l'un des Staphylinides que je viens de décrire, c'est-à-dire couché sur le flanc et tourné légèrement de trois quarts, mais dont la coloration a totalement disparu. La tête est très-large, aplatie, et de forme trapézoïdale, un peu resserrée en arrière, au niveau des yeux, et rétrécie en avant. Les antennes sont moniliformes et se terminent par un petit bouton ovalaire. Le thorax est un peu plus étroit que la tête et ne présente pas de rétrécissement en avant, mais s'arrondit en arrière ; un sillon transversal le sépare nettement des élytres, qui sont soulevées. Celles-ci sont légèrement convexes, un peu arrondies aux angles antérieurs externes et coupées carrément en arrière. L'abdomen se compose d'anneaux larges et courts, et se termine par une portion conique d'où sortent de petits appendices à peine distincts. Les pattes sont en fort mauvais état.

Par leurs dimensions et par leurs formes élancées, ces divers spécimens se rapprochent d'un Staphylin actuel de notre pays, *Staphylinus (Ocypus) pedator* Gravensh. (1), qui est noir, avec la tête et le corselet brillants, les antennes et les pattes rousses. L'espèce fossile n'avait probablement pas une coloration aussi foncée et était sans doute dépourvue de ce duvet qui couvre la tête et le thorax de l'espèce actuelle. Le *Philonthus bituminosus* Heyd., des lignites du Siebengebirge, qui, soit dit en passant, me semble être plutôt un *Staphylinus*, à cause de son corselet fortement arrondi en arrière, offre aussi de grands rapports avec mon espèce d'Aix en Provence, mais est de taille plus faible (2).

STAPHYLINUS (OCYPUS) GERMARII Nob.

(Pl. 2, fig. 13.)

Caput rotundatum, pronoto brevius; thorax angulis anticis fere rectis, posticis rotundatis, anteriore margine parum excavato, posteriore convexo, villosus; elytra pronoto paulo latiora; abdomen villosum, lateribus parallelis, apice rotundato.

Longueur totale	18 millim.
— de la tête	3
— du thorax	5,50

---

(1) Gravensh., *Micr.*, p. 163. — Erichs., *Gen.*, p. 415. — *Astrapœus rufipes* Latr., Fairm. et Laboulb., *Faune entom. fr.*, *Coléopt.*, t. I, p. 511. — J. du Val et Migneaux, *Genera des Coléoptères d'Europe*, t. II, pl. 13, fig. 65.

(2) C. et L. von Heyden, *Käfer und Polypen* (*Palæontogr.*, XV, 1866), p. 7, pl. 1, fig. 11.

Longueur de l'abdomen........................ 9,50
  —   de la cuisse postérieure................... 2
  —   de la jambe............................ 3
  —   de l'antenne droite..................... 1,50
Largeur de la tête............................ 3,50
  —   du thorax 4
  —   de l'abdomen..... :................... 4,50
Hauteur moyenne des segments abdominaux............ 1,50

Loc. — Aix en Provence.

Coll. — Musée de Marseille : un spécimen.

L'insecte, vu en dessous, est presque entièrement décoloré ; néanmoins certaines parties, comme les pattes, le bord antérieur des yeux, les poils de la poitrine et du ventre, présentent une teinte brune qui devait être celle de l'animal vivant. Les antennes, dont on aperçoit quelques fragments en avant de la tête, étaient grenues et sans doute un peu plus longues que la tête, et entre elles il y a encore quelques vestiges des organes de manducation. La tête est relativement fort large et a les côtés légèrement convexes ; la portion médiane est saillante et bombée, les portions latérales ou les *joues* un peu déprimées, de manière à simuler deux gros yeux ovalaires (1). Le thorax, très-inégal et bosselé en dessus, n'est pas nettement séparé de l'abdomen, mais est parsemé comme lui de poils de couleur brune ; les élytres sont cachées sous l'abdomen, qu'elles dépassent un peu de chaque côté : aussi il est fort probable qu'elles étaient plus larges que le corselet. Les hanches de la paire moyenne sont d'épaisseur médiocre et contiguës, comme chez les *Ocypus;* les cuisses sont trapues, les pattes cylindriques et les tarses grêles.

Cette espèce ressemble d'une manière frappante, par la couleur de ses antennes et la conformation de la face inférieure de la tête, du thorax et de l'abdomen, à notre *Staphylinus cœsareus* de Chaud.; elle est exactement de la même grandeur

_____

(1) Si l'on regardait ces fossettes allongées comme les empreintes des yeux, on croirait avoir affaire à un *Stenus*. Cependant les *Stenus* ont en général le thorax d'une forme toute différente.

ARTICLE N° 2.

et devait avoir la même coloration variée de brun et de noirâtre.

STAPHYLINUS (OCYPUS) PROVINCIALIS Nob.

(Pl. 3, fig. 2.)

Niger; caput depressum thoracis latitudine; thorax angulis anterioribus fere rectis, posterioribus valde rotundatis; abdomen elongatum, strictum, lateribus parallelis, apice mucronato.

Longueur totale		16 à 17 millim.
—	de la tête	2
—	de l'antenne	3
—	du thorax	2
—	de l'abdomen	12 à 13
—	d'un des premiers segments	2
—	de la jambe	2
Largeur de la tête		2
—	du thorax (maxim.)	2
—	de l'abdomen au milieu	3

Loc. — Aix en Provence.

Coll. — Muséum d'histoire naturelle de Paris : un spécimen.

L'insecte est vu de côté et un peu en dessous. Il a le corps légèrement arqué et sans doute incomplet en arrière; ses pattes sont brisées, et sa coloration, qui était d'un noir intense, a disparu sur un grand nombre de points. L'antenne est un peu moins longue que la tête et le thorax réunis; elle est droite, filiforme, sans articles distincts, sauf le dernier, qui forme un petit bouton ovalaire. La tête est légèrement amincie en avant; ses côtés sont presque parallèles, ses angles antérieurs arrondis et son bord postérieur légèrement concave; sa face inférieure est fortement aplatie ou même creusée au milieu, et sur les côtés on distingue encore les deux bourrelets saillants qui existent sous la région oculaire chez beaucoup de Staphylins, et particulièrement chez *Ocypus cyaneus* Payk. Le thorax, séparé de la tête par un léger rétrécissement, est, dans sa partie antérieure, presque aussi large que la tête; les angles de devant sont un peu émoussés, les côtés parallèles, le bord postérieur fortement arrondi. Toute cette partie du corps, vue par la face nférieure, est fortement excavée. La région sur laquelle sont insérées les élytres est épaisse, et les élytres elles-mêmes, réduites à un lambeau, sont couvertes d'une fine pubescence. Le premier segment de l'abdomen est plus petit que les suivants, et le dernier, de forme conique, est incomplet à l'extrémité ; les anneaux intermédiaires sont cylindriques, nettement séparés les uns des autres par des sillons transversaux, et tous à peu près de la même hauteur ; ils ont conservé çà et là leur coloration noire, et dans les espaces décolorés ils présentent des poils fins qui se détachent sur la surface de la pierre. Les cuisses sont renflées, les jambes grêles, et il ne reste que quelques vestiges des tarses.

Par sa forme générale, sa grandeur et sa coloration, cet insecte ressemble beaucoup à une espèce très-largement répandue dans la France actuelle, *Staphylinus* (*Ocypus*) *cyaneus* Payk. (1), qui est d'un noir presque mat, avec la tête d'un bleu foncé très-luisant. Il ne diffère pas beaucoup non plus, comme forme, du *Philonthus bituminosus* des lignites du Siebengebirge, décrit et figuré par MM. C. et L. von Heyden (2), mais il est d'une taille beaucoup plus considérable.

STAPHYLINUS AQUISEXTANUS Nob.

(Pl. 2, fig. 14.)

Caput rotundatum, thorace paulo angustius, oculis prominentibus ; pronotum fere quadratum, angulis posticis retusis, coleopteris angustius ; abdomen breve, marginatum, depressum, apice rotundatum.

	mm
Longueur totale....................................	14,50 à 15
— de la tête...............................	2,10
— du thorax................................	3
— des élytres..............................	3,90
— de l'abdomen.............................	6

(1) *Monogr. Staph.*, p. 13. — Erichs., *Gen.*, p. 405.
(2) *Käfer und Polypen* (*Palæont.*, XV, 1866), p. 7, pl. 1, fig. 11.

Largeur de la tête	2,90
— du thorax	3
— des élytres	3,50
— de l'abdomen en arrière	4

Loc. — Aix en Provence.

Coll. — Muséum d'histoire naturelle : un spécimen.

L'insecte, vu par la face inférieure, est complétement décoloré. La tête est à peu près aussi large que longue, et arrondie en avant et sur les côtés, avec le bord postérieur droit ; les yeux, très-développés, sont latéraux. Le thorax, fortement bosselé, a les côtés légèrement obliques, les angles postérieurs émoussés et le bord postérieur très-légèrement arrondi. Les élytres sont un peu évasées et à peine plus longues que le corselet. L'abdomen s'élargit insensiblement jusque dans le voisinage de l'extrémité et présente six anneaux, distinctement rebordés, dont le dernier est arrondi et laisse passer quelques poils terminaux. Les cuisses antérieures sont peu visibles ; les jambes, élargies du côté des tarses, paraissent garnies de poils dans toute leur longueur, et les tarses sont indistincts. Entre les élytres on aperçoit les empreintes des hanches de la paire moyenne de pattes, dont les cuisses sont relevées sur le côté de l'insecte ; enfin, les cuisses postérieures, qui étaient également fort épaisses, ont laissé, sur les premiers anneaux de l'abdomen, des impressions très-nettes, et les jambes qui leur font suite sont un peu arquées et très-robustes.

Cet insecte fossile est un peu plus petit que *Staphylinus hirtus* Linn. (1), de l'Europe actuelle, qui a le corps large, robuste, d'un noir assez brillant, avec la tête, le thorax et la partie postérieure de l'abdomen couverts d'un duvet jaune doré et les élytres variées de gris. Il offre la même structure que cette espèce dans le thorax, les antennes et l'abdomen, mais il devait avoir les mandibules moins développées et le corps beaucoup moins velu. Il est, du reste, assez difficile de

(1) *Faune suec.*, 839. — Erichs., *Gen.*, 346. — *Staph. bombylius* de Geer. — *Genera des Coléoptères d'Europe*, II, pl. 13, fig. 64. — Fairmaire et Laboulbène, *Faune entom. fr.*, *Coléopt.*, I, p. 505.

se former une opinion à cet égard, puisque l'insecte fossile
que je viens de décrire est vu par la face inférieure, et que
la plupart des Staphylins ont le corps beaucoup plus glabre
en dessous qu'en dessus. Une autre espèce, commune de nos
jours dans toute la France, *Staphylinus cæsareus* Cederhielm (1),
présente à peu près les mêmes dimensions et les mêmes caractères dans la tête, le thorax, les élytres et l'abdomen, mais a le
corps couvert d'une pubescence très-fine ; il a la tête, le thorax
et l'abdomen d'un brun très-foncé et les élytres d'un brun roux.

STAPHYLINUS (OCYPUS) ATAVUS Nob.

(Pl. 2, fig. 8.)

Nigrescens, fusco variegatus; capite largo, quadrato ; thorace convexo,
elytris pronoto vix longioribus; abdomine elongato, postice acuminato.

Longueur totale		14 millim.
—	de la tête	1,75
—	du thorax	2
—	de l'élytre	2,25
—	de l'abdomen	8
Largeur de la tête		1,10
Hauteur du thorax		1,75
—	de l'élytre	2
—	de l'abdomen	2

Loc. — Aix en Provence.

Coll. — Muséum de Marseille : un spécimen.

L'insecte est placé sur le côté. Sa coloration est grisâtre,
nuancée de brun Van-Dyck ; on remarque en outre quelques
traits noirâtres sur le dessus de la tête, sur le dos, sur les élytres
et sur les premiers segments de l'abdomen. Les antennes ne sont
pas conservées. La tête est large, presque carrée, sans yeux distincts ; le thorax est un peu bombé en dessus, et d'une forme
assez difficile à apprécier. L'écusson est fort petit, et les élytres,
coupées carrément en arrière et à peine plus longues que le

---

(1) *Faun. Ingr.*, 335.— Erichs., *Gen.*, 378.— *Staph. erythropterus* Fabr. — Fairm.
et Laboulb., *Faun. entom. fr.*, *Coléopt.*, I, p. 507.

ARTICLE N° 2.

thorax, sont très-légèrement convexes. L'abdomen est faiblement renflé dans ses deux tiers postérieurs, et présente huit ou neuf anneaux qui se recouvrent un peu les uns les autres, et qui vont en augmentant graduellement de longueur depuis le premier jusqu'au cinquième inclusivement, pour diminuer ensuite rapidement jusqu'au dernier. Celui-ci est conique, et des appendices qui, sans doute, sortaient de son extrémité postérieure, contribuent à lui donner une forme très-acuminée en arrière.

Cet insecte ressemble, pour la forme générale, à *Ocypu pedator* Gravensh., espèce que l'on trouve aujourd'hui dans une grande partie de la France, et particulièrement dans le Midi (1); il est de la même grandeur, et offrait sans doute la même coloration noirâtre.

STAPHYLINUS PRODROMUS Heer (manuscr.).

(Pl. 2, fig. 10 et 12.)

Robustus; capite cordiformi; thorace quadrato, postice parum convexo, coleopteris vix angustiore et breviore; elytris apice amplioribus et fere in quadratum redactis; abdomine largo, compresso, postice vix attenuato.

		mm
Longueur totale		12 à 12,50
—	de la tête	2
—	du thorax	2
—	des élytres	2,50
—	de l'abdomen	6
—	de la cuisse antérieure	2
—	— moyenne	2
—	de la jambe	2,10
—	du tarse médian	1,50
—	de la cuisse postérieure	3
—	de la jambe	3
—	du tarse postérieur	2,50

(1) *Micr.*, 163. — Erichs., *Gen.*, 415. — *Astrapæus rufipes* Latr. — Fairm. et Laboulb., *Faun. entom. fr.*, Coléopt., I, p. 511. — J. du Val et Migneaux, *Genera des Coléopt. d'Europe*, II, pl. 13, fig. 65.

Largeur de la tête..............................	2 millim.
— du thorax.........................	3
— du corps au niveau des élytres...............	3,50
— du corps en arrière.......................	3,50
— de la cuisse antérieure...................	0,90 (max.)
— de la cuisse médiane	} 0,70
— de la cuisse postérieure	
Épaisseur de l'abdomen au niveau des élytres...........	3
— de l'abdomen en arrière..................	2

Loc. — Aix en Provence.

Coll. — M. Heer : un spécimen. — Muséum d'histoire naturelle de Paris : deux spécimens.

Le type de l'espèce, qui fait partie de la collection de M. Heer, est un insecte d'un brun Van-Dyck assez foncé, qui est étendu sur le dos et qui a subi une compression très-énergique : la tête est même si écrasée, qu'il est impossible d'en discerner la forme ; on voit seulement qu'elle portait en avant des mandibules assez proéminentes, qui ont laissé une trace brunâtre interrompue par une cassure de la pierre. Le même accident a sans doute emporté les antennes, dont il ne reste aucun vestige. Le thorax, large et court, est arrondi légèrement sur les côtés et un peu plus fortement en arrière, et sa longueur n'atteint pas tout à fait celle des élytres. Celles-ci sont un peu plus larges en arrière qu'en avant, coupées obliquement à la base et presque carrément au sommet, les angles antérieurs et postérieurs externes étant toutefois légèrement émoussés ; les deux ailes, cornées, réunies, sont un peu plus larges que le thorax. On distingue dans l'abdomen six segments, dont le premier est très-court et en partie recouvert par les élytres, et dont le dernier, un peu enfoncé sous l'anneau précédent, se termine par une ligne irrégulière au delà de laquelle des taches brunâtres indiquent ces poils terminaux si fréquents chez les Staphylins. Les anneaux intermédiaires sont tous à peu près de la même hauteur, et vont en augmentant de longueur jusque vers le milieu de l'abdomen, pour décroître ensuite insensiblement ; ils sont distinctement rebordés et à peine renflés latéralement. Les cuisses antérieures sont plus courtes et plus épaisses que les cuisses médianes et postérieures ; les jambes sont toutes légèrement évasées du côté des tarses, et semblent (au moins dans la paire médiane) garnies de poils sur toute leur longueur et munies d'une petite épine à l'extrémité, comme chez beaucoup de Staphylins de l'Europe actuelle. Enfin, les tarses sont composés de cinq articles, de forme légèrement conique, dont le premier est très-allongé, les trois suivants très-courts, et le dernier assez grêle et terminé par un double crochet.

La collection du Muséum d'histoire naturelle de Paris renferme deux spécimens que je rapporte sans hésitation à la même espèce. Ils sont presque entièrement décolorés et généralement moins bien conservés que le spécimen que je viens de décrire ; néanmoins, comme ils sont vus de profil, avec la tête légèrement tordue, ils montrent certaines particularités qu'il était impossible de constater dans l'individu précédent. La tête est élargie et coupée carrément ou même un peu échancrée en arrière ; elle se termine en avant par une portion rétrécie et arrondie correspondant aux mandibules. L'œil est indiqué par un point saillant sur le côté de la tête. Quant aux antennes, on n'en voit plus aucun vestige. Les palpes, au contraire, ont laissé, sur un des spécimens, une trace brune dans laquelle on reconnaît quelques articles, et, entre autres, l'article terminal, qui est assez gros et de forme ovoïde, comme dans *Staphylinus* (*Ocypus*) *pedator* Gravensh. La partie centrale de la tête est déprimée : on sait en effet que, dans les Staphylins proprement dits, les parties postérieures et latérales de la tête sont les seules qui soient fortement renflées, les portions antérieures et médianes étant excavées en dessous. Le thorax est très-peu distinct ; on reconnaît cependant qu'il était arrondi dans la région postérieure et qu'il s'abaissait sur les côtés dans le voisinage de la tête. Les élytres n'ont laissé également qu'une empreinte assez confuse, et les anneaux de l'abdomen se voient à peine dans une dépression brunâtre, de forme allongée, rebordée en dessus et en dessous, et amincie en arrière. Les cuisses, les jambes et les tarses présentent la même structure que dans le spécimen de la collection de M. Heer.

Il n'avait pas encore été publié de description de cette espèce, que M. Heer nomme *Staphylinus prodromus*, et qu'il ne faut pas confondre avec l'individu de taille plus faible, décrit et figuré par le même auteur sous le nom de *Stenus prodromus* (1). Comme grandeur, comme forme et peut-être comme coloration, elle se rapproche du *Staphylinus chalcocephalus* Fabr. (2), espèce fort répandue de nos jours en France, en Allemagne et en Suisse.

STAPHYLINUS PRISCUS Nob.

(Pl. 2, fig. 11.)

Niger; capite largo, depresso; thorace brevi, capitis latitudine; elytris thorace longioribus, postice parum rotundatis; abdomine crasso, apice vix acuminato.

		mm
Longueur totale		9,75
— de la tête		1,50
— du thorax		1,50
— de l'élytre		1,75
— de l'abdomen		5
Largeur de la tête		1,25
— du thorax		1,25
— de l'élytre		1
— de l'abdomen		2 à 2,10

Loc. — Aix en Provence.

Coll. — Musée de Marseille : un spécimen. — Muséum d'histoire naturelle de Paris : un spécimen.

Dans les deux échantillons, l'insecte est vu de profil et a les élytres un peu soulevées, et les pieds disposés comme dans la marche, mais à demi-effacés. Sa couleur originelle, qui devait être noire ou brune très-foncée, a presque entièrement dis-

(1) *Fossile Insekten von Aix* (Vierteljahrschrift der Naturforsch. Gesellsch. in Zürich, I Jahrg., 1 Heft), p. 14 et 15, pl. 1, fig. 13.

(2) Fabr., *Syst. Eleut.*, II, 593.— Erichs., *Gen.*, 381. — *Emus carinthiacus* Lac. —Fairm. et Laboulb., *Faun. entom. fr.*, Coleopt., 1, p. 508.— Cette espèce est noire, avec la tête et le corselet bronzés et fortement ponctués, les élytres rousses et les pattes noires.

ARTICLE N° 2.

paru. La tête est large, aplatie, à peine amincie en avant et arrondie sur les côtés, où les yeux sont indiqués par deux fortes saillies ovalaires. Le thorax est un peu bombé, très-court et aussi large que la tête; sa forme ne peut être parfaitement appréciée, cependant il me semble qu'il est arrondi en arrière. Les élytres figurent deux parallélogrammes dont le bord postérieur serait arrondi et les angles antérieurs externes légèrement effacés; leur couleur est très-foncée. L'abdomen, faiblement atténué à l'extrémité, est un peu plus allongé dans le spécimen du Muséum d'histoire naturelle de Paris que dans l'insecte du musée de Marseille; les traces des segments abdominaux sont aussi mieux indiqués dans le premier individu que dans le deuxième, et les pattes sont mieux conservées : elles sont très-courtes, avec des cuisses cylindriques et légèrement renflées à l'extrémité.

Ces deux spécimens ont la grandeur de *Staphylinus murinus* L. (1), mais ils devaient être d'une couleur encore plus foncée. L'espèce actuelle, commune dans toute la France, a 9 à 12 millimètres de long; son corps est noir, couvert d'une pubescence dorée, et ses élytres sont légèrement grisâtres.

DEUXIÈME GENRE. — PHILONTHUS.

Curtis, *Brit. entom.*, XIII, pl. 610. — Erichs., *Gen. et Spec. Staph.*, 426. — CAFIUS Curt., *Brit. entom.*, VII, pl. 322. — Steph., *Ill. of Brit. entom.*, V, 226. — BISNIUS Steph., *loc. cit.*, 247. — GABRIUS Steph., *loc. cit.*, 249. — REMUS Holme, *Trans. Entom. Soc. Lond.*, II, 1, 64.

Caractères (2). — Corps plus ou moins allongé. Tête tantôt orbiculaire, tantôt ovale, étranglée à sa base en un cou assez large et court. Labre transverse, profondément incisé au milieu en avant. Mandibules arquées en faux, très-aiguës et dentées du côté interne, vers le milieu. Mâchoires découpées en deux lobes : l'externe petit, de forme conique dans sa portion basi-

(1) Linn., *Faun. suec.*, 840. — Erichs., *Gen.*, 361.
(2) J. du Val et Migneaux, *Genera des Coléopt. d'Europe*, II, p. 35 et 36.

laire; l'interne couvert en dedans, sur toute son étendue, de poils roides et allongés. Palpes maxillaires longs, avec le troisième article un peu plus court que le deuxième et de même épaisseur; le dernier plus étroit, généralement un peu plus long que le troisième, quelquefois acuminé, d'autres fois en forme de cône tronqué. Menton court et transverse. Languette courte, assez large et arrondie en avant, plus courte que les paraglosses, qui sont divergents et ciliés intérieurement. Palpes labiaux composés de trois articles qui vont en augmentant graduellement de longueur, et dont le dernier ressemble à l'article terminal des palpes maxillaires. Antennes de longueur variable, peu ou point épaissies au sommet, avec le premier article légèrement allongé et le dernier plus ou moins tronqué à l'extrémité et acuminé inférieurement. Pronotum en général un peu plus étroit que les élytres, arrondi à la base, tronqué au sommet, souvent presque quadrangulaire. Élytres tronquées obliquement en arrière. Abdomen à bords presque parallèles. Hanches intermédiaires tantôt écartées, tantôt rapprochées l'une de l'autre. Jambes épineuses (au moins celles de la paire postérieure). Tarses antérieurs quelquefois dilatés dans les mâles seulement, d'autres fois élargis dans les deux sexes; tarses postérieurs ayant leur premier article plus long que les suivants.

Les *Philonthus* habitent les régions chaudes et tempérées et préfèrent les endroits humides : on les trouve souvent réunis en grand nombre dans les matières fécales, dans les mousses et dans les détritus marécageux. Ils ont des mœurs très-carnassières et dévorent avec avidité de petits Coléoptères et même des insectes de leur propre famille. Ce genre renferme dans la nature actuelle plus de 200 espèces, dont la moitié au moins appartient à l'Europe; les autres se rencontrent en Amérique, en Afrique, en Asie et en Australie (1). M. A. Fauvel en indique 9 espèces au Chili, et M. Kraatz en décrit 39 des Indes orientales (2).

(1) Fairm. et Laboulb., *Faun. entom. fr.*, Coléopt., 1, p. 513. — De Marseul, *Catalogue des Coléopt. d'Europe*, 1863, p. 68, 69 et suiv.
(2) A. Fauvel, *Notices entomologiques*, 4e partie, *Faune du Chili*, p. 93 et suiv.;
ARTICLE N° 2.

Le même type entomologique a été signalé dans l'ambre de Prusse par M. Berendt (1), dans les gypses d'Aix en Provence par M. O. Heer, et dans les lignites du Siebengebirge par MM. C. et L. von Heyden (2).

La larve d'une espèce actuelle, *Philonthus æneus* Rossi, a été décrite et figurée par M. Bouché (3) : elle se rencontre en automne et en hiver dans les débris végétaux et animaux en décomposition, où elle fait la chasse aux larves de Diptères et à quelques autres insectes. Il est probable que les larves des espèces fossiles de *Philonthus* avaient, dans leur premier état, des habitudes analogues, et se nourrissaient principalement des larves des Diptères, qui sont si largement répandus dans les lignites du Rhin et dans les marnes gypsifères de la Provence.

PHILONTHUS BOJERI Heer (4).

(Pl. 3, fig. 6.)

Ph. linearis, capite ovali, pronoto subquadrato, abdomine lanceolato, fusco-nigro.

Longueur totale...................... 3 ½ lignes = 7mm,7

Loc. — Aix en Provence.

Coll. — M. Murchison.

« Ce petit insecte, peu distinct, est de la taille de *Philonthus* » *varians* (5), mais trop incomplet pour se prêter à des compa- » raisons précises. La tête est ovale, et les yeux, fort petits, sont

5e partie, *Catalogue des Staph. du Chili*, p. 59. — Kraatz, *Die Staphylinenfauna von Ost-Indien (Archiv. für Naturgesch.*, 1859), p. 78 et suiv.

(1) *Bernstein*, I, p. 56.

(2) *Käfer und Polypen (Palæont.*, XV, 1866), p. 7, pl. 1, fig. 11.

(3) *Naturgesch. d. Insekt.*, I, p. 179, pl. 7, fig. 29 à 41.

(4) *Fossile Insekten von Aix (Vierteljahrschr. der Naturf. Gesellsch.*, 1 Jahrg., 1 Heft.), p. 17, pl. 1, fig. 4.

(5) Le *Ph. varians* Fabr. (*Syst.* I, II, 524, 22 ; *Staphylinus.* Erichs., *Gen.*, 470 ; *Staph. opacus* Grav., *Mon.*, 26, 36) dont parle M. Heer est une espèce de 5 à 7 millimètres de long, de couleur noire, avec la tête petite, le corselet à peine moins long que large et fortement rétréci en avant, les élytres un peu plus longues que le corselet,

» de couleur noire. Le prothorax est tronqué en avant et à la
» base ; il paraît avoir été quadrangulaire. Les élytres sont à
» peine plus longues que le corselet, mais si fortement écrasées,
» qu'il est impossible d'apprécier leur forme. L'aile membra-
» neuse arrive presque au niveau de l'extrémité de l'abdomen ;
» on aperçoit à sa surface la nervure scapulaire. L'abdomen
» est lancéolé et présente quelques articles peu distincts ; il est
» d'un brun noirâtre. »

PHILONTHUS MARCELLI Heer (1).

(Pl. 5, fig. 15.)

Ph. pronoto lateribus rotundato, coleopteris quadratis ; abdomine conico, pallido, segmento penultimo nigricante.

Longueur totale.................... 3 ¼ lignes = $8^{mm},25$

Cette espèce est facile à distinguer de la précédente ; elle est beaucoup moins allongée et a les côtés du prothorax arrondis.

« La tête est fortement écrasée, comme le reste du corps de
» l'insecte ; elle est assez grosse, proéminente, et les yeux sont
» petits. Les mâchoires sont fortes et saillantes. Le prothorax
» est arrondi sur les côtés. Les élytres sont quadrangulaires, à
» peine plus longues que le corselet. Les pattes postérieures sont
» les seules qui subsistent. Les cuisses dépassent légèrement les
» bords de l'abdomen et s'articulent avec des jambes fort grêles.
» L'abdomen est conique, composé de sept segments bien sé-
» parés les uns des autres, et présente à l'extrémité deux petits
» stylets. »

Plusieurs des espèces actuelles offrent des rapports avec cet insecte fossile dans les dimensions relatives et la forme du thorax

finement ponctuées, pubescentes, de même que l'abdomen, et traversées par des bandes d'un rougeâtre obscur (voy. Fairm. et Laboulb., *Faun. entom. fr.*, *Coléopt.*, 1, p. 524, 525). On la trouve non-seulement dans toute la France, mais dans plusieurs autres régions du globe, et particulièrement en Algérie et au Chili (voy. A. Fauvel, *Notices entomologiques*, 4ᵉ partie, *Staphyl. du Chili*, p. 96).

(1) *Fossile Insekten*, p. 17 et 18, pl. 1, fig. 5.

ARTICLE N° 2.

et des élytres. Tels sont *Philonthus laminatus* Creutz. (1), Staphylinide d'un noir brillant, avec la tête et le corselet bronzés, les élytres vertes, très-ponctuées, pubescentes et l'abdomen peu ponctué et presque glabre ; *Ph. œneus* Rossi (2), insecte à peu près de la même couleur que le précédent et ayant comme lui les élytres et le corselet ponctués et pubescents ; *Phil. politus* Fabr. (3), espèce dont la tête est ovalaire, moins large que le corselet, le thorax arrondi sur les côtés, et les élytres un peu plus longues que le thorax, etc.

Troisième Genre. — QUEDIUS.

Steph., *Illustr. of Brit. Entom.*, V, 215. — Erichs., *Gen. et Spec. Staph.*, p. 523. — Microsaurus Steph., *loc. cit.*, 435. — Raphirus Steph., *loc. cit.*, 241.

Caractères (4). — Les *Quedius* diffèrent des *Philonthus* par leur tête plus étroite, mais fortement resserrée à la base, par leur pronotum plus large, plus arrondi sur les côtés, plutôt orbiculaire que carré, par leur abdomen ordinairement rétréci en arrière. Ils ont en outre une lame triangulaire cornée ou membraneuse placée derrière les hanches antérieures et recouvrant les stigmates prothoraciques ; les hanches intermédiaires sont toujours contiguës et les tarses antérieurs dilatés, au moins chez les mâles.

Ces insectes ont à peu près les mêmes mœurs que les *Philnthus*. Une espèce (*Quedius brevis* Erichs.) a été rencontrée dans les demeures de la Fourmi rousse. Les larves du *Quedius fulgidus* Fabr. et du *Q. fuliginosus* Grav. ont été trouvées en hiver

---

(1) *Entom. Vers.*, 128 (*Staphylinus*).— Erichs., *Gen.*, 430.—Fairmaire et Laboulbène, *Faune entomologique française, Coléopt.*, 1, p. 514. — Cette espèce se trouve en Alsace, en Bourgogne, en Auvergne, dans les Pyrénées, dans le Caucase, etc.

(2) *Faune élr.*, I, p. 249 (*Staphylinus*). — Erichs., *Gen.*, 437. — *S. metallicus* Lac. — Ce Staphylinide est très-commun dans toute la France et se rencontre dans plusieurs autres parties de l'Europe et jusque dans le Caucase.

(3) *Syst. entom.*, 266 (*Staphylinus*).— Erichs., *Gen.*, 443. — Cette espèce est très-répandue dans toute l'Europe.

(4) J. du Val et Migneaux, *Genera des Coléoptères d'Europe*, t. II, p. 37.

par MM. Bouché et Waterhouse dans les débris de végétaux putréfiés, où elles se nourrissaient de larves de Diptères et de la chair de petits animaux (1) ; celle du *Q. scintillans* Grav. a été rencontrée au mois de janvier par M. Perris, dans les galeries de l'*Hylurgus minor* (2).

On connaît aujourd'hui une centaine d'espèces de *Quedius*, dont la moitié environ est propre à l'Europe et au bassin méditerranéen ; les autres habitent l'Amérique (particulièrement l'Amérique du Sud), l'Asie et la Nouvelle-Zélande (3).

Une espèce du même genre a été signalée par M. Berendt dans l'ambre de Prusse (4).

QUEDIUS REYNESII Nob.

(Pl. 3, fig. 3, et pl. 6, fig. 15.)

Piceo-rufus, nitidus, antennis fuscis ; caput thorace angustius, subovatum ; thorace postice valde dilatatum et rotundatum ; elytra pronoto longiora et paulo latiora, apice oblique truncata ; abdomen depressum, pubescens, postice parum acuminatum.

Longueur totale		7 millim.
—	de l'antenne	1,25
—	de la tête	1
—	du thorax	1
—	des élytres	1,25
—	de l'abdomen	3,75
—	des stylets	0,75
—	de l'aile membraneuse	4,10
—	de la cuisse postérieure	1,10

(1) Bouché, *Naturgesch. der Insekten*, I, p. 180, pl. 8, fig. 1. — Waterhouse, *Trans. of the Entom. Soc. of London*, 1836, p. 32, pl. 3, fig. 2.

(2) Perris, *Ann. Soc. entom. de France*, 1853, p. 570, pl. 17, fig. 37-43. — *Insectes du Pin maritime*, I, p. 48, pl. 17, fig. 37-43.

(3) Fairmaire et Laboulbène, *Faune entomol. française, Coléopt.*, I, p. 534 et suiv. — De Marseul, *Catalogue des Coléopt. d'Europe*, p. 66 et 67. — A. Fauvel, *Notices entomologiques*, 4ᵉ partie, p. 88-92, et 5ᵉ partie, p. 59. — Kraatz, *Die Staphylinenfauna von Ost-Indien* (*Archiv. für Naturgesch.*, 1859, p. 66 et 67.

(4) Berendt, *Bernstein*, t. I, p. 56.

ARTICLE Nº 2.

Largeur de la tête.............................. 1,10
— du thorax (maxim.)...................... 1,50
— de l'abdomen........................... 1,75

Loc. — Aix en Provence.

Coll. — Muséum de Marseille : un spécimen. — Musée de Lyon : un spécimen (n° 17).

L'insecte est vu en dessus. Le corps est d'un brun noirâtre uniforme et brillant, et les antennes, les pattes et les ailes sont d'une nuance plus claire. La tête, à demi décolorée, est amincie en avant, du côté des antennes, et élargie en arrière; les yeux ont disparu. Les antennes, admirablement conservées, sont insérées tout près de la bouche; elles se composent d'une portion basilaire, pubescente, sans traces distinctes de segmentation, et de huit articles terminaux, dont les sept premiers sont très-petits, moniliformes, et dont le dernier est ovalaire et plus grand que les autres. A côté de l'antenne du côté gauche on aperçoit un fragment du palpe, qui est garni de poils fins. Le thorax, assez étroit en avant et à peine plus large que la tête, s'arrondit sur les côtés et s'élargit fortement en arrière; son bord postérieur est régulièrement convexe, et sa surface devait être parfaitement polie et complétement glabre. L'écusson a disparu. Les élytres sont luisantes comme le thorax et du même brun chatoyant; leurs bords antérieurs et postérieurs sont légèrement obliques, leurs bords externes parallèles à la ligne suturale ou à peine divergents, et sur les côtés on aperçoit quelques poils allongés. L'abdomen au contraire présente sur plusieurs points des poils fins et serrés; cette partie du corps est de forme à peu près conique, la base étant large et l'extrémité postérieure fortement rétrécie : les anneaux sont au nombre de huit ou de neuf, et leur coloration est aussi foncée et aussi brillante que celle du thorax; du dernier on voit sortir deux appendices grêles, couverts de poils noirs et très-allongés, qui dépendent de l'armure génitale et qu'on trouve particulièrement développés dans les *Quedius* de la nature actuelle. Les ailes, membraneuses, à demi déployées, dépassent légèrement l'extrémité de l'abdomen; elles sont d'un brun fauve, avec des nervures longitudinales plus

foncées. Les pattes ont en partie disparu ; celles de la paire postérieure sont repliées sous l'abdomen, et l'on n'aperçoit que les
cuisses et une portion des jambes, qui sont grêles, de couleur
fauve et couvertes de poils. Contre la cuisse du côté gauche
est appliqué un petit Mycétophilide de couleur noire, qui fait
paraître cette partie beaucoup plus foncée qu'elle ne l'est en
réalité.

Le musée de Lyon renferme un Staphylinide que je n'hésite
pas à rapporter à la même espèce que le précédent, quoiqu'il
laisse beaucoup plus à désirer sous le rapport de la conservation.
Dans cet exemplaire, comme dans celui du musée de Marseille,
une des antennes paraît avoir été ramenée en arrière, et l'on distingue quelques vestiges de sa portion terminale le long du corselet. La tête, un peu amincie en avant, augmente de diamètre
en arrière, et ses angles postérieurs sont arrondis. Le thorax,
qui, dans sa portion antérieure, est aussi étroit que la tête,
s'élargit considérablement au delà du milieu et se termine en
arrière par une portion arrondie ; les côtés sont aussi légèrement
convexes ; quant au bord antérieur, il est droit ou à péine
excavé. Les élytres, mieux dessinées que dans l'échantillon précédent, sont de forme un peu évasée, avec les bords externes
arrondis, les bords antérieurs et postérieurs légèrement obliques
et très-légèrement convexes. L'abdomen, qui a subi sans doute
une compression moins forte que dans le premier individu, est
moins aplati, et par conséquent moins large au milieu ; il est
également aminci et légèrement arrondi à l'extrémité : on y
reconnaît les traces de quelques anneaux, et, de chaque côté,
on aperçoit des lignes longitudinales brunâtres correspondant
aux nervures des ailes membraneuses qui se sont déployées au
moment de la mort. Les appendices terminaux de l'abdomen sont peu visibles, et les pattes font complétement défaut.
La coloration qui subsiste encore sur plusieurs points de la
tête, du thorax et de l'abdomen est d'un brun très-intense,
presque noir.

Par la structure des antennes, la forme et les dimensions du
thorax, des élytres et de l'abdomen, par la coloration brune

très-foncée et très-brillante des téguments, et même par la présence de deux stylets terminaux bien développés et couverts de poils, ces insectes se rapportent exactement au genre *Quedius*. Ils ressemblent beaucoup à *Quedius impressus* Panz. (1), espèce fort commune de nos jours dans toute la France et sur tout le pourtour du bassin méditerranéen. Ils ont comme elle le corps noir, la tête, le thorax et l'écusson très-brillants, les élytres brunâtres et les pattes brunes. Dans les uns comme dans l'autre, la tête est moins large que le corselet, presque ovale, le thorax à peine moins large que les élytres, un peu moins long que large, arrondi sur les côtés et en arrière, et les élytres glabres sur le dos; mais dans l'espèce actuelle, les antennes sont noires avec l'extrémité brunâtre, tandis que dans l'espèce fossile ces mêmes parties sont d'une nuance fauve, comme dans *Quedius rufipes* Grav. (2).

QUEDIUS LORTETII Nob.

(Pl. 3, fig. 4 et 4ª.)

Nigrescens; pedibus fuscis, antennis stylisque fulvis; caput cordiformi, thorace angustius; pronotum coleopteris valde angustius, latitudine brevius, antrorsum constrictum, angulis posticis rotundatis; abdomen depressum, postice attenuatum.

Longueur totale	9 millim.
— de l'antenne	1,50
— de la tête	1,10
— du thorax	1,10
— des élytres	1,75
— des ailes membraneuses	4
— de l'abdomen	4,50
— des stylets	1,10

(1) *Faun. Germ.*, 36 (*Staphylinus*). — Erichs., *Gen.*, 530. — Fairm. et Laboulb., *Faune entom. fr.*, *Coléopt.*, I, p. 535 et 536.

(2) *Micr.*, 171 (*Staphylinus*). — Erichs., *Gen.*, 543. — *Emus attenuatus* Lac. — Fairm. et Laboulb., *Faun. entom. fr.*, *Coléopt.*, I, p. 537.

Largeur de la tête	....	1,10
— du thorax (maxim.)	....	1,60
— des deux élytres (maxim.)	....	2,10
— de l'abdomen en avant	....	2,10
— — en arrière	....	0,90

Loc. — Aix en Provence.

Coll. — Musée de Lyon : un spécimen (n° 8).

L'insecte, couché sur le dos, a les élytres un peu soulevées et les ailes membraneuses déployées de chaque côté de l'abdomen. Sa coloration générale est d'un brun sépia foncé, avec les pattes rougeâtres, les ailes, les stylets et les antennes d'un brun assez clair. Les antennes, un peu plus longues que la tête, sont très-délicates ; on ne distingue toutefois que les neuf articles termi-naux, qui sont petits, arrondis sur les côtés et qui vont en gros-sissant légèrement du côté de l'extrémité ; le dernier forme un bouton ovalaire, un peu effilé au sommet : ils paraissent tous plus ou moins velus. La tête est assez mal conservée, et se con-fond en arrière avec la partie antérieure du thorax, dont elle a précisément la largeur. Le thorax, divisé par un sillon médian et longitudinal en deux bourrelets résultant sans doute de la saillie des hanches de la première paire, a les côtés à peine con-vexes et les angles postérieurs arrondis ; il s'élargit fortement du côté de l'abdomen. Les élytres sont larges, arrondies sur les côtés et aux angles externes, coupées un peu obliquement, fai-blement convexes au sommet et légèrement amincies du côté de leur insertion. L'abdomen est déprimé, à peine plus étroit que les élytres à la base et fortement rétréci du côté du sommet, qui est arrondi : les anneaux sont au nombre de sept ; ils sont tous couverts de poils et ont (au moins les premiers) leurs côtés rebordés et légèrement convexes. Le premier est extrêmement court ou plutôt caché en grande partie par les élytres, et le der-nier, très-petit et de forme conique, se termine par un bouquet de poils et laisse saillir de son extrémité deux stylets bruns gar-nis de poils noirâtres. Les pattes médianes et antérieures, dont il reste quelques vestiges, devaient être grêles et allongées. Enfin, les ailes membraneuses, qui sont à demi déployées de chaque côté du corps, ont le bord costal assez fortement convexe, le sommet arrondi, et leur surface présente quelques plis longitudinaux divergents correspondant aux nervures.

Cette espèce, sensiblement plus grande que la précédente, a la taille du *Q. picipes* Maun. (1), que l'on trouve aujourd'hui dans une grande partie de la France, et devait avoir à peu près la même coloration; seulement, dans l'espèce actuelle, le corselet est de la longueur et de la largeur des élytres et aussi long que large, tandis que dans l'espèce fossile le corselet est plus court et plus étroit que les élytres et plus large que long. Ce spécimen se rapproche aussi d'une autre espèce française, *Q. brevis* Erichs. (2), par la forme du thorax et la brièveté de cette partie du corps par rapport aux élytres, mais il en diffère essentiellement par sa taille, beaucoup plus considérable, et par ses élytres de couleur noirâtre et *plus larges* que le corselet. En outre, dans l'espèce d'Aix en Provence, on n'aperçoit aucune trace des ponctuations fixes qui se remarquent sur les élytres des deux espèces actuelles, et l'abdomen est beaucoup plus conique, rappelant par sa forme celui de *Q. maurorufus* Grav. (3) et de *Q. semi-obscurus* Marsh. (4).

Je dédie cette espèce à M. le docteur Lortet, le savant directeur du musée de Lyon.

(1) *Brachél.*, 26 (*Staphylinus*).—Fairm. et Laboulb., *Faune entom. franç., Coléopt.*, I, p. 543. — Cette espèce se rencontre également en Allemagne, en Grèce et en Algérie.

(2) *Gen.*, 535.—Fairm. et Laboulb., *Faune entom. franç., Coléopt.*, I, p. 535.— Cette espèce habite avec les *Formica rufa;* on la trouve aux environs de Paris, en Lorraine, en Alsace, en Bourgogne, en Suisse et en Allemagne.

(3) *Monogr.*, 56 (*Staphylinus*). — Erichs., *Gen.*, 512. — *Emus præcox* Lac. — Fairm. et Laboulb., *Faune fr.*, p. 544 (d'Europe et d'Algérie).

(4) *Entom. brit.*, 512 (*Staphylinus*). — Erichs., *Gen.*, 544.— Fairm. et Laboulb. *Faune fr.*, p. 538 (assez rare, d'Europe).

Quatrième Groupe. — ALÉOCHARITES.

ALEOCHARIDES Mann., *Précis de la famille des Brachélytres.* — ALEOCHARINI Erichs.,
Gen. et Spec. Staphyl., 26. — ALEOCHARII Fairm. et Laboulb., *Faun. fr.*, 1, 370.
— ALEOCHARINI, Fauvel, *Faune. fr., Coléopt.*, III, 13.

Les Aléocharites ont le labre entier, sans bordure membraneuse, les mandibules non saillantes ; les palpes maxillaires formés de quatre articles, dont le dernier est petit et subulé ; les
antennes insérées sur le front, au bord interne des yeux et composées de dix ou onze articles, dont les trois premiers sont un
peu plus longs que les autres. Ils n'ont point d'ocelles. Leur
corselet est souvent sillonné longitudinalement, et leur prosternum offre un espace membraneux derrière les hanches. Les
élytres, de la longueur de la poitrine, laissent l'abdomen presque
entièrement à découvert. L'abdomen est rebordé latéralement
et formé de six segments, dont le dernier est ordinairement
caché. Les hanches antérieures sont coniques, saillantes, et les
hanches postérieures transverses. Les pattes sont grêles, et les
tarses antérieurs ne sont jamais dilatés (1).

Section des ALÉOCHARITES propres.

Ces insectes ont le lobe interne des mâchoires membraneux
et garni en dedans d'épines ou de poils allongés, les deuxième
et troisième articles des palpes maxillaires un peu allongés, le
quatrième ordinairement court et subulé, et les yeux peu saillants (2).

PREMIER GENRE. — HYGRONOMA.

Erichs., *Käf. d. Mark.*, I, 312; *Gen. et Spec. Staphyl.*, 79. — Kraatz, *Naturg. der
Insekt. Deutsch.*, II, 340. — HOMALOTA, Curtis, *Brit. Entom.*, X, 514.

Caractères (3). — Corps allongé, déprimé, très-étroit, à bords

(1) J. du Val et Migneaux, *Gen. des Coléopt. d'Europe*, t. II, p. 2 et 3. — Fairm.
et Laboulb., *Faune entom. fr., Coléopt.*, I, p. 370.
(2) J. du Val et Migneaux, *ibid.*, p. 3. — Fairm. et Laboulb., *ibid.*, p. 370.
(3) J. du Val et Migneaux, *ibid.*, p. 17. — Fairm. et Laboulb., *ibid.*, p. 391.
ARTICLE N° 2.

parallèles. Tête saillante, presque aussi large que le corselet, rétrécie en arrière. Labre transverse, tronqué en avant. Mandibules inégales, pourvues, vers le milieu du bord interne, d'une dent obtuse dans l'une, saillante dans l'autre. Mâchoires à lobe interne garni intérieurement, du côté du sommet, de petites épines. Palpes maxillaires assez courts, formés de quatre articles dont le troisième est un peu épaissi et plus long que le second, et le quatrième petit, atténué vers le sommet. Palpes labiaux composés de trois articles, dont le premier est renflé, le second plus étroit et plus court, et le dernier encore plus grêle et un peu plus long que le second. Menton échancré légèrement en avant. Languette courte, bifide, avec les paraglosses non saillants. Antennes allongées et légèrement épaissies vers le sommet. Corselet presque carré, à peine rétréci en arrière, et à peu près de la largeur des élytres, qui sont coupées carrément au sommet. Abdomen étroit, à bords parallèles. Tarses courts, déprimés, avec le premier article plus long que les suivants, dans ceux de la dernière paire.

Ce genre n'a pas encore été signalé à l'état fossile. Dans la nature actuelle, il n'est représenté que par une seule espèce qui a été détachée par M. Erichson du genre *Aleochara* de Gravenshorst (1) : c'est *Hygronoma dimidiata* Grav., petit Staphylinide au corps étroit et allongé, qui se rencontre en Angleterre, en Allemagne, en France et en Suisse, et qui se plaît dans les endroits humides, sous les feuilles, au bord des eaux (2).

HYGRONOMA DELETA Nob.

(Planche 3, fig. 5.)

Pulla; corpore exiguo, gracili, postice rotundato ; capite cordiformi, thorace basi constricto, elytris abdomine latioribus.

	mm
Longueur totale..	2,30
— de la tête....................................	0,40
— du thorax..................................	0,40

(1) Voy. Erichs., *Gen. et Spec. Staphyl.*, p. 79.
(2) J. du Val et Migneaux, *Genera des Coléoptères*, t. II, p. 17, et pl. 2, fig. 10.
— Fairmaire et Laboulbène, *Faune franç.*, p. 391.

Longueur des élytres	0,30
— de l'abdomen	1,20
Largeur de la tête	0,30
— du thorax	0,30
— des élytres	0,40
— de l'abdomen	0,60

Loc. — Aix en Provence.

Coll. — Musée de Lyon : un spécimen (n° 31).

Ce spécimen, qui se trouve sur la même plaque qu'un Hémiptère et que deux petits Curculionides, est dans un fort mauvais état de conservation. La tête est très-écrasée ; elle paraît amincie en avant et présente quelques vestiges des organes de manducation ; sur le côté, on aperçoit une tache brunâtre, sans doute accidentelle, et un peu plus haut les derniers articles des antennes ; l'article terminal est assez gros, piriforme, et les deux précédents sont légèrement évasés en forme de cupule. Le thorax, rejeté sur le côté de la tête, dont il couvre en partie la portion basilaire, est en forme de bouclier, arrondi à sa partie inférieure. Enfin les élytres, brisées en plusieurs morceaux, paraissent avoir été plus larges que le thorax et que l'abdomen. Celui-ci se distingue par sa forme allongée ; ses bords sont à peu près parallèles, et son extrémité postérieure est régulièrement arrondie : on distingue à sa surface trois ou quatre anneaux seulement, les derniers étant effacés. Sur toute cette partie du corps, de même que sur la tête, le thorax et les élytres, il y a encore çà et là des restes de la coloration primitive, qui était d'un brun Van-Dyck assez foncé. Les antennes étaient de la même couleur, mais d'une teinte plus claire. Par la structure de l'extrémité des antennes, par la forme de la tête, du thorax et surtout de l'abdomen, ainsi que par l'exiguïté de la taille, cette espèce rappelle beaucoup un petit Staphylinide fort commun actuellement dans nos contrées, au bord des étangs, l'*Hygronoma dimidiata* Grav.

QUATRIÈME FAMILLE. — SCYDMÉNIDES.

Leach, *Edinb. Encycl.*, 1815. — Lacord., *Gen.*, II, 183. — SCYDMÆNI Redt.,
Faun. Austr., 57. — PALPEURS, Latr., *Hist. nat. Ins.*, IX, 186.

Les Scydménides ont les mâchoires à deux lobes, la languette
bilobée ou échancrée antérieurement, les palpes maxillaires
très-longs, formés de quatre articles, et les palpes labiaux composés de trois articles seulement. Leurs antennes, de onze articles, sont le plus souvent en massue ou graduellement épaissies et généralement un peu moniliformes. Leurs élytres sont
ordinairement entières, rarement un peu tronquées au sommet.
Leur abdomen présente six segments. Leurs hanches antérieures
sont contiguës, coniques, très-saillantes ; leurs hanches postérieures très-écartées et non transverses. Enfin, tous leurs tarses
ont cinq articles (1).

Ces insectes ont été placés par un certain nombre d'auteurs
dans la même tribu que les Psélaphides, auxquels ils ressemblent par la forme générale du corps et la structure des pièces
buccales et des antennes ; ils s'en distinguent cependant par
leurs tarses de cinq articles et par leurs élytres, qui sont aussi
longues que l'abdomen (2). D'un autre côté, les Scydménides
ont des affinités incontestables avec les Silphides, dont ils diffèrent cependant par la longueur des palpes maxillaires et la forme
des hanches postérieures. Ils se trouvent en général dans les
détritus végétaux, dans la mousse, parfois sous l'écorce des
arbres, et quelques espèces se rencontrent dans les fourmilières.
Ces petits animaux ont été étudiés particulièrement par Latreille (3), par Müller et Kunze (4), et par Schaum (5).

(1) J. du Val et Migneaux, *Genera des Coléoptères d'Europe*, t. I, p. 119.
(2) Blanchard, *Hist. des Insectes*, 1845, t. I, p. 309 et 310.
(3) *Genera Crust. et Ins.*, t. II, p. 183 et 281.
(4) *Monogr. der Ameisenkäfer* (*Schrift. d. Naturforsch. Gesellsch. in Leipzig*, 1822,
t. I, p. 175-204).
(5) *Symbolæ ad monographiam Scydmænorum insectorum genus*, 1841.—*Nachträge
zur Monographie der Gattung* Scydmænus (*Germar's Zeitschr. für Entomol.*, 1844,
t. V, p. 459-472).

Premier Genre. — SCYDMÆNUS.

Latr., *Gen. Crúst. et Ins.*, I, 281. — Schaum, in *Germ. Zeitschr.*, V, 462.
— Lacord., *Gen.*, II, 185.

Caractères (1). — Corps ovale, plus ou moins allongé, un peu
rétréci en avant et convexe. Tête tantôt enfoncée dans le prothorax, tantôt munie d'un col court, mais bien distinct. Labre
transversal, arrondi aux angles antérieurs. Palpes maxillaires
allongés, avec le premier article très-petit, le deuxième long, un
peu arqué et épaissi vers le sommet, le troisième aussi long,
renflé, un peu conique, le dernier petit, étroit et subulé. Menton
presque carré ou plus large que long. Languette rétrécie vers la
base, échancrée et bilobée antérieurement. Palpes labiaux très-
courts, avec le premier article très-petit, à peine distinct, le
deuxième épaissi, plus ou moins long et le dernier petit et subulé. Mandibules en général plus ou moins élargies à la base,
recourbées ensuite en pointe aiguë, souvent précédée d'une dent
au côté interne. Antennes tantôt grossissant graduellement vers
le sommet, tantôt se terminant brusquement en massue. Prothorax cordiforme ou presque carré. Élytres ovales ou oblongues, entières. Mésosternum plus ou moins caréné. Trochanters
postérieurs courts, légèrement saillants au côté interne des
cuisses.

M. Schaum subdivise, d'après la présence ou l'absence d'une
sorte de col entre le thorax et l'abdomen, le genre *Scydmænus*
en deux catégories principales, et chacune de celles-ci se partage à son tour en deux groupes, d'après des considérations
tirées de la forme du prothorax et de la largeur des élytres. Ces
différents groupes renferment une cinquantaine d'espèces, dont
trente environ sont originaires d'Europe, treize d'Amérique, et
les autres d'Afrique et d'Océanie.

M. Berendt a découvert dans l'ambre de Prusse un certain
nombre de Psélaphides, mais on n'a pas encore signalé, à ma

---

(1) J. du Val et Migneaux, *Genera des Coléoptères d'Europe*, I, p. 119.
ARTICLE N° 2.

connaissance, d'insectes de la famille des Scydménides dans cette formation ni dans les autres gisements tertiaires et secondaires.

SCYDMÆNUS HEERII Nob.

(Pl. 1, fig. 10.)

Nigrescens; caput thorace postice inclusum, antice attenuatum; oculis nigris prominentibus; pronotum fuscum, strictum; abdomen nigrescens, postice elytris ovatis non bene coopertum.

Longueur totale	2 millim.
— de la tête	0,35
— du thorax	0,55
— de l'abdomen	1,10
Largeur de la tête	0,10
— du thorax écrasé	0,90
— de l'abdomen	1

Loc. — Aix en Provence.

Coll. — M. Heer : un spécimen.

L'insecte est fortement écrasé et ses antennes ont complètement disparu. La tête, allongée et un peu acuminée en avant, est arrondie très-légèrement sur les côtés et un peu excavée en arrière. Les yeux sont saillants et présentent encore de petites facettes; l'un d'eux a même conservé sa coloration noirâtre; dans leur intervalle on aperçoit deux petits sillons allongés et un sillon plus développé, situé sur la ligne médiane. Le thorax, extrêmement déformé par la compression que l'insecte a subie, paraît beaucoup plus large qu'il ne l'est en réalité, d'autant plus que les cuisses antérieures sont avancées de chaque côté; il s'arrondit assez fortement en arrière, et montre dans cette région deux petites fossettes et une dépression demi-circulaire analogues à celles que l'on remarque chez beaucoup de Psélaphiens. Toute cette partie du corps est d'une teinte jaunâtre, tandis que la région abdominale est d'un brun assez foncé. Au premier abord, on pourrait croire que les élytres s'arrêtent vèrs le milieu de l'abdomen, à l'endroit où l'on distingue une ligne transversale, et que par conséquent ce petit insecte appartient à la famille des Staphylinides ou à celle des Psélaphides; mais il n'en est rien, et en examinant attentivement l'empreinte au microscope, sous une incidence de lumière convenable, on reconnaît parfaitement, recoupant les derniers anneaux de l'abdomen, deux lignes, d'abord contiguës, puis divergentes en arrière, qui indiquent les bords suturaux des élytres : celles-ci devaient se prolonger jusqu'à l'origine du dernier anneau, comme chez la plupart des Scydménides, et se terminer en arrière par une portion arrondie. Quant à l'impression transversale dont je viens de parler, ce n'est autre chose que la trace du bord postérieur des pièces métasternales. Le premier segment de l'abdomen est suivi de quatre ou cinq anneaux beaucoup plus courts, qui vont en diminuant graduellement de largeur. Les élytres devaient être presque transparentes, jaunâtres, lisses ou à peine marquées de quelques lignes longitudinales. Les cuisses antérieures étaient légèrement fusiformes.

Si, comme je le crois, ce petit insecte est bien un Scydménide, il se place tout près du genre *Chevrolatia* J. du Val (1), dans le groupe des *Scydmænus*, qui est caractérisé par un cou enfoncé dans le prothorax (2). Il présente exactement la taille de *Chevrolatia insignis* J. du Val, mais il a le corps plus ramassé, les élytres plus larges, et il présente une coloration différente, ayant l'abdomen d'une teinte plus foncée que le thorax (3). Ce spécimen était étiqueté *Corticaria melanophthalma* (?).

(1) J. du Val et Migneaux, *Genera des Coléoptères d'Europe*,], p. 122, pl. 39, fig. 195.

(2) La plupart des Scydmènes que l'on trouve actuellement en France sont d'une taille un peu plus faible que notre insecte fossile.

(3) Cette espèce, découverte par M. Lespés dans la France méridionale, vit dans les détritus de végétaux. M. Hampe l'a décrite de Dalmatie, sous le nom de *Scydmænus Holzeri* (*Entom. Zeit.*, oct. 1850).

CINQUIÈME FAMILLE. — LATRIDIIDES.

LATHRIDII Redtenbacher, *Faun. Austr.*, éd. 1, 23 et 202. — LATHRIDIENS, Lacord., *Gen. des Coléopt.*, II, 430.

Ces insectes ont deux lobes aux mâchoires, quatre articles aux palpes maxillaires et trois ou même deux articles seulement aux palpes labiaux. Leurs antennes, généralement de onze articles, quelquefois de neuf ou dix seulement, sont terminées par une massue. Leurs élytres recouvrent entièrement l'abdomen; celui-ci présente en dessous neuf segments, dont le premier dépasse en grandeur tous les autres. Les hanches antérieures sont globuleuses et enfoncées dans leurs cavités cotyloïdes, quelquefois un peu coniques et saillantes; les hanches postérieures sont semi-cylindriques, transverses et écartées l'une de l'autre. Les tarses n'ont que trois articles distincts. Le corps est ordinairement oblong et plus ou moins allongé (1).

Deux espèces de cette famille, appartenant au genre *Lathridius* Herbst, ont été découvertes par M. Berendt dans l'ambre de Prusse (2).

PREMIER GENRE. — CORTICARIA.

Marsh, *Entom. Brit.*, I, 106. — Mannerh., *Germar's Zeitschr.*, V, 16.

Caractères (3). — Corps en ovale plus ou moins allongé. Tête assez large, un peu resserrée à la base. Labre transverse, légèrement échancré antérieurement. Mandibules courtes, assez larges, fendues au sommet, avec trois ou quatre petites dents du côté interne immédiatement au-dessous de l'extrémité. Mâchoires à lobes coriaces : l'externe large, court et couvert de longs poils à l'extrémité; l'interne très-petit et représenté presque uniquement par des soies roides. Palpes maxillaires composés de quatre articles, dont le premier est petit, le

(1) J. du Val et Migneaux, *Genera des Coléoptères d'Europe*, II, p. 240.
(2) Berendt, *Die Insekten in Bernstein*, 1, p. 56.
(3) J. du Val et Migneaux, *Genera des Coléoptères d'Europe*, II, p. 247.

deuxième épaissi, arrondi en dehors, le troisième un peu plus petit, et le quatrième légèrement plus étroit que le précédent, ovalaire et atténué vers le sommet, qui est tronqué. Menton assez grand, élargi dans sa portion basilaire, où il présente de chaque côté un angle bien net et brusquement rétréci en avant, en un lobe médian qui recouvre en partie la languette, découpée elle-même en deux lobes obtus. Palpes labiaux robustes, formés de deux articles, dont le premier est étroit et le second extrême-ment renflé, mais tronqué au sommet et terminé par un bou-quet de poils. Antennes de onze articles, les derniers formant une massue peu serrée. Pronotum plus étroit que les élytres, légèrement cordiforme, souvent denticulé sur les côtés et pré-sentant ordinairement une fossette au milieu de sa portion basilaire. Élytres en ovale plus ou moins allongé. Prosternum très-étroit et nullement saillant. Tarses grêles, avec leurs deux premiers articles coupés obliquement à l'extrémité et garnis en dedans de cils fins et flexibles ; troisième article à peu près de la même longueur que les deux précédents réunis, deuxième article plus petit que le premier.

Les Corticaires sont de très-petite taille, comme les Lathridies, et ont à peu près les mêmes mœurs ; elles vivent parmi les détritus végétaux, sous les écorces, dans la mousse, au milieu des Champignons ou sur les vieux murs. Elles sont fort nom-breuses dans la nature actuelle ; car l'Europe et les pays baignés par la Méditerranée en comptent plus de quatre-vingts espèces, et il est probable qu'elles n'étaient pas moins répandues aux époques antérieures à la nôtre, et particulièrement à l'époque éocène, lorsque le midi de la France était couvert d'une végé-tation tropicale ; malheureusement, en raison de leur petitesse, ces insectes ont dû presque toujours passer inaperçus, et c'est à peine si nous en trouvons quelques spécimens dans les col-lections.

CORTICARIA MELANOPHTHALMA Heer (1).

(Planche 6, fig. 17.)

« C. pallida, oculis nigris ; pronoto basi constricto, medio carinato,
» basi transversim impresso ; elytris leviter striatis, striis subtilissime
» punctatis.

				mm
Longueur totale.....................	1 ¼	ligne	=	2,90
— du corselet................	¼	id.	=	0,80
— des élytres...............	¼	id.	=	1,60

» *Loc.* — Aix en Provence.

» *Coll.* — M. Blanchet.

» Ce joli petit insecte est fort bien conservé. La tête est large,
» courte et de couleur claire, comme le reste du corps ; les yeux,
» au contraire, sont d'un noir intense. Le prothorax a les angles
» antérieurs arrondis, et les angles postérieurs droits et bien
» marqués ; il est aminci à la base et élargi un peu au-dessus du
» milieu. Il est à peu près aussi large que long, et sa surface
» présente un sillon médian longitudinal et un sillon transversal
» le long du bord postérieur. Les élytres, beaucoup plus larges
» aux épaules qu'à la base du corselet, sont de la même lon-
» gueur que l'abdomen ; elles ont leurs côtés presque droits et
» leurs sommets obtus et arrondis ; leur surface est ornée de
» stries très-fines et de ponctuations qu'on ne peut apercevoir
» qu'en s'aidant d'un fort grossissement. Le premier segment de
» l'abdomen est allongé, les trois suivants sont très-courts, et
» le dernier est de nouveau plus long que ceux qui le précèdent.

» Cet individu présente le facies d'un *Lathridius* ou d'un
» *Corticaria ;* mais à cause de son corselet, dans lequel le bord
» n'est ni interrompu, ni relevé, il me paraît se rapporter plu-
» tôt au genre *Corticaria*, et plus particulièrement à la section
» de ce genre caractérisée par un pronotum simple (c'est-à-
» dire dépourvu de crénelures). »

(1) Heer, *Ueber die foss. Insekt. von Aix (Vierteljahrschr. von Zürich,* 1, 1), p. 18
et 19, pl. 1, fig. 7.

M. Heer avait rapporté avec doute, à la même espèce, un spécimen de sa collection qu'il a bien voulu me confier, et qui m'a semblé appartenir à un groupe différent : c'est l'individu que j'ai décrit précédemment sous le nom de *Scydmænus Heerii*.

Sixième Famille. — MYCÉTOPHAGIDES.

Leach, *Edinb. Encycl.*, IX, 110. — Erichs., *Naturg. der Insekt. Deutsch.*, III, 404. — Lacord., *Gen. des Coléopt.*, II, 441.

Les Mycétophagides ont des mâchoires à deux lobes, des palpes maxillaires de quatre articles, des palpes labiaux de trois articles, une languette ordinairement cornée et des paraglosses cachés. Leurs antennes, de onze articles, se terminent par une massue, et leurs élytres recouvrent en entier l'abdomen, qui présente en dessous cinq segments, tous libres et à peu près égaux. Leurs hanches antérieures sont ovalaires, légèrement saillantes ; leurs hanches postérieures semi-cylindriques, transverses et plus ou moins écartées. Leurs tarses sont de quatre articles, dans les trois paires de pattes, sauf chez les mâles, où il n'y a que trois articles aux pattes antérieures. Enfin, leur corps est ovale ou oblong et généralement peu convexe (1).

Premier Genre. — TRIPHYLLUS.

Latr., *Règne animal*, éd. 2; V, 98. — Erichs., *Naturgesch. der Insekt. Deutsch.*, III, 414.

Caractères (2). — Les *Triphyllus* se distinguent par leur corps assez fortement convexe ; par une languette entière, arrondie en avant ; des palpes labiaux à dernier article court, presque cylindrique ; des antennes terminées par une massue bien distincte, formée par les trois derniers articles ; un pronotum peu ou point rebordé au bord antérieur ou à la base, et des élytres ponc-

(1) J. du Val et Migneaux, *Genera des Coléopt. d'Europe*, II, p. 215.
(2) J. du Val et Migneaux, *ibid.*, p. 216.

ARTICLE N° 2.

tuées, striées et ornées de bandes fauves ou testacées. Ils vivent dans les Bolets, dans les Champignons ou dans le bois pourri. On en trouve deux espèces en Europe et cinq ou six en Amérique.

On n'a pas encore signalé à l'état fossile le genre *Triphyllus* proprement dit, mais M. Heer a découvert, dans le lias d'Argovie, un genre très-voisin, qu'il désigne sous le nom de *Prototoma* (1).

TRIPHYLLUS HEERII Nob.

(Planche 6, fig. 13.)

Fuscus; capite exiguo; thorace transverso, antrorsum vix excavato, postice parum sinuato, lateribus rotundatis; elytris ovatis, convexis, confertim et subtiliter punctatis.

	mm
Longueur totale	2,25
— de la tête	0,10 (maxim.)
— du thorax	0,40
— de l'abdomen	1,75
Largeur de la tête	0,25
— du thorax	0,90
— de l'abdomen	1,10 (maxim.)

Loc. — Aix en Provence.
Coll. — M. Heer : un spécimen.

L'insecte, vu par la face supérieure, est fortement écrasé, mais présente encore, principalement sur les élytres, une coloration d'un brun Van-Dyck assez clair. La tête, fortement enfoncée dans le thorax, est très-petite et porte de chaque côté deux taches brunes qui indiquent les yeux. Les antennes ont disparu ou tout au moins ne sont plus représentées que par des impressions peu distinctes. Le thorax, largement développé dans le sens transversal, est très-légèrement excavé en avant pour recevoir la tête, arrondi sur les côtés, et un peu sinueux au bord postérieur; sa surface, profondément enfoncée par la compression qu'elle a

(1) *Zwei geologische Vorträge*, p. 12, fig. 2.

subie, est dépourvue de toute espèce d'ornementation. L'écusson est très-peu marqué. Les élytres, qui sont un peu plus étroites que le thorax à leur base, ont les bords externes convexes, surtout en arrière, les bords suturaux un peu écartés postérieurement, et les sommets très-légèrement acuminés; leur surface, qui devait être assez convexe, est criblée de petites dépressions punctiformes; elle présente, en outre, dans la région antérieure, l'empreinte de la hanche moyenne du côté droit; dans la région médiane, les impressions des hanches postérieures, et enfin, tout à fait en arrière, des stries transversales et parallèles indiquant les derniers anneaux de l'abdomen. Les hanches devaient être très-robustes, ovalaires ou globuleuses; les cuisses, fortes et épaisses; quant aux jambes et aux tarses, il n'en reste plus de vestiges appréciables.

M. Heer avait inscrit sur l'étiquette de cet échantillon : voy. *Mycetophagus*. C'est en effet au groupe des Mycétophagides qu'appartient ce petit insecte, et il se rapproche même du genre *Mycetophagus* proprement dit par ses élytres convexes, allongées et un peu rétrécies en arrière; mais à cause de la petitesse de sa tête, presque entièrement cachée sous le bord antérieur du prothorax, et à cause de l'ornementation des élytres, je préfère le rapporter à un genre voisin, le genre *Triphyllus* Latr., qui offre précisément ces caractères. On peut lui comparer particulièrement *Triphyllus punctatus* F. (1), malgré la différence de taille. Cette espèce, assez commune dans nos contrées, a, comme l'espèce fossile, les élytres confusément ponctuées, et le corps brun; mais elle est une fois plus grande, et présente en outre sur le milieu des élytres deux bandes transversales noirâtres dont on ne voit pas la moindre trace dans le spécimen de la collection de M. Heer.

(1) J. du Val et Migneaux, *Genera des Coléopt. d'Europe*, II, p. 216, pl. 53, fig. 265 ♂.

Septième Famille. — SCARABÉIDES.

Scarabæides Latr., *Hist. nat. Crust. et Ins.*, III, 444. — Erichs., *Naturg.*, III, 552. — Scarabæites Newm., *Entom. Mag.*, II, 1834. — Lamellicornes, Latr., *Règne animal*, éd. Masson, XIV, 284. — Mulsant, *Hist. nat. des Coléopt. de France.* — Lacord., *Gen. des Coléopt.*, III, 49.

Les Scarabéides ont les mâchoires bilobées (le lobe interne étant souvent peu distinct); les palpes maxillaires de quatre articles, les palpes labiaux de trois articles, les paraglosses nuls ou cachés; les antennes assez courtes, insérées au devant des yeux, sur les côtés du front ou sous les bords de la tête, et terminées en massue lamelleuse. Chez ces insectes, les élytres laissent à découvert le *pygidium*, qui est corné. L'abdomen présente en dessous cinq ou six segments; le prosternum est petit, enfoui entre les hanches antérieures, qui sont contiguës, tantôt transverses et enfoncées, tantôt coniques et saillantes. Les hanches postérieures sont ordinairement dilatées en forme de lamelles sur lesquelles glissent les cuisses. Les tarses sont généralement composés de cinq articles, mais parfois ils manquent aux pattes antérieures (1).

M. J. du Val les partage, d'après des considérations tirées de la position des stigmates abdominaux, en deux grandes divisions: la première comprenant les *Copris*, les *Aphodius*, les *Geotrupes*, en un mot tous ces insectes connus vulgairement sous le nom de *Bousiers;* la deuxième renfermant les *Hannetons* et les *Cétoines* (2).

Premier Groupe. — COPRITES.

Les Scarabéides de ce groupe se distinguent par leur épistome dilaté en forme de chaperon, recouvrant en entier les organes buccaux et séparé du front par une ligne visible au moins de chaque côté. Ils ont les yeux divisés plus ou moins complète-

(1) J. du Val et Migneaux, *Genera des Coléopt. d'Europe*, III, p. 16.
(2) J. du Val et Migneaux, *ibid.*, p. 81.

ment par un prolongement des côtés de la tête (*canthus*); le labre membraneux, caché sous la partie antérieure du chaperon; les mandibules lamelliformes, cornées à la base, ciliées au sommet et au bord interne. Leurs mâchoires ont une tige cornée, robuste, assez longue, des lobes coriaces, dirigés en dedans et velus sur leur face supérieure, le lobe externe étant toujours beaucoup plus large que l'autre. Les palpes maxillaires sont assez courts, glabres, avec le dernier article fusiforme et plus long que chacun des articles précédents. Le menton est corné, velu, plus ou moins échancré en avant et coupé obliquement de chaque côté; la languette, coriace ou membraneuse, est divisée en deux lobes étroits, ciliés intérieurement. Les palpes labiaux ont leurs deux premiers articles assez épais et hérissés de longs poils, et leur dernier article petit et peu distinct. Les antennes s'insèrent sous les côtés de la tête, qui sont dilatés, et se composent ordinairement de huit ou neuf articles, dont le premier est allongé et dont les trois derniers forment une massue. Les hanches antérieures sont généralement transverses et saillantes en dedans; les hanches intermédiaires sont très-distantes et dirigées longitudinalement ou obliquement. Les jambes postérieures ne portent à l'extrémité qu'un seul éperon, très-robuste. L'abdomen offre en dessous six segments soudés les uns avec les autres.

Groupe secondaire des COPRITES.

Dans ce groupe secondaire, les pattes postérieures sont de longueur médiocre; les jambes, robustes et dilatées à l'extrémité; les tarses, comprimés, finement ciliés, et diminuant de grosseur du premier article au dernier. La tête présente souvent chez les mâles des cornes ou des tubercules, et le corselet offre fréquemment des impressions ou des protubérances dans sa région antérieure (1). Cette section, comprenant les genres *Onthophage* Latr., *Copris* Geoffr., *Phanée* M. Leay, *Enicotarse* Cast., *Chœridie* Lep. et Serv., répond au groupe des Coprites de M. Blanchard (*Hist. des Ins.*, I, p. 223).

(1) J. du Val et Migneaux. *Genera des Coléopt. d'Europe*, III, p. 20.
ARTICLE N° 2.

PREMIER GENRE. — ONTHOPHAGUS.

Latr., *Hist. nat. Crust. et Ins.*, 3, 141. — Mulsant, *Coléopt. de France, Lamellic.*, 102.
— Erichson, *Naturg. der Insekt. Deutsch.*, III, 762.

Caractères (1). — Corps large, court et un peu déprimé.
Chaperon ordinairement demi-circulaire ou ogival, entier ou
échancré. Yeux divisés incomplétement en deux portions très-
inégales. Palpes labiaux à deuxième article un peu plus grand
que le premier, et à dernier article à peine distinct. Antennes
de neuf articles, terminées par une massue ovalaire et pubescente. Corselet grand, mais assez court, arrondi sur les côtés, qui
sont dilatés, sinué au-dessus des angles postérieurs, présentant
souvent des tubercules ou des impressions dans sa portion antérieure chez les mâles et même chez les femelles. Élytres larges,
courtes, obtuses et arrondies en arrière. Écusson indistinct.
Pygidium à peu près triangulaire. Mésosternum très-court.
Hanches postérieures légèrement coniques et saillantes en dedans ; hanches intermédiaires fortement écartées et dirigées
longitudinalement. Pattes médiocres ou assez courtes. Jambes
antérieures munies de quatre dents ; jambes médianes et postérieures dilatées vers l'extrémité et plus ou moins denticulées
en dehors. Tarses antérieurs grêles, chez les deux sexes ; tarses
médians et postérieurs étroits, garnis de cils fins et serrés sur
leur bord interne, avec le premier article plus long que les
autres.

Les Onthophages vivent dans les matières excrémentitielles.
Ils sont communs dans toutes les parties du monde, mais spécialement dans l'ancien continent. L'Europe et les pays situés
autour de la Méditerranée en possèdent une quarantaine d'espèces ; on en trouve également à Mozambique, à Zanzibar, à
Angola, au Pérou, à l'île Bourbon, à Cayenne, aux Indes orientales et jusque dans l'île de Van-Diemen (2). Aussi, en évaluant

(1) J. du Val et Migneaux, *Genera des Coléopt. d'Europe*, III, p. 22 et 23.
(2) *Catalogue des Coléopt. d'Europe*, p. 117 et 118. — Dejean, *Catal.*, p. 53. —
Peters, *Naturwiss. Reise nach Mossambique, Insekten*, p. 226 et suiv., pl. 13 et 14. —

à 250 le nombre des espèces actuelles de ce genre, je reste sans doute encore au-dessous de la vérité.

Le groupe des Coprides était déjà représenté aux époques antérieures à la nôtre, et la présence de plusieurs spécimens d'Onthophages, de Gymnopleures, de Sisyphes, de Copris et d'Aphodies dans les terrains tertiaires d'OEningen et d'Aix en Provence, permettrait d'affirmer, en l'absence de tout autre indice, l'existence d'un certain nombre de Mammifères aux époques correspondant à ces dépôts d'eau douce, puisque c'est dans les excréments des Mammifères, et particulièrement des Pachydermes et des Ruminants, que ces petits êtres cherchent leur nourriture (1).

ONTHOPHAGUS LUTEUS Nob.

(Planche 2, fig. 17.)

Caput largum, antrorsum emarginatum ; thorax lateribus convexis, margine anteriore excavatus, postice colcopteris paulo latior; clytra lateribus parallelis, apice valde rotundata, striis nonnullis ornata.

Longueur totale	10	millim.
— de la tête	1,25	
— du thorax	1,75	
— de l'abdomen	5,50	
— de la jambe postérieure	1,75	
Largeur de la tête	2,50	
— du thorax	6,10	(max.)
— des élytres	6	

Loc. — Aix en Provence.

Coll. — Musée de Marseille : un spécimen.

Dans cet insecte, vu par la face supérieure, le chaperon, en

Erichson, *Beitrag zur Insektenfauna von Van Diemen-Island (Archiv für Naturgesch.,* 1842, p. 83 et suiv.). — *Beitrag zur Insektenfauna von Angola (ibid.,* 1843, p. 199 et suiv.).— *Conspectus Ins. Coleopt. Peruan.* (*ibid.,* 1847, p. 67 et suiv.).— Gerstæker, *Beitrag zur Insektenfauna von Zanzibar (ibid.,* 1867, p. 1 et suiv.). — Blanchard, *Hist. des Insectes,* t. I.

(1) O. Heer, *Die Insektenfauna der Tertiärgebilde von OEningen und Radoboj, Col.,* t. I, p. 62 et suiv., pl. 8. — *Beiträge zur Insektenfauna OEningen's,* p. 72 et suiv., pl. 3 et 6. — Marcel de Serres, *Notes géologiques sur la Provence,* p. 35.

ARTICLE N° 2.

forme de pelle, recouvre complétement les organes buccaux; il est coupé ou même échancré en avant, creusé en arrière, et présente dans sa région médiane un petit mamelon de couleur noirâtre qui pourrait bien être un vestige de la corne plus ou moins émoussée que l'on remarque chez les mâles de plusieurs Onthophages. La tête se rétrécit sensiblement en arrière, et les yeux ne sont pas visibles, pas plus que les antennes. Le thorax, très-développé en arrière et un peu plus large dans cette région que les élytres réunies, est excavé en avant pour recevoir la tête; ses angles antérieurs sont proéminents, mais légèrement émoussés, ses côtés arrondis, et son bord postérieur un peu convexe ou même anguleux dans le point qui correspond à la ligne suturale. Les élytres sont larges, courtes, fortement arrondies en arrière, avec les côtés parallèles. Elles sont bosselées dans leur tiers postérieur, et leur surface est ornée de quelques stries longitudinales très-fines. On aperçoit çà et là sur les élytres et sur le thorax des macules de couleur sépia ou d'un brun Van-Dyck plus ou moins foncé. L'extrémité de l'abdomen est obtuse, arrondie et de couleur noirâtre. Les hanches antérieures sont très-robustes et indiquées par deux impressions contiguës. Une des cuisses postérieures dépasse un peu le bord de l'élytre, du côté gauche; elle est robuste, légèrement amincie du côté de la jambe. Celle-ci est allongée, un peu arquée et très-dilatée à l'extrémité inférieure, où elle est armée d'une forte épine; sa teinte est brunâtre, le tarse au contraire est d'un brun Van-Dyck très-clair; le premier article est allongé et cylindrique, et le deuxième extrêmement court.

Cette espèce a précisément la taille et devait avoir la coloration noire d'*Onthophagus Hybneri* Fabr. (1) et d'*Onthophagus Taurus* Lin., deux grandes espèces européennes; mais elle n'a pas, comme celles-ci, le thorax ponctué, et ne présente pas le moindre vestige de ces longues cornes qui se recourbent en arrière, au-dessus du corselet, chez l'Onthophage taureau. Par

(1) J. du Val et Migneaux, *Genera des Coléopt. d'Europe*, t. III, pl. 4, fig. 18 ♂. C'est la même espèce que *Onth. Tages* Ol. — L'*Onth. Hybneri* ou *Hubneri* se trouve en France, en Allemagne, en Turquie et dans le Caucase.

l'absence de ponctuations sur le thorax, et par la présence d'une
corne unique sur la tête, elle se distingue aussi de certaines espèces exotiques, telles que *Onthophagus fuliginosus* Erichs., *Onth.
anisocerus* Erichs., de Van-Diemen (1), auxquelles on pourrait la
comparer si l'on n'avait égard qu'aux dimensions, à la coloration foncée et aux formes générales du corps. Elle offre aussi
certains rapports avec *Onth. prodromus* Heer (2) et *Onth. crassus* Heer (3), espèces fossiles d'OEningen ; seulement l'*Onth.
crassus* a le corps sensiblement plus large et le bord antérieur
du chaperon convexe et nullement échancré.

Dans ses considérations sur la faune miocène d'OEningen,
M. Oswald Heer fait remarquer « que les huit espèces d'Ontho-
» phages découvertes dans ce gisement correspondent à des
» espèces actuelles qui se nourrissent principalement des déjec-
» tions du bétail, et font présumer l'existence du genre *Bos* ou
» d'un genre très-voisin de celui-ci, bien qu'on ne l'ait pas
» encore découvert dans la forêt tertiaire ». La présence d'un
Onthophage dans les gypses d'Aix peut donner lieu à une observation analogue, quoiqu'on n'ait pas encore signalé, à ma
connaissance, de Bovidés dans ce terrain ou dans les couches
presque contemporaines d'Apt et de Gargas (4).

Deuxième Groupe. — GÉOTRUPITES.

Dans les Géotrupites, l'épistome ne recouvre point les organes
buccaux ; le labre et les mandibules sont cornés et saillants ; les
antennes, insérées sous les côtés de la tête, sont composées de
onze articles, dont les trois derniers forment une massue. Les
hanches antérieures sont légèrement coniques et saillantes ; les
hanches intermédiaires plus ou moins coniques et séparées par
un filet étroit du mésosternum en arrière. L'abdomen, très-court,

---

(1) Erichson, *Beitrag zur Insektenfauna Van Diemen-Island* (*Arch. für Naturgesch.*,
1842), p. 155 et 156.
(2) *Beiträge zur Insekt. OEningen's*, t. I, p. 75, pl. 6, fig. 6.
(3) *Ibid.*, pl. 6, fig. 5.
(4) *Recherches sur le climat et la végétation du pays tertiaire*, p. 195.
ARTICLE N° 2.

offre en dessous cinq segments libres, dont les premiers sont plus ou moins cachés par les hanches postérieures, et les jambes de la dernière paire se terminent par deux éperons (1).

PREMIER GENRE. — GEOTRUPES.

Latr., *Préc. des car. gén. des Ins.*, 6. — Erichs., *Naturg. Insekt. Deutsch.*, III, 723. — TYPHÆUS Leach., *Edinb. Encycl.*, IX, 97. — CERATOPHYUS Fisch., *Entom.*, II, 143.— Mulsant, *Coléopt. de France, Lamellic.*, 353. — MICROTAURUS Mulsant, *Opusc. entom.*, VI, 4. — GEOTRUPES Mulsant, *Lamellic.*, 356.— THORECTES Mulsant, *Lamellic.*, 357.

Caractères (2). — Corps hémisphérique, oblong ou ovalaire, plus ou moins convexe. Tête un peu dilatée de chaque côté au devant des yeux. Epistome assez grand, séparé du front par une ligne transverse souvent très-peu distincte, plus ou moins rhomboïde, rebordé et ordinairement muni d'un seul tubercule. Yeux divisés entièrement par les prolongements des bords de la tête. Labre situé au-dessous de l'épistome, transverse, coupé carrément ou légèrement sinué en avant. Mandibules arrondies en dehors, généralement plus ou moins sinuées au sommet, offrant du côté interne, immédiatement au-dessous de l'extrémité, une lame membraneuse ciliée le long du bord. Mâchoires ayant leur lobe externe corné dans la moitié basilaire de la face supérieure, coriace dans le reste de son étendue et couvert de poils en dessus, dans toute sa seconde moitié, le lobe interne un peu plus petit, situé à la base du précédent, coriace, très-velu dans sa partie supérieure et garni de cils fins du côté interne, au-dessous du sommet, muni vers l'extrémité d'une sorte de crochet corné et un peu échancré au bout. Palpes maxillaires avec le premier article petit, le deuxième légèrement conique, le troisième à peu près égal en longueur au précédent, mais légèrement plus épais, le dernier un peu fusiforme et plus long que le troisième. Menton transverse, profondément incisé en avant et coupé obliquement

(1) J. du Val et Migneaux, *Genera des Coléopt. d'Europe*, III, p. 34.
(2) J. du Val et Migneaux, *ibid.*, p. 35 et 36.

de chaque côté. Languette presque membraneuse, large, mais peu saillante, divisée par une incision médiane en deux lobes couverts de poils fins. Palpes labiaux avec premier article de grandeur médiocre, le deuxième un peu plus long et plus épais, ovalaire et garni de soies, le dernier glabre, à peu près aussi long que le précédent, mais plus étroit, ovale ou oblong. Antennes ayant le premier article un peu allongé, le deuxième court, presque globuleux, les cinq suivants plus courts et plus épais et les derniers réunis en une massue transversale et ovalaire. Pronotum court, un peu plus large que les élytres en arrière. Écusson de grandeur médiocre. Élytres laissant fréquemment à découvert l'extrémité du pygidium et ayant les angles scapulaires plus ou moins distincts. Jambes antérieures présentant plusieurs dents du côté externe ; jambes postérieures quadrangulaires, offrant sur leur face externe deux à quatre crêtes ciliées transverses. Premier article des tarses postérieurs plus long que les articles suivants.

Les Géotrupes sont des insectes de moyenne taille qui vivent dans les excréments des animaux, et qui se creusent, sous ces matières, des trous obliques ou perpendiculaires, dans lesquels ils disparaissent à la moindre alerte : c'est même à cette habitude qu'ils doivent leur nom. Leurs jambes antérieures sont du reste admirablement conformées pour fouir la terre ; elles sont larges, tranchantes et dentelées le long de leur bord externe. Vers le soir, ces insectes quittent leur retraite, soit pour chercher de nouvelles matières stercoraires, soit pour s'accoupler. Leurs larves vivent dans les matières stercoraires à demi-desséchées. Celle du *Geotr. stercorarius*, qui a été spécialement étudiée et décrite par Frisch et par M. Mulsant, ressemble un peu à la larve du Hanneton (1).

Ces insectes sont très-répandus de nos jours, principalement en Europe et dans le bassin méditerranéen, où ils sont représentés par une quarantaine d'espèces ; on en trouve aussi quel-

____

(1) Voy. Blanchard, *Hist. des Insectes*, t. I, p. 254, et *Métamorphoses des Insectes*, p. 482.

ARTICLE N° 2.

ques–uns dans l'Amérique du Nord (1). M. Germar en a signalé deux espèces dans les lignites du Rhin (2), et M. Heer en a décrit une autre dans les calcaires d'Œningen (3).

GEOTRUPES ATAVUS Nob.

(Planche 3, fig. 7.)

Semirotundus; capite transverso, ovato ; oculis prominentibus ; thorace elytris postice latiore, antrorsum angustato et excavato, lateribus convexis; elytris angulis anterioribus distinctis, postice rotundatis.

Longueur totale	9	millim.
— de la tête	1,75	
— du thorax	2	
— des élytres	4,50	
Largeur de la tête	2,50	
— du thorax	5,10	
— des élytres	4,50	

Loc. — Aix en Provence.

Coll. — Muséum d'histoire naturelle de Paris : un spécimen.

L'insecte, couché sur le ventre, est presque entièrement décoloré; toutefois quelques taches noirâtres indiquent que ses téguments étaient de couleur foncée. La tête, un peu séparée du corps par la compression que l'animal a subie ou par la décomposition après la mort, a la forme d'un ovale dont le grand axe serait dirigé transversalement et porterait à ses extrémités les deux yeux. Ceux-ci sont gros, arrondis et très-saillants, et de couleur noire. Du côté gauche on aperçoit la massue terminale de l'antenne, qui est fortement raccourcie et ovalaire, et en avant du bord antérieur, qui est légèrement endommagé, on distingue

---

(1) De Marseul, *Catal. des Coléopt. d'Europe et du bassin méditerranéen.* — Dej., *Catal.*, etc.

(2) Germar, *Insect. protogeœ spec.* (19° fasc. de la contin. de Panzer), pl. 6. — *Leonh. und Bronn Neues Jahrbuch.*, 1851, p. 759. — *Zeitschrift der Deutsch. geolog. Gesellsch.*, t. I, p. 53, pl. 2, fig. 2.

(3) Heer, *Beiträge zur Insekt. Œningen's*, I, p. 71, pl. 6, fig. 10.

des vestiges des mandibules. Le thorax est plus large que les élytres
en arrière, rétréci et excavé en avant pour recevoir la tête, avec
les angles antérieurs proéminents, les côtés arrondis et le bord
postérieur légèrement sinueux. L'écusson est petit et triangulaire. Les élytres sont très-convexes et assez courtes ; elles ont
les côtes parallèles, les angles scapulaires marqués et le sommet
arrondi ; leur surface est parcourue par huit ou neuf stries très-
fines. L'extrémité de l'abdomen dépasse quelque peu le sommet
des élytres. Les pattes sont très-incomplètes ; les hanches forment
des saillies prononcées à la surface du thorax et des élytres ; la
jambe antérieure est courte, épaissie à l'extrémité et paraît un
peu denticulée ; la jambe postérieure est au contraire assez
longue et légèrement arquée.

Par ses yeux saillants et découverts, son thorax largement
développé, ses élytres courtes laissant voir l'extrémité du pygidium, ses antennes terminées par une massue transverse
et ovalaire, ses jambes antérieures courtes et denticulées, cet
insecte me paraît se rapporter au genre *Geotrupes* Latr., et se
rapprocher de *Geotrupes stercorarius* Lin., *Geotrupes mutator*
Marsh (1), *G. hypocrita* Illig. et *G. sylvaticus* Panzer, espèces
européennes qui toutes ont les élytres striées, comme notre
insecte fossile, mais qui atteignent une taille bien plus considérable. Notre spécimen s'écarte sensiblement, par ses dimensions et par la forme de sa tête, des espèces décrites et figurées
par Germar (2) ; il a les yeux proéminents, comme l'individu
d'OEningen nommé par M. Heer *Geotrupes Germari*, mais il a
la tête plus petite (3). M. Heer fait observer que le *G. Germari*
ressemble beaucoup au Bousier ordinaire (*G. stercorarius* L.),
qu'on rencontre si souvent dans le fumier de Cheval. « On peut
» en conclure, dit-il, que des animaux de la race chevaline, pro-
» bablement l'*Hippotherium gracile*, habitaient la forêt d'OEnin-
» gen. » On n'a pas signalé de Solipèdes dans les gypses d'Aix

(1) J. du Val et Migneaux, *Genera des Coléoptères d'Europe*, t. III, pl. 10, fig. 49.
(2) Germar, *Insect. protogeæ spec.*, pl. 6. — *Leonh. und Bronn Neues Jahrbuch.*,
1851, p. 759. — *Zeitschr. der Deutsch. geol. Gesellsch.*, I, p. 53, pl. 2, fig. 2.
(3) *Beitr. zur Insekt. OEning.*, *Coleopt.*, p. 71 et 72, pl. 6, fig. 10.
ARTICLE N° 2.

ni dans les terrains contemporains de Gargas ; mais on a découvert dans cette dernière localité des ossements de *Paloplotherium* (*P. annectens* Ow. et *P. minus* Cuv.), et c'est peut-être dans les excréments d'un de ces animaux que vivait le Géotrupe dont je viens de donner la description.

Huitième Famille. — EUCNÉMIDES.

ucnemidæ Westw., *Introd. to the Mod. Classif.*, I, 232. — Kiesenwetter, *Naturg. der Insekt. Deutsch.*, IV, 173. — Eucnémides, Lacord., *Gen. des Coléopt.*, IV, 95. — Céropuytides, Lacord., *loc. cit.*, 244.

Les Eucnémides ont les mâchoires composées de deux lobes très-petits, dont l'externe est parfois atrophié ; les palpes maxillaires de quatre articles et les palpes labiaux de trois, la languette membraneuse et les paraglosses nuls. Leur tête est verticale, l'épistome grand, infléchi, rétréci à la base par les cavités antérieures et le plus souvent trapéziforme, le labre nul ou indistinct. Les antennes se composent de onze articles et sont filiformes, dentées ou ponctuées, insérées assez loin des yeux, sous un petit rebord du front. Le prothorax est librement articulé et ne porte point exactement en dessous contre la partie antérieure du mésothorax ; le prosternum, presque toujours tronqué en avant et dépourvu de mentonnières, se termine en arrière par une saillie plus ou moins forte qui pénètre librement dans une cavité antérieure du mésosternum. Les hanches antérieures sont globuleuses, avec leurs cavités cotyloïdes librement ouvertes en arrière ; les hanches postérieures sont aplaties en lamelles transverses et le plus souvent sillonnées postérieurement. Les tarses présentent cinq articles. L'abdomen offre en dessous cinq segments apparents et le corps est oblong ou cylindrique (1).

Par la forme de l'épistome, l'absence de labre, le mode d'insertion des antennes, le faible développement de la mentonnière, ces insectes se rapprochent beaucoup des Élatérides,

(1) J. du Val et Migneaux, *Genera des Coléopt. d'Europe*, III, p. 112.

auxquels plusieurs auteurs les ont réunis ; cependant leurs larves, et entre autres celles du *Melasis buprestoïdes*, ressemblent plutôt à celles des Buprestides qu'à celles des Élatérides (1).

La famille des Eucnémides n'est pas très-répandue dans la nature actuelle. Elle comprend un petit nombre d'espèces européennes formant les genres *Cerophytum* Latr., *Melasis* Oliv., *Tharops* de Casteln., *Eucnemis* Ahr., *Dromœlus* Kiesenw., *Microrhagus*, Erichs., *Farsus* J. du Val, *Anelastidius* J. du Val, *Nematodes* Latr., *Hypocœlus* Esch., *Phyllocerus* Lepell., *Xylobius* Latr., *Hylochares* Latr., *Otho* Kiesenw., et quelques espèces américaines dont on a fait les genres *Lissoma* Dalm., *Chelonarium* Fabr., *Emathion* Casteln., etc. La plupart de ces insectes se trouvent dans le bois mort ou sur les Graminées.

Aux époques antérieures à la nôtre, les Eucnémides ne devaient pas être plus communs que de nos jours, car c'est à peine si l'on a signalé quelques représentants de ce type entomologique dans l'ambre de la Prusse (2). Je crois cependant pouvoir rapporter, sinon à cette famille, au moins à la tribu des Sternoxes de Latreille, qui comprend non-seulement les Eucnémides, mais les Buprestides, les Throscides, les Élatérides et les Cébrionides (3), un insecte d'Aix en Provence qui se trouve dans la collection du musée de Marseille.

Ce spécimen, vu par la face supérieure, présente les dimensions suivantes :

Longueur totale.	12,50
— de la tête.	0,75
— du thorax.	2
— de l'abdomen.	9,50
Largeur de la tête.	1,50
— du thorax.	3,50 (maxim.)
— des élytres.	4,50 (maxim.)

(1) Guérin-Méneville, *Ann. Soc. entom. de France*, 2e série, t. I, p. 163-199.

(2) J. du Val et Migneaux, *Genera des Coléopt. d'Europe*, t. III, p. 89, 110, 113, 122, 145. — Blanchard, *Hist. des Insectes*, t. II, p. 72 et suiv. — *Règne animal de Cuvier*, édit. Masson, t. XIV, p. 192.

(3) M. Berendt cite quatre espèces du genre *Eucnemis* Ahrens, et deux du genre *Microrhagus* Esch. (*Bernstein*, I, 56).

ARTICLE N° 2.

La tête est obtuse en avant et les yeux sont indiqués par deux échancrures latérales allongées. Le thorax, excavé à son bord antérieur, est arrondi sur les côtés, légèrement sinueux en arrière, et les angles postérieurs ne paraissent point saillants, comme chez la plupart des Élatérides; il est un peu plus large en arrière qu'en avant, et offre en dessus une partie trapézoïdale qui se continue en arrière par une pièce triangulaire qui s'engageait sans doute dans une échancrure antérieure du mésosternum, comme chez beaucoup d'Élatérides et d'Eucnémides. L'abdomen, séparé du thorax, donne à l'insecte quelque analogie avec les *Melasis* et les *Tharops*. Les élytres ont les angles antérieurs légèrement arrondis, les bords externes à peine convexes, les bases parfaitement droites et les sommets acuminés; elles divergent en arrière de manière à laisser voir la portion terminale de l'abdomen. On aperçoit à peine quelques vestiges des pattes, qui étaient fort courtes.

Cet insecte est placé dans une position trop défavorable et est en trop mauvais état pour se prêter à une détermination générique même approchée; aussi je me garde bien de lui imposer un nom, et je ne le range que sous toutes réserves dans la famille des Eucnémides.

M. Pictet fait observer avec raison (1) que M. Marcel de Serres avait cité, dans sa *Géognosie des terrains tertiaires* (2), trois espèces d'*Elater* dans le gisement d'Aix en Provence, mais qu'il n'en fait plus mention dans ses *Notes géologiques sur la Provence* (3). Quant à moi, je n'ai trouvé aucune trace de *Taupins* dans les diverses collections que j'ai eues sous les yeux, et j'ai tout lieu de croire que ces insectes sont extrêmement rares dans les gypses de la Provence. En revanche, M. Gravenshorst en a signalé plusieurs espèces dans l'ambre de Prusse (4).

Le gisement célèbre d'OEningen ne renferme pas d'insectes

(1) *Traité de paléontologie*, t. II, p. 332.
(2) Page 240.
(3) Page 35.
(4) *Uebersicht der arbeiten der Schlegischen Gesellschaft.* — Voy. aussi Hope, *Trans. of the Entom. Soc. of London*, t. 1, p. 140.

du genre *Elater* proprement dit, mais il a fourni de nombreux spécimens des genres *Ampedus* Megerle, *Ichnodes* Germ., *Cardiophorus* Esch., *Diacanthus* Latr., *Limonius* Esch., *Lacon*, de Laporte, *Adelocera* Latr., plus quelques empreintes d'une détermination difficile, pour lesquelles M. Heer a créé les genres *Elaterites* et *Pseudo-Elater* (1). Le genre *Limonius* a été signalé par M. C. von Heyden dans les lignites de Rhin (2), et par M. Berendt dans l'ambre de Prusse (3). Ce dernier auteur a cité, en outre, dans le même gisement, le genre *Throscus* (4). Enfin, M. Brodie a indiqué, comme appartenant aux Élatérides, des élytres et d'autres fragments trouvés dans le lias inférieur du Gloucestershire et dans la grande oolithe de Stonesfield (5), et M. O. Heer a formé un genre nouveau, *Megacentrus*, pour un insecte du lias d'Argovie qui a des rapports avec les Élatérides et les Eucnémides (6).

Les Buprestides sont presque aussi rares que les Élatérides et les Eucnémides dans les gypses d'Aix ; je n'en ai pas un seul à décrire de ce gisement, mais M. Marcel de Serres en a cité deux espèces dans ses *Notes géologiques sur la Provence* (7). D'autres représentants de cette famille ont été découverts dans le lias d'Argovie (8) et du Gloucestershire, dans la grande oolithe de Stonesfield (9), dans les calcaires lithographiques de Solenhofen (10), dans les calcaires de Purbeck (11), dans les lignites

(1) Voy. Heer, *Die Insektenfauna der Tertiärgebilde, Coleopt.*, 1, p. 130. — *Urwelt der Schweiz.*

(2) *Gliederth. aus Braunk. der Nied.*, etc. (*Palœont.*, X, 1862, n° 2, p. 62 et suiv.).

(3) *Bernstein*, 1, p. 56.

(4) *Ibid.*

(5) *An History of foss. Ins.*, p. 32 et 101, pl. 6 et 7.— *Urw. der Sch.*, pl. 7, fig. 21.

(6) *Urwelt der Schweiz*, pl. 7, fig. 22. — *Zwei geologische Vorträge*, p. 14, fig. 17.

(7) Page 35 (*Buprestis* sp. et *Anthaxia* sp.).

(8) Heer, *Zwei geologische Vorträge*, p. 13, fig. 18, 20 à 30, 33, 34, 36. — Pictet, *Traité de paléontologie*, p. 334, pl. 40, fig. 3.

(9) Brodie, *An History of fossil Insects*, p. 32, 48 et 101, pl. 6 et 10.— *Athenæum*, janv. 1843. — Buckland, *Tr. Bridg. Geol. et Mineral.*, pl. 46, fig. 4 à 9.

(10) Heyden, *Palæontogr.*, 1, p. 99, pl. 12, fig. 4.

(11) Brodie, *An History of fossil Insects*, p. 1 et suiv.

ARTICLE N° 2.

du Rhin (1), dans l'ambre de Prusse (2) et surtout dans les marnes d'Œningen (3). Les espèces de ce dernier gisement sont extrêmement variées, et par leur forme, leur ornementation et leurs dimensions, s'éloignent considérablement des Buprestes de la Suisse contemporaine. On peut en conclure que ces Coléoptères, dont le rôle était si effacé dans la Provence au commencement de la période miocène, avaient pris vers la fin de cette même période, dans l'Europe centrale, un développement tout à fait extraordinaire, et constituaient alors un des éléments les plus importants de la faune entomologique (4).

Neuvième Famille. — ANTHICIDES.

Latr., *Fam. natur.*, 1825. — Lacord., *Gen, des Coléopt.*, V, 588. — Anthicites Neum., *Entom. Mag.*, II, 1834. — Anthici Redt., *Fam. Austr.*, éd. I, 57. — Notoxidæ Steph., *Illustr. of Brit. Entom.*, V, 71. — Pédilides, tribu 1, Lacord., *Gen. des Coléopt.*, V, 574 et 576.

Les Anthicides ont les mandibules peu saillantes, les mâchoires formées de deux lobes ciliés et inermes, les palpes maxillaires composés de quatre articles, et les palpes labiaux de trois articles, la languette saillante, membraneuse et confondue avec les paraglosses. Leur tête, trigone ou ovalaire, est inclinée, brusquement resserrée en arrière en un col tantôt étroit, tantôt assez large, mais toujours bien marqué, avec sa partie postérieure obtuse ou coupée obliquement. Leurs antennes, filiformes ou graduellement épaissies vers le sommet, quelquefois légèrement dentées, se composent de onze articles dont les trois derniers sont allongés et un peu plus épais que les autres. Elles s'insèrent à découvert ou sous

---

(1) Germar, 19ᵉ fasc. de la continuation de Panzer. — *Leonh. und Bronn Neues Jahrb.*, 1854, p. 759. — Heyden, *Palæontogr.*, X, nᵒ 2 (1862); VIII, nᵒ 1 (1859); XIV, nᵒ 1 (1865), etc.

(2) *Bernstein*, t. I, p. 56.

(3) Heer, *Die Insektenfauna der Tertiärgebilde, Coleopt.*, t. 1, p. 75 et suiv., pl. 2 et 3. — *Beiträge zur Insektenfauna Œningen's, Coleopt.*, 1, p. 83, pl. 7. — Pictet, *Traité de paléontologie*, t. II, p. 331, et Atlas, pl. 40, fig. 13.

(4) Voy. Heer, *Recherches sur le climat et la végétation du pays tertiaire*, p. 198 et suiv.

une légère saillie de chaque côté, aux bords antérieurs du front, au devant des yeux ou à une très-petite distance. Le prothorax, plus étroit à sa base que les élytres, n'offre aucune trace de ligne latérale, pas même à ses angles postérieurs qui sont effacés. L'abdomen présente généralement en dessous cinq segments, quelquefois six, chez les mâles. Les hanches antérieures sont cylindriques ou légèrement coniques, très-saillantes, contiguës avec leurs cavités cotyloïdes largement ouvertes en arrière ; les hanches postérieures sont allongées transversalement. Les tarses postérieurs n'ont que quatre articles, tandis que ceux des deux premières paires ont cinq articles ; ils se terminent par des crochets simples, et leur pénultième article est presque toujours excavé en dessus ou même légèrement bilobé (1).

Premier Groupe. — ANTHICITES proprement dits.

Dans ce groupe, la tête est portée sur un cou très-étroit ; les antennes sont filiformes ou graduellement épaissies vers le sommet ; le prothorax ne se prolonge pas antérieurement en une sorte de corne ; les hanches postérieures sont plus ou moins séparées par une saillie de l'abdomen, dont le sommet est reçu dans une petite incision ou dans une échancrure médiane du bord postérieur du métasternum ; les élytres sont le plus souvent ovales ou oblongues ; de plus, les mandibules sont larges et robustes, mais simples et jamais dilatées extérieurement en forme de feuilles, et la pièce prébasilaire qui supporte le menton ne s'étend pas non plus de manière à recouvrir cette dernière partie (2).

PREMIER GENRE. — ANTHICUS.

Payk., *Faun. suec.* (1798), I, 253.— De la Ferté, *Monogr. des Anth.*, 102.— Lacord., *Gen. des Coléopt.*, V, 596.— LEPTALEUS Lacord., *Gen. Coleopt.*, V, 592. — LAGRIA, part., Fabr., *Spec. Insect.*, I, 160.

Caractères (2). — Corps de forme oblongue, plus ou moins

(1) J. du Val et Migneaux, *Genera des Coléopt. d'Europe*, III, p. 363 et 364.
(2) *Ibid.*, p. 366 et 367.
ARTICLE N° 2.

allongé et plus ou moins convexe, presque toujours ailé. Tête triangulaire, quadrangulaire ou ovale, toujours précédée d'un cou visible en dessus. Labre transverse. Mandibules triangulaires, légèrement ou médiocrement arquées, bifides au bout. Mâchoires à deux lobes ciliés au sommet, l'externe oblong et un peu recourbé, l'interne plus petit et plus court. Dernier article des palpes maxillaires de longueur variable, sécuriforme ou cultriforme; pièce prébasilaire une fois et demie aussi large que longue. Menton corné, un peu plus large que la pièce prébasilaire, très-court, régulièrement arrondi sur les côtés et largement tronqué en avant, avec les angles antérieurs bien marqués. Languette saillante, presque carrée et largement tronquée ou arrondie antérieurement. Palpes labiaux terminés par un article ovale-oblong et tronqué au sommet. Antennes de longueur variable, filiformes ou graduellement épaissies vers le sommet, composées d'articles légèrement coniques, dont les derniers sont extrêmement courts et moniliformes. Prothorax de forme variable. Élytres un peu tronquées à la base, avec les épaules plus ou moins distinctes. Saillie intercoxale de l'abdomen peu prononcée, ordinairement de forme triangulaire. Cuisses en général fusiformes, parfois légèrement claviformes. Tarses médiocres, avec l'avant-dernier article échancré en dessus ou légèrement bilobé.

Les *Anthicus* sont des insectes de petite taille et de forme élégante, qui ressemblent un peu aux *Scydmænus*. Ils courent avec rapidité sur le sable au bord des eaux, ou se tiennent sur les végétaux, parmi les détritus, quelquefois même sur les fumiers. Ils paraissent se nourrir principalement de substances animales. Dans la nature actuelle il sont beaucoup plus répandus qu'on ne le croyait, et dans sa Monographie si remarquable des Anthicites, M. de la Ferté Senneclère en a décrit plus de 300 espèces, dont 200 appartiennent au genre *Anthicus* proprement dit. Sur ces 200 espèces, 113 habitent l'Europe et les contrées baignées par la Méditerranée; les autres se rencontrent en Amérique (40 esp.), dans l'Inde, au cap de Bonne-Espérance, à Madagascar et jusque dans l'île de Van-Diemen (1). Aux époques antérieures à la nôtre ce genre était déjà largement représenté, car M. Berendt en a reconnu 29 espèces dans l'ambre de la Prusse (2).

ANTICHUS MELANCHOLICUS Nob.

(Planche 5, fig. 12.)

Subniger; antennis fulvis, capite suprà convexo; thorace brevi, postice constricto; elytris ovatis, abdomine brevioribus.

		mm
Longueur totale		2,50
—	des antennes	1
—	de la tête	0,75
—	du thorax	0,50
—	de l'abdomen	1,50
Hauteur de la tête		0,25
—	du thorax	,30 à 0,50
—	de l'abdomen (maxim.)	1

Loc. — Aix en Provence.

Coll. — Musée de Marseille : deux spécimens.

Dans les deux échantillons du musée de Marseille, l'insecte est vu de profil et présente une coloration brune très-foncée sur la tête, le thorax et les élytres, une coloration plus claire sur les antennes et une teinte fauve sur les pièces buccales. La tête, fortement inclinée et amincie en avant, peut être divisée en deux

---

(1) De la Ferté Sennectère, *Monographie des* Anthicus *et genres voisins*, 1848, in-8°. — *Notice sur les* Anthicus *des environs de Perpignan* (*Ann. Soc. entom. de France*, t. 11, 1842, p. 247-260). — L. Reiche, *Examen de la Monographie des* Anthicus *de M. de la Ferté Sennectère* (*Ann. Soc. entom. de France*, 2ᵉ série, 1852, t. X, p. 257-260). — Schmidt, *Die europäischen Arten der Gattung* Anthicus (Stettin, *Entom. Zeit.*, 3 Jahrg., 1842, p. 74-88, 122-135, 170-189, 193-200). — Léon Dufour, *Note sur trois espèces du genre* Anthicus (*Ann. des sc. nat.*, 3ᵉ série, Zool., t. 11, 1849, p. 229-230). — Dʳ John Leconte, *Synopsis of the Anthicites of the United States* (*Proceed. Acad. nat. sc. Philad.*, 1852, t. VI, p. 91 à 104), et trad. allem. (*Stettin entom. Zeit.*, 15ᵉ ann., 1854, p. 214-217). — Eugène Truqui, *Anthicini insulæ Cypri et Syriæ* (*Mem. della R. Accad. d. sc. di Torino*, 2ᵉ série, t. XVI, 1855, p. 339-372).

(2) Berendt, *Bernstein*, I, p. 56 (*Notoxus*).

ARTICLE Nº 2.

régions, l'une postérieure, ovoïde, l'autre antérieure, cylindro-
conique. La région postérieure, de beaucoup la plus considérable, porte les yeux, qui sont arrondis et saillants, et précisément à sa jonction avec la région antérieure s'insèrent les
antennes, qui vont en grossissant jusqu'à l'extrémité et dont la
portion basilaire est peu distincte. Les 8 articles terminaux sont
au contraire fort nets; ils sont tous courts, un peu évasés et velus, à l'exception du dernier, qui est allongé, ovalaire et dépourvu
de poils. Le thorax, d'un brun Van-Dyck très-foncé, est arrondi
en dessus et étranglé dans sa région postérieure, qui est moins
distincte et d'une teinte plus claire que la région antérieure. Les
élytres sont tronquées à la base, avec les angles scapulaires
arrondis, aplaties en dessus le long de la ligne suturale, un peu
déclives dans leur tiers postérieur et légèrement dilatées en arrière, comme dans la plupart des *Anthicus* de la nature actuelle ;
elles ne recouvrent pas l'extrémité de l'abdomen. Leur coloration est d'un brun noirâtre uniforme, et l'on n'y remarque
aucune trace d'ornementation. Les pattes, dont on peut étudier
la structure sur l'un des échantillons, ont les cuisses élargies du
côté des jambes, les jambes courtes et un peu renflées du côté
des tarses, et les articles des tarses légèrement dilatés ; j'ai cru
aussi remarquer que les cuisses, comme le thorax, étaient
teintes de deux couleurs, de fauve à l'origine et de brunâtre
à l'extrémité, comme dans certains *Anthicus* de notre pays,
et entre autres dans *Anthicus Rodriguei* Latr. (1). Cette
dernière espèce se distingue du reste immédiatement de notre
spécimen par son thorax moins fortement étranglé en arrière
et par ses élytres ornées de bandes jaunes. Sous le rapport
de la coloration et des dimensions, l'espèce fossile d'Aix en
Provence pourrait être comparée avec beaucoup plus de raison
à quelques espèces qui, de nos jours, ne se trouvent que dans
l'Amérique du Nord, et en particulier à *Anth. infernus* (2)

---

(1) J. du Val et Migneaux, *Genera des Coléopt. d'Europe*, III, pl. 84, fig. 418.

(2) Espèce du Mexique, entièrement noire, sans aucune tache sur les élytres, avec
la tête légèrement ponctuée, les antennes moniliformes, le corselet aplati et aussi large

E. OUSTALET.

la Ferté Sennect., *Anth. obscurus* Dej. (1), *Anth. elegans* la
Ferté (2), etc.

DIXIÈME FAMILLE. — CURCULIONIDES.

Je n'ai pas à reproduire ici les caractères de cette famille que
j'ai déjà indiqués dans la première partie de ce travail, d'après
M. J. du Val et Schœnherr (3). J'ai résumé en même temps les
observations de M. le professeur Heer, de Zurich, qui a étudié la
disposition des sillons et des ponctuations à la surface des élytres
chez les insectes de ce groupe, et qui en a déduit une méthode
pour déterminer, au moins approximativement, les Curculionides
fossiles. Je puis donc aborder immédiatement la description des
Charançons qui ont été découverts dans les gypses d'Aix, et qui
tiennent une si large place dans la faune de ce gisement.

Première Division. — GONATOCÈRES (4).

Première Section. — BRACHYRHYNQUES (5).

Premier Groupe. — BRACHYCÉRITES (6).

PREMIER GENRE. — BRACHYCERUS Fabr. (7).

M. Marcel de Serres signale dans les gypses d'Aix cinq espèces
de ce genre voisines des *Brachycerus undatus*, *B. barbarus*,

---

que la tête, les élytres deux fois aussi longues que larges, très-aplaties, et criblées de
ponctuations profondes. (*Monographie des* Anthicus, p. 159, 2° division.)

(1) Insecte d'un noir brunâtre, avec la tête ponctuée et pubescente, les yeux *gros
et saillants*, les antennes noires et légèrement dilatées à l'extrémité ; le corselet assez
brillant, pointillé, moins large que la tête et globuleux antérieurement, avec un goulot
très-court ; les élytres pointillées, pubescentes, coupées carrément à la base, et arrondies ou même légèrement tronquées à l'extrémité, qui *ne recouvre pas entièrement*
l'abdomen. (*Monographie des* Anthicus, p. 116 et 117, 1ʳᵉ division.) — Des États-Unis.

(2) Espèce de la Caroline, à tête rougeâtre.

(3) Voy. première partie, *Insectes fossiles de l'Auvergne*, p. 60 et suiv.

(4) *Ibid.*, p. 63.

(5) *Ibid.*, p. 63 et 64.

(6) *Ibid.*, p. 64.

(7) *Ibid.*

ARTICLE N° 2.

B. muricatus, *B. Algirus*, *B. hispanicus*, qui vivent de nos
jours autour du bassin méditerranéen (1), et, dans sa *Géognosie
des terrains tertiaires*, il figure l'espèce qui, d'après lui, se rapproche beaucoup de *B. undatus* Dej. (2); mais dans les diverses
collections que j'ai eues entre les mains, et qui comprenaient
cependant un très-grand nombre de Curculionides, je n'ai rencontré aucun individu qui pût être rapporté au genre *Brachycerus;* je suis même porté à croire que le Charançon figuré par
M. Marcel de Serres est plutôt un *Hipporhinus*, et probablement
l'*Hipporhinus Heeri* Germ., si commun dans les gypses de la
Provence.

Germar a décrit et figuré, du même gisement, un autre Curculionide qu'il a nommé *Brachycerus exilis* (3), mais qui, à en
juger par la figure, n'a pas la tête verticale et profondément
sculptée comme les Brachycères de l'époque actuelle, et qui a
l'abdomen plus allongé, les élytres moins carrées, etc. Par la forme
générale, cet insecte fossile ressemble plutôt à un Cléonite, à un
Phytonome par exemple, quoiqu'il ait le bec un peu moins long
et séparé de la tête par un sillon transversal, et le thorax tuber-
culé; il présente exactement la taille et les sillons thoraciques de
l'exemplaire que M. Heer a désigné sous le nom de *Phytonomus
annosus* (manuscr.). Toutefois, n'ayant pas eu entre les mains le
type de l'espèce de Germar, je me garderai bien de rien affirmer
à cet égard, et je me contenterai de reproduire la description
donnée par cet auteur :

« B. exilis, rostro thoraceque longitudinaliter multisulcatis,
» thorace lateribus unispinoso, elytris costatis, muricatis.

» Sepultus in marga schistosa prope Aix in Gallo-Provincia.

» Hujus generis credo, quamvis nostris minor et forsan an-
» gustior. Rostrum breve, crassum, arcuatum, supra quadrisul-
» catum, linea impressa a capite separatum. Thorax brevis,
» lineis pluribus longitudinalibus impressis exaratus, spina tri-

(1) *Notes géologiques sur la Provence*, p. 35.
(2) *Géognosie des terrains tertiaires*, p. 223 et 272, pl. 5, fig. 8.
(3) *Insectorum protogeæ specimen* (19° fasc. cont. Panzer). Halæ, 1837, fasc. 19,
fig. 11.

» gona laterali, cujus vestigium in impréssione trigona videas,
» armatus. Oculi oblongo-ovati, immersi. Elytra lateribus cari-
» nata, in parte inflexa striata, dorso, quantum in petrificatione
» suspicari liceat, inæqualiter costata et tuberculis sparsis muri-
» cata. Pedes breves, inermes. »

Deuxième Groupe. — ENTIMITES.

ENTIMIDES Schœnherr, *Genera et Species Curculionidum* (1833), I, part. 1, V, part. 1
(1839), supplém. introd.; VIII, part. 2.

Les Entimides ont le rostre assez court, arrondi et souvent fortement épaissi en dehors. Schœnherr divise les Entimites en deux
catégories : dans l'une le corps est assez court, muni d'ailes
membraneuses, les épaules sont anguleuses et proéminentes et
le thorax toujours lobé derrière les yeux ; dans l'autre, au contraire, le corps est oblong, aptère, et les épaules sont légèrement
arrondies. C'est à cette dernière catégorie qu'appartient le genre
Hipporhinus Schœnh.

PREMIER GENRE. — HIPPORHINUS.

Schœnh., *Gen. et Spec. Curcul.*, I, part. 2, p. 460, g. 57; V, part. 2, p. 746,
g. 101. — HIPPORHIS, Billb. — BRONCHUS, Germ., Dej., Latr., *Dict. class. d'Hist.
nat.*, XIV, 597. — CURCULIO, auct. reliq.

Caractères (1). — Antennes grêles et assez longues; scape
claviforme, ne dépassant pas ordinairement la région oculaire,
mais dans quelques espèces s'étendant un peu en arrière des
yeux; premiers articles du funicule allongés, derniers articles
courts; massue en ovale allongé. Rostre assez développé et
épaissi à l'extrémité. Yeux ovales, déprimés. Thorax arrondi ou
épineux sur les côtés, le plus souvent distinctement lobé derrière
les yeux, quelquefois légèrement tronqué au sommet. Écusson
nul ou très-petit. Élytres en ovale allongé, soudées, très-dures
et rugueuses.

(1) Schœnherr, *Gen. et Spec. Curcul.*, I, part. 2, p. 460.

ARTICLE N

Les insectes de ce genre sont de grande taille ou de taille moyenne, et ont le corps allongé, rugueux, souvent couvert de tubercules ou d'épines; ils sont dépourvus d'ailes et toujours de couleur terne. Dans beaucoup d'espèces le thorax présente sur la ligne médiane une carène ou un sillon distinct, et le bec est également sillonné ou caréné ; en outre, le thorax ou les élytres sont fréquemment ornés de granulations. Les femelles sont presque toujours sensiblement plus grandes que les mâles.

Les *Hipporhinus* sont extrêmement nombreux dans la nature actuelle, aussi Schœnherr avait cru nécessaire de les répartir en un certain nombre de catégories, d'après des considérations tirées de la présence ou de l'absence d'un sillon transversal à la base du rostre, de la longueur du scape, de la forme des côtés du thorax, etc. Les espèces connues, au nombre de quatre-vingt-cinq environ, sont maintenant toutes confinées dans l'Afrique australe, à l'exception de trois espèces qui habitent la Nouvelle-Hollande (1); mais, au commencement de la période tertiaire, ce type entomologique était largement représenté dans le midi de la France. En effet, outre les deux espèces d'*Hipporhinus* décrites et figurées par Germar et par M. Heer (2), les gypses d'Aix renferment une autre espèce bien caractérisée dont je donnerai ci-après la description ; c'est aussi à ce genre que se rapporte probablement, comme je l'ai dit plus haut, le *Brachycerus* figuré par Marcel de Serres (3). Quant au *Rhynchœnus* (?) *Solieri* de Hope (4), c'est un insecte tout différent, et je ne saurais partager l'opinion de Pictet et de Germar, qui seraient tentés de le rapprocher des *Hipporhinus* (5).

(1) Schœnherr, *ibid.*, V, part. 2 (1840), p. 746 à 793 inclusiv. — Jeckel, *Catalogus Curculionidum* (1849), p. 51 et 52, g. 101.

(2) Germar, *Zeitschr. der Deutsch. geol. Gesellsch.*, I, p. 61, pl. 2, fig. 5.— Heer, *Fossile Insekten von Aix* (*Vierteljahrschr. der naturf. Gesellsch.*, I, part. 1), p. 21 et 22, pl. 1, fig. 10 et 11.

(3) *Géognosie des terrains tertiaires*, p. 223 et 272, pl. 5, fig. 8.

(4) *Trans. of the Entom. Soc. of London*, IV, p. 254, pl. 19, fig. 2.

(5) Pictet, *Traité de paléontologie*, t. II, p. 351. — Germar, *Zeitschr. der Deutsch. geol. Gesellsch.*, I, p. 64.

HIPPORHINUS HEERII Germ. (1).

(Pl. 3, fig. 11 ; pl. 4, fig. 1, 2, 3, 4, 5, 8 ; pl. 5, fig. 1 et 2 ; pl. 6, fig. 4, 5 et 14.)

Nigrescens ; caput largum, globosum, læve oculis ovatis et depressis, rostro crasso, parum elongato, ad basim abscisso, supra sulcato, scapo oculos non superante ; thorax brevis, capite latior, pone oculos non lobatus, confuse tuberculatus, lateribus convexis et margine anteriore vix excavatus ; elytra pronoto latiora, basi truncata, posteriore parte dilatata, apice vix acuminata, punctorum seriebus ornata, interstitiis planis.

	mm
Longueur totale	11,50 à 16 millim.
— de la tête et du bec	3,50 à 4
— du thorax	3 à 4,25
— des élytres	8 à 12
— de la cuisse antérieure	2,50 à 3,25
— de la jambe	3 à 3,50
— du tarse	1,25 à 2,25
— de la cuisse médiane	3,50 à 4
— de la jambe	4 à 4,50
— de la cuisse postérieure	4
— de la jambe	4,50
Largeur de la tête à la base	2 à 3
— du bec à l'extrémité	1
— du thorax en avant	4 à 4,50
— en arrière	4 à 6
— des élytres aux épaules	5 à 6
— — en arrière	5,50 à 7
Épaisseur de la tête	5 (maxim.)
— du thorax	6 (maxim.)

Loc. — Aix en Provence.

Collection du Muséum d'histoire naturelle de Paris	16 spécimens.
— du musée de Marseille	20
— du musée de Lyon	4
— de la Faculté des sciences d'Aix	1
— de M. Alph. Milne Edwards	1
— de M. le comte de Saporta	2
— de M. Fille	2
— de M. le professeur Heer, de Zurich	1
Total	47 (2)

Ces insectes varient considérablement sous le rapport de la

(1) *Zeitschr. der Deutsch. geol. Gesellsch.,* I, p. 61, pl. 2, fig. 5. — Heer, *Fossile Insekten von Aix (Viertelj. der naturf. Gesells.,* I, part. 1), p. 21 et 22, pl. 1, fig. 11.
(2) Dans ce total ne sont pas compris les spécimens fort nombreux du Muséum

ARTICLE N° 2.

taille ; néanmoins les nombreux spécimens que j'ai eus sous les yeux peuvent, pour la facilité de l'étude, se ranger en trois catégories : les uns ont 11 millimètres et demi de long, d'autres 13 à 14, d'autres enfin 16 et même 16 millimètres et demi.

Dans la première catégorie se rangent deux spécimens du Musée de Paris et trois individus conservés au musée de Marseille, qui mesurent environ 11 millimètres et demi à 12 millimètres de long, c'est-à-dire qui sont encore plus petits que l'exemplaire figuré par M. Heer (1). L'un d'eux, qui présente une coloration générale d'un brun-chocolat clair, a la tête enfoncée dans le thorax jusqu'au bord postérieur de l'œil, et dirigée presque verticalement. Le front est bombé, mais parfaitement lisse, et le bec, séparé de la tête par un sillon transversal, est assez fortement busqué, très-épais et légèrement échancré à l'extrémité. L'œil est grand, ovalaire, déprimé et bordé de noir. L'antenne, qui se détache en saillie, est coudée et présente un scape allongé et légèrement sinueux, un funicule assez court et une massue ovalaire, médiocrement renflée. Le scrobe est faiblement arqué et se dirige, en longeant le bord inférieur de la tête, de l'extrémité du bec à la région sous-oculaire. Le thorax, fortement incliné en avant et aplati en dessus, a sa surface toute bosselée par suite de la compression qu'elle a subie, et criblée de dépressions circulaires analogues à celles d'un dé à coudre. Les élytres, relativement assez courtes et légèrement élargies dans leur région postérieure, sont terminées en arrière par une pointe obtuse et coupées carrément en avant, avec l'angle sutural et l'angle antérieur externe tronqués. Elles sont écrasées, et l'on distingue sur toute leur longueur des crêtes élevées, garnies de petits tubercules régulièrement disposés. La cuisse postérieure est allongée, fusiforme et un peu contournée, la jambe grêle et légèrement tordue.

L'autre individu est encore mieux conservé. La tête est moins

---

d'histoire naturelle de Paris et du musée de Marseille, qui sont en trop mauvais état pour mériter une mention particulière, ni les cinq exemplaires du musée de Berlin, du musée de Zurich et de la collection Blanchet, étudiés par Germar et M. Heer.

(1) *Fossile Insekten von Aix*, pl. 1, fig. 11.

penchée que dans l'autre spécimen, et le bec, toujours nettement séparé du front par un sillon transversal, présente en dessus trois ou quatre sillons parallèles, plus un sillon oblique situé près du bord inférieur et représentant sans doute le scrobe. Le front est également bombé et entièrement lisse ; l'œil, petit, ovalaire, avec le grand diamètre dirigé suivant l'axe de la tête, est situé à égale distance du bord antérieur du thorax et du sillon de la base du bec. Le thorax, légèrement excavé en avant et faiblement arrondi en arrière, est à peine bombé en dessus et relativement plus court que dans l'individu figuré par M. Heer (1) ; il est du reste, comme dans ce dernier spécimen, criblé de ponctuations régulières et très-serrées, mais plus petites que dans l'individu que j'ai décrit précédemment. Çà et là on remarque encore des vestiges des téguments qui sont d'un brun-chocolat foncé, tandis que le reste de l'empreinte est d'une teinte plus claire. Les élytres, de même forme que dans l'autre exemplaire, sont également ornées de plis saillants portant de petites granulations arrondies : on voit fort bien que les lignes 3 et 4 (à partir du bord) et les lignes 5 et 6 se réunissent deux à deux à l'extrémité, comme dans le Curculionide représenté par M. Heer. Enfin les cuisses antérieures sont renflées dans leur milieu, coupées obliquement du côté de la jambe, qui est assez grêle et un peu arquée ; les tarses ont leurs trois premiers articles courts et évasés ; le quatrième et dernier est à peine distinct, mais était dans tous les cas plus étroit et plus allongé que les précédents.

Sur deux échantillons du musée de Marseille, l'*Hipporhinus* est vu latéralement. Sa coloration générale est d'un brun de sépia pâle, avec des zones plus foncées sur les élytres, le bord postérieur du thorax. La tête est bombée, avec le bec busqué ; les yeux sont noirs. Le thorax, très-faiblement arrondi en dessus, est pointillé et les élytres offrent quelques séries incomplètes de granulations. Enfin on aperçoit, sur une des empreintes, le tarse de la patte antérieure : il se compose de quatre articles dont le

---

(1) *Fossile Insekten von Aix*, pl. 1, fig. 11.

ARTICLE N° 2.

dernier est allongé et terminé par des crochets. Le troisième spécimen de la même collection est étendu sur le ventre, avec la tête rejetée du côté gauche et les pieds postérieurs étalés. Le front est convexe et dépourvu de stries, le bec obtus et séparé de la tête par un sillon transverse; l'œil est de grandeur médiocre, de couleur brune et de forme ovalaire, et, au-dessous de lui, on aperçoit le sillon scrobiculaire. Le thorax, un peu échancré en avant pour recevoir la tête et garni au bord antérieur d'une sorte de bourrelet, est d'un brun noirâtre et couvert de ponctuations enfoncées. Les élytres, légèrement arrondies aux épaules et atténuées en arrière, ont leurs bords externes légèrement convexes; elles présentent, entre les grandes bosselures produites par la saillie des cuisses et des hanches des membres inférieurs, un certain nombre de lignes saillantes garnies de granulations régulièrement disposées.

Ces cinq spécimens ont à peu près les mêmes dimensions que l'*Hipporhinus Schaumii* décrit et figuré par M. Heer (1), mais ils en diffèrent essentiellement par le front, qui est parfaitement lisse, au lieu d'être sillonné comme le bec.

La deuxième catégorie comprend des Curculionides dont les uns ont 13 millimètres, c'est-à-dire exactement la même longueur que le spécimen étudié par M. Heer, les autres jusqu'à 14 ou même 15 millimètres de long.

Les collections du Muséum d'histoire naturelle de Paris renferment plusieurs spécimens de ce groupe :

L'un est vu de dos et dans un état remarquable de conservation. La coloration générale est noirâtre. Le bec, coupé carrément en avant, paraît plus étroit que la tête, dont il est séparé par une ligne nettement tracée; il est marqué en dessus, à son origine, de quatre traits longitudinaux et d'un sillon qui se prolonge jusqu'à l'extrémité; sur les côtés, on distingue les vestiges des antennes qui étaient coudées et dont le funicule portait une petite massue ovalaire. La tête, enchâssée en arrière dans le thorax, mais beaucoup moins large que cette dernière partie, est de cou-

(1) *Fossile Insekten von Aix*, p. 22, pl. 1, fig. 11.

eur brune et ne présente aucune trace de stries. Le thorax, bosselé par la saillie des hanches antérieures, est élargi dans sa portion médiane, presque droit en arrière et légèrement excavé en avant ; sa surface est criblée de ponctuations arrondies et offre en outre çà et là des restes de téguments de couleur très-foncée. Les élytres sont parcourues par des plis assez vagues, avec des poils disposés en séries longitudinales. Les cuisses antérieures sont courtes et très-grosses, les cuisses médianes un peu moins épaisses, et les cuisses postérieures très-robustes et renflées dans leur portion moyenne ; les jambes sont allongées, cylindriques et légèrement arquées, et les tarses se terminent par un article assez grêle, muni d'un double crochet.

Dans les autres spécimens, qui sont placés dans la même position, la coloration est d'un brun plus ou moins foncé. Le bec, vu par la face supérieure, est légèrement conique, et la tête s'épaissit en arrière, sans atteindre toutefois la largeur du thorax, qui est distinctement ponctué comme dans l'exemplaire précédent. Les élytres, plus larges à la base que le thorax, ont les épaules coupées obliquement et leur surface est ornée de plis parallèles et de lignes de poils ; enfin les cuisses sont robustes (les antérieures surtout) et excavées à l'extrémité pour l'articulation de la jambe.

Un autre individu dont la couleur originelle a presque entièrement disparu, est renversé sur le dos. La tête, comme déchiquetée à l'extrémité, est parcourue en dessous par un certain nombre de stries longitudinales, et une des antennes, dont le funicule dépasse le bord du thorax, se termine par un petit bouton ovoïde dont les articles ne sont pas distincts. La face inférieure du thorax et de l'abdomen est fortement plissée et bosselée, et présente des cavités plus ou moins arrondies dans lesquelles s'inséraient les hanches ; enfin l'abdomen se termine en pointe obtuse et montre quatre ou cinq anneaux qui vont en diminuant de grosseur. — Sur un autre échantillon, qui appartient à la Faculté des sciences de Marseille et qui nous montre l'insecte dans une situation analogue, j'ai cru distinguer à la face inférieure du thorax des ponctuations semblables à celles qui ornent

ARTICLE N° 2.

la face supérieure, et, sur les bords des anneaux de l'abdomen qui sont nettement séparés les uns des autres, j'ai aperçu de petits points qui représentent peut-être les stigmates.

Deux autres Curculionides du Musée de Paris sont couchés sur le flanc : l'un est assez mal conservé et d'une couleur brune très-foncée, presque noire; le bec, épaté à l'extrémité, présente quelques vestiges des antennes et du scrobe; le thorax est poin-tillé et relativement court; les élytres sont ornées de plis saillants et de granulations arrondies; l'abdomen offre en arrière deux ou trois anneaux distincts, et les cuisses sont fusiformes. L'autre spécimen est beaucoup plus intéressant, car il nous laisse voir fort distinctement la disposition des plis saillants à la surface des élytres. Sous ce rapport, il ne m'a point paru concorder parfaitement avec l'individu que M. Heer a eu sous les yeux : ici, en effet, ce sont les lignes 2 et 9, 3 et 8, qui sont réunies deux à deux en arrière et qui embrassent les lignes 4 et 5, 6 et 7, également confluentes deux à deux; au contraire, dans l'exem-plaire étudié par M. Heer, ce sont, à en juger par la figure (1), les lignes 1 et 10, 2 et 9 qui se réunissent en arrière et com-prennent entre elles les lignes 3 et 4, 5 et 7 confluentes, deux à deux, à l'extrémité postérieure : il en résulte que les lignes 6 et 8 restent isolées. Dans l'exemplaire de la collection du Muséum, on ne voit plus la moindre trace de granulations sur les élytres, mais le thorax est criblé de ponctuations; la tête est parfaite-ment lisse, et le bec sinué en dessus, comme d'habitude; les cuisses antérieures sont très-épaisses et les cuisses moyennes fusiformes.

M. le professeur Alphonse Milne Edwards a bien voulu me communiquer un autre spécimen d'*Hipporhinus*, qui est vu par la face supérieure, et qui n'offre pas avec les précédents de dif-férences appréciables ni dans la forme générale, ni dans la dimension, ni dans la coloration. Il a également le bec sillonné, le thorax ponctué, les élytres ornées de granulations disposées en séries; les cuisses antérieures robustes, les cuisses postérieures

(1) *Fossile Insekten von Aix*, pl. 1, fig. 11.

plus allongées et fusiformes, et les jambes arquées ; de plus, les tarses, qui se terminent par de forts crochets, m'ont paru garnis de villosités.

Le musée de Marseille possède un très-grand nombre de ces individus de taille moyenne, c'est-à-dire de 14 millimètres de long sur 4 à 5 millimètres de large. Quelques-uns sont en fort mauvais état, mais d'autres sont parfaitement conservés, et montrent aussi bien, et peut-être même mieux que les exemplaires du Musée de Paris, les détails de l'ornementation du thorax et des élytres, et la conformation du bec, des antennes et des tarses. Il serait trop long de passer en revue tous ces spécimens, et je me contenterai d'en décrire quelques-uns des plus remarquables. L'un d'eux, qui est vu par la face dorsale, est d'une teinte jaunâtre avec des macules noirâtres sur les élytres et les côtés de la tête ; le thorax, les jambes, ainsi que les tarses, sont d'une couleur brune assez foncée. La tête semble velue sur tout l'espace compris entre les yeux, et le bec présente en dessus cinq stries principales, dont la médiane est élargie et plus longue que les autres. Les antennes sont coudées, avec le funicule velu et le bouton ovalaire. Le thorax, un peu rétréci en avant, est également couvert de villosités et criblé de ponctuations. Les élytres sont taillées obliquement aux épaules, s'arrondissent ensuite sur les côtés et s'élargissent sensiblement en arrière, au niveau des cuisses postérieures ; elles présentent un certain nombre de carènes et de lignes de poils. La cuisse antérieure est légèrement excavée pour recevoir la jambe, qui est rétrécie à son origine. Les tarses sont velus et se terminent par un article brunâtre, allongé, légèrement renflé au bout et portant un crochet robuste et de couleur noire. Sur un autre exemplaire, placé exactement dans la même situation, on remarque également ment des traces de poils, non-seulement sur le funicule des antennes, mais même sur le bouton terminal. Le thorax offre aussi sur la ligne médiane une carène longitudinale, que je n'ai pas retrouvée sur tous les spécimens que j'ai eu l'occasion d'examiner, mais qui a été signalée par Germar sur quelques individus de la même espèce.

ARTICLE N° 2.

Un autre exemplaire est couché sur le flanc ; il a la tête penchée, le thorax élevé et couvert de ponctuations. Les élytres, creusées par la compression qu'elles ont subie et terminées en arrière par une pointe mousse, ont leur surface ornée de plis et de points saillants. Les cuisses antérieures, plus robustes que les cuisses moyennes et postérieures, sont velues et présentent çà et là des vestiges de la coloration primitive, qui était brune ou noirâtre ; la cuisse postérieure, étendue et bien visible, est dilatée en massue un peu au delà du milieu. La jambe est légèrement contournée, couverte de poils très-fins, et coupée obliquement du côté des tarses ; le premier article des tarses postérieurs est assez allongé, les deux suivants sont très-courts, évasés et égaux entre eux, et le dernier, presque aussi long que le premier, se termine par un crochet robuste.

Dans un autre spécimen, dont les pieds sont étendus comme dans la marche, et qui est vu de trois quarts, la tête est inclinée, et complétement lisse, le bec fortement busqué et sillonné ; l'œil bien distinct, de forme ovale et de couleur noire ; le thorax, finement pointillé, porte en dessus une carène étroite ; les élytres, médiocrement bombées et terminées en pointe mousse en arrière, sont sensiblement plus larges que le thorax à leur base ; les cuisses postérieures, dilatées en massue dans leur tiers postérieur, s'articulent à des jambes légèrement contournées qui portent elles-mêmes des tarses velus et terminés par un article allongé.

La même carène longitudinale sur la ligne médiane du thorax se remarque encore sur deux autres spécimens, qui sont vus par la face supérieure, mais qui présentent du reste les mêmes dimensions et à peu près la même coloration que l'exemplaire précédent. Les caractères généraux que j'ai déjà signalés se retrouvent également sur un individu vu de côté, et sur lequel j'ai cru distinguer, entre les lignes conjuguées qui occupent la région médiane de l'élytre, une ligne saillante impaire analogue celle que l'on voit dans l'exemplaire figuré par M. Heer (1).

_____

(1) *Fossile Insekten von Aix*, pl. 1, fig. 11.

Les antennes sont velues comme dans beaucoup d'autres échantillons, et j'ai pu y reconnaître cinq ou six articles précédant le
bouton terminal.

La même collection renferme aussi quelques *Hipporhinus*
vus par la surface supérieure, et qui sont identiques à ceux du
Musée de Paris. Dans l'un de ces individus, qui est complétement
décoloré, sauf sur quelques parties des cuisses, le bec montre
en dessous quelques-unes des pièces de la bouche, qui sont très-
petites dans les Curculionides. La tête, séparée du thorax par un
sillon, est lisse et présente sur le côté un fragment d'antenne. Le
thorax, déjà plus large que la tête dans sa partie antérieure,
augmente encore de diamètre en arrière, sans atteindre toutefois
les mêmes dimensions transversales que les élytres ; celles-ci
dépassent de chaque côté l'abdomen, et cette dernière région
présente à son extrémité des anneaux de plus en plus étroits,
mais dont le dernier paraît plus long que les autres et s'arrondit
postérieurement. Les hanches sont épaisses, courtes et arrondies, les cuisses renflées en massue et allongées (surtout celles
de la dernière paire), les jambes arquées et les tarses composés
de quatre articles.

Parmi les échantillons d'insectes fossiles du musée de Lyon,
que M. le docteur Lortet a eu l'extrême obligeance de me confier, j'ai reconnu trois individus de la même espèce, dont deux
seulement méritent une description. Le premier, vu de profil,
a les pieds repliés contre le thorax et l'abdomen, et ne conserve
plus que sur certains points des vestiges de sa coloration primitive. La tête est penchée, presque verticale ; le front bombé ;
l'œil ovalaire, avec le grand diamètre dirigé suivant l'axe du
bec ; le rostre coupé obliquement en avant, et portant quelques
débris de l'antenne ; malheureusement un bris de la pierre em-
pêche de suivre le scrobe dans toute sa longueur. Le thorax, très-
faiblement convexe en dessus et un peu excavé sur les côtés et
en avant, est criblé de ponctuations comme un dé à coudre ; sa
longueur est à peu près égale à sa hauteur. Les élytres, légèrement bombées le long de la ligne suturale, sont terminées en
pointes obtuses en arrière et élargies au niveau du tiers postérieur;

sur leur surface on distingue quelques crêtes, avec des lignes de
points saillants qui, du côté du sommet, se réunissent deux à
deux et forment des angles aigus s'embrassant les uns les autres,
ainsi que cela est indiqué dans le spécimen figuré par M. Heer (1).
Les cuisses sont très-épaisses, les antérieures presque ovoïdes,
les postérieures fusiformes ; et les jambes sont fortes et renflées
en massue vers le bas. Ce spécimen rappelle beaucoup l'individu décrit par M. Heer, mais il a la tête plus penchée et le front
plus bombé.

Enfin j'ai pu examiner dans la collection du Musée de Paris
un échantillon envoyé en 1837, et dans lequel l'insecte est vu
en dessus et mesure environ 13 millimètres de long sur 7 de
large (maximum). Il est d'un brun Van-Dyck avec quelques parties plus foncées, presque noirâtres ; les élytres présentent, sur
leur surface creuse, des séries de petits points saillants, dont
quelques-unes se réunissent dans la région médiane et postérieure de l'élytre. Le thorax, un peu élargi en arrière, est, comme
toujours, criblé de petites dépressions circulaires.

Après avoir passé rapidement en revue ces divers exemplaires
d'*Hipporhinus Heerii*, qui se complètent, pour ainsi dire, les
uns les autres, il me paraît nécessaire, pour présenter une idée
parfaite de l'espèce, de reproduire les descriptions données par
Germar et par M. Heer. «Le genre *Hipporhinus*, dit Germar (2),
» actuellement confiné dans le sud de l'Afrique et dans la Nou-
» velle-Hollande, est caractérisé principalement par un bec épais,
» presque quadrangulaire, élargi à l'extrémité et présentant des
» sillons longitudinaux ; par un corps pourvu de granulations ou
» d'épines ; par des élytres soudées, ne recouvrant pas d'ailes
» membraneuses ; par un écusson caché, des jambes dépourvues
» d'épines et assez larges et des tarses *rembourrés*. Une division
» de ce genre, à laquelle appartient aussi notre Curculionide
» fossile, se distingue par un caractère singulier : elle a le bec
» comme séparé du front par un sillon transversal, qu'on ne

(1) *Fossile Insekten von Aix*, pl. 1, fig. 11.
(2) *Zeitschr. der Deutsch. geol. Gesellsch.*, I, p. 62 et suiv.

» retrouve, au moins d'une manière aussi distincte, dans aucun
» genre de Curculionides.

    » J'ai eu sous les yeux deux exemplaires qui tous deux se
» présentent par le flanc : l'un possède encore une grande
» portion de ses téguments dans la moitié supérieure du corps,
» tandis que l'autre n'offre plus que l'empreinte de cette même
» partie ; de plus, le premier mesure sept lignes (15^{mm},40) de
» la pointe du bec à l'extrémité des élytres, tandis que le
» second n'a pas plus de six lignes (13^{mm},20) de long. Notre
» musée possède encore un troisième exemplaire, moins net
» que les deux autres.

    » Le bec est un peu plus long que haut et s'amincit légère-
» ment du côté de la base ; on voit distinctement, sur les deux
» échantillons, qu'il est séparé en dessus de la tête proprement
» dite par un sillon transversal profond. Le scrobe se dirige, sui-
» vant une courbe peu prononcée, de la pointe du bec à l'angle
» de l'œil, et le dessus du bec est marqué en outre de deux sillons
» longitudinaux (1). Il ne reste aucune trace appréciable des
» antennes. La tête est deux fois aussi large que le bec, sans
» sculptures apparentes, et les yeux semblent avoir été enfoncés
» et aplatis.

    » La forme du thorax ne peut être reconnue exactement,
» parce que l'insecte est couché sur le flanc et que ses contours
» ne sont pas nettement définis ; mais cette partie devait être
» à peu près deux fois aussi large que longue et plus large que
» la tête. Le bord antérieur est à peu près rectiligne ; cependant,
» dans le premier exemplaire, on aperçoit de chaque côté une
» proéminence en forme de lobe qui s'avance dans la direction
» de l'œil. La face supérieure est couverte, dans le deuxième
» individu, de ponctuations assez grossières et régulièrement
» disposées, mais peu serrées ; dans le premier individu au con-
» traire, il paraît y avoir des granulations sur le corselet et une
» carène longitudinale sur la ligne médiane.

(1) L'insecte étant vu de profil, on n'aperçoit naturellement que deux sillons sur
cinq, le sillon médian se confondant avec la ligne supérieure du bec, et les deux autres
sillons se trouvant sur l'autre face.

    ARTICLE N° 2.

» Les élytres sont une fois et demie aussi longues que la tête
» et le thorax réunis, et un peu plus larges que le corselet ; les
» épaules sont légèrement proéminentes ; la région dorsale un
» peu bombée, et la région postérieure fortement déclive du côté
» de la pointe, qui, dans le deuxième individu, est assez pro-
» noncée. Sur chaque élytre on aperçoit au moins six carènes
» longitudinales étroites, portant une série de granulations ; les
» espèces intermédiaires sont complétement lisses, même dans
» le premier exemplaire, et n'offrent ni dépressions, ni verru-
» cosités.

» Les hanches sont relativement longues, les cuisses médio-
» crement épaisses ; les jambes sont grêles et comprimées, les
» antérieures légèrement évidées en dedans avec l'extrémité
» prolongée légèrement en pointe à l'angle interne. Les tarses
» ne sont représentés sur le deuxième spécimen que par quel-
» ques fragments trop incomplets pour fournir des renseigne-
» ments sur la forme de ces parties. »

Dans sa *Notice sur les Insectes fossiles des environs d'Aix*,
M. Heer a complété la description donnée par Germar par
quelques détails sur les spécimens de la même espèce conservés dans la collection de M. Blanchet ou dans les collections
du musée de Zürich.

« Cette espèce, dit M. Heer, se distingue par son bec épais,
» fortement rétréci à la base.... Le scape arrive jusqu'à l'œil ;
» les premiers articles du funicule sont effacés ; en revanche, le
» bouton terminal est dans un état de conservation si parfait, que
» l'on peut parfaitement reconnaître sa forme ovalaire ; malheu-
» reusement on ne peut évaluer le nombre des articles qui le
» composent. Le prothorax est grossièrement ponctué. Les élytres
» sont assez bien conservées ; cependant leurs sculptures ont
» disparu dans les deux exemplaires ; on distingue, toutefois,
» l'empreinte des lignes qui ornaient ces parties, et çà et là
» quelques ponctuations. Mais, je le répète, ces organes sont
» extrêmement écrasés. »

Ces deux individus, par la conformation de leur bec, appartiennent au genre *Hipporhinus ;* il faut remarquer cependant

que, dans les espèces actuelles de ce genre, les élytres sont presque toujours ornées de granulations ou d'épines.

Comme je l'ai montré par la description, donnée ci-dessus, des
nombreux échantillons que j'ai eus sous les yeux, il n'y a plus
lieu de faire cette objection, puisque sur presque tous les exemplaires que j'ai pu étudier, on distingue fort bien, sinon les granulations elles-mêmes du thorax et des élytres, au moins les
impressions en creux que ces aspérités ont laissées sur la pierre.
La présence de ces granulations et, chez quelques spécimens,
d'un léger sillon (marqué par une faible carène) sur la ligne
médiane du corselet, et l'existence de cinq carènes (indiquées
par cinq sillons) à la face supérieure du bec, permettent même
de rapprocher l'*Hipporhinus Heerii* d'une espèce actuelle,
Hipporhinus tuberosus Sch., qui habite la Cafrerie (1). Beaucoup
d'autres *Hipporhinus* offrent d'ailleurs, avec une taille différente, ces granulations sur le thorax et sur les élytres, et ont
sur la ligne médiane du thorax, soit une carène, soit un sillon,
ainsi que des lignes enfoncées ou saillantes à la face supérieure
du bec. L'ornementation de l'*Hipporhinus Heerii* n'a donc rien
d'anormal. Quant à ses variations de taille, elles ne doivent pas
davantage nous surprendre, puisque de nos jours on voit,
d'après Schœnherr, des individus d'une même espèce varier
du simple au double comme grandeur. Je crois donc qu'il
n'y a pas lieu de distinguer spécifiquement les spécimens rentrant dans les catégories de taille dont je viens de donner la description, ni même les spécimens de la troisième catégorie dont
je n'ai pas encore parlé.

Parmi ces individus, qui atteignent jusqu'à 16^{mm},25 de long,
se place un exemplaire de la collection de M. Heer, que le savant
professeur avait étiqueté *Hipporhinus Saportanus*, et qui n'a
pas encore été figuré ni décrit. Cet insecte est aplati sur le
ventre, le bec enfoncé verticalement dans la pierre, et les
pattes antérieures, ainsi que la patte moyenne du côté droit, sont
étalées de chaque côté du thorax. La position dans laquelle se

(1) Schœnherr, *Genera et Species Curculionidum*, t. V, part. 2, p. 768, n° 38.
ARTICLE N° 2

trouve le bec ne permet pas d'en apprécier la forme ni les
dimensions ; mais on voit que la tête était lisse en dessus ;
tandis que le thorax était au contraire profondément sculpté
et criblé de dépressions dans lesquelles subsistent encore des
vestiges de téguments, de couleur noirâtre ; ces dépressions
correspondent sans doute à autant de verrucosités qui existaient
sur le corselet de l'insecte vivant. On aperçoit en outre sur la
ligne médiane une sorte de carène longitudinale ; cette saillie
sur l'empreinte correspond de même à un sillon du thorax de
l'insecte. Quant à la forme générale du corselet, elle est exactement la même que dans les spécimens de petite taille et de taille
moyenne de l'*Hipporhinus Heerii* ; le bord antérieur est presque droit, le bord postérieur légèrement conveve, et les bords
externes sensiblement arqués, de telle sorte que le maximum de
diamètre se trouve au niveau des cuisses antérieures. Les élytres
ont les épaules saillantes et à peine arrondies ; elles s'élargissent
sensiblement en arrière, au niveau des cuisses postérieures,
et se rétrécissent ensuite graduellement, de façon que leur
bord externe, d'abord presque droit ou même un peu excavé,
devient convexe dans le voisinage du sommet. A la surface, qui
devait être bombée, on distingue huit lignes environ de granulations qui vont d'un bout à l'autre de l'élytre et qui sont séparées par des sillons peu profonds. Les cuisses antérieures, assez
épaisses un peu au delà de leur articulation avec la hanche,
diminuent graduellement de grosseur du côté de la jambe, qui
est assez grêle et qui présente une double courbure peu prononcée. Les tarses ont le premier article conique et de longueur
médiocre, les deux articles suivants courts et dilatés, le quatrième allongé, grêle et terminé par un crochet. Sur les pattes,
comme sur les élytres, la tête et le thorax, subsistent encore çà
et là des vestiges de la coloration primitive, qui était d'un brun
très-foncé.

Un autre spécimen, que M. Fille a bien voulu me laisser étudier, présente l'insecte couché sur le flanc. La tête est presque
verticale, le front légèrement bombé, l'œil noirâtre et de forme
arrondie ; le bec, séparé du front par un sillon transversal, est

sensiblement arqué et arrondi à l'extrémité, près de laquelle on aperçoit encore des fragments de l'antenne. Le thorax, déclive en dessus, est assez court et criblé de dépressions irrégulières assez profondes et serrées les unes contre les autres, surtout dans sa partie supérieure. Les élytres offrent, comme dans l'exemplaire précédent, des séries parallèles de granulations, beaucoup plus grossières que celles des spécimens d'*Hipporhinus Heerii* appartenant aux deux premières catégories. Les cuisses antérieures sont légèrement renflées en massue, les cuisses postérieures allongées et fusiformes, les jambes légèrement arquées; les tarses composés de quatre articles, dont les trois premiers sont évasés et dont le dernier est cylindrique et plus grêle que les autres.

Un des exemplaires du Muséum d'histoire naturelle de Paris a précisément les mêmes caractères, c'est-à-dire des dépressions profondes et relativement assez grandes sur le corselet, et de gros points saillants, arrondis ou ovalaires sur les élytres. La tête est également lisse, le bec arqué, et le scape arrive presque jusqu'à l'œil, qui est ovalaire, avec le grand diamètre dirigé à peu près verticalement.

Les détails d'ornementation ne sont pas aussi nettement accusés dans un autre spécimen de la même collection et dans un exemplaire du musée de Marseille, qui offrent du reste des dimensions tout aussi considérables. Ces deux individus sont couchés sur le flanc, les pieds allongés; l'un est d'un brun clair, l'autre d'un noir de poix. Dans le premier, la tête est en fort mauvais état, le thorax couvert de ponctuations, les élytres sont ornées de lignes de points saillants, de grandeur médiocre. Les deux séries de points situées dans le voisinage de la région médiane de l'élytre (les séries 5 et 6?) se réunissent en arrière, de même que les lignes qui les précèdent immédiatement (3 et 4) et sont entourées probablement par une série interne et une série externe conjuguées.

Tout à côté de ces individus, sous le rapport de la taille, vient se placer un spécimen de la collection de M. de Saporta. Cet insecte, vu par la face supérieure, a le bec sillonné, la tête lisse, le thorax presque quadrangulaire et ponctué, l'écusson très-petit, les élytres acuminées en arrière, élargies au niveau de leur tiers postérieur et coupées obliquement aux épaules, avec la surface ornée de séries parallèles de granulations.

C'est encore à cette catégorie de géants qu'appartient un exemplaire du musée de Marseille, qui se présente de trois quarts et qui se trouve dans un état de conservation très-satisfaisant. Sa coloration générale est jaunâtre. La tête est lisse et bombée, le bec sillonné et brusquement arrondi vers le bout. Le thorax, faiblement convexe en dessus, est très-court et profondément sculpté; les élytres, beaucoup plus larges que le thorax, sont tronquées aux épaules, arrondies en arrière et terminées en pointe mousse; on observe également à leur surface quelques séries de points. Les cuisses, qui ont conservé çà et là leur coloration brune primitive, sont très-robustes; celles de la paire postérieure sont renflées en fuseau; les jambes et les tarses sont velus.

Ces divers spécimens se distinguent, comme je l'ai dit, de ceux que j'ai décrits en premier lieu par une taille plus considérable et par des granulations un peu plus grossières à la surface des élytres; sous ce rapport, ils se rapprochent davantage des *Hipporhinus* de l'époque actuelle, qui, pour la plupart, ont les élytres couvertes de tubercules ou d'ornementations. C'est sans doute cette différence d'ornementation, plus encore que la différence de taille, qui a porté M. Heer à séparer des *Hipporhinus Heerii* l'exemplaire de sa collection, qu'il a désigné sous le nom d'*Hipporhinus Saportanus*. Mais puisque dans l'*Hipporhinus Heerii*, dont j'ai eu plus de soixante spécimens entre les mains, la grandeur des ponctuations du thorax et des granulations des élytres varie dans des limites assez étendues; puisque Germar nous apprend que certains spécimens de cette espèce atteignent jusqu'à sept lignes (15^{mm},40), et qu'enfin, dans plusieurs espèces actuelles, la taille se modifie, non-seulement suivant le sexe, mais suivant les individus, il me semble impossible d'admettre une distinction spécifique basée sur des caractères aussi peu con-

stants ; je me vois donc, à mon grand regret, obligé de rejeter la dénomination nouvelle proposée par le savant professeur
de l'université de Zürich.

HIPPORHINUS SCHAUMII Heer.

(Planche 6, fig. 6.)

H. lividus ; rostro basi constricto, profunde sulcato, fronte sulcato ;
pronoto profunde punctato-rugoso ; elytris costatis, costis granulatis.

			mm
Longueur totale.....................	5 lignes	=	11,10.
— de la tête...................	1 ¼ id.	=	2,75.
— du thorax	1 ¼ id.	=	2,75.
— des élytres................	3 ¼ id.	=	7,15.
Largeur des élytres...................	1 ¼ id.	=	2,75.

Coll. — Musée de Zürich.

« Plus petite que l'espèce précédente et ressemblant à un
» *Brachycerus*, mais pourvue d'un scape.

» Le bec est arrondi et obtus en avant, rétréci à la base et
» séparé de la tête par un sillon transverse. Le sillon dans lequel
» est logé l'antenne, arrive jusqu'à ce sillon transversal ; tout
» à côté on distingue encore trois autres sillons longitudinaux,
» situés deux au-dessus et un au-dessous du premier. Ces sillons
» sont tous très-profonds. La tête est également parcourue par
» des stries longitudinales. L'antenne est insérée près de la
» pointe du bec, et le scape arrive jusqu'à l'œil ; le fléau manque.
» Le thorax a les côtés arrondis et la surface couverte de ponc-
» tuations profondes. Les élytres sont parcourues par des crêtes
» longitudinales garnies de petits tubercules. »

J'avais d'abord été tenté d'attribuer à cette espèce certains
spécimens de petite taille d'*Hipporhinus Heerii*, mais un examen plus approfondi m'a convaincu que tous ces individus
avaient le front parfaitement lisse ; je n'ai pas rencontré, parmi
les *Hipporhinus* que j'ai eus jusqu'à présent sous les yeux, un
seul exemplaire qui eût le front sillonné et qui, grâce à ce caractère, pût être rapporté avec certitude à l'*Hipporhinus Schaumii*

de M. Heer. Cette espèce paraît avoir été infiniment moins répandue que la première.

HIPPORHINUS REYNESII Nob.

(Planche 5, fig. 3 et 4.)

Nigrescens; fronte lævigato, thorace profunde sulcato, elytris costis granulatis.

Longueur totale (la tête étant inclinée)	8 à 9	millim.
— de la tête, mesurée horizontalement...........	1,10	
— — mesurée obliquement	1,50	
— du thorax	1,25	
— de l'élytre	5,25	
— de la cuisse antérieure....................	1,75	
— de la jambe antérieure...................	1,80	
— de la jambe postérieure...................	2	
Largeur de la tête à la base........................	2	
— — à l'extrémité...................	0,75	
— du thorax	3	
— des élytres réunies.......................	4	

Loc. — Aix en Provence.

Coll. — Musée de Marseille : un spécimen. — Muséum d'histoire naturelle de Paris : cinq spécimens.

Dans l'échantillon du musée de Marseille, l'insecte est vu par la face supérieure et a les pieds à demi étendus de chaque côté du corps. La tête, légèrement inclinée, est de couleur noirâtre, et présente, comme dans l'*Hipporhinus Heerii*, une portion basilaire ou frontale lisse, séparée du bec par un sillon transversal ; tout près de ce sillon on aperçoit l'œil indiqué par une tache arrondie, de couleur noirâtre. Le bec est cylindrique, très-légèrement arqué et marqué d'un ou deux sillons latéraux ; il porte près de l'extrémité et du bord inférieur un bourrelet dirigé obliquement d'avant en arrière et représentant le scape. Le thorax est court, à peine convexe et parcouru dans toute sa longueur par huit ou neuf sillons profonds et parallèles qui constituent un des caractères les plus frappants de cette espèce fossile. Les élytres, bosselées par la saillie des hanches de la dernière paire et légèrement élargies un peu au delà de la base, ont les angles scapulaires émoussés et l'extrémité obtuse et arrondie ; elles sont dépourvues de poils et déprimées à la partie postérieure, où elles présentent chacune six ou sept plis parallèles, sans granulations distinctes. Les cuisses sont courtes et robustes, les jambes arquées et les tarses composés de quatre articles, dont les trois premiers sont évasés et dont le dernier, beaucoup plus grêle et plus allongé, se termine par un double crochet.

Un des exemplaires du Muséum d'histoire naturelle de Paris est placé à peu près dans la même position que le spécimen du musée de Marseille, mais est en général beaucoup moins bien conservé, certaines parties étant effacées ou encroûtées de substance calcaire ; toutefois une des élytres est bien marquée et nous offre huit séries parallèles de ponctuations ; l'autre élytre, à demi effacée et de couleur brune, est chargée de petites granulations serrées qui lui donnent un aspect chagriné.

Dans un troisième spécimen, les élytres sont sans doute retournées et vues par leur face inférieure, car elles présentent, mais en saillie, les mêmes séries longitudinales de points que les exemplaires précédents. Ces séries, au nombre de huit, courent parallèlement d'un bout à l'autre de l'élytre, et j'ai cru distinguer que les lignes 2 et 3, 4 et 5 se réunissaient à l'extrémité, comme dans l'*Hipporhinus Heerii* (1).

La même collection renferme un exemplaire qui est de taille sensiblement plus forte que les trois premiers, mais qui offre exactement les mêmes caractères, c'est-à-dire le bec sillonné latéralement, le thorax parcouru par huit à dix impressions longitudinales profondes et parallèles, les élytres ornées de huit séries de ponctuations très-fines et très-rapprochées les unes des autres ; aussi, malgré les différences de dimensions, je ne puis me résoudre à séparer cet individu des précédents : c'est sans doute une femelle, les individus de ce sexe étant fréquemment, chez les Curculionides, et en particulier chez les *Hipporhinus,*

(1) *Fossile Insekten von Aix*, pl. 1, fig. 11.

ARTICLE Nº 2.

d'une taille plus forte que les mâles. Dans cet exemplaire, une des élytres est parfaitement conservée, et l'on peut en apprécier exactement la forme : elle est allongée, arrondie en arrière et aux épaules, et sur sa surface, imprimée en creux, se dessinent en saillie des séries de points dont la deuxième et la troisième (à partir du bord externe), la quatrième et la cinquième, se réunissent deux à deux à l'extrémité, absolument comme dans le troisième spécimen. La coloration générale de l'insecte est d'un brun-chocolat, particulièrement foncé sur le thorax et sur la tête. Les cuisses antérieures sont fusiformes, fortement renflées au milieu, coupées carrément du côté des jambes, qui sont arquées. Enfin, sur un des côtés de la tête, j'ai pu apercevoir l'antenne coudée et terminée par une massue de forme ovalaire.

Cette espèce, si bien caractérisée par la sculpture élégante de son thorax, diffère aussi par sa taille plus petite des deux premières espèces, *H. Heerii* et *H. Schaumii*, décrites et figurées par Germar et par M. Heer (1). Néanmoins elle offre des affinités incontestables avec l'*Hipporhinus Heerii*, dans la forme de la tête, dont la région frontale est complétement lisse, et dans la disposition des lignes de points à la surface des élytres, les séries 2 et 3, 4 et 5 paraissant, dans l'une comme dans l'autre espèce, se réunir deux à deux du côté du sommet. Je rappellerai aussi, sans établir entre les deux types un rapprochement hasardé, que dans le *Brachycerus exilis* de Germar le thorax est également parcouru par des sillons longitudinaux (2). Les mêmes sillons thoraciques se retrouvent dans quelques *Hipporhinus* de l'époque actuelle, et, entre autres, dans l'*Hipporhinus spinifer* Schœnh. (3), qui se distingue du reste de notre fossile par les granulations et les épines qui hérissent les côtés du corselet.

(1) Germar, *Zeitschr. der Deutsch. geolog. Gesellsch.*, t. I, p. 62, pl. 2, fig. 6. — Heer, *Fossile Insekten von Aix*, p. 21, pl. 1, fig. 11.

(2) *Insectorum protogeæ specimen* (19º fasc. contin. Panzer), fig. 11.

(3) Schœnherr, *Genera et Species Curculionidum*, t. V (1840), p. 748, nº 4. — Du cap de Bonne-Espérance.

Je dédie cette belle espèce à M. le docteur Reynès, le savant directeur du musée de Marseille.

Troisième Groupe. — BRACHYDÉRITES.

BRACHYDÉRIDES, Sch., *Gen. et Spec. Curc.*, I, 515, div. 4. — PACHYRHYNCHIDES Sch., *loc. cit.*, I, 499, div. 3.

Les Brachydérites, tels que les définit M. J. du Val (1), ont les antennes distinctement coudées, de douze articles, et terminées par une massue de quatre articles ; le bec généralement court, épais, presque de la largeur de la tête, le plus souvent légèrement angulé, plan en dessus, presque horizontal ou faiblement incliné ; le scrobe sous-oculaire, courbé ou oblique.

Dans ses *Notes géologiques sur la Provence* (2) et dans sa *Géognosie des terrains tertiaires* (3), Marcel de Serres signale, dans les gypses de la Provence, plusieurs Curculionides de ce groupe, qu'il regarde comme des *Naupactus*. Comme ce genre, pour la plupart des entomologistes modernes, est maintenant confiné dans le nouveau monde, sa présence dans les gypses d'Aix serait extrêmement intéressante et fournirait une preuve de plus à l'appui de l'opinion de M. Heer, qu'il y a de grandes affinités entre la faune entomologique fossile d'Aix et la faune entomologique actuelle de l'Amérique tempérée. Mais il faut remarquer que le *Naupactus lusitanicus*, auquel Marcel de Serres compare le mieux conservé de ses Brachydérides fossiles, est placé maintenant dans le genre *Brachyderes*, qui est propre à l'ancien continent. Je n'ai pas rencontré d'ailleurs, dans les collections qu'il m'a été donné d'examiner, de Curculionides fossiles appartenant au genre *Naupactus* proprement dit ; mais j'en ai trouvé plusieurs qui n'ont point rentré dans les genres *Brachyderes* et *Sitones*.

(1) J. du Val et Migneaux, *Genera des Coléopt. d'Europe*, t. IV, p. 12.
(2) Page 35.
(3) Page 224. — *Note sur les Arachnides et les Insectes fossiles (Ann. sc. nat.*, 1828, t. XV, p. 98 et suiv.). — Pictet, *Traité de paléontologie*, t. II, p. 350.

PREMIER GENRE. — BRACHYDERES.

Schœnb., *Curc. Disp. meth.*, 102. — *Gen. et Spec. Curc.*, I, 556, et V, 931.

Caractères (1). — Corps allongé, aptère. Bec court, presque plan en dessus, tantôt fortement, tantôt légèrement échancré au sommet; scrobe peu profond, assez large, droit ou à peine courbé, dirigé obliquement vers le dessous de l'œil. Yeux légèrement saillants. Antennes très-allongées et grêles, dépassant la base du thorax; scape dépassant notablement les yeux; deuxième article du funicule ordinairement plus long que le premier, troisième un peu allongé, quatrième, cinquième et sixième raccourcis et de forme conique; massue étroite et oblongue. Prothorax court, tronqué à la base et au sommet, et arrondi sur les côtés. Écusson petit et triangulaire. Élytres allongées, avec les épaules effacées. Jambes antérieures fortement sinuées du côté interne, vers l'extrémité. Ongles des tarses petits, étroits, rapprochés et soudés entre eux à la base.

Le genre *Brachyderes* ne compte maintenant qu'une seule espèce étrangère à l'Europe (2), les autres habitent le midi de la France, l'Espagne, le Caucase. On les trouve généralement sur les arbres, principalement sur les Chênes, les Pins et les Bouleaux.

BRACHYDERES LONGIPES Heer sp.

(*Hipporhinus longipes* et *Cleonus* sp. Heer manuscr.).

(Planche 3, fig. 22 et 23.)

Nigrescens; corpore gracili; rostro brevi, crasso, vix inflexo, scrobe parum curvato, oculis nigris; thorace brevi, cylindrico, rugoso; elytris elongatis, postice acuminatis, punctorum ordinibus ornatis, interstitiis planis; pedibus valde productis.

	mm
Longueur totale	7,25
— de la tête, mesurée horizontalement	4,25

(1) J. du Val et Migneaux, *Genera des Coléopt. d'Europe*, t. IV, p. 16.
(2) Le *Brach. chinensis*, qui habite la Chine. (Voy. Jeckel, *Catalogus Curcul.*, p. 64.)

Longueur de la tête mesurée obliquement............ 1,50
—   du thorax......................... 1,25
—   des élytres......................... 5
—   des cuisses antérieures.................... 2,10
—   des jambes........................... 1,75 à 2
—   des tarses............................ 1,25
—   des cuisses postérieures................ 2,25
—   des jambes 2
—   des tarses........................... 1,50
Hauteur de la tête à la base.................... 1
—   du bec à l'extrémité.................... 0,75
—   du thorax (maxim.)..................... 1,25
—   d'une élytre......................... 1
—   du corps dans la région abdominale.......... 2,50

Loc. — Aix en Provence.

Coll. — Muséum d'histoire naturelle de Paris : quatre spécimens. — Musée de Marseille : cinq spécimens. — M. Heer : deux spécimens.

Dans les quatre échantillons du Musée de Paris, l'insecte est vu de profil, les pattes étendues comme dans la marche; sa coloration est d'un noir assez intense. La tête, qui est penchée, est assez épaisse à la base, rétrécie au niveau des yeux et se termine par une partie renflée. Le bec est légèrement convexe en dessus, mais paraît moins busqué qu'il ne l'est en réalité, parce qu'il est vu un peu de trois quarts; l'œil est de couleur noire et de forme ovale, avec le grand axe dirigé dans le sens longitudinal. Le sillon antennaire, qui part de l'extrémité du bec, se dirige en arrière suivant une très-légère courbure et vient aboutir au-dessous de l'œil. L'antenne est coudée et assez longue; elle se termine par une massue ovoïde dont le dernier article a disparu. Le thorax, un peu déclive en avant, est irrégulièrement vermiculé; il est à peu près aussi long que large, à peine rétréci en avant et très-aplati en dessus. Les élytres sont assez étroites, à peine élargies vers la base, atténuées en arrière et légèrement acuminées au sommet; elles offrent à leur surface plusieurs lignes de points enfoncés dont quelques-unes s'anastomosent à l'extrémité d'une manière assez difficile à apprécier. Les pattes sont remarquablement longues; les cuisses antérieures

sont fusiformes et plus robustes que les autres, les jambes cylindriques, à peine épaissies à leur extrémité inférieure et légèrement arquées; les tarses se composent de quatre articles dont
les deux premiers sont grêles et cylindriques, le troisième
évasé et bifide, le quatrième assez ténu et terminé par un fort
crochet.

Parmi les cinq exemplaires du musée de Marseille, il y en a
un qui se présente de côté, précisément dans la même position
que le *Cleonus asperulus* de M. Heer (1), et qui pourrait être
confondu au premier abord avec cet insecte, s'il n'était de taille
sensiblement plus petite. Des vestiges des téguments, de couleur
noirâtre, subsistent encore dans les parties creuses du thorax et
des élytres. Le bec est légèrement busqué, et l'œil est indiqué
par un point noir ovalaire; le sillon antennaire est remplacé par
un bourrelet saillant qui part du sommet du rostre et gagne le
bord inférieur de l'œil, en arrière duquel s'étend un espace
lisse. Le thorax est aplati en dessus (comme dans *Cleonus asperulus* Heer) et ponctué irrégulièrement; les élytres ont leur
portion basilaire surplombant le thorax en manière de toit, et le
reste de leur étendue faiblement convexe ; elles s'atténuent
insensiblement du côté de leur extrémité, et leur surface présente plusieurs lignes (probablement huit) de points saillants,
presque contigus et relativement assez gros. Ces lignes de points
sont séparées par des sillons lisses. L'abdomen est pointu en
arrière et offre de ce côté trois ou quatre anneaux distincts. Les
pattes sont allongées, les cuisses antérieures fortement renflées
et les jambes grêles.

Un autre spécimen, moins bien conservé, est vu par la face
supérieure. Sa coloration est grisâtre ou plutôt noirâtre. Les
yeux sont saillants, le bec assez large à l'extrémité. On voit que
le thorax avait des bords presque parallèles et s'excavait légèrement en avant pour recevoir la tête. Les élytres ont leurs bords
presque parallèles jusque dans leur tiers postérieur; elles sont
faiblement convexes et leurs angles scapulaires sont à peine

(1) *Fossile Insekten von Aix*, pl. 1, fig. 15.

marqués. Les cuisses de la paire moyenne sont renflées du côté de l'articulation de la jambe. Sur d'autres exemplaires on peut reconnaître que le bec est échancré à l'extrémité. Ce caractère montre bien que nous avons affaire à un insecte du groupe des *Brachyderes*, des *Sitones*, des *Tanymecus*, etc., et non pas à un Cléone. Les Cléones ont d'ailleurs la tête beaucoup plus allongée, plus infléchie, l'œil en ovale, avec le grand axe dirigé non pas parallèlement, mais perpendiculairement ou obliquement à l'axe de la tête, le thorax ordinairement atténué dans sa portion antérieure, etc.

Un autre spécimen de la même collection nous montre l'insecte sur le côté. Les dimensions sont un peu plus fortes que dans l'individu que j'ai décrit en premier lieu. Le front est lisse, le bec légèrement busqué en dessus, obtus et comme bifide à l'extrémité ; l'œil est arrondi, assez gros et précédé d'une dépression irrégulière (scrobe). La région voisine de l'œil est colorée en noir, et la même teinte foncée s'étend sur une partie du thorax, sur l'extrémité des élytres, sur les cuisses, les jambes postérieures et les tarses. Le thorax est fortement rugueux, assez court, à peine bombé à sa partie supérieure ; les élytres, un peu plus élevées que le thorax, sont légèrement convexes, et l'une d'elles, vue un peu en perspective, présente encore à sa surface six lignes de points saillants, tandis que l'autre, vue en raccourci, forme au-dessus de la précédente un simple bourrelet. Les hanches sont globuleuses, les cuisses un peu épaissies en massue vers l'articulation des jambes, qui sont cylindriques, à peine renflées à l'extrémité inférieure et coupées obliquement du côté des tarses. Le tarse lui-même n'offre plus que trois articles apparents, avec un crochet terminal.

Le musée de Lyon renferme aussi deux exemplaires, une empreinte et une contre-empreinte, qui appartiennent évidemment à la même espèce et qui ont les mêmes dimensions et la même coloration que les exemplaires précédemment décrits : ils sont, comme la plupart de ces derniers, couchés sur le flanc, avec les pieds allongés. La tête est assez courte, renflée à la base, avec le bec obtus, un peu busqué, et l'œil relativement fort gros. A la partie supérieure du rostre et un peu au-dessus de l'œil, se trouve une dépression, élargie en arrière, qui se prolonge jusqu'à l'extrémité et qui donne à cette partie une apparence bifide. Le thorax, assez court et aplati en dessus, est couvert de vermiculations saillantes. Le corps est médiocrement épais, et les pattes, très-allongées, ont les cuisses fusiformes, les jambes un peu arquées et les tarses longs et déliés. Les élytres, qui, à la base, font une légère saillie au-dessus du niveau du thorax, sont sensiblement acuminées au sommet : l'une d'elles, qui est relevée, montre, sur la surface en relief, non-seulement des séries de ponctuations assez fines, mais aussi des côtes saillantes dont les deux externes paraissent en connexion l'une avec l'autre dans le voisinage du sommet de l'élytre, et dont l'interne semble converger, à l'extrémité postérieure, avec un sillon qui lui correspond du côté externe. Cette disposition se rapproche de celle que l'on remarque sur l'élytre du *Phyllobius* figurée par M. Heer (1) ; et comme ce savant paléontologiste, dans ses considérations générales sur la disposition des points et des stries à la surface des ély-tres chez les Curculionides, place, sous le rapport de l'orne-mentation, les *Polydrosus*, les *Tanymecus*, les *Chlorophanus*, c'est-à-dire des Brachydérides bien caractérisés, dans la même catégorie que les *Phyllobius*, ce fait tend à prouver l'exacti-tude de notre détermination. « Chez tous ces Curculionides, » dit M. Heer, les cellules interno- et externo-médiaires s'abou- » chent extérieurement l'une dans l'autre et entourent la » bande externo-médiaire qui est courte et fermée en arrière ; » la bande interno-médiaire et la bande scapulaire se fondent » également l'une dans l'autre du côté externe, et la cellule » suturale ouverte et la cellule marginale se réunissent en » arrière. Du côté du sommet, on voit se rejoindre les sil- » lons 1 et 10, 2 et 9, et les sillons 3 et 6, 4 et 5, 7 et 8. Ce » mode de disposition est des plus communs (2). »

(1) *Insektenfauna der Tertiärgebilde von Œningen und Radoboj*, t. I, pl. 8, fig. 22.
(2) *Insektenf.*, 1, p. 74.

Ces lignes venaient d'être écrites quand M. Heer a eu l'extrême obligeance de me confier les insectes fossiles de sa collection; parmi ces spécimens, il y en a deux que, après un examen attentif, je n'hésite plus à rapporter à la même espèce que les exemplaires des musées de Paris et de Marseille. Le premier individu, que M. Heer a étiqueté *Hipporhinus longipes*, ressemble en effet beaucoup à un *Hipporhinus* par la forme de sa tête et de son bec, d'autant plus qu'il présente entre ces deux parties une dépression qui simule un sillon transversal. Mais, par une étude minutieuse, je me suis convaincu que ce sillon n'existe pas en réalité, et que l'apparence d'une ligne de démarcation résulte des différences d'épaisseur entre la portion basilaire et la portion terminale de la tête. Dans cette dernière région, on remarque en outre un sillon légèrement sinueux, qui part du bord supérieur, tout près de l'extrémité, et se termine au bord de l'œil, absolument comme dans les *Brachyderes* et les *Polydrosus* (1). L'œil arrondi, ou plutôt légèrement ovalaire, est relativement assez gros, comme dans ces derniers genres. Le thorax, presque cylindrique, mais un peu aplati en dessus, est coupé presque carrément en arrière, faiblement excavé en avant, et couvert de dépressions de forme irrégulière. On trouve également sur les élytres des dépressions circulaires ou ponctuations, disposées en séries, qui laissent entre elles un certain nombre de lignes saillantes, dépourvues d'ornements. Quelques-unes de ces lignes convergent en arrière, du côté du sommet, qui est assez marqué, moins toutefois que dans les *Chlorophanus*. Le dos est aplati, l'abdomen médiocrement épais au milieu, aminci en arrière et terminé par deux ou trois anneaux distincts; enfin les pattes, comme l'indique l'épithète donnée à cet insecte par M. Heer, sont remarquablement grêles et allongées, les cuisses étant fusiformes et les jambes cylindriques.

Le deuxième spécimen de la collection de M. Heer, étiqueté

_____

(1) J. du Val et Migneaux, *Genera des Coléopt. d'Europe*, t. IV, pl. 6. fig. 27a, et pl. 7, fig. 32$_a$.

Cleonus sp., ne me semble pas appartenir à ce genre ; il diffère en effet des Cléones non-seulement par la forme de son bec, sensiblement bombé en dessus et séparé du front par une dépression marquée, mais encore et surtout par la position du sillon, indiqué par une ligne blanche sinueuse qui tranche sur le fond noir de la tête, et qui, au lieu d'occuper la région antéro-inférieure du bec, au-dessous de l'axe longitudinal de la tête, est situé dans la région supérieure, au-dessus de cet axe. Ce sillon est du reste plus sinueux que chez les Cléones, et aboutit en avant de l'œil, au lieu de se terminer au-dessous de lui. Le thorax et les élytres, sur lesquels subsistent, en beaucoup de points, une coloration noire très-foncée, ont exactement la même forme et la même ornementation que dans tous les individus que je viens de passer en revue, et comme dans l'élytre que je figure, on remarque nettement des séries de points creux, rapprochées deux à deux, chaque couple étant séparé du couple suivant par une ligne saillante. Les pattes, très-allongées, sont repliées sous l'abdomen.

Tous ces insectes me paraissent se rapporter, soit au genre *Tanymecus* Geun., qui n'a pas encore été signalé à l'état fossile et qui ne compte aujourd'hui qu'une seule espèce française, *Tanymecus palliatus* J. (1), à peu près de même couleur que nos fossiles, mais de taille beaucoup plus grande, soit encore, et beaucoup plutôt, au genre *Brachyderes*, type du groupe des Brachydérites. Nos spécimens ont en effet les pattes allongées, le corps de couleur noire et de forme élargie, la tête raccourcie des *Brachyderes* et le bec intermédiaire pour la forme entre celui des *Phœognathus* (2) et des *Brachyderes* (3). Le sillon antennaire est dirigé comme chez les insectes de ce dernier genre et va du bord antérieur de la tête, tout près du sommet, au bord inférieur de l'œil, suivant un trajet légèrement sinueux (cette direction est particulièrement visible dans un des spécimens que M. Heer a bien voulu me confier) ; mais, en revanche, il y a entre

(1) J. du Val et Migneaux, *Genera des Coléopt. d'Europe*, t. IV, pl. 7, fig. 31.
(2) J. du Val et Migneaux, *ibid.*, pl. 6, fig. 29.
(3) J. du Val et Migneaux, *ibid.*, pl. 6, fig. 27.

le front et le bec une dépression qui rappelle celle qui existe
chez les *Tanymecus* et qui a pu faire croire à la présence d'un
sillon transversal comme chez les *Hipporhinus*. Somme toute,
les caractères les plus importants témoignent en faveur du genre
Brachyderes, et permettent, je crois, de rapprocher ces divers
exemplaires des *Brachyderes incanus* Lin. (1) et *Brach. pubescens* Bohem., de la France méridionale, et surtout du *Brach.
lusitanicus*, qui se trouve de nos jours, comme les deux espèces
précédentes, dans les forêts de Pins, et parfois dans les forêts
de Chênes. Une autre èspèce actuelle de nos contrées, *Brachyderes lepidopterus* Ch. fréquente au contraire les bois de Bouleaux.

Ces affinités des insectes que je viens de décrire avec le *Brachyderes lusitanicus* me portent à croire qu'ils appartiennent à la
même espèce que certains exemplaires que M. Marcel de Serres
a eus sous les yeux, et dont il signalait les rapports avec le même
type entomologique actuel, tout en les rangeant dans le genre
Naupactus (2).

BRACHYDERES AQUISEXTANUS Nob.

(Planche 3, fig. 12 et 12 *a.*)

Caput breve, oculis nigris, rotundatis; rostrum supra impressum,
apice crasso, scrobe flexuosa; thorax rugosus, limbo lævigato antrorsum marginatus; clytra depressa, postice parum acuminata, punctorum
ordinibus decorata.

		mm
Longueur totale		11,50
–	de la tête	2 environ.
–	du thorax	2,50
—	des élytres	7
—	de la cuisse antérieure	1,50 à 2
—	de la jambe postérieure	2 à 2,50

(1) Ratzeburg, *Forstinsekt.*, 1, p. 104 à 106 inclusiv., pl. 4, fig. 4.

(2) *Géognosie des terrains tertiaires*, p. 224. — *Notes géologiques sur la Provence*,
p. 35. — *Note sur les Arachnides et les Insectes fossiles* (*Ann. sc. nat.*, 1re série, 1828,
t. XV, p. 98 et suiv.). — Pictet, *Traité de paléontologie*, t. II, p. 350.

ARTICLE N° 2.

Épaisseur de la tête à la base.......................	2,25
— du thorax	2,50
— de l'abdomen...........................	3

Loc. — Aix en Provence.

Coll. -- Musée de Marseille : trois spécimens. — Muséum d'histoire naturelle de Paris : un spécimen.

Un des exemplaires du musée de Marseille est admirablement conservé et se présente un peu de trois quarts. La tête, légèrement penchée, est large à la base, d'un brun Van-Dyck en dessous et maculée de noirâtre en dessus; le front, étant vu un peu en perspective, paraît moins busqué qu'il ne l'était réellement. L'œil est gros, arrondi et de couleur noire ; l'antenne, d'un brun assez foncé, est distinctement coudée, et sa portion basilaire, ou scape, est un peu sinueuse et dirigée obliquement de haut en bas et d'avant en arrière ; la deuxième portion, ou funicule, est assez grêle, plus longue que le scape, et se compose de sept ou huit articles ; elle porte une petite massue en ovale allongé. Le scrobe, un peu caché par la portion basilaire de l'antenne, semble se diriger, suivant une ligne légèrement sinueuse, du sommet du bec au bord inférieur de l'œil ; au-dessus de lui on aperçoit encore un autre sillon, mal délimité, correspondant sans doute à l'impression qui existe à la face supérieure du bec chez beaucoup de Brachydérides. Le thorax, aplati en dessus, et à peine plus long que haut, est couvert de granulations irrégulières vermiformes, sauf le long du bord antérieur, où l'on remarque une sorte d'ourlet parfaitement lisse. Toute cette partie du corps est d'un brun rougeâtre. Les élytres, très-légèrement bombées, surplombent un peu le thorax; leurs bords externes et internes sont parallèles sur les deux tiers de leur longueur, puis se recourbent l'un vers l'autre, du côté de l'extrémité et se rejoignent sous un angle assez aigu. La surface, maculée de brun noirâtre, est ornée de rangées de points saillants, dont on ne distingue nettement que cinq ou six; on aperçoit également les derniers anneaux de l'abdomen, qui se prolongent moins loin en arrière que les élytres. Les pattes sont d'une teinte brun rou-

geâtre ; les cuisses postérieures sont robustes, les jambes légèrement élargies du côté des tarses, dont les articles sont bien
visibles.

Un autre spécimen de la même collection paraît avoir le front
plus bombé que le précédent, parce qu'il est vu exactement
de profil. La région sus-oculaire est lisse ; le bec busqué, et de
son extrémité part une ligne saillante qui représente le scape
et qui aboutit, de même que le scrobe, au bord inférieur de
l'œil. Celui-ci est assez grand, de couleur noire et de forme
circulaire. Le thorax, presque cylindrique, est couvert d'aspérités beaucoup plus grossières que celles des élytres, qui
méritent plutôt le nom de granulations. Ces granulations forment neuf rangées, dont quelques-unes se réunissent à leur
extrémité postérieure.

Un troisième exemplaire, de couleur grisâtre, ressemble aux
deux premiers par la forme de la tête, les rugosités du thorax,
les granulations des élytres, etc. Sur cet individu on distingue
parfaitement la conformation du tarse, dont les trois premiers
articles sont égaux entre eux et beaucoup plus courts que le
quatrième.

Enfin, la collection du Muséum d'histoire naturelle de Paris
renferme un spécimen qui offre des dimensions un peu plus
fortes que les trois individus précédents, mais qui ne me paraît
pas pouvoir en être séparé spécifiquement. Il a la tête large,
presque globuleuse à la base, resserrée dans la portion moyenne,
et un peu épaissie *en mufle* à l'extrémité ; les yeux sont indiqués
par deux points noirs et arrondis, situés à la limite de la portion
renflée de la tête. Le bec, parcouru en dessus par une carène
longitudinale, limitée de chaque côté par un léger sillon, présente, en outre, un peu plus bas, un bourrelet légèrement
sinueux, dirigé d'avant en arrière, et correspondant évidemment au scrobe antennaire. Le thorax, assez court, devait être
de forme cylindrique, et présente encore en dessus des granulations très-serrées. Les élytres, d'une forme très-élégante,
sont coupées presque carrément en avant et ont leurs bords à
peu près parallèles dans la plus grande partie de leur étendue;

ARTICLE N° 2.

elles s'unissent toutefois en arrière et se terminent en pointe.
Leur surface est parcourue par neuf ou plutôt par dix lignes de
points saillants, très-nets et très-régulièrement disposés : les deux
séries internes sont très-rapprochées l'une de l'autre, de même
que les deux séries externes, et ces rangées extrêmes embrassent
en arrière les rangées intermédiaires. Il me semble que les relations de ces lignes entre elles sont les suivantes : les séries 1 et 2,
9 et 10, se réunissent deux à deux ; les séries 7 et 8, 3 et 6,
s'anastomosent également du côté de l'extrémité, en embrassant
les lignes 4 et 5. Les cuisses antérieures sont, comme dans tous
les autres exemplaires, fortement renflées au milieu, et les cuisses
postérieures fusiformes.

Cette espèce est facile à distinguer de la précédente par sa
taille plus forte, sa tête plus allongée, ses pattes plus courtes ;
elle en diffère d'ailleurs par la disposition des granulations à la
surface des élytres. Elle est un peu plus petite que le *Brachyderes
lusitanicus* Fabr. de la France actuelle (1).

Deuxième Genre. — SITONES.

Sch., *Gen. et Spec. Curcul.*, t. VI, part. 1, p. 253, et g. 171 ; t. II, part. 2, p. 96 et
g. 101. — *Curculionidum Dispositio methodica*, p. 134, n° 67. — Jeckel, *Catalogus
Curculionidum*, p. 77 et g. 171. — Sitona Germ., *Ins. Sp.*, I, 414, pl. 2, fig. 12.

Caractères (2). — Corps oblong. Bec court, échancré au
sommet, et orné en dessus de sillons ou de canalicules longitudinaux ; scrobe arqué, linéaire, se terminant en arrière plus
ou moins près du bord inférieur de l'œil. Antennes assez
courtes, avec le scape arrivant jusqu'aux yeux, les deux premiers articles très-légèrement allongés, un peu coniques, le
premier étant un peu plus long que le deuxième, les suivants
ordinairement noueux, quelquefois turbinés, et le huitième
appliqué contre la massue, qui est ovalaire. Prothorax tronqué
à la base et au sommet, également arrondi sur les côtés et

(1) J. du Val, Fairmaire et Migneaux, *Genera des Coléopt. d'Europe*, t. IV, pl. 6,
fig. 27.
(2) J. du Val, Fairmaire et Migneaux, *ibid.*, p. 17 et 18.

légèrement resserré au sommet. Elytres oblongues, avec les
épaules saillantes, mais obtuses. Corps tantôt glabre, tantôt
hérissé de petites soies fines.

Les insectes de ce genre se trouvent sur les végétaux, au
pied des plantes ou sous les pierres, et de préférence dans les
terrains secs. M. Ratzebourg regarde le *Sitones lineatus* Fabr.,
comme nuisible aux Pins, et MM. J. du Val et Fairmaire nous
apprennent que le *Sitones griseus* se rencontre dans les sables
en Provence, au pied de l'*Ononis arenaria,* et le *S. regenstei-
nensis* sur les Bruyères et les Genêts (1).

Les Sitones sont fort répandus dans la nature actuelle.
M. Jeckel en énumère près de 70 espèces, dont quelques-unes
seulement sont particulières à l'Amérique, les autres habitent
l'Europe méridionale et centrale, l'Algérie ou l'Égypte (2).
On en a trouvé à l'état fossile, non-seulement à Aix en Provence, mais dans les calcaires d'Œningen (3) et dans l'ambre
de Prusse (4).

SITONES MARGARUM Germ. (5).

(Planche 3, fig. 15.)

Obscurus; rostro antrorsum constricto, emarginato, supra profunde
sulcato; thorace fere cylindrico, in medio sulcato, rugoso; elytris pronoto latioribus, scapulis oblique truncatis, apice parum acuminatis,
punctorum ordinibus decoratis, interstitiis lævigatis; pedibus protensis.

		mm
Longueur totale	...	7,75 à 8,50
— de la tête	...	1,50
— du thorax	...	1,25
— des élytres	...	5

(1) J. du Val, Fairmaire et Migneaux, *Genera des Coléopt. d'Europe*, t. IV, p. 18.
— Blanchard, *Histoire des Insectes*, éd. Didot, t. II, p. 119. — Ratzeburg, *Forstinsekten*, etc.

(2) *Catalogus Curculionidum*, p. 77, g. 171. — De Marseul, *Catal. des Coléopt.
d'Europe*, p. 208 et 209.

(3) *Insektenfauna der Tertiärgebilde von Œningen*, t. I, p. 172 et 173.

(4) Berendt, I, p. 56.

(5) Germar, *Zeitschr. der Deutsh. geol. Gesellsch.*, t. I, p. 62, pl. 2, fig. 3.

ARTICLE N° 2.

Largeur de la tête à la base 1,25
—   du thorax............................. 1,50
—   d'une élytre 1,25
Épaisseur de la tête 1,10
—   du thorax 1,25
—   de l'abdomen 2,50

Loc. — Aix en Provence.

Coll. — Muséum d'histoire naturelle de Paris : cinq spéci-
mens, dont une contre-empreinte. — Faculté des sciences de
Marseille, deux spécimens (empreinte et contre-empreinte).
Total : 5 (1).

Dans les deux empreintes de la Faculté des sciences de Marseille qui proviennent sans doute d'un seul individu, l'insecte
est couché sur le ventre, les pieds repliés sous le corps. Sur la
contre-empreinte. qui est fort nette, on voit distinctement que
la tête, large en arrière, est amincie en avant, coupée carrément
(ou même échancrée?) à l'extrémité, et présente en dessus, de
chaque côté de la ligne médiane, un léger trait longitudinal qui
limitait sans doute un sillon (sur l'empreinte le sillon est indiqué
par une carène médiane). Les yeux correspondent à deux ren-
flements situés vers le milieu de la longueur de la tête : l'un
d'eux se laisse seulement dessiner ; l'autre, celui de gauche, est
beaucoup plus visible, parce que la tête a été légèrement tordue
dans la fossilisation ; il est de forme ovalaire, avec le grand axe
sensiblement parallèle à l'axe du corps. Les antennes, qui se
séparent du bec à peu de distance de l'extrémité, sont grêles
et distinctement coudées ; leur portion terminale est presque
effacée. Le thorax, nettement séparé de la tête, semble plus
large en avant que dans la région postérieure, et sa surface est
couverte d'aspérités vermiformes, serrées les unes contre les
autres, qui lui donnent un aspect chagriné tout particulier ; on
y voit en outre, dans la région antérieure, deux mamelons
produits par la saillie des hanches de la première paire, et qui
sont séparés par un sillon médian beaucoup plus lisse que le

(1) Dans ce nombre ne sont pas comptés les spécimens étudiés par Germar, Curtis
et M. Heer.

reste du corselet (ce sillon est indiqué sur l'empreinte par une forte carène). Les élytres sont étroites, très-légèrement arrondies à la base, avec les épaules taillées obliquement, les côtés légèrement convexes et l'extrémité postérieure assez fortement acuminée. Leur surface est marquée de trois sillons, dont le médian est plus court et embrassé par les deux autres; ces trois sillons délimitent quatre bandes saillantes, couvertes chacune de deux séries de points régulièrement disposés et qui m'ont paru en creux sur l'empreinte et en saillie sur la contre-empreinte (et par conséquent sur l'animal lui-même). Il est assez difficile d'apprécier les relations que ces séries de granulations ont les unes avec les autres; toutefois les deux séries externes et les deux séries internes me semblent se réunir vers le sommet de l'élytre, et embrassent les séries intermédiaires. Entre les extrémités des élytres, légèrement écartées, on aperçoit la dernière portion de l'abdomen, qui se termine en pointe. Les cuisses sont fortement renflées dans leur partie moyenne, et coupées carrément du côté de la jambe, qui est grêle et légèrement *cagneuse*.

Sur une contre-empreinte qui fait partie des collections du Muséum d'histoire naturelle de Paris, l'insecte se présente de profil ou un peu de trois quarts, avec les pattes à demi ployées sous le corps. La tête paraît un peu moins convexe que si elle était vue exactement de profil; elle est courte, épaisse en arrière, excavée en dessous, et par conséquent légèrement amincie vers le milieu de sa longueur, et se termine en avant par une sorte de mufle; elle est marquée dans sa région antérieure d'une double impression longitudinale. L'œil est à peine marqué, et l'antenne n'est indiquée que par une saillie anguleuse qui va du sommet du bec à la partie inférieure de l'œil; le sillon antennaire devait avoir précisément la même forme et la même direction : du reste, ces parties sont un peu encroûtées de substance calcaire et il est assez difficile de les décrire exactement. Le thorax est extrêmement court, aplati en dessus, à peu près de même hauteur dans toute son étendue, et coupé presque carrément en arrière et en avant; il offre le même aspect chagriné que les exemplaires de la Faculté des sciences de Marseille. Quant aux élytres, elles paraissent plus fortement bombées qu'elles ne le sont en réalité, parce que l'une d'elles est légèrement soulevée ; elles présentent du reste la même forme et la même ornementation que les spécimens précédemment décrits, c'est-à-dire des rangées de granulations séparées par des espaces lisses, les rangées extrêmes se réunissant du côté du sommet en embrassant les séries intermédiaires. Les cuisses sont robustes et fusiformes. L'empreinte ne fournit aucun caractère qui mérite d'être signalé.

Un troisième spécimen, en fort mauvais état, est d'une couleur noire uniforme. Il est probable que cette teinte foncée était celle de l'insecte vivant, car elle se retrouve sur deux autres échantillons de la même collection qui se rapportent évidemment à la même espèce. L'un d'eux nous montre l'insecte par la face ventrale. La tête, épaisse en arrière, mais toutefois un peu moins large que le thorax, est amincie et légèrement échancrée en avant, et du sommet de l'échancrure part une faible carène longitudinale qui indique sans doute l'existence, chez l'insecte vivant, d'un sillon médian à la face supérieure du bec ; les yeux sont indiqués par deux petits tubercules faisant saillie sur les côtés de la tête ; celui de droite a conservé sa couleur originelle. Le thorax, un peu plus long que large, a les bords presque rectilignes et parallèles ; sa face inférieure est dépourvue de granulations et ne montre que deux larges dépressions circulaires dans lesquelles s'emboîtent les hanches de la première paire. Les élytres sont très-saillantes, et la partie de ces organes qui est reployée sur la face ventrale, présente encore, avec sa coloration naturelle, deux rangées de points en creux. Les bords des élytres sont à peu près parallèles dans les deux tiers de leur longueur, et convexes dans le tiers postérieur, de telle sorte que le corps se termine en pointe mousse. Le ventre offre un assez grand nombre de dépressions plus ou moins irrégulières, au milieu desquelles on reconnaît les traces des hanches moyennes et postérieures. Les cuisses antérieures, les seules distinctes, sont fortement renflées dans une partie de leur longueur et amincissent en dehors; elles sont coupées carrément du côté de la jambe. L'autre échantillon est une empreinte en creux de 'insecte couché sur le flanc ; çà et là adhèrent encore à la pierre quelques débris des téguments, de couleur noirâtre. La tête est courte et semble assez aplatie, sans doute parce qu'elle se présente un peu de trois quarts; cette situation permet d'apercevoir, un peu en perspective, à la face supérieure et tout près de l'extrémité du bec, le sillon médian antérieur. Sur les côtés sont les antennes, dont la portion basilaire est indiquée par une saillie qui part du bec et se dirige vers le bord inférieur de l'œil. Celui-ci est marqué par une dépression noirâtre, en forme d'ovale allongé, dont le grand axe correspond à celui de la tête, comme chez les *Sitones* de la nature actuelle. La tête est en outre légèrement excavée en dessous, vers le milieu, et le sommet du bec un peu renflé. Le thorax est court, cylindrique, et couvert d'aspérités vermiformes. La ligne du dos est rigoureusement droite, sauf vers l'extrémité des élytres, où elle s'infléchit vers le bas; en d'autres termes, les bords externe et interne de l'élytre sont parallèles dans les deux tiers de leur longueur, et se recourbent ensuite l'un vers l'autre, pour se réunir au sommet suivant un angle assez aigu. La surface de la seule élytre qui soit visible est ornée, comme dans l'empreinte de la Faculté des sciences de Marseille, de ponctuations régulièrement disposées et formant des séries séparées par des carènes longitudinales et dont les connexions sont difficiles à apprécier. L'abdomen est peu épais et plus court que les élytres. Les cuisses sont renflées, et les jambes un peu élargies vers le bas; l'avant-dernier article des tarses est dilaté et le dernier se termine par un crochet.

Tous ces spécimens, par l'ensemble de leurs caractères, me semblent se rapporter exactement à l'espèce d'Aix en Provence que Germar a décrite et figurée sous le nom de *Sitona marga-- rum* (1) et qu'il dépeint en ces termes :

« Il est possible que ce Curculionide, de 3 1/2 par. lign. de

---

(1) *Zeitschr. der Deutsch. geol. Gesellsch.*, t. I, p. 62.

ARTICLE Nº 2.

» long (7^{mm},7), n'appartienne pas précisément au genre *Sitona*;
» néanmoins, en l'absence des antennes et des tarses qui pour-
» raient fournir des caractères distinctifs, je ne vois pas trop à
» quel autre genre de Charançons on pourrait le rapporter. Au
» premier coup d'œil il rappelle un *Bagous* ou un *Gronops*,
» mais il diffère de ces deux genres par son bec court, épais et
» fortement sillonné.

» Le rostre, à peine plus long que large, présente un sillon
» médian prononcé et limité en avant par une lèvre triangu-
» laire, de sorte que l'extrémité du bec semble échancrée. Les
» yeux sont arrondis et font saillie sur les côtés de la tête, qui est
» à peu près deux fois aussi large que le bec et de même lon-
» gueur que lui. Le thorax, dont la largeur égale une fois et
» demie la longueur, est un peu plus large que la tête ; son bord
» antérieur et son bord postérieur sont coupés carrément, ses
» côtés parallèles, et sa surface paraît avoir été rugueuse et
» marquée par un sillon médian longitudinal. On ne voit pas
» de trace d'écusson.

» Les élytres sont plus larges que le thorax, et un peu plus de
» deux fois aussi longues ; elles étaient légèrement convexes,
» avec les épaules obtuses, la pointe un peu émoussée et leur
» surface était ornée de rangées de points, les espaces intermé-
» diaires s'élevant en forme de carènes. Les pattes médianes
» et postérieures sont remarquablement allongées, à peu près
» comme dans *Pandeletejus nubilosus* Schh. (1) ; les cuisses sont
» elliptiques, et les jambes antérieures un peu sinueuses du côté
» interne. Il reste encore quelques traces des tarses postérieurs,
» indiquant que cette partie de la patte était à peu près de
» même longueur que la jambe. »

Curtis avait déjà figuré en 1829, sans lui imposer de nom
particulier, un spécimen de la même espèce, avec cette mention : « Les parties foncées indiquent les téguments cornés qui
» subsistent encore, et dans les points où les téguments ont dis-

---

(1) Espèce du Mexique. Le genre *Pandeletejus*, très-voisin du genre *Sitones*, a été créé par Schœnherr pour trois espèces de l'Amérique septentrionale.

252   E. OUSTALET.

» paru, la sculpture est parfaitement nette ; les ailes de cet indi-
» vidu et de celui de la figure 10 (un *Liparus*) sont étalées en
» dehors des élytres, comme s'ils avaient été arrêtés dans leur
» vol (1). » Le même auteur indique en outre, avec un point
de doute, une deuxième espèce du genre *Sitona*. M. Heer fait
remarque que dans la figure qui accompagne la notice de
Curtis, le dessinateur a donné à la ligne du dos de l'insecte une
courbure trop faible ; cependant je dois dire que dans un spécimen du Muséum d'histoire naturelle de Paris, qui est vu
exactement de profil, le dos est également très-aplati ; je crois
même que la courbure des élytres ne paraît que dans les insectes
qui sont vus de trois quarts.

M. Heer, dans sa *Notice sur les Insectes fossiles d'Aix*, a
donné également une description en quelques lignes de ce type
de Brachydère fossile :

« Cette espèce, dit-il, varie en grandeur, un échantillon
» n'ayant que 3 lignes 1/8 (6ᵐᵐ,90 environ) de long ; un au-
» tre, au contraire, mesurant 4 lignes 1/2 (9ᵐᵐ,9), sans que
» l'on puisse trouver d'autres particularités suffisantes pour
» justifier l'établissement de plusieurs espèces. Le bec, court
» et épais, est marqué d'un sillon longitudinal très-visible. Les
» élytres sont ornées de rangées de points très-nets dans la
» région antérieure, mais qui vont en s'effaçant du côté de
» l'extrémité (2). »

Dans le dessin original que M. Heer a bien voulu m'envoyer,
on distingue nettement le sillon antennaire, qui est un peu
arqué et qui vient se terminer au-dessous de l'œil, et l'antenne, coudée et terminée par une massue ovale assez allongée ; la tête est courte, le bec busqué, le thorax granulé, et
les élytres, plus convexes en effet que dans la figure donnée
par Curtis, sont ornées de séries de ponctuations ; les deux
séries les plus externes se rapprochent vers le sommet des
deux rangées internes et se confondent sans doute avec elles
à l'extrémité.

(1) *Edinburgh new Philos. Journal*, oct. 1829, pl. 6, fig. 2.
(2) *Fossile Insekten von Aix*, p. 19.
ARTICLE Nº 2.

Parmi les espèces actuelles de France, il y en a une, *Sitones gressorius* Fabr. (1), qui, tout en étant plus grande que l'espèce fossile d'Aix en Provence, offre cependant avec elle certaines analogies : elle a également le bec échancré à l'extrémité et sillonné en dessus, le thorax chagriné, marqué en dessus d'un sillon longitudinal, les élytres ornées de séries de points creux rapprochées deux à deux et séparées par des intervalles lisses légèrement saillants, etc. Elle est d'un brun verdâtre assez foncé.

Quatrième Groupe. — CLÉONITES.

PREMIER GENRE. — CLEONUS.

Dans la première partie de ce travail j'ai déjà indiqué les caractères du groupe des Cléonites et des Cléones en particulier (2) ; j'ajouterai seulement que ces insectes sont extrêmement nombreux dans la nature actuelle : on en connaît plus de 200 espèces, répandues partout en Europe et en Asie ; l'Afrique n'en renferme qu'une vingtaine, et l'Amérique du Nord n'en possède qu'une seule. A l'état fossile, le genre *Cleonus* a été signalé par M. Heer dans les terrains tertiaires d'OEningen (3), et par M. Marcel de Serres dans les gypses d'Aix (huit espèces au moins, dont une se rapproche du *Cleonis distincta* Dej., et une du *Cleonis sulcirostris* Fabr.) (4).

---

(1) Cette espèce se trouve non-seulement en France, mais en Allemagne, en Espagne, en Italie et en Algérie.

(2) Voy. première partie, *Insectes fossiles de l'Auvergne*, p. 66.

(3) *Insektenf. der tertiärgebilde von OEningen und Radoboj*, t. 1, p. 183 et suiv., pl. 6.

(4) *Notes géologiques sur la Provence*, p. 35. — *Géognosie des terrains tertiaires*, p. 224 et 272, pl. 5, fig. 9. — *Note sur les Arachnides et les Insectes fossiles* (*Ann. sc. nat.*, 1828, t. XV, p. 105).

CLEONUS LEUCOSIÆ Heer (1).

M. Heer donne de cette espèce la diagnose suivante :

Rostro brevi, pronoto confertim punctato; elytris striato-punctatis.

« *Œningen?* L'insecte, en fort bon état, est couché sur le
» flanc, le corps un peu courbé, de sorte qu'on observe, à la
» partie supérieure, une légère déhiscence entre les élytres et
» le thorax, et entre cette dernière partie et la tête qui est plus
» inclinée qu'elle ne l'était naturellement. On voit de profil le
» bec, le prothorax, une des élytres, et, le long du bord externe
» de celle-ci, une trace de l'abdomen. Les pattes sont très-bien
» conservées.

			mm
Longueur de la tête et du bec........	$1\frac{1}{4}$ ligne au plus =		2,75
— du prothorax.............	$1\frac{1}{2}$ ligne	=	3,30
— de l'élytre..............	$3\frac{1}{4}$ lignes au moins=		8,35
Longueur probable de l'insecte redressé.	$6\frac{1}{4}$ lignes	=	14,50
Longueur de l'empreinte, de la pointe du bec à l'extrémité des élytres, le thorax et la tête étant penchés	$5\frac{1}{2}$ lignes seulem. =		12,65
Épaisseur du bec.................	$0\frac{1}{2}$ ligne	=	1,25
— du prothorax.............	$1\frac{1}{4}$ id.	=	3,65
Largeur de l'élytre au niveau de l'épaule.	$1\frac{1}{2}$ id.	=	3,30

» Bec court et épais, ayant à sa base un œil elliptique,
» transversal et légèrement rétréci vers le bas. Une petite ligne
» blanche, qui va de l'extrémité du bec au bord inférieur de
» l'œil, paraît représenter à la fois le scape et le scrobe anten-
» naire, qui se dirige ensuite vers le bas. Le prothorax est très-
» faiblement bombé en dessus, et présente, le long du bord an-
» térieur, une marge lisse séparée par une ligne transversale du
» reste de la surface du corselet, qui est couvert de ponctuations
» distinctes et très-serrées. L'élytre est fortement écrasée, et
» l'on aperçoit, en dedans du bord postérieur et du côté ven-
» tral, une forte impression qui marque la limite de l'élytre du

(1) *Insektenfauna*, t. I, p. 188, pl. 8, fig. 8.
ARTICLE N° 2.

» côté de l'abdomen ; mais dans cette région l'ornementation a
» disparu. Il est probable du reste que nous n'avons pas affaire
» à l'élytre elle-même, mais seulement à son empreinte, et que
» par conséquent les parties saillantes sur l'échantillon indiquent
» des dépressions correspondantes chez l'insecte. La surface de
» l'élytre était assez fortement convexe dans la portion dorsale ;
» elle était un peu élargie et arrondie à la base et se terminait
» en pointe obtuse ; elle était couverte de lignes de points bien
» visibles, ou plutôt de petites granulations (correspondant pro-
» bablement, d'après ce que nous avons dit plus haut, à des
» points creux chez l'insecte vivant). Malheureusement pour les
» motifs même que nous avons indiqués, il est impossible de
» suivre exactement le trajet de ces lignes ; on reconnaît seule-
» ment qu'elles étaient convergentes en arrière.

» Les cuisses sont robustes et légèrement épaissies en dehors,
» les jambes assez grêles et nullement dilatées. La patte anté-
» rieure est avancée contre le bec et la jambe, repliée contre la
» cuisse, est un peu plus longue que celle-ci et légèrement re-
» courbée. Le tarse qui s'y rattache ne présente par d'articles
» distincts. Dans les pattes de la paire moyenne, les cuisses sont
» appliquées l'une sur l'autre, et les jambes presque accolées ;
» celles-ci sont un peu plus courtes que les cuisses et coupées
» obliquement du côté externe. Enfin, les pattes postérieures
» ont les cuisses fortes, les jambes un peu plus longues que les
» cuisses et entièrement droites ; leurs tarses présentent dis-
» tinctement trois articles, le deuxième, le troisième et le qua-
» trième ; le dernier article, ou la *griffe*, est recourbé, épaissi
» en dehors, et pourvu d'un crochet ; les deux autres articles
» sont plus courts et paraissent à peu près de même longueur
» l'un que l'autre.

» Les jambes sont proportionnellement plus longues que chez
» les Cléones, mais le bec et le thorax sont conformés comme
» chez ces insectes. Cette espèce est de la même grandeur que
» la précédente (1), mais elle a le bec relativement plus court,

(1) *Cleonus Deucalionis* Heer, *Insektenf.*, t. 1, p. 187, pl. 6, fig. 12.

» le corselet plus allongé et ponctué, et les ponctuations des
» élytres plus profondes.

» J'ai reçu, il y a quelques jours, ce spécimen du musée de
» Neufchâtel, sans indication de localité, mais je suppose qu'il
» provient d'OEningen. »

Quelque temps après, M. Heer put étudier, dans le musée
de Zürich et dans la collection de M. Murchison, deux exemplaires de la même espèce, venant certainement d'Aix en
Provence, et il compléta sa première description par les remarques suivantes, insérées dans sa *Notice sur les Insectes
fossiles d'Aix* :

« Cet insecte a précisément la taille d'*Hipporhinus Heerii*
» Germ., mais il n'a pas, comme ce dernier, le bec étranglé
» à la base, il a d'ailleurs le corselet, et surtout les élytres ;
» beaucoup moins bombés ; les élytres sont aussi plus étroites,
» et ont leurs côtés presque parallèles. »

CLEONUS MARCELLI Nob.

(Pl. 3, fig. 13, et pl. 5, fig. 5.)

Nigrescens; rostro elongato; pronoto confertim punctato ; elytris
striato-punctatis, postice acuminatis.

Longueur totale		11 à 13 millim.
—	de la tête, mesurée suivant l'axe	2 à 3
—	du bec jusqu'à l'œil	0,80 à 1,25
—	du thorax	2 à 2,50
—	de l'élytre	6 à 8
—	de la cuisse antérieure	2,50 à 3
Épaisseur de la tête		1,50
—	du thorax	2 à 3
—	du corps	3,50 (max.)
Largeur d'une élytre, au moins		2

Loc. — Aix en Provence.

Coll. — Musée de Marseille : un spécimen. — Muséum d'histoire
naturelle de Paris : une empreinte et une contre-empreinte.

L'insecte du musée de Marseille est actuellement d'un brun
Van-Dyck assez clair, mais des macules noirâtres sur l'élytre et

ARTICLE N° 2.

le thorax annoncent que sa coloration primitive était beaucoup
plus foncée. La tête, vue un peu en dessus, est très-peu inclinée et relativement assez allongée. Le front est légèrement
sinueux, le bec un peu busqué et médiocrement épais à l'extrémité; on y distingue une ligne saillante qui se dirige de
l'extrémité du rostre au bord antérieur de l'œil; cette ligne
représente sans doute l'une des arêtes de la tête, qui, chez certains Cléones (s.-g. *Leucosomus*), a la forme d'un prisme à
quatre pans. Le scrobe antennaire est très-court, légèrement
arqué, et va du sommet au bord inférieur du bec; l'œil paraît
allongé dans le sens longitudinal, au lieu d'être plus ou moins
transversal, comme chez la plupart des Cléones qui vivent actuellement dans nos pays. Le thorax, à peine rétréci en avant,
n'est pas excavé latéralement au bord antérieur; sa surface
présente encore, surtout en avant, des granulations vermiformes.
Les élytres, légèrement arrondies aux épaules, aplaties sur le
dos et un peu convexes en arrière, sont assez fortement acuminées au sommet; leur surface, enfoncée par la compression que
l'insecte a subie, est ornée, dans la plus grande partie de son
étendue, de points saillants très-distincts qui forment des rangées régulières. Quelques-unes de ces séries se réunissent deux
à deux vers le sommet de l'élytre. Les pattes sont incomplètes;
on reconnaît toutefois que les cuisses étaient allongées et fusiformes.

L'empreinte et la contre-empreinte du Musée de Paris nous
montrent l'insecte de profil, les pattes repliées sous le corps. La
coloration générale est d'un brun-chocolat clair. Le front est
légèrement bombé; le bec busqué, faiblement épaissi à l'extrémité; l'œil assez grand, allongé suivant l'axe de la tête; l'antenne est indiquée par un bourrelet saillant, et le scrobe, légèrement arqué, part du sommet du bec et se termine au-dessous
et un peu en arrière de l'œil. La région postoculaire est lisse.
Le thorax, nettement séparé de la tête, est couvert de rugosités
irrégulières analogues à celles que l'on remarque à la surface
d'une coquille de noix; les élytres, aplaties sur le dos, sont légèrement déclives dans leur portion antérieure, où elles présentent

un espace lisse ; elles ont des bords parallèles, sauf du côté du
sommet, et se terminent en pointe mousse. On distingue à leur
surface 9 ou 10 rangées de points saillants, régulièrement espacés ; les rangées externes et les rangées internes semblent converger à l'extrémité, et les séries 5 et 8 paraissent embrasser en
arrière les séries 6 et 7, également confluentes. Les derniers
anneaux de l'abdomen sont peu marqués, et cette partie du
corps est obtuse et légèrement recourbée à l'extrémité. Enfin les
cuisses antérieures et postérieures sont renflées.

Ce spécimen, et quelques autres de la même collection, dont
l'état de conservation laisse beaucoup plus à désirer, sont bien
inférieurs en taille à l'exemplaire du musée de Marseille que
j'ai décrit en premier lieu ; mais ils ne me paraissent pas pouvoir en être distingués spécifiqùement, puisqu'ils ont comme lui
le bec assez allongé et faiblement busqué, le front lisse, l'œil
ovale, le scrobe légèrement recourbé, le thorax aplati en dessus
et vermiculé, les élytres peu convexes et ornées de granulations
régulières. Par l'ensemble de ces caractères et par le *facies*, tous
ces exemplaires me semblent appartenir au genre Cléone et se
rapprocher en particulier du *Cleonus (Leucosomus) ophthalmicus*
Rossi. Cette espèce actuelle, dont quelques individus n'ont pas
plus de 12 à 13 millimètres de long et présentent, comme notre
spécimen, une coloration générale d'un gris brunâtre, se trouve
particulièrement répandue dans le midi de la France, et c'est
précisément celle que Marcel de Serres compare à l'un des Cléones fossiles les plus communs dans le gisement d'Aix (1). Je suis
donc très-porté à croire que les exemplaires examinés par le
savant paléontologiste de Montpellier appartenaient au même
type spécifique que les insectes que je viens de décrire ; c'est
pourquoi je dédierai cette nouvelle espèce à M. Marcel de Serres.

Mon *Cleonus Marcelli* se place dans le même groupe que les

(1) Marcel de Serres, *Notes géologiques sur la Provence*, p. 35. — *Note sur les
Arachnides et les Insectes fossiles* (Ann. sc. nat., 1828, 1ʳᵉ série, t. XV, p. 105). —
Géognosie des terrains tertiaires, p. 224 et 272, pl. 5, fig. 9. Cette figure est trop
mauvaise pour qu'on puisse en tirer parti ; l'insecte semble toutefois avoir la tête plus
allongée que le *Cleonus Leucosiæ* de M. Heer.
ARTICLE N° 2.

Cleonus Pyrrhœ, *Cl. Deucalionis* et *Cl. Leucosiœ* de M. Heer (1), et présente les plus grandes affinités avec cette dernière espèce, commune aux deux gisements d'Aix et d'OEningen ; elle s'en distingue toutefois par sa tête relativement plus développée et plus longue que le corselet, et par ses élytres beaucoup plus acuminées au sommet.

CLEONUS ASPERULUS Heer (2).

(Planche 3, fig. 20 et 21.)

Cleon. parvulus, pronoto confertim punctato; elytris profunde punctato-striatis, asperulis.

				mm
Longueur totale	4	lignes	=	8,8
— de la tête et du bec	0 $\frac{3}{4}$	id.	=	1,65
— du corselet	0 $\frac{3}{4}$	id.	=	1,65
— des élytres	2 $\frac{1}{2}$	id.	=	5,50

Loc. — Aix en Provence.

Coll. — M. Blanchet : un spécimen (type de l'espèce). — M. Heer : un spécimen. — Musée de Marseille : six spécimens.

Description de M. Heer (3). — «Cette espèce ressemble à *Sitona*
» *margarum* Germ., et est de la même grandeur, mais elle a le
» bec plus grêle, le dos plus aplati et le prothorax couvert de
» points arrondis. Le rostre paraît cylindrique ou même étranglé
» à la base, peut-être à cause de la couche marneuse qui le recou-
» vre en partie. On aperçoit à sa surface le sillon antennaire. Le
» prothorax est cylindrique et semble déprimé à sa partie supé-
» rieure; mais c'est là encore probablement une simple appa-
» rence produite par la substance pierreuse qui encroûte le bord
» supérieur. Les élytres présentent des rangées de points très-
» visibles; ces points sont particulièrement marqués du côté

---

(1) Heer, *Insektenfauna*, t. I, p. 187 et suiv., pl. 6 et 8.

(2) *Fossile Insekten von Aix (Vierteljahrschr. der naturf. Gesellsch. in Zürich,* Jahrg. I, Heft 1), p. 20, n° 11, pl. 1, fig. 15.

(3) *Fossile Insekten von Aix*, p. 20.

» dorsal, et tendent à s'effacer vers le bord inférieur. Le trajet
» et les connexions de ces lignes de points à l'extrémité des ély-
» tres sont les mêmes que dans le genre *Cleonus* (1). »

Les exemplaires que j'ai eu l'occasion d'examiner présentaient les dimensions suivantes :

	mm
Longueur totale....................................	8,75 à 9
— de la tête.............................	1,75 à 2,25
— du thorax.............................	1,50 à 2
— des élytres.............................	5,50 (max.)
— de la cuisse antérieure....................	1 à 1,25
— de la jambe...........................	1
— de la cuisse postérieure.................	2,25
— de la jambe...........................	2,50
— du tarse.............................	1,50
Largeur de la tête à la base......................	1,25
— — à l'extrémité....................	0,75
— du thorax	2
— d'une élytre à la base....................	3
— de la cuisse postérieure..................	0,30 à 0,50
Hauteur du thorax...........................	1,75
Grand diamètre de l'œil.......................	0,30

Un des insectes du musée de Marseille, qui se fait remarquer
par son bon état de conservation, est étendu sur le ventre, les
pattes de la première et de la deuxième paire repliées latéralement, et les pattes postérieures allongées de chaque côté de l'extrémité de l'abdomen. La tête est large à la base, un peu rétrécie
dans la région médiane et terminée en avant par une sorte de
mufle. Le bec est arrondi, rugueux, et présente en dessus des
impressions longitudinales qui divergent en partant du sommet,
et, sur les côtés, une antenne grêle, distinctement coudée, renflée à l'extrémité en une massue ovalaire. Les yeux sont indiqués par deux petites taches obscures situées de chaque côté de
la tête, tout près du thorax. Le corselet, nettement séparé de la
tête par un sillon transverse, est beaucoup plus étroit que les
élytres et à peu près aussi long que large ; ses côtés sont arrondis, et sa surface marquée de sillons vermiformes ou de ponc-

(1) Voy. Heer, *Insektenfauna*, t. 1, pl. 8, fig. 36.

tuations irrégulières qui lui donnent un aspect chagriné, comme dans *Sitona margarum* Germ. Dans la région antérieure du thorax on voit en outre, comme chez certains spécimens de cette dernière espèce, deux mamelons arrondis, produits par la saillie des hanches de la première paire. La coloration de cette partie du corps est d'un brun Van-Dyck assez uniforme ; mais dans les creux de la pierre on retrouve des vestiges d'une coloration plus foncée. L'écusson est très-petit. Les élytres sont étroites, allongées, acuminées en arrière ; leurs côtés restent parallèles jusqu'au niveau du tiers postérieur, et les angles scapulaires sont tronqués. La surface est ornée de trois sillons qui séparent quatre bandes longitudinales (absolument comme chez *Sitona margarum*) et sur chacune de ces bandes règnent deux séries de granulations. Les cuisses antérieures et médianes sont renflées fortement vers les deux tiers de leur longueur, les cuisses postérieures plus grêles et légèrement arquées. Les jambes sont à peu près de la même longueur que les cuisses et très-légèrement renflées vers le bas. Les tarses ont quatre articles distincts : le premier est un peu élargi vers le haut, le deuxième très-menu, le troisième épaté et bifide, le quatrième allongé et terminé par un double crochet. Les pattes de la paire postérieure, mieux conservées que les autres, ont la même coloration que les élytres, sauf à l'extrémité où elles sont d'un brun plus foncé ; leur longueur est très-considérable relativement à celle de l'insecte, et elles présentent absolument la même forme que dans une espèce actuelle, *Cleonus obliquus* Fabr. (1).

La même collection renferme une autre empreinte sur laquelle on aperçoit les traces d'une coloration noirâtre, principalement sur le thorax, sur les pattes et à l'extrémité des élytres. Les yeux sont indiqués par deux taches noires bien apparentes sur les côtés de la tête, près de la base, et la place des hanches postérieures, moyennes et antérieures est marquée par des bosselures qui, sur le thorax, sont séparées par une carène longitudinale,

(1) J. du Val, Fairmaire, Migneaux et Deyrolle, *Genera des Coléopt. d'Europe*, IV, pl. 8, fig. 36. Cette espèce se trouve principalement dans la France méridionale et en Autriche.

comme dans un des spécimens de *Sitona margarum* du Musée
de Paris.

Deux autres spécimens qui appartiennent également au musée
de Marseille sont vus par la face supérieure : cette position m'a
permis d'apprécier un peu mieux les relations des sillons et des
lignes de points qui ornent la surface des élytres : les sillons sont
au nombre de quatre, mais il y en a un qui est placé si près du
bord externe, qu'il est à peine visible, et chacun d'eux est bordé
d'une double ligne de points. Le premier sillon apparent (le
deuxième en réalité) et le troisième (quatrième) arrivent en
arrière à peu près au même niveau et semblent embrasser le
deuxième (troisième); de plus, les séries de points 1, 2, 3, 4, 9
et 10 sont très-rapprochées à l'extrémité et embrassent les rangées 5, 6, 7 et 8, qui s'avancent beaucoup moins loin du côté
du sommet. Cette disposition est à très-peu près celle qui a été
indiquée par M. Heer ; seulement dans la figure donnée par le
savant professeur (1), les rangées 5 et 8 entourent les rangées
6 et 7 : c'est là une particularité qu'il m'a été impossible de
vérifier sur les spécimens que j'avais entre les mains.

Enfin, parmi les exemplaires de sa collection que M. le professeur Heer a eu l'obligeance de me communiquer, se trouve un
individu étiqueté *Cleonus asperulus*, qui m'a permis de vérifier
l'exactitude de la détermination que j'avais faite d'après la figure
et la description insérée dans le *Journal de Zürich*. Les dimensions de cet insecte sont un peu plus considérables que celles des
spécimens du musée de Marseille, le corps mesurant près de
9 millimètres de long sur 3 de haut, mais la forme générale et
l'ornementation sont exactement les mêmes. La tête est presque
verticale, le front très-faiblement bombé et séparé du bec par
une légère dépression ; le bec, assez fortement arqué, présente
quelques vestiges des pièces buccales, et, de son extrémité antérieure et supérieure, part le scape de l'antenne qui se dirige
obliquement d'avant en arrière et qui aboutit un peu au-dessous de l'œil. Celui-ci est ovale et situé au niveau de la dépres-

(1) *Insektenfauna*, I, pl. 8, fig. 20.
ARTICLE N° 2.

sion qui sépare le front du bec; il a son grand diamètre dirigé parallèlement à l'axe de la tête. Le thorax, coupé carrément en avant et en arrière, et aplati en dessus comme en dessous, est à peu près aussi haut que long ; sa surface est couverte d'aspérités vermiformes. Les élytres, à peine convexes, sauf en arrière, sont ornées de lignes longitudinales élevées, couvertes de petits grains saillants et parfaitement réguliers; ces séries de granulations convergent en arrière, du côté de l'extrémité, qui est assez pointue. Les pattes, repliées en dessous et appliquées contre l'abdomen, sont par cela même d'un examen assez difficile. La coloration primitive, dont il reste quelques vestiges sur certains points du thorax, des élytres et des pattes, devait être d'un brun très-foncé.

CLEONUS INFLEXUS Heer (manuscr.).

(Planche 3, fig. 14.)

Nigrescens ; rostro parum curvo; pronoto lævigato, brevi, antrorsum angustiore ; elytris confuse punctato-striatis.

	mm
Longueur totale (la tête étant penchée)	6,50 à 7,50
— de la tête mesurée verticalement	2 à 2,25
— du thorax	1,25 à 1,50
— de l'élytre	5
— des cuisses	1,75 à 2
Hauteur du thorax en avant	1,75
— — en arrière	2
— de l'abdomen	2
Largeur de l'élytre	1,50

Loc. — Aix en Provence.

Coll. — M. Heer : un spécimen. — Muséum d'histoire naturelle de Paris : un spécimen. — Musée de Marseille : deux spécimens.

L'exemplaire de la collection de M. Heer est vu de profil. La tête est dirigée verticalement; le front, légèrement bombé, est séparé par une faible dépression du bec, qui est assez épais, un peu busqué et plus long que la tête. Immédiatement au-dessous de cette dépression et tout près du bord du thorax, se trouve

l'œil, placé au milieu d'une tache noire, et par suite assez peu
distinct; il m'a semblé toutefois de forme ovale, avec le grand
axe dirigé obliquement par rapport à l'axe de la tête, comme
dans *Cleonus sulcirostris* Lin., de la France actuelle. Au-dessous
de l'œil on aperçoit des vestiges du scrobe, creusé obliquement
d'avant en arrière, et de l'antenne, qui était coudée et dont le
scape arrivait jusqu'au bord inférieur de l'œil. Le thorax, d'un
noir foncé, est dépourvu d'ornementation et remarquable par
son extrême brièveté. Son bord antérieur est à peine excavé
sur les côtés; son bord supérieur légèrement convexe, et son
bord postérieur presque droit. Les élytres, étroites et allongées,
sont un peu arrondies en avant et amincies en arrière; elles
présentent encore, dans leur portion antérieure, des vestiges de
leur couleur primitive, qui était noire ou tout au moins d'un
brun très-foncé, et leur surface est parcourue par un certain
nombre de plis saillants dont deux au moins, situés dans la
région médiane (6 et 7?), s'anastomosent en arrière et sont
embrassés de ce côté par les plis externes et internes. On ne
distingue plus aucune trace de ponctuations. Les cuisses antérieures sont assez fortement renflées, les cuisses postérieures
fusiformes, les jambes cylindriques ou légèrement évasées vers
le bas; les deux premiers articles des tarses sont élargis, les
deux derniers manquent.

Je rapporte à la même espèce deux spécimens du musée de
Marseille, dont l'un présente cependant des dimensions un peu
plus considérables que celles de l'exemplaire de M. Heer. Cet
insecte est couché sur le ventre, la tête un peu penchée sur le
côté; l'œil est marqué par un point noirâtre; le scrobe et l'antenne ne sont point visibles. Le thorax, légèrement rétréci et
excavé en avant, a les bords externes convexes et la surface lisse;
sa coloration devait être très-foncée, à en juger par le liséré
d'un brun noirâtre qui règne le long du bord antérieur. L'écusson est très-petit et noirâtre. Les élytres, un peu plus larges
que le thorax, ont les épaules coupées obliquement, les bords
externes et internes parallèles jusqu'au niveau du tiers postérieur, et arrondis ensuite jusqu'à l'extrémité, qui n'est pas très-

pointue. La surface devait être sensiblement bombée, car la partie antérieure a été fortement déprimée par la pression qu'elle a subie; dans la région postérieure on voit des macules d'un brun noirâtre, et dans la région moyenne quelques plis longitudinaux parallèles avec des vestiges de points. Les cuisses sont très-renflées et les jambes robustes.

L'autre spécimen, de taille un peu plus petite, est vu par le côté. La tête, presque confondue en arrière avec le thorax, est très-inclinée, et le bec est très-allongé; le thorax, très-légèrement arrondi en dessus, est fortement déclive. Les élytres, aplaties dans la région basilaire, convexes vers l'extrémité et limitées extérieurement par un bord presque droit, sont couvertes de plis et de points saillants, et leur couleur est un brun Van-Dyck clair et uniforme, sauf le long du bord supérieur, où l'on remarque une teinte plus foncée. Les cuisses sont renflées.

Enfin un exemplaire du Muséum d'histoire naturelle de Paris, de la même grandeur que le précédent et placé dans une situation analogue, est d'une teinte brune assez claire. Il a la tête penchée, l'œil ovalaire, presque vertical; le bec sillonné d'une manière confuse; le thorax court et légèrement bombé en dessus; les élytres un peu acuminées en arrière et parcourues par des plis longitudinaux, et les pattes robustes.

Par leur aspect général et en particulier par la forme de leur tête, de leur thorax et de leurs élytres, par l'allongement du bec, la direction du scrobe et la situation de l'œil, ces trois spécimens rentrent bien dans le genre Cléone, et se rapprochent en particulier de l'espèce des calcaires marneux de Corent, que j'ai décrite et figurée sous le nom de *Cleonus arvernensis* (1). J'adopte donc avec plaisir, pour désigner cette nouvelle espèce, le nom proposé par M. Heer.

(1) Voy. première partie, *Insectes fossiles de l'Auvergne*, p. 67, pl. 1, fig. 6.

CLEONUS SEXSULCATUS Heer (1).

|(Pl. 4, fig. 9, et pl. 3, fig. 16.)

« Cl. parvulus, pronoto sexsulcato, elytris subtiliter punctato-striatis.

» Un exemplaire de 3 lignes de long (6^{mm},6), deux autres de
» 3 l. 5/8 (7^{mm},80) ou plutôt de 4 lignes au moins de long
» (8^{mm},8), si l'on suppose le bec étendu et si l'on rétablit dans
» sa position normale le corps, qui est légèrement recourbé.

» Cet insecte se distingue par six stries longitudinales pro-
» fondes sur le côté du prothorax. La tête et le bec mesurent
» ensemble, dans les plus grands spécimens, une ligne de lon-
» gueur (2^{mm},2); le prothorax 5/8 de ligne (1^{mm},65), les élytres
» 2 l. 1/2 (3^{mm},30).

» Le bec (2) est assez mince et présente des sillons longitu-
» dinaux très-profonds. Un de ces sillons va de l'œil à la bouche ;
» il est limité de chaque côté par une carène et divisé au milieu
» par une autre ligne saillante qui ne va pas jusqu'à l'extrémité.
» Le corselet est court, faiblement convexe en dessus, orné de
» chaque côté de six sillons séparés par des crêtes étroites; les
» élytres sont légèrement bombées et parcourues par neuf stries
» fines, garnies de petits points. Les pattes sont courtes et
» robustes.

» Le spécimen de petite taille est sans doute un mâle, et les
» autres des femelles. »

M. Heer a bien voulu m'envoyer récemment un dessin sur
lequel on retrouve tous les caractères mentionnés dans cette
description, et en particulier ces sillons du thorax qui donnent
à cette espèce une certaine ressemblance avec celle que je décris
sous le nom de *Hipporhinus Reynesii*. La confusion n'est du
reste pas possible, M. Heer n'indiquant pas entre la tête et le
bec la moindre trace de sillon transversal.

(1) *Fossile Insekten von Aix*, p. 20 et 21, pl. 1, fig. 19.
(2) *Ibid.*, pl. 1, fig. 9 *b* (grossi).

CLEONUS PYGMÆUS Nob.

(Planche 3, fig. 10.)

Piceus, nitidus; thorace brevi, antrorsum angustiori, rugoso; elytris elongatis, postice vix acuminatis, subtiliter punctato-striatis.

Longueur totale..................................	2 millim.
— de la tête..............................	0,30
— du thorax.............................	0,30
— des élytres.............................	1,40
Hauteur du thorax.............................	0,40
— du corps au milieu.......................	0,75

Loc. — Aix en Provence.

Coll. — Musée de Marseille : un spécimen.

Cet insecte est de si petite taille, qu'il est nécessaire de l'examiner au microscope. Il est d'un noir intense et assez brillant. La tête, légèrement penchée, est épaisse à la base et présente sur le côté un point noir indiquant l'œil et situé à quelque distance du bord antérieur du thorax. Le bec, légèrement convexe en dessus, est un peu incomplet dans sa partie inférieure, de sorte qu'on n'aperçoit ni le scrobe ni l'antenne. Le thorax, assez court, est rétréci en avant et atteint en arrière à peu près la même hauteur que l'abdomen; son bord supérieur est légèrement oblique, et sa surface offre quelques traces de rugosités, mais pas de ponctuations distinctes. Les élytres sont longues, à peine acuminées en arrière et parcourues par des stries parallèles sur lesquelles il y a des ponctuations extrêmement fines. Les cuisses, brisées en partie, étaient assez épaisses.

Pour un Cléone, ce spécimen est d'une taille extrêmement petite; cependant il rappelle par son facies non-seulement certaines espèces beaucoup plus grandes qui vivent encore de nos jours, mais encore l'espèce précédemment décrite sous le nom de *Cleonus sexsulcatus* Heer; il a le corps allongé comme cette dernière, mais n'offre point de sillons longitudinaux sur le thorax.

DEUXIÈME GENRE. — TANYSPHYRUS Germ.

Germ., *Mag.*, II, 1817. — Schh., *Curcul. Disput. method.*, 16 a, 90. — Schh.,
Gen. et Spec. Curcul., II, 331.

Caractères (1). — Corps très-petit, ovalaire. Yeux ovalaires,
déprimés. Bec aussi long que la tête et le prothorax, arqué,
cylindrique, assez mince ; scrobe étroit, linéaire, dirigé obliquement vers la partie inférieure de l'œil. Antennes médiocres,
insérées vers le sommet du bec, mais toutefois encore à une
distance assez notable ; scape n'atteignant pas tout à fait les yeux ;
funicule composé de six articles apparents, dont le premier est
épaissi, le second étroit et conique, les suivants courts, serrés,
un peu arrondis ; massue grande, ovalaire, formée d'articles
peu distincts. Prothorax arrondi sur les côtés, tronqué à la base
et au sommet. Écusson très-petit, mais distinct. Élytres courtes
et ovales, très-convexes en arrière, avec les angles scapulaires
saillants. Jambes armées d'un crochet au sommet ; quatrième
article des tarses très-court et dépassant à peine l'échancrure du
troisième.

Ce genre, qui n'a pas encore été signalé à l'état fossile, ne
compte de nos jours qu'une seule espèce, *Tanysphyrus Lemnæ*
Payk. (2), qui vit au bord des marais, en France, en Allemagne,
en Suisse et en Angleterre.

TANYSPHYRUS DELETUS Nob.

(Planche 5, fig. 7.)

Piceus ; rostro arcuato ; capite crasso, globoso, oculis magnis, ovatis ;
thorace supra convexo ; elytris brevibus, ovatis, postice convexis.

Longueur totale............................... 2 millim.
Épaisseur maxim............................... 1

Loc. — Aix en Provence.

Coll. — Musée de Lyon.

Cet insecte microscopique est d'un noir profond ; il se fait

(1) J. du Val, Fairmaire, Migneaux et Deyrolle, *Genera des Coléopt.*, IV, p. 24.
(2) J. du Val, Fairmaire, Migneaux et Deyrolle, *Genera des Coléopt. d'Europe*, IV.
        ARTICLE Nº 2.

remarquer par la forme globuleuse de son corps et la courbure prononcée de son bec, à la surface duquel on ne retrouve plus malheureusement le moindre vestige du scrobe ou de l'antenne ; l'œil, indiqué par une tache blanche assez étendue et de forme ovalaire, est vertical, placé non loin du bord inférieur de la tête, mais à une certaine distance du bord antérieur du thorax. Le bec, comme je l'ai dit, est fortement arqué et serait très-allongé si on lui attribuait quelques fragments de couleur noirâtre situés dans le voisinage des pattes ; mais je crois que ces vestiges représentent plutôt la jambe du membre antérieur. La tête elle-même est relativement très-grosse, presque semi-globuleuse ; le thorax est court, mais très-épais, à peine excavé en avant et légèrement bombé en dessus. Les élytres, de longueur médiocre, sont fortement renflées, surtout en arrière, et les pattes sont robustes. On n'aperçoit du reste à la surface du thorax et des élytres aucune trace d'ornementation.

Parmi les Curculionides de la nature actuelle, il n'y a guère que les *Hydronomus*, les *Grypidius*, les *Baridius*, les *Tanysphyrus* et les *Ceutorhynchus* qui aient le bec aussi fortement recourbé que ce spécimen du musée de Lyon. Mais les *Hydronomus* ont l'œil placé beaucoup plus près du bord antérieur du thorax ; les *Grypidius* et les *Centorhynchus* ont le bec plus grêle, et chez les *Baridius* le rostre est séparé du front par une dépression très-marquée : aussi je me décide, non sans quelque hésitation, à rapporter cet exemplaire fossile au genre *Tanysphyrus*. La présence d'un insecte de ce genre dans les marnes d'Aix n'aurait d'ailleurs rien d'étonnant, M. le comte de Saporta ayant signalé dans ce gisement des *Potamogeton*, des *Chara*, des *Typha*, en un mot une foule de plantes de marécages analogues à celles au milieu desquelles on rencontre les *Tanysphyrus* de nos contrées (1).

---

pl. 10, fig. 47. — Jeckel, *Catalogus Curculionid.*, p. 107. — De Marseul, *Catal. des Coléopt. d'Europe*, p. 232, etc.

(1) Voy. G. de Saporta, *Études sur la végétation du sud-est de la France à l'époque tertiaire*, Supplément 1, premier fascicule.

TROISIÈME GENRE. — HYLOBIUS Schh. (1).

Dans la première partie de ce travail j'ai déjà indiqué, d'après
MM. J. du Val et Fairmaire, les caractères distinctifs du genre
Hylobius, et j'ai signalé sa présence à l'état fossile dans les calcaires marneux de l'Auvergne, en rappelant qu'il avait déjà été
trouvé précédemment dans l'ambre de Prusse et dans les lignites
du Rhin (2). Mais avant de décrire deux autres espèces des
gypses de la Provence, je ne crois pas inutile d'emprunter à
Ratzeburg et au docteur Nördlinger (3) quelques détails sur les
mœurs des Hylobies de l'époque actuelle, et en particulier
d'*Hylobius Abietis* Lin. [*H. Pini* Marsh. (4)], afin de donner
une idée du genre de vie et des habitudes probables des Hylobies de la période tertiaire.

L'*Hylobius Abietis* est un insecte d'assez grande taille, qui a
les cuisses dentées, les élytres brusquement rétrécies en arrière,
et dont le corps est de couleur brune et les pattes jaunes. C'est
une des espèces les plus communes du genre *Hylobius* dans
toutes les contrées de l'Allemagne du Sud, en Suède (d'après
Gyllenhall) et en Russie (d'après Ménétriès), et les progrès de
la culture des arbres verts ont singulièrement accru son développement. Il vole et s'accouple au mois de mai ou de juin,
parfois même en juillet. Les jeunes éclos en été n'atteignent
pas en général avant la fin de l'année le terme de leur développement; mais lors même que cela arrive, ils ne se repro-
duisent que l'année suivante. On rencontre parfois en hiver
quelques-uns de ces Coléoptères à l'état adulte, avec des larves

(1) Schœnherr, *Gen. et Spec. Curcul.*, II, part. 2 (1834), p. 332, g. 137.— *Curcul.
Disp. method.*, p. 170, n° 91. — *Gen. et Spec. Curcul.*, VI, part. 2, p. 297, g. 250.
— *Mantissa Gen. et Spec.*, VIII, part. 2, p. 429, g. 250.

(2) Voy. première partie, *Insectes fossiles de l'Auvergne*, p. 69, 70 et 71, pl. 1,
fig. 8.

(3) Ratzeburg, *Forstinsekten*, I, *Käfer*, p. 106 et suiv., pl. 4, fig. 11. — Nördlingen,
Nachträge zu Ratzeburg's Forstinsekten. Stuttgardt, 1856, p. 12. — Perris, *Insectes du
Pin maritime*, p. 346, fig. 343 et 348.

(4) Schœnh., II, 334, 3. — Lin., *Faun. suec.*, edit. 2.

ARTICLE N° 2.

et des nymphes en nombre bien plus considérable. Les larves
et les nymphes se trouvent toujours dans l'intérieur des tiges,
et hantent de préférence les arbres verts (Pins et Sapins), soit
sur pied, soit abattus; mais les dégâts qu'elles occasionnent sont
bien moins considérables que ceux qu'exercent les insectes
adultes. Plus les arbres sont jeunes, plus les blessures faites à
l'écorce par les *Hylobius* sont nombreuses; elles ont pour effet
d'arrêter le mouvement de la séve, et amènent rapidement la
dessiccation des parties avoisinantes, et par suite la mort de
la plante.

Il paraît que cet insecte attaque aussi les Mélèzes et qu'il s'in-
troduit au milieu des touffes d'aiguilles pour dévorer le cœur
de la pousse, au mois de mai. A la fin de juin, on le trouve jour-
nellement dans le liber et le cambium, ou par terre, sous les
morceaux d'écorce gisant au milieu du gazon. On rapporte qu'il
y a quelques années, cette même espèce a causé de grands dégâts
dans les plantations de Chênes, de Bouleaux et de jeunes Pom-
miers de certaines parties de l'Allemagne.

L'*Hylobius Abietis* est répandu dans toute l'Europe, de même
que l'*H. pineti* F. L'*H. Pinastri* Gyll. se rencontre particulièrement dans le Nord, en Angleterre, en Allemagne, en Suisse et
en Finlande, et l'*H. fatuus* Rossi, en France, en Allemagne, en
Italie et en Dalmatie. Les entomologistes citent encore dans nos
contrées quatre autres espèces du même genre, ce qui porte
à huit le nombre des espèces européennes. L'Amérique septentrionale et l'Amérique méridionale possèdent également huit ou
neuf espèces d'*Hylobius*, l'Asie trois ou quatre, et la Nouvelle-
Hollande n'en renferme qu'une seule.

HYLOBIUS MOROSUS Heer sp.

[*Curculionites morosus* Heer (1). — *Liparus* sp. Curtis (2).]

(Pl. 3, fig. 18, et pl. 4, fig. 13.)

Niger; rostro elongato, apice vix crassiore, rectiusculo; pronoto an-

(1) *Fossile Insekten von Aix*, p. 24 et 25, pl. 1, fig. 13.
(2) *Edinb. new Philos. Journ.*, Octob. 1829, fig. 3.

tice subangustato, confertim punctulato; elytris confuse punctato-
striatis.

	mm
Longueur totale	3,50
— de la tête et du bec	1,10
— du thorax	0,75
— de l'élytre	1,75
Hauteur du thorax	1
— de l'élytre	0,75
— du corps vers le milieu	1,25
Largeur du bec à l'extrémité	0,15
— de la tête à la base	0,50
— de la cuisse antérieure	0,75

Loc. — Aix en Provence.

Coll. — Musée de Marseille : sept exemplaires. — M. Heer :
un exemplaire.

L'insecte, sur la plupart des échantillons, est couché sur le
flanc, c'est-à-dire dans une position qui permet d'apprécier
exactement la forme de la tête et du bec et la direction du sillon
antennaire. La tête est large et incolore à la base; elle s'excave
d'abord légèrement en dessous et se recourbe ensuite en un bec
fort long, rétréci au milieu, plus épais et arrondi à l'extrémité.
Un point noir assez gros, qui se détache sur la portion basilaire
de la tête, tout près du bord du thorax, indique la place de l'œil;
le sillon antennaire (ou scrobe), partant du sommet du bec, se
dirige obliquement en arrière et n'arrive pas jusqu'à l'œil; tout
à côté un bourrelet blanchâtre, qui se détache sur l'extrémité
noire du bec, représente le scape : dans quelques spécimens
l'antenne est même complète; mais, comme elle est repliée sur
le côté du bec, il est toujours difficile de reconnaître exactement quelle était sa forme. Le thorax est élevé et relativement
très-court; il est arrondi en dessus et légèrement excavé en
bas et en avant; cette partie est d'un noir très-intense, de même
que le bec, les élytres, les pattes et le dessous de l'abdomen.
Les élytres sont courtes, fortement bombées en dessus, avec les
épaules un peu déclives, le bord inférieur ou externe légèrement sinueux, un peu convexe en arrière et concave au con-

ARTICLE N° 2.

traire dans sa portion moyenne, et le sommet en pointe mousse ; leur surface présente en outre, comme j'ai pu m'en assurer en l'examinant au microscope, cinq ou six stries longitudinales garnies de points creux extrêmement ténus. Les quatre derniers anneaux de l'abdomen, nettement séparés les uns des autres par des espaces incolores, sont courts et à peu près égaux ; leur surface est finement chagrinée. Les pattes sont repliées sous le ventre ; on distingue bien leur portion fémorale, qui est étroite à la base et renflée du côté de la jambe. Le corps, considéré dans son ensemble, est assez court, bombé en dessus et aplati en dessous.

Ces spécimens appartiennent évidemment à l'espèce que M. Heer a décrite et figurée sous le nom de *Curculionites morosus*, et que Curtis avait représentée auparavant sous le nom de *Liparus* (1). Voici en effet la description que M. Heer donne de cette espèce (2) :

« C. niger ; rostro cylindrico, rectiusculo ; pronoto antice subangustato, confertim punctulato.

Longueur totale	2 lignes	=	4,4
— de la tête et du bec	½ id.	=	1,1
— du prothorax	½ id.	=	1,1 au moins.
— des élytres probablement	1 id.	=	2,2

» *Coll.* — M. Murchison.

» Cet insecte présente quelque ressemblance avec *Liparus punctatus*. Le bec est cylindrique, presque droit, le scrobe se dirige vers l'œil. Le prothorax est un peu plus large à la base qu'au sommet, et couvert de ponctuations fines et serrées. Les élytres sont en parties, elles ne paraissent pas avoir été sillonnées. Les cuisses sont épaisses. »

L'exemplaire que M. Heer décrit en ces termes et qui lui a été communiqué par M. Murchison, est probablement le même

(1) Curtis, *Edinb. new Philos. Journ.*, Oct. 1829, fig. 3, avec cette mention : semblable à *L. punctatus* Marsh.
(2) *Fossile Insekten von Aix*, p. 24 et 25, pl. 1, fig. 13.

que celui qui a été représenté par Curtis; la figure donnée par ce dernier auteur offre d'ailleurs une extrême ressemblance avec celle qui accompagne le mémoire de M. Heer, et elle me paraît plus exacte à certains égards, le renflement de l'extrémité du bec étant mieux indiqué, et le thorax ayant des dimensions moins considérables. M. Heer n'a pas aperçu de stries sur les élytres, mais il y a reconnu comme moi de fines ponctuations ; et comme la coloration, la forme de la tête et du bec, la direction du scrobe, la position de l'œil, la courbure des élytres et les dimensions relatives des diverses parties du corps sont d'ailleurs, à en juger par la description et les figures, exactement les mêmes dans le spécimen de la collection Murchison et dans les exemplaires du musée de Marseille, je crois être pleinement autorisé à rapporter les individus que j'ai eus entre les mains au *Curculionites morosus* de M. Heer ou *Liparus* de Curtis. Le nom générique adopté par ce dernier auteur et la comparaison établie par lui entre cet insecte fossile et une espèce actuelle *Liparus (Molytes) anglicanus* Marsh., viennent aussi à l'appui de ma détermination, les spécimens du musée de Marseille m'ayant offert tous les caractères des *Hylobius*, et le *Liparus anglicanus* étant placé aujourd'hui dans le genre *Molytes*, qui ne se distingue du genre *Hylobius* que par des caractères de faible importance.

D'un autre côté, parmi les exemplaires de sa collection que M. Heer a bien voulu me confier, il y a, sur la même plaquette qu'un petit *Mycétophile*, un Charançon de taille très-exiguë et d'une couleur noire uniforme, étiqueté *Curculionites* sp., qui me paraît appartenir encore à la même espèce. Cet insecte est vu par la face supérieure. La tête qui, dans la fossilisation, a subi un léger mouvement de torsion, est courte, ovalaire et sensiblement plus large que longue. Tout contre le bord antérieur du thorax, on aperçoit les yeux, indiqués par deux petites taches blanchâtres. Le bec, allongé, presque cylindrique et médiocrement recourbé, n'offre plus aucun vestige d'antennes, et, par suite de la position dans laquelle se trouve l'animal, le scrobe n'est point visible. Le thorax, échancré en avant pour recevoir

ARTICLE N° 2.

la base de la tête, est relativement très-court et fort large; ses côtés sont légèrement arqués, et sa surface, examinée au microscope, présente de fines ponctuations, et sur la ligne médiane une sorte de carène longitudinale, de chaque côté de laquelle sont les impressions circulaires laissées par les hanches (1). Les élytres ont dû être assez fortement bombées, à en juger par les plis qu'elles offrent sur différents points de leur surface, par suite de l'écrasement qu'elles ont subi et de la saillie des parties sous-jacentes; elles sont coupées presque carrément à la base; les angles scapulaires sont légèrement arrondis, les bords externes droits ou à peine courbés dans les deux tiers de leur longueur et fortement convexes dans leur tiers postérieur; la ligne suturale est bien marquée, et les bords internes divergent un peu vers l'extrémité du corps, en découvrant une petite portion de l'abdomen. Les derniers anneaux du ventre sont d'ailleurs indiqués par les impressions qu'ils ont laissées sur la partie postérieure des élytres. Dans la même région, ainsi que dans le voisinage des épaules, c'est-à-dire dans les points où le corps de l'insecte, faisant une moindre saillie sur la pierre, a été moins usé par le frottement, on aperçoit quelques stries longitudinales parallèles entre lesquelles se trouvent de petites ponctuations peu distinctes. Il y a en outre, de chaque côté de la ligne suturale, des dépressions circulaires marquant la place qu'occupaient les hanches de la deuxième et de la troisième paire.

Cette espèce est beaucoup plus petite que la plupart des *Hylobius* de l'époque actuelle.

HYLOBIUS CARBO Nob.

(Planche 4, fig. 7.)

Ater; rostro fere cylindrico, parum arcuato; thorace lævigato, antrorsum excavato, lateribus convexis; elytris elongatis, ovatis, punctorum ordinibus decoratis.

	mm
Longueur totale	5,50
— de la tête	0,90

(1) Les sillons ou les carènes thoraciques sont très-fréquentes chez les Curculionides;

Longueur du thorax	....	1,50
— de l'élytre	....	3
— de la cuisse	....	1
Largeur du bec	....	0,30
— du thorax	....	1,30
— de l'élytre	....	1,10
— de la cuisse au milieu	....	0,30

Loc. — Aix en Provence.

Coll. — Musée de Marseille : un spécimen.

L'insecte, étendu sur le ventre, a les cuisses étendues de chaque côté du thorax et les élytres très-écartées l'une de l'autre. Sa coloration générale est d'un noir foncé. Le bec paraît très-peu courbé ; toutefois, comme il est vu par la face supérieure, sa forme ne peut être appréciée très-exactement. La tête est globuleuse et presque confondue en arrière avec le thorax, qui est arrondi sur les côtés, un peu excavé en avant, et dont le diamètre antéro-postérieur égale à peu près le diamètre transversal. On ne remarque à la surface du corselet ni carène ni ponctuations, ni ornements d'aucune sorte. Les élytres, séparées du thorax par la compression que l'insecte a subie, ou peut-être par un commencement de putréfaction produite par un séjour dans l'eau, sont imprimées en creux, allongées, arrondies à leur extrémité postérieure, et ornées de huit séries de points enfoncés. Ces lignes de points sont disposées symétriquement par rapport à l'axe de l'élytre, et chacune d'elles se réunit du côté du sommet à la ligne correspondante du côté opposé, de manière à former des couples qui s'emboîtent en arrière les uns dans les autres, absolument comme dans un *Hylobius* fossile des lignites du Siebengebirge, *H. antiquus* Heyd., qui est d'ailleurs d'une taille beaucoup plus considérable (1). Les cuisses sont robustes et dilatées en massue.

Quoique cette espèce soit beaucoup plus grande que la précé-

---

une de ces carènes est même indiquée chez *Hylobius abietis* Lin. (Voy. Ratzeburg, *Forstinsekt.*, pl. 4, fig. 11.)

(1) *Käfer und Polypen aus der Braunkohle des Siebengebirges*, par C. et L. von Heyden (*Palæontogr.*, XV), p. 19, pl. 2, fig. 11 et 12.

ARTICLE N° 2.

dente, elle n'atteint pas encore les dimensions de nos espèces européennes, et entre autres de *H. fatuus* Rossi (1) et de *H. Abietis* (2).
Elle diffère de l'*H. antiquus* Heyd., non-seulement par la taille,
mais encore par la forme du thorax et des élytres, et s'éloigne
par les mêmes caractères de mon *H. deletus* des calcaires marneux de Corent (3).

Cet insecte, de même que l'*Hylobius morosus*, devait vivre,
comme ses congénères de l'époque actuelle, sur les arbres
verts, et probablement sur les *Pinus*, dont M. le comte de Saporta
ne signale pas moins de sept espèces fossiles dans les gypses
d'Aix (4).

HYLOBIUS ? SOLIERI Hope.

[*Rhynchœnus ? Solieri* Hope (5).]

Sous le nom de *Rhynchœnus Solieri* et avec un point de doute,
Hope a figuré, en 1844, un Curculionide fossile d'Aix en Provence, avec cette courte notice :

« Ce fossile est dédié à M. Solier, le célèbre entomologiste de
» Marseille, dont les travaux sur les Hétéromères méritent les
» plus grands éloges. Cet insecte, à en juger par le bris de ses
» fémurs et la torsion de sa jambe postérieure droite, paraît
» avoir beaucoup lutté avant de mourir. Les lignes pointillées
» des élytres forment des réticulations délicates. »

Cette description, on le voit, est bien insuffisante, et quoique
la figure qui l'accompagne soit bien exécutée et représente l'insecte grossi trois fois environ, les dimensions de la tête sont encore trop faibles pour qu'on puisse apprécier exactement la forme
et la direction du scrobe; la position dans laquelle se trouve le

---

(1) J. du Val, Fairmaire, Migneaux et Deyrolle, *Genera des Coléopt. d'Europe*, IV,
pl. 11, fig. 18.

(2) Ratzeburg, *Forstinsekten*, pl. 4, fig. 11.

(3) Voy. première partie, *Insectes fossiles de l'Auvergne*, p. 70, pl. 1, fig. 18.

(4) *Révision de la flore des gypses d'Aix*, fasc. I, p. 12.

(5) *Observations sur les Insectes fossiles d'Aix* (*Trans. of Entom. Soc. of London*,
t. II), fig. 2 et 2 a. — Les Insectes du genre *Rhynchœnus*, subd. 4, Zetterstedt, sont
placés maintenant dans le genre *Hylobius* Schh.

spécimen ne permet pas d'ailleurs de reconnaître le dessin des élytres. Aussi n'ayant pas eu entre les mains l'exemplaire d'après lequel Hope a créé cette nouvelle espèce, je ne me permettrai pas de rejeter la dénomination proposée par cet auteur; je ferai observer cependant que, d'après le dessin, le scrobe, ou plutôt le scape, commence à une certaine distance du sommet du bec pour se terminer un peu au-dessous de l'œil, et paraît moins oblique que chez les vrais *Hylobius*. Le bec semble du reste plus grêle et moins courbé, la tête moins excavée en dessous à la naissance du rostre, l'œil moins rapproché du bord du thorax que dans ce dernier genre, et placé à peu près comme chez les *Magdalinus* (1). D'après la figure de Hope, ce petit insecte, dont le thorax serait délicatement ponctué, de même que la face inférieure de l'abdomen, les élytres ornées de ponctuations, et les cuisses postérieures allongées et renflées en massue, mesurerait environ 7 millimètres de long sur 2^{mm},5 de haut. Peut-être est-ce un *Phytonomus* ?

QUATRIÈME GENRE. — PLINTHUS Germ.

J'ai déjà donné, d'après MM. J. du Val et Fairmaire, les caractères de ce genre, dont j'ai décrit une espèce des calcaires marneux de Corent (2). Les espèces actuelles du genre *Plinthus* Germ. sont au nombre d'une vingtaine, et sauf une, *Pl. carinatus* Esch. (3), appartiennent toutes à l'ancien continent : on les trouve particulièrement en Hongrie, en Saxe, en Styrie, en Italie, dans l'Asie Mineure, en Perse, etc. La France ne possède qu'une seule espèce, *Plinthus caliginosus* F., dont la larve vit sous l'écorce des Pins.

(1) Voy. *Magdalinus (Rhynchœnus) carbonarius* Fabr. — Cet insecte vit sur le Pin maritime (Perris, *Insectes du Pin maritime*, p. 333).

(2) Voy. première partie, *Insectes fossiles de l'Auvergne*, p. 73 et 74, pl. 1, fig. 10 (*Plinthus redivivus*).

(3) *Gen. et Spec. Curcul.*, supplém., t. VI, part. 2 (1842), p. 319, g. 257.— *Curcul. Disput. method.*, p. 173, g. 93.

ARTICLE N° 2.

PLINTHUS HEERII Nob.

(Planche 4, fig. 12.)

Ater, nitidus ; rostro cylindrico, arcuato ; thorace transverso, confertim punctato; elytris postice parum acuminatis, punctorum ordinibus densis decoratis.

		mm
Longueur totale		2,50
—	de la tête et du bec	1
—	du thorax	0,50
—	de l'élytre	1,25
Hauteur du thorax		0,50
—	du corps au niveau de l'abdomen	1,20

Loc. — Aix en Provence.

Coll. — M. Heer : un spécimen.

Cet insecte, qui fait partie de la collection de M. Heer, est étiqueté, sans doute par erreur, *Curculionites parvulus ;* car, s'il offre quelques-unes des particularités indiquées par M. Heer chez cette dernière espèce (1), il diffère du tout au tout de la figure publiée par ce savant paléontologiste dans son mémoire sur les insectes d'Aix (2).

En effet, dans le spécimen dont je donne aujourd'hui une figure aussi exacte que possible, exécutée au moyen de la chambre claire et du microscope, la tête est verticale ; le bec assez grêle et fortement busqué à la partie inférieure, un peu concave en dessous et séparé en dessus de la région frontale par une petite dépression ; le scrobe, indiqué par un léger sillon, part d'un point situé sur le bord antérieur, non loin du sommet du rostre, et se dirige, en s'élargissant légèrement, vers l'œil, qui est gros, ovalaire, avec son grand axe dirigé un peu obliquement par rapport à celui du bec, et qui est situé tout près du bord antérieur du prothorax. Le corselet, dont le bord antérieur est un peu excavé

---

(1) *Fossile Insekten von Aix*, p. 23.

(2) *Ibid.*, pl. 1, fig. 16.

sur les côtés et en avant, n'est cependant nullement lobé ; son bord supérieur est légèrement convexe, et sa surface couverte de fines granulations. Les mêmes granulations se retrouvent sur les flancs, et plus développées et disposées en séries sur les élytres, qui recouvrent en partie les côtés de l'abdomen, où elles sont limitées par une ligne onduleuse. Elles sont assez fortement bombées, et se terminent en arrière en pointe mousse. Les cuisses sont mutiques, assez longues et légèrement renflées.

Comme je le disais plus haut, la diagnose du *Curculionites parvulus* Heer (1) s'appliquerait à la rigueur à ce petit insecte, mais la figure qui accompagne cette diagnose ne lui convient pas du tout ; je dois donc penser qu'il y a ici une erreur d'étiquette, un *lapsus calami*, et après un examen minutieux, je me décide à rapporter ce spécimen d'une si belle conservation au genre *Plinthus*, en le dédiant au savant professeur Heer, dans la collection duquel il se trouve. Je sais bien que la plupart des *Plinthus* de l'époque actuelle, et entre autres notre *Plinthus caliginosus* Fabr., le *Plinthus Megerlei* Panz. (2), et le *Plinthus nivalis* Lareyn. (2), sont d'assez forte taille et ont les cuisses dentées ; mais certains *Plinthus* de notre faune ont les cuisses mutiques (3), et tous ont le bec presque cylindrique, mais sensiblement arqué, séparé du front par une dépression, l'œil vertical, contigu au bord antérieur du thorax, le scrobe partant du bord antérieur, près de l'extrémité du rostre et arrivant jusqu'à l'œil, c'est-à-dire offrent des caractères qui se retrouvent tous parfaitement indiqués chez notre individu. D'un autre côté, le thorax, les élytres et les flancs sont couverts de ponctuations serrées dans le *Plinthus caliginosus* comme dans l'insecte fossile, et les élytres, descendant sur les côtés de l'abdomen, comme chez ce dernier, sont également limitées en dehors par une ligne sinueuse.

(1) J. du Val, Fairmaire, Migneaux et Deyrolle, *Genera des Coléopt. d'Europe*, IV, pl. 12, fig. 54.

(2) J. du Val, Migneaux et Deyrolle, *ibid.*, pl. 12, fig. 55.

(3) Dans une division du genre *Plinthus* établie par Schœnherr, et comprenant *Pl. silphoïdes* Herbst, d'Espagne, *Pl. illotus* Schh., d'Arménie, *Pl. fallax* Falderm, de la Perse occidentale, etc., les cuisses sont dépourvues de dents comme dans le spécimen de la collection de M. Heer.

ARTICLE N° 2.

Cette nouvelle espèce fossile, quatre fois plus petite que celle des calcaires marneux de Corent, devait avoir les mêmes mœurs que ses congénères de l'époque actuelle ; l'insecte parfait se tenait sans doute dans les endroits élevés, au milieu des détritus ligneux, et sa larve vivait peut-être sous l'écorce des arbres verts.

CINQUIÈME GENRE. — PHYTONOMUS.

Schh., *Curcul. Disp. meth.*, p. 175, g. 94. — *Gen. et Spec. Curcul.*, II, part. 2, p. 368, g. 142, et VI, part. 2, p. 341, g. 261.— Jeckel, *Catalogus Curculionidum*, p. 150, g. 261. — HYPERA Germ., *Mag.*, IV, 335. — Latr., *Règne animal*, 394.

Caractères (1). — Corps ordinairement ailé, parfois aptère, oblong ou ovalaire. Yeux oblongs, déprimés, à peu près latéraux. Bec environ de la longueur du prothorax, un peu arqué, presque cylindrique ; scrobe allongé, assez étroit, plus ou moins élargi et moins profond en arrière, dirigé obliquement vers l'œil. Antennes insérées vers le sommet ou le tiers antérieur du bec, assez grêles, avec le scape atteignant les yeux, le premier et le deuxième article du funicule assez allongés, à peu près coniques, les cinq suivants courts, arrondis ou légèrement turbinés, et la massue ovalaire. Prothorax tronqué à la base et au sommet, arrondi sur les côtés, presque cylindrique ou légèrement rétréci en avant, quelquefois un peu lobé derrière les yeux et échancré en dessous. Écusson petit, triangulaire. Élytres en ovale plus ou moins allongé, avec les épaules généralement arrondies, mais saillantes. Jambes mutiques au sommet ou n'offrant, à la paire antérieure, qu'une épine terminale rudimentaire.

Les Phytonomes sont très-répandus de nos jours, principalement dans l'Europe tempérée et méridionale, en Allemagne, en Angleterre, en France, en Algérie, dans le Maroc, en Perse, etc. ; quelques-uns habitent cependant l'Amérique septentrionale et centrale, l'Amérique méridionale et Madagascar (2). Ils vivent à

(1) J. du Val, Fairmaire, Migneaux et Deyrolle, *Genera des Coléopt. d'Europe*, IV, p. 28.

(2) Jeckel, *Catalogus Curculionidum*, p. 110. — De Marseul, *Catal. des Coléopt. d'Europe*, p. 224. — Sur 98 espèces, 85 sont européennes, et 5 américaines.

l'état adulte sur divers végétaux ou se tiennent sur les pierres au bord des chemins; leurs larves rongent les feuilles des plantes et se tissent une sorte de coque pour subir leurs métamorphoses. La larve du *Phytonomus Arundinis* vit sur le *Sium latifolium*, celle du *Ph. Rumicis* sur les *Rumex* et le *Polygonum aviculare*, celle du *Ph. Pollux* sur le *Cucubalus Behen*, celle du *Ph. Viciæ* sur l'*Helosciadium nodiflorum*, celle du *Ph. Plantaginis* sur les épis du Plantain, celle du *Ph. murinus* sur le *Medicago sativa*, celle du *Ph. Polygoni* sur le *Spergula arvensis*, le *Stellaria media* et le *Lychnis flos-cuculi* (J. du Val et Fairmaire (1).

M. Marcel de Serres a déjà signalé, dans les gypses d'Aix, trois espèces du genre *Hypera* Germ. (*Phytonomus* et *Limobius* Sch.), dont leurs formes, dit-il, sont assez analogues aux espèces des contrées méridionales de la France. Curtis a cité également une espèce du même genre (2), et Berendt en a trouvé deux dans l'ambre de Prusse (3).

PHYTONOMUS FIRMUS Heer (4).

(Planche 6, fig. 7.)

Ph. pronoto brevi, basi angustato, ruguloso-punctato; elytris ovalibus, profunde punctato-striatis.

			mm
Longueur totale sans le bec.............	4 ¼ lignes	=	9,35
— du prothorax.................	1 id.	=	2,20
— des élytres..................	3 ¼ id.	=	7,15
Largeur du prothorax.................	1 ¼ id.	=	3,30
— des deux élytres..............	2 ¼ id.	=	5,50

Loc. — Aix en Provence.

Coll. — M. Murchison.

« Cet insecte a le prothorax large, tronqué en avant et en

---

(1) *Genera des Coléopt. d'Europe*, t. IV, p. 28.

(2) *Notes géologiques sur la Provence*, p. 35. — *Géognosie des terrains tertiaires*, p. 224. — *Note sur les Arachnides et les Insectes fossiles* (*Ann. sc. nat.*, 1re série, 1828, t. XV, p. 105). — Curtis, *Edinburgh new Philos. Journ.*, oct. 1829.

(3) Berendt, *Bernstein*, t. I, p. 56.

(4) *Fossile Insekten von Aix*, p. 23, pl. 1, fig. 14.

» arrière, et les élytres larges des Phytonomes ; malheureusement
» le bec est complétement recouvert par la substance calcaire,
» de sorte qu'il est impossible de reconnaître la forme de cette
» partie et d'en tirer des caractères pour une détermination
» précise.

» Les yeux, arrondis et de couleur noire, sont bien distincts,
» mais la portion de la tête située un peu plus en avant est en-
» croûtée, de telle sorte qu'on peut à peine discerner les contours
» du rostre ; celui-ci paraît toutefois avoir été plus large que chez
» les Phytonomes. Le corselet est large et court, un peu rétréci
» à la base, avec les angles postérieurs droits, les côtés et les
» angles scapulaires arrondis, la surface couverte de ponctuations
» serrées. Les cuisses sont assez robustes, et les jambes, de forme
» cylindrique, sont relativement longues. Les élytres, bien plus
» larges à la base que le prothorax, ont leurs bords externes
» presque droits sur une certaine longueur, puis arrondis jusqu'à
» l'extrémité ; elles sont ornées de stries et de points bien visi-
» bles et régulièrement disposés. On peut compter huit stries
» à la surface de chaque élytre. »

Je n'ai rien à ajouter à cette description, n'ayant pas trouvé,
dans les collections qu'il m'a été donné d'examiner, de spécimens
qui pussent être rapportés à cette espèce, et n'ayant pas vu
l'exemplaire qui a servi de type à M. Heer et qui est probablement l'*Hypera* mentionné par Curtis (1).

PHYTONOMUS ANNOSUS Heer (manuscr.).

(Planche 3, fig. 9.)

Rostro cylindrico, parum arcuato ; pronoto brevi, antrorsum angustiore, rugoso ; elytris confuse punctato-striatis, thoracis basi latioribus.

Longueur totale....................................	6 millim.
— de la tête mesurée obliquement.............	1,50
— du thorax...............................	1,50
— des élytres..............................	3,50
Épaisseur du bec	0,30

(1) *Edinb. new Philos. Journ.*, oct. 1829.

Hauteur du thorax en avant...................... 1

— 　　　 — 　　 en arrière..................... 1,75

— 　 du corps aux épaules 3,60

Largeur d'une élytre............................ 1,50

Loc. — Aix en Provence.

Coll. — M. Heer : un spécimen.

L'insecte, vu un peu en dessus et de trois quarts, est assez bien conservé, quoiqu'il ait perdu sa coloration primitive. La tête, épaissie à la base, s'atténue en avant et se termine par un bec de longueur médiocre, arqué vers l'extrémité. Le front est séparé du rostre par une légère dépression au-dessous de laquelle on aperçoit l'œil, dont le grand diamètre est dirigé obliquement par rapport à l'axe de la tête. Le scrobe, à peine marqué, se dirige de l'extrémité du bec vers l'œil; l'antenne, fort visible, est distinctement coudée; le scape a la même longueur et la même direction que le scrobe, et le funicule, aussi long que le scape, mais un peu plus grêle, supporte un bouton ovalaire. Le thorax, rétréci du côté de la tête, se dilate dans sa partie moyenne, tout en restant plus étroit que les élytres; il était fortement bombé et sa surface présente des rugosités, des crêtes irrégulières allongées dans le sens de l'axe. Les élytres, courtes et larges, sont parcourues par un certain nombre de plis longitudinaux ornés de points peu distincts; elles sont coupées carrément à la base, arrondies légèrement aux épaules et terminées en pointe obtuse. Sur le côté de l'abdomen on aperçoit le membre postérieur du côté gauche, dont la cuisse est fortement renflée, et au-dessous du thorax la patte antérieure du même côté, dont la portion fémorale est également assez robuste; la jambe est un peu tordue et les tarses manquent.

Cette espèce, que M. Heer a nommée, mais qu'il m'a permis de décrire, est d'une taille beaucoup plus petite que celle qu'il a précédemment décrite et figurée, de la même localité, sous le nom de *Phytonomus firmus* (1). Parmi les espèces actuelles, on

_____

(1) *Fossile Insekten von Aix*, p. 23, pl. 1, fig. 14.

peut lui comparer, pour la grandeur et peut-être aussi pour la coloration, *Phytonomus fasciculatus* Herbst (1).

Sixième Genre. — CONIATUS.

Germ., *Mag.*, II, 340, n° 13.— Sch., *Gen. et Spec. Curcul.*, II, part. 2 (1834), p. 405, g. 143.— *Curcul. Disp. meth.*, p. 176, n° 95.— *Gen. et Spec. Curcul.*, VI, part. 2, p. 388, g. 265. — Jeckel, *Catalogus Curcul.*, p. 113, g. 263. — Hypera Germ., *Mag.*, IV, 335.

Caractères (2). — Corps ailé, oblong. Yeux arrondis, convexes. Bec environ moitié plus long que la tête, assez fort, presque cylindrique et faiblement arqué ; scrobe allongé, peu profond, élargi en arrière, s'effaçant au devant des yeux, et légèrement oblique. Antennes médiocres, insérées vers le tiers antérieur du bec, parfois près du milieu ; scape arrivant plus ou moins près du bord des yeux ; premier et deuxième article du funicule allongés, presque coniques, les cinq suivants courts, serrés, élargis insensiblement du côté externe ; massue oblongue. Prothorax arrondi sur les côtés, tronqué au sommet, et offrant à la base une double sinuosité peu marquée. Élytres oblongues ou ovales, avec les épaules saillantes, mais légèrement arrondies. Jambes armées au sommet d'une épine extrêmement petite, à peine marquée à la paire postérieure.

Le genre *Coniatus* ne comprend de nos jours que huit espèces qui toutes sont européennes ou asiatiques, et qui habitent de préférence les pays tempérés. Ces insectes ont à peu près les mêmes mœurs que les Phytonomes et vivent comme eux sur diverses espèces de plantes : les *Coniatus Tamarisci* F., *repandus* F. et *Chrysochlora* Luc., se trouvent sur les Tamarix, dans le midi de la France.

(1) J. du Val, Fairmaire, Migneaux et Deyrolle, *Genera des Coléopt. d'Europe*, IV, pl. 12, fig. 56.

(2) *Genera des Coléopt. d'Europe*, t. IV, p. 29 et 30.

CONIATUS MINUSCULUS Nob.

(Planche 3, fig. 17 et 17 a.)

Nigrescens; capite crasso, rostro cylindrico, parum arcuato; thorace
lævigato; elytris ovatis, postice vix acuminatis.

Longueur totale... 2 millim.
 —   de la tête... 0,75
 —   du thorax... 0,60
 —   des élytres.. 1,10

Loc. — Aix en Provence.

Coll. — Musée de Marseille : deux spécimens.

Ces deux exemplaires, d'une extrême petitesse, sont vus de
côté et présentent çà et là des taches d'un brun de sépia qui
annoncent que leur coloration primitive était très-foncée. En les
étudiant au microscope, on parvient à discerner assez bien la
conformation des différentes parties de leur corps. Dans le premier spécimen, la tête est penchée et fort large à la base ; vers
le milieu de sa face latérale et très-près du bord antérieur du
thorax, se trouve un petit point noir qui est évidemment un œil ;
le bec, à peine busqué, est de grosseur médiocre, à peine arqué,
et sans doute incomplet dans sa portion inférieure ; le thorax,
fort déclive, est à peu près aussi long que large et n'offre aucune
trace de ponctuations ; les élytres, assez longues et arrondies en
arrière, sont presque entièrement décolorées et privées de toute
ornementation. Les pattes sont en fort mauvais état.

Dans l'autre spécimen on distingue encore mieux la forme du
thorax, qui est légèrement échancré au bord antérieur et aplati
en dessus, et de la tête, qui est fort large en avant et qui se termine en avant par un bec assez mince. Cette partie semble toutefois plus étroite qu'elle ne l'est réellement, parce que sa moitié
inférieure est brisée à partir de l'endroit où se trouve le sillon
antennaire ; celui-ci est très-court, dirigé un peu obliquement
d'avant en arrière, à partir d'un point situé avant le sommet du

ARTICLE N° 2.

bec, et l'antenne elle-même est coudée, avec un scape et un funicule assez courts et un bouton ovalaire très-visible.

Tous ces caractères, et spécialement la forme de la tête et du
bec, la position de l'œil et du scrobe et la direction des antennes,
me portent à attribuer ce petit insecte au genre *Coniatus,* en le
comparant particulièrement au *C. splendidulus* F. (1), qui se
trouve de nos jours en Sibérie et dans le Caucase, et au *C. suavis*
Gyll., qui se rencontre en Italie et en Sardaigne. Nos *C. Tamarisci* F. et *C. Chrysochlora* Lac. (2), du midi de la France, sont un
peu plus grands que l'espèce fossile, et présentent des couleurs
éclatantes dont on ne retrouve plus la moindre trace sur les spécimens que j'ai eus entre les mains.

Deuxième section. — MÉCORHYNQUES (3).

Premier Groupe. — ÉRIRHINITES.

Casteln., *Hist. nat. Coléopt.*, II, p. 332.— ERIRHINIDES, Sch., *Gen. et Spec. Curc.*, III,
p. 1.

Les Erirhinites ont les antennes insérées en avant ou tout près
du milieu du bec, le funicule de six ou sept articles, la massue
ordinairement de quatre articles, les hanches antérieures rapprochées à la base et la poitrine non canaliculée devant les pattes
antérieures (4).

PREMIER GENRE. — ERIRHINUS.

Sch., *Gen. et Spec. Curcul.* (1836), III, part. 2, p. 283, g. 204. — *Curcul. Disp.
method.*, p. 229, n° 130. — *Gen. et Spec. Curcul.* (1843), VII, part. 2, p. 163,
g. 374.— Jeckel, *Catalogus Curculionidum*, p. 163, g. 374. — DORYTOMUS Germ.,
Mag., II, 1817. — NOTARIS Germ., *Mag.*, II, 1817.

Caractères (5). — Corps ovale ou oblong. Yeux parfois ob-

(1) *Curculio splendidulus* Fabr., *Syst. El.*, II, p. 514. — *Coniatus splendidulus*
Sch., *Gen. et Spec. Curcul.*, II, part. 2, p. 407.

(2) J. du Val, Fairmaire, Migneaux et Deyrolle, *Gen. des Coléopt. d'Europe*, t. IV,
pl. 13, fig. 59.

(3) Voy. première partie, *Insectes fossiles de l'Auvergne*, p. 74 et 75.

(4) *Genera des Coléopt. d'Europe*, t. IV, p. 39.

(5) J. du Val, Fairmaire, Migneaux et Deyrolle, *Genera des Coléopt. d'Europe*,
t. IV, p. 42 et 43.

longs, mais généralement plus ou moins arrondis. Bec de longueur variable, cylindrique, arqué, le plus souvent presque filiforme ; scrobe linéaire, plus ou moins oblique, dirigé tantôt vers le milieu, tantôt vers la partie inférieure de l'œil. Antennes allongées, grêles, insérées avant le milieu et généralement vers le tiers antérieur du bec ; scape très-allongé, arrivant presque jusqu'au bord antérieur de l'œil ; funicule composé de sept articles, dont les deux premiers sont assez longs et de forme conique, les suivants courts, turbinés, noueux ou arrondis ; massue ovale-oblongue. Prothorax presque tronqué à la base, un peu resserré au sommet, et plus ou moins arrondi sur les côtés. Écusson distinct. Élytres oblongues ou ovales, plus larges à la base que le prothorax, avec les angles scapulaires peu marqués, et souvent de légères callosités dans la région postérieure. Jambes armées d'un crochet au sommet. Ongles des tarses libres et écartés.

MM. J. du Val et Fairmaire n'admettent qu'à titre de groupes les trois genres *Dorytomus*, *Erirhinus* et *Notaris* adoptés par quelques auteurs, et basés principalement sur l'existence ou l'absence de dents sur les cuisses, et sur la forme du bord antérieur du prothorax, qui est plus ou moins distinctement lobé derrière les yeux. Plusieurs insectes appartenant aux sous-genres *Dorytomus* et *Notaris* ont déjà été signalés par MM. Marcel de Serres et Curtis dans les gypses des environs d'Aix (1).

De nos jours, les *Erirhinus* sont assez répandus, principalement en Europe, où l'on n'en compte pas moins 46 espèces ; l'Amérique du Nord en possède cinq espèces ; l'Afrique australe et la Nouvelle-Hollande, chacune une.

Les espèces du premier groupe (*Dorytomus*) se trouvent généralement sur les Peupliers et sur les Saules, dans les chatons desquels ils vivent à l'état de larves ; les espèces des deux autres groupes se rencontrent au contraire dans l'herbe au bord des marais ou sur les plantes aquatiques. L'*Erirhinus Festucæ*

_____

(1) *Notes géologiques sur la Provence*, p. 35. — *Géognosie des terrains tertiaires*, p. 224 : une espèce de fort petite taille. — Curtis, *Edinb. new Philos. Journ.*, octobre 1829.

ARTICLE N° 2.

Herbst (1) ronge, à l'état de larve, l'intérieur des tiges du *Scirpus palustris*.

ERIRHINUS CHANTREI Nob.

(Planche 3, fig. 19.)

Rostrum gracile, elongatum, vix arcuatum, carinatum ; thorax granulis densis ornatus, in medio carinatus, apice constrictus et excavatus, basi coleopteris angustior, lateribus convexis ; elytra oblonga, postice acuminata, scapulis prominentibus, sulcis parallelis punctisque decorata.

	mm
Longueur totale	8,25
— du bec	1,25
— de la tête proprement dite	0,50
— du thorax	1,50
— des élytres	5
Largeur du bec	0,50
— de la tête au niveau des yeux	1,25
— du thorax	2,75
— du corps aux épaules	3,50
— d'une élytre	1,75

Loc. — Aix en Provence.

Coll. — Musée de Lyon : un spécimen.

L'insecte, vu en dessus, a perdu sa coloration primitive, et c'est à peine s'il reste quelques macules d'un brun foncé sur le thorax et sur la tête. Le bec est allongé, légèrement courbé, cylindrique, assez grêle, et présente en dessus trois carènes, une médiane et deux latérales. La tête, qui a subi une forte compression, s'élargit en arrière et offre sur les côtés des vestiges des yeux. L'antenne gauche n'est indiquée que par un trait à peine distinct. Le thorax, de forme presque globuleuse, avec la base coupée carrément et le sommet un peu rétréci et légèrement excavé pour recevoir la tête, est un peu plus étroit en arrière que les élytres, dont il est séparé par un sillon profond ;

(1) Schh., VII, 2, 168, 17 (*E. Caricis* Thunb.). Europe boréale.

sur la ligne médiane règne une carène longitudinale de chaque côté de laquelle sont marquées en creux les impressions des hanches antérieures, qui sont arrondies, et celles des cuisses, qui sont fusiformes; quant aux jambes, elles n'existent plus qu'à l'état de vestiges. De plus, toute la surface du corselet est ornée de granulations arrondies très-serrées, qui lui donnent un aspect chagriné tout à fait caractéristique, mais qui manquent sur la carène médiane. Les élytres ont la base coupée carrément, les épaules saillantes et légèrement arrondies, les bords externes presque droits sur les deux tiers de la longueur et fortement convexes en arrière, les bords suturaux d'abord contigus et rectilignes, puis recourbés et divergents dans la région postérieure; la surface, fortement bombée, surtout en arrière, est complétement décolorée et parcourue par sept ou huit lignes ponctuées en creux et parallèles. Enfin, l'écusson, que l'on aperçoit au-dessous du sillon qui limite le thorax en arrière, est petit, de couleur noire et de forme triangulaire.

Par son bec allongé, cylindrique et médiocrement recourbé, par sa tête élargie en arrière et enfoncée dans le thorax, par son thorax un peu rétréci en avant, fortement arrondi sur les côtés et granuleux, et surtout par ses élytres élargies à la base et anguleuses aux épaules, cet insecte rappelle vivement certains *Erirhinus* de nos pays et, entre autres, ceux qui forment le sous-genre *Notaris* Germ., par exemple *Erirhinus (Notaris) Scirpi* Fabr. (1). Il devait avoir la même coloration brune que cette espèce actuelle, dont il a exactement la grandeur, et vivait probablement comme elle sur quelque plante des marécages, peut-être même sur le *Cyperites* dont M. de Saporta a reconnu la présence dans les gypses d'Aix (2).

Je dédie cette jolie espèce à M. E. Chantre, attaché au musée d'histoire naturelle de Lyon.

(1) J. du Val, Fairmaire, Migneaux et Deyrolle, *Genera des Coléopt. d'Europe*, IV, pl. 18, fig. 86. — De France, d'Autriche, de Volhynie et d'Italie.

(2) Voy. *Révision de la flore des gypses d'Aix* (supplément 1er aux *Études sur la végétation du sud-est de la France à l'époque tertiaire*), p. 284.

ARTICLE N° 2.

Deuxième Genre. — HYDRONOMUS.

Schh., *Curcul. Disp. meth.*, p. 231. — *Gen. et Spec. Curcul.*, III, p. 317, et VII, part. 2, p. 183. — Jeckel, *Catalogus Curcul.*, g. 378, p. 165.

Caractères (1). — Corps allongé. Yeux légèrement déprimés, ovalaires. Bec environ de la longueur du prothorax, assez épais, arrondi et un peu arqué ; scrobe linéaire bien marqué, oblique, se dirigeant vers le milieu de l'œil. Antennes de longueur médiocre, assez grêles, insérées un peu en avant du milieu du bec ; scape atteignant presque le bord antérieur de l'œil ; funicule composé de sept articles, dont le premier est assez épais, en ovale allongé, le deuxième presque conique, les quatre suivants courts, serrés, augmentant graduellement de largeur ; massue grande, ovale ou plutôt arrondie. Prothorax presque carré, tronqué à la base, échancré fortement en dessus et en dessous au bord antérieur, lobé derrière les yeux et légèrement arrondi sur les côtés. Écusson petit et arrondi. Élytres allongées, brusquement atténuées vers le sommet, comme chez les *Bagous*, plus larges à la base que le prothorax, avec les angles scapulaires un peu effacés. Pattes longues et assez grêles, avec les jambes sinuées, courbées au sommet, et terminées par un crochet fort et aigu ; tarses étroits, ongles libres et écartés.

Ce genre, qui n'a pas encore été signalé à l'état fossile, ne renferme, de nos jours, qu'une seule espèce, *Hydronomus Alismatis* Marsh. (2), qui se trouve dans l'Europe boréale et vit dans l'eau, sur l'*Alisma Plantago* ou Plantain d'eau.

HYDRONOMUS (?) NASUTUS Nob.

(Planche 5, fig. 6.)

Nigrescens ; rostro arcuato, cylindrico, apice truncato ; thorace lævi-

(1) J. du Val, Fairmaire, Migneaux et Deyrolle, *Genera des Coléopt. d'Europe*, IV, p. 43.

(2) *Genera des Coléopt. d'Europe*, t. IV, pl. 19, fig. 88.

gato, antrorsum oculi partem minimam tegente; elytris postice subito constrictis.

	mm
Longueur totale	2,25
— de la tête, mesurée horizontalement	0,25
— du bec	0,50
— du thorax	0,50
— de l'élytre	1,25
Hauteur de la tête	0,75
— du thorax	0,80
— de l'élytre	1

Loc. — Aix en Provence.

Coll. — Musée de Marseille : un spécimen.

L'insecte, couché sur le flanc, est d'une couleur assez foncée. La tête, large à la base et à demi enfoncée dans le prothorax, se termine par un bec cylindrique, assez fortement recourbé et de même longueur à peu près que le corselet. L'antenne et le scrobe ne sont pas apparents, mais l'œil est marqué par un point noir assez gros situé tout près du bord du thorax. Le corselet, légèrement convexe en dessus, est un peu plus épais en arrière qu'en avant, et recouvre latéralement une très-petite portion de l'œil. Les élytres, à peine plus élevées que le thorax à la base, se rétrécissent brusquement en arrière et se terminent en pointe obtuse, et sur leur portion décolorée j'ai cru distinguer une ou deux stries. Les pattes sont presque totalement effacées.

Ce petit animal, par la courbure prononcée de son bec, la position de son œil, un peu caché sous le bord antérieur du prothorax, qui semble légèrement échancré vers le bas, se rapproche de certains Erirhinites qui composent les genres *Grypidius* et *Hydronomus* de Schœnherr. Je le rapporte plutôt au genre *Hydronomus*, parce qu'il a, comme l'*Hydronomus Alismatis* Marsh., le bec de la longueur du corselet; et coupé carrément à l'extrémité, au lieu d'avoir le bec assez grêle, plus long que le thorax, et taillé en biseau au sommet, comme les *Grypidius;* mais on peut dire qu'il est jusqu'à un certain point intermédiaire entre ces deux types génériques, d'ailleurs très-voisins l'un de l'autre. Comme les *Grypidius* et les *Hydronomus* de la faune actuelle, il devait vivre sur les herbes des marécages, et peut-être sur l'*Alismacites* décrit par M. le comte de Saporta (1).

TROISIÈME GENRE. — BALANINUS.

Germ., *Mag.*, IV, p. 291, — Schh., *Gen. et Spec. Curcul.*, III, p. 373, et VII, part. 2, p. 276.

Caractères (2). — Corps ordinairement court et de forme ovale. Yeux grands, arrondis et déprimés. Bec très-long et très-grêle, filiforme, plus ou moins fortement arqué ; scrobe étroit, linéaire et droit. Antennes longues et grêles, insérées plus près de la base du bec chez les femelles que chez les mâles, composées de sept articles, dont les deux premiers sont allongés, les suivants de plus en plus courts, tantôt à peu près coniques, tantôt renflés en dehors ; massue oblongue ou ovalaire. Prothorax plus ou moins conique, arrondi sur les côtés en arrière et présentant en arrière une double sinuosité peu marquée. Écusson arrondi. Élytres presque cordiformes, à épaules saillantes, mais arrondies, fortement rétrécies en arrière, arrondies chacune au sommet, et laissant plus ou moins à découvert l'extrémité de l'abdomen. Cuisses dentées ; jambes antérieures armées au sommet d'une petite épine aiguë ; ongles des tarses présentant une dent à la base, du côté interne.

Le genre *Balaninus* comprend de nos jours une quarantaine d'espèces, savoir : dix-sept en Europe et dans les contrées baignées par la Méditerranée, dix en Amérique (3), onze dans l'Afrique australe, une dans les Indes orientales, une à la Nouvelle-Hollande et une à Madagascar (4). La plupart de ces insectes vivent à l'état de larves dans les fruits de divers arbres,

(1) *Révision de la flore des gypses d'Aix*, p. 12.
(2) J. du Val, Fairmaire, Migneaux et Deyrolle, *Genera des Coléoptères d'Europe*, t. IV, p. 45.
(3) Huit dans l'Amérique boréale et deux dans l'Amérique méridionale.
(4) Voy. Jeckel, *Catal. Curculionidum*, p. 171, g. 408. — De Marseul, *Catalogue des Coléopt. d'Europe*, p 237 et 238.

qu'ils perforent ensuite pour aller s'enfouir dans le sol et y subir leurs métamorphoses. C'est ainsi que, dans leur premier âge, les *B. Elephas, glandium* et *turbatus* se trouvent dans les glands, le *B. nucum* dans les noisettes, le *B. Cerasorum* dans les noyaux des fruits du *Prunus spinosus;* d'autres, au contraire, comme les *B. crux* et *B. Brassicœ*, se cachent dans les galles formées sur les feuilles des Saules par les Tenthrédines.

BALANINUS BARTHELEMYI Hope (1).

L'insecte représenté par Hope, de grandeur naturelle et grossi trois fois, a en effet le facies d'un *Balaninus*, mais il a le bec plus épais que la plupart des espèces actuelles de ce genre. Par la taille et l'ornementation du thorax et des élytres, il rappelle surtout *B. glandium* et *B. turbatus;* malheureusement Hope n'a pas cru devoir joindre à ses figures une description détaillée de l'insecte, il s'est contenté de dire :

« Cet individu m'a été donné par M. Barthélemy, de Marseille; » il a été ainsi nommé en l'honneur de ce naturaliste zélé. L'état » dans lequel se trouvent le rostre et les cuisses indique que » l'insecte a subi de rudes frottements; par la couleur il res- » semble à quelques espèces actuelles des environs d'Aix. »

La position dans laquelle se trouve l'insecte (il est couché sur le ventre) ne permet pas d'ailleurs d'apprécier la forme du bec et de reconnaître la direction du scrobe, et l'on n'aperçoit aucun vestige des antennes.

Cette espèce vivait peut-être, à l'état de larve, dans les glands des Chênes à feuilles persistantes et plus ou moins coriaces (des types *Ilex* et *coccifera*), dont M. de Saporta indique cinq espèces dans les gypses de la Provence (2).

---

(1) *Observations sur les Insectes fossiles d'Aix (Trans. of Entom. Soc. of London),* t. II.

(2) *Révision de la flore des gypses d'Aix,* p. 21.

QUATRIÈME GENRE. — SIBYNES.

Schh., *Curcul. Disp. meth.*, p. 247. — Schh., *Gen. et Spec. Curcul.*, III, p. 430, et VII, part. 2, p. 316. — SIBINIA Germ., *Ins. Spec.*, I, p. 289.

Caractères (1). — Corps oblong ou ovalaire. Yeux latéraux, légèrement arrondis et peu convexes. Bec de la longueur de la tête et du prothorax, un peu arqué, cylindrique; scrobe linéaire, oblique, infléchi en dessous. Antennes médiocres, insérées un peu en avant du milieu du bec; scape n'arrivant pas tout à fait jusqu'aux yeux; funicule composé de six articles dont les trois premiers sont un peu allongés, à peu près coniques (le premier étant un peu plus long et plus épais), les quatre suivants plus ou moins courts, tronqués au sommet ou lenticulaires; massue en ovale allongé. Prothorax légèrement arrondi sur les côtés, graduellement et notablement rétréci en avant, tronqué au sommet et ordinairement bisinué à la base, mais d'une manière peu marquée. Écusson petit. Élytres arrondies chacune au sommet, ne recouvrant pas entièrement l'abdomen. Jambes n'ayant pas de crochet à l'extrémité, ongles des tarses simples ou offrant entre eux un petit appendice.

Ces insectes, que Schœnherr répartissait en deux petits groupes d'après la forme du prothorax et des élytres, se trouvent sur les plantes ou à leur pied (2); ils forment aujourd'hui une quarantaine d'espèces, dont la moitié environ habitent l'Europe, les autres se rencontrent dans les steppes des Kirghiz, au Népaul, et surtout dans l'Afrique australe (quatorze espèces) (3).

Ce genre n'a pas encore été signalé à l'état fossile.

(1) J. du Val, Fairmaire, Migneaux et Deyrolle, *Genera des Coléopt. d'Europe*, t. IV, p. 49.

(2) Le *Sybines Viscariæ* Fabr. a été pris assez communément dans la Dordogne, sur le *Silene inflata*, par M. Ph. Lareynie (voy. *Gen. des Coléopt. d'Europe*, t. IV, p. 49). Cette espèce se trouve dans toute l'Europe et jusque dans le Caucase.

(3) Jeckel, *Catalogus Curcul.*, p. 175, g. 417. — De Marseul, *Catal. des Coléopt. d'Europe*, p. 240 et 241.

SYBINES MELANCHOLICUS Nob.

(Planche 5, fig. 8.)

Rostrum arcuatum, gracile; pronotum confuse punctatum, antror-sum angustius, supra convexum; elytra elongata, postice rotundata, sulcis delicatissimis punctisque tenuissimis ornata.

Longueur totale		3 millim.
—	de la tête	0,25
—	du bec	0,75
—	du thorax	0,75
—	de l'élytre	1,90
Épaisseur de la tête		0,80
—	du bec	0,10
—	du thorax en arrière	0,90
Largeur de l'élytre		0,60
Hauteur du corps au milieu		1,10
Largeur de la cuisse antérieure		0,70

Loc. — Aix en Provence.

Coll. — Musée de Lyon : un spécimen.

L'insecte, couché sur le flanc, est assez fortement écrasé; sa coloration est d'un brun Van-Dyck très-foncé sur les élytres, le dessus du thorax et quelques parties de la tête. Le bec, aussi long que le thorax, est mince et assez fortement arqué ; le long de sa courbure inférieure on distingue une ligne plus foncée qui commence vers la base et qui se termine avant l'extrémité du bec par une portion élargie. La tête est lisse, hémisphérique, le front bombé. L'œil, petit, ovalaire, avec son grand diamètre vertical, est situé près de l'origine du rostre, à peu près à la moitié de la hauteur de la tête et tout contre le bord antérieur. Le thorax, convexe en dessus et assez étroit en dessous, est sensiblement plus large en arrière qu'en avant ; son bord antérieur n'est ni excavé ni lobé, et sa surface présente çà et là quelques ponctuations, quelques rugosités. Les élytres, aux épaules un peu arrondies, mais proéminentes, sont légèrement rétrécies et arrondies en arrière, et faiblement bombées, sauf dans leur tiers postérieur; leur surface est parcourue par un certain nombre de stries le long desquelles on distingue encore quelques points creux qui leur donnent un aspect chagriné. La cuisse antérieure, la seule visible, est épaisse au milieu, un peu rétrécie à l'origine et du côté de la jambe, qui est assez grêle; le tarse est effacé.

Ce spécimen du musée de Lyon, qui avait été étiqueté *Hypera*, offre en effet, au premier abord, quelque ressemblance, dans la forme du bec, avec le genre *Hypera* de Germar (*Mag.*, IV, 335), qui forme aujourd'hui les genres *Limobius* Schh., *Phytonomus* Schh. et *Coniatus* Germ.; mais il a le bec sensiblement plus long que les *Phytonomus* proprement dits, et il n'a pas, comme les *Limobius*, de dépression au-dessous du front. Il est d'ailleurs d'une taille beaucoup plus petite que la plupart des espèces qui composent ces deux genres; il se rapproche au contraire extrêmement par la longueur et la courbure prononcée du rostre, par la position de l'œil près du bord inférieur et antérieur de la tête, par la direction et la forme du sillon qui longe la courbure inférieure du bec et qui se termine par une portion élargie à peu de distance de l'extrémité (aux trois quarts de la longueur à partir de la base); il se rapproche, dis-je, extrêmement du genre *Sibynes* qui renferme des espèces de tailles très-exiguës, aussi petites ou plus petites que notre insecte fossile, par exemple *Sibynes primitus* Herbst (1). Il n'est pas assez bien conservé pour que j'essaye de le comparer à quelque espèce actuelle, et de déduire de cette comparaison des considérations relatives à son genre de vie.

Deuxième Groupe. — CRYPTORHYNCHITES.

Casteln., *Hist. nat. Coléopt.*, II, p. 356. — APOSTASIMÉRIDES, Schh., *Gen. et Spec. Curcul.*, VIII, part. 1, 1.

Les Cryptorhynchites ont les antennes insérées avant le milieu

(1) J. du Val, Fairmaire, Migneaux et Deyrolle, *Genera des Coléopt. d'Europe*, IV, p. 49.

ou près du milieu du bec, le funicule composé quelquefois de six, plus souvent de sept articles, et la massue formée de quatre articles (généralement) ; les hanches antérieures ordinairement écartées, mais parfois rapprochées à la base : dans ce dernier cas, la poitrine est toujours canaliculée en avant (1).

PREMIER GENRE. — CRYPTORHYNCHUS.

Illig. Mag., VI, 330.— Schh., *Gen. et Spec. Curcul.*, IV, part. 1, p. 47, et VIII, part. 1, p. 303.

Caractères (2). — Corps de forme variable, souvent ovale ou oblong et convexe. Yeux latéraux, grands, ovalaires et peu convexes. Bec de la longueur du prothorax, infléchi, arqué et presque cylindrique ; scrobe oblique, linéaire et profond. Antennes grêles, insérées vers le milieu du bec ou derrière le milieu ; funicule composé de sept articles, dont les premiers sont légèrement allongés et presque coniques, les suivants graduellement raccourcis et élargis, les derniers légèrement arrondis ; massue ovale-oblongue. Prothorax offrant à la base un double sillon distinct, arrondi et dilaté sur les côtés, fortement rétréci en avant, avec le bord antérieur légèrement prolongé en dessus, et un lobe derrière les yeux ; sillon pectoral prolongé entre les hanches intermédiaires. Écusson arrondi, bien distinct. Élytres de forme variable, ordinairement convexes, avec les épaules saillantes et plus ou moins anguleuses. Pattes robustes ; cuisses postérieures n'atteignant point le sommet des élytres.

L'Europe ne renferme actuellement qu'une seule espèce de *Cryptorhynchus*, et l'Afrique n'est pas mieux partagée ; mais les parties centrales de l'Amérique, le Mexique, le Brésil, la Colombie, les Antilles, en possèdent un très-grand nombre ; on peut même dire que, de nos jours, le genre *Cryptorhynchus* est essentiellement *américain*, puisque sur 160 espèces environ qui se

---

(1) J. du Val, Fairmaire, Migneaux et Deyrolle, *Genera des Coléopt. d'Europe*, IV, p. 54.

(2) *Genera des Coléopt. d'Europe*, IV, p. 56.

ARTICLE N° 2.

trouvent mentionnées dans les catalogues, près de 150 appartiennent au nouveau monde (1). Le *Cryptorhynchus Lapathi* Lin. (2), l'unique espèce européenne, vit sur les Saules, sur les Peupliers noirs et sur les Aunes, et sa larve creuse des trous profonds dans l'intérieur des mêmes arbres (3).

Une espèce de ce genre a été trouvée par M. C. von Heyden dans les lignites du Rhin (4).

CRYPTORHYNCHUS GYPSI Nob.

(Pl. 3, fig. 8.)

Pullus ; rostro cylindrico, elongato, arcuato ; pronoto brevi, transverso, postice sinuato (?); elytris basi thorace latioribus, postice subito constrictis.

Longueur totale	7	millim.
— de la tête et du bec (incomplet)	1,20	
— du thorax	1,25	
— des élytres	4,75	
Largeur du thorax	2	
— des élytres réunies à la base	3	
— — au delà du milieu	3,50	
— — — à l'extrémité	2	
— de la cuisse postérieure (écrasée)	2	

Loc. — Aix en Provence.

Coll. — Musée de Marseille : un spécimen.

L'insecte, vu en dessus et un peu de trois quarts, est d'un brun Van-Dyck assez clair, avec certaines parties des élytres , les

(1) Voy. de Marseul, *Catalogue des Coléopt. d'Europe*, p. 242. — Jeckel, *Catalog. Curcul.*, p. 208, g. 511.

(2) J. du Val, Fairmaire, Migneaux et Deyrolle, *Genera des Coléoptères d'Europe*, pl. 24, fig. 117.

(3) *Genera des Coléopt. d'Europe*, p. 56. M. J. du Val l'a pris à Toulouse, sur le Peuplier de la Caroline, dans le tronc duquel vivent les larves. — M. Suffrian l'a trouvé sur de jeunes Saules. M. Ratzeburg l'a observé en abondance, en juin et juillet, sur les Peupliers et les Saules. M. le forestier Hahn l'a rencontré sur des Aunes de cinq ans, au mois de juillet. (*Nachträge zu Ratzeburg's Forstinsekten von Dr Nördlinger*. Stuttgart, 1856, p. 15 et 16.)

(4) *Gliederthiere aus der Braunkohle Niederrheins* (*Palæontogr.*, X, n° 2, 1862), p. 62 et suiv., pl. 10.

bords du thorax et les cuisses d'une teinte plus foncée. Comme
la tête a subi un léger mouvement de torsion, on en reconnaît
assez bien la forme : elle est épaisse, globuleuse, et le front, qui
est bosselé, est séparé du bec par une dépression qui a peut-être
été légèrement exagérée dans le dessin, mais qui est néanmoins
bien sensible. Le bec est malheureusement incomplet à l'extrémité, soit qu'il ait été brisé, soit que le sommet soit profondément enfoncé dans la pierre, et l'on ne voit pas le scrobe. L'œil,
placé immédiatement au-dessous de la dépression frontale, est
de couleur brune et de forme ovalaire. Le thorax, presque carré
et dépourvu d'ornements, est légèrement sinueux en avant et
en arrière, et séparé de la tête d'une part, des élytres de l'autre,
par des bourrelets peu saillants. Les élytres sont déjà à la base
un peu plus larges que le thorax; mais elles s'élargissent encore
et se voûtent fortement au niveau du tiers postérieur du corps,
pour se rétrécir et s'aplatir ensuite brusquement. Leur surface
est dépourvue de toute ornementation, leur ligne suturale saillante, et leur sommet obtus et arrondi. Les pattes sont déformées
et incomplètes; mais on peut constater que les cuisses étaient
épaisses.

Par la conformation de ses élytres bosselées au delà du milieu,
brusquement rétrécies et arrondies en arrière avec la ligne suturale saillante, par la longueur du bec et par la dépression qui
sépare le rostre du front, ce petit insecte ressemble beaucoup aux
Cryptorhynchus ; il a toutefois la dépression sus-oculaire un peu
plus marquée que ces derniers, et, par ce caractère, il rappelle
les *Baridius*, tels que *B. T. album* Lin., *B. chlorizans* Müll., dont
le bec est d'ailleurs encore plus marqué, et dont les élytres
ne sont pas gibbeuses en arrière. Il est un peu plus petit que le
Cryptorhynchus renudus Heyd. des lignes du Siebengebirge, dont
le bec n'est malheureusement pas visible (1).

Cette espèce vivait peut-être à l'état de larve et à l'état d'insecte parfait sur le *Populus*, indiqué par M. le comte de Saporta
dans le même gisement (2).

(1) Voy. *Palæont.*, X, nº 2, 1862, pl. 10.
(2) *Révision de la flore des gypses d'Aix*, p. 13.
ARTICLE Nº 2.

Deuxième Genre. — COELIODES.

Schh., *Gen. et Spec. Curcul.*, IV, part. 1 (1837), p. 282, et VIII, part. 1, p. 392.
— Jeckel, *Catalog. Curcul.*, p. 218, g. 218. — Ceutorhynchus Schh., *Curcul. Disp. meth.*, 296, 173, man. 1.

Caractères (1). — Corps en ovale raccourci, médiocrement convexe ou même un peu déprimé en dessus. Yeux latéraux, arrondis et peu convexes. Bec environ de la longueur de la tête et du prothorax, assez mince, cylindrique, et plus ou moins arqué ; scrobe linéaire se dirigeant plus ou moins obliquement vers l'œil. Antennes grêles et de longueur moyenne, insérées au milieu du bec ou un peu en avant ; funicule de sept articles, les quatre premiers allongés, de plus en plus courts et de forme conique, les suivants ramassés et légèrement arrondis ; massue ovale-oblongue. Prothorax ordinairement assez court, présentant à la base un double sillon plus ou moins distinct, le plus souvent dilaté et arrondi sur les côtés, rétréci en avant, avec le bord antérieur généralement élevé, et un lobe plus ou moins net derrière les yeux ; sillon pectoral prolongé sur le mésosternum entre les hanches antérieures. Écusson tantôt distinct, tantôt à peine visible. Élytres courtes, ovalaires, arrondies chacune au sommet, laissant à découvert le pygidium ; épaules saillantes, mais obtuses. Jambes coupées obliquement au sommet du côté externe et garnies de cils fins.

Les *Cœliodes*, très-voisins des *Ceutorhynchus*, ne s'en distinguent que par la forme de leur sillon pectoral et par leurs pattes antérieures plus écartées ; ils se trouvent comme eux sur les végétaux. Les *Ceutorhynchus Quercus* et *ruber* vivent sur les Chênes, le *rubicundus* sur les Bouleaux, le *didymus* sur les Orties, l'*exiguus* sur la Mercuriale, le *Geranii* sur le *Geranium silvaticum*, etc. Les *C. guttula* et *fuliginosus* se trouvent au contraire sur les pierres au soleil (J. du Val).

---

(1) J. du Val, Fairmaire, Migneaux et Deyrolle, *Genera des Coléoptères d'Europe*, t. IV, p. 59.

CŒLIODES PRIMIGENIUS Heer sp.

(*Apion primigenium* Heer, manusc.)

(Pl. 6, fig. 11.)

Piceus ; capite inflato ; rostro gracili, cylindrico, parum arcuato ; thorace longiore ; pronoto transverso, supra convexo ; elytris ovatis, postice rotundatis, convexis, sulcisque parallelis ornatis.

	mm
Longueur totale.....................................	2,10
—— de la tête et du bec........................	1
— du thorax	0,50
— des élytres.............................	1,10
Épaisseur de la tête.............................	0,50
— du thorax	0,75
— du corps au milieu.......................	1
Largeur d'une élytre.............................	0,65 environ.

Loc. — Aix en Provence.

Coll. — M. Heer : un spécimen.

L'insecte, couché sur le flanc, est d'un noir uniforme. La tête, renflée et presque globuleuse, se rétrécit brusquement en avant, et se termine par un bec assez long, d'égale épaisseur sur toute son étendue, et médiocrement recourbé. Le bec est séparé du front par une très-légère dépression, au-dessous de laquelle, à peu près à égale distance inférieure de la tête, est placé l'œil, qui est de forme ovale ou plutôt arrondie. Il ne reste que de faibles vestiges du sillon antennaire ; il m'a semblé toutefois qu'il était parallèle aux bords du bec, et qu'il venait aboutir près de l'œil. Le thorax, assez court, est un peu effacé en avant, de sorte qu'il est impossible de dire s'il était ou s'il n'était pas rétréci de ce côté, et si son bord antérieur était plan ou relevé ; il est du reste légèrement convexe en dessus, droit ou à peine sinueux à la base, et complétement dépourvu de toute ornementation. Les élytres, à peu près deux fois un quart aussi longues que le corselet et relativement fort larges, sont bombées, arrondies en arrière, et parcourues par un certain nombre de lignes parallèles qui dessinent des côtes parfaitement lisses. Les cuisses antérieures,

ARTICLE Nº 2.

repliées sous le thorax, sont robustes, fortement renflées au milieu ; les jambes, épaissies en massue du côté des tarses, les cuisses et les jambes moyennes présentent des formes analogues.

Ce spécimen appartient à M. Heer, qui a bien voulu me le confier. Il est étiqueté *Apion primigenium*, sans doute par inadvertance ; car, ainsi qu'on peut en juger d'après le dessin très-exact que j'en ai fait, en m'aidant du microscope et de la chambre claire, il ne ressemble en aucune façon à un *Apion*. Les Apions ont en effet le bec toujours plus ou moins droit, quelquefois même légèrement conique, et continuant pour ainsi dire la ligne frontale ; l'œil très-gros et très-saillant, situé tout contre le bord supérieur ; le thorax assez étroit ; les élytres allongées ; tout le corps, en un mot, d'une forme élégante. Cet insecte, au contraire, a le bec cylindrique et sensiblement arqué, séparé de la tête en dessus par une très-légère dépression ; l'œil très-petit et situé à une certaine distance du bord supérieur ; le thorax court et épais ; les élytres fortement bombées, arrondies en arrière et de forme ramassée, et le corps trapu. L'ensemble de ces caractères me porte à ranger ce spécimen dans le genre *Cœliodes* Schh. Parmi les espèces actuelles qui peuvent donner une idée du port de cette espèce éteinte, je citerai en particulier *Cœliodes ruber* Marsh. (1) et *Cœliodes 4-maculatus* L. (2), espèces françaises, toutes deux de taille un peu plus faible que notre insecte, et ne mesurant guère que $2^{mm},50$ de long.

Les *Cœliodes* de la nature actuelle vivent sur des plantes d'espèces très-variées : les uns sur les Orties, les autres sur les Bouleaux, les autres sur les Chênes ; il est impossible de dire quel est le végétal auquel devait être attaché plus spécialement cet insecte fossile.

(1) J. du Val, Fairmaire, Migneaux et Deyrolle, *Genera des Coléoptères d'Europe*, t. IV, pl. 25, fig. 122. — D'Angleterre, de France et d'Allemagne. Vit sur le Chêne.

(2) D'Europe, d'Algérie et du Caucase. Vit sur l'Ortie.

Cossonides Schh., *Gen. et Spec. Curcul.*, IV, p. 989, et VIII, part. 2, p. 265. — Calandrites Casteln., *Hist. nat. Coléopt.*, II, p. 263.

Les Curculionides de ce groupe sont caractérisés par des antennes courtes, insérées tantôt vers le milieu du bec, tantôt plus près de la base, tantôt vers le sommet, avec un funicule de sept articles, une massue sans éléments distincts; ils ont les hanches antérieures plus ou moins écartées à la base (1).

Premier Genre. — COSSONUS.

Clairv., *Ent. helv.*, I, p. 58. — Schh., *Gen. et Spec. Curcul.*, IV, part. 2, p. 994, g. 394; t. VIII, part. 2, p. 266, g. 621. — *Curcul. Disp. meth.*, p. 330, g. 193. — Jeckel, *Catal. Curcul.*, p. 255, g. 261.

Caractères (2). — Corps allongé, linéaire, tantôt déprimé, tantôt légèrement convexe. Yeux latéraux, arrondis ou ovalaires, légèrement convexes. Bec généralement assez allongé, d'ordinaire fortement épaissi et même dilaté vers l'extrémité, un peu comprimé, assez étroit à la base, plus ou moins légèrement arqué; scrobe bien marqué, allongé, fortement infléchi en dessous et très-oblique. Antennes assez courtes, insérées un peu avant le milieu du bec; funicule composé de sept articles, dont les deux premiers sont courts et de forme conique; les cinq suivants encore plus courts, transverses, lenticulaires, et de plus en plus larges; massue ovalaire, sans éléments bien distincts et spongieux au sommet. Prothorax oblong, tronqué ou légèrement sinueux à la base, plus étroit en avant et resserré au sommet. Écusson bien distinct. Élytres allongées, linéaires, tronquées à la base et arrondies ensemble au sommet. Hanches antérieures assez écartées à leur base. Jambes armées d'un fort crochet au sommet; tarses étroits, ongles simples.

(1) *Genera des Coléoptères d'Europe*, IV, p. 70.
(2) *Ibid.*

ARTICLE N° 2.

Les Cossons se trouvent en général dans les vieux troncs d'arbres ou sous les écorces. Ils sont particulièrement répandus dans l'Amérique centrale, au Mexique, en Californie, aux Antilles, et ne sont représentés en Europe que par trois espèces; on en trouve aussi quelques-uns à Java, à l'île Bourbon, à Madagascar, au Sénégal, au Cap et en Cafrerie. Mais somme toute, c'est un genre presque exclusivement américain, quarante espèces sur cinquante-six appartenant au nouveau monde (1).

M. Heer a décrit deux espèces de *Cossonus* d'Œningen, sous le nom de *Cossonus Meriani* et *Cossonus Spielbergii* (2).

COSSONUS MARIONII Nob.

(Pl. 5, fig. 9, et pl. 2, fig. 19.)

Nigrescens ; rostro elongato, cylindrico, vix arcuato ; thorace postice sinuato, antrorsum constricto, punctis minimis sparso ; elytra elongata, paulo convexa, sulcisque parallelis ornata.

Loc. — Aix en Provence.

Coll. — Faculté des sciences de Marseille : deux spécimens.

Dans le premier échantillon, le seul qui, en raison de sa bonne conservation, mérite d'être décrit en détail, l'insecte, vu de côté, est d'un brun foncé. La tête, arrondie en dessus et incomplète en dessous, a été chassée hors du thorax par la compression que l'insecte a subie, ou en a été séparée par la désorganisation des tissus après la mort ; par suite, elle paraît beaucoup plus penchée qu'elle ne l'était dans l'insecte vivant. L'œil est indiqué par un point noir. Le bec est long, à peine rétréci, cylindrique, et courbé d'une manière presque insensible ; le scape est indiqué par une légère saillie qui se dirige obliquement d'avant en arrière dans la région moyenne du bec, et qui semble partir du bord antérieur, un peu avant le milieu, pour aboutir non loin de la base. Le thorax est court, légèrement bombé en dessus, un peu rétréci

(1) Voy. de Marseul, *Catalogue des Coléopt. d'Europe*, p. 247. — Jeckel, *Catalog. Curcul.*, p. 255.

(2) *Insektenfauna*, I, p. 196 à 198, pl. 7, fig. 2 et 3.

en avant, et sinué au bord postérieur ; toute sa surface est finement pointillée, de même que celle du sternum. Les élytres sont
faiblement voûtées, relativement longues, arrondies en arrière
et parcourues par huit ou neuf sillons parallèles très-distincts.
Les pattes sont en fort mauvais état ; on voit seulement que les
cuisses étaient renflées, les antérieures surtout ; malheureusement il n'est pas possible de reconnaître si elles étaient dentées,
comme dans beaucoup de *Cossonus* de la faune actuelle.

Par la forme de son bec, le point d'insertion du scape, et par
les dimensions relatives du thorax et des élytres, ce Charançon
me paraît se rapporter au genre *Cossonus* Clairv.; mais il est
beaucoup plus petit que les deux espèces d'OEningen décrites et
figurées par M. Heer (1), et plus petit également qu'une espèce
très-commune dans nos régions, *Cossonus linearis* Lin. (2), dont
il devait avoir à peu près la coloration. Je le dédie à M. Marion,
professeur à la Faculté des sciences de Marseille.

Sous le nom de *Curculionites*, M. Heer a décrit, dans sa *Notice
sur les Insectes fossiles d'Aix*, trois espèces de Rhynchophores,
qui lui semblaient trop mal conservées pour pouvoir être déter-
minées génériquement. Comme je l'ai dit plus haut, ayant eu
entre les mains des spécimens plus nombreux et plus complets,
j'ai cru pouvoir attribuer au genre *Hylobius* un des Charançons
considérés par M. Heer comme *insertæ sedis ;* mais, en revanche,
j'ai été conduit à rejeter parmi les *Curculionites* un autre spécimen appartenant à la collection du musée de Marseille ; de
sorte que le nombre des Rhynchophores d'Aix en Provence,
dont la détermination générique ne peut être faite avec exactitude, reste toujours le même.

(1) Vide supra, et *Insektenf.*, loc. cit.
(2) J. du Val, Fairmaire, Migneaux et Deyrolle, *Genera des Coléopt. d'Europe*, IV,
pl. 29, fig. 141.

ARTICLE N° 2.

CURCULIONITES PARVULUS Heer (1).

(Pl. 4, fig. 11, et pl. 6, fig. 9.)

« C. piceus, nitidus; rostro cylindrico, curvato; pronoto transverso,
» confertim punctato; elytris ovatis, punctato-striatis.

			mm
Longueur totale......................	1 ¼ ligne	=	2,75
— de la tête..................	¼ id.	=	0,55
— du prothorax	¼ id.	=	0,55
— de l'élytre	¾ id.	=	1,65

» Cet insecte appartient peut-être au genre *Miccotrogus*, et il a
» la taille et le facies du *M. picirostris* F., mais il a le bec plus
» court et plus arqué (2).

» Le reste est cylindrique, assez fortement recourbé. Les yeux
» sont arrondis et situés près du bord de la tête. Le prothorax est
» beaucoup plus large que long, avec les côtés légèrement con-
» vexes ; la surface couverte de ponctuations serrées et bien dis-
» tinctes. Les élytres sont en ovale allongé, assez fortement bom-
» bées et ornées de stries nettement ponctuées.

» Tout le corps de ce spécimen est d'un brun noirâtre brillant.
» Les cuisses sont toutes renflées dans leur portion médiane. »

Je suis assez disposé à rapporter à la même espèce un petit
Charançon du même gisement, que j'ai trouvé sur une plaque
de marne gypsifère appartenant au musée de Lyon, accompagné d'un Staphylin microscopique, d'un Hémiptère de petite
taille, et d'un autre Rhynchophore de dimensions aussi peu considérables. Cet insecte, vu de trois quarts, est déformé par la
compression qu'il a subie, et ses dimensions sont à peu près les
mêmes que celles de l'exemplaire décrit et figuré par M. Heer,
ainsi qu'on en peut juger par le tableau ci-dessous :

Longueur totale................................	3 millim.
— de la tête, mesurée horizontalement..........	0,50
— du thorax..............................	0,50
— des élytres.............................	2

(1) *Fossile Insekten von Aix*, p. 23, pl. 1, fig. 16.
(2) Les *Miccotrogus*, comme les *Tychius*, se trouvent sur différents végétaux.

Hauteur de la tête et du bec (long. vert.)	0,80
— du thorax	0,50
— du corps au niveau des élytres	1,25

La tête, de forme globuleuse, est lisse ; le front bombé. Le bec, médiocrement arqué et assez grêle, est brisé à l'extrémité. L'œil, situé près de l'origine du bec, est indiqué par un point noir. Le thorax, qui est convexe en dessus et légèrement rétréci en dessous, est complétement dépourvu d'ornements ; les élytres, un peu bombées, sont séparées l'une de l'autre par une crête saillante correspondant à la ligne suturale. Les pattes sont cachées sous l'abdomen. La coloration, dont il reste quelques vestiges sur la partie postérieure de la tête et du thorax, et sur quelques points des élytres, est noirâtre. Sur les macules foncées des élytres j'ai cru distinguer quelques ponctuations.

Ce petit insecte, quoique en mauvais état, présente néanmoins d'une manière assez nette, dans la conformation de la tête, les caractères du genre *Miccotrogus*, et sous ce rapport, comme par les dimensions, il ressemble beaucoup au *Curculionites parvulus* de M. Heer.

CURCULIONITES LIVIDUS Heer (1).

(Pl. 6, fig. 8 et 10.)

« C. lividus ; rostro cylindrico, recto ; pronoto lævigato ; elytris » subtiliter punctato-striatis.

			mm
Longueur totale	1 ¼	ligne	= 3,85
— de la tête et du bec	⁴⁄₉	id.	= 1,10
— du prothorax	⁴⁄₉	id.	= 1,10
— des élytres	⁴⁄₉	id.	= 1,10
Largeur des élytres, environ	⁴⁄₉	id.	= 1,10

» Sur la même plaque que *Phytonomus firmus*.
» Collection de M. Murchison.
» Ce spécimen appartient sans doute au genre *Baridius*. Le

(1) *Fossile Insekten von Aix*, p. 24, pl. 1, fig. 12.
ARTICLE N° 2.

» bec est droit et assez court; le scrobe dirigé du côté de l'œil.
» Le thorax est fortement rétréci en avant, arrondi sur les côtés,
» large et légèrement bisinué à la base. Les cuisses sont renflées
» dans leur portion moyenne.

» Tout le corps de ce petit insecte est d'un brun jaunâtre
» sale; le sommet des élytres est d'une teinte plus claire. »

Je rapproche de cette espèce un spécimen que M. Marion,
professeur à la Faculté des sciences de Marseille, a bien voulu
me communiquer. Ce spécimen, vu par le côté, est imprimé en
creux, et présente encore, sur les élytres correspondant aux
élytres, des lambeaux de téguments de couleur noirâtre. Les
dimensions sont un peu plus fortes que celles de l'exemplaire de
la collection de M. Blanchet qui a servi de type à M. Heer. Voici,
en effet, les mesures que j'ai prises sur l'insecte appartenant
à M. Marion :

		mm
Longueur totale		4,50 à 4,75
— de la tête, mesurée horizontalement		0,50
— — — obliquement		1,25
— du thorax		1
— des élytres		2,75 à 3

La tête est penchée, presque verticale, et sa base se confond
avec le bord antérieur du thorax. Le bec est cylindrique, arrondi
au bout, séparé du front par une dépression (?), et présente sur
le côté un petit sillon dirigé du côté de l'œil, et correspondant
sans doute au scrobe. Le thorax, à peu près aussi long que large,
très-épais en arrière, fortement rétréci et coupé obliquement en
avant; son bord postérieur est nettement sinué, et sa surface
dépourvue de toute ornementation, mais toute bosselée par la
compression qu'elle a subie. Les élytres, arrondies légèrement à
la base et un peu acuminées en arrière, sont allongées et couvertes de granulations disposées en séries qui s'anastomosent
dans la région postérieure, de manière à former des couples
emboîtés les uns dans les autres. Les cuisses sont renflées en
massue.

Comme on le voit par cette description, ce spécimen, qui offre cependant la plus extrême ressemblance avec l'exemplaire décrit et figuré par M. Heer, ne peut guère être comparé à un *Baridius*, car il a le bec assez faiblement recourbé, le scrobe presque droit, etc. Je ne sais trop, du reste, à quel genre l'attribuer, en l'absence de caractères fournis par la conformation de la tête, qui, comme je l'ai dit, est presque confondue en arrière avec le corselet.

CURCULIONITES EXIGUUS Nob.

(Pl. 4, fig. 16.)

Rostrum cylindricum, vix arcuatum ; pronotum breve, supra convexum ; elytra elongata, postice paulo acuminata, parum convexa, confuse striata.

Longueur totale	3 millim.
— de la tête, mesurée horizontalement	0,25
— — mesurée verticalement	0,50
— du thorax	0,75
— de l'élytre	2
Épaisseur du thorax	0,75
— du corps au milieu	1
Largeur d'une élytre	0,75

Loc. — Aix en Provence.

Coll. — Musée de Marseille : un spécimen.

L'insecte, étendu sur le flanc, est de si petite taille, qu'il faut s'aider du microscope pour étudier les détails de sa structure. Avec un grossissement suffisant, on reconnaît que la tête est presque verticale ; le bec busqué, assez long et probablement incomplet ; l'œil marqué par un petit point noir, situé tout contre le bord antérieur du thorax. Cette dernière partie est ramassée, plus courte en dessous que le long du bord supérieur, qui est arrondi ; la surface est dépourvue de toute ornementation. Les élytres, un peu séparées du corselet, sont assez longues, légèrement voûtées, et offrent encore quelques macules d'un brun noirâtre, et des traces de stries longitudinales ; l'abdomen est incomplet et les pattes manquent.

Ce spécimen est trop mal conservé pour que j'essaye de le rapporter à un genre de Curculionides actuellement existant. Il a la taille du *Curculionites parvulus* H., mais il en diffère par la forme du bec.

ONZIÈME FAMILLE. — SCOLYTIDES.

SCOLYTIDÆ et BOSTRICHIDÆ Leach, *Encycl. Brit.*, 1817. — BOSTRICHINI et SCOLYTARII Latr., *Hist. nat. Crust. et Ins.*, 1807.—BOSTRICHIDÆ Er., *Viegm. Arch.*, 1836, I, p.45. — BOSTRYCHI et HYLESINI Redt., *Faun. Austr. die Kœf.*, 1re édit., p. 356 et 360.

Les *Scolytides* n'ont aux mâchoires qu'un seul lobe élargi à la base, atténué à l'extrémité, épineux en dehors. Leurs palpes maxillaires sont presque coniques, et composés de quatre articles épais, dont le premier est presque toujours difficile à distinguer ; leurs palpes labiaux sont épais, à peu près de la même forme que les palpes maxillaires, et composés de trois articles, dont le dernier est toujours plus long et plus grêle que les autres ; leur menton est largement sinué en avant ; la languette allongée, ovalaire ou cordiforme ; les paraglosses manquent. La tête est tantôt avancée en forme de museau, tantôt presque globuleuse et cachée en partie dans le prothorax, tantôt courte et large. Les yeux, très-peu saillants, sont allongés, parfois réniformes et sinués ou même séparés en deux parties, rarement arrondis. Les antennes sont courtes, distinctement coudées, et formées d'un scape assez long et claviforme, d'un funicule quelquefois très-raccourci, composé de deux à sept articles, et d'une massue généralement ovalaire, parfois allongée et pointue à l'extrémité, et dont les éléments ne sont presque-jamais libres ; le scape s'insère au devant des yeux, dans une petite fossette située presque toujours sur les côtés de la tête. Le prothorax est oblong et presque droit en dessus, ou raccourci et fortement convexe en avant, et, dans ce dernier cas, est presque toujours couvert de petites aspérités très-serrées ; quelquefois même il offre une léger rebord et des impressions latérales qui reçoivent les pattes antérieures.

Les élytres, dont la convexité est ordinairement très-prononcée, sont parcourues par des stries plus ou moins distinctes, et souvent tronquées, déprimées ou dentelées à l'extrémité. Le prosternum, qui est très-court, a sa portion médiane, ordinairement occupée par les cavités cotyloïdes, et forme parfois une très-légère saillie entre les hanches antérieures ; le métasternum est au contraire très-allongé. L'abdomen se compose de cinq segments, et est ordinairement assez plat (dans les Scolytides, il est tronqué obliquement en avant). Les hanches antérieures, saillantes, globuleuses ou légèrement coniques, sont tantôt contiguës, tantôt un peu écartées. Les pattes sont courtes et robustes, avec les jambes comprimées, presque toujours garnies de denticulations fines le long du bord externe, ou lisses, et armées seulement à l'angle interne d'un crochet robuste. Les tarses sont grêles et composés de quatre articles, dont le troisième est souvent bilobé, et dont le quatrième présente à sa base un article rudimentaire, et se termine par un crochet simple 1).

Ces insectes vivent tous sous l'écorce des végétaux ou dans la tige même ; ils attaquent également les grands arbres et les plantes herbacées, et l'on en trouve jusque dans les Roseaux, les Genêts, la Clématite sauvage, les Euphorbes, la Luzerne, le Trèfle, etc. Ils se multiplient rapidement, et ont plusieurs générations dans une année, et peuvent causer des dommages assez considérables dans les forêts ; il est probable cependant, d'après MM. J. du Val et Fairmaire, qu'ils se jettent de préférence sur les arbres déjà malades (2). Dans son bel ouvrage sur les *Insectes du Pin maritime*, M. Perris a donné d'intéressants détails sur plusieurs représentants de ce groupe, et en particulier sur l'*Hylastes ater* Payk., l'*H. palliatus* Gylb., l'*Hylurgus Piniperda* Lin. et l'*H. minor* Hartig (3).

Comme pendant la période tertiaire la végétation avait atteint

---

(1) J. du Val, Fairmaire, Migneaux et Deyrolle, *Genera des Coléoptères d'Europe*, p. 97.

(2) J. du Val, Fairmaire, Migneaux et Deyrolle, *ibid.*, p. 98.

(3) Pages 284, 288, 303, 308, fig. 316 à 323.

dans plusieurs parties de l'Europe un vigoureux développement, les Scolytides ne pouvaient manquer d'être représentés par des formes aussi nombreuses et aussi variées que celles de la faune actuelle; on n'a cependant signalé jusqu'à ce jour qu'un petit nombre de ces insectes à l'état fossile, sans doute parce qu'ils ont échappé à l'attention, en raison de leur extrême petitesse et de leur couleur plus ou moins analogue à celle de la pierre.

Il m'a semblé toutefois reconnaître dans quelques spécimens d'Aix en Provence des formes qui se rapprochaient de nos *Scolytus* et de nos *Platypus;* mais ces individus, de taille très-exiguë, étaient trop mal conservés pour mériter d'être figurés et décrits avec détail.

Bien avant moi, M. Marcel de Serres a déjà indiqué dans les gypses d'Aix plusieurs espèces appartenant au genre *Hylurgus* Latr. et *Scolytus* Fabr., et dans l'ambre, des *Platypus* Herbst et des *Hylesinus* Fabr. (1).

Premier Genre. — HYLESINUS.

Fabr., *Syst. Eleut.*, II, 390. — Latr., *Gen. Crust. et Ins.*, II, 279. — *Wiegm. Arch.*, 1836, I, 56. — Redt., *Faun. Austr., die Käfer*, 1re édit., 362.

Caractères (2). — Corps cylindrique assez court, glabre ou recouvert d'une pubescence serrée. Tête en forme de museau très-court et très-épais. Yeux oblongs. Lobe des mâchoires allongé et épineux. Palpes maxillaires composés de quatre articles, dont le premier est à peine distinct, le troisième plus grand et plus grêle que les deux précédents et le suivant. Languette ovalaire, rétrécie à la base. Palpes labiaux insérés un peu obliquement, et formés d'articles qui diminuent insensiblement de

(1) *Notes géologiques sur la Provence*, p. 37. — *Géognosie des terrains tertiaires*, p. 241. — *Note sur les Arachnides et les Insectes fossiles* (*Ann. sc. nat.*, 1re série, t. XV, 1826), p. 105.
(2) J. du Val, Fairmaire, Migneaux et Deyrolle, *Genera des Coléopt. d'Europe*, IV, p. 102.

longueur, et dont le dernier est presque conique. Scape des antennes grêle, allongé et sinué à la base ; funicule composé de
sept articles, dont le premier est presque globuleux, les suivants
petits, ramassés et serrés, les derniers un peu élargis; massue
allongée, acuminée, et formée de quatre ou cinq éléments.
Prothorax assez court et rétréci en avant. Elytres convexes,
mais peu déclives à l'extrémité, avec le bord basilaire élevé ; la
surface ornée de stries peu profondes, souvent fortement tran-
chées, et séparées par des côtes granuleuses. Prosternum formant, en avant des hanches antérieures qui sont écartées, une
cavité à rebords tranchants pour recevoir la tête. Mésosternum
tronqué en avant. Abdomen un peu convexe et légèrement
oblique. Quelques dents fines sur le côté externe des jambes
vers l'extrémité. Troisième article des tarses bilobé.

On trouve de nos jours, en Europe, une dizaine d'espèces
d'*Hylesinus*, et l'on en connaît une de l'île de France et six du
nouveau monde.

D'après M. le docteur Nördlinger (1), l'*Hylesinus crenatus*
Linn. et l'*H. Fraxini* Fabr. vivent dans les Frênes, l'*H. Juniperi*
Nördl. dans le Genévrier (Dalmatie supérieure, Tyrol et Voral-
berg), l'*H. vittatus* F. dans l'Orme, en compagnie de l'*Eccopo-
gaster Scolytus* Hb. (Paris et Bretagne).

Dans ses *Recherches sur le climat et la végétation du pays tertiaire*, M. Heer a indiqué deux Hylésines dans le gisement
d'Œningen et un dans les marnes gypsifères de la Provence. Le
même genre a été mentionné dans l'ambre par M. Marcel de
Serres et par M. Berendt (2).

(1) *Nachträge zur Ratzeburg's Forstinsekt.*, von Dʳ Nördlinger. Stuttgart, 1856,
p. 35 à 42, et Guérin-Méneville, *Ann. Soc. entom. de France*, 1845, Bulletin, 18.
(2) M. de Serres, *Géognosie des terrains tertiaires*, p. 241. — Berendt, *Bernstein*,
t. I, p. 56.

HYLESINUS FACILIS Heer (1).

(Pl. 2, fig. 7.)

« H. pronoto cylindrico, confertissime punctulato; elytris convexis,
» striato-punctatis.

			mm
Longueur totale......................	1 ¼	ligne =	3,30
— de la tête..,.................	¼	id. =	0,25
— du prothorax...............	¼	id. =	0,75
— des élytres.................	1	id. =	2,20 au plus.
Hauteur du prothorax.................	⅓	id. =	1,10
Largeur de l'élytre...................	⅓	id. =	1,10

» *Coll.* — M. Blanchet.

» Ce joli petit insecte est parfaitement conservé. Sa tête est
» verticale et l'œil noir. Le prothorax, très-légèrement convexe
» en dessus, est couvert de ponctuations extrêmement fines, mais
» très-serrées. Les élytres sont ornées de neuf lignes de points
» qui, du côté de l'extrémité, sont de moins en moins marqués.
» Les pattes sont courtes, avec les cuisses assez épaisses et les
» jambes cylindriques. »

Le spécimen décrit et figuré par M. Heer est de la taille de
l'*Hylesinus Fraxini* F., qui se trouve dans toute l'Europe et vit
sur le Frêne ; il est de la même taille que cette espèce actuelle, et
a comme elle le thorax finement ponctué et les élytres ponctuées
et striées. Il vivait peut-être sur l'Olivier, dont M. le comte de
Saporta a constaté la présence dans les gypses d'Aix (2). On sait,
en effet, que de nos jours encore les Oliviers sont attaqués par
deux insectes du même genre : *Hylesinus Oleiperda* F. et
H. Oleœ Costa (3).

(1) *Fossile Insekten von Aix*, p. 25, pl. 1, fig. 8.
(2) Voy. *Révision de la flore des gypses d'Aix*, p. 13.
(3) Voy. J. du Val, Fairmaire, Migneaux et Deyrolle, *Genera des Coléopt. d'Europe*,
Introduction, p. 23.

Douzième Famille. — CÉRAMBYCIDES.

Leach, *Edinb. Encycl.*, 1815. — Thomson, *Essai d'une classif.*, 1866. — Cérambycins et Lepturètes, Latr., *Hist. nat. Crust. et Ins.*, 1804. — Cérambyces, Redt., *Faun. Austr.*, 1849.— Longicornes, Serville, *Ann. Soc. entom. de France*, 1832.— Mulsant, *Hist. nat. des Coléop!. de France*, 1839 et 1863.— Lecomte, *Attempt to classif.* (*Journ. Acad. sc. Philad.*, 1849, 1850, 1851).

Les Cérambycides ont les mandibules robustes, armées presque toujours d'une pointe simple ; les mâchoires à deux lobes ciliés, quelquefois rudimentaires ; le labre petit ; les palpes maxillaires de quatre articles, les palpes labiaux de cinq articles ; le menton plus ou moins pentagonal ; la languette ordinairement transversale, fortement échancrée et bilobée, sans paraglosses. Chez eux, la tête est presque toujours enfoncée jusqu'aux yeux dans le prothorax, et rarement proéminente et portée par une sorte de col. Les yeux sont en général grands et fortement échancrés en dedans. Les antennes se composent de onze articles ; mais quelquefois un appendice placé au sommet simule un douzième article ; elles sont insérées entre la base des mandibules et les yeux, souvent dans l'échancrure de ceux-ci, et sont presque toujours aussi longues ou plus longues que le corps. Le prothorax est tantôt transversal, tantôt allongé, tantôt globuleux ; quelquefois il est rebordé sur les côtés ; d'autres fois il est épineux ou arrondi latéralement. L'écusson est toujours visible. Les élytres, grandes, allongées ou oblongues, recouvrent presque toujours des ailes membraneuses ; quelquefois elles sont soudées ; parfois aussi elles sont ou plus étroites, ou plus courtes que l'abdomen, et laissent à découvert les ailes, qui sont allongées. Les hanches antérieures sont tantôt globuleuses ou transversales, et séparées par une saillie du prosternum, tantôt coniques et contiguës, et les cavités cotyloïdes antérieures elles-mêmes sont tantôt angulées sur le côté et ouvertes en arrière, tantôt arrondies et entières. L'abdomen est formé de six segments, et s'échancre souvent à l'extrémité chez les mâles ; l'oviducte des femelles est souvent saillant. Les tarses offrent quatre articles : le quatrième présente

à la base un rudiment d'article noduleux ; le troisième est cordiforme et bilobé ; tous sont garnis en dessous d'une brosse veloutée. Le corps est toujours plus ou moins allongé (1).

Premier Groupe. — CLYTITES.

Chez les insectes de ce groupe, les cavités cotyloïdes antérieures n'offrent, du côté externe, qu'une légère échancrure ou
une simple suture et sont ouvertes assez largement en arrière.
La tête est fortement inclinée en avant, et la face aplatie ; les
yeux sont courts, finement granulés et légèrement échancrés,
presque à la partie supérieure ; les palpes sont courts et dépassent à peine les mandibules ; ils se terminent par un dernier
article élargi et obliquement tronqué. Le prosternum s'élève
toujours entre les hanches antérieures sous la forme d'une
crête étroite ; le mésosternum est tronqué et assez large. Les
pattes sont assez grandes, quelquefois même longues et grêles ;
les cuisses s'épaississent vers l'extrémité, et celles de la paire postérieure sont plus longues que les autres. Le corps est allongé,
convexe, avec le prothorax plus ou moins globuleux, sans
épines latérales, et les antennes, grêles et insérées très-haut sur
la tête, n'arrivant pas jusqu'à l'extrémité de l'abdomen quand
elles sont repliées en arrière (2).

Premier Genre. — CLYTUS.

Laich., *Tyr. Ins.*, II, 188.—Fabr., *Syst. Eleut.*, II, 350.— Serv., *Ann. Soc. entom. de
France*, 1864.—Muls., *Coléopt. de Fr.*, *Longic.*, 1re édit., 74, et 2e édit., 142.—
Redt., *Faun. Austr.*, *die Käfer*, 1re édit., 486. — PLATYNOTUS Muls., *Coléopt. de
France*, 1re édit., 71. — PLAGIOGONUS Muls., *Coléopt. de Fr.*, *Longic.*, 2e édit., 143.
— ANTHOBOSCUS Chevr., *Ann. Soc. entom. de France*, 1860, p. 455. — Muls., *Lon-
gic.*, 143, etc.

Caractères (3). — Corps assez allongé, convexe. Tête de grosseur variable, tantôt assez courte, presque carrée, avec un bour-

(1) J. du Val, Fairmaire, Migneaux et Deyrolle, *Genera des Coléopt. d'Europe*,
IV, p. 143.
(2) J. du Val, Fairmaire, Migneaux et Deyrolle, *ibid.*, p. 143.
(3) *Genera des Coléopt. d'Europe*, IV, p. 144.

relet transversal entre les antennes, tantôt oblongue, avec un faible sillon au milieu. Yeux courts, obliques, échancrés légèrement et tout près du sommet. Labre court. Mandibules courtes et robustes. Lobe interne des mâchoires distinctement cilié. Palpes maxillaires ne dépassant pas les mandibules et terminés par un article presque aussi long que les deux précédents réunis et coupé plus ou moins obliquement. Menton trapézoïdal, membraneux en avant et arrondi sur les côtés. Languette largement arrondie, à lobes arrondis. Palpes labiaux un peu plus longs que les maxillaires et terminés par un article tronqué obliquement. Antennes toujours moins longues que le corps, avec le premier article robuste et de forme conique, le deuxième court, le troisième et le cinquième un peu plus longs que le quatrième. Prothorax presque globuleux, quelquefois légèrement aminci en avant. Écusson court, à peu près semi-circulaire. Élytres légèrement atténuées vers l'extrémité, qui est arrondie, obtuse, tronquée ou même épineuse. Prosternum étroit. Mésosternum large, tronqué ou échancré. Cavités cotyloïdes ne présentant qu'un angle très-court du côté externe. Pattes grandes (surtout celles de la paire postérieure), ordinairement assez grêles, avec les cuisses légèrement comprimées et élargies vers l'extrémité. Premier article des tarses postérieurs aplati et aussi long que les deux suivants réunis.

Les *Clytus* se rencontrent sur les fleurs ou sur les bois coupés; ils sont très-agiles et volent vers le milieu du jour; leurs larves vivent dans l'intérieur des arbres. Ils sont fort nombreux en Europe et dans les contrées qui sont baignées par la Méditerranée (1), et se trouvent également représentés en Amérique par un certain nombre d'espèces.

Dans le gisement d'Œningen, M. Heer a découvert une espèce du même genre qu'il a nommée *Clytus melancholicus* (2), et dans les gypses d'Aix M. Marcel de Serres a signalé une autre

_____

(1) Voy. de Marseul, *Catal. des Coléopt. d'Europe*, p. 253 et 254. (50 espèces européennes.)

(2) *Insektenfauna*, I, p. 163, pl. 5, fig. 11.

ARTICLE N° 2.

espèce, dont il n'a pas donné de description et à laquelle il n'a pas imposé de nom spécifique (1).

CLYTUS LEPORINUS Nob.
(Pl. 5, fig. 10.)

Pullus; capite brevi, oculis supra emarginatis; thorace transverso, lævigato; elytris elongatis, postice attenuatis; cruribus posterioribus paulatim dilatatis.

Longueur totale		11 millim.
—	de l'antenne (incomplète)	7
—	de la tête	1,10
—	du thorax	2
—	de l'élytre	7
—	de la cuisse postérieure	2,50
Hauteur de la tête (long. vertic.)		2
—	du thorax	2,25
—	du corps au milieu	3
Largeur d'une élytre		1 à 2
—	de la cuisse postérieure	0,30

Loc. — Aix en Provence.

Coll. — Musée de Marseille : un spécimen.

L'insecte, vu de profil, a les pattes repliées sous le corps et une des antennes étendues, mais malheureusement incomplète; sa coloration est d'un brun Van-Dyck assez clair, nuancé sur certains points de brun plus foncé ou de grisâtre. L'œil paraît indiqué par une dépression en forme de V, au-dessus de laquelle est insérée une des antennes; il était donc comme dans les *Clytus* de l'époque actuelle, échancré à sa partie supérieure. L'antenne est longue et formée d'articles un peu renflés en massue à l'extrémité; le premier et le deuxième sont confondus l'un avec l'autre et, réunis, ont à peu près une fois et demie la longueur de chacun des articles suivants. Sur le côté de la bouche on aperçoit le lobe externe des mâchoires, terminé par une pointe moins étroite que chez les Cérambycides, mais néanmoins assez aiguë;

(1) *Notes géologiques sur la Provence*, p. 3

le lobe interne n'est pas apparent. Le cou est légèrement rétréci.
Le thorax est assez court et devait être fortement renflé, à en
juger par les bosselures que présente l'empreinte ; il se rétrécit
brusquement en arrière, et de ce côté il est un peu séparé des
élytres, comme cela se voit d'ordinaire chez les insectes qui ont
séjourné quelque temps dans l'eau. Un bourrelet peu saillant
indique le contour des élytres, à la surface desquelles on aperçoit
quelques plis saillants, produits sans doute par le froissement
dans le sens transversal ou par la brisure de ces organes, qui,
dans les Longicornes, sont fort peu résistants ; il se peut cependant que ces plis soient naturels et constituent un des caractères
de l'espèce. L'abdomen, assez mince et effilé en arrière, paraît
se prolonger au delà des élytres, qui sont amincies au sommet.
On voit encore quelques vestiges des pattes ; les cuisses antérieures sont robustes et assez courtes, les cuisses moyennes un
peu plus longues, et les cuisses postérieures encore davantage ;
celles-ci sont insérées assez loin en arrière sur l'abdomen, renflées sensiblement un peu au delà de leur milieu, et rétrécies
brusquement près de l'attache de la jambe, qui est grêle et un
peu contournée, comme dans les *Caloclytus* Fairm. Les tarses
manquent.

Par la conformation de ses yeux, de ses mâchoires, de ses
antennes, la structure du thorax, l'aspect de l'abdomen aminci
en arrière et plus long que les élytres, et la forme des pattes, cet
insecte me paraît se rapporter exactement au genre *Clytus*,
dont une espèce a déjà été signalée par M. Marcel de Serres
dans les gypses des environs d'Aix. Il est beaucoup plus petit
que le *Clytus melancholicus* Heer, d'OEningen (1), mais il lui
ressemble par la brièveté de la tête, les dimensions des antennes,
la forme du thorax et des élytres, etc.

Parmi les espèces actuelles, une de celles qui se rapprochent
le plus de notre insecte fossile est le *Caloclytus semipunc-
tatus* F. (2), espèce assez grande, qui vit en Hongrie, et qui a le

(1) *Insektenfauna*, I, p. 63, pl. 5, fig. 11.
(2) J. du Val, Fairmaire, Migneaux et Deyrolle, *Genera des Coléopt. d'Europe*, IV,
p. 145, pl. 45, fig. 201.
ARTICLE N° 2.

corps brun, les pieds rouges et bruns, et les élytres maculées de jaune. Je pourrais citer aussi comme des formes assez voisines de l'espèce d'Aix, les *Clytus (Anaglyptus) mysticus* L., de l'Europe et du Caucase (1), et le *Clytus trifasciatus* Fabr., de France, d'Allemagne, d'Italie et d'Algérie. Dans le midi de la France on trouve une espèce un peu plus petite, *Clytus massiliensis* L.

Treizième Famille. — CHRYSOMÉLIDES.

Redtenbacher, *Faun. Austr.*, 1848. — Chrysomélines, Latr., *Hist. nat. Crust. et Ins.*, 1804. — Phytophages, Duméril, *Zool. Anal.*, 1807. — Lacord., *Monogr. Coléopt. subpent.*, 1845. — Eupodes et Cycliques, Latr., *Règne animal*, 1817.

Les Chrysomélides ont les mandibules courtes et robustes; les mâchoires composées de deux lobes, dont l'interne est quelquefois légèrement atrophié et l'externe souvent palpiforme; les palpes maxillaires de quatre articles et les palpes labiaux de trois articles, la languette généralement entière; la tête ordinairement très-courte, engagée dans le prothorax jusqu'aux yeux, rarement saillante ou portée sur une sorte de col. Leurs yeux sont assez grands, généralement peu saillants et fréquemment sinués du côté interne. Leurs antennes se composent de dix et plus souvent de onze articles, et s'insèrent presque toujours entre les yeux ou à leur angle interne, rarement en avant ou sur le sommet de la tête; elles sont tantôt rapprochées, tantôt écartées à la base. Le prothorax est ordinairement court chez ces insectes, parfois très-convexe en dessus, et généralement entier sur les côtés; l'écusson est presque toujours visible, et les élytres sont oblongues ou globuleuses, rarement soudées, et plus rarement encore de forme raccourcie. Les hanches antérieures, globuleuses ou coniques sont tantôt séparées, tantôt contiguës, et les cavités cotyloïdes antérieures sont généralement ouvertes en arrière. L'abdomen se compose de cinq segments,

(1) *Genera des Coléopt. d'Europe*, IV, p. 145 et 146, pl. 44, fig. 202. Dans les *Anaglyptus* il y a, comme dans notre spécimen, des côtes à la base des élytres, de chaque côté de l'écusson.

et les anneaux intermédiaires sont parfois refoulés sur la partie ventrale. Les tarses ont quatre articles et sont garnis le plus souvent à leur face supérieure d'une brosse veloutée ; le troisième article est cordiforme ou bilobé, rarement entier, et le dernier porte un crochet ordinairement simple, quelquefois double ou appendiculé. Le corps est généralement ovalaire, souvent globuleux et quelquefois, mais rarement, assez allongé ou couvert d'épines. Dans certains cas, le prothorax et les élytres se dilatent en manière de boucliers (1).

Les larves des Chrysomélides ont le corps cylindrique, parfois recourbé en arc à la partie supérieure et toujours armé de pattes ; quelques-unes offrent des tubercules, des mamelons ou même des épines. Elles vivent, soit à découvert sur les végétaux, soit abritées sous leurs excréments, soit enfin dans des galeries qu'elles se creusent.

Première Division.

Dans les Chrysomélides de cette division, les antennes sont insérées entre les yeux ou près de leur angle inférieur et interne ; les organes buccaux sont très-développés ; la tête est saillante ou rentrée dans le prothorax, oblique ou perpendiculaire, rarement inclinée en dessous, et le corps est dépourvu d'épines ou d'expansions latérales (2).

Premier Groupe. — CRIOCÉRITES.

Les Criocérites ont le corps oblong ; la tête saillante, souvent fortement rétrécie à la base ; les antennes assez épaisses, écartées à l'origine ; les mandibules échancrées à l'extrémité, la languette tantôt transparente et légèrement fendue, tantôt coriace et entière ; les palpes robustes, avec l'avant-dernier article un peu renflé, et les *yeux presque toujours échancrés*. Chez eux, le pro-

(1) J. du Val, Fairmaire, Migneaux et Deyrolle, *Genera des Coléopt. d'Europe*, IV, p. 205.
(2) *Genera des Coléopt. d'Europe,* IV, p. 206.
ARTICLE N° 2.

thorax est plus étroit que les élytres et souvent dentelé sur les côtés; les hanches antérieures sont contiguës ou ne sont séparées que par une lame très-mince; le premier segment abdominal est moins long que tous les autres réunis; les crochets des tarses sont simples, et tantôt libres, tantôt soudés à la base (1).

Premier Genre. — CRIOCERIS.

Geoffroy, *Hist. Ins. Par.*, I, 237. — Lacord., *Monogr. Phyt.*, I, 547. — Redtenb., *Faun. Austr., Käfer*, 2° édit., p. 887. — Auchenia Thunb., *Char. gener.*, 21.

Caractères (2). — Corps tantôt oblong et convexe, tantôt allongé et déprimé. Tête inclinée, fortement rétrécie à la base; front séparé de l'épistome par un sillon transversal et présentant au milieu trois sillons. Yeux gros, saillants, échancrés du côté interne. Labre transversal et assez grand. Mandibules fortes, échancrées ou fendues au sommet. Lobes des mâchoires courts, l'externe arrondi ou carré à l'extrémité et garni de longs cils, l'interne encore moins long et tronqué obliquement. Palpes maxillaires gros et courts et terminés par un article ovalaire ou en forme de cône tronqué. Menton quadrangulaire, membraneux en avant. Languette trapézoïdale ou ovalaire, garnie antérieurement de soies courtes. Palpes labiaux assez semblables aux palpes maxillaires et ayant comme eux leur premier article très-petit. Antennes robustes, souvent renflées à l'extrémité, aussi longues ou plus longues que la moitié du corps, avec le premier article globuleux, le deuxième plus petit et les deux suivants de même longueur et de forme ramassée. Prothorax, écusson et élytres de formes variables; celles-ci généralement ornées de lignes de points plus ou moins gros. Hanches antérieures contiguës. Mésosternum large et tronqué. Pattes robustes, avec les cuisses fortement renflées. Crochets des tarses libres.

(1) J. du Val, Fairmaire, Migneaux et Deyrolle, *Genera des Coléopt. d'Europe*, IV, p. 208.

(2) *Ibid.*, p. 210 et 211.

Les *Crioceris* ont le corps tantôt orné de bandes rouges ou jaunes qui se détachent sur un fond noirâtre ou bronzé, tantôt coloré d'une manière uniforme. Quelques espèces, comme le *Crioceris Asparagi* L. et le *Crioceris* 12-*punctata* L., vivent sur l'Asperge, d'autres sur le Lis (*C. merdigera* L.).

Ce genre, qui n'a pas encore été signalé à l'état fossile, compte de nos jours en Europe quatorze espèces (1) et le même nombre au moins en Amérique; il se rencontre aussi dans les Indes orientales.

CRIOCERIS MARGARUM Nob.

(Pl. 5, fig. 11.)

Caput pronum, oculis magnis, antennis capite et thorace longioribus; pronotum supra convexum, infra constrictum; elytra elongata, postice vix attenuata et rotundata, confuse striato-punctata.

	mm
Longueur totale, sans les antennes...................	4,25
— de l'antenne...........................	2
— de la tête, mesurée horizontalement..........	0,35
— — — verticalement............	0,75
— du thorax en dessus....................	1
— — en dessous.....................	0,50
— de l'abdomen........................	2,50
— de l'élytre soulevée....................	3
Hauteur du thorax............................	1
— de l'abdomen...........................	1,50
Largeur de l'élytre............................	1

Loc. — Aix en Provence.

Coll. — Musée de Marseille : un spécimen.

Ce petit Coléoptère, couché sur le flanc, a l'élytre gauche soulevée, et l'élytre droite appliquée sur l'abdomen, dont elle dépasse sensiblement l'extrémité. La tête, assez forte, est inclinée, le front légèrement bombé; l'œil, situé latéralement, est gros et légèrement allongé dans le sens vertical. Les an-

(1) De Marseul, *Catal. des Coléopt. d'Europe*, p. 263 et 264.
ARTICLE N° 2.

tennes sont longues et composées de dix articles dont le premier est globuleux, le deuxième un peu raccourci, le troisième et le quatrième à peu près égaux, et les suivants vont en grossissant insensiblement. Le thorax est incolore, un peu convexe en dessus, légèrement sinueux en avant et en arrière et beaucoup plus étroit en dessous qu'en dessus. L'abdomen est long et médiocrement épais. L'élytre gauche, qui est soulevée, et qui se présente par sa face inférieure, est concave, légèrement arrondie et à peine rétrécie en arrière; ses bords sont épais, et presque parallèles, et sa surface est ornée de stries et de ponctuations. L'autre élytre est indiquée par une dépression de la pierre, vers l'extrémité du corps de l'insecte. Dans cette région, qui est de couleur sombre, on distingue également des vestiges des ailes membraneuses, d'une teinte brunâtre. Les pattes sont déformées. Les cuisses et les jambes sont de couleur foncée, les tarses de couleur claire. Les articles des tarses sont un peu élargis à l'une de leurs extrémités, et le dernier se termine par un crochet.

Cet insecte devait avoir le corps jaune ou brunâtre, avec les élytres bordées (?) de noirâtre et les jambes brunes; sa taille était à peu près celle d'une espèce actuelle de notre pays, *Crioceris paracentesis* L., qui a le thorax rouge, les élytres jaunes, ponctuées, avec une tache près de l'extrémité, et une bordure bronzée le long de la ligne suturale.

Deuxième Groupe. — CHRYSOMÉLITES.

Les Chrysomélites ont le corps globuleux ou ovalaire; la tête enfoncée dans le prothorax; les antennes de longueur médiocre et souvent renflées à l'extrémité, écartées à la base et insérées près des yeux; le thorax de la même largeur que les élytres ou à peine plus étroit, avec les angles antérieurs ordinairement saillants; le prosternum formant entre les hanches antérieures une crête de largeur médiocre, et plus étroite en général que le mésosternum; le premier segment ventral plus court que les trois suivants réunis; le troisième article des tarses plus ou moins cordiforme, mais non bilobé, et les crochets presque toujours simples (1).

PREMIER GENRE. — CHRYSOMELA.

Linn., *Syst. nat.*, 2ᵉ édit., 111.— CHRYSOCHLOA Hope, *Coléopt. Man.*, 1848.—Redt., *Fauna Austr.*, *Käfer*, 1ʳᵉ édit., 544.

Caractères (2). — Corps oblong, ovalaire ou globuleux, glabre. Tête enfoncée dans le prothorax jusqu'aux yeux et presque perpendiculaire. Yeux oblongs, peu saillants et légèrement sinués. Mandibules grosses et courtes. Mâchoires assez larges, à lobes courts, l'externe étant excavé de quelques spinules à l'extrémité, l'interne étant membraneux, concave, armé sur le bord externe de soies roides et au sommet de spinules peu marquées. Palpes maxillaires assez grands, avec le premier article court, le deuxième allongé, le troisième légèrement conique et plus court que le précédent, le quatrième tronqué plus ou moins obliquement et presque toujours aussi large ou plus large que le précédent. Menton large, court, presque quadrangulaire, légèrement sinué au bord antérieur. Languette assez grande, demi-membraneuse, entière ou à peine échancrée au bord antérieure, avec les angles légèrement arrondis. Palpes labiaux robustes, avec le deuxième article gros et le dernier plus étroit et tronqué. Antennes plus ou moins épaisses, augmentant souvent de grosseur vers l'extrémité et dépassant notablement le bord du prothorax, qui est transversal, souvent rétréci en avant, de la même largeur en arrière que les élytres ou à peine plus étroit, et dont les bords latéraux sont épaissis en bourrelet et presque toujours séparés du disque par une impression ponctuée ou un sillon. Écusson petit, triangulaire, lisse. Élytres assez grandes, libres, recouvrant toujours des ailes plus ou moins développées.

---

(1) J. du Val, Fairmaire, Migneaux et Deyrolle, *Genera des Coléopt. d'Europe*, IV, p. 225.

(2) J. du Val, Fairmaire, Migneaux et Deyrolle, *ibid.*, p. 228.

Prosternum assez étroit ; mésosternum un peu plus large que le prosternum, tronqué ou légèrement sinué et entaillé pour recevoir la pointe du prosternum. Premier segment de l'abdomen aussi long que les trois segments suivants et formant au milieu une saillie large et tronquée. Pattes robustes, celles de la paire moyenne plus éloignées de celles de la paire postérieure que de celles de la paire antérieure ; cuisses assez fortes, mais un peu comprimées ; jambes élargies et pubescentes vers l'extrémité, souvent sillonnées sur l'arête externe. Articles des tarses de largeur inégale, le deuxième étant beaucoup plus étroit que celui qui le précède et que celui qui le suit.

Les femelles se distinguent souvent, d'après MM. J. du Val et Fairmaire, par leur corps plus massif, plus bombé, par leurs antennes un peu plus courtes, par leurs tarses et leurs palpes moins larges, et par une fossette au dernier segment ventral.

Les Chrysomèles présentent en général des couleurs métalliques, mais quelques-unes sont d'une teinte foncée avec une bordure rouge, ou d'une couleur rouge-brique uniforme. Elles vivent en général sur des plantes basses : le *Chrysomela Graminis* L. se trouve abondamment dans les clairières des bois, le *Chr. sanguinolenta* L., sur les Crucifères, le *Chr. americana* L. sur la Lavande, dont elle ronge les feuilles, etc.

Dans la nature actuelle, ce genre est représenté par plus de 750 espèces, qui se trouvent à la Nouvelle-Hollande, au Sénégal, aux Indes orientales, mais surtout en Europe (153 espèces) et en Amérique (557 espèces). En Europe, elles habitent particulièrement les contrées baignées par la Méditerranée, la Sicile, la Sardaigne, la Provence, l'Espagne, le Portugal ; elles sont aussi très-communes dans le Caucase, dans les Alpes et dans les Pyrénées (1).

Dans le lias inférieur d'Angleterre, la grande oolithe de Stonesfield, et les terrains wealdiens de Wardour, M. Brodie

(1) Voy. Dejean, *Catal. des Coléopt. de sa collection.* — De Marseul, *Catal. des Coléopt. d'Europe et du bassin méditerranéen*, p. 270 et suiv. — Stal, *Monographie des Chrysomélides de l'Amérique*, etc.

cite quelques espèces qu'il rapporte avec doute à la famille des Chrysomélides (1).

D'autres Chrysomélides, appartenant à des genres indéterminés, ont été citées par M. Berendt comme se trouvant dans l'ambre de Prusse (2).

M. Heer a décrit et figuré trois Chrysomèles fossiles, savoir, deux d'Œningen, qu'il a nommées *Chr. Calami* H. et *Chr. punctigera* (3), et une troisième d'Aix en Provence, qu'il a appelée *Chr. Lyelliana* H. (4). Dans ce dernier gisement, M. Marcel de Serres et M. Curtis ont mentionné également, mais sans en donner de description, un *Chrysomela* analogue au *Chr. Banksii* et un autre plus petit (5).

CHRYSOMELA LYELLIANA Heer (5).

(Pl. 5, fig. 14, et pl. 6, fig. 2.)

« Chrys. pronoto brevi, angulis posticis rectis, antice angustiore, » angulis acutis; elytris subparallelis.

» La collection de M. Murchison, ajoute M. Heer, renferme » deux exemplaires de cette espèce provenant d'Aix en Pro-» vence : l'un d'eux a les ailes étendues et a été déjà repré-» senté par Curtis; l'autre, que je figure ici, est mieux con-» servé; sa longueur totale est de 4 lignes 1/2 (9^{mm},9); les deux » élytres réunies mesurent 2 lignes 7/8 (6 millimètres environ) » de large. Le prothorax a 2 lignes 1/4 (4^{mm},90) de largeur à » la base, et ses angles postérieurs sont droits, mais un peu » émoussés; il se rétrécit en avant et présente de ce côté deux » angles saillants et aigus. Les élytres ont déjà toute leur lar-» geur aux épaules et n'augmentent pas de diamètre vers le » milieu; au delà de ce point, elles s'arrondissent et se termi-

---

(1) *An History of fossil Insects*, p. 32, 48 et 101.

(2) Berendt, *Bernstein*, I, p. 56.

(3) *Insektenfauna*, I, p. 208, pl. 7, fig. 8.

(4) *Notes géologiques sur la Provence*, p. 37. — Curtis, *Edinb. new Philos. Journ.*, oct. 1829, n° 17, fig. 4.

(5) *Fossile Insekten von Aix*, p. 26, pl. 3, fig. 18.

» nent par une partie obtuse. Elles n'offrent plus de traces d'or-
» nementation, et leur surface paraît avoir été lisse.

» Cette espèce est très-voisine d'une espèce d'OEningen,
» *Chrysomela Calami* Heer (1), et d'une espèce nouvelle de
» Radoboj, *Chr. Haydingeri* Heer; elle a la même taille et la
» même forme; mais elle se distingue de *Chr. Calami* par son
» prothorax rétréci en avant, avec des angles antérieurs proémi-
» nents, et par ses élytres à bords presque parallèles, les élytres
» étant élargies au milieu et plus arrondies dans la Chrysomèle
» d'OEningen; elle diffère aussi de *Chr. Haydingeri* par le rétré-
» cissement de la partie antérieure du thorax et par la largeur
» presque uniforme des élytres dans toute leur étendue. Les
» *Chr. Calami* et *Haydingeri* sont des espèces assez voisines du
» *Chr. Graminis* L., tandis que le *Chr. Lyelliana* s'éloigne
» de cette espèce actuelle par les deux caractères ci-dessus men-
» tionnés. »

Je crois pouvoir rapporter à cette espèce décrite et figurée
par M. Heer, et signalée précédemment par Curtis, cinq exemplaires que j'ai eu sous les yeux, savoir : un spécimen de la
collection de M. le comte de Saporta et quatre du musée de
Marseille.

Dans l'échantillon appartenant à M. de Saporta, l'insecte est
étendu sur le dos avec les élytres étalées de chaque côté du
corps (2) ; sa coloration générale est jaunâtre, assez claire; on
remarque toutefois çà et là, sur l'abdomen et la face interne des
élytres, des macules noires qui annoncent que la teinte primitive des téguments était beaucoup plus foncée. La tête, plus large
que haute, est profondément enfoncée dans le thorax; les yeux
sont assez petits, et dans la région antérieure on aperçoit encore
quelques vestiges des pièces buccales. Le thorax est fortement
échancré en avant, et ses côtés devaient être très-arrondis; mais
leur forme est masquée en partie par les élytres. L'abdomen est
extrêmement large, un peu plus sans doute qu'il ne l'était dans

(1) *Insektenfauna,* I, p. 208, pl. 7, fig. 8.
(2) Comme dans l'individu figuré par Curtis (*Edinb. new Philos. Journ.,* oct. 1829),
fig. 4.

l'insecte vivant, et paraît presque globuleux. On aperçoit encore
les attaches des pattes des deux premières paires, quelques pièces
du métasternum et les quatre derniers anneaux de l'abdomen.
Les hanches postérieures, qui sont encore en place, sont étroites
à l'origine et renflées en massue du côté des cuisses ; celles-ci
sont épaissies au milieu et légèrement arquées ; les jambes sont
cylindriques, à peine plus larges à l'extrémité et légèrement courbées, comme les cuisses. Les élytres, à bords presque parallèles,
sont obtuses et probablement un peu usées à l'extrémité ; leur
surface interne, très-excavée, est parcourue par quelques rangées
de points saillants qui correspondent à autant de points creux
de la face supérieure.

Un des spécimens du musée de Marseille se présente exactement dans la même position. Il a, comme le précédent, les ailes
étendues, et offre également sur la tête, dans les points occupés
par les yeux, dans les dépressions situées au-dessus des cuisses
antérieures, sur les côtés et le long des derniers anneaux de
l'abdomen, des macules noirâtres qui tranchent sur le fond jaunâtre de l'empreinte. Ces taches foncées miroitent légèrement
et ont des reflets verts, ce qui nous indique que l'insecte avait
probablement une coloration bronzée, comme beaucoup de
Chrysomèles de la nature actuelle. L'abdomen est un peu saillant,
tandis que les élytres sont creusées profondément et montrent à
leur surface une dizaine de lignes ponctuées ; les élytres sont un
peu plus acuminées, moins usées à l'extrémité que dans l'exemplaire de M. de Saporta, et laissent à découvert, entre elles et
l'abdomen, quelques traces des ailes membraneuses.

Outre la contre-empreinte du spécimen précédent, sur laquelle
on observe encore mieux les reflets verts des taches qui existent
çà et là sur le thorax et les élytres, la même collection renferme
deux autres spécimens, l'un en assez mauvais état, avec le corps
aplati, l'autre un peu mieux conservé et vu par la face supérieure, avec les élytres à peine soulevées, de sorte qu'on distingue beaucoup mieux la forme du thorax : cette partie est assez
fortement échancrée en avant, avec les angles antérieurs saillants
et les côtés très-convexes. Les élytres sont allongées, parfaite-

ARTICLE N° 2.

ment lisses et arrondies en arrière; elles sont légèrement écartées et laissent voir entre elles une partie des derniers anneaux
de l'abdomen. La teinte générale de l'insecte est d'un brun
Van-Dyck clair parsemé de taches plus foncées.

Par leurs élytres à bords presque parallèles, leur thorax court,
avec les angles antérieurs très-saillants, ces divers spécimens,
de même que celui qui a été décrit par M. Heer, s'éloignent un
peu des *Chrysomela* pour se rapprocher des *Lina*, des *Phratora*
et des *Gonioctena*, qui vivent sur les Peupliers et sur les
Trembles.

CHRYSOMELA MATRONA Nob.

(Pl. 5, fig. 13.)

Corpus inflatum, fere globosum, atrum; thorax brevis antice valde
angustior, angulis anticis vix prominentibus, lateribus convexis; elytra
ampla, ovata, lævigata.

	mm
Longueur totale	9,75 à 10
— de la tête	1,45 environ.
— du thorax	1,25 à 1,50
— de l'abdomen	6,75 à 7
Largeur de la tête	2,50
— du thorax	5
— de l'abdomen	6,50 (maxim.)

Loc. — Aix en Provence.

Coll. — Muséum d'histoire naturelle de Paris : deux spécimens.

Je crois devoir séparer du *Chrysomela Lyelliana* Heer deux
exemplaires du Musée de Paris, qui, tout en offrant à peu près les
mêmes dimensions que l'individu qui a servi de type à M. Heer,
et que les individus provenant, soit de la collection de M. de
Saporta, soit du musée de Marseille, présentent néanmoins des
différences sensibles dans la conformation du thorax et des élytres.
De ces deux spécimens l'un seulement mérite d'être décrit. Il est
en grande partie décoloré, mais il montre encore sur certains
points des vestiges d'une coloration très-foncée, rappelant celle

des *Chr. obscurella* Suffr., *atra* H. Sch., *Banksii* Fabr. Le thorax est très-court, fortement rétréci en avant, caractère qui distingue nettement ces individus des *Chr. Calami* Heer (1), d'OEningen ; les côtés sont assez convexes, et les angles antérieurs beaucoup moins saillants que dans le *Chr. Lyelliana* H. La tête, enfoncée dans le prothorax jusqu'aux yeux, est peu distincte ; elle porte sur le côté droit une antenne, plus longue que la tête et le corselet, et terminée par une partie un peu dilatée en massue. Les élytres qui, réunies, sont déjà un peu plus larges à la base que le thorax, augmentent encore de diamètre dans leur région moyenne, pour diminuer ensuite graduellement du côté de l'extrémité, qui est arrondie ; en un mot, elles présentent la même forme que dans les *Chr. Calami* et *Haydingeri* d'OEningen et de Radoboj (2). Malheureusement il est complétement impossible de dire si elles étaient ponctuées ou complétement lisses, car, dans la fossilisation, les impressions de la face inférieure du corps de l'insecte se sont mêlées aux impressions de la face supérieure, et ont produit dans la région abdominale une foule de traits entrecroisés, de saillies et de dépressions, au milieu desquels on discerne non sans peine les traces des hanches de la paire postérieure, des pièces sternales et des derniers anneaux de l'abdomen.

Par sa forme générale et sa coloration, cette espèce d'Aix en Provence me paraît se rapprocher particulièrement du *Chrysomela Banksii* Fabr., que l'on trouve de nos jours en Europe et en Algérie, et qui a le corps d'un vert métallique foncé, avec le ventre brunâtre et les élytres grossièrement ponctuées, et surtout du *Chr. atra* Sch., qui se trouve en Allemagne, en Sicile et en Algérie, et qui est d'un noir mat, avec les élytres marquées de points à peine visibles.

(1) *Insektenfauna*, 1, p. 208, pl. 7, fig. 8.
(2) Voy. *Chrysomela Lyelliana* (*Fossile Insekten von Aix*, p. 26, pl. 1, fig. 18).

ARTICLE N° 2.

CHRYSOMELA MATHERONI Nob.

(Planche 6, fig. 3)

Picea; thoracis limbo lævigato, lateribus punctatis; abdomine crasso ; elytris amplis, convexis, in medio vix dilatatis, postice acuminatis, punctorum seriebus decoratis.

	mm
Longueur totale sans la tête	11,50
— du thorax	2,50
— de l'abdomen	9
— de l'élytre	2
Largeur du thorax	5
— de l'abdomen (écrasé)	6,75
— d'une élytre	5

Loc. — Aix en Provence.

Coll. — Muséum d'histoire naturelle de Paris : un spécimen. — Musée de Marseille : un spécimen.

L'exemplaire de la collection du Musée de Paris est malheureusement recouvert en grande partie de substance calcaire ; on peut néanmoins en apprécier la forme générale, et, même sur les parties dégagées de la roche marneuse, apercevoir des vestiges de la coloration primitive, d'une teinte verte bronzée très-foncée ou même noirâtre. La tête n'est pas distincte. Le thorax est représenté par une portion étroite et arrondie comprise entre les élytres. L'abdomen est très-large, avec les côtés un peu convexes et l'extrémité arrondie. Sa surface est légèrement déprimée, et montre quelques traces des cuisses, qui sont renflées. Les élytres sont très-amples, fortement bombées, un peu arrondies sur les côtés et en arrière, avec les angles basilaires émoussés.

Dans l'échantillon du musée de Marseille, l'insecte a les élytres relevées de chaque côté de la tête, et la couleur est un brun de poix très-foncé; cette teinte s'éclaircit cependant dans la région antérieure; les élytres sont d'un brun Van-Dyck maculé de brun sépia. On aperçoit à leur surface quelques traces d'ornementation consistant en une dizaine de rangées de ponctuations assez fines. Les cuisses sont épaisses.

Ces deux individus dépassent sensiblement en grandeur les espèces déjà décrites d'OEningen et d'Aix en Provence, telles que *Chrysomela Calami* H., *Chr. punctigera* H. (1) et *Chr. Lyelliana* H. (2); ils se rapprochent par la forme et la coloration d'une espèce actuelle de nos pays, *Chr. obscurella* Suffr., et, par les ponctuations des côtés du thorax et de la surface des élytres, du *Chrysomela bicolor* Fabr. (*regalis* Oliv.), qui se trouve en Algérie.

Je dédie cette espèce à M. Matheron, si connu par ses belles études sur les terrains tertiaires du midi de la France.

CHRYSOMELA DEBILIS Nob.

(Planche 6, fig, 1.)

Pulla ; thorace stricto, convexo, lævigato ; elytris convexis, postice parum acuminatis, punctorum ordinibus decoratis.

Longueur totale....................................	8 millim.
Envergure..	16 —
Diamètre de l'abdomen	4,50
— d'une élytre	3,10

Loc. — Aix en Provence.

Coll. — Musée de Marseille : deux spécimens.

Dans un premier exemplaire, l'insecte est un peu replié sur lui-même, de sorte qu'on voit à la fois le dessus du thorax et des élytres et le dessous de l'abdomen. La tête se présente à peu près de face et en raccourci, c'est-à-dire dans une position trop défavorable pour qu'on puisse en apprécier la forme. Le thorax est représenté par un bourrelet saillant entre les élytres et de forme hémisphérique ; il est complétement lisse. Les élytres sont fortement bombées, légèrement acuminées au sommet et présentent quelques lignes de ponctuations très-fines. L'abdomen est aplati, arrondi en arrière et sur les côtés, et offre encore dans sa région postérieure des stries transversales correspondant

---

(1) *Insecktenfauna*, 1, p. 208 et 209, pl. 7, fig. 8 et 9.
(2) *Fossile Insekten von Aix*, p. 26. pl. 1, fig. 18.
ARTICLE N° 2.

aux limites des anneaux et des impressions laissées par les cuisses postérieures. Les diverses parties du corps sont colorées en brun Van-Dyck, et la base des élytres est tachée de noirâtre.

Ces deux spécimens, différant des autres espèces d'Œningen et du même gisement tant par les dimensions que par la forme du thorax et des élytres, me paraissent devoir constituer une espèce distincte, ayant des affinités avec le *Chrysomela cribrosa* Germ. et le *Chr. hemisphœrica* Germ., qui se trouvent de nos jours en Dalmatie et dans le midi de la France.

Deuxième Genre. — GONIOCTENA.

Redt., *Faun. Austr., die Käfer*, 1ʳᵉ édit., p. 557. — Phytodecta Kirby, *Faun. Bor. Amer.*, 1837. — Spartoxena, Spartophila et Goniomena Motsch., *Schenck's Amur Reis.*, II, p. 180. — Chrysomelæ calcaratæ.

Caractères (1). — Corps oblong ou ovalaire, convexe. Tête large, courte et tronquée. Yeux ovalaires, assez saillants. Épistome séparé du front par une faible suture parallèle. Labre grand, large et à peine sinué au milieu. Mâchoires semblables à celles des *Chrysomela*, mais à lobes plus courts. Palpes maxillaires allongés. Menton court et large. Languette cornée, presque hexagonale. Palpes labiaux petits, avec leurs supports rapprochés. Antennes aussi longues que la moitié du corps, avec leurs quatre ou cinq derniers articles transversaux, et formant une massue allongée ; le troisième article plus long que le quatrième, et l'article terminal piriforme. Prothorax aussi large que la base des élytres, garni sur les côtés d'un rebord très-petit, avec le bord postérieur sinué et les angles postérieurs embrassant un peu la base des élytres. Écusson triangulaire avec les angles légèrement effacés. Prosternum rétréci entre les hanches, et élargi dans la portion suivante. Mésosternum petit et très-court. Premier segment de l'abdomen presque aussi long que les trois suivants. Pattes courtes et robustes ; celles des deux premières paires

(1) J. du Val, Fairmaire, Migneaux et Deyrolle, *Genera des Coléoptères d'Europe*, t. IV, p. 330 et 331.

très-rapprochées les unes des autres. Cuisses épaisses; jambes plus ou moins sillonnées en dehors et dilatées du même côté, un peu avant le sommet, de manière à former un angle plus ou moins saillant, prononcé surtout aux jambes postérieures. Tarses courts, larges, et présentant à la base des dents peu distinctes.

Ce genre est déjà représenté dans le terrain d'OEningen par deux espèces, décrites et figurées par M. Osw. Heer sous le nom de *Gonioctena Japeti* et de *Gonioctena Clymene* (1), et de nos jours par quatorze espèces européennes et quelques espèces exotiques. Les *Gonioctena*, comme les *Chrysomela*, vivent aux dépens des végétaux, dont ils rongent les feuilles. D'après Ratzeburg, le *Gonioctena Viminalis* Panz. vit sur les Saules, le *G. rufipes* de Geer sur les Peupliers et même sur les arbres fruitiers, et le *G. dispar* Gyll. (*pallida* L.) sur le Sorbier, la Bourgène, le Noisetier, etc.

GONIOCTENA CURTISII Nob.

(Planche 4, fig. 14.)

Nigrescens; elytra basi fere recta, marginibus externis postice valde rotundatis, angulis suturalibus distinctis, limbo sulcis parallelis inter-stitiisque punctatis decorato.

Longueur de l'empreinte incomplète................. 11^{mm},50
Largeur d'une élytre............................ 4

Loc. — Aix en Provence.

Coll. — Muséum d'histoire naturelle de Paris.

L'insecte, vu par la face supérieure, est malheureusement incomplet, la tête ayant été arrachée. Le thorax paraît excavé dans sa partie antérieure, qui était sans doute plus étroite que la région postérieure, et ses côtés sont convexes. Il est d'un brun de sépia foncé, de même que les élytres, avec lesquelles il se confond en arrière. Celles-ci ont leurs bords externes fortement arqués, surtout en arrière, et garnis d'une sorte de méplat très-

(1) *Insektenfauna*, 1, p. 212-214, et pl. 7, fig. 13 et 14.
ARTICLE N° 2.

étroit ; leurs bords suturaux, d'abord presque droits et contigus, puis légèrement divergents du côté du sommet, où ils forment avec les bords externes des angles apicaux bien marqués ; leur surface est ornée de huit stries longitudinales et parallèles, bordées chacune d'une double rangée de ponctuations, et entre leurs sommets on aperçoit les derniers anneaux de l'abdomen. Les empreintes laissées par les cuisses et les jambes postérieures, et par les cuisses de la deuxième paire, indiquent que les pattes étaient robustes. Les hanches intermédiaires sont indiquées par deux dépressions circulaires, en avant desquelles j'ai cru reconnaître la ligne de séparation du thorax et de l'abdomen, et les contours de l'écusson, qui était de forme triangulaire ou même légèrement arrondi en arrière. Quant aux cuisses de la première paire, elles n'ont laissé d'autre trace qu'un double sillon tracé en avant des cuisses intermédiaires.

Ce spécimen a exactement l'aspect de l'exemplaire d'Œningen, décrit et figuré par M. Heer sous le nom de *Gonioctena Clymene* (1) ; mais il a des dimensions beaucoup plus considérables. Il est également plus grand qu'une espèce de nos pays (*Gonioctena nivosa* Suff.), à laquelle il ressemble par la forme des élytres, l'épaisseur des cuisses et la structure des jambes, qui sont élargies à l'extrémité.

Le *Gonioctena Curtisii* vivait peut-être sur le *Populus* découvert par M. de Saporta, et dévorait les feuilles de cet arbre, comme le *G. rufipes* de l'époque actuelle ronge celles de nos Peupliers.

Deuxième Division.

Les Chrysomélites de cette division se distinguent par leurs antennes contiguës, insérées au sommet du front ou entre les yeux ; par leur front nettement séparé du vertex et fortement renversé en dessous, et surtout par leur corps presque toujours couvert d'épines ou garni latéralement d'expansions membra-

(1) *Insektenfauna*, I, p. 213, pl. 7, fig. 14 *b*, etc.

338 E. OUSTALET.

neuses. Elles ont toutes le dernier article des tarses engagé dans l'article précédent, et beaucoup d'entre elles ont la tête complétement cachée sous le bord antérieur du prothorax (1).

Premier Groupe. — CASSIDITES.

Les Cassidites ont le corps dépourvu d'épines ; le pronotum et les élytres dilatés en expansions membraneuses, qui recouvrent la tête, la poitrine et l'abdomen. La partie inférieure de la tête s'appuie sur le prosternum qu'elle ne dépasse pas ; leurs antennes s'insèrent au sommet du front, à l'angle supérieur des yeux, qui sont de forme oblongue. Le labre a la forme d'un bourrelet épais. Les cavités cotyloïdes extérieures sont fermées ; le mésosternum est assez large et creusé à la base ; le métasternum s'avance entre les hanches antérieures, et l'abdomen se compose de cinq segments (2).

PREMIER GENRE. — CASSIDA.

Linn., *Syst. nat.*, 1, II-374. — *Redt. Faun. Austr.*, *Käfer*, 1re édit., 519.— Bohem., *Monogr. Cassid.*, II, 229.

Caractères (3). — Corps oblong, ovalaire ou hémisphérique. Tête cachée sous le bord antérieur du pronotum ; front renversé en dessous et très-aplati. Yeux oblongs. Labre en forme de bourrelet transversal à peine saillant. Bouche rentrant dans le prosternum. Mandibules larges, armées de quatre dents au milieu. Lobes des mâchoires peu développés ; l'externe formé de deux articles, presque droit, garni en dehors de longues soies ; l'interne plus court, complétement membraneux, également cilié. Palpes maxillaires développés, terminés par un article fusiforme

(1) J. du Val, Fairmaire, Migneaux et Deyrolle, *Genera des Coléoptères d'Europe*, t. IV, p. 257.
(2) J. du Val, Fairmaire, Migneaux et Deyrolle, *ibid.*, p. 259.
(3) J. du Val, Fairmaire, Migneaux et Deyrolle, *ibid.*, p. 260.
ARTICLE N° 2.

et aussi long que les deux précédents réunis. Menton court,
presque aussi large que la languette qu'il embrasse à la base.
Languette semi-cornée, courte, ovale, et garnie en avant de cils
peu fournis. Palpes labiaux assez grands, terminés comme les
palpes maxillaires par un article fusiforme. Antennes contiguës,
insérées jusqu'au sommet du front, entre les bords supérieurs des
yeux, assez courtes, et légèrement renflées à partir du septième
article ; premier article épais, mais allongé ; deuxième article
court ; troisième à peu près aussi long que le premier ; quatrième,
cinquième et sixième décroissant de longueur ; septième et suivants de plus en plus gros ; article terminal aigu à l'extrémité.
Prothorax dilaté et arrondi en avant et sur les côtés, de manière
à recouvrir la tête et la poitrine ; angles postérieurs plus ou
moins marqués ; bord postérieur présentant un ou deux sinus de
chaque côté de l'écusson, qui est triangulaire et plus ou moins
allongé. Élytres tantôt aussi larges, tantôt plus larges que le
corselet, dilatées sur les côtés et en arrière, de manière à recouvrir tout l'abdomen ; plus ou moins convexes et ornées de ponctuations, tantôt irrégulières, tantôt disposées en séries. Prosternum court, offrant un large sinus au bord antérieur et cachant
la bouche, élargi entre les hanches, arrondi à la base. Mésosternum large, et présentant dans sa portion basilaire une forte dépression. Abdomen composé de cinq segments, dont les deux
extrêmes sont égaux, et dépassent en longueur chacun des segments intermédiaires. Pattes relativement courtes et robustes ;
cuisses épaisses ; jambes un peu comprimées, échancrées à l'extrémité ; tarses larges, velus en dessous, avec le premier article plus
petit et plus étroit que les autres, le troisième très-développé et
fendu en deux lobes, qui comprennent entre eux le quatrième
article, de forme allongée. Crochets simples et fortement arqués.

Les Cassides sont très-répandues dans la nature actuelle, particulièrement en Amérique, où l'on ne comptait pas moins de
soixante-douze espèces il y a quelques années, et où chaque
jour on en découvre de nouvelles. On en trouve aussi, et en assez
grand nombre, en Europe et dans les contrées baignées par la Méditerranée (cinquante-six espèces), en Afrique, aux Indes orien-

tales et à la Nouvelle-Hollande (1). Ces insectes font peu d'usage
de leurs pattes et de leurs ailes, et se tiennent presque constamment immobiles sur les feuilles, avec lesquelles ils se confondent,
grâce à la coloration généralement verte de leurs élytres et à la
forme aplatie de leur corps. Ils déposent sur les plantes leurs
œufs, qu'ils réunissent en plaques plus ou moins étendues, et
qu'ils recouvrent parfois de leurs excréments. Leurs larves se
font remarquer par les cils ou les épines qui garnissent leur corps,
et surtout par l'appendice fourchu qui termine leur abdomen,
et qui les garantit de toute souillure lorsqu'elles se font un
abri de leurs déjections (2).

Le genre *Cassida* comptait sans doute de nombreux représentants pendant la période tertiaire, car M. O. Heer et M. C. von
Heyden ont décrit et figuré quatre espèces provenant, soit
d'OEningen, soit des lignites du Rhin, soit d'Aix en Provence (3).
Dans ce dernier gisement, Curtis avait déjà cité deux espèces se
rapprochant pour la taille, l'une de *C. viridis* Fabr., l'autre de
C. equestris Fabr. (4), et Marcel de Serres cinq espèces, dont les
quatre premières ont des affinités avec *C. viridis*, *C. meridio-
nalis* et *C. equestris*, et dont la cinquième est de taille plus
petite (5).

CASSIDA BLANCHETI Heer (6).
(Planche 4, fig. 15.)

« Cassida breviter ovalis, elytris ad suturam regulariter, ad margi-
» nem irregulariter punctato-striatis.

» OEningen, couche à Insectes de la carrière inférieure (Mus.

(1) De Marseul, *Catalogue des Coléoptères d'Europe*, p. 284.— Dejean, *Catal. des Coléoptères de sa collection*. — Boheman, *Monograph. Cassid.*, II, etc.
(2) Voy. Blanchard, *Métamorphoses des Insectes*.
(3) *Insektenfauna*, I, p. 205 et 206, et pl. 7, fig. 6 (*C. Hermione* et *C. Megapenthes*). — *Gliederthiere aus der Braunkohle der Niederrhein's*. (*Palæont.*, 1862, X, n° 2), p. 74, et pl. 10, fig. 16. — *Fossile Insekten von Aix*, p. 25 et 26, et pl. 1, fig. 17.
(4) *Edinb. new Philos. Journal*, oct. 1829.
(5) *Notes géologiques sur la Provence*, p. 37.
(6) *Fossile Insekten von Aix*, p. 25 et 26, et pl. 1, fig. 17.
N° 2.

» Polyt.) ; Aix en Provence, sur la même plaque qu'un *Bembi-*
» *dium infernum* (coll. Blanchet et Murchison).

« Cette espèce est, pour la taille, intermédiaire entre *Cassida*
» *Hermione* et *Cassida Megapenthes* ; elle appartient au groupe
» de *Cassida vibex* L., et se rapproche surtout, par l'ornemen-
» tation des élytres, de *Cassida thoracica* Klug. et de *Cassida*
» *rubiginosa* Illig., espèces qui vivent sur les Synanthérées,
» et notamment sur les Chardons (1).

« Les angles postérieurs du prothorax sont droits ; les élytres
» sont ornées le long de la suture de lignes de points bien dis-
» tincts ; le long du bord externe ces lignes sont irrégulières et
» confuses. On peut cependant en compter neuf sur chaque élytre ;
» les deux qui sont le plus rapprochées de la suture arrivent jus-
» qu'au bord postérieur ; la troisième et les suivantes s'arrêtent
» plutôt, et sont les plus apparentes. Le bord est large, aplati et
» distinctement déprimé. Les ponctuations sont peu prononcées.

« Les exemplaires d'Aix en Provence sont d'une taille un peu
» plus forte que ceux d'OEningen, et sont un peu plus aplatis sur
» le dos ; mais ils ne peuvent guère en être distingués spécifique-
» ment. Le spécimen d'Aix a 3 1/4 lignes de long (7^{mm},10) ; le
» thorax mesure en longueur un peu plus d'une ligne (2^{mm},25),
» et en largeur, à la base, environ 2 1/8 lignes (4^{mm},65) ; les
» élytres ont 2 1/4 lignes de long (4^{mm},95), et réunies, 2 1/2
» lignes de large (5^{mm},50). — L'exemplaire d'OEningen mesure
» en tout 3 1/8 lignes de long (6^{mm},85). Cette longueur totale se
» décompose ainsi : thorax, 1 ligne (2^{mm},20) ; élytres, 2 1/8 lignes
» (4^{mm},65) ; le corselet a 2 lignes de large à la base (4^{mm},40), et
» les élytres réunies ont 2 1/4 lignes de diamètre transversal
» (4^{mm},65). »

Je crois pouvoir rapporter à cette espèce trois spécimens du
Musée de Paris et un spécimen du musée de Marseille, dont voici
les dimensions :

(1) *C. vibex*, *C. thoracica* et *C. rubiginosa* sont trois espèces d'Europe ; les deux
premières se rencontrent aussi en Asie.

	P.	M.
	mm	mm
Longueur totale......................	6,50 à 7	7,50
— de la tête...................	0,75	0,75
— du thorax...................	2,25	2,15
— des élytres..................	5	5,25
Largeur de la tête....................	0,75	0,75
— du thorax en avant.............	3	3
— — en arrière............	4	4,10
— du corps à la base des élytres.....	5	5,10
— d'une élytre..................	2,75	2,90

Un des échantillons du Muséum d'histoire naturelle de Paris nous présente l'insecte par la face inférieure et dans un état de conservation très-satisfaisant, quoique la coloration de l'empreinte soit très-pâle. La tête est petite, et porte sur les côtés deux yeux étroits et réniformes, de couleur brune ou noirâtre. L'antenne n'est indiquée que par quatre articles grêles, allongés, d'une teinte brunâtre, légèrement renflés à l'une de leurs extrémités. Le thorax se prolonge au delà de la tête, qu'il recouvrait comme un bouclier; il est arrondi en avant et sur les côtés, et s'élargit fortement en arrière du côté des élytres. Celles-ci sont larges, fortement convexes, limitées en dehors par un bourrelet saillant, et parcourues dans le sens de leur longueur par des lignes saillantes et ponctuées qui sont plus marquées du côté de la ligne suturale, et qui, dans cette région, arrivent jusqu'au bord postérieur, précisément comme dans les exemplaires décrits par M. Heer. Ces lignes et ces points saillants correspondent à autant de lignes et de points creux qui décoraient, chez l'insecte vivant, la face supérieure des élytres. Celles-ci sont légèrement écartées, et dépassent l'extrémité des derniers anneaux de l'abdomen, qu'elles débordent également de chaque côté, comme l'indique le bourrelet saillant dont j'ai parlé tout à l'heure. Les cuisses antérieures, repliées de chaque côté de la tête, sont très-courtes et renflées en massue, et les cuisses postérieures ont une forme analogu

Sur un autre spécimen de la même collection, on voit parfaitement le contour général du corps et les limites des diverses parties de l'insecte, qui est d'une teinte jaunâtre avec des ma-

cules brunes, rougeâtres ou violacées. Le bouclier thoracique est
semi-circulaire ou très-légèrement acuminé en avant, avec les
angles postérieurs un peu arrondis ; le bord postérieur sinueux
et plus étroit que les élytres. L'écusson est petit et triangulaire.
La tête est indiquée par une dépression circulaire, avec deux
points noirs correspondant aux yeux. Les élytres sont très-convexes, et offrent, le long de la ligne suturale, une ou deux stries
bien marquées ; elles divergent un peu au sommet, et laissent
voir les derniers anneaux de l'abdomen qui se termine par une
portion arrondie. Les cuisses, un peu saillantes, sont très-larges
dans leur portion médiane.

Le troisième exemplaire est presque décoloré, et ne présente
rien de particulier.

Quant au spécimen du musée de Marseille, il est malheureusement incomplet, l'insecte étant réduit à sa portion abdominale. Quelques taches noirâtres indiquent que la coloration
originelle des téguments était assez foncée. Les élytres sont
courtes, arrondies en arrière, et débordent, comme dans les
autres spécimens, sur les côtés et l'extrémité de l'abdomen. Les
pattes sont assez courtes.

Cette description était à peine terminée, lorsque M. Heer a eu
l'extrême obligeance de m'envoyer un exemplaire de sa collection, étiqueté de sa main *Cassida Blancheti*, et, grâce à cette
heureuse circonstance, j'ai pu m'assurer de l'exactitude absolue
de la détermination que j'avais faite d'après la figure et la diagnose publiées par le savant professeur de l'université de Zürich.
J'ajouterai seulement que le *Cassida interempta* Heyd., des lignites
du Rhin, me paraît être très-voisine du *Cassida Blancheti* H.,
d'Aix en Provence, et devra peut-être lui être identifié. Voici
en effet la description que M. von Heyden donne de l'insecte
des lignites :

Longueur du corps. . . . . 3 ¼ lignes $=$ 7^{mm},15
Largeur du corps au milieu. . . . . 2 ¼ id. $=$ 4^{mm},95

(1) *Gliederthiere aus der Braunkohle der Niederrhein's* (*Palæont.*, 1862, X, n° 2),
p. 74, et pl. 22, fig. 16.

« Corps ovale. Tête non visible. Antenne gauche un peu
» épaissie vers l'extrémité, et plus courte que le prothorax ; an-
» tenne droite, réduite à un fragment. Prothorax presque demi-
» circulaire, présentant en arrière un double sinus, et fortement
» arrondi sur les côtés et en avant. Écusson petit et obtus. Élytres
» une fois plus longues que le thorax et fortement arrondies.
» Une strie suturale et des traces de stries longitudinales. Pattes
» non visibles.

» Le *Cassida Hermione* Heer, ajoute M. C. von Heyden, est
» plus grand et a les angles postérieurs du thorax moins arron-
» dis, et le *C. Megapenthes* H. est au contraire plus petit, et
» d'ailleurs assez différent, à en juger d'après la description. »

CHAPITRE III

RÉSULTATS GÉNÉRAUX FOURNIS PAR L'ÉTUDE DES INSECTES FOSSILES D'AIX.
CLIMAT ET VÉGÉTATION DE LA PROVENCE AU COMMENCEMENT
DE LA PÉRIODE MIOCÈNE.

Dans les collections si riches des musées de Paris, de Lyon et
de Marseille qu'il m'a été donné d'examiner, il n'y avait pas
seulement des Coléoptères, mais un grand nombre d'Insectes
appartenant à d'autres ordres, et particulièrement des Diptères
et des Hémiptères ; aussi je n'exagère certainement pas en disant
que j'ai eu sous les yeux près de mille échantillons appartenant
à 240 espèces environ. Mais, pour décrire et figurer toutes ces
espèces, pour les comparer aux types si variés de la faune entomologique actuelle, il me faudrait entrer dans des développe-
ments qui dépasseraient les limites d'une dissertation inaugurale.
Je suis donc forcé, après avoir passé en revue les Coléoptères,
de ne donner, quant à présent, qu'un aperçu rapide des autres
Insectes fossiles du même gisement, me réservant de les étudier
ensuite avec plus de détails, suivant la méthode adoptée dans le
chapitre précédent.

ORTHOPTÈRE .

La présence d'Insectes fossiles de cet ordre dans les marnes
gypsifères d'Aix en Provence avait déjà été mentionnée par
M. Marcel de Serres. Ce géologue avait cité successivement (1)
une Forficule assez rapprochée des *Forficula parallela* et *auri-
cularia ;* deux *Gryllotalpa* de petite taille ; une espèce du genre
Xya (Tridactylus), voisine du *Xya variegata*, que l'on trouve
sur le bord des ruisseaux dans les environs d'Aix ; plusieurs
Acridiens ; quatre *Acheta*, le premier facile à distinguer par ses

(1) *Ann. des sc. nat.*, 1re série, 1828, t. XV, p. 106. — *Géognosie des terrains tertiaires* p. 225 et 226. — *Notes géologiques sur la Provence*, p. 37 et suiv.
23

cuisses assez fortement renflées, le deuxième presque identique avec l'*Acheta campestris* Fabr., le troisième semblable à l'*Acheta sylvestris* Fabr., le quatrième rappelant l'*Acheta italica* Fabr. pour la forme et la grandeur ; quelques Grillons, dont un de la taille du *Gryllus cœrulescens*, et une Locuste de la grandeur du *Locusta grisea* Fabr.

M. Curtis, dans la notice paléontologique annexée au mémoire de MM. Lyell et Murchison, n'indique pas d'Orthoptères. M. Heer n'en décrit pas non plus dans son mémoire sur les Insectes fossiles d'Aix ; mais, parmi les spécimens de sa collection qu'il a bien voulu m'envoyer en communication, se trouvent deux individus qui sont étiquetés *Gomphocerites effossus* Hr., et qui n'appartiennent peut-être pas à une seule et même espèce. En leur donnant ce nom générique (1), M. Heer a voulu indiquer leurs affinités avec le genre *Gomphocerus* de la nature actuelle : en effet l'un au moins de ces deux spécimens me paraît appartenir au groupe des *Gomphocérides ;* il n'est pas sans analogies avec le *Gomphocerus femoralis* d'OEningen, et avec certaines espèces qui vivent aujourd'hui en Europe, telles que le *Gomphocerus rufus* Thunb. et le *G. sibiricus* Thunb. (*Acridium sibiricum* Oliv.) (2), mais il est de taille sensiblement plus forte. Un exemplaire du Musée de Paris me semble appartenir à la même espèce. J'ai reconnu dans la même collection et dans celle du musée de Marseille plusieurs *Œdipoda*, la patte postérieure d'une Locuste qui devait être plus grande que notre *Locusta viridissima*, et deux sortes de Grillons, les uns de taille moyenne, les autres beaucoup plus petits. Ces derniers ont été rapportés au genre *Nemobius* et rapprochés du genre *Gryllus Heydeni* (3) par mon ami M. Scudder, entomologiste américain fort versé dans l'étude des Orthoptères vivants et fossiles, qui a bien voulu m'éclairer de ses lumières.

(1) Le genre *Gomphocerites* a été établi par M. Heer pour un insecte du lias d'Argovie, *Gomphocerites Bucklandi* (voy. Pictet, *Atlas du Traité de paléontologie*, pl. 40, fig. 5).

(2) Le *Gomphocerus sibiricus* se trouve en Suisse et en Carinthie.

(3) Voy. *Annales de la Société entomologique de France*, 1857, t. V, pl. 15.

NÉVROPTÈRES.

Dans sa notice sur les *Arachnides et les Insectes fossiles*, insérée dans le tome XV (1828) des *Annales des sciences naturelles*, dans sa *Géognosie des terrains tertiaires* (1829) et dans ses *Notes géologiques sur la Provence* (1843), Marcel de Serres signale déjà dans les gypses d'Aix non-seulement des Libellules adultes qui ont les ailes étalées et dont plusieurs ont les dimensions de l'*Æschna grandis* Fabr., mais encore des larves reconnaissables à la forme particulière de leur tête et de l'extrémité de leur abdomen. M. Curtis ne mentionne rien de semblable; mais M. Heer, dans son mémoire publié en 1856 (1), indique la présence à Aix de l'espèce de larve qu'il a décrite sous le nom de *Libellula Perse* (2), d'après une empreinte conservée au musée de Neufchâtel et provenant d'OEningen (?). Dans les collections de Marseille j'ai pu voir quelques spécimens analogues, et distinguer encore 7 ou 8 espèces de larves différant les unes des autres par la forme de la tête, la longueur des pattes, la disposition des épines abdominales, etc. Une de ces larves est d'assez grande taille et ressemble complétement à un spécimen de la collection de M. Heer étiqueté *Libellula Aglaia* Hr. mss. Je dois citer également plusieurs empreintes d'ailes de Névroptères adultes, d'une admirable conservation, et sur lesquelles on peut parfaitement reconnaître la disposition des nervures : l'une de ces empreintes appartient à une Libellule de la taille de nos *Lib. quadrimaculata* L. et *L. cancellata* L., et peut-être de la même espèce que la larve désignée sous le nom d'*Aglaia;* les autres se rapportent à des *Calopteryx*. Parmi ces derniers on peut distinguer deux espèces : la première est de petite taille; la seconde, un peu plus grande, mais plus petite cependant que le *Calopteryx virgo*, se rapproche des types actuels de l'ancien continent et rappelle par sa teinte foncée le *Calopteryx atrata*

(1) *Vierteljahrschrift der naturf. Gesellschaft in Zürich.* 1 Jahrg., 1 Heft.
(2) Voy. *Die Insektenfauna der Tertiärgebilde*, t. II, p. 80, pl. 5, fig. 4, et pl. 6, fig. 3.

de Sél., de la Chine, tout en s'en distinguant par la position du secteur principal relativement à la nervure médiane. Le musée de Marseille possède aussi un insecte aux ailes allongées, recouvrant et dépassant l'abdomen, qui est peut-être un *Termes*, et la collection qui m'a été communiquée par M. Heer contient une aile d'une Phrygane qui devait être plus petite que le *Phryganea striata* L. (1).

THYSANOPTÈRES.

Cet ordre, établi en 1838 par M. Haliday (2) pour des insectes d'une taille microscopique, que de Geer avait le premier signalés sous le nom de *Physapus* en 1744, et que Linné rangeait parmi les Hémiptères, comptait déjà des représentants aux époques antérieures à la nôtre. Trois espèces de Physapodes ont été décrites par M. Menge (3) dans l'ambre de Prusse, et Curtis a mentionné dès 1829, dans les gypses d'Aix, de petits insectes qu'il a regardés avec raison comme des Thrips, mais qu'il a rattachés aux Hémiptères homoptères. Beaucoup plus récemment, M. Heer a donné une figure et une description d'un Physapode du même gisement, qu'il a nommé *Thrips antiqua* (4); et l'année dernière j'ai eu l'honneur d'entretenir la Société philomatique de trois espèces nouvelles du même groupe que j'ai découvertes, soit dans les collections du musée de Marseille, soit parmi des spécimens appartenant à M. Heer, de Zürich, et étiquetés, à tort suivant moi, *Thrips antiqua*. J'ai donné à ces trois espèces les noms de *Calothrips Scudderii*, *Thrips obsoleta* et *Thrips formicoides* (5). Enfin, lors de son passage à Paris, l'année dernière, M. Scudder, de Boston, m'a fait voir quelques spécimens

---

(1) Un fourreau de Phrygane a été découvert à Œningen par M. Heer (*Phryganea antiqua*, *Insektenfauna*, t. II, p. 89, pl. 5, fig. 10).

(2) Voy. la monographie des *Thrips* de M. Ernst Heeger, *Sitzungsb. der Math. nat. Classe der k. k. Akad. d. Wissensch.*, 1852, t. VIII.

(3) *Lebenszeichen vorweltlicher in Bernstein eingeschlossenen Thiere* (*Progr. zur öff. Prüf. der Petrischule, am 17 mars 1836*).

(4) *Fossile Insekten von Aix*, p. 27, n° 22, pl. 2, fig. 9 et 10.

(5) *Bulletin de la Société philomatique de Paris*, 1873, t. X, p. 20 et suiv.

de Thysanoptères recueillis dans les terrains tertiaires des montagnes Rocheuses, et dont il a fait son *Palœothrips fossilis*.

Ces petits êtres ne sont donc pas très-rares à l'état fossile, et si l'on n'en connaît pas encore un plus grand nombre d'espèces, cela tient uniquement à ce que, par leurs dimensions exiguës, ils échappent le plus souvent à l'attention des collectionneurs.

HÉMIPTÈRES.

Les Hémiptères, qui ont fait leur apparition dans le lias, sont représentés dans les terrains jurassiques et wealdiens, mais se montrent particulièrement abondants au milieu des marnes tertiaires. Dans le premier catalogue d'Insectes fossiles dressé par M. Marcel de Serres, figurent déjà un *Pentatoma* tout à fait analogue au *Pentatoma grisea*, et un autre très-voisin du *P. oleracea*; deux *Coreus* de petite taille, dix à douze Lygées de grandeur diverses, une petite espèce de *Syrtis*, trois Réduves de grandeur moyenne; un *Ploiera* bien caractérisé par son corps de forme allongée et par ses pattes antérieures propres à saisir une proie; un *Gerris*, une Nèpe plus petite que le *Nepa cinerea* et une Cigale aussi grosse que le *Cicada plebeia*. Dans la *Géognosie des terrains tertiaires* du même auteur, nous trouvons des figures assez grossières de cette espèce qui, suivant M. Marcel de Serres, ressemble au *Pentatoma grisea*, et nous avons en outre l'indication de quelques espèces nouvelles, telles qu'un *Tingis* et un *Aradus*. Enfin, dans les *Notes géologiques sur la Provence*, il est encore fait mention d'un *Cydnus*, d'une Fulgorelle du genre *Asiraca* et d'une Cicadelle (*Membracis*). De son côté M. Curtis cite une petite espèce de *Miris*, un Lygée voisin du *Lygœus Abietis* L., et plusieurs autres de tailles différentes; un *Corizus* qui n'atteint pas la moitié de la longueur du *Corizus Hyoscyami*, un *Cydnus* de la taille du *Cydnus albomarginatus* Fabr. (1); un insecte qui appartient peut-être en-

(1) *Schirus albomarginatus* Fabr. Se trouve en France et en Allemagne, dans les jardins.

core au même genre, mais qui rappelle les *Tetyra* par la forme
générale de son corps ; un Aphidien de grosseur moyenne ; une
Tettigonie ressemblant extrêmement au *Tettigonia spumaria ;*
et enfin un *Asiraca*, ou quelque insecte d'un genre voisin, tel
que *Cixias*, *Delphax* ou *Cercopis*. Ces deux dernières espèces
sont représentées d'une manière très-exacte dans la planche
jointe au mémoire de Curtis, d'après deux exemplaires de la
collection Murchison, et M. Heer, qui a eu entre les mains les
types de ces figures, a nommé l'un deux (la Tettigonie de
Curtis) *Aphrophora spumifera*, et l'autre (l'*Asiraca*) *Cicadellites
obscurus* (1). Dans la collection de Marseille, j'ai rencontré trois
ou quatre spécimens d'*Aphrophora spumifera* coïncidant parfaitement avec les figures et les descriptions de Curtis et de
M. Heer, et parmi les échantillons que le savant professeur de
Zürich a bien voulu me confier, j'ai pu examiner une deuxième
espèce du même genre, qu'il a décrite et figurée sous le nom
d'*Aphrophora pinguicula*, et qui diffère de la première par des
dimensions plus faibles et un corps plus déprimé (2). A côté de
l'*Aphrophora spumifera*, j'ai eu le plaisir de voir, au musée de
Marseille, un spécimen d'une conservation admirable, qui offre
tous les caractères des *Cercopis*, et qui ressemble, par la forme
de la tête, au *Cercopis longicollis* Heer, de Radoboj (3), mais
qui est de taille beaucoup moins forte ; une Fulgorelle de 6 à
7 millimètres de long ; un *Typhlocyba* plus petit que le
Typhlocyba Bremii Heer, de Radoboj (4), et un véritable *Cydnus*
reconnaissable à sa tête semi-circulaire, à son prothorax bien
développé, excavé au bord antérieur et aplati dans la région
médiane, à son abdomen court et large, et surtout à ses pattes
munies d'épines. Cet individu est bien moins gros que le *Cydnus
(Brachypelta) tristis* Fabr., espèce commune aux environs de
Paris et dans une grande partie de l'Europe, et il rappelle

(1) Heer, *Die Insektenfauna*, t. III, p. 105, et *Fossile Insekten von Aix*, p. 39 et 40.
— Curtis, *Edinb. new Philos. Journ.*, oct. 1829, pl. 6, fig. 5.
(2) Heer, *Die Insektenfauna*, t. III, p. 106, pl. 12, fig. 8.
(3) Heer, *loc. cit.*, p. 103, pl. 12, fig. 2.
(4) Heer, *loc. cit.*, p. 117 et 118, pl. 13, fig. 3.

davantage, par ses dimensions, une autre espèce, un peu plus
rare, de nos contrées, le *Cydnus albomarginatus ;* il appartient
donc très-probablement à la même espèce que le *Cydnus* que
Curtis a mentionné dans son catalogue (1). Je puis citer encore,
dans la même collection, dans celle du musée de Lyon et dans
celle de M. le professeur Heer, plusieurs exemplaires d'un
Cydnopsis (2), qui paraît, au premier abord, extrêmement voisin
du *Cydnopsis tertiaria* Heer (3), mais qui en diffère essentiellement par son écusson *convexe latéralement ;* ce caractère l'éloigne
également des *Cydnus* de l'époque actuelle, et en particulier du
Cydnus flavicornis Fabr. (4). Dans la séance du 28 février 1874
de la Société philomatique, j'ai donné quelques détails sur cette
espèce nouvelle, pour laquelle j'ai proposé le nom de *Cydnopsis
Heerii.*

Dans son grand travail sur les Insectes fossiles, et dans sa
notice publiée en 1856, M. Heer a décrit et figuré d'autres
Hémiptères d'Aix en Provence, appartenant, soit au genre *Pachymerus*, soit au genre *Heterogaster*, qui ne diffère du premier
que par la conformation des derniers anneaux de l'abdomen : ce
sont le *Pachymerus Murchisoni*, le *P. Bojeri*, le *P. Dryadum*,
le *P. fasciatus*, le *P. pulchellus*, l'*Heterogaster antiquus* et
l'*Heterogaster pumilio*. Toutes ces espèces sont représentées dans
les collections de Paris, de Marseille et de Lyon ; mais le *Pachymerus Bojeri*, le *Pachymerus pulchellus* et l'*Heterogaster antiquus* se montrent particulièrement abondants (5). Une autre
espèce de très-petite taille, qui me paraît être l'*Heterogaster
troglodytes* Heer, de Radoboj (6), est également fort commune.
Je n'ai pas encore rencontré le *Cicadellites obscurus* Heer, le

(1) *Vide supra.*
(2) Le genre *Cydnopsis* établi par M. Heer en faveur de quelques espèces d'Œningen et de Radoboj (*Insektenf.*, III, p. 13 et 127) se distingue des *Cydnus* par l'absence
d'épines aux jambes.
(3) *Insektenf.*, III, p. 18 et suiv., pl. 1, fig. 10, et pl. 6, fig. 9.
(4) De l'Amérique septentrionale.
(5) Le *Pachymerus Bojeri* a été figuré par Hope sous le nom de *Corizus Bojeri*
(*Trans. de la Soc. entom. de Londres*, 1844, p. 250, pl. 19, fig. 2).
(6) *Insektenf.*, III, p. 70, pl. 5, fig. 14, pl. 9, fig. 17, et pl. 14, fig. 18.

Bythoscopus muscarius Hr, ni le *Pseudophana amatoria* Hr,
dont M. Heer a eu la bonté de m'envoyer le dessin ; mais je ne
doute pas que des recherches plus approfondies ne me fassent
découvrir quelques spécimens de ces espèces. J'ai cru distinguer
en revanche plusieurs Lygées (1), de grands Hémiptères qui
doivent certainement rentrer, les uns dans le genre *Harpactor*,
les autres dans le genre *Alydus* (2), et une Pachycore à peu près
de la taille de *Pachycoris Germari* Hr (3).

M. Heer m'a communiqué deux autres espèces inédites, une
sorte de *Tingis*, de petite taille, qu'il propose d'appeler *Tingites
amissus*, et une Phytocore qu'il nomme *Phytocoris aquensis*.
Enfin, je serai peut-être forcé de séparer encore de l'*Aphis deli-
catula* Hr (4) un spécimen du Musée de Paris qui a les mêmes
dimensions que l'insecte figuré par M. Heer, mais qui en diffère
par un abdomen beaucoup plus globuleux. Je n'ai pu retrouver
jusqu'à présent la Cigale mentionnée par Manuel de Serres, ni la
Nèpe, de la taille de la Nèpe cendrée, citée par le même auteur ;
je n'ai même aperçu aucun spécimen d'Hydrocorises : cependant les Nèpes sont si bien caractérisées par la forme aplatie de
leur corps et par la structure de leurs pattes antérieures, que
Marcel de Serres ne peut avoir commis d'erreur ; il faut donc
supposer que ces insectes sont extrêmement rares dans la formation gypseuse et ne se trouvent que sur certains points, correspondant peut-être à d'anciens marais ou bien à de petits
étangs.

HYMÉNOPTÈRES.

Parmi les insectes fossiles mentionnés dans la première liste
de M. Marcel de Serres (5) figurent un certain nombre d'Hyméno-

(1) Ces Lygées sont plus grands que ceux de notre pays; l'un d'eux dépasse la taille
du *Lygæus Deucalionis* Heer (*Insektenf.*, III, p. 59, pl. 4, fig. 15, et pl. 9, fig. 5).
(2) Ce genre est également représenté à Œningen et à Radoboj.
(3) *Insektenf.*, III, p. 9, pl. 1, fig. 1, et pl. 6, fig. 1.
(4) *Fossile Insekten von Aix*, p. 40, pl. 2, fig. 13.
(5) *Ann. des sc. nat.*, 1re série, 1828, t. XV, p. 107.

ptères, savoir : deux Tenthrèdes, dont une est plus petite que le
Tenthredo viridis L.; un *Pteronus* de taille moyenne (1), un
Ichneumon, un *Agathis ;* un Poliste de la grosseur du *Vespa
gallica* L., et une autre très-rapprochée du *Polistes morio* Fabr. ;
enfin plusieurs espèces de Fourmis, les unes plus petites, les
autres plus grandes que le *Formica subterranea*. Dans sa *Géognosie des terrains tertiaires* et dans ses *Notes géologiques sur la
Provence*, le même auteur cite en outre un *Cryptus* très-voisin
du *Cryptus Rosæ ;* un petit *Anomalon* et un *Ophion* de taille
moyenne. M. Curtis indique de son côté une Tenthrède semblable à *Sclandria fuliginosa ;* un Ichneumonide dont les ailes
manquent, mais qui, à en juger par la longueur de la tarière, se
rapproche des *Pimpla* et des *Bracon*, et trois espèces de Fourmis, dont une est représentée par un individu ailé. Un autre
Hyménoptère, du même gisement, a été décrit, en 1852, par
M. de Saussure, sous le nom de *Pimpla antiqua* (2), et M. Heer,
qui a eu entre les mains les spécimens examinés par Curtis, a
cru pouvoir assimiler deux exemplaires de la collection Murchison au *Formica oculata* Hr (3), et au *Formica minutula* Hr,
de Radoboj (4). D'après les mêmes auteurs, une troisième
espèce de Fourmi fossile, le *Formica capito*, se rencontrerait
également en Provence et en Croatie (5) ; tandis qu'une Chal-
cide, *Chalcites debilis*, et un *Pimpla, Pimpla Saussurii*, différent de celui qui a été figuré par M. de Saussure, seraient
jusqu'à présent particuliers aux gypses des environs d'Aix (6).
La collection particulière de M. Heer renferme encore un certain nombre d'espèces inédites, telles que le *Tenthredo Gervaisi*
Heer, dont j'ai vu de nombreux spécimens au musée de
Marseille; le *Cynips antiquus* Hr, le *Pteromalites Fosteri* Hr,

(1) Marcel de Serres fait remarquer que les Insectes de grande taille sont très-rares
dans le gisement d'Aix.
(2) *Revue et Magasin de zoologie*, 1852, t. IV, p. 279, pl. 23, fig. 5.
(3) *Insektenf.*, II, p. 143, pl. 10, fig. 9.
(4) *Insektenf.*, II, p. 136, pl. 10, fig. 8. — *Fossile Insekten von Aix*, p. 28, pl. 2,
fig. 2b.
(5) *Fossile Insekten von Aix*, p. 29, et *Fossile Hymenopteren*, p. 14, pl. 1, fig. 13.
(6) *Ibid.*, p. 29 et 30, pl. 2, fig. 15 et 16.

l'*Ichneumonites aquensis* Hr, le *Formica Saportæ* Hr, le *Poneropsis Bojeri* Hr. Je reviendrai plus tard sur tous ces types intéressants que M. Heer m'a autorisé à publier, mais je tiens à constater dès à présent qu'il y a dans les musées de Paris et de Marseille d'autres espèces d'Hyménoptères, et particulièrement de Fourmis, qui se rapprochent, à certains égards, des espèces de Radoboj décrites et figurées par M. Heer. Tandis que les Apiens et les Vespiens sont extrêmement rares, les Pupivores, c'est-à-dire les Ichneumoniens, les Chalcidiens et les Proctotrupiens sont relativement abondants et dans un état de conservation fort remarquable, mais presque tous de petite taille. Ils m'ont paru se rapprocher particulièrement des genres *Collyria*, *Alysia*, *Lissonata*, *Taphœus*, *Campoplex*, *Agathis*, *Belyta*, *Pteromalus*, *Bassus*, etc.

DIPTÈRES.

Les Diptères sont fort répandus dans les gypses d'Aix et égalent au moins les Coléoptères par le nombre des individus et même par celui des espèces. En estimant à 80 le nombre des espèces de cet ordre que j'ai eues sous les yeux, je reste certainement encore au-dessous de la vérité ; et le même type spécifique se trouve souvent représenté, particulièrement dans le groupe des Tipulaires musciformes, par 30 ou 40 individus, dans une même collection.

M. Marcel de Serres citait déjà en 1828, dans les *Annales des sciences naturelles*, un *Anisopus* plus petit que l'*Anisopus fuscus* Meig. ; quelques *Sciara*, dont un assez petit et rapproché du *Sciara florilega* Meig. ; une Penthétrie analogue au *Penthetria funebris* Meig, et une autre à ailes plus transparentes et à pattes plus allongées ; un *Platyura* ressemblant au *Platyura cingulata* Meig.; trois *Hirtea* (*Bibio*), l'un à ailes translucides, le second à ailes noirâtres, rappelant l'*Hirtea hortulana*, le troisième ayant la forme de l'*H. Johannis* Meig.; des Tanystomes voisins de l'*Empis tessellata* Fabr. et au *Nemestrina reticulata* Latr.; des Notacanthes, parmi lesquels une espèce de la taille du

Stratiomys Chameleo, et un *Xylophagus* presque identique avec
l'*ater ;* enfin des Athéricères, tels qu'un Syrphe assez rapproché de
l'*Aphritis aureo-pubescens* Latr., et un *Ochtera* plus petit que
l'*Ochtera Mantis* Latr. Dans sa *Géognosie des terrains tertiaires*,
Marcel de Serres ajoutait à cette première liste un *Ceratopogon*
de petite taille, un *Nephrotoma* de la grandeur du *Nephrotoma
dorsalis*, un *Scatops* à corps et à ailes brunes, un petit *Tricho-
cera ;* un *Dilophus* à ailes noires, comparable au *Dilophus marginatus* Meig., et un autre à ailes moins foncées ; deux *Asilus*,
l'un complétement noir, l'autre de couleur fauve ; un *Tabanus* de
couleur sombre et de dimensions médiocres ; un *Nemotelus* bien
caractérisé, et un *Sargus* à ailes transparentes, avec la lunule
médiane noirâtre. Enfin, dans son troisième ouvrage (*Notes
géologiques sur la Provence*), le même auteur mentionnait, outre
les espèces qu'il avait signalées précédemment, une Tipule proprement dite et de nouvelles espèces d'Empides. Malheureusement ces divers catalogues de Marcel de Serres ne contiennent
ni descriptions ni figures, de sorte qu'il est presque impossible
de retrouver les espèces que ce géologue a eues sous les yeux ;
nous voyons cependant qu'il a parfaitement reconnu l'abondance des Tipulaires, et en particulier des Bibions, dans les marnes tertiaires de la Provence.

A l'époque où paraissait la *Géognosie des terrains tertiaires*,
Curtis énumérait aussi dans les gypses d'Aix une douzaine
d'espèces de Diptères, et donnait de quelques-unes d'entre elles
des figures assez exactes, d'après les spécimens rapportés par
M. Murchison. Les types cités par Curtis sont un *Limnobia*
voisin du *Limnobia sexpunctata ;* deux Gnoristes, deux Mycétophiles ; deux espèces ou deux individus de sexes différents,
appartenant à un genre nouveau, allié peut-être au *Penthetria
holosericea* Meig. (1) ; un Bibion mâle voisin du *Bibio venosus*
Meig.; quelques spécimens d'un genre intermédiaire entre les
Beris et les *Bibio ;* un insecte d'un genre nouveau, voisin des

(1) Ce genre est en effet nouveau et présente des affinités avec les Bibions et les
Penthétries ; c'est le genre *Protomyia* Heer.

Sargus (1), et des *Empis* de formes variées. Cette première liste était fort imparfaite, mais Curtis se proposait de la compléter, grâce à de nouveaux matériaux dont s'était enrichie la collection Murchison ; malheureusement il ne put donner suite à ce projet, et ce n'est qu'en 1856 que M. Heer décrivit quelques-uns des spécimens indiqués par l'entomologiste anglais, et figura de nouveaux exemplaires empruntés à la collection Blanchet et au musée de Zürich. C'est ainsi que l'on connut le *Limnobia Murchisoni* (2), les *Mycetophila pallipes*, *Meigeniana* (3) et *morio* (4), le *Cecidomyia protogea*, les *Bibio fusiformis*, *morio*, *mœstus* et *Curtisii* (5), les *Protomyia Bucklandi*, *lygœoides*, *livida* (6), *brevipennis*, *elegans* (7) et *gracilis*, le *Xylophagus pallidus* (8) et l'*Hilarites bellus*. Mais ces dix-sept espèces dont j'ai trouvé des représentants dans les musées de Paris, de Lyon et de Marseille, et dont quelques-unes étaient fort répandues (9), ne comprennent encore qu'une partie des Diptères fossiles des environs d'Aix. Il y a en effet dans la collection particulière de M. Heer plusieurs espèces inédites telles que *Tipula infernalis*, *T. Macquarti*, *Sciara troglodytes*, *Anthomyia* sp., *Limnobia fusiventris*, *Bibio Martinsii*, *Bibio funebris*, *Protomyia Matheroni*, etc.; et dans nos collections publiques j'ai constaté la présence d'une foule de Tipulaires, d'Anthracides, de Bombyliens, de Scatophagides et même de Syrphides, que je décrirai plus tard avec tout le soin qu'ils méritent, et qui varient de la taille de nos grandes Tipules à celle de nos Moucherons microscopiques (10).

(1) C'est le *Bibio Curtisii* Heer.

(2) Voy. Curtis, *loc. cit.*, pl. 6, fig. 7.

(3) Curtis, *loc. cit.*, pl. 6, fig. 8.

(4) Curtis, *loc. cit.*, pl. 6, fig. 9.

(5) Curtis, *loc. cit.*, pl. 6, fig. 12. — Heer, *Fossile Insekten von Aix*, p. 34, pl. 2, fig. 7 et 14.

(6) Curtis, *loc. cit.*, pl. 6, fig. 11.

(7) Curtis, *loc. cit.*, pl. 6, fig. 10.

(8) Ce *Xylophagus* n'est probablement pas celui qui est indiqué par Marcel de Serres, car il est beaucoup plus petit que *Xylophagus ater*.

(9) Par exemple les *Bibio Curtisii* et *Martinsii*, le *Protomyia Bucklandi*, les *Mycetophila morio* et *pallipes*.

(10) Il y a, entre autres types intéressants, des *Dixa* voisins du *Dixa lineata* Macq.,

LÉPIDOPTÈRES.

De 1828 à 1844, M. Marcel de Serres a signalé successivement, d'après ses observations personnelles et sur la foi d'autrui,
plusieurs Lépidoptères dans les gypses d'Aix, et, entre autres, un
Satyre, une espèce de Zygène fort douteuse ; une Sésie voisine
du *Sesia vespiformis* Hübn.; une autre, de forme moins
allongée et à corps plus épais, rappelant le *Sesia brosiformis*
Hübn.; une Noctuelle et un Bombyx de grandeur moyenne. Vers
la même époque, M. le comte de Saporta découvrit dans les
marnes gypsifères une superbe empreinte de Papillon, qui fut
soumise à M. le docteur Boisduval. Ce dernier la rapporta à
un Satyride du genre *Cyllo*, et la rapprocha des *Satyrus Rohria*,
Caumas et *Europa* de l'*Encyclopédie*. Bientôt après il en publia,
dans les *Annales de la Société entomologique de France*, une
description et une figure qu'il accompagna des remarques suivantes : « Ce Lépidoptère, dit-il, fait partie d'un genre dont
» les espèces, assez peu nombreuses, sont confinées aujourd'hui
» dans les îles de l'archipel Indien, ou dans les contrées les plus
» chaudes du continent asiatique. D'après ce que j'ai pu ap-
» prendre de M. Blum de Leyde, ils voltigent çà et là à l'entour
» des Palmiers, dont peut-être ils se nourrissent à l'état de che-
» nilles (1). » La détermination du docteur Boisduval fut
contestée en 1851 par M. Lefebvre (2) ; mais tout récemment,

du midi de la France, et du *Dixa serotina* Meig.; un *Dicranomyia* presque identique avec une espèce dont l'aile est figurée par M. Osten Sacken dans sa Monographie
des Tipules de l'Amérique du Nord ; un *Laphria* de la taille du *Laphria pygmœa* de la
Géorgie ; un *Atomosia* ressemblant à l'*Atomosia pusilla* des États-Unis ; des *Mycetophila* alliés à ceux de Radoboj ; un *Asilus* rappelant l'*Asilus barbarus* du midi de
l'Europe, etc., etc.

(1) *Ann. Soc. entom. de France*, 1840, t. IX, p. 371, pl. 8. — Il avait été déjà
question précédemment de ce bel insecte (*Soc. entom. de France, Bull.*, t. VII, p. 52,
et t. VIII, p. 7). — Marcel de Serres l'a mentionné dans ses *Notes géologiques sur la
Provence*, p. 93. M. Coquand en a parlé à la Société géologique (*Bull.*, 2e série, t. II,
p. 385), et Pictet l'a figuré (*Atlas du Traité de paléontologie*, pl. 40, fig. 11).

(2) *Ann. Soc. entom. de France*, 1851, 2e série, t. IX, p. 71-88. — Voy. la réponse
de M. Boisduval (*Ibid., Bull.*, p. 96-98).

un entomologiste américain dont j'aurai plusieurs fois à citer les
travaux, M. Scudder de Boston, étant venu en France, a obtenu
de M. le comte de Saporta communication de l'exemplaire qui
était le sujet du débat, et, après avoir étudié minutieusement
l'empreinte, a été conduit à confirmer pleinement l'opinion ex-
primée par le docteur Boisduval (1).

Dans ses *Recherches sur le climat et la végétation du pays
tertiaire*, M. Heer a cité une autre espèce de Lépidoptère qu'il a
rapprochée d'un *Thais* de l'époque actuelle, et qu'il a nommée
Thaites Ruminiana. Il n'a pas donné de description détaillée de
cette espèce, mais il a eu l'obligeance de la confier à mon ami
M. Scudder, qui l'a examinée avec grand soin. et qui a été conduit à partager l'opinion de M. Heer, relativement aux affinités
de cet insecte (2).

Un autre Satyride presque aussi remarquable que les deux
précédents fait partie des collections du musée de Marseille, et a
été décrit et figuré par M. Scudder sous le nom de *Satyrites
Reynesi* (3); il a des relations étroites avec le genre *Debis*
(*Lethe* Hübn.) tel qu'il a été décrit par Westwood et Hewitson,
en en exceptant le *Papilio Portlandiana* de Fabr. « Or, dit
» M. Scudder, il n'est pas sans intérêt de noter que ces auteurs
» ont placé ce groupe tout à fait à côté du genre *Cyllo* (*Mela-
» nitis*), dans lequel le docteur Boisduval a placé l'espèce fossile
» d'Aix qu'il a nommée *sepulta*. Il n'est pas moins intéressant
» non plus de constater que dans ces deux genres tous les sujets
» vivants qu'ils représentent, y compris ceux qui ont été décou-
» verts depuis la publication du *Genera of diurnal Lepidoptera*,
» sont originaires des Indes ; de sorte que les insectes qui se rap-
» prochent le plus des Papillons fossiles de la Provence sont ori-
» ginaires de l'Orient. »

(1) M. Scudder a fait de ce beau Papillon un nouveau dessin que je reproduirai
lorsque je traiterai plus spécialement des Lépidoptères.

(2) *Recherches sur le climat et la végétation*, p. 205. Le *Thais rumina* L., le *Th.
Cerisyi* God. Dup., le *T. hypsipyle* Fabr. ou *T. polyxena* Ochs., et en général tous les
Thais de la faune actuelle, sont des insectes printaniers confinés sur le pourtour du
bassin méditerranéen et dans les îles de la Méditerranée.

(3) *Revue et Magasin de zoologie*, 1872.

M. Scudder a encore reçu en communication de M. le comte Saporta l'empreinte d'un Papillon diurne qui doit, suivant lui, se placer parmi les Coliades, sous le nom *Coliates Proserpinæ*, et parmi les spécimens que j'ai soumis à son examen, le même entomologiste a reconnu l'aile d'un Pamphile (*Pamphilites abdita* Scudd. sp.) (1).

De mon côté j'ai cru distinguer, à côté de ces Lépidoptères diurnes, plusieurs espèces de Lépidoptères nocturnes analogues les unes à des *Noctua*, les autres à des Tinéites, et, fait digne de remarque, j'ai découvert sur la même plaque qu'un de ces Papillons un Hyménoptère de taille microscopique, mais d'une admirable conservation, qui doit probablement constituer un genre nouveau, mais qui a certainement des affinités avec ces Pupivores qui se développent dans les chenilles du *Psyche graminella* et du *Tinea Pomonella*. Enfin M. le professeur Heer a eu l'obligeance de me confier deux spécimens qui lui paraissent être des Phalènes, et pour l'un desquels il propose le nom de *Phalenites Proserpinæ*.

Comme on pouvait s'y attendre d'après la place qu'ils occupent dans la série géologique, les gypses d'Aix, par leurs Insectes, se rapprochent moins des marnes d'OEningen que des calcaires marneux de l'Auvergne, des couches fossilifères de Radoboj ou des lignites du Rhin : c'est ce qui ressort clairement d'une comparaison entre les faunes entomologiques de ces divers gisements, comparaison dont les résultats sont consignés dans le tableau suivant :

(1) Les dessins de ces espèces que M. Scudder a bien voulu m'autoriser à reproduire paraîtront avec la partie de mon travail consacrée aux Lépidoptères. — Les *Colias* sont aujourd'hui assez nombreux dans nos pays (*Colias Hyale* L. ou *Soufre*, *Colias edusia* L. ou *Souci*); les Pamphiles (genre *Steropes* Boisd.) font partie de la tribu des Hespérides, et se trouvent de préférence dans les bois humides et marécageux, dans presque toute l'Europe (*S. Aracynthus* Fabr., et *S. Paniscus* Fabr.).

	OENINGEN.	RADOBOJ.	CORENT.	AIX.
Coléoptères.................	518	42	9	80
Orthoptères................	20	13		10
Névroptères.................	27	20	2	10
Thysanoptères...............				3
Hémiptères.................	133	61		25
Hyménoptères...............	80	85	2	40
Diptères...................	63	83	30	75
Lépidoptères...............	3	8	1	7
	844	312	44	250

On voit par là que les principaux gisements tertiaires sont
loin d'avoir fourni jusqu'à ce jour le même nombre d'espèces
fossiles ; ce qui provient sans doute de ce que les fouilles n'ont
pas été pratiquées partout sur la même étendue et n'ont pas été
partout effectuées avec le même soin. A Œningen, en effet,
celui de tous les gisements qui a livré le plus de matériaux à la
paléontologie entomologique, les Insectes ont été recherchés
méthodiquement au lieu d'être recueillis au hasard d'une exploitation industrielle, comme à Corent, à Aix ou même à Radoboj.
Il ne faut donc pas attacher trop d'importance au *total* des
espèces contenues dans chaque gisement, d'autant plus que ce
chiffre est susceptible de s'accroître d'année en année, par des
découvertes successives ; mais il faut tenir compte de la répar-
tition des espèces entre les différents groupes, car c'est la prédominance de certains types entomologiques qui imprime à
chaque faune son caractère particulier. Or il est facile de voir,
par les chiffres que nous avons donnés ci-dessus, que les proportions numériques des différents groupes, les uns par rapport
aux autres et relativement à l'ensemble de la faune, ne sont pas
du tout les mêmes à Œningen, à Radoboj, à Corent et dans les
gypses d'Aix (1). Les Diptères, par exemple, qui sont dans

(1) Ces proportions numériques sont à très-peu près les mêmes que celles qui ont été
indiquées par M. Heer et peuvent être acceptées comme l'expression de la vérité ; en
effet, les spécimens qui figurent dans nos collections ont été rassemblés peu à peu
et recueillis indistinctement par des personnes qui ne s'attachaient pas exclusivement
à telle ou telle catégorie d'Insectes.

la proportion de 1,5 pour 100 à Parschlug, de 3 pour 100
dans la mollasse de la Suisse, de 7 pour 100 à Œningen, de
26 pour 100 à Radoboj, de 68 pour 100 à Corent (1), constituent dans les marnes d'Aix le tiers des espèces et occupent à
peu près le même rang que les Coléoptères. Au contraire, les
Hémiptères, quoique très-nombreux en individus, ne forment
que le dixième des espèces, dans les gypses de la Provence,
tandis qu'ils sont à Œningen dans la proportion de 15 pour 100.
Par l'abondance des Diptères le gisement d'Aix se rapproche de
celui de Radoboj, mais il contient beaucoup plus de Coléoptères
que ce dernier. En revanche, les Fourmis, qui étaient si nombreuses en Croatie pendant la période tertiaire (2), n'étaient représentées aux environs d'Aix que par une dizaine d'espèces,
très-voisines, du reste, de celles de Radoboj. La présence de ces
Hyménoptères et l'existence d'un certain nombre d'Orthoptères
et d'Hémiptères distinguent d'un autre côté les gypses d'Aix des
calcaires marneux de l'Auvergne, où les Diptères semblent plus
répandus que partout ailleurs.

En poussant plus loin la comparaison et en examinant la répar-
tition des espèces non plus seulement entre les différents ordres,
mais entre les diverses familles de chaque ordre, nous arri-
verions à des résultats analogues; pour le montrer, je n'aurai
pas besoin de recourir aux Insectes que je n'ai pas encore
décrits en détail, et il suffira de considérer ceux dont je viens de
faire une étude spéciale. Voici en effet quelle est, d'après les
travaux de M. Heer (3), et d'après mes recherches personnelles,
la distribution des Coléoptères dans les gisements d'Œningen,
de Radoboj, de Corent et d'Aix en Provence :

---

(1) Voy. Première partie, *Insectes fossiles de l'Auvergne*, p. 161.

(2) On a découvert à Radoboj 57 espèces de Fourmis; 16 de ces espèces comptent
de 10 à 55 individus, et le *Formica occultata* en possède près de 500 (Heer, *Climat
du pays tertiaire*, p. 197).

(3) *Recherches sur le climat et la végétation du pays tertiaire*, p. 198 et suiv.

24

COLÉOPTÈRES.	OENINGEN.	RADOBOJ.	CORENT.	AIX.
Carabides	54	5		11
Dytiscides	12	1	1	
Gyrinides	2			
Hydrophilides	22	1	1	4
Silphides	1			
Scydménides		4		1
Staphylinides	10			20
Scaphidides	2	6		
Nitidulides	17	3		
Peltides	15			
Rhyssodides	1			
Lathridides				1
Mycétophagides				1
Byrrhides	5			
Dermestides	2			
Histérides	12			
Scarabéides	42			2
Elatérides	27	1		1 (?)
Buprestides	40	3		
Lycides	1			
Lampyrides	1			
Téléphorides	5			
Mélyrides	7			
Tillides	2			
Lymexylonides	1			
Sténosides	1			
Ténébrionides	3			
Opatides	1			
Méloïdes	4	1		
Hélopides	6			
Cistélides	9			
Œdémérides	2			1 (?)
Lagriides	1			
Anthicides	1			
Prionides	7			
Cérambycides	14	1		1
Lamiaires	8	2		
Curculionides	108	2	7	30
Hylésinides	2			1
Chrysomélides	50	5		6
Coccinellides	19	2		

Ce tableau montre immédiatement que certaines familles qui occupent une place considérable dans les faunes d'OEningen et de Radoboj, manquent absolument dans la faune de Corent ou dans celle d'Aix en Provence, et que les groupes même qui se trouvent représentés dans les quatre gisements sont loin d'avoir dans chacun d'eux une égale importance. Parmi les familles dont l'absence ou la rareté m'a le plus frappé dans les gypses

de la Provence, je citerai les Dytiscides, les Gyrinides, les Syl-
phides, les Histérides, les Nitidulides, les Ténébrionides, les
Mélolonthides, les Prionides, les Coccinellides, et surtout les
Buprestides, qui ne comptent pas moins de 40 espèces à OEningen et qui donnent à la faune de cette localité un caractère tropical indiscutable. En revanche, les Carabides sont relativement
plus nombreux à Aix qu'à OEningen ; les Curculionides sont
aussi plus répandus, et les Staphylinides forment le quart des
espèces, tandis qu'en Suisse, à l'époque miocène, ils ne sont
que dans la proportion de 2 pour 100.

Après avoir indiqué sommairement les différences que présentent OEningen, Radoboj, Aix et le puy de Corent sous le rapport
de la distribution des espèces, je voudrais pouvoir comparer ces
quatre localités à quelques régions du monde actuel, afin d'en
déduire quelques considérations sur la constitution du sol et le
climat de nos contrées pendant la période tertiaire ; malheureusement je manque de documents pour une semblable étude. En
effet, tandis que nous connaissons presque toutes les espèces de
Mammifères et d'Oiseaux qui peuplent aujourd'hui la surface
du globe, tandis que nous avons des données précises sur leur
habitat et sur leur extension géographique, nous ne possédons
pas encore une faune entomologique complète de notre propre
pays, et nous n'avons sur les Insectes des pays lointains que
des renseignements imparfaits. Jusqu'à ces derniers temps, les
Diptères avaient été négligés par les voyageurs, à cause de leur
petitesse et de leur fragilité ; les Hyménoptères, les Hémiptères,
les Orthoptères et même les Névroptères n'avaient été recueillis
que par un petit nombre d'amateurs ; seuls les Coléoptères
avaient été soigneusement récoltés, à cause de l'éclat de leurs
couleurs et de la facilité avec laquelle ils se conservent dans les
collections. Bientôt sans doute, grâce aux travaux de MM. Hagen,
Mac-Lachlan et de Sélys-Longchamps sur les Névroptères, de
M. de Saussure sur les Orthoptères, de M. Giraud sur les
Hyménoptères, de MM. Loew, Bigot et Osten Sacken sur les
Diptères, de M. Signoret sur les Hémiptères, de MM. Buttler,
Lucas et Scudder sur les Lépidoptères, nous connaîtrons mieux

la distribution géographique de ces différents ordres ; mais jusqu'à présent les Coléoptères sont encore de tous les Insectes ceux dont l'habitat est le mieux établi. Aussi c'est uniquement sur l'étude des Coléoptères que Latreille, Mac Leay, Kirby, Spence et Lacordaire ont basé leurs recherches de géographie entomologique, et c'est exclusivement à cet ordre que je m'adresserai pour composer le tableau suivant, en m'aidant des chiffres inscrits dans l'ouvrage de M. Heer :

OENINGEN.	RADOBOJ.	CORENT.	AIX.	EUROPE.	AMÉRIQUE BORÉALE.	AMÉRIQUE MÉRIDIONALE ET MEXIQUE.	ASIE.	ARCHIPEL INDIEN.
518 espèces.	42.	9.	80.	6813.	2531.	2387.	1104.	1109.
Curculionides.. 108	Clavic. 10	Curcul. 7	Curcul. 30	Curc. 1145	Carab. 389	Chrys. 1853	Carab. 194	Curcul. 238
Sternoxes..... 67	Carab. 5	....	Brachél. 20	Curcul. 1090	Chrys. 375	Curc. 1615	Lamell. 172	Chrys. 192
Clavicornes... 55	Chrys. 5	....	Carab. 11	Brach. 683	Curcul. 285	Long. 947	Chrys. 135	Lamell. 116
Carabiques.... 54	Stern. 4	....	Chrys. 6	Chrys. 610	Stern. 214	Lamell. 905	Curcul. 130	Longic. 105
Chrysomélides. 50	Brachél. 4	....	Palpic. 4	Lamell. 388	Longic. 186	Carab. 591	Melas. 112	Carab. 94
Lamellicornes . 42	Lamell. 3	Clavic. 2	Clavic. 2	Clavic. 380	Lamell. 172	Stern. 451	Stern. 73	Coccinel. 78
Longicornes... 30	Longic. 3	Dytisc. 1	Lamell. 2	Stern. 327	Malac. 130	Malac. 445	Longic. 58	Stern. 72
Palpicornes ... 22	Curcul. 2	Palpic. 1	Long. 2 (?)	Longic. 303	Brach. 129	Clavic. 192	Vésic. 50	Malac. 51

Quelques faits intéressants se dégagent immédiatement de cette comparaison. Nous voyons en effet que les Curculionides, qui dominent dans les faunes actuelles de l'Europe et de l'archipel Indien, occupent aussi le premier rang dans les faunes tertiaires d'OEningen et d'Aix en Provence ; mais les ressemblances ne vont pas plus loin avec l'archipel Indien. Dans cette dernière région, les Curculionides sont en effet suivis par les Chrysomélides, les Lamellicornes et les Longicornes, qui tiennent une place bien moins importante dans les deux gisements que nous considérons. D'un autre côté, les Sternoxes, c'est-à-dire les Buprestes et les Elaters, viennent, à OEningen, immédiatement après les Curculionides, et s'élèvent par conséquent à un niveau qu'ils n'atteignent jamais dans la nature actuelle, pas même dans l'Amérique boréale, où ils cèdent le pas aux Carabiques, aux Chrysomélides et aux Curculionides. Ce développement des Sternoxes et des Clavicornes imprime à la faune d'OEningen un cachet tout particulier et la distingue nettement

de la faune européenne. Radoboj s'éloigne aussi par une foule
de traits des faunes contemporaines ; car si les Sternoxes y sont
relativement aussi nombreux que dans l'Amérique boréale, les
Curculionides sont rejetés à la fin de la série dont la tête est
formée par les Clavicornes. Aix, au contraire, présente beaucoup d'analogies avec nos contrées : les Chrysomélides, les Clavicornes et les Longicornes occupent, comme les Curculionides,
dans l'une ou l'autre faune, des places correspondantes ; mais
à Aix, les Brachélytes précèdent les Carabiques, et les Palpicornes sont plus répandus qu'en Europe, tandis que les Lamellicornes le sont beaucoup moins, et que les Sternoxes font presque
totalement défaut. Cette discussion confirme pleinement ce que
j'ai dit précédemment des relations qui existent entre la faune
entomologique des gypses et celle de l'Europe actuelle, et en
particulier du bassin méditerranéen. Je suis en cela parfaitement d'accord avec M. Heer, qui constate que la plupart des
Insectes appartiennent à des genres qui vivent encore en Provence, mais dont l'aire géographique est très-étendue. Je ne
prétends pas pour tout autant qu'il n'y ait point à Aix un certain
nombre de types exotiques qui tranchent sur le fond modeste
de la faune ; bien au contraire, en décrivant les Coléoptères, j'ai
signalé le *Cryptorhynchus gypsi* et le *Cossonus Marionii*, qui se
rattachent à des groupes dont l'immense majorité des espèces
est maintenant étrangère à nos contrées ; en passant en revue
les autres ordres, j'aurai de même à mentionner des Plécies,
des Penthétries, des Dicranomyes, des *Harpactor*, dont les analogues ne se trouvent plus que dans les pays lointains et particulièrement dans les parties chaudes de l'Amérique septentrionale, au Texas, à la Floride, etc. D'un autre côté, bien avant
moi, Germar avait signalé dans les gypses des *Hipporhinus* qui
sont maintenant confinés au cap de Bonne-Espérance, en Cafrerie et à la Nouvelle-Hollande, et M. Boisduval avait rattaché
le magnifique Papillon de M. le comte de Saporta au genre
Cyllo, qui vit aujourd'hui dans l'archipel Indien ; plus récemment, M. Scudder a rapproché le *Satyrites Reynesi* du genre
Debis, qui se trouve également dans les Indes. Bref, il est hors

de doute qu'il y a dans les gypses de la Provence un certain mélange de formes exotiques et de formes méditerranéennes ; mais celles-ci sont en immense majorité. Je crois donc que si Marcel de Serres (1) et M. Boué (2) allaient trop loin en disant que toutes les espèces d'Aix étaient analogues à des espèces européennes, M. Coquand (3) et M. Boisduval (4) commettaient une erreur bien plus considérable en prétendant que ces mêmes espèces appartenaient toutes à des genres encore vivants, mais complétement étrangers à l'Europe.

Ce caractère mixte de la faune entomologique d'Aix n'a rien de bien étonnant, et la présence d'un petit nombre de formes asiatiques, africaines et américaines, s'explique assez facilement si l'on tient compte de la configuration des terres et des mers pendant la période tertiaire. Il y avait alors en effet un vaste continent qui rattachait l'une à l'autre l'Europe et l'Amérique, ou qui tout au moins diminuait la distance entre ces deux parties du monde ; d'un autre côté, une presqu'île formée par la réunion de la Corse et de la Sardaigne avec nos côtes méridionales s'avançait dans la mer nummulitique et atteignait presque le rivage africain (5), qui se reliait d'ailleurs à l'extrémité de l'Espagne. Les communications entre ces divers continents étaient donc beaucoup plus faciles que de nos jours, et un certain nombre d'espèces pouvaient passer de l'un à l'autre, se répandre uniformément sur le pourtour de la mer nummulitique et donner naissance à une faune presque aussi complexe que notre faune méditerranéenne. Il ne faut pas croire d'ailleurs que ce mélange d'espèces indigènes et exotiques soit particulier à la faune entomologique d'Aix ; on le retrouve au contraire dans tous les gisements tertiaires. A Œningen, par exemple, d'après M. Heer, la plupart des espèces d'Insectes appartiennent à des genres actuellement répandus dans l'an-

(1) *Géognosie des terrains tertiaires.*

(2) *Guide du géologue*, t. II, p. 285.

(3) *Bulletin de la Société géologique de France*, séance du 21 avril 1845.

(4) *Ann. Soc. entom. de France*, 1840, t. IX, p. 371.

(5) Voy. les cartes jointes aux *Recherches sur le climat* de M. Heer et à la *Révision de la flore des gypses d'Aix* de M. de Saporta, fascic. 1.

cien et dans le nouveau monde. A Radoboj, suivant le même auteur, on observe dix espèces de Termites, de magnifiques Libellules à ailes tachetées, comme celles qui vivent aujourd'hui dans le sud des États-Unis ; le genre indien *Gryllacris* ; de nombreux OEdipodes correspondant en partie à des espèces américaines ; des représentants des genres *Spartocerus* et *Acanthodes*, confinés aujourd'hui dans le nouveau monde ; enfin le *Vanessa Pluto*, superbe Lépidoptère voisin du *Vanessa Hedonia* des Indes, et le *Plecia lugubris*, répondant au *Plecia funebris* du Brésil. Dans les lignites du Rhin, on a découvert également quelques types de l'Amérique tropicale et subtropicale (*Caryoborus ruinosus* von Heyd., *Belostomum Goldfussi* Germ., *Notonecta primaæa* von Heyd., *Termes pristinus* Ch.), et un *Tephroderes* qui rappelle certaines faunes de l'Afrique australe.

Si nous sortions du monde des Insectes, nous verrions que les autres classes d'animaux fossiles présentaient également, au commencement de la période tertiaire, des associations inattendues de formes exotiques et de formes européennes. Ainsi, pour ne citer qu'un ou deux exemples, M. Alphonse Milne Edwards a reconnu dans les gypses éocènes des Oiseaux de type africain (1), tandis que M. Verreaux a cru pouvoir attribuer quelques plumes du même niveau à une Grive voisine du *Turdus musicus*, à une Sittelle rapprochée du *Sitta cæsia*, à une Huppe analogue à l'*Upupa epops*, à un Martin-pêcheur presque identique à l'*Alcedo ispida*, à un Pic semblable au *Picus viridis*, et à un *Strix* de la taille de notre moyen Duc (2). De même M. Sauvage nous apprend qu'on trouve à Aix, outre les deux genres éteints *Smerdis* et *Sphenolepis*, le *Cottus Aries*, qui rappelle les Cottes du nord de l'Europe, de l'Amérique et de l'Asie ; des *Lebias* dont les congénères vivent aujourd'hui dans les régions chaudes et principalement dans l'Amérique méridionale ; et des Perches appartenant au sous-genre *Percichthys*, confiné maintenant dans les mêmes contrées (3).

(1) *Mémoire sur les Oiseaux fossiles.*
(2) *Bulletin de la Société géologique de France*, 3ᵉ série, 1873, t. I, nº 5, p. 386.
(3) *Ibid.*, p. 388. — *Mémoire sur les Poissons fossiles d'Oran et de Licata* (*Ann. des sc. géol.*, t. IV, p. 29).

Parmi les plantes fossiles, M. le comte de Saporta cite un certain nombre de types caractéristiques de la végétation méditerranéenne et se rattachant aux genres *Cheilanthes*, *Juniperus*, *Laurus*, *Nerium*, *Cornus*, *Nymphæa*, *Paliurus*, *Pistacia*, *Coto· neaster* et *Cercis;* mais il décrit aussi près de quarante espèces qui ont des affinités, les unes avec des formes asiatiques, les autres avec des formes africaines. Ces dernières étant les plus nombreuses, M. de Saporta en conclut qu'il y a une étroite conformité entre la Provence éocène et la partie de l'Afrique qui s'étend de l'Abyssinie au Cap. « C'est là évidemment, dit-il, » le pays qui nous offre le tableau le plus ressemblant de ce que » devait être le midi de la France, et c'est aussi vers ce même » pays, ne l'oublions pas, que nous avons été ramenés par l'examen » des autres éléments de la flore, spécialement par la proportion » relative des deux grandes classes et des familles prédominantes. » Dans la région du Cap, la Cafrerie et généralement dans » l'Afrique austro-orientale, le ciel est serein, les pluies sont » rares, périodiques, réservées à certains mois, inconnues durant » les autres. Il en est de même aux Canaries, ainsi que dans » l'Afrique boréale (1). » Quoique je partage pleinement les idées de M. de Saporta relativement à la disposition du sol, à la nature du climat, aux conditions de l'atmosphère, tantôt extrêmement sèche, tantôt chargée d'humidité, je crois pouvoir affirmer que le monde des Insectes d'Aix, tout en renfermant des types asiatiques (*Satyrites*, *Cyllo*, etc.) et africains (*Hipporhinus*), offrait des affinités particulières d'abord avec la faune méditerranéenne et ensuite avec celle des parties chaudes de l'Amérique boréale, telles que la Louisiane, le Texas, la Floride, etc. Je fonde cette opinion sur la comparaison d'un certain nombre d'Insectes d'Aix (particulièrement de Diptères), non-seulement avec des Insectes de la faune actuelle du nouveau monde, mais encore avec des Insectes fossiles recueillis dans les terrains tertiaires des montagnes Rocheuses et appartenant à mon ami M. Scudder (2). Ces In-

---

(1) *Révision de la flore des gypses d'Aix*, t. I, p. 50.
(2) Voy. ci-dessus, page 40.

sectes des montagnes Rocheuses ressemblent tellement à ceux d'Aix en Provence, qu'il est difficile de ne pas admettre l'existence, à la fin de l'époque éocène, de relations assez étroites entre la faune de l'Amérique et celle de l'Europe (1). Par cette *teinte américaine*, si je puis m'exprimer ainsi, la faune entomologique d'Aix se rattache aux faunes tertiaires de Radoboj, de Corent, d'OEningen et des lignites du Rhin, mais elle ne concorde pas, comme M. Heer l'a déjà remarqué, avec la flore des gypses dont le caractère est plutôt africain. Il ne faut pas toutefois attacher trop d'importance à ce désaccord, puisque la nature actuelle nous offre des exemples de faits analogues, les régions entomologiques ne correspondant pas exactement aux régions botaniques, et les Insectes n'accompagnant pas toujours les plantes dans toute leur exposition géographique.

Je crois, du reste, avec M. de Saporta, que la température moyenne annuelle des environs d'Aix, au commencement de la période miocène, était de 22 degrés environ (2), et j'accepte volontiers l'explication donnée par cet auteur de la formation des sédiments gypsifères, et de la présence au milieu d'eux d'un grand nombre d'Insectes, de Poissons et de végétaux ; je suppose néanmoins qu'il y avait, outre un lac d'une certaine étendue, des lagunes ou des marais salants dans lesquels vivaient des Muges, des *Smerdis*, des Cottes et des *Lebias*, et des flaques d'eau plus petites, peuplées d'Hydrophiles et de larves de Libellules. Quand des pluies abondantes succédaient à une sécheresse prolongée, les eaux s'élevaient dans ces réservoirs naturels, débordaient sur les plages environnantes et les recouvraient d'un limon excessivement fin, auquel des sources thermales avaient mélangé une forte proportion de sulfate de chaux. Après un temps plus ou moins long, les pluies diminuaient d'intensité, puis cessaient complétement ; les eaux rentraient dans leur lit, et le rivage se desséchait peu à peu sous l'action des rayons

(1) Des affinités analogues ont été constatées pour les Mammifères par M. le professeur Gervais, et pour les Poissons par M. Sauvage (*Bull. Soc. géol. de France*, 3e série, 1873, t. I, n° 5, p. 388).

(2) C'était aussi la température de Corent (voy. Première partie, p. 173).

solaires. C'est alors que les Insectes qui avaient été entraînés par les eaux, ou qui, en beaucoup plus grand nombre, tombaient sur la plage, soit isolément, soit avec les feuilles auxquelles ils se tenaient accrochés, se trouvaient englués dans la vase encore molle, et y trouvaient la mort; leurs restes, étant enfouis dans la roche bientôt consolidée, et recouverts ensuite par une nouvelle couche de limon, pouvaient braver l'action des temps et se conserver intacts pendant des milliers d'années. Il est facile, comme on le voit, d'expliquer par des causes naturelles la destruction des Insectes d'Aix et leur enfouissement, sans avoir recours à des émissions de gaz délétères qui auraient anéanti d'un seul coup une grande partie de la faune.

La théorie que je soutiens ici, d'accord avec M. de Saporta, et que j'ai déjà émise à propos des Insectes fossiles de l'Auvergne, a été soutenue également dans un travail récent par M. Assmann, de Breslau (1). Cet auteur exprime l'opinion que les dépôts d'eau douce dont les couches sont extrêmement fissiles, et en particulier les gypses d'Aix, doivent leur origine aux eaux d'un fleuve qui débordait périodiquement sous l'influence des marées ou de pluies torrentielles analogues à celles des tropiques. M. Assmann démontre aussi, comme je crois l'avoir établi de mon côté, que les Insectes n'ont pu être ensevelis sous des eaux profondes, mais il suppose que ces mêmes Insectes ont été apportés d'une assez grande distance, les bords du lac ou du fleuve étant complétement stériles. C'est là une idée que je ne saurais partager : en effet, M. de Saporta nous apprend qu'un certain nombre de plantes croissaient sur le rivage et d'autres au sein des eaux. D'ailleurs les Insectes des gypses ne semblent pas, en général, avoir été ballottés par le flot, et n'offrent, pour la plupart, que des traces légères de décomposition; quelques-uns même sont dans un état de conservation admirable, et le *Thaites Ruminiana*, le *Cyllo sepulta*, le *Pamphilites abdita* montrent encore le dessin de leurs ailes, ce qui prouve suffisamment qu'ils ont été enfouis sur place. Je crois aussi que M. Assmann,

(1) *Beiträge zur Insektenfauna der Urwelt.* Breslau, 1870.

en reprochant aux géologues d'avoir évalué trop haut le temps
nécessaire à la formation des gypses d'Aix, tombe dans une autre
exagération en supposant que toutes ces couches ont pu se
déposer dans l'espace d'une année. Dans le même ouvrage,
M. Assmann fait une critique très-judicieuse des théories de
C. Vogt (1) relatives à l'ordre d'apparition des différents groupes
d'Insectes. Il montre que les Insectes à métamorphoses incomplètes (*Ametabola*) ne sont nullement inférieurs aux Insectes
à métamorphoses complètes (*Metabola*), et que les Insectes
broyeurs, tels que les Coléoptères, ne paraissent pas avoir une
organisation moins élevée que beaucoup d'Insectes suceurs, tels
que les Diptères ou les Lépidoptères. Cette discussion offre un
nouvel intérêt, maintenant que Hæckel vient de reprendre,
presque sans les modifier, les idées de C. Vogt, et cherche à établir, dans son *Histoire de la création naturelle*, que les trois
ordres des Lépidoptères, des Diptères et des Hémiptères, constituant le groupe des *Sugentia*, sont bien moins anciens que les
Hyménoptères, les Coléoptères, les Orthoptères, les Névroptères
et les Archiptères, formant le groupe des *Masticantia*. Mais
comme je ne considère ici que deux gisements appartenant à
une seule et même période, je ne puis entrer dans cet ordre de
considérations qui exige l'examen de toutes les faunes et de
tous les groupes de chaque faune. Je me contente donc de faire
remarquer que les Lépidoptères ne semblent pas avoir une origine aussi récente que le suppose Hæckel, car ces Insectes sont
déjà représentés dans les gypses d'Aix par des formes compli-
quées (*Cyllo, Satyrites, Thaites*), et non point seulement par ces
Teignes et ces Noctuelles qui établissent, d'après le même auteur,
le passage des Papillons aux Phryganides (2).

   Il est temps maintenant d'arriver aux relations qui existaient
en Provence, au commencement de l'époque miocène, entre le
monde des Insectes et le Règne végétal ; mais comme ce sujet a

---

   (1) *Lehrbuch der Geologie und Petrefaktenkunde*, 2ᵉ édit. Brunswick, 1854, p. 450
et 509-511.
   (2) *Histoire de la création des êtres organisés*, trad. Ch. Letourneau. Paris, 1874,
p. 495 et suiv.

déjà été traité par M. Heer (1) et M. de Saporta (2), et que, en
décrivant les Coléoptères, j'ai eu soin d'indiquer autant que possible le genre de vie et la nourriture de chacun d'eux, je puis
être très-bref. Je rappellerai qu'au bord de l'eau vivaient l'*Anthicus melancholicus*, les *Feronia minax* et *provincialis*, le *Stomis
elegans*, le *Polystichus Hopei*, les *Panagœus Dryadum*, le *Bembidium infernum* et *Saportanum*, le *Nebria Tisiphone*, le *Stenus
prodromus*, l'*Achenium ingens*, l'*Hygronoma deleta*, les *Libellula Perse* et *Aglaia*, les *Calopteryx*, les Phryganes, les *Tipula
infernalis* et *Macquarti*, le *Limnobia Murchisoni*, etc., etc. Dans
les eaux peu profondes nageaient de nombreuses larves de Libellules, quelques Hydrophiles (*Hydrophilus antiquus, Hydrophilopsis incertus, Hydrobius obsoletus, Laccobius vetustus*). Sur les
plantes aquatiques, telles que le *Chara gypsorum* Sap. (3) et le
Typha latissima Al. Br. (4), se tenaient de petits Curculionides
(*Tanysphyrus deletus, Erirhinus Chantrei, Hygronomus nasutus*, etc.). Sur la plage humide, au milieu des Mousses, de nombreux Staphylins faisaient la chasse aux petits insectes, tandis
que d'autres (*Xantholinus Westwoodianus, Quedius Reynesi* et
Lorteti) se glissaient sous les écorces et pénétraient dans les galeries des Insectes xylophages. Les Pins, si nombreux aux environs
de l'ancien lac, nourrissaient toute une population d'Hémiptères (*Pachymerus Murchisoni, P. Bojeri*) et de Rhynchophores (*Hylobius morosus*, **H.** *Carbo, Plinthus Heerii*). Comme
le dit M. Heer, l'*Aphrophora spumifera* et le *Bythoscopus muscarius* vivaient sur les Saules (5) et sur le *Populus Heerii* Sap. ;
c'est aux dépens de ces arbres que se nourrissait aussi le *Cryptorhynchus gypsi*. Le *Pseudophana amatoria* préférait les Chênes (6); le *Brachyderes longipes* fréquentait les Bouleaux (*Be-

---

(1) *Fossile Insekten von Aix.*

(2) *Révision de la flore des gypses*, fascic. 1, p. 71.

(3) *Ibid.*, t. II, p. 6.

(4) *Ibid.*, p. 119.

(5) Une nouvelle espèce de Saule, voisine du *Salix nigra* Marsh., a été découverte
récemment à Aix. Voy. Saporta, *Révision de la flore des gypses*, t. III, p. 140.

(6) *Révision de la flore des gypses*, t. III, p. 131 et suiv. (*Q. salicina, elœna, elli-
ptica, antecedens*, etc.).

tula gypsicola Sap.) (1), et le *Coniatus minusculus* courait le long des branches d'un Tamaris. Les plantes herbacées avaient aussi leurs ennemis : c'est ainsi que les Bruyères (*Andromeda mucronata, pulchra, subterranea, abbreviata,* etc.) (2) étaient attaquées par le *Sitones margarum*. La présence du *Pachymerus pulchellus* et de l'*Heterogaster antiquus* conduit M. Heer à prédire la découverte d'une espèce d'Ortie, de même que le *Cassida Blancheti* lui fait admettre l'existence dans les gypses de la famille des Synanthérées. Les Champignons devaient être fort nombreux dans la forêt tertiaire, à en juger par la fréquence des Diptères fongicoles (*Mycetophila pallipes, Meigeniana* et *morio*), auxquels sont associés de petits Coléoptères, tels que le *Corticaria melanophthalma* et le *Triphyllus Heerii ;* et il est probable que sur une foule de points le sol était très-humide et se prêtait admirablement au développement des Tipulaires, si répandus dans les gypses de la Provence (*Bibio, Protomyia,* etc.) ; mais il y avait aussi des endroits plus secs, exposés au soleil, où chassaient le *Harpalus Nero* et le *H. deletus.* Autour des fleurs, qu'habitaient des *Thrips* de dimensions microscopiques, voltigeaient des Anthomyies, des Syrphes et des Papillons (*Coliates Proserpinæ*). Les chenilles du *Thaites Ruminiana* vivaient probablement sur l'Aristoloche, et celles de *Cyllo sepulta* sur des Palmiers, où de voraces Calosomes (*Calosoma Agassizi*) venaient les poursuivre. Quant aux *Hipporhinus*, qui comptent de si nombreux représentants dans nos collections, ils s'attaquaient probablement aux *Widdringtonia* (W. *brachyphylla* Sap.), qui sont, comme eux, confinés aujourd'hui dans l'Afrique australe (3).

Cette esquisse rapide montre que l'étude des Insectes fossiles vient confirmer les résultats fournis par l'étude des végétaux, et qu'elle permet souvent de prédire la découverte de plantes dont on n'a pas encore trouvé de vestiges, et, à ce titre déjà, elle offrirait un grand intérêt ; mais elle peut donner encore de pré-

(1) *Révision de la flore des gypses,* t. III, p. 130.
(2) *Ibid.,* p. 170.
(3) *Révision de la flore des gypses,* t. II, p. 90.

cieux renseignements sur le climat, les conditions atmosphériques, la nature du sol aux anciennes époques, et sous ce rapport rendre à peu près les mêmes services que l'étude des Mollusques. Cependant, tandis que ces derniers animaux ont de tout temps attiré l'attention des paléontologistes, les Insectes ont été dédaignés jusqu'à l'époque où M. Heer fit paraître son grand ouvrage sur OEningen. Malgré les travaux de ce savant éminent, il reste encore beaucoup à trouver, surtout en France, où les dépôts d'eau douce sont fort mal explorés, et il est absolument certain que d'autres gisements, riches en végétaux, celui d'Armissan, par exemple, pourraient, s'ils étaient soumis à une investigation patiente, fournir des spécimens aussi intéressants que ceux d'Aix et dénotant une faune toute différente. C'est le désir d'attirer l'attention sur une classe de fossiles trop longtemps négligée qui m'a soutenu dans mes recherches longues et difficiles, et je me trouverais amplement dédommagé de mes efforts, si mon travail, tout imparfait qu'il est, peut susciter de semblables recherches, et amener la découverte de matériaux précieux pour l'histoire de notre contrée.

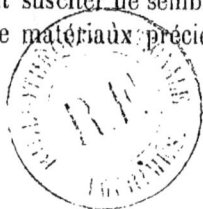

EXPLICATION DES PLANCHES.

INSECTES FOSSILES D'AUVERGNE

PLANCHE 1.

Fig. 1 et 2. *Eunectes antiquus* Nob.

Fig. 3. *Laccobius priscus* Nob.

Fig. 4. *Brachycerus Lecoquii* Nob.

Fig. 5 et 6. *Cleonus arvernensis* Nob.

Fig. 7. *Cleonus Fouilhouxii* Nob.

Fig. 8. *Hylobius deletus* Nob.

Fig. 9. *Anisorhynchus effossus* Nob.

Fig. 10. *Plinthus redivivus* Nob.

Fig. 11. *Bagous atavus* Nob.

Fig. 12. *Curculionites ovatus* Nob.

Fig. 13. Élytre de *Melolontha*, d'après Heer (*Insektenfauna*, t. I, pl. 8, fig. 15).

      a, nervure marginale.
      b, nervure sous-marginale 1re.
      c, nervure sous-marginale 2e.
      d, nervure externo-médiaire.
      e, nervure interno-médiaire.
      f, nervure anale.
      α, cellule marginale.
      β, cellule sous-marginale.
      γ, cellule externo-médiaire.
      δ, cellule interno-médiaire.
      ι, cellule anale.

Fig. 14. Élytre de *Phyllobius*, d'après Heer (*ibid.*, fig. 22).— Les lettres ont la même signification que dans la figure précédente.

Fig. 15. *Curculionites*.

Fig. 16. *a, b, c, Protomyia longa* Heer.

      d, Protomyia incerta Nob.
      e, aiguille du Pin.
      f, fruit d'Ombellifère.

Fig. 17. Fragment de Diptère?

Fig. 18. *Noctuites incertissima* Nob.

PLANCHE 2.

Fig. 1. Orthoptère.

Fig. 2. Aile postérieure d'*Æschna*, d'après Heer (*Insektenfauna*, t. II, pl. 5, fig. 12).

Fig. 3. Aile antérieure d'une nymphe de *Libellula* (*ibid.*, I, pl. 3, fig. 9).

> *a*, nervure marginale.
> *b*, nervure sous-marginale 1re.
> *c*, nervure sous-marginale 2e.
> *d*, nervure externo-médiaire.
> *e*, nervure interno-médiaire.

Fig. 4. Aile antérieure d'une nymphe d'*Æschna*, d'après Heer (*ibid.*, pl. 3, fig. 8). — Mêmes lettres, même signification.

Fig. 5. Aile postérieure d'une nymphe de *Libellula*, d'après Heer (*ibid.*, pl. 3, fig. 10).

Fig. 6. *Libellula minuscula* Nob.

Fig. 7. Aile postérieure d'*Ascalaphus macaronius*, d'après un dessin de M. Milne Edwards.

Fig. 8. Aile postérieure d'*Ascalaphus Edwardsii* Nob., vue en dessous.

Fig. 9. Idem, vue en dessus.

Fig. 10. *Ascalaphus barbarus*, d'après Rambur (pl. 11, fig. 4).

Fig. 11. *Anthophorites Gaudryi* Nob.

Fig. 12 et 13. Tarse et poil isolé de cette espèce.

Fig. 14. *Anthophora parietina*, d'après le *Règne animal*, pl. 128 *bis*, fig. 5.

Fig. 15. Pied postérieur de cette espèce (*ibid.*, fig. 5, *d*).

Fig. 16. Hyménoptère.

Fig. 17. *Penthetria holosericea*, d'après le *Règne animal*, pl. 164 *bis*, fig. 9.

Fig. 18. Antenne de cette espèce (*ibid.*, fig. 9, *a*).

Fig. 19. *Plecia major* Nob.

PLANCHE 3.

Fig. 1. *Penthetria Vaillantii* Nob.

Fig. 2. Aile et pied grossis de la même espèce.

Fig. 3 et 4. *Plecia major* Nob.

Fig. 5. *Plecia nigrescens* Nob.

Fig. 6. Tête grossie du même échantillon.

Fig. 7, 8, 9, 10. Autres échantillons de la même espèce.

Fig. 11, 12, 13. *Plecia pallida* Nob.

Fig. 14. *Bibio Ungeri* Heer, var. *marginatus* Nob.

Fig. 15. *Bibio alacris* Nob.

Fig. 16. *Bibio gracilis* Ung., var. *minor* Nob.

Fig. 17. Bibionide.

Fig. 18. *Mycetophila.*

PLANCHE 4.

Fig. 1, 2, 3 et 4. *Bibio gigas* Nob.

Fig. 5. *Bibio Ungeri* Heer var. *marginatus* Nob.

Fig. 6. *Bibio macer* Nob.

Fig. 7, 8, 9. *Bibio robustus* Nob.

Fig. 10. *Bibio Lortetii* Nob.

Fig. 11. Bibionide.

Fig. 12. *Bibio cylindratus* Nob.

Fig. 13. *Bibio obsoletus* Heer.

Fig. 14. *Bibio Lortetii* Nob.

Fig. 15. *Protomyia fusca* Nob.

Fig. 16 et 17. *Protomyia rubescens* Nob.

Fig. 18. *Protomyia formicoides* Nob.

PLANCHE 5.

Fig. 1. *Bibio Edwardsii* Nob.

Fig. 2. Extrémité du corps de cet échantillon, très-grossie.

Fig. 3 et 4. Autres échantillons de la même espèce.

Fig. 5. Antennes et palpes grossis, avec une portion de la tête.

Fig. 6. Palpes isolés et grossis.

Fig. 7, 8, 9, 10. Tarses grossis.

Fig. 11. Échantillon de la même espèce.

Fig. 12. *Bibio hortulanus* ♀, d'après le *Règne animal*, pl. 164 *bis*, fig. 11.

Fig. 13. Tête grossie de cette espèce, *ibid.*

Fig. 14. Aile grossie, *ibid.*

Fig. 15. Tarses antérieurs grossis, *ibid.*

Fig. 16. *Protomyia longa* Heer.

Fig. 17. *Protomyia inflata* Nob.

Fig. 18. *Protomyia adusta* Nob.

Fig. 19. *Protomyia formicoides* Nob.

Fig. 20, 21. *Protomyia incerta.*

PLANCHE 6.

Fig. 1. *Protomyia longipennis* Nob.

Fig. 2. *Protomyia lugens* Nob.

Fig. 3. Tête grossie du même échantillon.

Fig. 4. *Protomyia Joannis* Nob.

Fig. 5. *Protomyia Blanchardi* Nob.

Fig. 6. *Protomyia Sauvagei* Nob.

Fig. 7. *Protomyia globularis.*

Fig. 8. Larve de *Stratiomys Chameleo*, d'après nature.

Fig. 9. Tête grossie du même individu.

Fig. 10. Anneau du corps grossi.

Fig. 11. Plaque de calcaire marneux provenant de Corent. — *a, b, c,* empreintes de larves de Stratiomes ; *d*, empreintes de *Cypris.*

Fig. 12. Larve de *Stratiomys Heberti* Nob.

Fig. 13. Anneau grossi du corps de cette larve.

Fig. 14. Tête grossie de la même larve.

Fig. 14 *bis*. *Protomyia Joannis* Nob.

INSECTES FOSSILES D'AIX.

PLANCHE 1.

Fig. 1. *Nebria Tisiphone* Nob. (mus. Mars.).

Fig. 2. *Calosoma Agassizi* Barth. Lap. (mus. Mars.).

Fig. 2ᵃ. *C. Agassizi*, élytre isolée (coll. Sap.).

Fig. 2ᵇ. *C. Agassizi*, élytre isolée (coll. Heer, *C. Saportanum*).

Fig. 2ᶜ. *C. Agassizi*, tête grossie (mus. Mars.).

Fig. 3. *Stomis elegans* Nob. (id.).

Fig. 4. *Feronia provincialis* Nob. (id.).

Fig. 5. *Harpalus deletus* Nob. (id.).

Fig. 6. *Feronia minax* Nob. (id.).

Fig. 7. *Bembidium Saportanum* Heer (coll. Heer).

Fig. 8. *Polystichus Hopei* Nob. (Mus. Par.).

Fig. 9. *Harpalus Nero* Nob. (mus. Lyon).

Fig. 10. *Scydmænus Heerii* Nob. (coll. Heer).

Fig. 11. *Laccobius vetustus* Nob. (id.).

PLANCHE 2.

Fig. 1. *Panagœus Dryadum* Nob. (coll. Heer).

Fig. 2. *Hydrophilus antiquus* Heer (id.).

Fig. 3. *Hydrophilopsis incertus* Nob. (mus. Mars.).

Fig. 4. *Brachyderes longipes* Heer sp., élytre isolée (Mus. Par.).

Fig. 5. *Stenus gypsi* Nob. (id.).

Fig. 6. *Xantholinus Westwoodianus* Heer (d'après M. Heer).

Fig. 6a. *Xanth. Westwoodianus*, antenne grossie (id.).

Fig. 7. *Hylesinus facilis* Heer (id.).

Fig. 8. *Staphylinus atavus* Nob. (mus. Mars.).

Fig. 9. *S. calvus* Nob. (id.).

Fig. 10. *S. prodromus* Heer (coll. Heer).

Fig. 11. *S. priscus* Nob. (mus. Mars.).

Fig. 12. *S. prodromus* Heer (Mus. Par.).

Fig. 13. *S. Germari* Nob. (mus. Mars.).

Fig. 14. *S. aquisextanus* Nob. (Mus. Par.).

Fig. 15. *Erinnys elongata* Nob. (mus. Mars.).

Fig. 16. *E. deleta* Nob. (Mus. Par.).

Fig. 17. *Onthophagus luteus* Nob. (mus. Mars.).

Fig. 18. *Achenium ingens* Nob. (id.).

Fig. 19. *Cossonus Marionii* Nob. (Fac. des sc. de Mars.).

PLANCHE 3.

Fig. 1. *Staphylinus calvus* Nob. (mus. Mars.).

Fig. 2. *S. provincialis* Nob. (Mus. Par.).

Fig. 3. *Quedius Reynesi* Nob. (mus. Mars.).

Fig. 4. *Q. Lortetii* Nob. (mus. Lyon).

Fig. 4a. *Q. Lortetii*, antenne grossie (id.).

Fig. 5. *Hygronoma deleta* Nob. (mus. Lyon).

Fig. 6. *Philonthus Bojeri* Heer (d'après M. Heer).

Fig. 7. *Geotrupes atavus* Nob. (Mus. Par.).

Fig. 8. *Cryptorhynchus gypsi* Nob. (mus. Mars.).

Fig. 9. *Phytonomus annosus* Heer (coll. Heer).

Fig. 10. *Cleonus pygmœus* Nob. (mus. Mars.).

Fig. 11. *Hipporhinus Heerii* Germ. (*H. Soportanus* Heer), tête grossie (mus. Mars.).

Fig. 12. *Brachyderes aquisextanus* Nob. (mus. Mars.).

Fig. 12a. *B. aquisextanus*, tête grossie (id.).

Fig. 13. *Cleonus Marcelli* Nob. (Mus. Par.).

Fig. 14. *C. inflexus* Heer (coll. Heer).

Fig. 15. *Sitones margarum* Heer (d'après un dessin de M. Heer).

Fig. 16. *Cleonus sexsulcatus* Heer, tête grossie (d'après M. Heer).

Fig. 17. *Coniatus minusculus* Nob. (mus. Mars.).

Fig. 17ₐ. *C. minusculus*, tête grossie (id.).

Fig. 18. *Hylobius morosus* Heer sp. (coll. Heer).

Fig. 19. *Erirhinus Chantrei* Nob. (mus. Lyon).

Fig. 20. *Cleonus asperulus* Heer (coll. Heer).

Fig. 21. *C. asperulus* Heer (mus. Mars.).

Fig. 22 et 23. *Brachyderes longipes* Heer sp. (Mus. Par.).

PLANCHE 4.

Fig. 1. *Hipporhinus Heerii* Germ. (Mus. Par.).

Fig. 1ᵃ. *H. Heerii*, tête grossie (mus. Mars.).

Fig. 2. *H. Heerii* (*H. Saportanus* Heer) (coll. Heer).

Fig. 3 et 4. *H. Heerii* (mus. Mars.).

Fig. 5. *H. Heerii* (Mus. Par.).

Fig. 6. *Sitones margarum* Germ. (Fac. des sc. de Mars.).

Fig. 7. *Hylobius carbo* Nob. (mus. Mars.).

Fig. 8. *Hipporhinus Heerii* Germ. (*H. Saportanus* Heer) (mus. Mars.).

Fig. 9. *Cleonus sexsulcatus* Heer (d'après un dessin de M. Heer).

Fig. 10. *Curculionites exiguus* Nob. (mus. Mars.).

Fig. 11. *C. parvulus* Nob. (mus. Lyon).

Fig. 12. *Plinthus Heerii* Nob. (coll. Heer).

Fig. 13. *Hylobius morosus* Heer sp. (mus. Mars.).

Fig. 14. *Gonioctena Curtisii* Nob. (Mus. Par.).

Fig. 15. *Cassida Blancheti* Heer (id.).

PLANCHE 5.

Fig. 1. *Hipporhinus Heerii* Germ. (mus. Mars.).

Fig. 1ᵃ. *H. Heerii*, tête grossie (id.).

Fig. 2. *H. Heerii* Germ. (Mus. Par.).

Fig. 3. *H. Reynesi* Nob. (mus. Mars.).

Fig. 4. *H. Reynesi* Nob. (Mus. Par.).

Fig. 5. *Cleonus Marcelli* Nob. (id.).

Fig. 6. *Hydronomus? nasutus* Nob. (mus. Mars.).

Fig. 7. *Tanysphyrus deletus* Nob. (mus. Lyon).

Fig. 8. *Sibynes melancholicus* Nob. (id.).

Fig. 9. *Cossonus Marionii* Nob. (Fac. des sc. de Mars.).

Fig. 10. *Clytus leporinus* Nob. (mus. Mars.).

Fig. 11. *Crioceris margarum* Nob. (id.).

Fig. 12. *Anthicus melancholicus* Nob. (id.).
Fig. 13. *Chrysomela matrona* Nob. (Mus. Par.).
Fig. 14. *C. Lyelliana* Heer (mus. Mars.).
Fig. 15. *Philonthus Marcelli* Heer (d'après M. Heer).
Fig. 16. *Lithocharis varicolor* Heer (id.)

PLANCHE 6.

Fig. 1. *Chrysomela debilis* Nob. (mus. Mars.).
Fig. 2. *C. Lyelliana* Heer (coll. Saporta).
Fig. 3. *C. Matheroni* Nob. (mus. Mars.).
Fig. 4 et 5. *Hipporhinus Heerii* Germ. (Mus. Par.).
Fig. 6. *H. Schaumii* Heer (d'après M. Heer).
Fig. 7. *Phytonomus firmus* Heer (id.).
Fig. 8. *Curculionites lividus* Heer (id.).
Fig. 9. *C. parvulus* Heer (id.).
Fig. 10. *C. lividus* Heer (mus. Mars.).
Fig. 11. *Cœliodes primigenius* Heer sp. (coll. Heer).
Fig. 12. *Bembidium infernum* Heer (d'après M. Heer).
Fig. 13. *Triphyllus Heerii* Nob. (coll. Heer).
Fig. 14. *Hipporhinus Heerii* Germ., patte grossie (mus. Lyon).
Fig. 15. *Quedius Reynesi* Nob. (id.).
Fig. 16. *Stenus prodromus* Heer (d'après M. Heer).
Fig. 16a. *S. prodromus* Heer, extrémité de l'abdomen grossie (id.).
Fig. 17. *Corticaria melanophthalma* Heer (id.).
Fig. 18. *Hydrobius obsoletus* Heer (id.).

Vu et approuvé, le 6 juin 1874.
Le doyen de la Faculté des sciences,
MILNE EDWARDS.

Permis d'imprimer, le 8 juin 1874.
Le vice-recteur de l'Académie de Paris,
A. MOURIER.

Pl. 1.

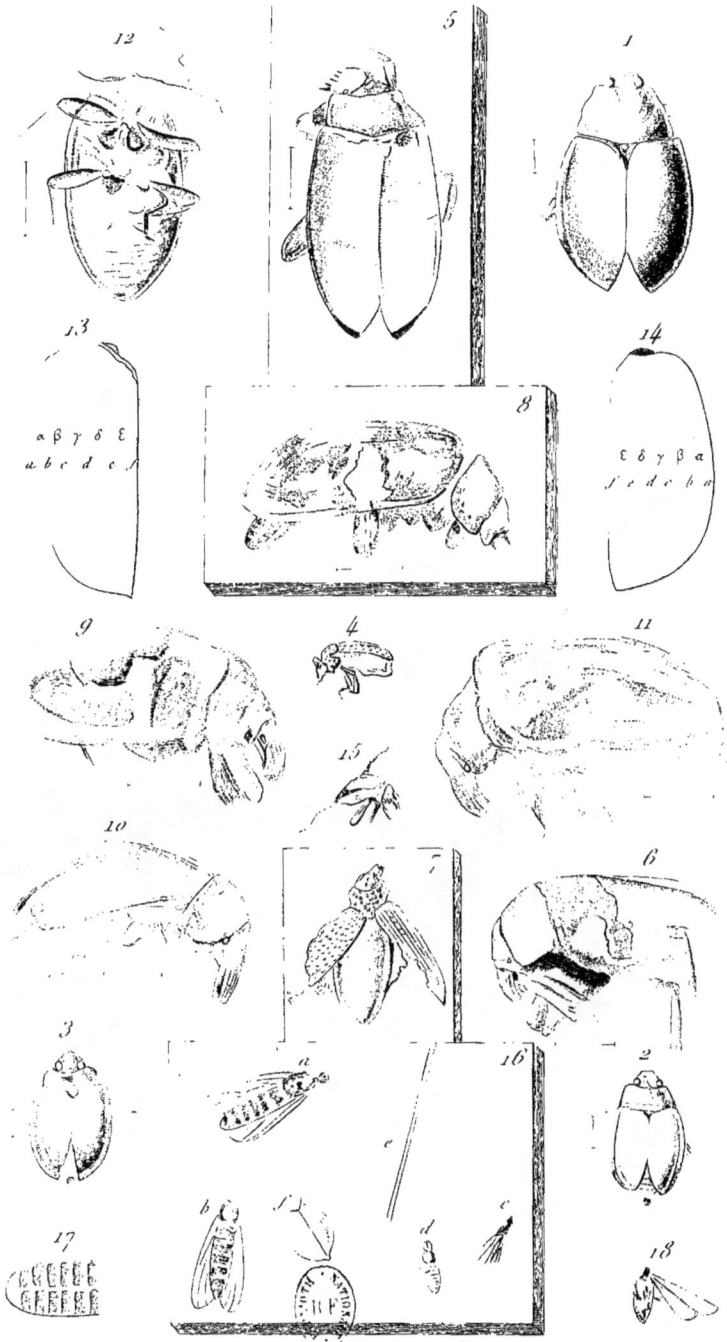

Oustalet del.

Lagesse sc.

Insectes fossiles d'Auvergne.

Imp. A. Salmon, r. Vieille Estrapade, 15, Paris.

Pl. 2.

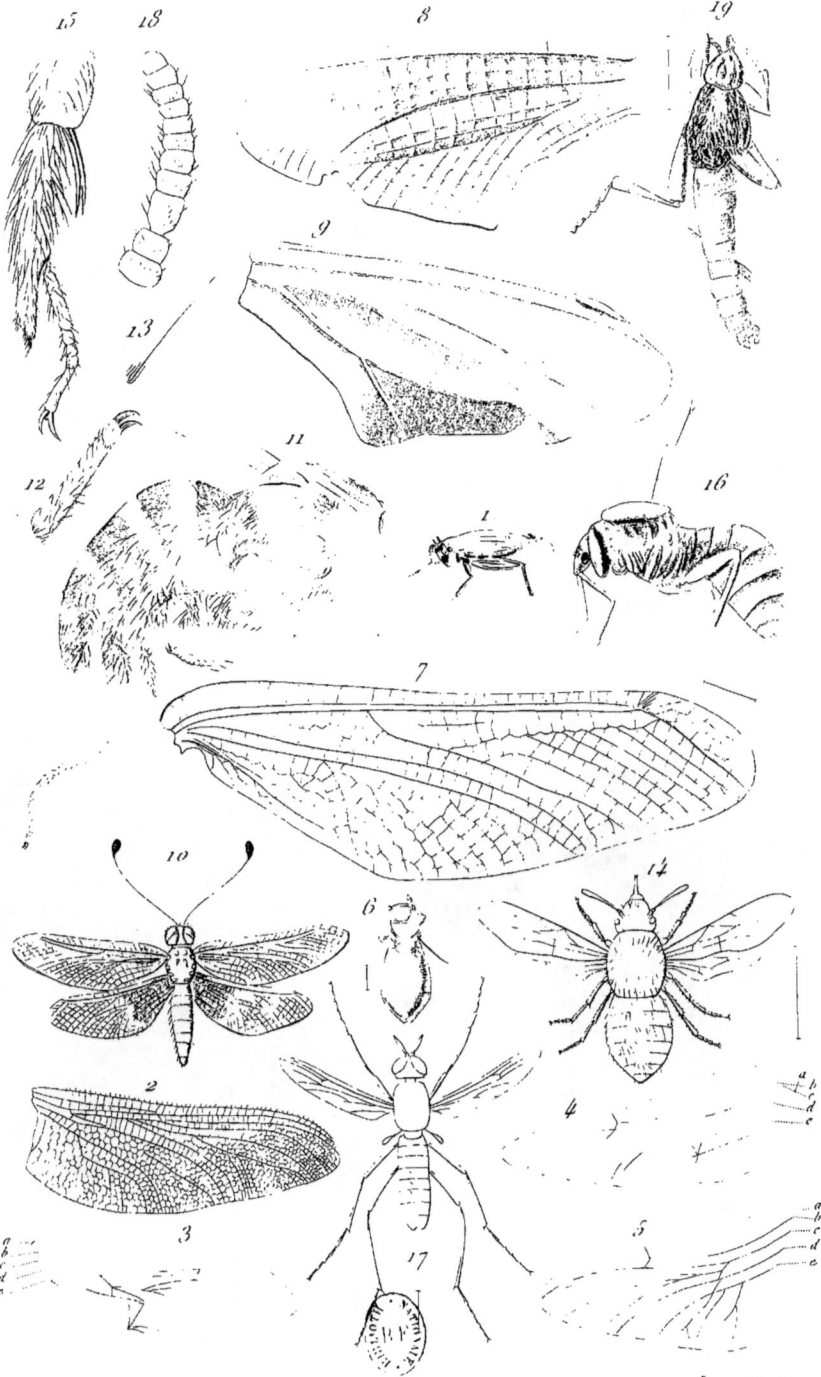

Oustalet del.

Lagesse sc.

Insectes fossiles d'Auvergne

Imp. A. Salmon r. Vieille Estrapade, 15, Paris.

Pl. 3.

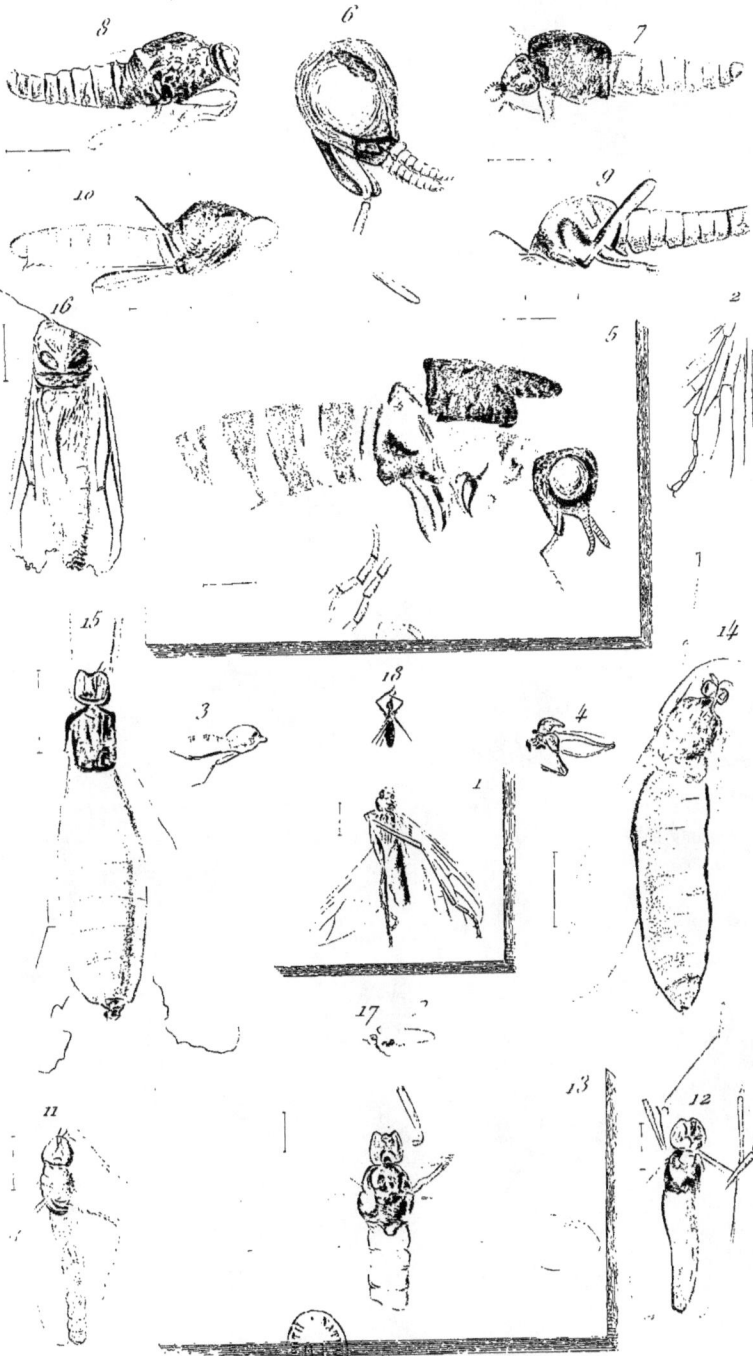

Insectes fossiles d'Auvergne.

Oustalet del.

Lagesse sc.

Imp. A. Salmon, r. Vieille Estrapade, 15, Paris.

Pl. 4.

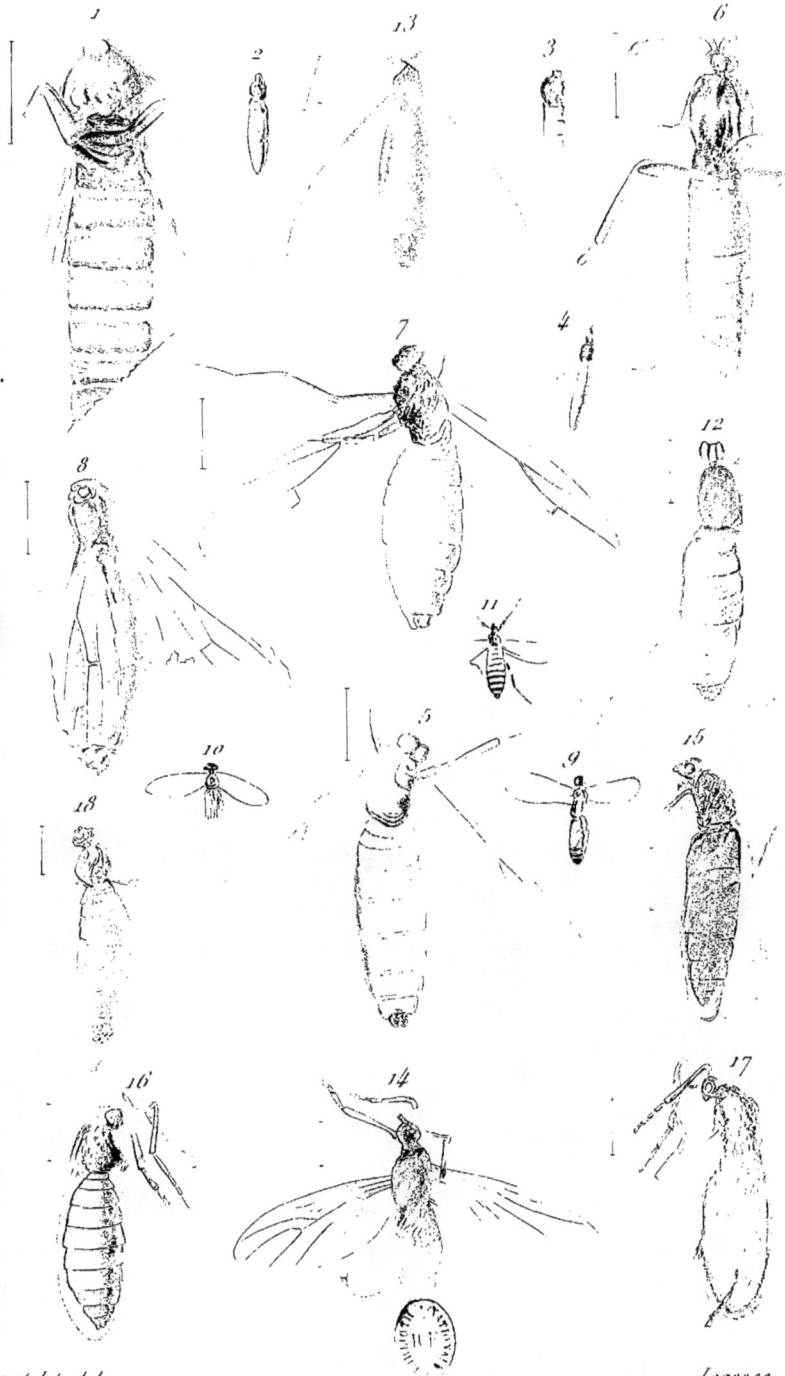

Insectes fossiles d'Auvergne

Dustalet del.

Lagesse sc.

Imp. A. Salmon, 2 Vieille Estrapade, 15, Paris.

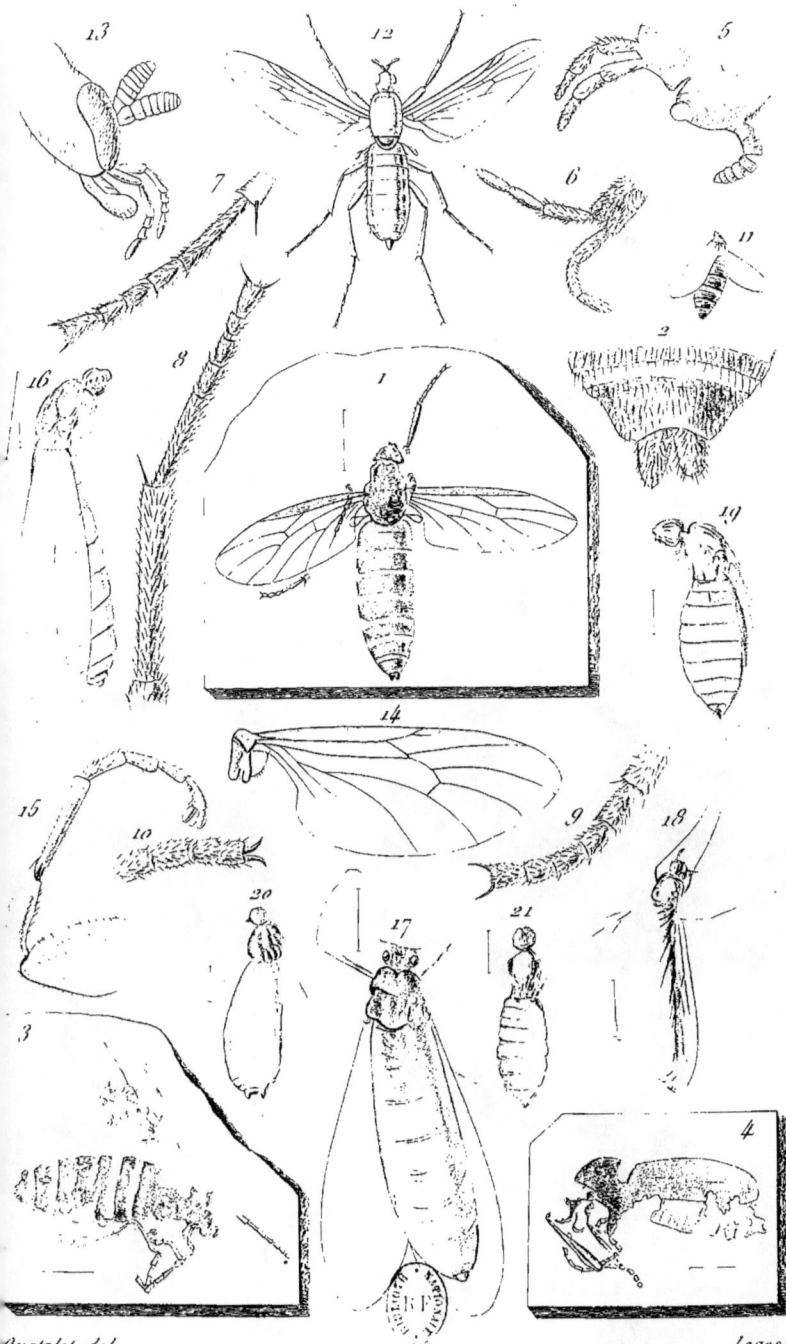

Pl. 5.

Dustalet del.

Lagesse sc.

Insectes fossiles d'Auvergne.

Imp. A. Salmon, r. Vieille Estrapade, 15, Paris.

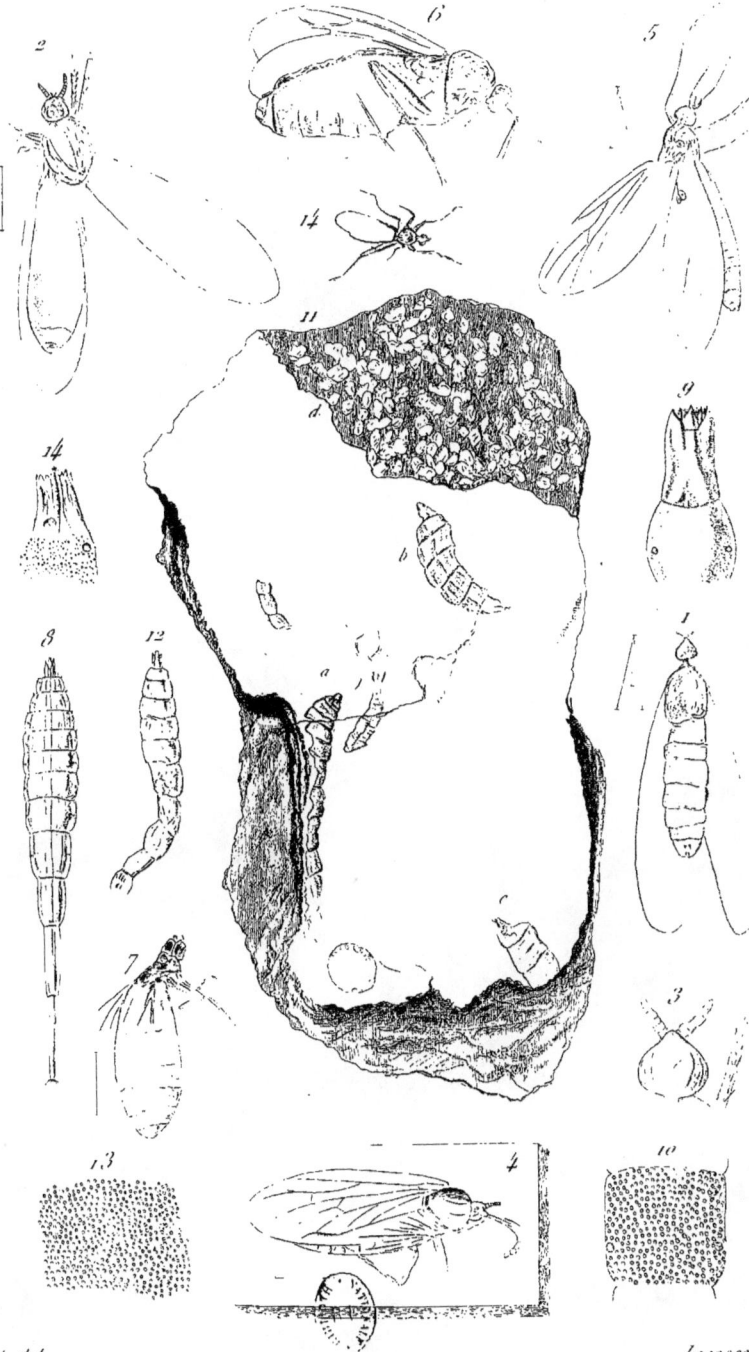

Pl. 6.

Oustalet del.

Lagesse sc.

Insectes fossiles d'Auvergne

Imp. A. Salmon, r. Vieille Estrapade, 15, Paris.

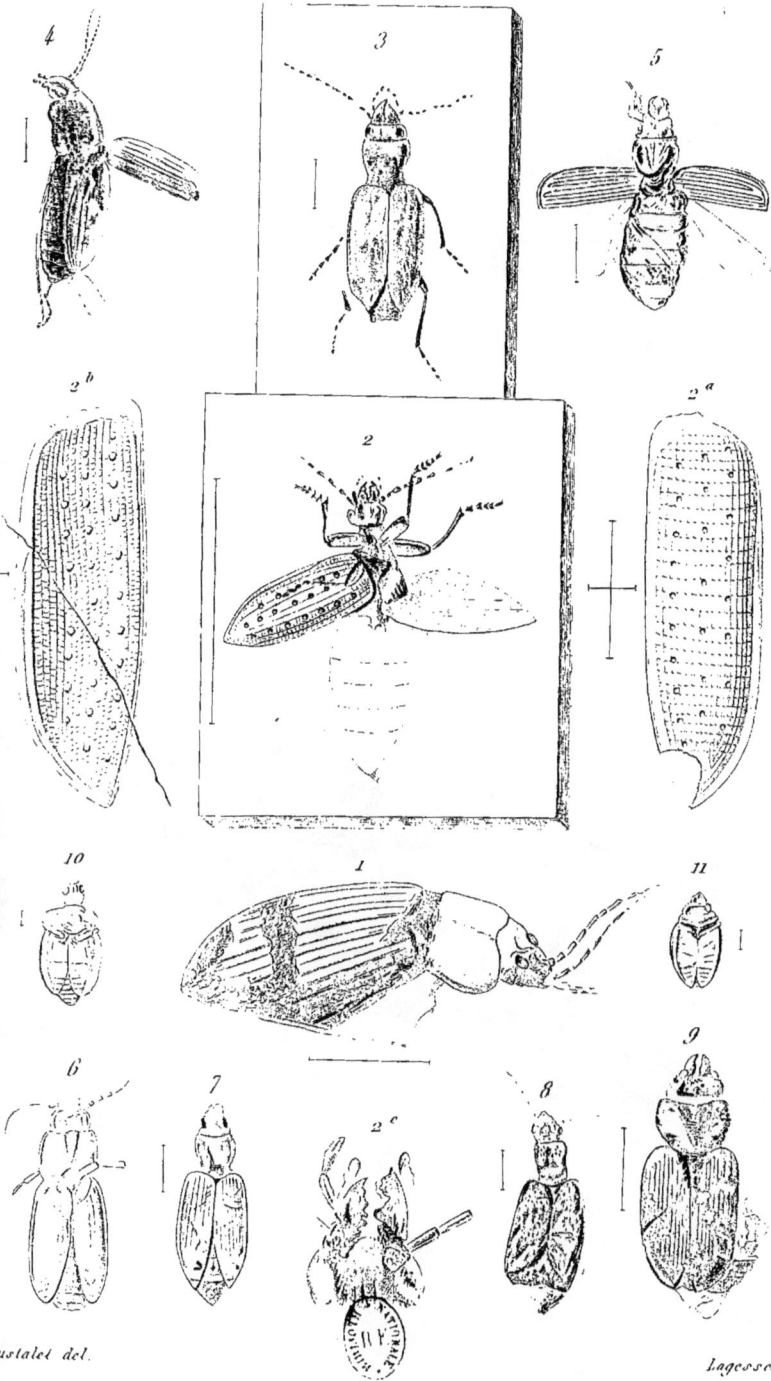

Pl.1.

Insectes Fossiles d'Aix.

Dustalet del.

Lagesse sc.

Imp. A. Salmon, r. Vieille Estrapade, 15. Paris.

Pl. 2.

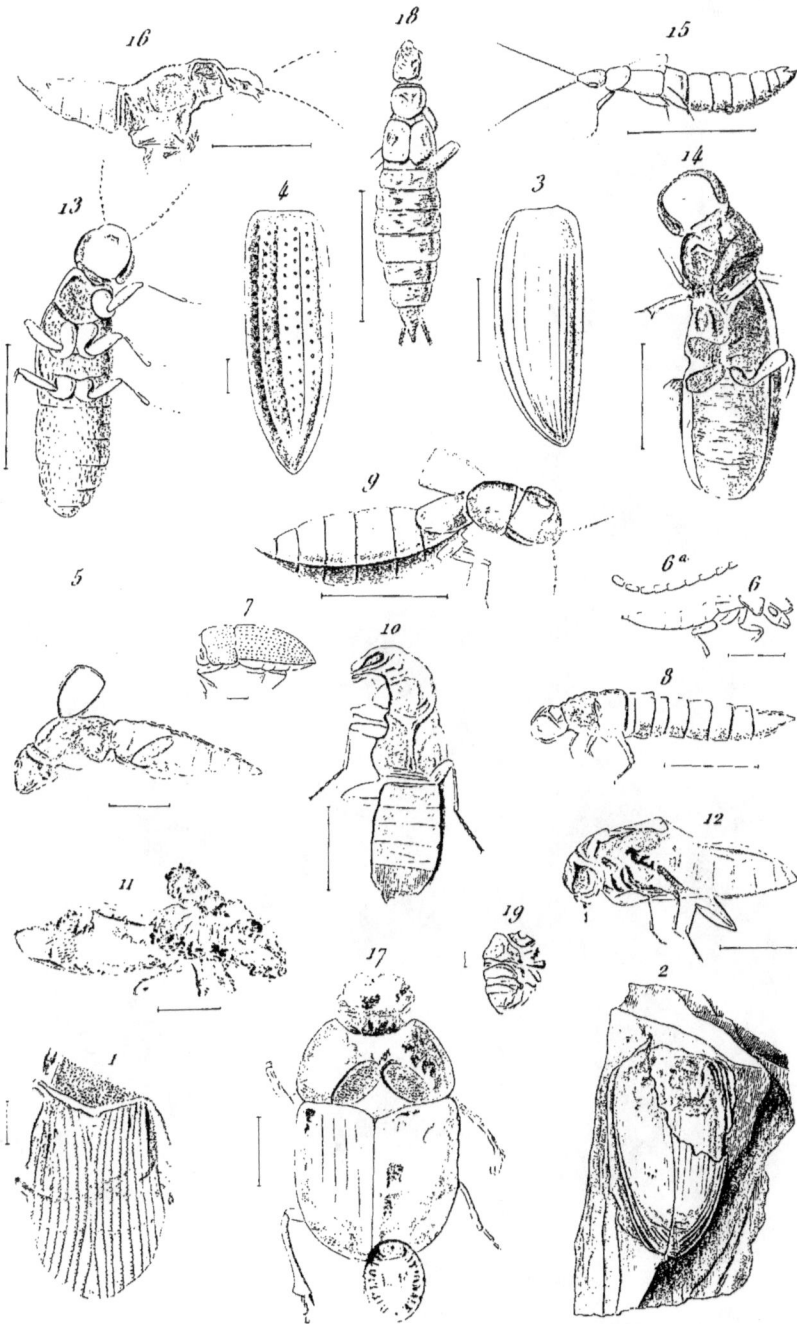

Insectes Fossiles d'Aix.

Oustalet del.

Lagesse sc.

Imp. A. Salmon, r. Vieille Estrapade, 15, Paris.

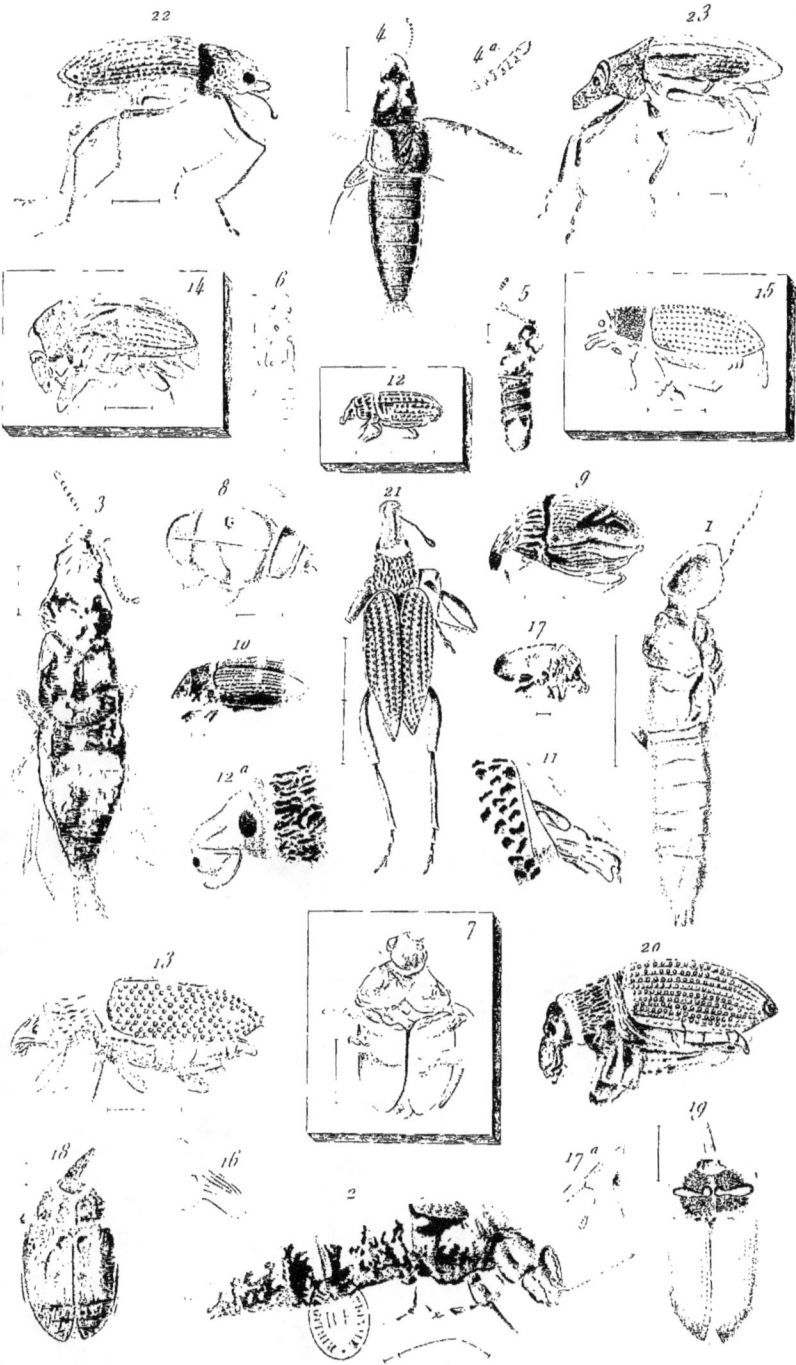

Pl. 3

Insectes fossiles d'Aix.

Oustalet del.

Lagesse sc.

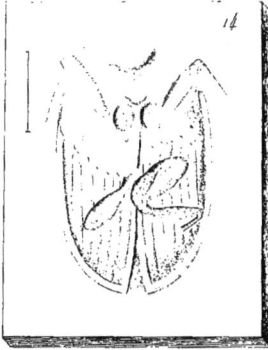

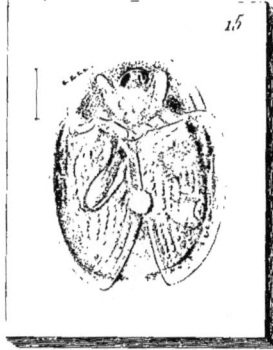

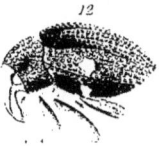

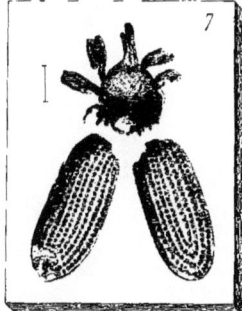

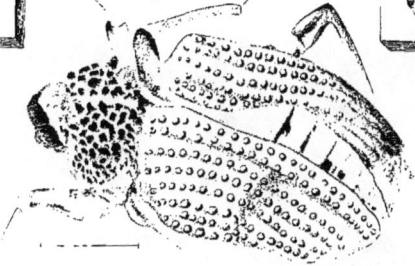

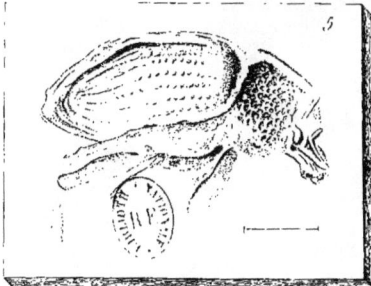

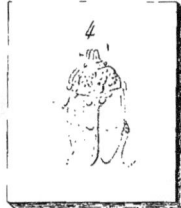

Pl. 4

Oustalet del.

Lagesse sc.

Insectes fossiles d'Aix.

Imp. A. Salmon r Vieille Estrapade. 15, Paris.

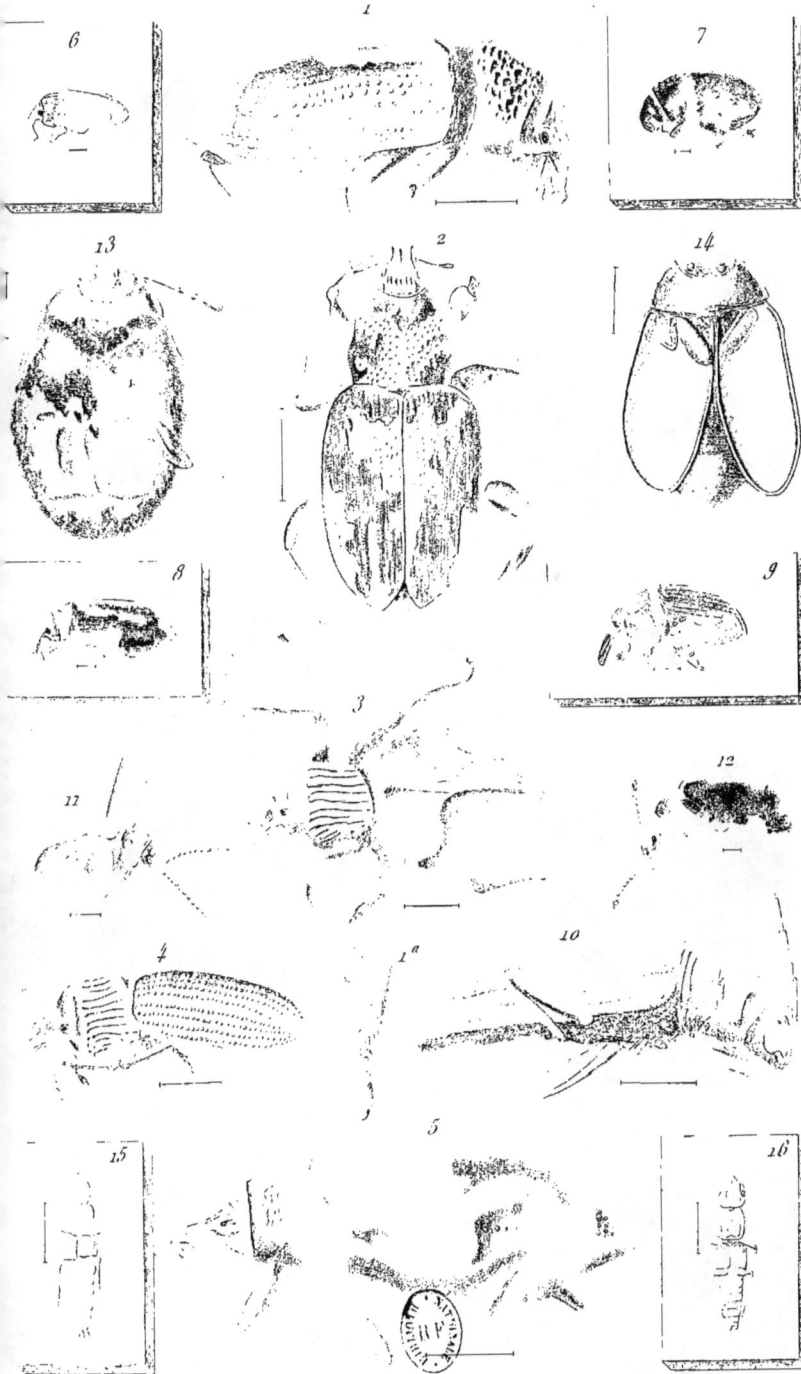

Pl. 5.

Insectes fossiles d'Aix.

Imp. A. Salmon, r. Vieille Estrapade, 15, Paris.

Oustalet del.

Lagesse sc.

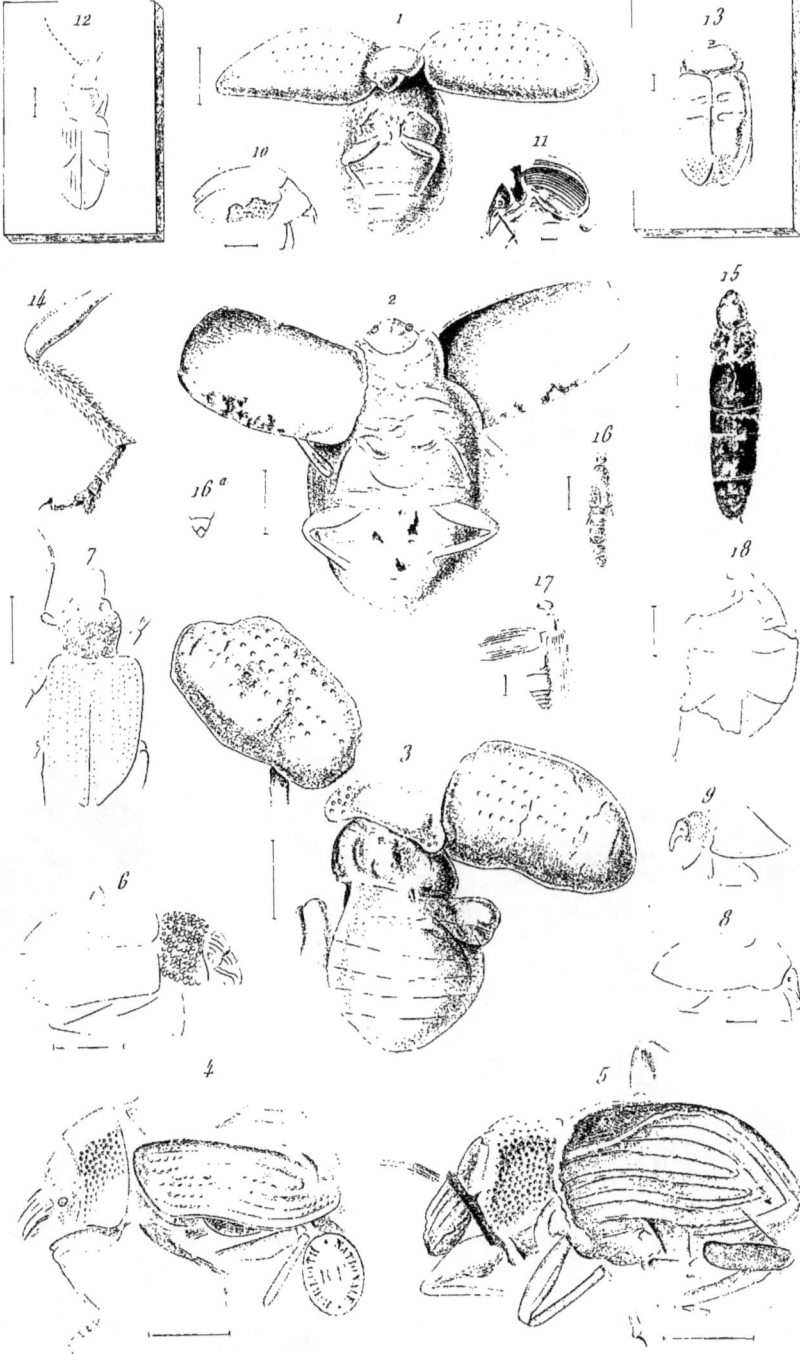

Pl. 6.

Ouslalet del.

Lagesse sc.

Insectes fossiles d'Aix.

Imp. A. Salmon, r. Vieille Estrapade, 15, Paris.

DEUXIÈME THÈSE

PROPOSITIONS DONNÉES PAR LA FACULTÉ

ZOOLOGIE. — Affinités naturelles des Oiseaux que Cuvier rangeait dans l'ordre des Palmipèdes et dans l'ordre des Échassiers.

BOTANIQUE. — Indiquer où, comment et selon quelle direction générale s'opère la croissance en longueur des organes végétatifs chez les Cryptogames et les Phanérogames.

GÉOLOGIE. — Examen des travaux géologiques qui ont servi à l'établissement des dernières classifications des terrains tertiaires.

Vu et approuvé, le 6 juin 1874.

Le doyen de la Faculté des sciences,

MILNE EDWARDS.

Permis d'imprimer, le 8 juin 1874.

Le vice-recteur de l'Académie de Paris,

A. MOURIER.

PARIS. — IMPRIMERIE DE E. MARTINET, RUE MIGNON, 2.

www.ingramcontent.com/pod-product-compliance
Lightning Source LLC
Chambersburg PA
CBHW031723210326
41599CB00018B/2482